Otfried Georg

Telekommunikationstechnik

Springer

Berlin
Heidelberg
New York
Barcelona
Budapest
Hongkong
London
Mailand
Paris
Santa Clara
Singapur
Tokio

Otfried Georg

Telekommunikationstechnik

Eine praxisbezogene Einführung

Mit 213 Abbildungen

Springer

Professor Dr.-Ing. Otfried Georg
Fachhochschule Rheinland-Pfalz
Abteilung Trier
Schneidershof
54293 Trier

Die Deutsche Bibliothek - CIP-Einheitsaufnahme
Georg, Otfried:
Telekommunikationstechnik: eine praxisbezogene Einführung / Otfried Georg
Berlin; Heidelberg; New York; Barcelona; Budapest; Hongkong; London; Mailand;
Paris; Santa Clara; Singapur; Tokio: Springer, 1996
ISBN 3-540-61381-1

ISBN 3-540-61381-1 Springer-Verlag Berlin Heidelberg New York

Herstellung:PRODUserv Springer Produktions-Gesellschaft, Berlin
Einband-Entwurf: Struve & Partner, Heidelberg
Satz: Camera ready Vorlage durch Autor
SPIN: 10540997 62/3020 - Gedruckt auf säurefreiem Papier

Vorwort

Die heute reichlich vorhandene Literatur zum Themengebiet *Telekommunikationstechnik* läßt sich aus der Sicht der Leserzielgruppe grob in zwei Klassen unterteilen:

- Literatur für Benutzer von Telekommunikationssystemen
- Literatur für Ingenieure, Informatiker und solche, die es werden wollen.

Dieses Buch will sich als Bindeglied verstehen zwischen dem werdenden Ingenieur - aber auch Informatiker - und dem bereits im Berufsleben Stehenden, der eine Orientierung im Dschungel der Fachbegriffe sucht. Insofern ist es als höheres Lehrbuch und als Fachbuch-Nachschlagewerk zu betrachten. Teile sind Gegenstand einer gleichnamigen Vorlesung, die ich an der Fachhochschule in Trier halte. Der Inhalt hat seine Ursprünge in den Erfahrungen meiner Industriezeit bei der Fa. Nixdorf Computer in Paderborn, wo ich noch zu Lebzeiten des Firmengründers damit beauftragt war, die damals existierende Nebenstellenanlage (PABX), die bereits seit dem Anfang der achtziger Jahre als erste deutsche Nebenstellenanlage Sprache digital (pulscodemoduliert) durchschaltete, auf das ISDN zu adaptieren.

Damals schon war ich gehalten, Know-How auf diesem Gebiet auf die Entwicklungsingenieure in Form von Kolloquien zu übertragen. Daraus resultieren die Schwerpunkte, die vielleicht mehr auf der Ingenieurseite, als auf der Informatikseite zu finden sind. Dabei werden auch Themen behandelt, die in der sonstigen ISDN-Literatur zuweilen etwas kurz kommen. Man findet eher etwas über

- Die ITU-T-Spezifikationssprache SDL (Specification and Description Language), als über die Abstrakte Syntax-Notation EINS (ASN.1).
- Den Einsatz von HW - ISDN-Controllerbausteinen in Endgeräten und Vermittlungssystemen, als über die Programmiersprache CHILL.
- Protokolle, Funktionen und Dienste, als über Betriebssysteme und Verzeichnisdienste.
- Konkrete Abläufe an Beispielen statt hochabstrahierter Strukturmodelle.

Das sind Themengebiete, die das tägliche Brot des Ingenieurs darstellen, der auf dem Gebiet *Telekommunikationstechnik* Hard- und Software entwickelt oder Systeme konzipiert. Unterstützt wird der Interessent durch das kapitelzugeordnete Literaturverzeichnis, auf das unterwegs reichlich verwiesen wird, sowie das ausführliche Sach- und Abkürzungsverzeichnis.

Insbesondere soll dieses Buch den Entwicklungen der Neunziger Rechnung tragen und Technologien vorstellen, bei denen die Normenfestlegung noch deutlich im Fluß ist, solche sind z.B.:

- ATM-Technik als Grundlage eines öffentlichen Breitband-ISDN
- FDDI-Technik als Backbone Lokaler Hochgeschwindigkeitsnetze
- Mitteilungs-Übermittlungssysteme als Grundlage der Elektronischen Post (e-mail).

Man kommt zuweilen nicht umhin, den Stoff *Telekommunikationstechnik*, der mittlerweile unter Einbezug der Digitaltechnik und Informatik aus der *Vermittlungstechnik* migriert ist, als *trocken* zu bezeichnen. Das Problem liegt in der *großen Nüchternheit* des Stoffes, der aus zahlreichen Detailfakten besteht, aber durchaus systematisch, d.h. systematisierbar abgehandelt werden kann. Begibt man sich weg davon, läuft man Gefahr, das Thema populistisch abzuhandeln und das Ziel wäre verfehlt.

Ich habe mich sehr darum bemüht, hier einen Kompromiß zu finden, indem ich, wo immer möglich, mit Beispielen aus der Erfahrungswelt (z.B. beim OSI-Modell) aufwarte und aufzulockern versuche. Inwieweit mir das gelungen, muß der Leser jeweils für sich selbst entscheiden.

In der Welt der *Telekommunikationstechnik* gibt es viele neue Begriffe, die so gut wie allesamt aus dem englischen stammen und es ist primär eine philosophische Frage, sie einzudeutschen. Das ist gerade auf diesem Gebiete reichlich geschehen, aber der Ingenieur hat sich schon lange daran gewöhnt, dies auf anderen Gebieten der Technik nicht mehr zu tun. Kaum jemand würde auf die Idee kommen, den Begriff *Mikroprozessor* fremdwortfrei eindeutschen zu wollen und Akronyme, wie *RAM*, sind eigentlich *sprach(en)los*, auch wenn sie sich aus englischen Begriffen gebildet haben. *Beliebiger Zugriffsspeicher* hört sich einfach linkisch an.

Hier habe ich versucht, einen Kompromiß dahingehend zu finden, Begriffe, deren deutsche Bezeichnungen einen Sachverhalt eingängig darstellen, deutsch zu belassen und nur dann englische zu verwenden, wenn die deutsche Bezeichnung merkwürdig klingt oder den Kern nicht hinreichend herauskehrt. Insbesondere verwende ich die entsprechende Normenübersetzung, sofern ich sie für sinnvoll halte - und sofern es sie überhaupt gibt. Wird die zugehörige Abkürzung verwendet, so soll es jedoch praktisch immer die englischsprachige sein.

Trier, im Juli 1996 Otfried Georg

Inhaltsverzeichnis

Darstellungskonventionen

Die für den Telekommunkationsneuling anfallende Menge fachspezifischer Begriffe ist reichlich und Hilfestellung, um nicht den Überblick zu verlieren, geboten. Manche dieser Begriffe haben kontextbezogen eine unterschiedliche Bedeutung. Als Kontextgebiet kann man in diesem Buch meist ein Kapitel (mit Überschrift 1. Ordnung) ansehen. Um diejenigen Begriffe, die im Rahmen eines solchen Kapitels eine charakteristische Bedeutung haben, hervorzuheben, werden sie

fett kursiv dargestellt. Zu diesen Begriffen wird man innerhalb diesem Kapitels eine Erläuterung oder Begriffsdefinition finden, i.allg., wenn der Begriff zum erstenmal auftaucht. Manche dieser Begriffe kann man synonym verschiedenen Kontexten zuordnen; hier habe ich sie in dem Kap. hervorgehoben, in dem sie erstmals auftauchen. Andere haben in verschiedenen Kontexten unterschiedliche Bedeutung; dann sind sie mehrfach hervorgehoben. Die meisten von ihnen finden sich in dem ausführlichen Sach- und Abkürzungsverzeichnis mit der Seitenzahl als Rückverweis, wo sie hinreichend erläutert sind. Das erspart separate Begriffsbestimmungen.

Einfach kursive Darstellungen hingegen stellen Hervorhebungen, Betonungen oder Zitate dar.

Nicht kursive Fettdrucke haben Überschriftencharakter, sind z.B. der Leitbegriff eines Absatzes, oder stellen wichtige kontextbezogene Begriffe dar, deren Fettkursivdarstellung nicht angebracht ist.

In diesem Buch ist viel von *Schichtenkommunikation* mit *Primitives,* sowie *Protokollen* mit *Protokollelementen*, wie *Rahmen* oder *Nachrichten* die Rede. Sie stellen eine besondere Begriffsgruppe dar und werden daher wie folgt dargestellt:

- Primitives in Form **FETTER KAPITÄLCHEN** (Bsp.: **DL-ESTABLISH REQ**)
- Protokollelemente in Form NORMALER KAPITÄLCHEN (Bsp.: SETUP).

In den Kapiteln, in denen sie kontextbezogen sind oder definiert werden, wiederum kursiv.

Weiterhin findet man immer wieder logische Werte für Bits, z.B. in der Binärdarstellung, aber auch dezimal oder hexadezimal. Vor allem für die Binärdarstellung muß zwischen der logischen und der physikalischen Darstellung unterschieden werden, die sich z.B. bei negativer Logik unterscheiden. Eine logische Größe wird unabhängig von ihrer physikalische Repräsentation fett, z.B. **0**, **1** oder $\mathbf{AF}_{Hex}$ dargestellt.

1 Bestandsaufnahme

1.1 Eine kurze Geschichte der Fernsprechtechnik

Die Telekommunikationstechnik hat ihre historisch bedeutsamen Anfänge in der Entdeckung der Möglichkeit der Übertragung elektrischer Signale über Distanzen mittels einer Doppeldrahtleitung durch Carl-Friedrich Gauß und Wilhelm Weber in Göttingen. Sie übertrugen 1833 zwischen der Sternwarte und dem Physikalischen Institut in Göttingen die ersten digitalen - genauer: binären - Telegraphiesignale, indem sie die Polarität der Leiter mittels Schaltens einer Gleichspannungsquelle abwechselnd änderten. Am anderen Ende wurde der Strom über eine Spule geleitet, deren sich damit änderndes Magnetfeld eine Kompaßnadel bewegte, und so die Polaritätsänderung (mit einer Lupe) sichtbar gemacht wurde.

Eine Methode also, die weit über ein Jahrhundert später erst durch den Einsatz des Mikroprozessors die analoge Übertragungstechnik, deren fernsprechtechnischen Grundlagen 1876 durch Alexander Graham Bell zur Serienreife geführt wurden, überrunden sollte. Davor hatte es nicht wenige Versuche - u.a. von dem Deutschen Philipp Reis - gegeben, ein brauchbares Telefon herzustellen. Neben technischen Mängeln der Vorläufer war ein ernstzunehmendes Problem der Erfinder die Infragestellung des Nutzens durch die Zeitgenossen.

Der Aufbau eines *Fernsprechnetzes* - heute ein Synonym für die *Fernsprechvermittlungstechnik* - ließ nicht lange auf sich warten, und begann 1878 mit dem Aufbau einer Vermittlungsstelle (VSt) in New Haven/Conn., in Deutschland 1881 in Berlin. Diese erste Generation funktionierte handvermittelt.

A. B. Strowger, seines Zeichens Bestattungsunternehmer, hatte das Problem, daß von der VSt in Kansas, an der sein Apparat angeschlossen war, Bedarfsmeldungen nach einer Person seiner Zunft an die Konkurrenz, statt zu ihm, weitergeleitet wurden. Er leitete mit dem Beschluß, seiner Meinung nach bestochene Switchmen, die darüber in VStn Entscheidungen fällten, wegzurationalisieren, die zweite Generation der Fernsprechvermittlungstechnik ein, indem er 1889 einen selbstwahlfähigen ***Hebdrehwähler*** erfand, den ***Strowger-Wähler***.

Verbesserungen dieser elektromechanischen Wähler - u.a. von Strowger - führten zum Ende des Jahrhunderts zur dritten Generation, direkt durch das ***Impulswahlverfahren*** (***IWV***) dekadisch ansteuerbaren ***Drehwählern*** und ***Hebdrehwählern***. Hierbei wurden und werden durchaus heute noch mithilfe einer *Wählscheibe* Gleichstromunterbrechungen beim Rücklauf erzeugt - Standard ist heute jedoch das *Tastenfeld* [KR].

Eine nennenswerte Verbesserung bzgl. Baugröße und Gewicht, mechanischem Verschleiß der Kontakte, Stromaufnahme, Geschwindigkeit und Geräuschentwicklung führte in den fünfziger Jahren der ***Edelmetallmotordreh-(EMD)-Wähler*** ein, womit auch die Endstation der technischen Entwicklung mechanischer Koppelpunkt erreicht war. Parallel dazu wurde vor allem in den USA das ***IWV*** durch die ***Mehrfrequenzwahl*** (***MFV***) ersetzt, die rascheren Verbindungsaufbau und einfache Signalisierung auch während einer Verbindung zuläßt [FR]. Bald wurde das ***MFV*** auch in der BRD für die Nebenstellentechnik Standard. Hier Anfang der Neunziger als Option für den Zugang zum analogen Telefonnetz angeboten, ist es eine totgeborene Alternative und wird vom ISDN überrannt werden.

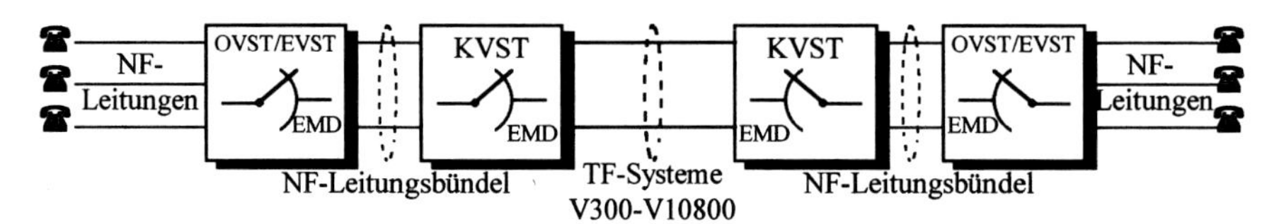

Abbildung 1.1-1: Analoge Übertragungs- und Vermittlungstechnik.

Vor dem Einstieg in die Digitaltechnik präsentiert(e) sich die analoge Fernsprechtechnik entspr. Abbildung 1.1-1 durch [KA1.4]:

- **analoge Niederfrequenzübertragungstechnik im Teilnehmeranschlußbereich.** Der Frequenzbereich des Sprachsignals entspricht direkt dem akustischen Frequenzbereich (***Basisbandübertragungstechnik***), wird dabei aber auf ca. 4 kHz Bandbreite begrenzt.
- **analoge Trägerfrequenzübertragungstechnik zwischen VStn höherer Ordnung.** Um Leitungen zwischen den VStn höherer Ordnung mit großem Verkehrsaufkommen einzusparen, werden in den VStn die niederfrequenten Teilnehmeranschlußleitungssignale ESB-amplitudenmoduliert und die nicht mitübertragenen Träger ggf. in mehreren Stufen im Rasterabstand von 4 kHz bzw. ganzzahligen Vielfachen frequenzgemultiplext. Die Zahl hinter dem V gibt dabei die vermittelbare NF-Kanalanzahl an.
- **Analoge Vermittlungstechnik** entspr. der jeweiligen oben beschr. Stufe.

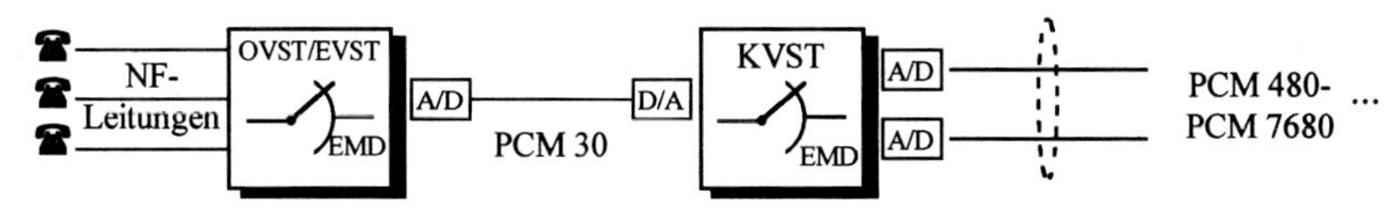

Abbildung 1.1-2: Digitalisierung der Zwischenamtsübertragungstechnik.

In der ersten Stufe der Digitalisierung wurde die analoge Nieder- und Trägerfrequenz-Übertragungstechnik entspr. Abbildung 1.1-2 zwischen den Ämtern durch ***digitale Zeitmultiplextechnik*** PCM 30 (2,048 Mbps; Pulscodemodulation mit 30 Telefonkanälen) bis PCM 7680 (565 Mbps) ersetzt. Diese Digitalisierung hat ihre praktischen Anfänge zu Beginn der siebziger Jahre und wird erst in den Neunzigern abgeschlossen. Hierzu sind noch A/D- und D/A-Wandler zwischen den VStn nötig.

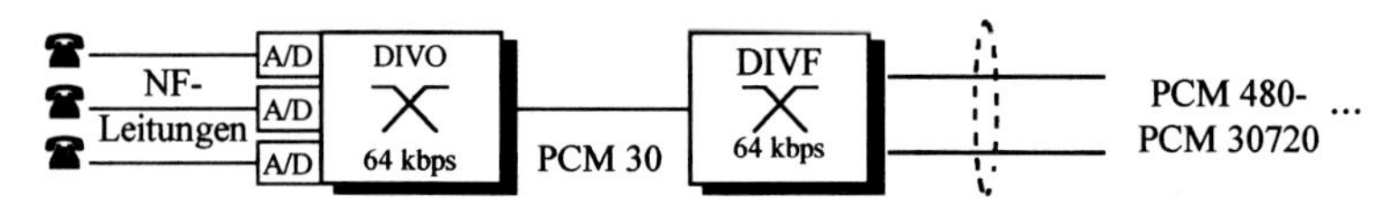

Abbildung 1.1-3: Digitalisierung der Vermittlungstechnik.

Im Zuge der zweiten Stufe der Digitalisierung wurden entspr. Abbildung 1.1-3 1984 die ***digitale Fernvermittlung DIVF*** und 1985 die ***digitale Ortsvermittlung DIVO*** eingeführt. Sie ersetzten durch rechnergesteuerte Raum- und Zeitmultiplexkoppelfelder die EMD-Wähler und ggf. noch vorhandene ältere Wählersysteme. Damit entfielen die teuren Hochgeschwindigkeits-A/D und D/A-Wandler und konnten auf der Teilnehmerseite im NF-Bereich (dafür allerdings in größerer Zahl) eingesetzt werden. Systemlieferanten sind SEL (System 12) und Siemens (EWSD).

Auf der fernübertragungstechnischen Seite wurden nach Feldversuchen erste LWL-Übertragungsstrecken mit Multimodefasern, später mit Monomodefasern statt Koaxialleitern, eingesetzt. Damit wurde der 2,488 Gbps-Bereich mit 30720 Telefonkanälen über eine Leitung erschließbar.

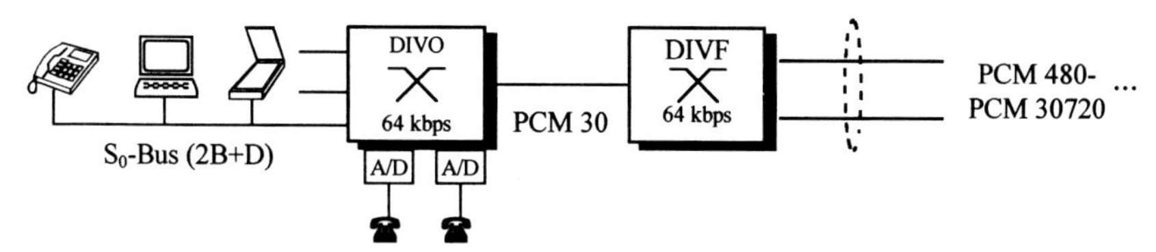

Abbildung 1.1-4: Schmalbandige Digitalisierung des Teilnehmeranschlußbereichs.

In der dritten Stufe der Digitalisierung wird entspr. Abbildung 1.1-4 seit 1989 dem Teilnehmer der *direkte digitale Zugang* zum nun sog. ***ISDN*** (***Integrated Services Digital Network = Diensteintegrierendes Digitales Netz***) ermöglicht, indem digitale Telefone, aber auch jede andere Art von Endgeräten, die in den vorherigen Versionen schon Zugriff auf das Telefonnetz über Modems hatten, direkt angeschlossen werden können. A/D- und D/A-Wandler sitzen jetzt im Telefon, Telecom-ICs wickeln die niederen Protokollfunktionen der Signalisierung zwischen den Endgeräten und dem Netz ab.

Zusätzlich sind Dienstmerkmale, 64 kbps-Sprach- und Datenzugang, mehr Kanäle pro Anschluß etc. verfügbar. Analoge Telefone werden über analoge Teilnehmerschaltungen, analoge und andere digitale Nicht-ISDN-Endgeräte über Terminal-Adaptoren angeschlossen. Der Zugang ist jedoch i.allg. auf 64 kbps beschränkt (Schmalband-ISDN = S-ISDN). Das Netzinnere wird durch ein mächtiges rechnergesteuertes Zentralsignalisierungssystem (ZGS#7) gemanagt.

Diese Stufe der Digitalisierung ist nun technisch (nicht teilnehmerzahlmäßig) einigermaßen abgeschlossen, seit letztem Jahr (1995) wird das ***Schmalband-(S)-ISDN*** - im folgenden kurz *ISDN* genannt - auch in den neuen Bundesländern flächendeckend angeboten - eine technische und organisatorische Meisterleistung, zumal dort mehrere Generationen Vermittlungstechnik - teilw. bis vor die zwanziger Jahre zurückreichend - durch modernste Digitaltechnik ersetzt wurden.

Die Entwicklung ist damit keineswegs beendet, die Folgestufe des ***Breitband-(B)-ISDN*** als eine der Inkarnationen der ***ATM-Technik*** ante portas. Teilnehmeranschlußseitig werden ganze Systeme, wie (Breitband)-LANs oder breitbandige Einzelendgeräte, wie Hosts oder Bewegtbildsysteme mit Transparenz der Leistungsmerkmale angeschlossen. Videokonferenzen sind möglich, Multimedia-Terminals werden durch intelligente Netzstrukturen weltweit mit komplexen Datenbasen versorgt. Die Digitalisierung hat parallel den Mobilfunk, der sich noch in den achtziger Jahren zumindest in der BRD im Dornröschenschlaf befand, integriert.

Bandbreiten können dynamisch zugewiesen werden und nutzen die Übertragungs- und Vermittlungsressourcen weit effektiver als zuvor. Offene Kommunikation ist angesagt, nachdem sich das von der ISO entwickelte OSI-Kommunikationsmodell auf allen Gebieten der Endgeräte- und Netzsteuerungstechnik durchsetzt. Breitbandigkeit integriert auch Rundfunk- und Fernsehtechnik, die zuvor meilenweit vom dem ursprünglichen Fernsprechnetz entfernt waren, auch mit neuen Zugriffsfunktionen statt einfacher Verteilkommunikation. Zu guter letzt werden Satellitenverbindungen effektiv genutzt, so daß in dieser Stufe von der ursprünglichen Fernsprechtechnik, aus dem die größte Maschine der Welt evolviert ist, vom technischen Standpunkt nicht mehr viel zu spüren ist.

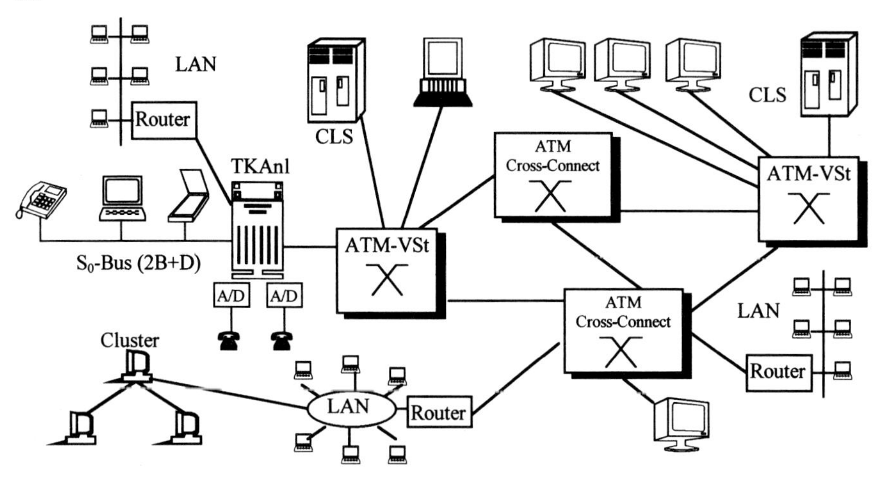

Abbildung 1.1-5: Breitbandkommunikation über ATM-Netze.

Und dennoch - die Fernsprechfunktion wird vorerst, voraussichtlich für immer, die dominante Kommunikationsart bleiben - und das Netz wird immer für diese Form der Kommunikation optimiert sein müssen.

1.2 Information, Dienste, Kommunikation, Netze

Kommunikation bedeutet Austausch von Information. Aus der Sicht des Benutzers bzw. Anwenders ist das wichtigste, was ein Netz zu erbringen hat, den für ihn sichtbaren ***Kommunikationsdienst***, im folgenden kurz ***Dienst*** genannt. Ein Dienst bietet Kommunikationsmöglichkeiten, die durch eine bestimmte Klasse von Eigenschaften beschrieben werden [AL, KA2, SM]:

- **Basiseigenschaften**, die der Dienst immer erbringt.
- **Optionale Eigenschaften**, die er in Abhängigkeit bestimmter Kriterien erbringt.
- Eine **Mindestdienstgüte** (Quality of Service = QoS).
- **Dienstmerkmale**, die den Dienst komfortabel machen.

Ein Dienst ist dann benutzerfreundlich, wenn der Benutzer bei Dienstanwendung so wenig wie möglich über das diensterbringende Netz wissen muß.

Die historische Entwicklung geht von *dienstdedizierten* Netzen aus, d.h. ein Netz war 1:1 auf einen Dienst abbildbar, z.B. der Fernsprechdienst auf das Fernsprechnetz, der Telexdienst auf das Fernschreibnetz, Rundfunk- und Fernsehdienste auf die Senderverteilnetze. Mit Aufkommen der Datenverarbeitungstechnik in den fünfziger Jahren und den enormen Zuwächsen in den Folgejahrzehnten entstand der Bedarf an Vernetzung auch zwischen diesen Anwendungen.

Was wäre hier angebrachter gewesen, als das damals schon recht gut ausgebaute Fernsprechnetz auch hierfür zu nutzen? Denn grundsätzlich ist es sowohl den Leitungen als auch den Vermittlungseinrichtungen egal, ob das, was sie übertragen bzw. vermitteln, ursprünglich analoger oder digitaler Natur war. Physikalisch gesehen gibt es gar *keine Digitalsignale*; von einem auf eine Leitung gestellten Rechteckbitmuster kann nach hinreichender Leitungslänge auch ein Fachmann nicht mehr sagen, ob es ursprünglich einmal ein Analog- oder Digitalsignal repräsentiert hatte.

Aus verschiedenen Gründen müssen Rechtecksignale dennoch für das Fernsprechnetz in analoge Schwingungen umgewandelt werden, z.B. weile steile Flanken ein zu breites Spektrum für die bandbegrenzten Übertragungsstrecken (→Nahnebensprechen) aufweisen, oder weil Pulsverläufe im Prinzip temporäre Gleichspannungssignale darstellen, die dafür nicht geeignete Übertrager bis in die Sättigung magnetisieren können. Hier wurden Normen geschaffen, die solchen Endgeräten den Zugang zum Fernsprechnetz ermöglichen, ein verbreitetes Beispiel für eine technische Realisierung dieser Normen ist das V.24-(RS 232C)-Modem. ***Modem*** steht für ***Modulator/Demodulator*** und führt in gehende und kommende Richtung die jeweils benötigte Signalwandlung durch.

Als weitere Funktion wickelt das Modem heute neben der physikalischen Signalwandlung bestimmte *Protokollfunktionen* ab, wobei man unter einem *Protokoll die Vorschrift versteht, nach welchen Regeln die Kommunikationsabläufe* - z.B. Verbindungsaufbau, Fernsprechverbindung bzw. Datenübertragungsphase, Verbindungsabbau - *zu erfolgen haben.* Protokolle können dienstunabhängige und dienstspezifische Eigenschaften haben. Der Ablauf eines Protokolls wird oft als *Prozedur* bezeichnet.

Im Prinzip hat also die Diensteintegration schon deutlich vor dem ISDN begonnen, nämlich zu dem Zeitpunkt, als erstmals Nichtfernsprechendgeräte an das Telefonnetz angeschlossen wurden. Aber das Hinzufügen neuer Dienste zu einem dienstespezifischen Netz bedeutet eigentlich immer, daß das für den neuen Dienst eigentlich nicht gedachte Netz eine Crux darstellt.

1.2.1 Dienstekennzeichnung

Grundsätzlich können Dienste durch verschiedene Eigenschaftsklassen bzw. -typen unterschieden werden. Diese Typen können verschiedene Werte annehmen:

- **Informationsart**: **Sprache**, **Text**, (Stand- und Bewegt-) **Bild**, **Daten**
  Diese vier werden oft auch als *Aggregatzustände der Information* bezeichnet. Genauso wie Materie verschiedene ineinander überführbare Aggregatzustände einnehmen kann, kann dieselbe Information als gesprochenes Wort vorliegen, niedergeschrieben sein, visualisiert werden oder z.B. durch Sprachspeicherung in Datenform vorliegen. Das geht zwar nicht für jeden Informationsinhalt, insofern der Vergleich

mit der Materie manchmal hinkt, aber häufig. Die vier obigen Begriffe werden auch in den Farben rot, gelb, grün und blau als ISDN-Logo verwendet.
Aus dieser Sicht ist eine andere Art der Informationsarteneinteilung die Klassifizierung in

- **Nutzinformation (User Information = U),**
  mit der im Prinzip jede der obigen vier gemeint sein kann.
- **Steuer-** oder **Signalisierungsinformation (Control Information = C),**
  z.B. beim Fernsprechen Hörer abheben/auflegen (OFF HOOK/ON HOOK), Wählzifferneingabe, Dienstmerkmalaktivierungen wie *Rufumleitung*.
- **Managementinformation (M),**
  mit der ein Netzbetreiber sein Netz konfiguriert, überwacht, wartet, Statistiken erstellt, Festverbindungen einrichtet und löscht etc.

- **Kommunikationsart**:
  - **Dialog**: Zwei oder mehr Kommunikationspartner tauschen individuell, bidirektional und simultan (→Echtzeitanforderungen) Informationen aus. Typische Dienste, die diese Kommunikationsart nutzen, sind Fernsprechen und Bewegtbildkommunikation, letztere meist in der Kombinationsform als Bildfernsprechen.
  - **Verteilkommunikation** oder **Rundsenden (Broadcast)**: *Ein* Sender mit *vielen* Empfängern; unidirektional. Dienste sind Rundfunk und Fernsehen.
  - **Abrufkommunikation**: Ein Kommunkationspartner ruft individuell auch anderen Personen zugängliche Informationen ab; bidirektional unsymmetrisch, d.h. hohe Nutzbandbreite vom Informationsanbieter zum Individuum, geringe Signalisierungsbandbreite in umgekehrter Richtung. Dienste: Bildschirmtext (Btx) und demnächst Video on Demand (VoD).
- **Bandbreitenbedarf**:
  - **Konstant**: Praktisch alle Dialogdienste und Kommunikationsarten, bei denen der Zeitbezug des Ablaufs von Bedeutung ist.
  - **Burstartig, gering**:
    typisch für Fernmessung (Telemetrie) mit wenigen bps (Bit pro Sekunde).
  - **Burstartig, hoch**: Datenübertragung; in einem eng begrenzten Zeitraum Mbps, dann evtl. für Stunden keiner.
  - **Schmalbanddienste**: üblicherweise ≤64 kbps. Der Wert kommt aus der in Abschn. 1.3.1.2 begründeten Sprachdigitalisierung in Fernsprechqualität. Diese Bitrate stellt einen sog. Standard-Schmalband-Basiskanal dar. Auf ganzzahligen Vielfachen davon basieren praktisch alle Multiplexstrukturen. Die meisten Informationsarten und derzeitigen Anwendungen kommen mit dieser Bandbreite aus. Ausnahmen sind z.B. großflächige hochauflösende schnelle Bewegtbilder, Austausch großer Datenmengen, bandbreitenintensive Echtzeitkommunikation.
  - **Weitbanddienste**: n·64 kbps, wobei n eine kleine natürliche Zahl ist (z.B. n = 2 ... 30, was max. ca. 2 Mbps entspricht). Hiermit kann Schmalbanddiensten eine höhere Qualität angeboten werden, z.B. bei Sprache ein höhere Analogbandbreite, bei Bildübertragungen eine bessere Auflösung oder mehr Farben.
  - **Breitbanddienste**: ca. >2 Mbps ... 2,5 Gbps (und darüber). Anwendungen bei hochqualitativen Bewegtbildübertragungen (z.B. HDTV mit 565 Mbps) und hierarchisch hochstehenden Multiplexstrukturen (z.B. 30720 Fernsprechverbindungen à 64 kbps über eine Leitung).

1.2.2 Eigenschaften von Netzen

Telekommunikationsnetze bestehen aus

- **Übertragungswegen**:
  Teilnehmeranschlußleitungen, Netzknotenverbindungen, Querleitungen, Freiraum (z.B. Richtfunk oder Satellitenstrecken) etc.
- **Übertragungseinrichtungen**:
  Regeneratoren, Modulatoren/Demodulatoren, Leitungstreiber, optisch/elektrische und elektrisch/optische Wandler, Verwürfler (Scrambler) etc.
- **Vermittlungseinrichtungen**:
  Früher: Dreh-, Hebdreh-, EMD-Wähler, Relais. Heute elektronische Raum- und Zeitkoppelpunkte, Muldexe (Multiplexer, Demultiplexer), Speicher, Steuerungen für Koppelpunkte.
- **Endgeräten**:
  Im ISDN z.B. allgemein als TE (Terminal Equipment), bei Datennetzen als DEE (Datenendeinrichtung) bezeichnet. Sie werden häufig nicht als unmittelbarer Bestandteil des Netzes gezählt. Ihre Anbindung an das Netz geschieht meist über spezielle Übertragungseinrichtungen, beim ISDN z.B. über NTs (Network Terminators), bei Datennetzen über DÜEn (Datenübertragungseinrichtungen wie Modems). Letztere gehören zum Netz und damit eigentlich zur o.a. zweiten Gruppe.

Als ***Übermittlung*** bezeichnet man in diesem Zusammenhang die beiden Hauptfunktionen eines solche Netzes: ***Über***tragung und Ver***mittlung***.

Telekommunikationsnetze können wie Telekommunikationsdienste durch verschiedene Eigenschaften beschrieben werden. Viele Netze weisen mehrere dieser Eigenschaften gleichzeitig auf:

- **Grad der Diensteintegration**:
  - **Dienstspezifische Netze (Dedicated Networks)**:
    Vertreter hierfür sind praktisch alle klassischen Netze: Fernsprechnetz, Leitungsvermitteltes Datennetz, Paketvermitteltes Datennetz, Telexnetz etc.
  - **Diensteintegrierende Netze**:
    (S)-ISDN, In Zukunft Breitband-ISDN (B-ISDN) in ATM-Technik.
- **IN (Intelligentes Netz)**:
  der Begriff ist im Prinzip heute belegt durch eine von ITU-T/ETSI spezifizierte Architektur, die die konsequente Trennung von ***Verbindungssteuerung*** (***Connection Control***) und ***Diensteunterstützung*** vorsieht. Entsprechend gibt es ***dienstneutrale Vermittlungsknoten*** (***Service Switching Point = SSP***) und ***zentrale Dienststeuerungsknoten*** (***Service Control Point = SCP***; s. auch Abschn. 1.7)
- **Geographische Ausdehnung**:
  - Im **öffentlichen Bereich Ortsnetze**, an denen die Teilnehmer angeschlossen sind, und **Fernnetze**, die in mehreren Hierarchiestufen Ortsnetze verbinden. Zu letzteren gehören auf internationaler Ebene auch Satellitennetze.
  - Im **privaten Bereich**
    - ***TKAnl*** (***Telekommunikationsanlagen***, engl.: ***Private Automatic Branch Exchange = PABX***), die aus den früheren ***Nebenstellenanlagen*** (***NStAnl***) hervorgegangen sind, mit Zentralsteuerung und auf Fernsprechverkehr optimiert. Im allgemeinen auf *Campusgelände beschränkt*.

  - ***Lokale Netze*** (***Local Area Networks = LAN***) auf Datenverkehr optimiert und i.allg. auf Campusgelände beschränkt.
  - **Flächendeckende Netze** wie ***Wide Area Networks*** (***WAN***) und ***Metropolitan Area Networks*** (***MAN***), z.B. als Zubringernetze für campusbeschränkte Privatnetze an öffentliche Netze. WAN und MAN können auch in öffentlicher Hand sein.

- **Vermittlungsmethode**:
  - **Leitungsvermittelte** oder **Durchschaltenetze**,
    bei denen der Informationsfluß kontinuierlich mit permanent fester Bandbreite über für die Dauer der Verbindung festgeschaltete Kanäle das Netz durchläuft (Fernsprechnetz, Datex-L=Dx-L). Nach Verbindungsaufbau wird für die Nutzinformation keine Bearbeitungsleistung durch das Netz mehr benötigt.
  - **Paketvermittelte Netze**,
    bei denen dem Informationsfluß zwar anschlußmäßig eine feste Bitrate zugeordnet ist, aber *unterschiedlich lange* (frame-orientierte) oder *gleichlange und unterschiedllich häufige* (zellorientierte; cell-oriented) Datenpakete das Netz durchlaufen. Die Bandbreite ist hier ein statistischer Mittelwert. Das Netz muß die Pakete in den Knoten (Packet Handler) unterschiedlich lange zwischenspeichern können. Da keine Kanäle in Form von sich zyklisch wiederholenden Zeitschlitzen einer Verbindung zugewiesen sind, spricht man im Gegensatz zu *leitungsvermittelten Verbindungen* von *virtuellen Verbindungen.*
  - **Festverbindungen**,
    z.B. Direktrufnetze, aber auch in den o.a. Netzen können vom Netzbetreiber semipermanente (veraltet) oder permanente Verbindungen konfiguriert werden.

Ein weiteres Unterscheidungskriterium für paketvermittelte Netze ist die Unterteilung in

  - **Verbindungsorientierte Vermittlung**:
    Die Verbindung läuft in den Phasen *Verbindungsaufbau*, *Nutzinformationsübertragungsphase*, *Verbindungsabbau* ab. Auch wenn keine Information zu übertragen ist, haben alle an der Verbindung beteiligten Netzknoten die Information über die Durchschaltung dieser Verbindung gespeichert. Diese Vermittlungsart kennt also *Zustände.*
  - **Verbindungslose Vermittlung**:
    Typisch für LAN-Datenverkehr. Eine DEE sendet ein Datenpaket an eine andere ohne sich vorher anzumelden. Vor und nach dem Weg des Datenpakets durch das Netz besteht in den Vermittlungsknoten keine Informationsspeicherung über einen Kommunikationsbezug dieser beiden DEEn. Diese Vermittlungsart kennt *keine Zustände.*

- **Zugriffstechnik** der Endgeräte auf das Netz:
  - **Zentralgesteuerte**:
    mit Zugangssteuerung in den Netzknoten, typisch für öffentliche Netze. Netzknoten sind die Master, Endgeräte die Slaves.
  - **Demokratische** oder **Statistische**:
    ohne Zentralsteuerung, sondern in Form von Zugriffsalgorithmen, die die Endgeräte unmittelbar auf dem Übertragungsmedium abwickeln (Medium Sharing), typ. für Lokale Netze.

- **Mobilität der Netzkomponenten**:
  - **Leitungsgebundene Netze** mit den **Übertragungsmedien**:
    - **Verdrillte Kupferleitungen** (Twisted Pair=TP) für niedrige Bandbreiten ohne metallische Ummantelung (Unshielded TP=UTP), für höhere Bandbreiten ummantelte (Shielded TP=STP).
    - **Koaxialleitungen** für höhere Bandbreiten.
    - **Lichtwellenleiter** (LWL), für niedrige Bandbreiten in Plastikausführung, besser Quarzglas mit dickkernigem Stufenprofil (kbps bis Mbps); für hohe Bandbreiten Gradientenprofil-Multimodefasern (Hunderte Mbps) und höchste Bandbreiten Monomodefasern (mehrere Gbps oder große Leitungslängen bis über 100 km und gleichzeitig Bandbreiten im hohem Mbps-Bereich).
  - **Funknetze** mit dem Übertragungsmedium Freiraum. Dazu gehören
    - **Festinstallierte** Netze, wie Rundfunk- und Fernsehnetze, Satellitennetze.
    - **Mobilfunknetze**: Beispiele: C-, D-, E-Netz. Hier sind eigentlich nur die Endgeräte (Handys) mobil, das Netz selbst ist stationär. Eine Variante sind die schnurlosen Telefone, bei denen die an sich stationären Endgeräte in Fest- und Mobilanteil aufteilbar sind. Wirklich mobile Netze, bei denen auch die Vermittlung mobil sein kann, findet man eigentlich nur im militärischen Bereich.
- **Übertragungsbandbreite**:
  Dieser Begriff resultiert aus dem im vorangeg. Abschn. vorgestellten Bandbreitenbedarf der Dienste und ist oft 1:1 abbildbar. Man unterscheidet daher Schmalbandnetze und Breitbandnetze. Ein Breitbandnetz kann aber auch für (64 kbps)-Schmalbanddienste sinnvoll sein, und zwar bei der Verwendung hoher Multiplexstufen (PCM 30720; s.o.). Im allgemeinen sind unterschiedliche Technologien für Schmal- und Breitbandrealisierungen einzusetzen. Dort TTL- und CMOS-Technologie, hier evtl. ECL oder neuerdings GaAs-FETs.
- **Übertragungstechnik**:
  Analoge und *digitale* Netze. Diese Begriffe sind eigentlich stark pauschalierend. Besser ist die Unterteilung in *analoge und digitale* (physikalische) *Signale*, *analoge und digitale Dienste*, sowie *Information*, deren Eigenschaften *nicht sinnvoll in analog und digital* unterteilbar ist. Diese Begriffsreihenfolge ist hierarchisch aufsteigend. Eine 1:1-Abbildung ist oft sinnvoll, aber nicht zwingend. *Analoger Dienst auf analogem Signal* wird z.B. durch Fernsprechen im Fernsprechnetz repräsentiert, *digitaler Dienst auf digitalem Signal* z.B. durch Textübermittlung im Datex-Netz. *Analoger Dienst auf digitalem Signal* ist eine elementare Diensterbringung des ISDN für Fernsprechen, *digitaler Dienst auf analogem Signal*: Textübermittlung mit Modem in analoge Schwingungen umgewandelt und über das Fernsprechnetz übertragen. Die jeweils dazugehörige Information kann für Fernsprechen und Textübermittlung die gleiche sein, womit gezeigt ist, daß (in diesem Kontext!) *Information* die Attribute *analog und digital nicht aufweist*.
  Weiterhin ist zwischen *asynchroner* (alt, langsam) und *synchroner* (neu, schnell) Übertragungstechnik zu unterscheiden. Im ersten Fall wird für jedes einzelne Zeichen ein momentaner Synchronismus hergestellt (vgl. hier nicht weiter besprochener Telex-Dienst), die Zeichenfolge gehorcht jedoch nicht einem synchronen Taktraster, wie es bei der zweiten Zugriffsart der Fall ist. In Synchronnetzen können auch ursprünglich asynchron gesendete Signale z.B. durch ***Überabtastung*** (***Oversampling***) in synchrone umgewandelt werden.

- **Übertragungsrichtung**:
  - **Einwegkommunikation (Simplex=Sx)**:
    typisch für Verteilnetze wie Rundfunk und Fernsehen (Broadcast).
  - **Alternative Zweiwegkommunikation (Halbduplex=HDx)**:
    typisch für Meldenetze. Es kann zwar in beide Richtungen gesendet werden, aber nicht zu einem Zeitpunkt.
  - **Simultane Zweiwegkommunikation (Vollduplex=Dx)**:
    typisch für heutige Telekommunikationsnetze. Es kann zu jedem Zeitpunkt in beide Richtungen gesendet werden. Streng genommen muß man für diesen Fall noch zwischen *Übertragungsrichtung* und *Kommunikationsrichtung* unterscheiden. Eine Fernsprechverbindung ist zwar *physikalisch vollduplex*, *kommunikationsmäßig aber halbduplex*: wenn einer redet, schweigt der Kommunikationspartner (meist).

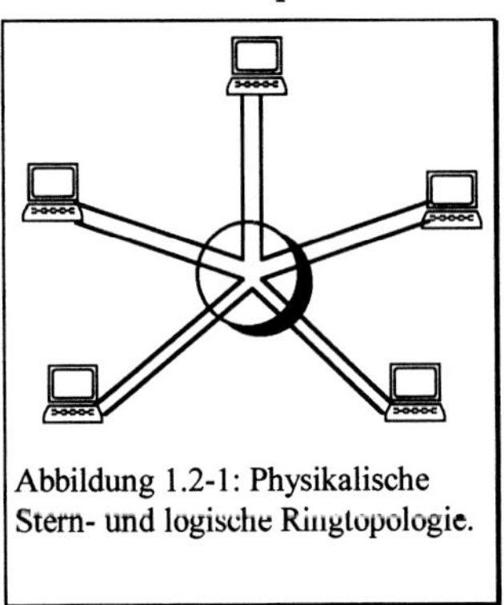

Abbildung 1.2-1: Physikalische Stern- und logische Ringtopologie.

- **Netztopologie**: die wichtigsten sind
  - **Stern** (bei Erweiterungen **Baum**),
  - **Ring** (bei Erweiterungen **Maschen**),
  - **Bus-** oder **Linien**
  - **Mischformen** aller oben erwähnten.

Es soll darauf hingewiesen werden, daß man manchmal zwischen *physikalischer* und *logischer* Topologie unterscheiden muß. Das Netz in Abbildung 1.2-1 zeigt *physikalische Sterntopologie*, da im Knoten aber keine Zentrale Steuerung sitzt, weist es *logisch Ringtopologie* auf. Auch mit den anderen Topologien sind entspr. Kombinationen möglich, typisch für LANs.

1.2.3 Das (analoge) Fernsprechnetz

1.2.3.1 Netzhierarchie

Übertragungstechnisch besteht das (öffentliche) ***Fernsprechnetz*** (***Public Switched Telephone Network = PSTN***) aus den Teilnetzen

- **Leitungsnetz**
  mit der in Abschn. 1.1 vorgestellten Niederfrequenztechnik auf den Teilnehmeranschlußleitungen und aus Trägerfrequenztechnik oder PCM-Technik zwischen den Vermittlungsstellen.
- **Richtfunknetz** im Frequenzbereich von grob 0,2 - 40 GHz [KI, Pi]
- **Fernmeldesatellitennetz** im Frequenzbereich von grob 4 - 30 GHz

Das nationale Netz ist entspr. Abbildung 1.2-2 *hierarchisch* mit vier Stufen aufgebaut. Dies manifestiert sich im Rufnummernsystem, bei dem üblicherweise für den ländlichen Bereich vier Vorwahlziffern gewählt werden müssen. Die Kennzahlvergabe ist also *netzgebunden*, d.h. aus der Stelle und dem Wert einer Vorwahlziffer kann man (meist) eindeutig auf die VStn schließen. Ist die Vorwahlziffernanzahl geringer, handelt es sich um *verdeckte VStn*, wenn VStn mehrerer Hierarchiestufen in einem Gebäude, was bei Städten oft der Fall ist, untergebracht sind [GE, SI, SR].

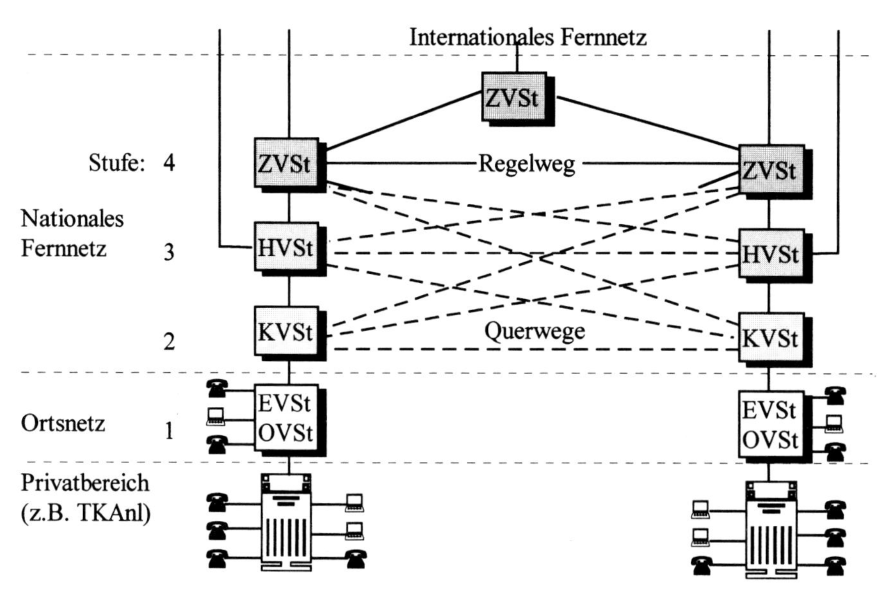

Abbildung 1.2-2: Vierstufige Hierarchie des nationalen Fernsprechnetzes.

Bei einer gegebenen Hierarchiestufe können i.allg. entspr. unserem Dezimalsystem bei dieser Kennzahlvergabe bis zu zehn VStn der nächstniedrigen Stufe zugeordnet sein. Manchmal ist es aufgrund geographischer Verteilungen der Tln. sinnvoll, mehr als zehn VStn der nächstniedrigen Stufe anzuschließen, dann handelt es sich um Doppel-VStn und die Kennzahlvergabe ist ebenfalls anders gestaltet.

Bei netzgebundener Ortsnetzkennzahlvergabe entspricht die Ziffernreihenfolge dem Stellenwert des im folgenden angeg. VSt-Typs. Wir erkennen als höchste Stufe die

- ***Zentralvermittlungsstellen*** (***ZVSt***),
  von denen es *acht* gibt, und die in großen Städten, wie Düsseldorf (2), Frankfurt (6) oder München (8) untergebracht sind. Auf dieser Ebene ist das Netz voll vermascht, in Bezug auf die darunterliegenden Ebenen ein Sternnetz höherer Ordnung.
- ***Hauptvermittlungsstellen*** (***HVSt***)
  Wir erkennen aus der Abbildung, daß es aber auch direkte Querwege (auch Querleitungsbündel oder Direktwege genannt) zwischen ZVStn und ihnen nicht unmittelbar zugeordneten HVStn, verschiedenen HVStn, HVStn und KVStn, ja auch zwischen ZVStn und KVStn geben kann. Dies kann sinnvoll an Grenzen verschiedener VSt-Einzugsbereiche sein. ZVStn und HVStn können auch den unmittelbaren Zugang zum Internationalen Fernnetz ermöglichen, letztere besonders dann, wenn sie in der Nähe der Staatengrenze liegen (die BRD hat immerhin neun unmittelbare Nachbarstaaten).
- ***Knotenvermittlungsstellen*** (***KVSt***)
- ***Orts-*** und ***Endvermittlungsstellen*** (***OVSt*** und ***EVSt***)
  Nur hier sind die Tln. angeschlossen. EVStn sind OVStn, die einen unmittelbaren Zugang zu KVStn haben. OVStn, die keine EVStn sind, können die Fernebene nur über EVStn erreichen. Die mittlere Leitungslänge vom Tln.-Endverzweiger zur OVSt beträgt ca. 2,3 km.

1.2.3.2 Verbindungsaufbau

Wählt man zum Aufbau einer Verbindung eine 0 vor, so versucht das Fernsprechnetz aus den nachfolgenden Ziffern zunächst die kürzestmögliche Wegstrecke unter Ausnutzung der o.a. Direktverbindungen zu finden (***alternative Verkehrslenkung***). Stehen hierfür Querwege zur Verfügung, stellt der kürzeste den ***Erstweg*** dar; ist hierüber z.B. aus Lastgründen keine Durchschaltung möglich, wird der nächstlängere ***Zweitweg*** versucht usw. Führt keiner der Querwege zum Erfolg, muß der ***Letztweg*** - der ***Kennzahlweg*** über die nächsthöhere Hierarchiestufe gewählt werden.

Der *rufende* (wählende, d.h. verbindungsaufbauende) Tln. wird hier, wie im folgenden, sofern nicht anders definiert, als ***A-Tln.***, der *gerufene* als ***B-Tln.*** bezeichnet, entspr. die diesen Tln. eindeutig zuzuordnenden VStn. Man kann folgende Verbindungsbeziehungen unterscheiden:

- **Verbindungswunsch des Tln. zum Fernnetz**:
  Durch die 0-Vorwahl muß grundsätzlich zur nächsten, eindeutig der EVSt oder OVSt zugeordneten (A)-KVSt durchgeschaltet werden. Ist der Tln. nicht an einer EVSt angeschlossen, muß von seiner OVSt die 0 zur EVSt weitergereicht werden, damit diese die KVSt ansteuern kann. In der Folge müssen soviele Ziffern in der A-KVSt zwischengespeichert werden, bis erkannt werden kann, ob der B-Tln an einer dieser KVSt (immer eindeutig) zugeordneten EVSt oder OVSt angeschlossen, bzw. über eine VSt höherer Ordnung zu erreichen ist.
- **Beide Tln. im gleichen KVSt-Bereich**:
  da zwischen Ortsnetzen keine Direktverbindungen bestehen, muß der Kennzahlweg genommen werden, typisch A-☎→(A-OVSt)→A-EVSt→KVSt→B-EVSt→(B-OVSt)→B-☎. Die OVSt-Klammern gelten für den Fall, daß der jeweilige Tln. an einer solchen angeschlossen ist, ansonsten entfällt dieser Verbindungsanteil natürlich.
- **Beide Tln. im gleichen HVSt-, aber unterschiedlichen KVSt-Bereichen**:
  Aus der ersten Ortsnetzkennziffer (also die nach der 0) ist für die A-KVSt nicht erkennbar, welches B-Ortsnetz gewählt wird, weshalb diese Ziffer auf jeden Fall zunächst zwischengespeichert wird. Aus den Folgeziffern wird erkannt, ob ein Querweg vorhanden ist - dieser Weg versucht - und bei Erfolglosigkeit der Kennzahlweg genommen, so daß der Verbindungsaufbau so aussehen könnte:
  A-☎→(A-OVSt)→A-EVSt→A-KVSt[→HVSt]→B-KVSt→B-EVSt→(B-OVSt)→B-☎. Die eckigen Klammern gelten für den Fall, daß der Querweg nicht existiert oder überlastet ist.

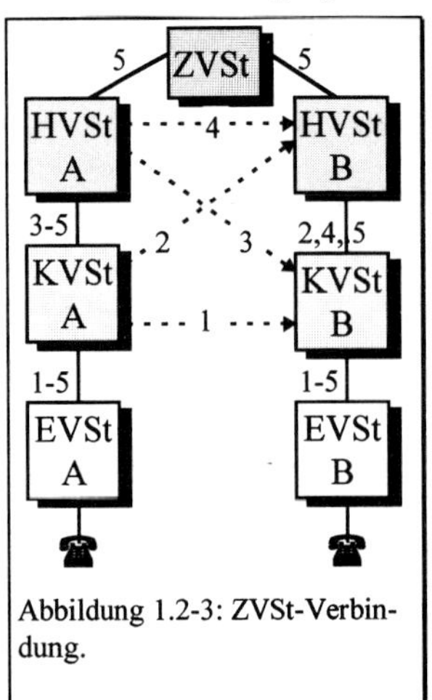

Abbildung 1.2-3: ZVSt-Verbindung.

- **Beide Tln. im gleichen ZVSt-, aber unterschiedlichen HVSt-Bereichen**:
  Ein solcher Verbindungsaufbau läßt sich am besten grafisch entspr. Abbildung 1.2-3 veranschaulichen. Hier ist unterstellt, daß alle möglichen Querverbindungen existieren, was aber in den wenigsten Fällen gegeben ist. Zur Vereinfachung seien beide Tln. an EVStn angeschlossen. Die an den Wegen eingetragenen Ziffern geben die Reihenfolge der versuchten

Wegesuche an und sind im wesentlichen selbsterklärend. Eventuell für die Folge-VSt benötigte Wählziffern werden weitergereicht. Handelt es sich um eine ISDN-Verbindung - hier ist die Netz-Topologie die gleiche, da das ISDN aus dem Fernsprechnetz evolviert - müssen unabhängig davon, welche VSt welche Ziffern benötigt, alle Ziffern bis zum B-Tln. durchgereicht werden, da diese grundsätzlich vom technischen Standpunkt bei diesem anzeigbar sein müssen.

- **Beide Tln. in unterschiedlichen ZVSt-Bereichen**:
  Prinzipiell gelten hier die gleichen Mechanismen wie im vorangegangenen Fall. Der Leser möge die möglichen Wege selbst durchdenken. Es soll noch darauf hingewiesen werden, daß die Bezeichnungen ***aufsteigender Kennzahlweg*** vom A-Tln. in Richtung VSt höchster möglicher Hierarchiestufe und ***absteigender Kennzahlweg*** in umgekehrter Richtung verwendet wird.

1.3 Sprachdigitalisierung und Zeitmultiplex

Um vom Fernsprechnetz zum ISDN zu kommen, muß Sprache digitalisiert werden. Einfache Sprachdigitalisierung unterscheidet sich prinzipiell nicht von der Digitalisierung beliebiger bandbegrenzter Analogsignale. Was heute üblicherweise als Digitalisierung bezeichnet wird, sollte man besser mit Binärisierung benennen: ein Digitalsignal ist identisch mit einem diskreten Signal (lat. Digitus: der Finger; entspr. *digital = mit den Fingern abzählbar*). Binärisierung ist Digitalisierung mit minimaler Stufenanzahl: zwei. Demgegenüber könnte man ein Analogsignal als Digitalsignal mit maximaler Stufenanzahl bezeichnen: ∞.

Die eigentliche Digitalisierung ist daher eine Zwischenstufe auf dem Weg zur Binärisierung. Auf die Vorteile der Digitalisierung soll hier nicht näher eingegangen werden. Sie werden in der einschlägigen Literatur ausreichend abgehandelt, und sind insbes. meist nicht spezifisch für die Telekommunikationstechnik, sondern deutlich darüber hinausgehend. Wir werden aber später bei Leitungscodes kennenlernen, daß man deutlich zwischen *logischem Binärwert* und dessen *physikalischer Repräsentation*, die durchaus aus technischen Gründen wieder *mehr als zweiwertig* sein kann (z.B. der pseudoternäre AMI-Code), unterscheiden muß.

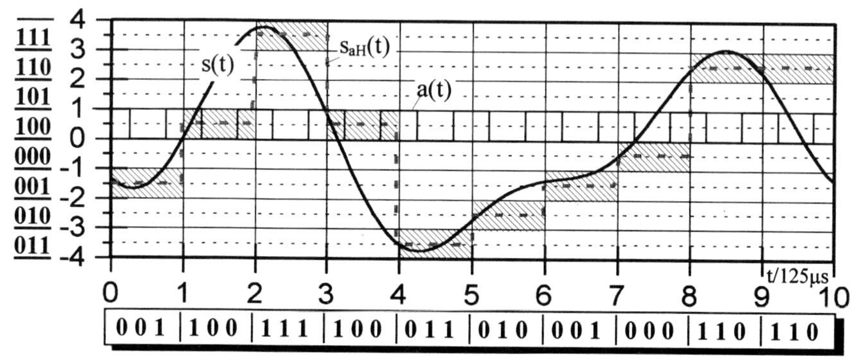

Abbildung 1.3-1: Umwandlung eines analogen Signalverlaufs durch Abtastung, Quantisierung und Binärisierung in ein PCM-Signal.

1.3.1 Pulscodemodulation (PCM)

PCM ist heute die Standardmethode zur Umwandlung analoger Signale in Digitalsignale, und läßt sich grob in die Schritte ***Abtastung***, ***Quantisierung*** und ***Codierung*** *in Form der Binärisierung* unterteilen. Sie geht auf A. H. Reeves zurück, der die Methode 1936 entwickelte, 1938 in Frankreich zum Patent anmeldete und dort zunächst von den Mitarbeitern des Patentamts ob seiner skurrilen Idee ausgelacht wurde. Die Methode ist einfach erläutert: man denke sich über das Analogsignal ein Gitternetz gelegt und übertrage die Binärwerte der Quadranten, durch die das Signal geht.

1.3.1.1 Abtastung

Die vordergründige Frage in diesem Zusammenhang ist, nach welchen Kriterien die Gitternetzdichte gewählt werden soll. Das erste Kriterium betrifft die Abtastung und legt den Abstand der vertikalen Gitterlinien fest. Es wird durch das Shannon'sche Abtasttheorem beantwortet, das besagt, daß bei einem bandbegrenzten Signal die Abtastrate f_a mindestens gleich der doppelten Grenzfrequenz f_g sein muß, damit bzgl. der Abtastung keine Information verloren geht: $f_a \geq 2 \cdot f_g$.

Hier wird der Begriff *Abtastrate* statt des in der Literatur üblicheren *Abtastfrequenz* verwendet. Die Abtastrate ist ihrer Natur nach eine Bitrate, also eine Pulsfolge. Da die Grundschwingung einer *Doppel*pulsfolge **01** durch *eine Periode* einer Analogschwingung repräsentiert werden kann, hat eine Bitrate, gemessen in bps (bit pro Sekunde), das doppelte des Zahlenwerts der Grundschwingung, gemessen in Hz (Hertz). Somit liegt der Bandbreitenbedarf einer Übertragungsstrecke mit der Sollkapazität von z.B. x Mbps bei x/2 MHz.

Analoge Sprachsignale werden auf ca. 4 kHz bandbegrenzt (genauer 300 Hz - 3400 Hz), was allein schon etwa der Bandbreite eines Telefon-Kohlemikrofons entspricht, und seine Begründung in der dabei noch ausreichenden Silbenverständlichkeit hat. Die Marge wird z.B. bei Analogmultiplexsystemen für den Abstand der Filter benötigt, die nur eine endliche Flankensteilheit aufweisen. Eine größere Bandbreite würde zwar bessere Sprachqualität bedeuten aber wäre bei Multiplexsystemen unwirtschaftlich, denn *das höchste Gut des Nachrichtentechnikers ist die Bandbreite*, und *Bandbreite kostet Geld.*

Konkret beträgt also die Abtastrate f_a = 8000 Abtastwerte/Sekunde bzw. der Abtastwertabstand T_a = 125 µs. Im Beispiel Abbildung 1.3-1 ist dieser Wert eingetragen und der höchste Frequenzinhalt des dargestellten Signals liegt wirklich bei ca. 3 kHz, so daß dieses Beispiel als realistisch angesehen werden kann. Der Beweis läßt sich mit etwas Fouriertransformation leicht führen:

Sei $\underline{S}(f)$ das auf f_g=4kHz bandbegrenzte komplexwertige Spektrum des Basisband-(Sprach)-signals s(t): $\underline{S}(f>f_g)=0$. Wir denken uns diese Funktion mit einer Rechteckpulsfolge a(t) mit einem bestimmten Tastverhältnis $0 < \alpha < 1$ (im Bsp.: $\alpha = 0{,}5$) multipliziert. Das Ergebnis sei die Funktion $s_a(t) = s(t) \cdot a(t)$. a(t) läßt sich aufgrund seiner Periodizität in eine Fourierreihe entwickeln:

$$a(t) = \sum_{k=-\infty}^{+\infty} c_k \cdot e^{j2k\pi f_a t} \quad \text{womit} \quad s_a(t) = s(t) \cdot \sum_{k=-\infty}^{+\infty} c_k \cdot e^{j2k\pi f_a t}$$

$$\Rightarrow \underline{S}_a(f) = \int_{-\infty}^{+\infty} s_a(t) \cdot e^{-j2\pi ft} dt = \sum_{k=-\infty}^{+\infty} c_k \cdot \underbrace{\int_{-\infty}^{+\infty} s(t) \cdot e^{-j2\pi(f-k\cdot f_a)t} dt}_{\underline{S}(f-k\cdot f_a)}$$

also: $\underline{S}_a(f) = \sum_{k=-\infty}^{+\infty} c_k \cdot \underline{S}(f - k \cdot f_a)$ mit den Fourierkoeffizienten $c_k = \alpha \cdot \frac{\sin(k\pi\alpha)}{k\pi\alpha}$

Diese Formeln stellen nichts anderes als eine Anwendung des Modulationsatzes dar. Dieser besagt, daß eine Zeitfunktion, mit $e^{j2\pi f_0 t}$ multipliziert, eine Verschiebung ihres Spektrums um f_0 zur Folge hat. Die Zerlegung von a(t) in seine Spektralanteile bewirkt dies bei s(t) um ganzzahlige Vielfache der Grundfrequenz. Dies sei in Abbildung 1.3-2 grafisch erläutert:

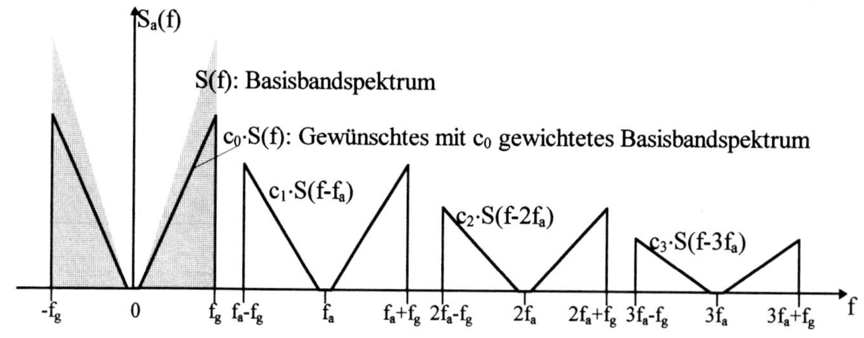

Abbildung 1.3-2: Verformung eines Basisbandspektrums durch Abtastung mit einer Abtastrate $f_a > 2f_g$.

Die grau schattierte Zone sei das Basisbandspektrum, die übrigen Verläufe stellen in ihrer Gesamtheit $S_a(f)$ dar. Man erkennt, daß aufgrund des Gleichanteils c_0 in a(t) beim Abtasten das Basisbandspektrum S(f) mit c_0 gewichtet auftaucht, sowie die zu den höheren Spektralanteilen gehörigen Modulationsverschiebungen. Die Werte der Koeffizienten c_k hängen von der Abtastfunktion ab, d.h. es kann im Prinzip jede beliebige periodische Funktion mit hinreichend großem Gleichanteil verwendet werden. Im konkreten Beispiel in Abbildung 1.3-1 wären die geraden c_k (ab k=2) alle Null.

Wir erkennen, daß es möglich ist, auf der Empfängerseite das Basisbandspektrum herauszufiltern, wenn $f_g - f_a \geq f_a$, was nichts anderes als die Aussage des Abtasttheorems darstellt. Für $f_a < 2f_g$ würden sich die Spektralanteile der Basisbandfunktion mit dem ersten Oberspektrum überlappen und könnten nicht durch ein Filter getrennt werden, für $f_a = 2f_g$ müßte ein idealer Tiefpaß mit rechteckiger Flanke bei $f_g = f_a/2$ eingesetzt werden, was zwar theoretisch denkbar, aber physikalisch nicht realisierbar ist.

Für $f_a > 2f_g$ ist diese Trennung, wie in der Abbildung dargestellt, ohne weiteres möglich. Wenn $f_a \gg 2f_g$, darf die Filtergüte gering sein und das Filter wäre preiswert, dafür wird aber Bandbreite verschwendet. Daher ist zwischen geringer Filtergüte und nicht zu großer Bandbreite in der Praxis ein Kompromiß zu suchen, der bei Sprachsignalen mit 4 kHz Bandbreite hinreichend erfüllt ist.

Das Abtasttheorem ist auch anschaulich im Zeitbereich begründbar: Man muß die höchste Frequenz des Basisbandsignals mindestens zweimal pro Periode abtasten, damit dieses wieder vollständig regenerierbar ist. Das ist ein Abtastwert pro Halbschwingung.

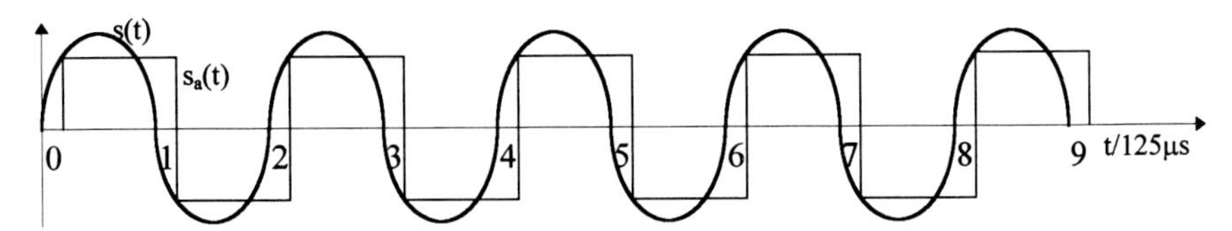

Abbildung 1.3-3: Abtastung eines 4 kHz-Sinussignals s(t) mit Abtasthaltefunktion $s_a(t)$ mit f_a = 8 kHz.

Das Beispiel in Abbildung 1.3-3 zeigt dies anschaulich. Hier gilt: $s_a(t) \propto a(t)$. $s_a(t)$ durch einen Tiefpaß mit Grenzfrequenz etwas oberhalb von 4 kHz gefiltert, ergibt wieder das Original-Sinussignal s(t). Für niedere Frequenzen funktioniert dies dann erst recht. Man erkennt, daß jedoch zwei Signalparameter verlorengehen: Amplitude und Phasenlage. Erstere würde z.B. bei einem akustischen Signal der Lautstärke entsprechen und ist damit ohnehin vom Empfänger frei wählbar, letztere entspricht einer Zeitverzögerung und hat wegen der endlichen Signalgeschwindigkeit beim Empfänger ohnehin eine anderen Wert als beim Sender, ist damit also ebenfalls bedeutungslos. Wichtig ist nur, daß die Modulation formgetreu ist, d.h. der Signalverlauf als solcher erhalten bleibt. Dies ist hier der Fall.

Eine Bemerkung verdient die Möglichkeit, daß die Abtastung ja auch zu den Nulldurchgängen erfolgen könne, womit die Amplitudeninformation völlig verlorenginge und damit das Signal beim Empfänger unregenerierbar sei und somit das Abtasttheorem verletzt wäre. Dieser Fall ist nur von akademischem Interesse. Liefert man dem Empfänger den Takt mit an, und es kommt zu den erwarteten Abtastzeitpunkten kein Signal an, kann er nur davon ausgehen, daß ein Sinus dieser Frequenz vorliegt. Jedes andere Signal würde ja auch zu Zeitpunkten abgetastet werden müssen, bei denen kein Nulldurchgang vorliegt. Somit wäre also doch auf der Empfängerseite bekannt, was auf der Senderseite losgeschickt wurde.

Ein darin wieder besonderer Fall wäre der, daß der Sender überhaupt kein Signal sendet - auch dies kann man als (allerdings trivialen) Spezialfall eines Sinussignal mit doppeltfrequenter Abtastrate ansehen:

Wenn man weiß, wie Komparatoren üblicherweise arbeiten, erkennt man, daß dieses Problem mit der realen Welt nichts zu tun hat: ein Komparator erzeugt an seinem Ausgang immer eine positive oder negative Spannung, nicht aber 0. Man könnte die Funktionsweise durch einen Aussagevergleich illustrieren:

Die Behauptung, die Aussage *ein abgetastetes Sinussignal ist auf der Empfängerseite immer regenerierbar* gelte nur dann *wenn man nicht zu den Nulldurchgängen abtaste* ist vergleichbar mit *ein Bleistift auf seine Spitze gestellt fällt immer um* gelte nur dann *wenn man dafür sorgt, daß sein Schwerpunkt sich nicht über dem Aufsetzpunkt befindet.*

1.3.1.2 Quantisierung und Binärisierung

In Abbildung 1.3-1 wird das Signal mit $8=2^3$ Stufen quantisiert und nach einem bestimmten Algorithmus auf ein binäres Bitmuster umgesetzt (codiert). Im Beispiel gibt das erste Bit (hier: das Most Significant Bit = MSB) den Polaritätsbereich an: MSB=**0**→s(t)<0; MSB=1→s(t)>0. Die anderen Bits geben den jeweiligen Betrag an. 3 Bits sind keine besonders gute Auflösung und die jeweils schraffierten Zonen geben den

Einzugsbereich einer solche Stufe an. In diesem Bereich liegt also die Unsicherheit beim Empfänger und er nimmt mangels weiterer Information von jeder Stufe den Mittelwert.

Dieser ist für jede Stufe durch eine gepunktete Linie gekennzeichnet und der gestrichelte treppenförmige Verlauf $s_{aH}(t)$ wird vom Empfänger dem Tiefpaß zugeführt, um das Originalsignal im Rahmen der Quantisierungsauflösung zu restaurieren. Diese Linie ist eine Variante des abgetasteten Signals $s_a(t)$: das Abtasthaltesignal $s_{aH}(t)$, bei dem zum Abtastzeitpunkt durch einen Kondensator das Signal auf dem Pegel gehalten wird, um auf der Übertragungsstrecke mehr Energie zu führen. Die Störanfälligkeit ist dann geringer.

Welches ist nun ein gutes Kriterium für die Stufenanzahl? Gibt es absolut verlustfreie Quantisierung, wie bei der Abtastung? Die letzte Frage ist mit *nein* zu beantworten; man müßte die Stufenanzahl ∞ machen und damit ∞ viele Bits pro Abtastwert verwenden, was die Bandbreite der Bitfolge ∞ werden ließe.

Für ein Sprachsignal ist das Kriterium, daß das sog. *Quantisierungsrauschen*, das durch die Unsicherheit bei endlicher Stufenanzahl auftritt, in akzeptablen Rahmen für Fernsprechqualität bleibt. Der Begriff des *Quantisierungrauschens* bedeutet hier, daß bei geringer Auflösung diese Unsicherheit beim Hörer in dem akustischen Eindruck resultiert, daß das Originalsignal verrauscht sei.

Vergleiche haben ergeben, daß eine Quantisierung mit 8 Bit entspr. einer Stufenanzahl von $2^8 = 65536$ ausreichend ist. Das bedeutet, daß pro Abtastwert 8 Bits zu übertragen sind, also eine Bitfolge von $8 \cdot 8000$ bps = 64 kbps resultiert. Der Worst-Case-Fall wäre hier, daß sich Nullen und Einsen abwechseln, was bedeutet, daß aufgrund der Tatsache, daß die Grundschwingung eine **010101**...-Bitfolge entspr. Abbildung 1.3-3 durch zwei Bits repräsentiert wird, eine Bandbreite von 32 kHz benötigt wird, also das achtfache der Analogbandbreite bei gleicher Qualität. Dies ist der fundamentale Nachteil der Binärisierung, denn Bandbreite resultiert, wie oben dargelegt, in entspr. Kosten.

Das dargestellte Verfahren funktioniert nur gut, wenn der Aussteuerbereich, im Beispiel Abbildung 1.3-1 ±4 Einheiten, auch ausgenutzt wird, d.h. die Person auch hinreichend laut redet, daß die Extrema der Signalspannungen etwa diese Werte erreichen. Redet sie lauter, führt ein Begrenzer zu Übersteuerungen, die durch Verzerrungen hörbar sind, und natürlich nicht durch das Digitalisieren eliminiert werden können. Redet sie leiser, ist die Anzahl der genutzten Quantisierungsstufen kleiner als die der vom A/D-Wandler angebotenen.

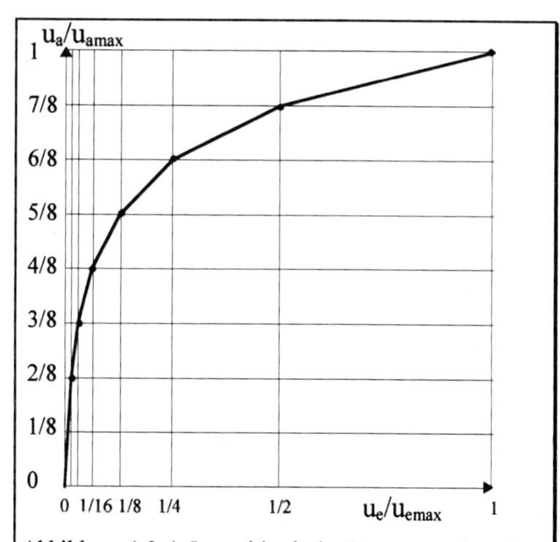

Abbildung 1.3-4: Logarithmische Kompressorkennlinie für Sprachdigitalisierung nach G.711(A-Law).

Da die Stufenhöhe fest ist, wird der Signalrauschabstand bei leiserem Signal schlechter. Dem kann man durch eine logarithmische *nichtlineare Quantisierung* begegnen. Entspr. Abbildung 1.3-4 für den Bereich positiver Pegel dargestellt wird sendeseitig eine stückweise linearisierte

Kompressorkennlinie gemäß ITU-T-Empfehlung G.711 zur Kompression verwendet. Hier werden die leisen Anteile des Analogsignals vor der Quantisierung auf Kosten der lauten pegelmäßig so angehoben, daß der Signalrauschabstand pegelunabhängig wird. Auf der Empfängerseite wird dieser Vorgang durch eine Komplementärkennlinie durch Expansion wieder rückgängig gemacht. Der Rauschabstandsgewinn beträgt 24,1 dB. Eine Konstante, die in Europa zu A=87,6 (A-Law), in Amerika zu μ=255 (μ-Law) festgelegt ist, stellt ein Maß für die Krümmung der Kennlinie dar. Die Kennlinie wird entspr. der Abbildung segmentweise durch Geradenstücke approximiert, wobei sich die amerikanische von der europäischen Version außerdem dadurch unterscheidet, daß bei letzterer bei u_a/u_{amax} = 1/8 kein Knick auftritt. Damit hat die amerikanische Gesamtkennlinie für positiven und negativen Pegel 15 Segmente, die europäische 13.

1.3.2 Adaptive Differentielle Pulscodemodulation (ADPCM)

So einfach das zuvor erläuterte PCM-Verfahren funktioniert, so kostengünstig sind heute PCM-Coder und -Decoder herzustellen. Sie werden in der einschlägigen Literatur der Analog- und Digitalelektronik ausführlich beschrieben. So simpel das Verfahren auch ist, so verschwenderisch geht es mit den Bits um. Will sagen: es nutzt charakteristische innere Zusammenhänge von Sprachsignalen bei der Codierung nicht aus.

Es gibt weitere Digitalisierungsverfahren, die hier sehr viel effektiver arbeiten und entweder dazu verwendet werden können, bei gegebener Analogbandbreite mit einer geringeren Anzahl von Bits pro Zeiteinheit auszukommen, wobei man dann noch unterscheiden muß, ob man den Sprecher noch erkennen können soll oder nicht. Ist das nicht erforderlich, läßt sich die Bitrate bis auf wenige kbps reduzieren. Aber auch andernfalls ist einiges machbar.

Eine andere Anwendung ist die Beibehaltung des 64 kbps-Bitstroms - denn dieser wird ja für Datenanwendungen durchaus für einen Universalkanal benötigt. Man kann dann die zugehörige Analogbandbreite entspr. erhöhen. Ein von ITU-T unter G.722 genormtes Verfahren, das im ISDN, aber auch im digitalen Mobilfunk Verwendung findet, ist die ***Adaptive Differentielle PCM*** (***ADPCM***), die z.B. verwendet wird, um in einem 64 kbps-Kanal eine Analogbandbreite von 7 kHz unterzubringen. Das Verfahren sei hier kurz erläutert [GE, FE]:

Statt den Absolutwert des Pegels zu codieren, wird die Differenz zu einem Prädiktionswert codiert. Dieser wird aus einer bestimmten Anzahl von vorangegangenen Pegeln praktisch durch eine Art Taylorreihenentwicklung (Polynomextrapolation) bestimmt. Diese Differenz ist üblicherweise erheblich geringer als der gesamte Aussteuerbereich, weshalb man weniger Bits bei gleicher Stufenhöhe zur Codierung verwenden muß (z.B. 4 statt 8). Weiterhin wird die Stufenhöhe nicht konstant belassen, sondern der Dynamik des Signals angepaßt: ist aus dem vorangegangenen Signalanstieg zu erwarten, daß der nächste Pegel auch deutlich höher liegt, wird die Stufenhöhe nach einem bestimmten Algorithmus erweitert; wird die Funktion flacher, wird auch die Stufenhöhe geringer. Um die Fehlerfortpflanzung zu minimieren, werden in bestimmten Abständen doch wieder Absolutwerte als Rücksetzpunkte codiert.

Das Analogsignal wird durch digitale Filter in die Bereiche unterhalb und oberhalb von 4 kHz unterteilt, die durch zwei separate ADPCM-Coder codiert werden. Der niederfrequente liefert einen 48 kbps-Bitstrom, der höherfrequente einen 16 kbps-

Bitstrom, da die höheren Frequenzen einen geringeren Energieanteil aufweisen (Sub-Band-ADPCM). Das spektrale Energiemaximum von Sprache liegt in der Größenordnung von 1 kHz [ST]. Ein Multiplexer generiert daraus den 64 kbps-Bitstrom. Weitere Verbesserungen lassen sich durch parametrische Codierverfahren erreichen.

Der Nachteil ist jedoch zum einen, daß der deutlich komplexere Codier- und Dekodier-Algorithmus in entspr. aufwendigeren und teureren ICs resultiert. Zum anderen muß dafür Sorge getragen werden, daß ADPCM-Telefone zu PCM-Telefonen abwärtskompatibel sind. Das heißt, ein ADPCM-Coder/Decoder muß in einer Ecke noch einen PCM-Coder/Decoder sitzen haben und über die Signalisierung bei Verbindungsaufbau zunächst abklären, welcher Natur sein Kommunikationspartner ist. Nur wenn es sich hier ebenfalls um ein ADPCM-Gerät handelt, hat die Verbindung durchgängig 7 kHz-Qualität, andernfalls wird auf PCM entspr. 4 kHz Analogbandbreite heruntergefahren.

1.3.3 Zeitmultiplex

Ein konkretes und weit verbreitetes ***Zeitmultiplex-System*** (***Time Division Multiplex*** = ***TDM***) ist das in ITU-T G.732 spezifizierte ***PCM30*** (***Primärratenmultiplex***, engl.: ***Primary Rate***, auch als E1 bezeichnet und im ISDN zur Realisierung der S_{2M}-Schnittstelle verwendet), das auf den zuvor aus der Pulscodemodulation begründeten 64 kbps-Kanälen basiert. Der Namensbestandteil *PCM* ist aus dem Grund, daß die Beschränkung auf PCM-Signale *nicht* vorliegt, irreführend: unabhängig davon, ob ein Bitmuster durch A/D-Wandlung erzeugt wurde oder direkt als solches vorliegt (z.B. in Form von binär codierten ASCII-Zeichen) ist es auf einfache Art möglich, über *eine* physikalische Leitung *mehrere Kanäle*, d.h. *mehrere Verbindungen* zu übertragen.

Wir wollen die Funktionsweise anhand von 30 gemäß Abbildung 1.3-1 codierten Sprachquellen zusätzlich zwei weiteren Kanälen, also insges. 32, betrachten. In dem dort dargestellten Beispiel hält das Abtasthalteglied den Abtastwert auf der ganzen Dauer bis zum nächsten 125 µs späteren Abtastwert entspr. der Funktion $s_{aH}(t)$.

Verkürzt man bei allen Quellen diese Zeit auf 125/32 µs ≈ 3,906 µs, so kann man bei entspr. Phasenverschiebung der so verkürzten Abtasthaltesignale, alle zu jedem Abtastwert zugehörigen 8 Bits im Intervall von 125 µs unterbringen. Jedes der so zeitgemultiplexten Oktetts wird in diesem Zusammenhang als ***Zeitschlitz*** (***ZS***), von 0 bis 31 gezählt, betrachtet. PCM30 bildet so die Grundlage *leitungsvermittelter* Verbindungen.

Die beiden o.e. Zusatzkanäle sind der ***Zeitschlitz 0*** zur ***Synchronisierung***, d.h. hier steht keine Nutzinformation, sondern bestimmte Bitmuster, die beim Hochlauf bzw. Wiederhochlauf einer solchen Strecke zur Initialisierung des Zeitschlitzzähler sowie zur permanenten Überwachung der Rahmensynchronisation benötigt werden.

Der ***Zeitschlitz 16*** wird zur ***Signalisierung*** verwendet; hier stehen beim Verbindungsaufbau die Wählziffern und sonstige Signalisierung, die z.B. parallel zur stehenden Nutzkanalverbindung verwendet wird (Beispiel: Einberufen einer Konferenz). Dieser Zeitschlitz 16 gehört heute üblicherweise *allen 30 Nutzkanälen gemeinsam* und wird von höheren OSI-Schichten (s. Kap. 2) segmentiert bzw. reassembliert, und einzelnen Verbindungen zugeordnet. Dann spricht man von einem ***Zentralen Zeichenkanal*** (***ZZK***), der in Kap. 7 ausführlich behandelt wird. Demgegenüber steht eine heute immer seltener verwendete ***kanalassoziierte*** Signalisierung, die z.B. durch ***Bitstealing*** realisiert werden kann, indem von jedem Nutzkanal in größeren zeitlichen Abständen das niederwertigste Bit (Least Significant Bit = LSB) zur Signalisierung verwendet wird, aber auch durch Subkanalbildung des ZS16 [BE].

Dieser 32 Oktetts bzw. 256 Bit lange, 125 µs dauernde PCM30-Rahmen mit einer Bitrate von 2,048 Mbps wird pro Sekunde 8000mal zyklisch wiederholt, und kann so permanent 32 (bzw. 30) Informationsflüsse à 64 kbps führen. Da die Informationsflüsse üblicherweise bidirektional sind, gibt es als Verbindung zwischen Vermittlungsstellen für *jede Richtung eine* solche PCM30-Leitung. Der Freiheitsgrad, welche Quelle welchen Zeitschlitz belegt, wird in den Vermittlungsstellen zur Vermittlungstechnik verwendet. Hier kommen von einer Leitung *p* auf Zeitschlitz *x* die Bits zur Verbindung *v* an, und werden gehend in Zeitschlitz *y* auf Leitung *q* gestellt. Diese Kombination wird dann Raum/Zeitmultiplex genannt. Die folgende Skizze stellt einen solchen PCM30-Rahmen mit beispielhaften Bitmustern dar:

ZS0	ZS1	ZS2	ZS3	...	ZS15	ZS16	ZS17	...	ZS31
x0011011	01101001	10010100	10010100	...	10001000	01111110	00000000	...	11110101

Im ZS0 steht ein typisches Rahmensynchronisationsbitmuster, wobei das x-Bit von weiteren Bedingungen abhängt. Das Bitmuster **01111110** im ZS16 wird uns später noch öfter begegnen. Es stellt ein *Flag*, den Beginn eines sog. *HDLC*-Rahmens dar, der typisch eine Signalisierungsnachricht höherer OSI-Schichten trägt.

1.4 Klassische Dienste öffentlicher Netze

Im folgenden werden die Vor-ISDN-Dienste kurz angerissen, die evtl. mit Modifizierungen heute im ISDN integriert sind. Die dazu vorgestellten Netze existieren nach wie vor und es wurden Übergangslösungen geschaffen. Diese betreffen zum einen die Kopplung des ISDN an diese Netze mittels ***Inter-Netzschnittstellen*** (***Network Network Interface = NNI***), als auch die Möglichkeit des Anschlusses von ursprünglich für diese Netze gedachten ***Nicht-ISDN-Endgeräten*** über ***Terminaladaptoren*** (***TA***) an das ISDN (***Teilnehmer-Netz-Schnittstelle***; ***Network to User Interface = UNI***).

Durch den Einsatz netzinterner Interworking Units (IWUs) können Nicht-ISDN-Endgeräte mit ihresgleichen, unabhängig vom Netz, an dem sie angeschlossen sind, als auch mit funktional gleichen ISDN-Endgeräten kommunizieren.

1.4.1 Dateldienste

Als Da(ten)tel(e)dienste bezeichnet man im wesentlichen die Dienstgruppe, die es ermöglicht, Daten *transparent*, d.h. ohne weitere Bearbeitung im Netz, im **Fernsprechnetz**, ***leitungsvermittelten Datennetz*** (***Datex-L***; ***DATa EXchange***; allg. ***Circuit Switched Public Data Network = CSPDN***) sowie im ***paketvermittelten Datennetz*** (***Datex-P = Dx-P***; allg. ***Packet Switched Public Data Network = PSPDN***) zu übermitteln. Die beiden letztgenannten bilden zusammen mit dem Telexnetz das ***IDN*** (***Integriertes Text- und Datennetz***) [AL, CA, GE, KA1].

1.4.1.1 Datenübermittlung im Fernsprechnetz

Die ITU-T-Empfehlungen der ***V-Serie*** beschreiben entspr. Abbildung 1.4-1 die Schnittstellen zwischen DEE, z.B. einem PC, und DÜE, hier ein Modem, die den Zugriff auf das Fernsprechnetz ermöglicht. An diesem kann meist noch ein Telefon angeschlossen werden, so daß entweder telefoniert oder Datenverkehr auf der zweidrähtigen a/b-Leitung zum Netz gefahren werden kann. Die Schnittstellenleitungen und die mechanischen Eigenschaften werden in der Empfehlung V.24 beschrieben. Es handelt sich hier um *bitserielle* Datenübertragung, im Gegensatz zu *bitparalleler*, die z.B. bei der Centronics-Schnittstelle zu Druckern, als einer systeminternen Schnittstelle, üblich ist [TI1].

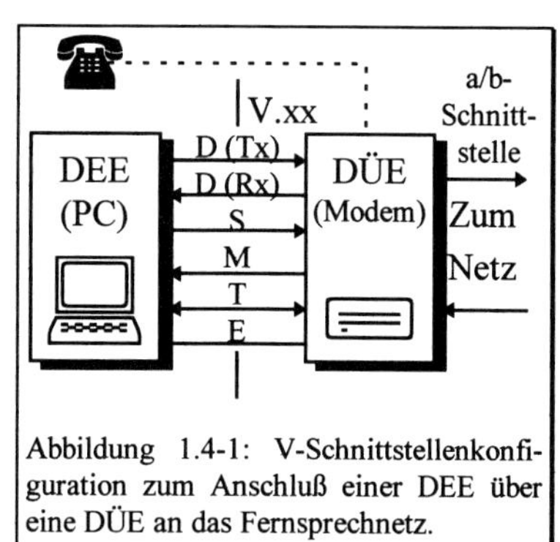

Abbildung 1.4-1: V-Schnittstellenkonfiguration zum Anschluß einer DEE über eine DÜE an das Fernsprechnetz.

Die Bitraten, mit denen auf öffentliche Datennetze zugegriffen werden kann, sind in der ITU-T-Empfehlung X.1 festgelegt und haben für das Fernsprechnetz u.a. die Werte in Tabelle 1.4-1. Bei der Art und Weise des Zugriffs ist außer diesen Geschwindigkeitsklassen zunächst das Modulationsverfahren von Bedeutung, das angibt, auf welche Weise der binäre Bitstrom von der DEE im Modem auf analoge Schwingungen umgesetzt wird. Hierfür gibt es eine eigene Gruppe von V-Empfehlungen [Gu, Scha].

ITU-T-Spezifikation(en)	Bitrate in kbps	Modulationsverfahren	a/s	Übertragungsrichtung	Anwendung
V.17	2,4/7,2/9,6/ 12,0/14,4	QAM	s	HDx	Schnelles Faxen
V.21	0,3	BFM	a/s	Dx	DÜ
V.22(alt)[bis(neu)]	0,6/1,2/[2,4]	PDM[QAM]	a/s	Dx	DÜ
V.23	0,6/1,2	BFM	a	HDx m.H. 75bps	altes Btx
V.26bis	1,2/2,4	PDM	s	HDx m.H. 75bps	DÜ veraltet
V.29	2,4/4,8/7,2/9,6	QAM+PDM	s	HDx/Dx	DÜ veraltet
V.32(alt) [bis; terbo(neu)]	2,4/4,8/[7,2]/ 9,6/[14,4;19,2]	QAM	a/s	Dx	DÜ, Fax terbo:aktuell
V.33	2,4 ... 14,4	QAM+PDM	s	Dx	DÜ
V.34	2,4 ... 28,8	QAM+PDM	a/s	Dx unsymm.	DÜ aktuell

Tabelle 1.4-1: Die wichtigsten ITU-T-Modem-Spezifikationen der V-Serie. Es bedeuten: a/s=a/synchron, BFM=Binäre Frequenz-, QAM=Quadratur-Amplituden-, PDM=Phasendifferenzmodulation.

Weiterhin ist zwischen *asynchronem* und *synchronem* Zugriff entspr. den Erläuterungen in Abschn. 1.2.2 zu unterscheiden. Die Übertragungsrichtung kann je nach Spezifikation aus der Gruppe *Sx* evtl. mit Rück- oder Hilfskanal (m. H.) von einigen zehn bps, *HDx* oder *Dx* sein. Tabelle 1.4-1 gibt eine Übersicht über die heute noch und die aktuellen gebräuchlichen Modem-Spezifikationen.

Weitere V-Empfehlungen betreffen Spezifikationen im Modem-Umfeld, z.B. ist V.25ter eine Empfehlung für die automatische serielle Wahl, die wesentliche Elemente des ***AT***(tention)-Befehlssatzes (US-Industrie-Standard, entwickelt von der Fa. Hayes) enthält. Dieser ***Hayes-Standard*** stellt für die Modems neuerer Generation *die* Kommunikationssprache dar, mit der bestimmte Funktionen ausgeführt werden können. Dazu gehören *Änderungen der Voreinstellungen, Modemlautsprecher leise/laut, Wähltton ignorieren* etc.

Außerdem ist aktuell die V.42-Empfehlung von Bedeutung, die das in Abschn. 4.3 vorgestellte HDLC-Protokoll, hier in der Variante ***LAPM*** (***Link Access Procedure Modem***) beschreibt. V.42bis beschreibt ein damit häufig kombiniertes *Datenkompressionsverfahren*, das Kompressionsgewinne bis zum Faktor 3 ermöglicht. Man muß bei Modems, die diese Spezifikation(en) mit einbeziehen darauf achten, daß die Anbieter hier oft einen um diesen oder ähnlichen Faktor höhere Bitrate angeben, die jedoch nur erreicht wird, wenn sowohl die Daten auch entspr. komprimierbar sind und das Partnermodem diese Funktion ebenfalls aufweist.

Sonstige wichtige Modemstandards stellen die ***Duplex-Microcom Networking Protokolle 1-10*** (***MNP***) der US-Fa. Microcom dar, von denen heute die Versionen 4-10 von Bedeutung sind. Die DEE-Schnittstelle ist asynchron ausgeführt, die Leitungsschnittstelle synchron. Zusätzlich wird ab Version 5 Einzeldatenkompression zur Steigerung der effektiven Datenrate um max. 200% eingesetzt.

Heutige Modems sind üblicherweise keineswegs auf die Datenübertragung zwischen PCs beschränkt, sondern dienen, neben der Realisierung der meisten obigen Schnittstellenstandards in einem Gerät, gleichzeitig als G3-Telefax- und Btx-Transceiver zum PC. Es gibt sie preiswert für wenige Hundert DM als externe Standalone-Geräte oder als PC-Einsteckkarten. Hierfür müssen sie SW-Schnittstellen zu Standard-Betriebssystemen, wie Windows oder Mac aufweisen, damit der Benutzer mit den ihm gewohnten Masken (z.B. Pull-Down- oder Pop-Up-Menüs) auf Einstellungen und Funktionen zugreifen kann.

Anhand dieser Zusammenstellung ist erkennbar, daß aufgrund des parallel zur Entwicklung des ISDN noch enormen Entwicklungspotentials der Analogtechnik und in Anbetracht der in der BRD relativ hohen Grundkosten für die beiden obligaten B-Kanäle, die im Privatbereich eigentlich selten gleichzeitig gebraucht werden, zu erwarten ist, daß sich auch für PC-Anwender das Eindringen des ISDN in den Privatbereich verzögern wird.

1.4.1.2 Datenübermittlung im leitungsvermittelten Datennetz (Dx-L)

Die ITU-T-Empfehlungen der ***X-Serie*** spezifizieren hier die Schnittstelle zwischen DEE und DÜE. Aufgrund der Tatsache, daß das Fernsprechnetz heute jeden Geschäfts- und Privat-Tln.- erreicht, auf das IDN jedoch praktisch nur von geschäftlich genutzten Anschlüssen zugegriffen wird, ist die Verbreitung dieser X-Schnittstellen erheblich geringer als die der V-Schnittstellen und insbes. kein Wachstumsmarkt [TI2, TI3].

Die X.24-Schnittstelle stellt hier das Äquivalent zur V.24 dar. X.20/21 bieten a/synchrone Bitraten entspr. den X.1-Benutzerklassen an und spezifizieren für den jeweiligen Einsatz eine funktionale Untermenge der 15 X.24-Leitungen. Die jeweils zugehörigen elektrischen Eigenschaften werden in X.26 (V.10) und X.27 (V.11) spezifiziert. X.20bis und X.21bis legen die adäquaten Spezifikationen für DEEn fest, die V-Schnittstellen aufweisen, also ursprünglich für den Fernsprechnetzzugriff gedacht waren.

Außerdem werden optionale Leistungsmerkmale, wie *Kurzwahl*, *Direktruf*, *Geschlossene Benutzergruppen* (Closed User Groups = CUG), *Anschlußkennung* (netzunterstützter Kennzeichenaustausch während des Verbindungsaufbaus für Anwendungen mit besonderem Sicherheitsanspruch, wie Kontenzugriff), *Gebührenübernahme*, *Rundschreiben* und *geschriebene Datensignale* angeboten. Auf die X.21-Schnittstelle wird nochmals in Abschn. 6.2.1.1 eingegangen.

Zur historischen Entwicklung dieses Netzes ist festzuhalten, daß Anfang der siebziger Jahre aus den Erfahrungen der Fernsprechtechnik und des ab den dreißiger Jahren aufgebauten Telexnetzes zusammen mit dem Bedarf aus der wachsenden EDV sich dessen Aufbau in den Jahren 1975 - 1980 vollzog. Vollelektronische, digitale speichervermittelte VStn wurden von der Fa. Siemens (EDS) zum hierarchisch zweistufigen Aufbau dieses Netzes verwendet. In einer Verdichtungsebene haben Telex-Fernschreiber, sowie asynchrone und synchrone DEEn über ZD (Zeitmultiplex-DÜEn) Zugriff auf das Netz. Kanäle niedriger Bitraten werden hier nach bestimmten Algorithmen auf 64 kbps-Kanäle gemultiplext, auf einer Vermittlungsebene wieder separiert, einer EDS-VSt zugeführt, und hier vermittelt.

Das Dx-L-Netz wurde vor allem auch benötigt, um Erfahrungen mit digitalen Netzen zu gewinnen, die in die Konzeption des ISDN eingeflossen sind. Das Dx-L hat damit ausgedient, seine Betriebseinstellung ist angekündigt.

1.4.1.3 Datenübermittlung im paketvermittelten Datennetz (Dx-P)

Die Paketvermittlungstechnik unterscheidet sich von der leitungsvermittelten Technik dadurch, daß einzelne Datenblöcke höherer Schichten (z.B. eine DIN A4-Seite Text mit ca. 2 KB bis 10 kB) in Form von Paketen mit einem Kopf (Header) zur Steuerung und meist noch mit einem Schwanz (Trailer) zur Datensicherung verpackt werden. Die unterschiedlich langen Pakete werden dann auf synchronen Bitpositionen durch das Netz vermittelt, sind aber nicht zyklisch wiederholten Zeitschlitzen zugeordnet. Im Gegensatz zur leitungsvermittelten Technik müssen Packet-Handler im Netz jedes Paket separat aufnehmen, auf Korrektheit überprüfen und weiterrouten, was entspr. Prozessorleistung und Zwischenspeicher benötigt. (s. auch Abschn. 6.2).

Diese Übermittlungsmethode ist effizient für burstartigen Verkehr, wie er für DEEn im Gegensatz zu Sprachverkehr charakteristisch ist: Daten kommen *stoßweise gehäuft*, mit langen Pausen zwischen den Bursts, im Gegensatz zur *gleichmäßig dahinplätschernden* PCM-Bitstrom. Der Datex-P-Dienst wurde 1981 nach einjähriger Probezeit in der BRD in das IDN integriert, wobei die VStn SL 10 der Fa. Northern Telcom zum Einsatz kommen.

Auch hierfür sind die Bitraten in der Empfehlung X.1 festgelegt. Bedeutung haben heute die Raten 1,2/2,4/4,8/9,6/12,0/14,4/19,2/28,8 und 48 kbps bis zu 1,92 Mbps. Die Tln.-Netzschnittstelle wird in der Empfehlung X.25 spezifiziert, weitere Empfehlungen in diesem Umfeld sind ebenfalls in Abschn. 6.2 nachlesbar.

In der BRD sind folgende Diensteangebote von Bedeutung [Schu]:

- **DATEX-P10H**:
  Synchroner Standard-X.25-Hauptanschluß (H) als Ein-oder Mehrkanalanschluß von 2,4 kbps ... 1,92 Mbps.
- **DATEX-P10I-B**:
  Synchroner Terminal Adaptor-(TA)-Anschluß in Maximalintegration (s. Abschn. 6.2.2) an eine ISDN-S_0 oder -S_{2M}-Primärmultiplex-Schnittstelle mit Datenübertragung im B-Kanal nach EURO-ISDN (DSS1) und X.25/X.31-Protokoll CaseB.
- **DATEX-P10I-D**:
  wie P10I-B, aber Datenübertragung im S_0-D_{16}-Kanal mit brutto 16 kbps/netto 9,6 kbps nach X.25/X.31-Protokoll CaseB, Q.921.
- **DATEX-P20F/C**:
  Asynchroner Zugang nichtpaketorientierter DEEn zum Dx-P via eines der in Tabelle 1.4-1 vorgestellten Modems über das Fernsprechnetz oder Funktelefon-C-Netz.
- **DATEX-P20H**:
  ähnlich **DATEX-P20F/C**, nur daß die DEEn X.20bis-Schnittstellen mit Bitraten bis max. 9,6 kbps aufweisen.
- **DATEX-P20I**:
  für asynchrone DEEn, die mittels V.24/V.28-TA über das ISDN mit max. 19,2 kbps auf das Paketnetz zugreifen.

1.4.2 Standarddienste

Standarddienste (***Teleservices***) sind im Gegensatz zu den zuvor besprochenen ***Übermittlungsdiensten*** (***Bearer Services***) solche, deren höheren OSI-Schichten durch ein Normungsgremium, z.B. ITU-T und damit evtl. in Varianten vom öffentlichen Netzbetreiber, festgelegt sind. Für die Übermittlungsdienste muß dieser im Gegensatz dazu lediglich die Übertragungs- und Vermittlungskapazität bereitstellen, der Inhalt der Daten ist für das Netz transparent.

1.4.2.1 Standarddienste im Fernsprechnetz

Telefax:

Der seit 1980 angebotene Telefaxdienst gliedert sich in vier Gruppen mit unterschiedlicher Auflösung und Übertragungsrate. Technische Bedeutung für das Fernsprechnetz hat heute nur noch die in der ITU-T-Empfehlung T.4 spezifizierte Gruppe 3 (G3-Fax), von der Geräte für wenige Hundert DM heute auch den Privatbereich erschließen. Die in den T.563/T.6/T.62-Empfehlungen spezifizierten G4-Geräteeigenschaften weisen dagegen eine direkte ISDN-S_0-Schnittstelle auf.

Ein G3-Gerät bzw. -Fax-Modem benötigt zur Übertragung einer DIN A4-Seite ca. eine Minute, die Vorlagen werden mit 7,7 Zeilen/mm bzw. 3,85 Zeilen/mm Vertikal- und 8 Pixels/mm Horizontalauflösung abgetastet und mittels eines ***Modifizierten Huffman-Codes*** (***MHC***) übertragen. Die Modulation erfolgt als 8/4-wertige Phasen-Differenz-Modulation mit Raten von 2,4/4,8/7,2/9,6 kbps.

Weitere technische, den Telefaxdienst betreffende Spezifikationen, finden sich in den ITU-T-Empfehlungen:

T.0:	Klassifizierung von Fernkopierern	T.10:	Telefax-Übertragung
T.22/23:	Testvorlagen für Telefax	T.30:	Prozeduren für Telefax-Übertragung
F.160/170/180:	Internationale Telefaxdienste		

Um einen effizienten Telefax-Verkehr zu gewährleisten, ist eine ordentliche Datenkompression auf der Senderseite und entspr. Expansion auf der Empfängerseite wichtig, um die benötigte Bandbreite zu reduzieren. Jede sinnvolle Fax-Vorlage besteht aus z.B. weißen zusammenhängenden Flächen (Textdokument), die immer dieselbe Pixelinformation enthalten. Bei der zeilenweisen Abtastung entstehen also lange Sequenzen mit Bitmustergruppen gleicher Information. Der Huffman-Code wandelt diese Codewörter fester Länge in solche variabler Länge um, wobei die häufig vorkommenden mit wenigen Bits, die selten vorkommenden mit mehr Bits umcodiert werden.

Der hier verwendete MHC bzw. die Verbesserung, der ***Modifizierte Read Code*** (***MRC***) für G4-Fax ist also ein einzelzeichenkomprimierendes Verfahren. Bei reiner Textübertragung würde dies z.B. bedeuten, daß statt aller Buchstaben im 7- bzw. 8 Bit-ASCII zu codieren, das im deutschen am häufigsten vorkommende *e* mit weniger Bits, das seltene *y* mit mehr Bits codiert würde. Ein solchermaßen codiertes Dokument kommt mit insgesamt deutlich weniger Bits als das unkomprimierte aus.

Bildschirmtext/Datex-J/T Online:

Bildschirmtext (Btx oder Videotex) war ursprünglich als Abrufdienst dazu konzipiert, mittels einer speziellen Btx-Tastatur über das Fernsprechnetz Information von Datenbasen auf dem Fernsehbildschirm darzustellen. Diese werden von entspr. Anbietern in Form von Btx-Seiten in Btx-Rechnern der Telekom oder von Privatanbietern gespeichert. Dieses Konzept stammt noch aus der Zeit der Home-Computer. Heute ist Btx nach Überarbeitung etwas für den PC und wird, wie o.a., über integrierte Daten/ Btx/Fax-Modems realisiert [DJ, Eh].

Das System wurde 1976 von dem Engländer Sam Fedida vorgestellt und in England 1980 unter den Bezeichnungen *Prestel* und *Viewdata* eingeführt. Im Juni 1984 wurde der Dienst unter dem Namen Btx in der BRD eröffnet. Nach anfänglich im Vergleich zum Ausland (z.B. in Frankreich: télétel) zurückhaltender Akzeptanz verbesserte sich diese deutlich nach Umstellung auf das Datex-J(edermann)-System auf mehr als 500 000 Tln. im Jahr 1994.

Ursachen sind im wesentlichen praktisch die Nullkosten des Btx-Decoders im integrierten Modem von anfänglich über 1000,- pro Steckkarte, der bundesweit einheitliche Zugang, gesamte Führung über das Fernsprechnetz, verbesserte Zugriffsmöglichkeiten sowie Zugänge zu anderen Diensten, wie Telex, Telebox (entspr. MHS X.400; s. Abschn. 6.4), Senden von Nachrichten an Telefax- und Cityruf-Empfänger.

Die angebotenen Dienste lassen sich im wesentlichen in die Klassen *transparente Datendienste*, *Informationsdienste* und neuerdings *interaktive Online-Dienste* unterteilen (T-Online als Zugang zum Internet; s. Abschn. 1.5). Das DxJ-Netz besteht aus über 200 regionalen Netzknoten (DxJ-VStn). An diesen sind ***Externe Btx-Hosts*** (***ER***) als Informationsbasen angeschlossen. Beispielsweise steht in einem ***ER*** der Katalog eines Versandhauses elektronisch zur Verfügung, und eine Online-Bestellung kann mit ihm abgewickelt werden. Zahlreiche Btx-Seiten werden als Kopie in den DxJ-VStn bereitgehalten, so daß viele Informationsanforderungen bereits auf dieser Ebene abgewickelt werden können.

Temex:

steht für ***TEleMetry EXchange*** und wurde seit 1986 als öffentlicher Dienst für das Fernwirken mit Dienstanbieteranschlüssen und Dienstnutzeranschlüssen mit regionaler Begrenzung angeboten. Dazu gehören

- **Fernanzeigen**, d.h. jedwede Art von Alarmen (Feuer, Einbruch, Erdbeben)
- **Fernmessen**, d.h. Ablesen von Zählern (Gas, Wasser, Strom)
- **Fernschalten**, d.h. Ein- und Ausschalten von Geräten (Heizung, Licht, Sensoren)
- **Ferneinstellen**, z.B. Verkehrsleitsysteme, wie verkehrsflußabhängige Geschwindigkeitsbeschränkungen; Fahrspuren sperren, freigeben, Richtung ändern.

Für einen bestimmten Dienst pollt die jeweilige Temexzentrale die ihr zugeordneten Außenstationen an, wobei die Fernsprechleitungen ggf. parallel zu Fernsprechverbindungen simplex oder duplex im Frequenzband um 40 kHz frequenzgemultiplext genutzt werden (***Data over Voice = DoV***). Entsprechend den o.a. unterschiedlichen Funktionen gibt es verschiedene Anbieter- und Nutzeranschlüsse, die sich bzgl. Verbindungsart (evtl. auch über das IDN), Nachrichtenumfang und Pollingfrequenz unterscheiden.

Der Temex-Dienst als solcher wurde inzwischen eingestellt, Funktionen werden tlw. von Mobilfunknetzen (s. Abschn. 1.6) übernommen.

Telebox400:

wurde 1984 erstmals als eine Realisierung von Electronic Mail nach ITU-T X.400 (Message Handling System = MHS; s. Abschn. 6.4) angeboten. Die meisten Telebox-Zugänge werden über das Fernsprechnetz erreicht, gleichwohl sind aber Zugänge über das IDN möglich, so daß jeder mit jedem unabhängig vom Netzanschluß kommunizieren kann. Das Standardgerät für den Zugriff ist der PC mit einer genormten Benutzeroberfläche. Jeder Tln. erhält eine eigene Identität und Paßwort (Account). Die grundsätzlichen Funktionen eines Teleboxdienstes werden im o.a. Abschn. erläutert [Kr.6].

Die Telekom stellt im MHS-Sprachgebrauch einen Anbieter eines öffentlichen Versorgungsbereichs (***Administration Management Domain = ADMD***) mit Zentrale in Mannheim dar. Eine ***ADMD*** stellt Mitteilungsübermittlungsdienste auch anderen ***MD***s, z.B. privaten (dann: ***PRMD***) oder ausländischen nationalen Anbietern bereit.

1.4.2.2 Standarddienste in den Datex-Netzen

Ein wichtiger Standarddienst, der in der BRD über Dx-L abgewickelt wird, ist der 1980 auf der Hannovermesse vorgestellte und seit 1981 angebotene ***Teletex-Dienst*** mit der einheitlichen Bitrate von 2,4 kbps. In anderen Ländern kann dieser Dienst über das Fernsprechnetz oder über das Paketnetz (s.u.) abgewickelt werden. Dieser Dienst, auch als *Bürofernschreiben* bezeichnet, verwendet einen ausgiebigen ASCII-Schriftzeichensatz. Es sind auch Umsetzer für Telex mit entspr. reduzierten Funktionen in Betrieb.

Für Dx-P sind Zusatzdienste erwähnenswert, die für Rechenzentren mit Großrechnern (Mainframes, Hosts) Standards darstellen. Dazu gehören IBM 2780/3780 (**P42H**), Siemens 8160 (**P33H**) bzw. DEEn IBM 3270 und kompatible (**P32H**). In Klammern ist jeweils die in der BRD festgelegte Bezeichnung angegeben, zu der jeweils eine Untermenge der X.1-Bitraten gehört. Leistungsmerkmale, wie *Mehrfachanschluß*, *Virtuelle Wähl- oder Festverbindungen*, *CUGs* und *Gebührenübernahme* können bei Bedarf konfiguriert werden.

1.5 Internet

Das Internet ist das Telekommunikationsobjekt, das seit Beginn der neunziger Jahre wohl am meisten Furore macht und von dem erwartet wird, daß es eine Durchdringung unserer Privatsphäre erreicht, wie zuvor nur das Telefon, Rundfunk und Fernsehen. Die hier angebotenen Dienste scheinen die Inkarnation der Informationgesellschaft als postindustrielle Gemeinschaft darzustellen. Alles was speicher-, abfrag- oder kommunizierbar ist, kann durch den Internet-Zugang erreicht werden [GI, GO, QU].

Online-Dienste, allen voran ***CompuServe*** in den USA, wo auch die Internet-Idee herkommt, und in der BRD der Nach-Btx-Telekom-Dienst ***T-Online*** bieten mittlerweile hier mehreren Hunderttausend geschäftlichen und auch privaten Nutzern mit deutlich wachsender Tendenz den Zugang zu den begehrten Informationen an. Über die Informationsbeschaffung hinaus bietet das Internet

- **Foren, Konferenzen, Chats**
  an, bei denen man sich an Diskussionen zu allen möglichen (und unmöglichen) Themen beteiligen kann (engl.: to chat = schnattern),
- **Electronic Mail** (vgl. Telebox)
- **Home Banking, Teleshopping**
- **Electronic Publishing**
- **Werbung**

Surfen ist das Hinundherspringen zwischen den verschiedenen Anwendungen. Doch das Credo des Profis lautet: *Wo andere surfen, da schlagen wir Wellen.*

Das Internet ist kein physikalisches Netz in dem Sinne wie das Fernsprechnetz oder die Datexnetze, sondern ein Funktionalnetz oder logisches Netz. Netzattribute, wie sie in Abschn. 1.2.2 vorgestellt wurden, sind wenig aussagekräftig. Das Netz als *vermascht* und damit als höhere Topologieform zu bezeichnen, grenzt schon an Strukturierung: *chaotisch* bis *anarchisch*, da aus derzeit mehr als geschätzten 90 000 physikalischen Netzen mit 30 - 40 Megateilnehmern bestehend, wäre angebrachter.

Physikalisch kann jedes Netz mit hinreichender Kapazität, Öffentlichkeit und TCP/IP-Transparenz Bestandteil des Internet sein. So ist praktisch in allen Ländern der Zugang zu Internet-Funktionen - zumindest für den Privatbereich - über das jeweilige Fernsprechnetz, mit großem Zuwachs auch das ISDN, dominant. Entspr. sind auch die Voraussetzungen für den Zugang: der PC mit Standard-Betriebssystem (Windows oder Apple), das Modem mit min. 14 400 bps, die Frontend-SW des Online-Anbieters der Wahl. Allen Internet(s) gemeinsam ist der Zugang auf den OSI-Schichten 4/3 über das in Abschn. 6.3 erläuterte TCP/IP (Transmission Control Protocol/Internet Protocol).

Somit gehört das Internet nicht einer Betreibergesellschaft und verfügt auch nicht über eine dienst- und netzumfassende Management-Struktur. Diese wird nur von den Online-Diensten für deren Einzugsbereich angeboten.

1.5.1.1 Historie

Die Anfänge waren der geglaubte Bedarf an dezentraler Kommunikationsinfrastruktur des Pentagon in den Zeiten des Kalten Krieges. Ein kriegführendes Land wäre schachmatt, wenn die Kommunikation lahmgelegt ist, und diese Gefahr war bei den damaligen (sechziger Jahre) zentralgesteuerten Netzen groß. Dazu wurde 1969 von der militärischen ***Advanced Research Project Agency*** der Vorläufer ***ARPANET*** entwickelt.

Auszutauschende Nachrichten werden gemäß dem TCP/IP paketiert und suchen sich ihren Weg selbständig unter Ausnutzung alternativer Leitweglenkung bei Knotenausfall oder Streckenüberlastung durch das Netz gleichberechtigter Knoten. 1972 wurden auf diese Art 40 amerikanische Universitätsgroßrechner vernetzt und konnten so außer Informationsaustausch auch ihre Kapazitäten teilen. Bald kamen neue Funktion, wie die o.e. E-Mail hinzu.

Da Militärs jedoch gerne unter sich bleiben, bauten die Wissenschaftler nach den gleichen Mechanismen ihr eigenes ***USENET*** (***USEr NETwork***), basierend auf dem ***UUCP***-Protokoll zur Kommunikation von Rechnern mit UNIX-Betriebssystem. Die Verbreitung blieb bescheiden, da in der Vor-OSI-Zeit jeder Rechnerhersteller seine eigenen Varianten anbot und Inkompatibilität im Glauben von *Kundenabhängigkeit = resultierende Gewinnmaximierung* kultivierte.

1986 wurden in den USA durch die ***NSF*** (***National Science Foundation***) die wichtigsten Universitäten mittels Breitbandleitungen in Form des ***NSFNET*** vernetzt, einbezogen wurde das USENET und mittlerweile andere vergleichbare Netze. Einheitlich wurde das TCP/IP verwendet und 1989, als der Kalte Krieg (hoffentlich) endgültig ad acta gelegt wurde, das ARPANET von den Militärs freigegeben und alles zusammen zum Internet integriert.

Das bedeutete noch keineswegs, daß es jetzt für Benutzer einfach war, auf das Internet zuzugreifen. Von irgendwelchen Protokollen auf mittleren Schichten sieht und versteht der Benutzer - jetzt allmählich auch in Europa zum *User* migriert - herzlich wenig. Die fehlende einheitliche Benutzeroberfläche war die Zugangsverriegelung. Der nächste Innovationsschub kam aus Europa: 1989 wurde dazu vom Europäischen Forschungszentrum für Kernphysik in Genf (CERN) das ***World Wide Web*** (***WWW***) ins Dasein gerufen, zunächst nur mit der Absicht, daß die Forscher bequem ihre Daten austauschen konnten.

Der Schlüssel nahm die Form eines Mausclicks an, Icons aus den ersten grafischen Benutzeroberflächen von Betriebssystemen der Mittachtziger (Apple Macintosh, ATARI 520 ST) geboren, waren die Pointer auf die Informationslabyrinthe der Welt.

1.5.1.2 Zugang zum Internet

Wer kommunizieren will braucht eine Adresse. Das gilt für die Post, für das Telefon - und auch für das Internet, und zwar für den Kunden (***Client***) und den Dienstanbieter (***Provider***) bzw. dessen ***Server***. Sie manifestiert sich heute in einer weltweit eindeutigen 32-Bit entspr. 4 durch Punkte getrennte Oktetts langen IP-Adresse, vergeben in Europa von RIPE/NCC in Amsterdam. So wie die Telefonnummer in Vorwahl und Tln.-Nr. strukturiert ist, können Internet-Nummern für lokale Netze z.B. in einen Netzwerkanteil (N) und in einen Maschinenanteil (m) aufgespalten werden.

Diese Adreßstrukturen sind in drei Klassen unterteilt: A=N.m.m.m, B=N.N.m.m, C= N.N.N.m, die wiederum bestimmte Zahlenwerte annehmen dürfen. Wer welche Nummernstruktur erhält, hängt vom Aufbau seiner Rechnerinfrastruktur ab; es können Unterstrukturen gebildet werden. Jedes N kann nur einen Unterbereich von physikalisch 256 möglichen Werten annehmen, weshalb A- und B-Adressen schon alle vergeben sind und derzeit (1996) ein neues Adressierungssystem eingeführt wird: Acht Doppeloktett, zur syntaktischen Unterscheidung vom alten System durch Doppelpunkte statt Punkte getrennt.

Schon das alte, und erst recht das neue Adressierungssystem machen eine *Surfen* unmöglich: nennenswerte Teile der Internetzeit gingen durch Eintippen, Suchen, Korrigieren verloren, weshalb ein ***Domain Name Service*** (***DNS***) dem User für die gewünschte Anwendung eine i.allg. anders strukturierte Klartextadresse (***Name***: sollte als engl. Begriff interpretiert werden) anbietet, und sie ggf. in die eigentliche IP-Adresse umsetzt. Mit einem ***Browser***, wie ***Netscape***, zur Ansteuerung des ***WWW*** unter Windows geht das z.B. über entspr. grafische Menüs.

Beispiel für einen ***Name*** ist *Rechner.Abteilung.Firma.Land.* Rechts steht die oberste Domäne (Top Level Domain), links daneben die Second Level Domain, die beide von dem IP-adreßvergebenden Gremium wegen der weltweiten Gültigkeit festgelegt werden. In der BRD ist praktisch immer *Land=de*, es gibt aber auch andere Strukturen. Genauso wie in Abschn. 1.2.3.2 das Wahlverfahren der Fernsprechtechnik mit dem ziffernweisen Abbilden der Vorwahlnummern auf die einzelnen Netzhierarchien beschrieben wurde, geht es hier mit dem Versenden von Internet-Datenpaketen, nur daß die Richtung der Schreibweise umgekehrt ist - wie bei der Briefpost.

Die Funktion der ***Name***-Umsetzung kann jedoch praktisch niemals innerhalb eines Rechners, auch nicht z.B. innerhalb eines LAN, an dem der Rechner angeschlossen ist, ausgeführt werden. Jedes System müßte ja die vollständigen ***Names*** und IP-Adressen führen - datenvolumenmäßig und ganz abgesehen von der Dynamik des Internet ein unmögliches Unterfangen. Daher geschieht diese i.allg. verbindungsaufbaubegleitend: kennt ein die Verbindung fortführender Knoten mit zugehörigem ***Name-Server*** die gewünschte IP-Adresse zu einem benötigten Namensanteil nicht, wird eine Anfrage an den ihm immer bekannten hierarchisch nächsthöheren ***Name-Server*** gestellt.

Kann auf diese Art die Adreßabbildung nicht durchgeführt werden, z.B. weil bei neuen oder gerade entfernten Diensten noch nicht alle ***Name-Server*** aktualisiert sind, kann bei Direkteingabe einer bekannten IP-Adresse der Anwendungsserver immer noch erreicht werden.

1.5.1.3 Anwenderdienste

Eigentlich will der User ja nicht ins Internet, sondern er will sich eine Anwendung zunutze machen. Dazu braucht er ein Anwenderprogramm (z.B. Telnet), von dem es die auf seinem PC laufende Client-Variante gibt, auf dem Server, der die gewünschten Informationen bereithält, die Server-Variante. Beide greifen auf die ihnen jeweils unterlegte Netzwerk-Software zu, hier das TCP/IP-Protokoll über eine Winsocket-Schnittstelle, und diese wieder auf das eigentliche Netz.

Dieses *Client/Server*-Prinzip unterscheidet sich deutlich von dem klassischen, noch im vorangegangenen Jahrzehnt dominanten *Terminal/Host*-Prinzip: bei ersterem geschieht die Anwendungsdiensterbringung durch eine vernünftige Intelligenzverteilung zwischen Client und Server. Insbes. ist ersterer auch für mächtige Lokalfunktionen geeignet - eben typisch für einen PC. Demgegenüber kann ein Terminal von alleine praktisch gar nichts, sondern nur Steuerbefehle an einen Zentralrechner übermitteln, auf dem sämtliche Funktionen ablaufen - oft bis zur Darstellung der Bildschirmzeichen durch Reflexion der zum Host geschickten Zeichen.

Von diesen Anwenderprogrammen seien die wichtigsten hier vorgestellt:

- ***Telnet*** (***Terminal Emulation*** über das ***Netz***)
  ermöglicht den interaktiven Zugriff auf den Partnerrechner.
- ***FTP***:
  File Transfer-Programme mit zugehörigen Protokollen werden benötigt, um Kopien von Dateien (z.B. Wissenschaftliche Veröffentlichungen oder ganze Bücher) auf Servern zum Client zu ziehen. Dateien sind oft komprimiert und können mit entspr. Tools lokal expandiert werden.
- ***E-Mail***:
  bereits vorgestellt und eigentlich eine ***FTP***-Variante, nur daß der Inhalt persönlicher Natur ist und zwischen Clients bzw. zwischen deren Mailboxen hin- und her geschickt werden kann. ***E-Mail***-Adressen haben die Struktur <Persönlicher Name oder Nickname>@<Internet-Name>. Der *Klammeraffe* @ ist ein stilisiertes *at* (engl.: *bei*).
- ***News***:
  Newsgroups im USENET (Diskussionsgruppen, auch Chats) machen die Welt zum Stammtisch. Man kann *nur zuhören* (Lurks), etwas *am schwarzen Brett zur Diskussion stellen, auf etwas antworten* (Follow Ups erzeugen). NNTP sorgt für die Verteilung der zu einer Newsgroup gehörenden Daten auf die richtigen Server.
- ***Gopher***:
  heißt eine amerikanische Wühlmaus, und ist gleichzeitig ein Wortspiel auf *Go for it.* Das Suchprogramm stellt praktisch den in die Welt verlängerten Arm des Suchprogramms des PC-Betriebssystems für die internen lokalen Dateien dar.
- ***WAIS***:
  Wide Area Information Server sind auf bestimmte Themengebiete spezialisiert und enthalten primär text-, aber auch bild- und tonbasierte Dokumente.
- ***WWW***:
  der Hypertext(-media)-Navigator mit ***HTTP*** (***Hypertext Transport Protokoll***), der alle oben vorgestellten Anwendungen mit Hilfe eines ***Browser***-Programmpakets (z.B. ***Netscape***, ***Mosaic***) lesbar macht und auf die Maske der jeweils vorhandenen Betriebssystem-Benutzeroberfläche (z.B. Windows oder Mac) abbildet. Hypertexte sind Multimedia-Dokumente mit komplexen Querverweisen zu anderen Dokumenten, abgefaßt auf der Grundlage der Sprache ***Hypertext Markup Language*** (***HTML***), die scharf zwischen Syntax und Semantik der Darstellung trennt. Zugriffe auf das Internet via ***WWW*** sind durch entspr. Vorsatz zum eigentlichen Namen kenntlich: *http://<Name>*. Organisationen und Unternehmen stellen sich und Informationen über Zugänge zu ihren Datenbasen dem *User* über sog. ***Homepages*** vor.
- ***Ping***: dient dem Anklopfen, ob überhaupt eine Verbindung herstellbar ist.
- ***Archie***, ***Veronica***
  heißen die Beschreibungs-Datenbanken aller Dateien auf mehr als 1000 ***FTP***-Servern. Sie helfen zusammen mit ***Gopher*** bei der Suche nach Dateien.
- ***RCMD***:
  Remote CoMmanD macht von dem in Abschn. 2.5.2.7 vorgestellten ROSE-Dienst Gebrauch und erlaubt die Ausführung von Funktionen auf anderen Rechnern (z.B. ein Numerik-Programm auf einem Universitätsrechner, das lokal nicht vorhanden ist oder womit der PC überfordert wäre). Ergebnisse erhält der Client via ***FTP***.
- ***Finger*** gibt Auskünfte über *User* eines Rechners.
- ***Talk*** dient zur Direktkommunikation mit anderen Netzwerkteilnehmern.

1.6 Mobilfunk

Die Technik der Mobiltelekommunikation ist genauso wie das Internet für sich gesehen ein abendfüllendes Thema und wird zur Begrenzung des Umfangs dieses Buches und wegen seiner sinnvollen Abgrenzung aufgrund der systembedingt physikalischen und vermittlungstechnischen Andersartigkeit als die hier behandelten Festnetze nur kurz angerissen. Neben dem hier besprochenen terrestrischen Mobilfunk, der die Grundlage der Funktelefonnetze bildet, gibt es noch maritime (Schiffahrt) und aeronautische (Luftfahrt) Mobilfunksysteme. Für die Geschäfts- und Privatwirtschaft sind von besonderer Bedeutung:

- **Funktelefone**
  der jedermann zugänglichen D-Netze, evtl. noch das ältere C-Netz, neuerdings auch das E-Netz.
- **Funkrufsysteme (Paging-Systeme)**, wie Eurosignal, Cityruf, ERMES.
- **Schnurlose Telefone** und **Funk-NStAnl**,
  wie CT1, CT1+, CT2, neuerdings DECT für ISDN-Anschluß.
- **Betriebsfunk**, wie CHEKKER, Mobiler Datenfunk.

Andere Systeme sind entweder nur beschränkten Personenkreisen zugänglich (z.B. Behörden), oder nur für spezielle Anwendungen gedacht [DA, EB, TU, Ey, Ke, Re].

1.6.1 Funkfernsprechen

Die historische Entwicklung der Funktechnik hat ihre Ursprünge in der theoretischen Vorhersage der Existenz elektromagnetischer Wellen durch James Clerk Maxwell im Jahre 1864, deren praktischer Nachweis durch Heinrich Hertz 1887, der sie für nicht modulierbar hielt, und 1900 dem Aufbau der ersten Funkverbindung über 100 km durch Marconi - ein Jahr später nach Amerika. 1918(!) wurde auf der Bahnstrecke Berlin-Zossen erstmals von Eisenbahnwagen funktelefoniert, 1926 wurde ein solcher Dienst auf der Strecke Berlin-Hamburg angeboten.

1.6.1.1 A-, B- und C-Netz

Die älteren Funkdienste arbeiteten amplitudenmoduliert im LW-, später im MW-Bereich, jedoch erst die in den fünfziger Jahren erschlossene UKW-Technik mit Frequenzmodulation ermöglichte hinreichende Bandbreiten und Kanalkapazitäten. 1958 wurden verschiedene nationale bis dato separate Funknetzsysteme zum ***A-Netz*** zusammengefaßt. Das System arbeitete handvermittelt im Bereich von 156-174 MHz mit einem Nachbarkanalabstand von 50 kHz und 10 W Sendeleistung. Es wurde 1977 wegen technischer Veraltung eingestellt und der Frequenzbereich dem ***B-Netz*** zugeschlagen ($\rightarrow B_2$).

1972 wurde das Selbstwähl-***B-Netz*** für fahrende Tln. eingeführt und war ca. 1978 flächendeckend. Es arbeitete im Bereich von 146-156 MHz mit einem effizienteren 20 kHz-Kanalabstand. Der Versorgungradius einer Station betrug ca. 25 km. Tln. in Luxemburg, Österreich und den Niederlanden konnten erreicht werden. Die maximale Tln.-Anzahl betrug 1986 ca. 27 000. Das Netz wurde 1994 außer Betrieb genommen.

Das seit 01.05.86 gleich flächendeckend angebotene ***C-Netz*** ist im Gegensatz zu den Vorgängern zellularer Natur. Das heißt, ein Tln. wird automatisch beim Verlassen des Einzugsbereichs einer VSt an die nächste weitergereicht (***Handover***), während bei den älteren die Verbindung abgebrochen wurde. Weiterhin dient als einheitliche Zugangskennzahl die 0161, d.h. ein rufender Tln. muß nicht wissen, wo sich der gewünschte Partner aufhält; die Suche wird vom Netz übernommen (***Roaming***). Die Übertragungstechnik wird im Frequenzbereich 450-455,74 und 460-465,74 MHz in Form einer Phasenmodulation (also noch analog) mit einem max. Frequenzhub von 4 kHz abgewickelt.

Die Signalisierung zwischen Funk-VStn und mit VStn, denen Fest-Tln. zugeordnet sind, erfolgt über IKZ 50, die zwischen Funk-VStn auszutauschenden Tln.-Daten über einen ZZK nach dem ZGS#7 (s. Kap. 7) mit einem besonderen *Mobile User Part*. Zusätzlich hat man mit allerdings tlw. dürftiger Performance Zugang zu Datennetzen mit Nichtfernsprechendgeräten. Mit mehreren hunderttausend vor allem geschäftl. Tln. Ende der achtziger Jahre hat und wird das ***C-Netz*** kein dem (Fest)-Telefon vergleichbares Massenprodukt sein bzw. werden. Anders verhält es sich bei dem digitalen D-Netz:

1.6.1.2 D-Netz

Mit dem massiven Eindringen der Digitaltechnik in die Festnetze, zunächst in Form des IDN, danach als ISDN und nun als B-ISDN wurden die Anstrengungen verstärkt, deren Vorteile auch auf die Funktechnik, und vor allem auf die Funkfernsprechtechnik als 2. Generation zu übertragen. 1982 wurden innerhalb des heute im ETSI [Ro] aufgegangenen Normungsgremiums CEPT die Projektgruppe ***GSM*** (***Groupe Special Mobile***) zum Entwurf eines europäischen Mobilfunksystems ins Leben gerufen [Mu, Sche].

Der europäische Ministerrat stellte 1987 mit einem ***Duplexabstand*** (Frequenzabstand von Sprech- und Hörrichtung) von 45 MHz für die beiden Senderichtungen die Frequenzbereiche von 890-915 und 935-960 MHz zur Verfügung. Darin sind 124 Kanäle mit je 200 kHz Bandbreite untergebracht. Jeder Kanal führt acht TDM-Zeitschlitze mit einer Bitrate von je 16 kbps bzw. heute 16 Zeitschlitze mit je 8 kbps. Zur Modulation wird das *Gaussian Minimum Shift Keying = GMSK* mit einen Modulationsindex von 0,3 verwendet. Ein solcher sog. ***Organisationskanal*** mit einer Gesamtbitrate von 271 kbps besteht wiederum aus ***BCCH*** (***Broadcast Control Channel***) und ***CCCH*** (***Common Control Channel***), die den Netzanschluß organisieren, sowie dem ***DCCH*** (***Dedicated Control Channel***) als Nutzkanal.

Die Normungen wurden unter Einbezug der Industrie weitergeführt und 1990 vom ETSI übernommen. Die technischen Empfehlungen wurden am 7.12.89 verabschiedet. Nichtbehördliche Organisationen wurden als Betreiber zugelassen, in der BRD sind dies derzeit DeTeMobil (***D1***) und Mannesmann (***D2***). Das danach auch ***GSM-Netz*** genannte ***D-Netz*** ist ähnlich wie das (Fest)-ISDN zwar für Sprachübertragung optimiert, aber bietet auch vernünftige, der heutigen Zeit angepaßte Zugangsmöglichkeiten für Nichtfernsprechdienste.

Entspr. der Abbildung 1.6-1 besteht das ***D-Netz*** aus der

- ***Mobilen Station*** (***MS***)
  die i.allg. ein Funktelefongerät, das schnell zum Statussymbol verkommene ***Handy***, darstellt. Es kann sich aber prinzipiell um jede D-Netz-kompatible mobile DEE handeln, z.B. ein Laptop mit Sende- und Empfangseinheit.

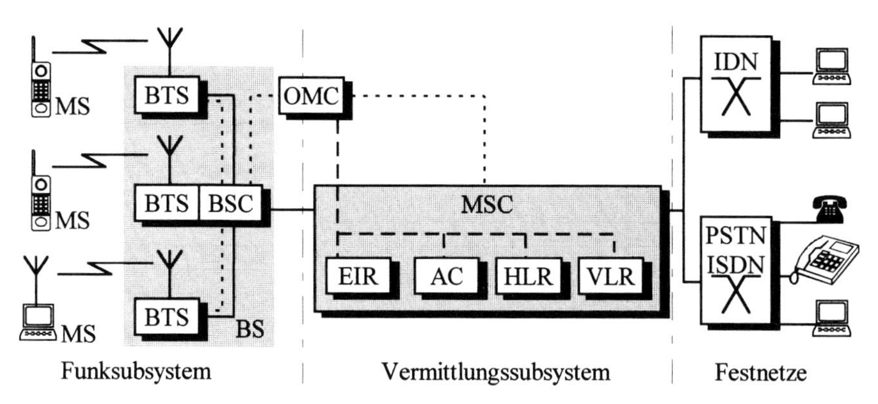

Abbildung 1.6-1: Systemaufbau des D-Funktelefonnetzes [Ke].

- ***Funkfeststation*** (***Base Station=BS***), unterteilt in
  - Base Transceiver Station (BTS)
    als reinem Funksende- und Empfangsteil, und dem
  - Base Station Controller (BSC) als Steuerungsteil
- ***Funkvermittlung*** (***Mobile Service Switching Center=MSC***) mit je einer
  - Besucherdatei (Visitor Location Register=VLR)
  - Heimatdatei (Home Location Register=HLR)
  - Authentifizierungszentrale (Authentification Center=AC)
  - Endgerätekennungsdatei (Equipment Identity Register=EIR)
- ***Zentralen Betriebstechnik*** (***Operation and Maintenance Center=OMC***)

1.6.2 Funkrufdienste

Mobilempfänger, die diese Dienste anbieten, können sehr kompakt sein (→***Pager***, auch als Armbanduhr oder Kugelschreiber), da i.allg. keine Sprecheinrichtung benötigt wird. In Klammern hinter den Diensten steht die Generationsnummer:

- **Eurosignal** (1)
  ermöglicht Rufsignalübermittlung an kleine Funkrufempfänger mittels eines Fernsprechapparats. Drei große Rufbereiche in der BRD (Mitte-Kanal A mit 87,34 MHz und Nord- und Süd-Kanal B mit 87,365 MHz) mit eigenen Funkrufzentralen lassen den Tln. einen großen Bewegungsspielraum. Jedem Funkrufempfänger können max. vier Codenummern zu unterschiedlichen Zwecken zugeordnet werden. Gruppenruf ist ebenfalls möglich.
- **Cityruf** (2)
  bietet im Gegensatz dazu die Übertragung numerischer oder alphanumerischer Zeichen, die Empfänger sind kompakter und benötigen keine zusätzlichen Antennen. Die Anzahl der Rufzonen in der BRD beträgt ca. 50 und jede dieser Zonen verfügt über Funkrufvermittlungsstellen, -konzentratoren und -sender, die vierdrähtig in Telefonqualität verschaltet sind. Jede Rufzone wird über mehrere UHF-Sender mit drei Frequenzen im 460 MHz-Bereich zu je 100 W versorgt. Endgeräte sind als

- ***Nur-Ton-Empfänger*** (*NT=**Rufklasse 0***; bis 4 Signale je Gerät)
- ***Numerik-Empfänger***
  (*N=**Rufklasse 1*** mit 15 Ziffern oder Sonderzeichen mit Display und Speicher)
- ***Alphanumerik-Empfänger***
  (*AN=**Rufklasse 2*** mit 80 ASCII-Zeichen mit Display und Speicher)

erhältlich. Einzelruf, Sammelruf, Gruppenruf und Zielruf sind möglich. ***Euromessage*** stellt eine auf dem von British Telcom (BT) gemäß dem ***POCSAG-(Post Office Code Standardization Advisory Group)***-Standard basierende Erweiterung zur Einbindung der englischen und schweizerischen EUROMESSAGE, des französischen ALPHAPAGE und italienischen TELEDRIN-Funkrufsysteme dar.
SCALL stellt einen solchen Funkrufdienst mit nutzungsabhängiger Blocktarifierung ohne monatliche Grundkosten für private Anwendungen bereit (vgl. auch ***Quix*** der Fa. MiniRuf).

- **ERMES** (2)
  steht im Gegensatz zu den o.a. nationalen Funkrufdiensten für ***European Radio Message System***. Der von dem ETSI standardisierte und seit Ende 1992 in der BRD verfügbare Dienst arbeitet im Frequenzbereich von 169,4-169,8 MHz mit einer Übertragungsrate von 6,25 kbps. Die Cityruf-Endgerätetypen werden in verbesserter bzw. erweiterter Form angeboten. Dazu kommen Leistungsmerkmale, wie
  - Nachrichtennumerierung zur Erkennung verlorengegangener Rufe
  - Prioritätsruf mit zwei Klassen
  - Übertragungszeit < 2,5 Minuten von der Auftragsvergabe bis zum Empfang
  - Einsatz als ***Transparentdaten-Empfänger*** (***TD=Rufklasse 3***)

  sowie etliche optionale Dienstmerkmale (*Rufumleitung*, *Rufwiederholung*, *Nachrichtenspeicherung mit zeitversetzter Aussendung* etc.).

1.6.3 Schnurlose Telefone und Funk-NStAnl

1.6.3.1 Birdie

Schnurlose Telefone (***ST***; ***Cordless Telephones=CT***) sind im geschäftlichen sowie Privatbereich seit Anfang der neunziger Jahre dank stark gefallener Preise ein Renner. Geräte neuerer Generation erlauben das Fernsprechen mit dem Mobilteil in der Umgebung von 50-150 m von meist in öffentlichen Telefonzellen untergebrachten ***birdie***-Stationen, die sich an Orten starker Personenkonzentration befinden. Der Einzugsbereich ist also etwa der gleiche, wie der der Heimstation zum Mobilteil [Be, Ey].

Dazu wurde der ***CT***-Standard zum ***CT+*** weiterentwickelt: 885-887 MHz Mobil→Festteil, 930-932 MHz umgekehrt, entspr. 45 MHz Duplexabstand. Kanalraster 25 kHz entspr. 80 Kanälen, analoge Frequenzmodulation, daher keine Zukunft beschieden.

CT2 entspr. ETSI-Standard als 2. Generation, arbeitet im Frequenzbereich von 864,1-868,1 MHz mit einem 100 kHz-Kanalraster entspr. 40 Kanälen, digitalem FDMA-Übertragungsverfahren, einer Bitrate von 72 kbps und ADPCM-Sprachcodierung statt PCM.

Benötigt werden für ***birdie*** der normale zu Hause verwendete Mobilteil, Heimstation und die ***birdie***-Station in der Nähe. Am Mobilteil muß eine entspr. Taste zum Umschalten von *privat* auf *öffentlich* betätigt werden und nach Eingabe einer PIN-Nr. kann telefoniert werden.

1.6.3.2 Digital European Cordless Telecommunications (DECT)

DECT soll dem ISDN-Kunden die optimale Mobilität beim Fernsprechen im Heim anbieten. Nachdem analoge NStAnl mit 4-10 Anschlüssen für teilw. kaum mehr als DM 100,- und dem Platzbedarf zweier Zigarettenschachteln erhältlich sind, wird man diesen Standard der 2. Generation beim ISDN-Anschluß nicht missen wollen. Die Standardisierung wurde seitens des ETSI im Sommer 1992 abgeschlossen und ***DECT***-Anlagen sind auf dem Markt [Br, Sche].

Der genutzte Frequenzbereich von 1880-1900 MHz wird durch zehn HF-Träger von jeweils 1,729 MHz Bandbreite belegt. Jeder Träger führt wiederum 24 Zeitschlitze, die ähnlich PCM30 zyklisch umlaufen. Jeder Mobilteil hat durch Frequenzmultiplex (Frequency Division Multiple Access=FDMA) auf jeden freien Zeitschlitz jedes Kanals auch während der Verbindung freien Zugriff. Der Frequenzbereich ist nicht in zwei Duplexzonen mit entspr. Trägerabstand unterteilt, sondern der Zugriff geschieht über das in Abschn. 4.2.5 für die TKAnl-U_{p0}-Schnittstelle beschriebene Ping-Pong-Verfahren, das 12 Zeitschlitze für eine Richtung, die anderen 12 für die Gegenrichtung nutzt. Jeder Zeitschlitz hat eine Nettonutzbitrate von 32 kbps (Sprache) und eine Signalisierungsbitrate von 6,4 kbps. Abhörsicherheit wird durch einen komplexen Scrambler gewährleistet.

Bei der ***Luftschnittstellen***-Definition (***Common Air Interface = CAI***) wurde auf weitgehende Universalität und Kompatibilität zu allen derzeit bedeutenden Netzen geachtet: PSTN, ISDN, Dx-L/P, LAN, Paging-Netze (o.a. Personensuchanlagen), Mobiles Fernsprechnetz (D-Netze).

1.6.4 Betriebsfunk

Der Betriebsfunk stellt eine relative frühe Variante der Mobilkommunikation für einen jeweils eingeschränkten Personenkreis dar, z.B. die Kommunikation der Nachtwächter auf einem Firmengelände.

- **CHEKKER**
  gehört zur Klasse der ***Bündelfunkdienste***. Hier ist die Anzahl der zur Verfügung stehenden Kanäle i.allg. deutlich kleiner als die Anzahl der Tln., die diese nutzen könnten. Das System ist also blockierend und wird in der Fernsprechtechnik auf den höheren Hierarchieebene grundsätzlich aus ökonomischen Gründen angewendet. Es funktioniert so lange gut, wie die Anzahl der Tln., die das System zur gleichen Zeit nutzen wollen, gering bleibt.
  Diese Prinzip wird mit ***CHEKKER*** auf die Betriebsfunktechnik übertragen. Genutzt werden mit einem Duplexabstand von 10 MHz die Frequenzbereiche von 410-418 und 420-428 MHz in einem Kanalraster von 12,5 kHz halbduplex, mit analoger phasenmodulierter Sprachübertragung im Bereich von 0,3-2,55 kHz, digitaler Signalisierung von 1,2 kbps mittels FFSK (Fast Frequency Shift Keying) von 1,2-1,8 kHz. Der Aktionsradius liegt bei ca. 50 km, in bestimmten Gebieten auch darüber und ist damit

größer als bei älteren Systemen (<15 km). Darüberhinaus ist der Zugang zu öffentlichen Fernmeldenetzen möglich.

- **Mobiler Datenfunk (MObile DAta COMmunications=MODACOM)**
  erlaubt bidirektionale Datenübermittlung zwischen Hosts und mobilen oder tragbaren DEEn sowie mobilen DEEn untereinander. Im Gegensatz zu zuvor vorgestellten Funkruf-Diensten ist ***MODACOM*** voll dialogfähig. Das Netz sichert die permanente Sende- und Empfangsbereitschaft der DEEn durch die Übertragung von Statusmeldungen, bietet Leistungsmerkmale wie *Dx-P-Zugang* an, *CUGs*, *Mailboxdienst* (***Modacom-Box***), ***Roaming*** und ***Handover*** [Fe, Schm].
  Die Daten werden im Frequenzbereich von 410-430 MHz mit einem Duplexabstand von 10 MHz in einem 12,5 KHz-Kanalraster entspr. einem US-Industriestandard paketiert mit 9,6 kbps FSK-moduliert übertragen, der Kanalzugriff geschieht über DSMA (Digital Sense Multiple Access). Wichtige vom Betreiber vorgesehene Einsatzgebiete sind *Ferndiagnose*, *Zugriff auf Zentrale Datenbanken und Informationssysteme*, *Übermittlung von Verbrauchsdaten von mobilen Meßstellen*, *Einbruchssicherung* etc.

1.6.5 UMTS und UPT

Universelle Mobil-Telekommunikationssysteme der 3. Generation (***UMTS***) und ***FPLMTS*** (***Future Public Land Mobile Telecommunications Systems***) befinden sich in der Normungsphase in den Händen von ITU-R und ETSI. Hier werden die strengen Unterteilungen der vorangegangenen Abschn. nicht mehr zu finden sein. Angepeilt sind wegen der benötigten Bandbreiten und des zu erwartenden Verkehrsaufkommens noch höhere GHz-Frequenzen als beim DECT-Standard: 1885-2025, später 2110-2200 MHz. Ein erster Schritt ist das im Aufbau befindliche ***Digital Cellular System*** 1800 MHz (***DCS 1800***, auch ***E-Netz*** genannt), in der BRD von Veba und Thyssen betrieben, das mit 1W-Handys und kleineren Funkzellen einer größeren Teilnehmeranzahl zur Verfügung steht.

Die Integration muß alle Festnetze, außerdem ***Intelligente Netze*** (***IN***), B-ISDN in ATM-Technologie, aber auch Satellitenzugriff und CT-Technologie mit einbeziehen. Dies nicht nur für das Fernsprechen, sondern auf alle heutigen und zukünftig denkbaren Multimedia-Dienste optimiert - das ganze nicht europa-, sondern weltweit. Datenraten, die hier zu finden sind, werden in der Größenordnung von 2 Mbps erwartet.

Zur Effizienzsteigerung müssen auf der technischen Seite neue Wege gegangen werden. Es wird an neuen Kanalzugriffsverfahren gearbeitet: ***Advanced Time Division Multiple Access*** (***ATDMA***) sowie ***Code Division Multiple Access*** (***CDMA***), letzteres ein Verfahren, das sein Ursprünge schon in den Siebzigern hat und jetzt in komplexen Varianten durch die VLSI-Entwicklung technisch realisierbar scheint.

Ein weiteres wichtiges Leistungsmerkmal in diesem Zusammenhang ist die ***weltweite persönliche Rufnummer*** (***Universal Personal Telecommunications=UPT***). Dabei können folgende Mobilitätsarten unterschieden werden:

- **Terminal-Mobilität,**
  bei der der Tln., wie bei den Mobilnetzen der 2. Generation, entspr. der Zellularität des Netzes VSt-Einzugsbereiche während der Verbindung ohne Verbindungsunterbrechung bereisen kann, und die

- **Persönliche Mobilität,**
  bei der der Tln. sich an jedem Netzanschluß jedes an diesem System beteiligten (intelligenten) Netzes weltweit einloggen kann, und dem gesamten Netz damit bekannt ist, wo er sich befindet. Somit erhält ein Terminal (Telefon, DEE, Multimedia-Station) seine Identität erst und nur temporär durch den Zugriff des Tln. Dies kann z.B. mit Chipkarten erfolgen, die entspr. auch die Vergebührung regeln. Dies ist dann nicht Sache des Endgeräteeigners sondern des jeweils verbindungsaufbauenden Tln.

1.7 Das Intelligente Netz (Intelligent Network; IN)

ITU-T hat sich dieses Themas unter der Q.12yz-Serie angenommen. Was macht nun ein Netz *intelligent*? Dieser spezifische Begriff ist abzugrenzen gegenüber der normalen Intelligenz, die heute ein digitales rechnergesteuertes Netz dank der Intelligenz dieser Rechner ohnehin schon hat - dies wiederum gegenüber mechanisch gesteuerten Netzen aus der Gründerzeit. Aber auch eine mechanische Steuerung bedeutet bereits Intelligenz gegenüber der Handvermittlung.

Ein Beispiel haben wir oben beim Mobilfunk schon kennengelernt - die technische Realisierung der *Terminal-Mobiltät* und die *Persönliche Mobilität*. Ein weiteres praktisches Beispiel ist der in der BRD unter der Vorwahl 0130 erreichbare ***Service130***, bei dem ein Unternehmen weltweit unter Kostenübernahme durch den Dienstleistungsanbieter erreicht werden kann (engl.: ***Freephone*** oder ***Toll Free Service***). Mit dieser unternehmenseinheitlichen Nummer ist im Gegensatz zur herkömmlichen Verbindung nicht ein physikalischer Anschluß verbunden, sondern in Abhängigkeit des Ortes des Anrufers wird z.B. zur jeweils nächstgelegenen Geschäftsstelle weiterverbunden.

Dazu sind komplexe Datenbasen (***Network Information Databases = NIDs***) notwendig, die zentral die Abbildung 130er-Nummer ↔ Ort des Anrufers ↔ Ort der nächstgelegenen Geschäftsstelle vornehmen. Diese ***NID*** befindet sich in einem ***Dienststeuerungspunkt*** (***Service Control Point = SCP***), der, bevor der eigentliche Vermittlungsvorgang zur physikalischen Rufnummer durchgeführt wird, angesprochen werden muß. Hier wird also die Umwertung vorgenommen und die Ursprungs-VSt erhält die physikalische Nummer zurück. Die eigentlichen vermittlungstechnischen Funktionen werden im ***Dienstvermittlungspunkt*** (***Service Switching Point = SSP***) durchgeführt.

SSP und ***SCP*** sind funktional scharf getrennt - was jedoch nicht bedeutet, daß sie nicht im gleichen Gebäude untergebracht sein können. Ja es kann sich sogar im Einzelfall um jeweils einen einzigen Rechner handeln, in dem diese Funktionen als unterschiedliche Programme abgelegt sind, die gar noch im Multitasking-Betrieb umeinander abgewickelt werden. Das in Kap. 7 beschriebene ZGS#7 bietet heute die Möglichkeiten zu dieser funktionalen Trennung mithilfe der TCAPs (Transaction Capabilities).

Aufgrund der Tatsache, daß der ***Service130*** auch im analogen Telefonnetz angeboten wird, ist erkennbar, daß Intelligenz nicht durchgehende Digitalisierung voraussetzt. Sie wird dadurch jedoch erleichtert. Als weiteres Beispiel wäre der ***Service180*** zu nennen, bei dem der Anrufer allerdings in Abhängigkeit der Folgeziffer zur Kasse gebeten wird.

Weitere Funktionen des ***IN*** sind die Unterstützung der Netzverwaltung sowohl durch den Betreiber (hier: die Telekom) als auch den Dienstleistungsanbieter (hier: das

Unternehmen mit einheitlichem Zugang). Zum einen soll es möglich sein, neue Dienste (hier: Mehrwertdienste) rasch einzuführen, aber auch eingeführte einfach zu modifizieren, sowie bereits bereitgestellte Datenbasen einfach ändern zu können. Man kann sich vorstellen, daß bei einem weltweit agierenden Großunternehmen mit ***Service130*** praktisch täglich Umkonfigurierungen vorgenommen werden müssen.

Zudem werden diese Dienste natürlich auch in anderen Ländern angeboten (in den USA z.B. unter der 800er-Vorwahl) und hier müssen diese ***SCP*s** in der Lage sein, die Informationen in ihren Datenbasen kontinuierlich und im Bedarfsfall auszutauschen. Das ist eine völlig separate Funktion von dem eigentlichen Vermittlungsvorgang im konkreten Fall. Diese Funktionalität wird unter dem Schlagwort ***Service Logic Interpreter*** = ***SLI*** erfaßt, in dem die Ablaufsequenzen festgehalten werden, die zur Diensterbringung und Verwaltung des intelligenten Mehrwertdienstes notwendig sind.

Am Beispiel der o.e. Dienste sind dies neben dem Auffinden der passenden Dateien und darin der Datensätze, die Übermittlung derselben im konkreten Fall, aber auch die korrekte Ansteuerung der Gebührenzähler. Weiterhin gehört dazu die sog. ***Intelligente Peripherie*** (***Intelligent Peripherals***), die Ansagen erzeugen, Text to Speech-Wandlungen, Spracherkennungen oder Benutzerführungen (die nicht selten schiefgehen) etc. durchführen kann.

Nicht zuletzt wird jedoch erwartet, daß ein vergleichbares Dienstleistungsangebot nicht nur für *Unternehmen* angeboten wird, sondern auch der *Privatmensch* der Zukunft sich vom Netz ein komplexes Dienstleistungsangebot bereitstellen läßt. Dazu werden sog. ***Functional Components*** (***FC*s**) definiert, die eine bestimmte Funktion des ***IN*** realisieren. Die individuellen Kombinationsmöglichkeiten der ***FC*s** realisieren in ihren verschiedenen Ausprägungen die auf den jeweiligen Tln. individuell zugeschnittenen Möglichkeiten.

In einer Zukunft, von der erwartet wird, daß der PC so selbstverständlich ist, wie Telefon und KFZ, sollte es möglich sein, daß der Tln. diese Netzeinstellung im Rahmen der vom Betreiber vorgegebenen Möglichkeiten selbst konfiguriert. Dazu kann gehören, daß der Betreiber dem Kunden die Möglichkeit anbietet, bestimmte Rufnummern kostengünstiger zu erreichen als andere. Dies möchte der Tln. vielleicht regelmäßig dynamisch ändern, wofür die Methode über Antragsformulare nicht eben die zeitangepaßteste ist.

Eine Eingabe am PC mit einem vom Dienstleistungsanbieter auf die jeweilige Betriebssystemoberfläche angepaßten Menü läßt die Umkonfigurierung mal eben in der Mittagspause durchführbar erscheinen. Ein anderes Bsp. wäre der Abruf des Gebührenkonto-Datei der letzten vier Wochen. Wenn sich mit der Liberalisierung des Marktes die Dienstleistungsanbieter drängeln, kann - wie heute bereits auf dem Mobilfunktmarkt üblich und im Ausland schon bei Festnetzen - auch hierzulande eine scharfe Trennung zwischen dem Betreiber des physikalischen Netzes und dem Netzdienstleistungsanbieter stattfinden, die Inanspruchnahme eines anderen Dienstleistungsanbieters dynamisch am PC in Sekunden umkonfigurierbar sein.

Mit diesen Ausführungen wurden nun schon die Grenzen der Bestandsaufnahme, um die es ja in diesem einführenden Kap. gehen sollte, erreicht, bzw. teilweise schon überschritten. Als nächstes soll nun das grundlegende theoretische Gerüst vorgestellt werden, das die abstrakte und konkret realisierbare Strukturierung von Telekommunikationsnetzen jedweder Art erst ermöglicht: da OSI-Referenz-Modell.

2 Das Referenzmodell für Offene Systeme (Open Systems Interconnection; OSI)

2.1 Einführung

Jeder Kommunikationsvorgang läßt sich *hierarchisch* zerlegen. Oben in dieser Hierarchie ist die *Anwendung* (*Application*) zu sehen, ohne die der Kommunikationsvorgang seinen Sinn verliert. Typische Beispiele für eine solche Anwendung sind die erbrachten Dienste, wie der Fernsprechdienst, Fernkopieren (Telefax-Dienst) oder Bildschirmtext (Btx-Dienst; seit 1990 durch Datex-J ersetzt, neuerdings T-Online). Unten ist die *Physik* anzusiedeln, die durch die Naturgesetze vorgegeben ist und die man dem Anwendungsvorgang dienlich machen muß [BA, EL, GÖ, HE, MO, PO, ST, WA, WE].

Handelt es sich bei dem Kommunikationsvorgang z.B. um einen Dialog zwischen zwei Menschen in einem Raum, so ist die Anwendung der Inhalt des Dialogs, die Physik - speziell die Gesetze der Akustik - bestimmt das '*Rüberkommen*. Letzeres stellt für die Beteiligten i.allg. kein Problem dar, da die Akustikgesetze für das Sprechen seit früher Kindheit beherrscht werden - auch ohne mathematische und physikalische Kenntnisse über diese Gesetze.

Zur Telekommunikation erweitert sich dieser Vorgang, wenn die Beteiligten sich nicht mehr unmittelbar akustisch erreichen können. Dann muß ein anderes Übertragungsmedium her, welches in der Lage ist, die vorhandenen Entfernungen zu überbrükken. Dieses Medium kann auch der Freiraum sein. Dazu bietet die Elektrotechnik i.allg. die geeigneten Mittel an. Der Zweig der Elektrotechnik, der hier die technische Problemlösung anbietet, ist die Nachrichtentechnik - und darin speziell die Übertragungstechnik, sowie die Vermittlungstechnik, wenn diese Kommunikationsbeziehungen dynamisch umkonfiguriert werden müssen.

Während sich durch die Umwandlung akustischer in elektrische Signale die Physik also völlig geändert hat, kann die Anwendung - der Sprachdialog - genau der gleiche sein. Viele Dinge lassen sich jedoch nicht besonders gut über die Informationsart *Sprache* regeln. Textübermittlungen können zwecks Dokumentier- und Speicherbarkeit sinnvoller sein. Bilder lassen sich schlecht sprachlich beschreiben. Meßreihen, also Daten, lassen sich gut in Tabellenform oder grafisch darstellen. Das Aufkommen der Informatik und ihre Verschmelzung mit der Nachrichtentechnik haben bewirkt, daß daraus die Telekommunikationstechnik als eigener wichtiger Zweig entstand.

Von diesen unterschiedlichen Informationsarten - also Sprache, Text, Bilder und Daten haben wir bis jetzt zwei Ebenen dieser Hierarchie kennengelernt: Oben die Anwendung und unten die Physik. Damit ist es jedoch noch nicht genug: will man die Informationsübertragung ordnen, so kann man dazwischen noch weitere Funktionen identifizieren:

- Information braucht eine ***Syntax*** - d.h. eine Darstellungsform (z.B. eine Sprache beim Sprechen, Buchstaben als ASCII-Zeichen codiert beim Text).

- Die Kommunikationspartner müssen sich zu jedem Zeitpunkt im klaren sein, wer wann senden (→reden) darf. Das nennt man ein ***Protokoll*** - hier zur Dialogsteuerung. Die Anwendung, sowie die beiden vorstehenden Funktionen werden auch bei einer Direktkommunikation benötigt, während die folgenden telekommunikationsspezifisch, also das Netz betreffend sind.
- Eine ***Ende-zu-Ende-Transportsteuerung***, die Parameter der vermittelnden Netze einstellt, ist sinnvoll. Solche Parameter können sein: Kosten, Bandbreite, Laufzeiten, Zuverlässigkeitsparameter wie Bitfehlerraten etc.
- Das vermittelnde Netz muß *vermittlungstechnische* Funktionen in seinen Knoten ausführen können um fallweise *jeden mit jedem* verbinden zu können. Das sind ***Routing***-Funktionen.
- Die Information soll ***gesichert*** übertragen werden können. Das geschieht am einfachsten auf sog. Abschnitten (Links) vom Endgerät zum ersten Netzknoten und von Netzknoten zu Netzknoten. Netzknoten sind ***Transitsysteme*** - im Gegensatz zu ***Endsystemen***. Darüber hinaus können noch *Ende-zu-Ende-**Sicherungen*** in höheren Hierarchieschichten sinnvoll sein. Eine einfache Sicherungstechnik ist die Unterteilung von Daten in Form von Blöcken und das Anhängen von Paritäts-Bits.

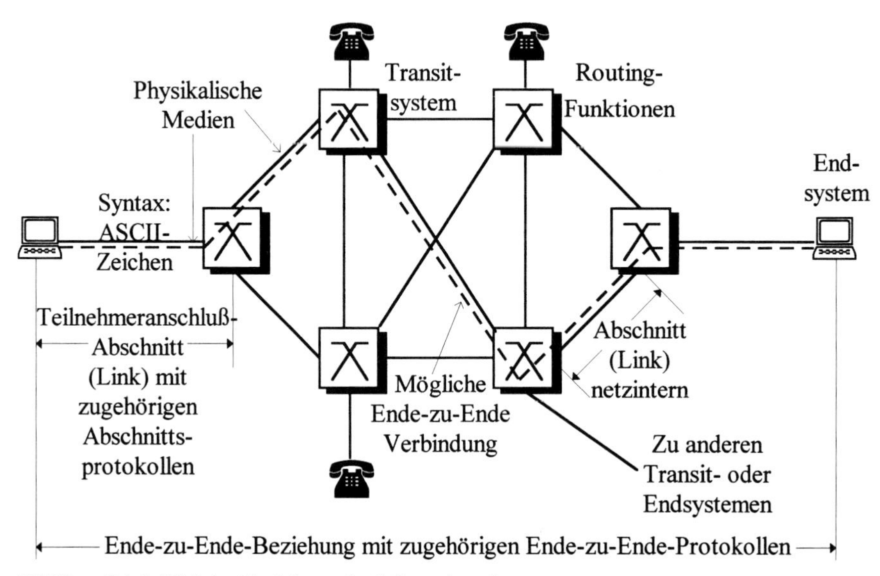

Abbildung 2.1-1: Wichtige Funktionen der Informationsübertragung.

Die obige Abbildung 2.1-1 stellt die in der Aufzählung zuvor erwähnten Attribute geordneter Informationsübertragung beispielhaft dar.

Sprache nimmt an vielen dieser Stellen eine Sonderstellung ein und ist daher aus dem offiziellen ***OSI-Referenz-Modell*** (kurz, und in Zukunft auch so genannt: ***OSI-Modell***) ausgeschlossen. Das ***OSI-Modell*** bezieht sich auf *Daten-Kommunikation* und ***OSI-Systeme*** führen typisch eine Wandlung der Eingaben von einer Benutzeroberfläche zur physikalischen Anschlußleitung eines ***Endsystems*** auf elektronischem Wege durch. Beim Sprechen werden die höheren Funktionen jedoch vom Menschen selbst ausgeführt

- wie. z.B. Festlegung des Rederechts oder Wahl der Syntax - z.B. der Sprache (deutsch, englisch). Aber auch Funktionen wie *Datensicherung* durch *Wiederholen eines Wortes oder Satzes* - oder ***Segmentierung*** durch *Luftholen.*

Andererseits ist Sprache - und hierbei insbesondere das Telefonieren - eine Kommunikationsform, die uns allen am geläufigsten ist, deshalb soll sie, wo immer möglich, als Beispiel für das oft als abstrakt empfundene ***OSI-Modell*** dienen, obwohl sie - was hier ausdrücklich betont wird - nicht in dem Modell eingeschlossen ist. Der Einbezug ist jedoch deshalb vielfach möglich, da, wie oben an Beispielen dargelegt, bei der Kommunikationsform *Sprechen* Funktionen erbracht werden, die bei einer Datenkommunikation elektronisch nachgebildet werden müssen.

Das ***OSI-Modell*** hat das Problem, daß zum Zeitraum seiner grundlegenden Definitionsphase - das sind die späten siebziger und frühen achtziger Jahre - bereits viele Netze existierten, die ohne das Modell gewachsen sind - irgendwie ***OSI***-Funktionen erfüllen - aber keine ***OSI***-Netze sind, denn sie waren - und viele sind es noch - in sich abgeschlossen. Sie sind CSI-Netze (Closed Systems Interconnection). Beispiele dafür sind LANs. *Offen* werden diese Netze dadurch, daß sie auf allen oben erwähnten Hierarchieebenen Mechanismen - insbes. ***Protokolle*** - anbieten, die es ihnen zumindest vom technischen Standpunkt ermöglichen, miteinander zu kommunizieren. Genauer gesagt: den angeschlossenen Endgeräten, die dann ebenfalls ***Offene Systeme*** sein müssen, die Kommunikation zu ermöglichen.

Andererseits waren die Erfahrungen mit diesen Netzen unbedingt notwendig, um das ***OSI-Modell*** zu definieren und ihm einen Nutzen zu geben. Er mündet in der öffentlichen Technik im wesentlichen im ISDN, das so weit wie möglich, ***OSI***-konform sein will - aufgrund seiner Komplexität aber an vielen Stellen schon deutlich darüber hinausgeht. Man bedenke: seine Hauptanwendung ist und wird noch für lange Zeit - wenn nicht gar für immer - das Fernsprechen sein. ISO bzw. ITU-T haben das damit verbundene Problem mit folgenden Schlagworten erfaßt:

- Es existieren und entwickeln sich aufgrund der Nachfrage neue Telekommunikationsdienste.
- Solche Dienste werden über verschiedene Netztypen gefahren.
- Der Dienstbenutzer möchte diese Dienste trotz der Heterogenität der Netze effektiv nutzen.
- Die methodische Darstellung der Netzeigenschaften wird ihre Effizienz weiter vorantreiben.
- Diese Darstellung soll existierenden Beschreibungen weitgehend angepaßt sein.

So dargelegt in den ISO IS (International Standard) 7498: *OSI Reference Model* und ITU-T X.200: *Information Technology - Open Systems Interconnection - Basic Reference Model: The Basic Model.*

Dieses ***OSI-Modell*** ist weder das erste noch das einzige, das sich mit der Problematik geordneter Telekommunikation für Datendienste auseinandersetzt. Die wichtigsten alternativen Vertreter sind wohl IBM's SNA (Systems Network Architecture) [GE] und DEC's DEC-NET [MA], die aus der Welt der LANs (Local Area Networks) stammen. Sie haben es jedoch nicht geschafft, auf diesem Gebiet (im Gegensatz zu anderen) den internationalen Standard festzulegen. Aus der öffentlichen Technik hingegen fußen die niederen Funktionen auf den Erfahrungen der X.25-Paketvermittlung.

Ob das ***OSI-Modell*** besser oder schlechter ist, hat damit eigentlich wenig zu tun. Das ist sicher nicht mit einer pauschalen Aussage zu bewerten. Es mag Domänen geben, in denen sich das eine oder andere besser eignet. Und es mag - wie in der Politik - Ansichten geben, die für oder gegen das eine oder andere Modell sprechen.

Die Begründung, warum hier das ***OSI-Modell*** statt der anderen behandelt wird, liegt daher in der Tatsache begründet, daß es den internationalen Standard repräsentiert und heute als Basis für die Strukturierung jeder Telekommunikation verwendet wird.

Es soll hier noch auf ein technisches Problem der Erläuterung von ***OSI*** z.B. im Hinblick auf das ISDN eingegangen werden. Zum Verständnis des ***OSI-Modells*** wäre es günstig, eine Implementation - z.B. die ISDN-D-Kanal-Spezifikationen zu kennen, zum Verständnis der D-Kanal-Spezifikationen sollte man das ***OSI-Modell*** verstanden haben. Insbesondere dem Anfänger wird daher empfohlen, den Lesevorgang in der Reihenfolge ***OSI-Modell*** → D-Kanal-Spezifikation → ***OSI-Modell*** durchzuführen.

Es soll jedoch ausdrücklich darauf hingewiesen werden, das das ***OSI-Modell*** keine Implementationsvorgabe darstellt. Es bietet lediglich strukturierte Mechanismen an, um eine Konformität der Spezifikation aller Aspekte *Offener* Kommunikation zu beschreiben. Daher tauchen auch z.B. Begriffe, wie *Hardware* und *Software*, im Zusammenhang mit der Modellierung des ***OSI-Modells*** selbst nie auf, obwohl diese Dinge es sind, die die Implementation später mit Leben erfüllen.

2.2 Strukturierung von Kommunikationsbeschreibungen

Bevor man das ***OSI-Modell*** in seiner Gänze sinnvoll beschreiben kann, ist zu überlegen, welche grundsätzliche Vorgehensweise bei der Strukturierung einer Kommunikationsbeziehung sinnvoll ist. Daraus fallen die Inhalte des ***OSI-Modells*** fast automatisch ab.

1. Am Anfang steht die in der Einführung erwähnte *Anwendung* (*Application*), repräsentiert durch einen ***Anwendungsprozeß*** (***Application Process***) - z.B. das Versenden eines Telefax-Dokuments. Daraus resultiert eine ***Diensteanforderung*** (***Service Requirement***) des Anwenders an ein ***System***. Dieses kann dabei im einfachsten Fall physikalisch durch ein Endgerät repräsentiert werden, hier z.B. der Fernkopierer. Das ***System*** hat Zugriff auf die Physik, genauer: auf das ***physikalische Übertragungsmedium*** (***Physical Media***).

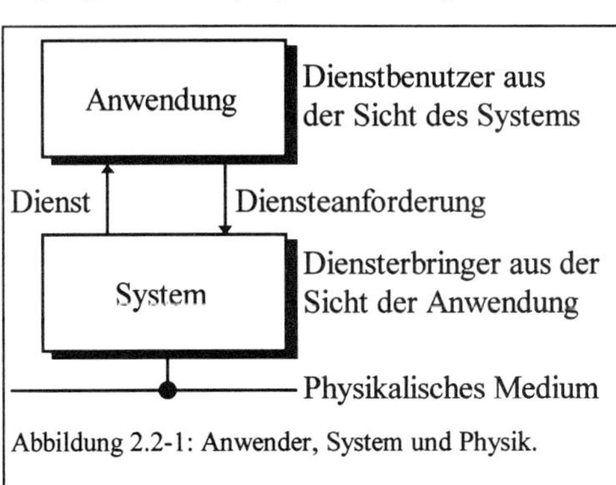

Abbildung 2.2-1: Anwender, System und Physik.

Einen ***Dienst*** (***Service***) erbringt das ***Medium*** dem ***System***, indem es ihm seine Fähigkeiten (z.B. die Übertragung elektromagnetischer Wellen) zur Verfügung stellt. Das ***System*** stellt dem Anwender ebenfalls ***Dienste*** zur Verfügung, wie z.B. Datendarstellungen (ASCII-Zeichen für Text). ***Dienste*** laufen in der Hierarchie also von unten nach oben. Oben residieren die ***Dienstbenutzer*** (***Service User***), unten ***Diensterbringer*** (***Service Provider***).

Hier soll noch erwähnt werden, daß der ***OSI-Dienst***-Begriff zu unterscheiden ist von dem *Dienst* aus Kap. 1, wo es um Netzdienste für den Teilnehmer, wie Fernsprechen, Fernkopieren etc. ging. Demgegenüber sind die ***OSI-Dienste Funktionen***, die innerhalb des ***Systems*** in niedrigeren Hierarchiestufen den höheren Hierarchiestufen erbracht werden, und nach außen i.allg. nicht sichtbar sind. Bestenfalls ist es auf der höchsten ***Schicht*** möglich, eine solche Abbildung zu finden.
Das Problem der Doppeldeutigkeit von Begriffen läßt sich in der Technik oft nicht vermeiden, da diese Begriffe meist der normalen Sprache entnommen werden müssen.

2. Unterteilen des ***Systems*** diensteunabhängig in möglichst gleichartig strukturierte und sauber getrennte ***Subsysteme***, welche ihrerseits ***Schichten*** (***Layers***) zugeordnet werden können. Das ***Diensteangebot*** des ***Systems*** ist dann für die ***Anwendung*** das ***Diensteangebot*** der höchsten ***Schicht***. Die darunterliegenden ***Schichten*** werden durch diese ***Schicht*** vor ihr verdeckt. Die ***Schichten*** selbst werden mit einem Index ***(N)*** durchnumeriert, der von 1 bis zu einem empirisch festgelegten Maximalwert $(N)_{max}$ läuft.

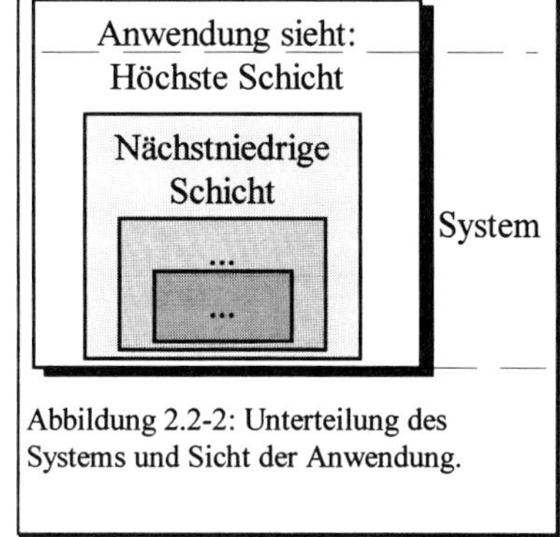

Abbildung 2.2-2: Unterteilung des Systems und Sicht der Anwendung.

3. Die nächste Funktion wird salopperweise entspr. Abbildung 2.2-3 in Form einer rekursiven BASIC-Schleife beschrieben:

FOR ***(N)*** = $(N)_{max}$ TO 1 STEP–1
Diensteangebot (***Schicht(N)***) =
Funktionalität (***Schicht(N)***) +
Diensteangebot(***Schicht(N–1)***)
NEXT ***Schicht***

Bem.: (Niedrigste ***Schicht***)–1 ((***N***)=0) ist die Physik, die aber im ***OSI***-Sinn formal keine ***Schicht*** darstellt.

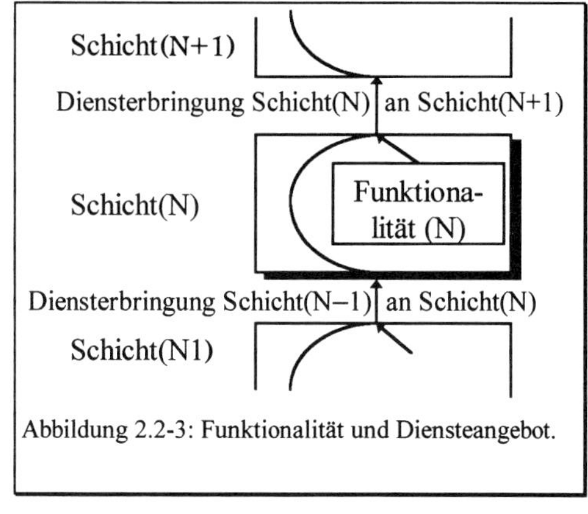

Abbildung 2.2-3: Funktionalität und Diensteangebot.

Da die Kommunikationsbeschreibung als Schleife darstellbar ist, kann sie pro ***Schicht*** angegeben werden, womit sich die folgenden Punkte 4 - 8 jeweils auf eine ***Schicht*** beziehen. Diese in obige Schleife gepackt ergeben das ***Diensteangebot*** des ganzen ***Systems***.

4. Das ***Diensteangebot*** einer ***Schicht(N)*** an die darüberliegende ***Schicht(N+1)*** setzt sich zusammen aus den
   - ***Funktionen*** (***Functions***) der ***Schicht(N)*** (→***Funktionsbeschreibung***)
   - ***Diensteanforderungen***

   an die darunterliegende ***Schicht(N–1)*** (→***Anforderungsbeschreibung***)

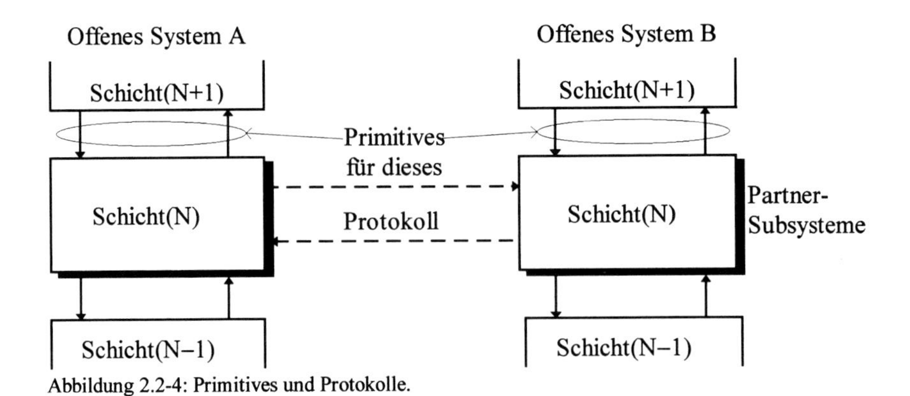

Abbildung 2.2-4: Primitives und Protokolle.

5. Folgende Kommunikationselemente zur ***Diensterbringung*** werden entspr. Abbildung 2.2-4 benötigt:
   - ***Primitives*** zur höheren und zur niederen ***Schicht*** (→***Primitiveliste***).
     Bem.: Hierfür werden zuweilen im deutschen die Begriffe *Dienstelemente* oder *Primärmeldungen* verwendet. Diese werden jedoch bei der Schichtenkommunikation teilw. mit anderer Bedeutung benutzt, weshalb hier der original englische Begriff verwendet wird.
   - ***Protokolle*** (***Protocols***) zum ***Partner*** (→***Protokolliste***) [Be, Ko]

   Primitives sind also offenbar die vertikalen Kommunikationselemente zwischen ***Subsystemen*** in hierarchisch übereinanderliegenden ***Schichten*** innerhalb eines ***Systems***, ***Protokolle*** die Kommunikationselemente zwischen ***Subsytemen*** gleicher Hierarchiestufe, also ***Schichten***, in benachbarten, d.h. kommunizierenden ***Systemen***. Letztere gilt es zu realisieren, technisch ist das natürlich nur möglich, in dem die ***Protokollelemente*** als ***Primitiveparameter*** auftauchen.

6. Dazu werden Formate und Strukturen benötigt für die:
   - ***Primitives*** (→***Primitivestrukturdarstellung***)
   - ***Protokollelemente*** (→***Protokollelementdarstellung***)

7. Weiterhin müssen die Prozeduren (Abläufe) beschrieben werden:
   - ***Primitiveprozeduren***
   - ***Partnerprozeduren***

   Diese sind natürlich eng verknüpft.

8. Die ***Schichten*** sind in ihrem Inneren weiter zu strukturieren. Für das ISDN, das Signalisierungssystem ZGS#7, LANs, ATM-Netze, sowie höhere Funktionen wird das in den folgenden Kapiteln getan.

2.3 Anwendungsbereiche des OSI-Modells, Prozesse

Um das ***OSI-Modell*** gegenüber den Bereichen abzugrenzen, die nicht sinnvoll durch dieses Modell abgedeckt werden, werden typische *Domänen* aufgelistet. Hier taucht der *Prozeßbegriff* (*Process*) auf. Prozesse kann man aus ***OSI***-Sicht unterteilen in:

- **Manuelle Prozesse**
  Beispiel: ein Mensch, der ein Textverarbeitungssystem oder ein Btx-Terminal bedient; Programme und Daten werden zentral in einem separaten Rechner gehalten.
- **Rechnerprozesse**
  Beispiel: Gegenstück zu obigem: z.B. Datenbankverwaltungsprozeß der Btx-Server.
- **Physikalische Prozesse**: Beispiel: bei der Telemetrie eine Temperaturmessung.

Eng mit dem Prozeßbegriff verwandt - vor allem bei Rechnerprozessen - sind die Begriffe *Typ* (*Type*) und *Inkarnation* (*Instance*).

Wir betrachten ein Computerprogramm - z.B. eines, das in der Lage ist, die Benutzeroberfläche eines Telefaxgerätes zu bedienen und ein anderes, welches ein komfortables digitales Telefon bedienen kann. Diese beiden (hier: Anwender-)Programme haben unterschiedliche Aufgaben - sie sind zwei Programm*typen.*

Das Programm wird im wesentlichen repräsentiert durch:

- seinen Quellcode (z.B. ein C-Programm - für den Ersteller)
- seinen Objectcode - das ablauffähige Maschinenprogramm für den Rechner.

Wird letzteres gestartet, z.B. um eine Fernkopie zu übertragen, so ist dies ein *Prozeß*. Ist die Übertragung beendet, so ist der *Prozeß terminiert*, das *Programm* ist jedoch immer noch *vorhanden.*

Auf der Empfängerseite kann sich genau dasselbe Gerät mit dem gleichen Programm befinden, es läuft jedoch ein anderer Prozeß ab. Dieser repräsentiert eine andere *Prozeßinkarnation*, wird im folgenden jedoch kurz als *Prozeß* bezeichnet.

In dem beschriebenen Fall sind aus physikalisch naheliegenden Gründen Programme und Prozesse doppelt vorhanden - jeder in einem anderen Gerät. Betrachtet man jedoch z.B. einen rechnergesteuerten Vermittlungsknoten, so wird das Vermittlungsprogramm, das einen Teilnehmer behandelt, i.allg. nur einmal vorhanden sein, es kann jedoch mehrfach gestartet werden, da jeder Teilnehmer seine *eigene Prozeßinkarnation* benötigt.

Kommen wir also zu den konkreten Anwendungsbereichen des ***OSI-Modells***. Diese entstammen natürlich der Welt der möglichen Implementationen und daher sind die gegebenen Erläuterungen und Beispiele auch mögliche Anwendungen.

- **Interprozeßkommunikation**

  Erläuterung: Dazu gehören Informationsaustausch und ***Synchronisation*** der Abläufe zwischen ***OSI-Anwendungsprozessen***. ***Anwendungsprozesse*** werden typisch durch ablaufende Programme in den Endgeräten (-***Systemen***) realisiert. Sie können sich aber auch im Netz befinden. Dies ist praktisch die Elementaraufgabe des ***OSI-Modells***.

  Beispiele: Server-Module - z.B. Datenbank-Zugriffssystem oder ein Btx-Server; Bedienprozeß für die Benutzeroberfläche eines Telefaxgeräts.

- **Datendarstellung**

  Erläuterung: Dazu gehört auch das Kreieren und die Pflege von Datenbeständen. Werden unterschiedliche syntaktische Datendarstellungen verwendet, so werden Abbildungs-***Funktionen*** gewährleistet.

  Beispiele: ASCII und EBCDIC für Textzeichen.

- **Datenspeicherung**

  Erläuterung: Dazu gehören Speichermedien, Dateien und Datenbanksysteme zur Pflege und Zugriffsverwaltung auf das Medium.

  Beispiele: Formate und Datenstrukturen. Bereitstellung von Verzeichnissen (Directories) zum Wiederfinden der Daten.

- **Prozeß- und Ressourcen-Management**

  Erläuterung: Dazu gehören Mittel zum Kreieren, Starten, Steuern und Terminieren von ***OSI-Anwendungsprozessen***, die auf ***OSI-Ressourcen*** zugreifen.

  Beispiele: Das Anlegen von RAM-Bereichen für den Code des Prozesses selbst, für seine laufenden Daten, evtl. bei dynamischen Prozessen die Ablage von Statistik-Parametern.

- **Integrität und Datensicherheit**

  Erläuterung: Dazu gehören Zugriffsbeschränkungen

  Beispiele: Paßwortschutz, Einrichten geschlossener Benutzergruppen (CUG)

- **Programmierunterstützung**

  Erläuterung: Erstellung, Übersetzung, Binden, Test, Speicherung, Übertragung und Zugriff auf Programme, die von ***OSI-Anwendungsprozessen*** ausgeführt werden.

  Beispiele: Zurverfügungstellung eines Betriebssystems, einer Betriebssystemkommandosprache, eines Texteditors, eines Interpreters oder Compilers, eines Linkers, eines Debuggers, Datentransferprogramme. Also alles, was man zum Programmieren so braucht.

2.4 Konzept der geschichteten Architektur

2.4.1 Grundstruktur

Nachdem wir den Rahmen des ***OSI-Modells*** aus folgender Sequenz

- Randbedingungen für die Definition
- Entwurf eines allgemeinen Strukturierungsmodells, in dem festgelegt wurde, durch welche Attribute das ***Offene System*** beschrieben wird
- Anwendungsbereiche

abgesteckt haben, ist es nun an der Zeit, dieses Modell weiter zu konkretisieren. Dazu wird auf die einzelnen Aspekte in diesem Abschnitt unterschiedlich stark eingegangen. Das heißt, es wurde versucht, die Wichtigkeit der Erläuterungen auf gleichmäßigem Niveau zu halten und insbesondere die Betrachtung auf das Themengebiet *ISDN* zu optimieren.

Anders ausgedrückt: die ISO- und ITU-T-Normen gehen an vielen Stellen in ihrem Detaillierungsgrad noch erheblich über die Erläuterungen hier hinaus, jedoch soll der Leser nach der Lektüre dieses Kap. in der Lage sein, die dortigen Vertiefungen zu verstehen.

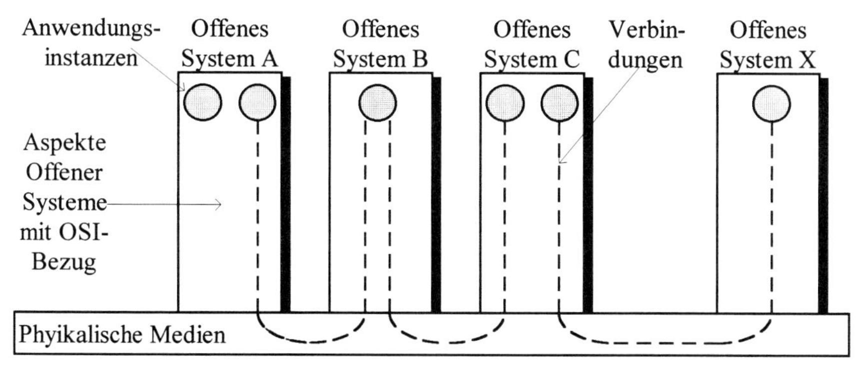

Abbildung 2.4-1: OSI-Grundstruktur.

Entspr. Abbildung 2.4-1 sind vier **Architekturgrundelemente** definiert:

a) ***Offene Systeme*** (***Open Systems***) selbst.

b) ***Anwendungsinstanzen*** (***Application Entities***) in der ***OSI***-Welt. In diesen laufen die ***Anwendungsprozesse*** (***Application Processes***) ab. Der Prozeßbegriff wurde schon im vorangegangenen Abschnitt erläutert.

c) ***Verbindungen*** (***Connections***), die diese ***Anwendungsinstanzen*** zwecks Informationsaustausch verknüpfen

d) ***Physikalische Verbindungsmedien*** (***Physical Media***)

Der Begriff der ***Verbindung*** ist wichtig in diesem Zusammenhang. Das Modell wird derzeit erweitert um die sog. *Verbindungslose Datenübertragung*. Zur Illustration sei als Beispiel einer Datenverbindung die Übertragung einer Fernkopie erwähnt, wo ein

- ***Verbindungsaufbau*** zu einem genau definierten Kommunikationspartner,
- eine ***Datenübertragungs***-Phase (***Data Transmission***), und eine
- ***Verbindungsabbau***-Phase

unterschieden werden kann. Telefonieren wäre ebenso ein typischer Vertreter dieser Übertragungsart.

*Verbindungslose Datenübertragung*sformen sind z.B.:

- Datagramme, wie sie u.a. in LANs verwendet werden, oder bei der Telemetrie.
- Broadcast-Übertragungen, wie z.B. beim Radiohören oder Fernsehen, wo der Sender praktisch immer sendet, auch wenn kein Empfänger da ist, und der Empfänger sich ohne Absprache mit dem Sender zu- oder wegschalten kann (→Verteilkommunikation; Rundsenden).

2.4.2 Prinzipien der Schichtenbildung

Diese Prinzipien werden am einfachsten anhand einiger weiterer ***OSI***-spezifischer Schlagworte erläutert:

- ***Subsystem***:

  Jedes ***System*** wird entspr. Abbildung 2.4-2 als ein geordneter Satz von ***Subsystemen*** betrachtet. Ein ***Subsystem*** stellt die Schnittmenge aus einem ***System*** und einer ***Schicht*** dar. Ein ***OSI-System*** muß nicht vollständig sein. Das heißt, es kann praktisch mit jeder ***Schicht*** enden, wie Abbildung 2.4-3 illustriert. Unvollständige ***OSI-Systeme*** heißen ***Transitsysteme*** (***Relay Systems***).

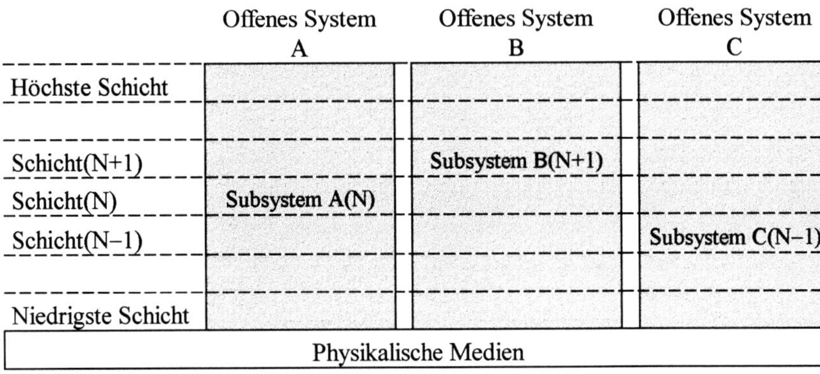

Abbildung 2.4-2: Schichtenbildung in kommunizierenden OSI-Systemen.

Typische Vertreter vollständiger ***OSI-Systeme*** sind Endgeräte oder Server in Netzen (***Endsysteme***, z.B. Btx-Server). Unvollständige ***OSI-Systeme*** sind z.B. Netzknoten, die Vermittlungs-***Funktionen*** wahrnehmen. Sie enden, wie wir später sehen werden, typisch mit der ***Schicht*** 3, oder noch darunter. Im ISDN enden auch daher die ***Endsystem***-D-Kanal-***Schichten*** (Signalisierung) mit der dritten ***Schicht***, da in ihr u.a. die Vermittlungs-***Funktionen*** ausgeführt werden. In der dargestellten Abbildung wird bereits deutlich, daß das höchste ***Subsystem*** der ***Schicht*** 3 des B-***Transitsystems*** alle an ihm angeschlossenen ***Systeme*** *sehen* muß, während die darunterliegenden ***Subsysteme*** - hier der ***Schichten*** 1 und 2 - nur jeweils ihr ***Partnersubsystem*** der gleichen ***Schicht*** *sehen*.

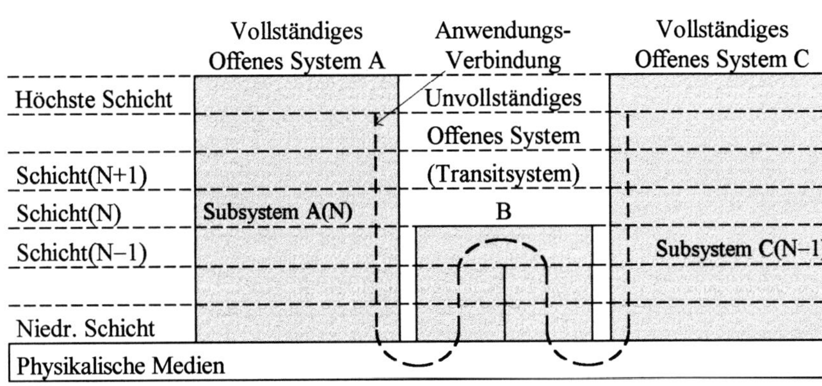

Abbildung 2.4-3: Vollständige und nicht vollständige OSI-Systeme.

- ***Schicht*** (***Layer***)

  Eine ***Schicht*** ist die Gesamtheit aller hierarchisch gleichstehenden ***Subsysteme*** aller ***Systeme***. Im folgenden wird für eine beliebige ***Schicht*** der Buchstabe ***(N)*** verwendet. ***(N)*** ist eine natürliche Zahl. Die niedrigste ***Schicht*** hat die Nummer ***(N)***=l, die höchste $(N)=(N)_{max}=7$. Letztere Zahl ergibt sich aus der Empirik. Über einer ***(N)***-ten ***Schicht*** liegt die ***(N+1)***-te, darunter die ***(N–1)***-te.

  (Vertikal) benachbarte ***Subsysteme*** (also solche *innerhalb* eines ***Systems***) kommunizieren, wie in Abbildung 2.4-4 dargestellt, über ihre gemeinsame Grenze und dort über sog. ***Dienstzugriffspunkte*** (***Service Access Points*** = ***SAP***s).

- ***Instanz*** (***Entity***)

  Ein solches ***Subsystem*** besteht aus einer oder mehreren ***Instanzen***. ***Instanzen*** in derselben ***Schicht*** heißen ***Partnerinstanzen*** (***Peer Entities***). Sie stellen die aktiven Elemente eines ***OSI-Systems*** dar. In ihnen laufen die Prozesse ab.

  Ein Prozeß innerhalb einer ***Instanz*** kommuniziert via ***Protokoll*** mit einem Prozeß in einer ***Partnerinstanz*** (also in der gleichen ***Schicht***, aber in einem anderen ***System***, d.h. in einem anderen ***Subsystem***).

  Die in Abschn. 2.3 erwähnten Begriffe *Typ* und *Inkarnation* lassen sich auch auf ***Instanzen*** übertragen.

  Zur Eindeutschung ist hier zu bemerken, daß ***Entity*** mit ***Instanz*** und *Instance* mit *Inkarnation* übersetzt wird.

  Eine typische ***Schicht***-l-***Instanz*** im ISDN führt die Aktivierungs/ Deaktivierungsprozedur auf der Tln.-Schnittstelle aus. Eine ISDN-D-Kanal-***Schicht***-2-***Instanz*** könnte das CRC-Zeichen eines LAPD-Rahmens auswerten.

  Eine besondere Art von ***Instanzen*** sind die sog. ***Transitinstanzen (Relay Entities)***, die keine ***Anwendungsinstanzen*** sind, aber auch keine höheren ***Instanzen*** kennen. Sie befinden sich typisch auf der höchsten Stufe unvollständiger ***Transitsysteme*** und kommunizieren z.B. mit mindestens zwei ***Instanzen*** der ***Schicht(N–1)***, die Zugang zu unterschiedlichen Wegstrecken haben (s. Abbildung 2.4-3). Es sind aber auch ***Transitinstanzen*** denkbar, die Information in Abhängigkeit von Steuerbefehlen sowohl zu höheren ***Instanzen*** oder gleich zu niedrigeren weitergeben. Ein Beispiel ist im ZGS#7 der Message Transfer Part/Level 3 (s. Abschn. 7.2).

  Als Symbol für ***Anwendungsinstanzen*** wird in den Abbildungen ○ verwendet, für niedere ***Instanzen***: ▭

- ***Dienst*** (***Service***)

  Außer der höchsten ***Schicht*** versorgt jede ***(N)-Schicht (N+1)-Instanzen*** mit ***(N)-Diensten***. Die höchste ***Schicht*** repräsentiert alle möglichen Anwendungen der ***Dienste***, die die niederen ***Schichten*** erbringen.

  Unterhalb der ersten ***Schicht*** liegt nur die Physik, die nicht als ***Schicht*** betrachtet wird und die damit auch im ***OSI***-Sinn keine ***Dienste*** erbringt.

  Jeder ***Dienst*** wird durch die Wahl eines oder mehrerer ***Leistungsmerkmale*** (***Facilities***), die die Attribute des ***Dienstes*** bestimmen, beschrieben. Kann eine ***(N)-Instanz*** den ***(N)-Dienst*** für eine ***(N+1)-Instanz*** nicht alleine erbringen, nimmt sie weitere ***(N)-Instanzen*** zur Hilfe.

Die ***(N)-Dienste*** werden der ***Schicht(N+1)*** mittels ***(N)-Funktionen*** der ***Schicht(N)*** zuzüglich ***(N–1)-Diensten*** erbracht, wie bereits in Abbildung 2.2-3 angedeutet.

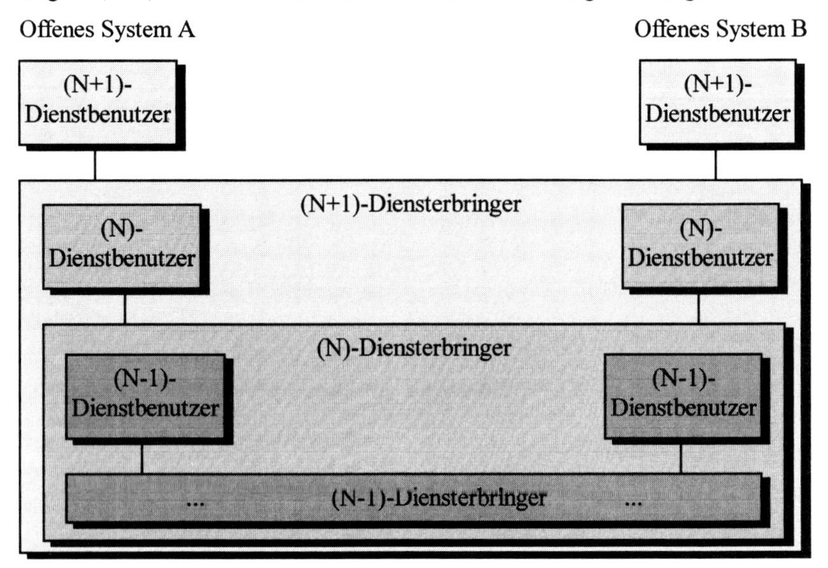

Abbildung 2.4-4: Konzept von Diensterbringer und Dienstbenutzer.

Ein typischer ***Dienst***, den die ***Schicht*** 2 im ISDN-D-Kanal der ***Schicht*** 3 erbringt, ist die ***Funktion***, eine ***Schicht***-3-Nachricht in einen I-Rahmen zu verpacken und zu übertragen. Dazu bedarf sie jedoch der ***Funktion*** der ***Schicht*** 1, eine ***Medien***-Zugriffssteuerung auszuführen und Bits zu übertragen.

- ***Dienstzugriffspunkt*** (***Service Access Point = SAP***)

  Eine ***(N)-Instanz*** kann ***(N)-Dienste*** an eine oder mehrere ***(N+1)-Instanzen*** erbringen und sich ***(N–1)-Dienste*** einer oder mehrerer ***(N–1)-Instanzen*** nutzbar machen. Ein ***(N)-Dienstzugriffspunkt*** (***(N)-SAP***) ist hierbei die Stelle, an der eine ***(N)-Instanz*** einer ***(N+1)-Instanz (N)-Dienste*** erbringt oder die ***(N+1)-Instanz*** von der ***(N)-Instanz (N)-Dienste*** anfordert.

  Über einen ***(N)-SAP*** hat genau eine ***(N)-Instanz*** Zugang zu genau einer ***(N+1)-Instanz***. ***(N)-Instanzen*** können innerhalb ihres ***Subsystems*** Zugang zu mehreren ***(N–1)-SAP***s und ***(N)-SAP***s haben.

  Damit kann eine ***(N+1)-Instanz*** gleichzeitig über einen oder mehrere ***(N)-SAP***s mit ***(N)-Instanzen*** kommunizieren, die an einem oder mehreren ***(N)-SAP***s angeschlossen sind. Eine ***(N)-Instanz*** kann gleichzeitig zu mehreren ***(N+1)-Instanzen*** über ***(N)-SAP***s Zugang haben. Als ***SAP***-Symbol werden im folgenden schattierte Ellipsen verwendet: . Diese Beziehungen werden in Abbildung 2.4-5 verdeutlicht.

  Beispiele im ISDN-D-Kanal zwischen den ***Schichten*** 2 und 3 sind die heute definierten ***SAP***s für Signalisierung, Paketinformation für Nutzdaten im D-Kanal, Management für dynamische TEI-Adreßzuweisungen und (optional) Maintenance zur Wartung und Fehlerbehebung (Prüfschleifen).

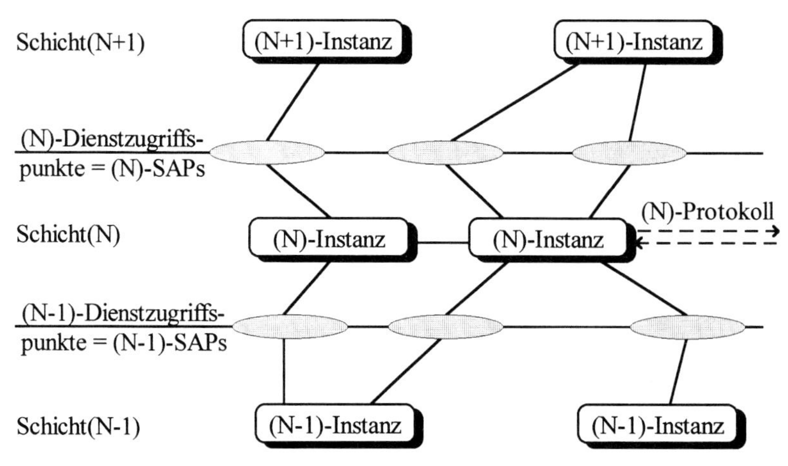

Abbildung 2.4-5: Instanzen und Dienstzugriffspunkte.

2.4.3 Kommunikation zwischen Partner-Instanzen

Auch hier wird das Verhalten am besten durch das bereits angesprochene spezifische Schlagwort erläutert:

Verbindung

Um Information zwischen zwei oder mehreren ***(N+1)-Instanzen*** austauschen zu können, muß eine ***(N)-Verbindung*** zwischen ihnen in der ***Schicht(N)*** mittels eines ***(N)-Protokolls*** errichtet werden.

(N)-Verbindungen stellt die ***Schicht(N)*** dabei zwischen zwei oder mehreren ***(N)-SAPs*** her. Das Ende der ***(N)-Verbindung*** am ***(N)-SAP*** ist ein ***(N)-Verbindungsendpunkt*** (***(N)-Connection Endpoint*** = ***(N)-CEP***). Ein ***SAP*** kann mehrere ***CEPs*** enthalten und es können damit auch mehrere ***Verbindungen*** gleichzeitig zu einem anderen ***SAP*** existieren. Ein ***CEP*** kann jedoch immer nur mit genau einen anderen ***CEP*** - typisch in einem anderen ***System*** - verbunden sein. Als Symbol für den ***CEP*** wird im folgenden ein dicker schwarzer Punkt verwendet : • .

Miteinander verbundene ***(N)-Instanzen*** werden als ***korrespondierend*** (***correspondent***) bezeichnet. Die Verhältnisse werden durch Abbildung 2.4-6 illustriert. In der Regel sind die ***Verbindungen*** Punkt-zu-Punkt (Point to Point = PtP), aber es gibt auch ***Mehrpunkt-Verbindungen*** (***Multi Endpoint Connections***). Beim Fernkopieren würde letzteres z.B. dem Verteilen einer Kopie an mehrere Empfänger entsprechen. Beim Telefonieren wären das z.B. Makel- oder Konferenzverbindungen.

Während ***SAPs*** und ***CEPs*** in i.allg. *statisch* sind, sind ***Verbindungen*** *dynamisch* - sie können zwischen ***CEPs*** umkonfiguriert werden. Beim Telefonieren könnte das bedeuten, daß A → B anruft und dann →C. Die Alternative der Umkonfigurierung der Zuordnung ***Instanz/SAP*** wird ebenfalls zugelassen, aber hier nicht weiter betrachtet.

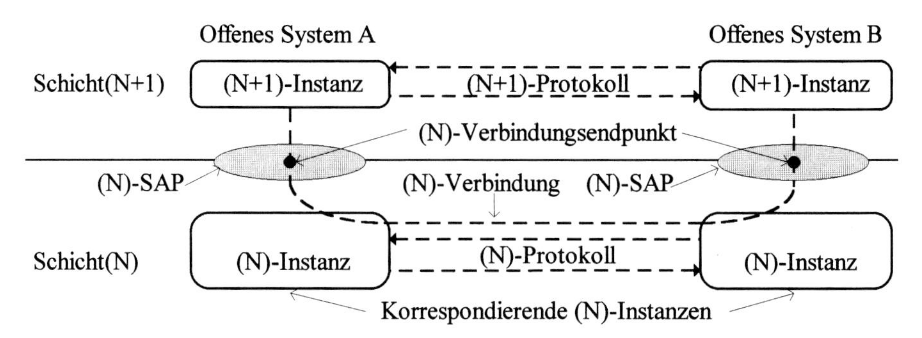

Abbildung 2.4-6: Verbindungen und Verbindungsendpunkte.

Bei einer ***Verbindung*** sind, wie bereits erwähnt, also immer die Phasen:

(N)-Verbindungsaufbau →

(N)-Datenübertragung (***(N)-Data Transmission***) →

(N)-Verbindungsabbau

zu unterscheiden.

2.4.4 Adressierung

Instanzen, ***SAP***s und ***CEP***s müssen auseinandergehalten werden können, damit sog. ***Dateneinheiten*** (***Data Units = DU***s) diese beim ***Schichten***-Durchlauf entlang der ***Verbindungen*** auffinden können. Im Fall der statischen Zuordnung von ***Instanz*** und ***SAP*** erhält der ***(N)-SAP*** eine ***Adresse*** (***SAP-Address*** oder ***SAP-Identifier = SAPI***). Damit ist auch die zugehörige ***(N+1)-Instanz*** eindeutig adressiert. Sie kann auch noch anders adressiert werden, wenn sie Zugang zu weiteren ***(N)-SAP***s hat, was aber hier nicht weiter verfolgt wird.

Wird eine ***(N)-Adresse*** immer auf genau eine ***(N–1)-Adresse*** abgebildet, so wird die ***(N)-Adresse*** aus der ***(N–1)-Adresse*** und einem ***(N)-Zusatz*** (***(N)-Suffix***) gebildet. Das bezeichnet man als hierarchische Abbildung. Andernfalls muß eine Tabellenabbildung vorgenommen werden.

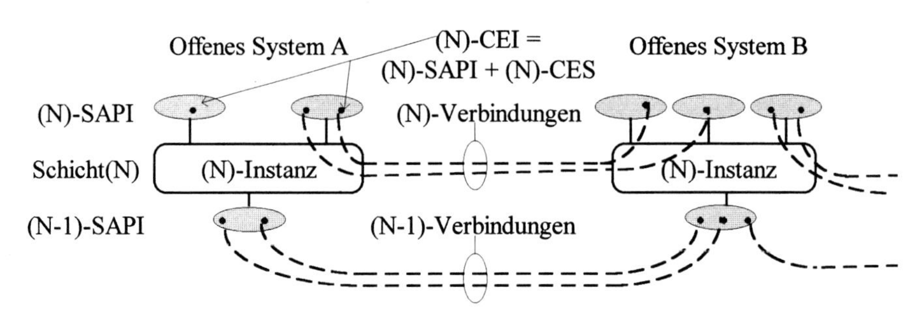

Abbildung 2.4-7: Hierarchische Abbildung von Adressen.

Baut eine ***(N+1)-Instanz*** eine ***(N)-Verbindung*** zu einer anderen ***(N+1)-Instanz*** mittels eines ***(N)-Dienstes*** auf, erhalten beide eine ***(N)-Verbindungsendpunkt-Kennung*** (***(N)-Connection Endpoint Identifier =(N)-CEI***) von ihrer jeweiligen diensterbringenden ***(N)-Instanz***, so daß sie diese ***(N)-Verbindung*** von allen anderen ***(N)-Verbindungen*** über denselben ***(N)-SAP*** eindeutig unterscheiden können.

Der ***(N)-CEI*** besteht, wie in Abbildung 2.4-7 dargestellt, aus zwei Teilen, dem:

- ***(N)-SAPI,***
  der im Zusammenhang mit der jeweiligen ***(N)-Verbindung*** benutzt wird
- ***(N)-Verbindungsendpunkt-Zusatz***
  (***(N)-Connection Endpoint Suffix = (N)-CES***), der ***SAP***-weit eindeutig ist.

Im ISDN-D-Kanalprotokoll heißen die oben erwähnten ***SAP***s zwischen den ***Schichten*** 2 und 3 ***SAPI*** = **s**, **p** oder **mg**. Sind mehrere ***Schicht***-3-***Instanzen*** vorhanden, wie bei multifunktionalen Endgeräten, die z.B. Fernsprech- und PC-Funktionen aufweisen, so können hier zwei ***Schicht***-3-***Verbindungen*** über den ***SAPI*** **s** mit zwei unterschiedlichen ***CEI***s (je einer für Fernsprechen und PC-Kommunikation) vergeben sein. Dazu gehören verschiedene ***Schicht***-2-***Verbindungen*** und verschiedene ***Schicht***-3-***Verbindungen*** (die allerdings beim Mehrdienstbetrieb auch das gleiche Ziel haben können).

Die ***Schicht*** D2 unterscheidet diese durch den nicht ***OSI***-spezifischen sog. *Terminal Endpoint Identifier* (=TEI), welcher in der Regel dynamisch zu besorgen ist, da Endgeräte umgesteckt werden können und ein Endgerät mit einmal vergebenen TEIs an einem anderen S-Bus zu Kollisionen führen kann. Diese dynamische TEI-Vergabe wird über den ***SAPI*** **mg** abgehandelt. Die ***Schicht*** 3 kennt den TEI aber nicht, sondern erhält von der ***Schicht*** 2 jeweils einen zugehörigen ***CES*** angeboten, der im Gegensatz zum TEI nur ***SAP***-weit gilt. Zum genaueren Verständnis des zuvor gesagten wird empfohlen, die entspr. Abschn. (z.B. 4.3.5.1) der ISDN-D-Kanal-Spezifikation zu studieren.

2.4.5 Dateneinheiten

Information zwischen ***Instanzen*** wird in verschiedenen Typen von ***Dateneinheiten*** (***Data Units = DU***s) zwischen

- ***Partnerinstanzen*** und
- ***Instanzen*** im selben ***System***, die über einen ***SAP*** direkt verknüpft sind (hier als *Master-Slave(MS)-**Instanzen*** bezeichnet; aber kein offizieller ***OSI***-Begriff)

ausgetauscht. Weiterhin ist gemäß Tabelle 2.4-1 zu unterscheiden zwischen

- ***Steuerinformation***, nämlich dann, wenn sie dazu dient, die an der ***Diensterbringung*** beteiligten ***Instanzen*** mit der Steuerung des Nutz-Datenflusses für die ***(N+1)-Instanzen*** zu versorgen und
- ***Nutzinformation***, die transparent zu den ***(N+1)-Instanzen*** weitergegeben wird.

Datentyp: Austausch zwischen	Steuerung (Control)	Nutzinformation (Data)	Kombination
(N)-(N)-Partnerinstanzen	(N)-PCI	(N)-UD	(N)-PDU
(N+1)-(N)-MS-Instanzen	(N)-ICI	(N)-ID	(N)-IDU

Tabelle 2.4-1: Typen von Dateneinheiten im OSI-Modell.

Erläuterung der Abkürzungen mit Beispielen aus der ***Schicht*** 2 des ISDN-D-Kanal-***Protokolls***:

- ***(N)-Protokoll-Steuerinformation***: (***(N)-Protocol Control Information = (N)-PCI***)

  Information, die zwischen zwei ***(N)-Partnerinstanzen*** über eine ***(N–1)-Verbindung*** ausgetauscht wird, um die Koordination ihres Betriebs und ihrer ***Funktionen*** sicherzustellen.

  Beispiele: Flag, HDLC-Adreßfeld, Steuerfeld, CRC-Zeichen

- ***(N)-Benutzerdaten*** (***(N)-User Data = (N)-UD***):

  Information, die zwischen zwei ***(N)-Partnerinstanzen*** im Auftrag der ***(N+1)-Instanzen***, für die sie ***(N)-Dienste*** erbringen, transparent übertragen werden,.

  Beispiel: ISDN-Nachricht

- ***(N)-Protokoll-Dateneinheit*** (***(N)-Protocol Data Unit = (N)-PDU***):

  (N)-PCI + optional ***(N)-DU***

  Beispiel: wenn
  PDU=PCI+UD, liegt ein HDLC-I-Rahmen vor
  PDU=PCI, liegt ein HDLC S-Rahmen vor;
  von U-Rahmen gibt es beide Sorten.

- ***(N)-Schnittstellen-Steuerinformation***
  (***(N)-Interface Control Information = (N)-ICI***):

  Information, die zwischen zwei MS-***Instanzen*** ausgetauscht werden, um ihre Koordination sicherzustellen. Hier handelt es sich offenbar um die ***Primitives***.

  Beispiel: **DL-ESTABLISH-REQUEST**

- ***(N)-Schnittstellendaten*** (***(N)-Interface Data = (N)-ID***) :

  Daten, die von einer ***(N+1)-Instanz*** an eine ***(N)-Instanz*** zur Übertragung zu einer ***(N+1)-Partnerinstanz*** über eine ***(N)-Verbindung*** übergeben werden oder umgekehrt.

  Hierunter fällt auch der Begriff des ***(N)-Dienst-Dateneinheit*** (***(N)-Service Data Unit = (N)-SDU***), bei dem es sich um ***(N)-ID*** handelt, deren Identität von einem Ende einer ***(N)-Verbindung*** bis zum anderen Ende erhalten bleibt.

  Beispiel: Im einfachsten Fall gilt ***(N)-ID = (N)-UD = (N)-SDU = (N+1)-PDU***. Wenn jedoch ***Segmentierung*** oder ***Blockung*** (s. Abschn. 2.4.6.3) stattfindet, ist z.B. ***(N)-SDU*** eine Nachricht, ***(N)-UD*** ein Segment dieser Nachricht, bzw. ***(N)-UD*** bei kurzen Nachrichten alle ***geblockten*** Nachrichten (***SDU***s) in einem Rahmen.

- ***(N)-Schnittstellen-Dateneinheit*** (***(N)-Interface Data Unit = (N)-IDU***):

  (N)-ICI + optional ***(N)-ID***, die in einer einzigen Interaktion übergeben werden.

Abbildung 2.4-8 illustriert nochmals die Zusammenhänge, wobei hier der Einfachheit halber auf eine mögliche ***Segmentierung*** oder ***Blockung*** verzichtet wurde. Weiterhin ist zu bemerken, daß die Lage der ***Dateneinheiten*** keinen Bezug zu ihrer Lage bei der Implementierung hat, was sich jedoch aus den Vorbemerkungen von selbst versteht.

In dieser Abbildung sind zwei MS-***Instanzen*** innerhalb eines ***Offenen Systems*** dargestellt. Die durchgezogenen Linien geben die Abfolge der ***Dateneinheit***-Umformungen an, die gestrichelten Linien die logischen Wege zu der Stelle, an der die ***Datenein-***

heit, bei der die Linie beginnt, wieder ausgewertet wird. Die dunkel markierten Zonen stellen Information dar, die die ***Instanzen*** zur Koordination ihres Betriebs benötigen und die daher das ***System*** nie verlassen.

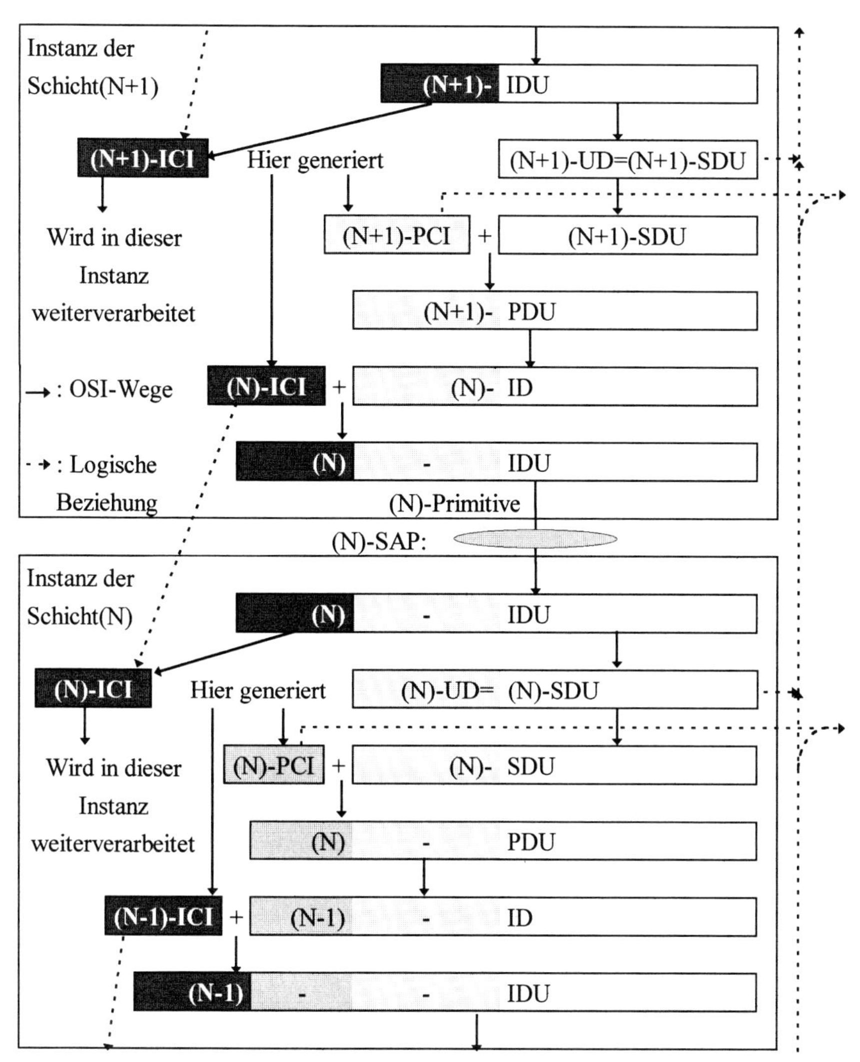

Abbildung 2.4-8: Dateneinheiten des OSI-Modells beim Schichtendurchlauf.

Die gestrichelten Linien, die nach rechts abgehen, deuten an, daß die entspr. ***Dateneinheiten*** über ***Partner-Protokolle*** zur korrespondierenden ***Instanz*** im ***Partnersystem*** übertragen werden. Die gestrichelten Linien, die rechts nach oben gehen, deuten an, daß diese ***Dateneinheiten*** in den ***Partnerinstanzen***, die ja grundsätzlich gleich strukturiert sind, in analoger Weise nach oben weitergegeben werden, wie sie in diesem Bild nach unten laufen.

Es sollte noch erwähnt werden, daß solche Abläufe prinzipiell ***vollduplex*** (s. Abschn. 2.4.6.2) ablaufen können, was bedeutet, daß in dem dargestellten Bild parallel alle Pfeile zusätzlich noch in umgekehrter Richtung laufen. Desgleichen auf der Seite des ***Partnersystems*** mit nach oben laufenden Pfeilen.

Die Prozesse innerhalb der jeweiligen ***Instanz***, die ***Dateneinheiten*** konsumieren bzw. generieren (***ICI*** und ***PCI***) müssen beim ***Duplexbetrieb*** für gehende und kommende Richtung häufig miteinander kommunizieren, um z.B. unabhängig von höheren ***Schichten Quittungen*** (s. Abschn. 2.4.6.4) zu realisieren. Die beiden letztgenannten Aspekte sind in der Abbildung nicht dargestellt um sie nicht zu überfrachten.

2.4.6 Elemente des Schichtenbetriebs

2.4.6.1 Primitiveprozeduren und Protokolle

Eine vollständige ***Primitiveprozedur*** zwischen zwei ***Systemen*** A und B stellt typisch folgende Sequenz dar:

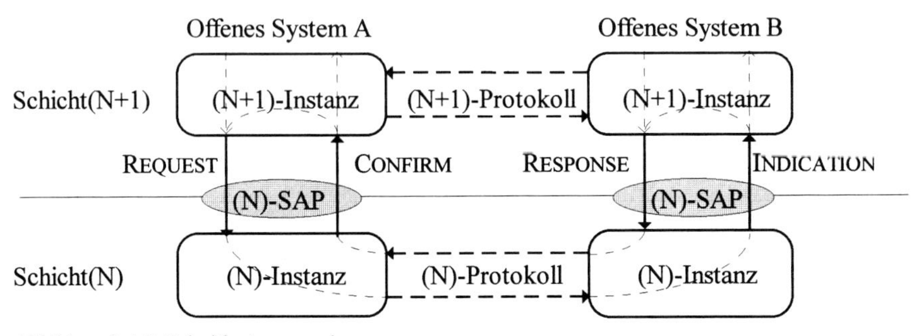

Abbildung 2.4-9: Primitivetypen und -sequenzen.

1. Eine A-***(N+1)-Instanz*** verlangt via ***REQUEST*** (Anforderung) von ihrer ***(N)-Instanz*** die Übertragung einer A-***(N+1)-PDU***. Die ***(N)-Instanz*** tut desgleichen analog mit ihrer ***(N–1)-Instanz***, logisch läuft das jeweilige ***Protokoll*** zum B-***Partnersystem*** ab.
2. Die B-***(N)-Instanz*** übergibt die empfangene A-***(N+1)-PDU*** via ***INDICATION*** (Anzeige) an die B-***(N+1)-Instanz***.
3. Die B-***(N+1)-Instanz*** übergibt als ***RESPONSE*** (Antwort) eine B-***(N+1)-PDU*** an die B-***(N)-Instanz***, die diese logisch über das ***(N)-Protokoll*** zur A-***(N)-Instanz*** weiterleitet.
4. Die A-***(N)-Instanz*** übergibt die empfangene B-***(N+1)-SDU*** via ***CONFIRM*** (Bestätigung) an die A-***(N+1)-Instanz***. Damit ist die Sequenz eines sog. ***bestätigten Dienstes*** abgeschlossen.

Es bleibt festzuhalten, daß ***REQUEST*** (***REQ***) und ***RESPONSE*** (***RSP***) ***Dienstanforderungen***, ***INDICATION*** (***IND***) und ***CONFIRM*** (***CNF***) ***Diensterbringungen*** bedeuten. Die dünnen Pfeile durch die ***(N+1)-Instanzen*** korrespondieren zu den Aktionen in Abbildung 2.4-8. Folgende Funktionen können den ***Primitivetypen*** also zugeordnet werden:

REQUEST	Ausgelöst vom ***Dienstbenutzer***, um eine Prozedur anzustoßen
INDICATION	Ausgelöst vom ***Diensterbringer*** – um eine Prozedur anzustoßen, oder – zwecks Anzeige, daß eine Prozedur beim ***Dienstbenutzer*** am ***Partner-SAP*** angestoßen wurde
RESPONSE	Ausgelöst vom ***Dienstbenutzer***, um eine Prozedur an einem ***SAP*** zu vollenden, die zuvor durch ein ***INDICATION*** am gleichen ***SAP*** angestoßen wurde
CONFIRM	Ausgelöst vom ***Diensterbringer***, um eine Prozedur an einem ***SAP*** zu vollenden, die zuvor durch ein ***REQUEST*** am gleichen ***SAP*** angestoßen wurde

Tabelle 2.4-2: OSI-Primitivetypen und ihre Funktionen.

Im ISDN werden solche Prozeduren meist nicht vollständig durchlaufen (***unbestätigte Dienste***). In der ***Schicht*** 2 z.B. kann eine ***DL-PDU*** Antwortinformation auf eine zuvor erhaltene ***DL-PDU*** enthalten (z.B. Folgezählerstand) als auch ganz neue Information. Daher werden die Typen ***RESPONSE*** und ***CONFIRM*** erst gar nicht verwendet, sondern nur ***REQUEST*** und ***INDICATION***.

Für ***Primitives*** ist folgende Syntax vorgesehen:

Schichten*kürzel-Primitivename-****Primitive****typ*, optional:*(Parameter)*

Die ***Schichten****kürzel* für die sieben ***Schichten*** sind in Abschn. 2.5.2 angegeben. Es wird grundsätzlich das ***Diensterbringer****kürzel* verwendet.

Der ***Primitive****name* macht eine Aussage über die ***Primitive***-Funktion.

Der ***Primitive****typ* ist einer der vier oben angegebenen ***REQ***, ***IND***, ***RSP***, ***CNF***

Ein Parameter ist typisch eine ***PDU***.

Beispiele aus den ***Schichten*** 3/2 des ISDN-D-Kanal-***Protokolls***:

- **DL-ESTABLISH-REQUEST**: ***Schicht*** 3 verlangt den Aufbau einer ***Schicht***-2-***Verbindung***. Es wird kein Parameter übergeben. Die ***Schicht***-2-***Instanz*** generiert einen S-Rahmen: SABME, sofern ein TEI vergeben ist.
- **DL-DATA-INDICATION** (Nachricht): Die ***Schicht*** 2 meldet der ***Schicht*** 3, daß Daten angekommen sind. Auf der ***Schicht*** 2 ist protokollmäßig ein I-Rahmen angekommen, der eine ***Schicht***-3-Nachricht (als ***DL-ID***) enthält. Welcher Art die Nachricht - z.B. eine SETUP - ist, ist der ***Schicht*** 2 nicht bekannt.

Ein ***Protokoll*** ist ein Satz syntaktischer und semantischer Regeln, mit dem ***PDU***s zwischen ***Partnerinstanzen*** ausgetauscht werden. Die syntaktischen Regeln geben dabei den Formataufbau der ***PDU***s an, die semantischen Regeln werden durch die Prozedur, d.h. durch den korrekten Ablauf festgelegt.

Unterschiedliche ***Protokolle*** werden durch ***Protokoll-Kennungen*** festgelegt (***Protocol Identifier***, z.B. im ISDN auf der ***Schicht*** 3 durch den *Protocol Discriminator* unterschieden). Eines oder mehrere ***Protokolle*** können innerhalb einer ***Schicht*** definiert sein. Davon kann eine ***Instanz*** eines oder mehrere benutzen.

2.4.6.2 Verbindungen

Als ***Verbindungsarten*** sind definiert:

- ***Simplex*** (***Sx***; einseitig gerichtet)
- ***Halbduplex*** (***HDx***, zweiseitig gerichtet, aber abwechselnd)
- ***Vollduplex*** (***Dx***; zweiseitig gerichtet, gleichzeitig)

Bei einem ***(N)-Verbindungsaufbau*** wird für jeden beteiligten ***(N)-SAP*** ein ***(N)-CEP*** geschaffen, sofern er nicht bereits existiert, d.h. durch eine vorherige ***Verbindung*** geschaffen wurde und bei ***Verbindungsabbau*** nicht gelöscht wurde.

Ein ***(N)-Verbindungsendpunkt*** in einem ***SAP*** stellt also eine eindeutige Beziehung her zwischen

- einer ***(N+1)-Instanz***
- einer ***(N)-Instanz***
- einer ***(N)-Verbindung***

Der Aufbau einer ***(N)-Verbindung*** durch ***(N)-Partnerinstanzen*** bedingt den vorangegangenen Aufbau einer ***(N–1)-Verbindung***, so daß die ***(N)-Instanzen*** in dem Zustand sind, daß sie das ***Verbindungsaufbauprotokoll*** abhandeln können. (Dagegen würde z.B. ein Testmodus sprechen, ansonsten kann man den Zustand als *Aktiviert* bezeichnen).

Ein ***(N)-Verbindungsabbau*** muß nicht einen ***(N–1)-Verbindungsabbau*** zur Folge haben. Genausowenig muß ein ***(N–1)-Verbindungsabbau*** einen ***(N)-Verbindungsabbau*** zur Folge haben; eine ***(N–1)-Verbindung*** kann wiederaufgebaut werden oder durch eine andere ***(N–1)-Verbindung*** ersetzt werden. Während einer abgebauten ***(N–1)-Verbindung*** kann natürlich auf der ***(N)-Verbindung*** keine Information ausgetauscht werden, sie wird sozusagen gehalten. Den Normalfall stellt letzteres allerdings i.allg. nicht dar. Typische Auslöser für diesen Fall sind Fehler in der ***Schicht(N–1)***.

Der Aufbau einer neuen ***Verbindung*** muß bei dem initiierenden (A)-***System*** immer bei der höchsten ***Schicht*** - also beim Anwender - beginnen, und bis zur ***Physikalischen Schicht*** durchgehen. Bei dem gerufenen (B)-***System*** läuft der ***Verbindungsaufbau*** den umgekehrten Weg.

Ein normaler ***Verbindungsabbau*** kann, sofern im Einzelfall durch die kommunizierenden ***Anwender-Instanzen*** nicht anders geregelt, von der A- oder der B-Seite angestoßen werden und läuft entsprechend ab. Es besteht auch die Möglichkeit, daß sich ***Verbindungsaufbau*** und ***-abbauprozeduren*** kreuzen. Dieser Kollisions-(Contention)-Fall muß ebenfalls behandelt werden. Im Fehlerfall, z.B. beim Ausfall einer ***Schicht***, kann der ***Verbindungsabbau*** auch von dort angestoßen werden. Ein ***Reset*** stellt einen kombinierten ***Verbindungsaufbau/Verbindungsabbau***-Befehl dar.

2.4.6.3 Multiplexen, Splitten, Segmentieren, Blocken, Ketten

Die Begriffe der Überschrift stellen Maßnahmen auf der Senderseite dar, um die Übertragungseffizienz zu steigern. Sie werden im folgenden erläutert. Unter der Begriffsbezeichnung folgt die jeweils zugehörige Bezeichnung für den Vorgang auf der Empfängerseite, der den für die Senderseite beschriebenen wieder rückgängig macht.

Senderseite: ***Multiplexen*** (***Multiplexing***; Abbildung 2.4-10).
Empfängerseite: ***Demultiplexen*** (***Demultiplexing***).

Abbilden mehrerer ***(N)-Verbindungen*** auf eine ***(N–1)-Verbindung***. Dadurch kann der ***(N–1)-Dienst*** effizienter genutzt werden und es werden weniger ***(N–1)-Verbindungen*** als ***(N)-Verbindungen*** benötigt.

Interessant ist dies z.B. für *(N)*=2, womit Übertragungsstrecken eingespart werden. Für leitungsvermittelte digitale Übertragungen ist dies typisch über Zeitmultiplex realisiert (PCM30, PCM120 etc.), für analoge Übertragungen ist Multiplexen über Modulation, wie Frequenzmodulation (z.B. V300 im Telefonnetz), üblich. Am ISDN-Basisanschluß sind die beiden B-Nutzkanäle und der D-Kanal auf der ***Schicht*** 1 gemultiplext, bei letzterem nochmals alle D-Kanal-***Schicht***-2-***Verbindungen***.

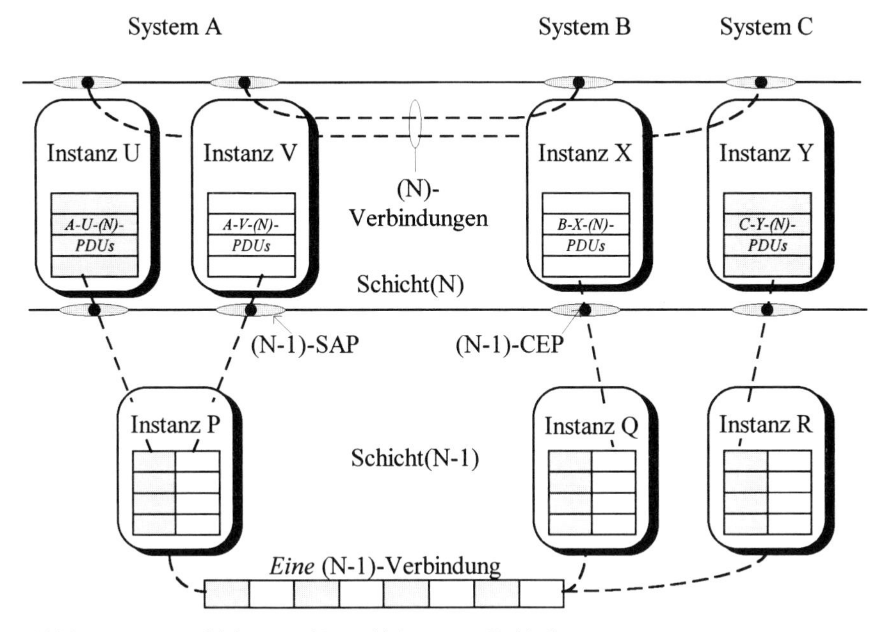

Abbildung 2.4-10: Multiplexen und Demultiplexen von Verbindungen.

Funktionen, die hier evtl. benötigt werden, sind

- das Kennzeichnen der ***(N)-Verbindungen*** (jeder PCM30-Kanal erhält eine Nummer)
- eine ***Flußregelung*** (***Flow Control***) pro ***(N)-Verbindung***, um die Kapazität der ***(N–1)-Verbindung*** sinnvoll zu nutzen.
- Eine Zugriffssteuerung der ***(N)-Instanzen*** auf die ***(N–1)-Verbindung***. Bei den Nutzkanälen von PCM30 ist das wegen des Modulo-Durchzählens einfach; für den Signalisierungskanal (Zeitschlitz 16) wegen der Paketierung jedoch aufwendiger.

Senderseite: ***Splitten*** oder ***Aufspalten*** (***Splitting***; s. Abbildung 2.4-11)
Empfängerseite: ***Zusammenführen*** oder ***Sammeln*** (***Recombining***)

Gegenteil von ***Multiplexen*** und bedeutet das Abbilden einer ***(N)-Verbindung*** auf mehrere ***(N–1)-Verbindungen***. Das kann aus Zuverlässigkeitsgründen, aus Durchsatzanforderungen (wenn z.B. die Bitrate einer ***Verbindung*** der unteren ***Schicht*** zu gering ist) oder auch aus Kostengründen geschehen.

Funktionen, die hier evtl. benötigt werden, sind

- ein entspr. Management, das sendeseitig das ***Splitten*** vornimmt und empfangsseitig alle gesplitteten ***SDU***s wieder zusammenführt und ordnet.
- Maßnahmen zum Wahren der ***Reihenfolgeintegrität (Sequencing)*** der ***(N)-PDU***s, z.B. Durchnumerierung.

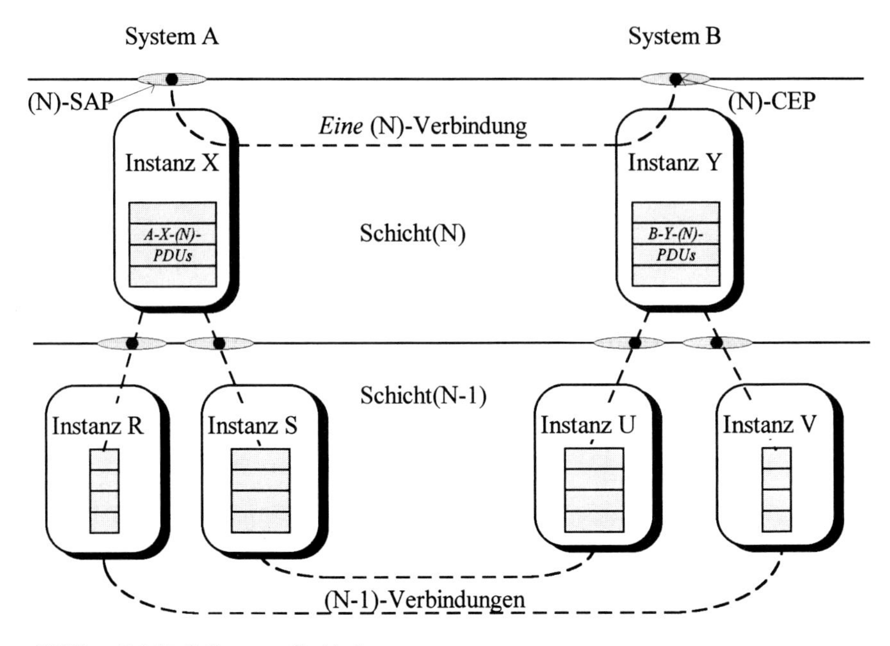

Abbildung 2.4-11: Splitten von Verbindungen.

Senderseite: ***Segmentieren*** oder ***Aufteilen*** (***Segmenting***; Abbildung 2.4-12)
Empfängerseite: ***Zusammenfügen*** oder ***Vereinigen*** (***Reassembling***)

Bedeutet für jeweils eine ***Verbindung***

- innerhalb einer ***Schicht***: das Abbilden einer ***(N)-SDU*** auf mehrere ***(N)-PDU***s
- beim ***Schichten***-Übergang: das Abbilden einer ***(N)-PDU*** auf mehrere ***(N–1)-PDU***s

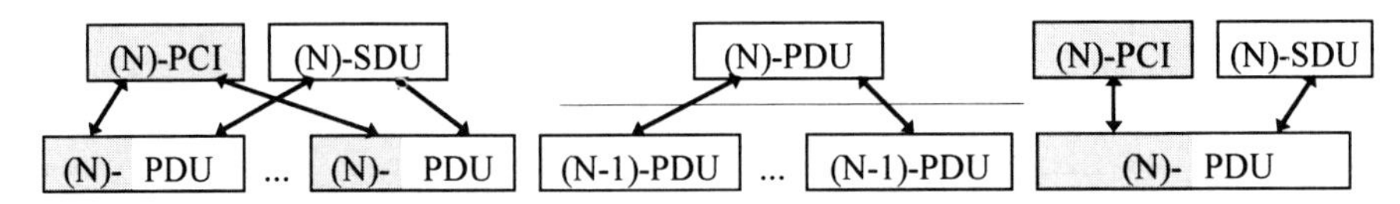

Abbildung 2.4-12: Segmentierungsformen, ganz rechts normale Abbildung.

Segmentierung ist auch eine Funktion, die beim Multiplexen auf PCM30 anfällt. Die PCM30-Strecke ist oktettorientiert, d.h. daß z.B. eine ***DL-PDU*** gehend in einzelne Oktetts zerbrochen werden muß. Man muß sich darüber im klaren sein, daß dies gegenüber dem ***Multiplexen*** selbst eine andere ***Funktion*** ist. Würde nicht ***segmentiert*** werden, hieße das, daß die ***Schicht***-2-Rahmen in ihrer Originalgröße, die variabel sein kann, auf den PCM30-Rahmen abgebildet würden, was mit leitungsvermittelten ***Systemen*** praktisch nicht machbar ist.

Senderseite: ***Blocken*** und ***Ketten*** (***Blocking*** und ***Concatenation***; Abb. 2.4-13)
Empfängerseite: ***Entblocken*** und ***Auftrennen*** (***Deblocking*** und ***Separation***)

Gegenstücke zum ***Segmentieren*** und bedeuten für jeweils eine ***Verbindung***

- ***Blocken*** innerhalb einer ***Schicht***: Abbilden mehrerer ***(N)-SDU***s auf eine ***(N)-PDU***
- ***Ketten*** beim ***Schichten***-Übergang:
  Abbilden mehrerer ***(N)-PDU***s auf eine ***(N–1)-SDU***.

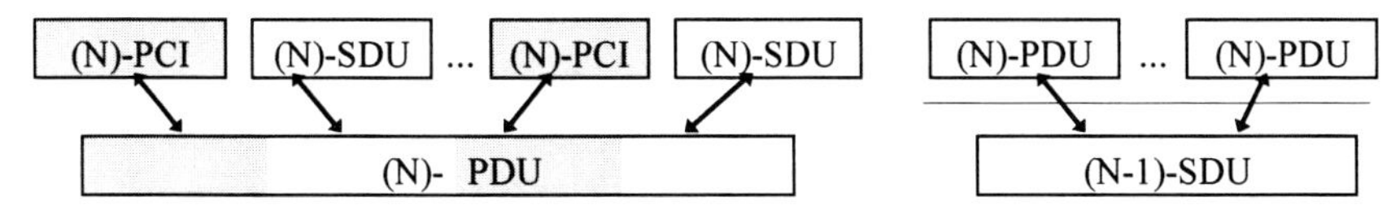

Abbildung 2.4-13: Blocken und Ketten.

Diese ***Funktionen*** sind sinnvoll, wenn höhere ***Schichten*** kleine Nutzdateneinheiten generieren, z.B. einzelne ASCII-Zeichen, darunterliegende ***Schichten*** jedoch große Blöcke übertragen, z.B. ATM-Zellen mit 48 Nutzoktetts.

2.4.6.4 Fehlerbehandlungen

Neben der Fehlererkennung, -benachrichtigung und ggf. -korrektur sind dies:

- ***Quittung*** (***Acknowledgement***):

  Eine wichtige Möglichkeit zur Fehlerbehandlung sind ***Quittungen*** zwischen kommunizierenden ***Partnerinstanzen***. Wenn die ***Schicht(N)*** ***Quittungen*** vorsieht, wird die ***PDU***-Verlusterkennungswahrscheinlichkeit gegenüber einer ***Quittungsfunktion*** der ***Schicht(N–1)*** erhöht.

  Quittungsfunktionen müssen es auch erlauben, den Nichtempfang oder die Duplizierung einer ***SDU*** erkennen zu können, sowie die Möglichkeit bieten, bei vertauschter Reihenfolge des Empfangs diese wieder ordnen zu können. Ein Mechanismus dazu ist das Durchzählen von ***SDU***s mit einem bestimmten Modulo-Wert (z.B. 8 oder 128), wie auch im ISDN-LAPD.

  Bei Nichtempfang fehlt dann eine Nummer, bei Duplizierung kommt sie doppelt vor. Bei Reihenfolgevertauschung wird eine zunächst fehlende Nummer später nachgereicht. Letzteres kann typisch dann passieren, wenn ***Splittung*** vorgenommen wurde. Auf der Sendeseite werden i.allg. bei jeder ***SDU***-Aussendung Timer gestartet, die zu einem bestimmten Zeitpunkt die ***Quittung*** erwarten. Trifft sie nicht ein, so kann die ***SDU*** nochmals ausgesendet werden. Dann wird außer dem erneuten Timerstart ein Zähler (Counter) erhöht. Zählt dieser z.B. bis drei, ohne daß die vermißte ***Quittung*** für die ***SDU*** eingetroffen ist, wird die Strecke außer Betrieb genommen und der Wartungsdienst muß aktiv werden.

  Die ***Quittungsfunktionen*** werden i.allg. im ***PCI***-Feld untergebracht.

- ***Reset***:
  Reset-Funktionen werden bei schwerwiegenderen Fehlern benötigt, um einen verlorengegangenen Synchronismus zwischen kommunizierenden ***Partnerinstanzen*** herzustellen, d.h. wieder auf einen definierten Zustand zurückzuführen. Dabei können Daten dupliziert werden oder verloren gehen. Bestimmte höhere ***Schichten*** definieren dazu permanent Rücksetzpunkte.

2.4.7 Management

In der ***OSI***-Welt gibt es Aufgaben, die sich schlecht in den ***Schichten*** unterbringen lassen. Typisch dafür sind folgende ***Funktionen*** [TI3]:

- **Initialisierung** eines ganzen ***Systems*** oder einzelner ***Subsysteme***.
- **Beendigung** und **Beobachtung** laufender Aktivitäten, z.B. für Statistiken oder zur Fehlerbehandlung und Pflege der ***Systeme***.
- **Ladefunktionen**, wenn ***Schichten*** softwaremäßig realisiert sind.

Typisch sind solche ***Funktionen*** in Betriebssystemen von Rechnern, auf denen die ***OSI-Funktionen*** als Anwenderprogramme laufen, untergebracht. Oft werden diese ***Funktionen*** auch für lokale Aktivitäten verwendet, das ***OSI-Modell*** schließt jedoch ausdrücklich eine Normung für diese Fälle aus, da sie außerhalb des Bereichs der ***OSI***-Welt liegen.

Dies verbietet dem einzelnen Softwarehersteller jedoch nicht, diese ***OSI***-Spezifikationen auf die lokalen ***Funktionen*** zu erweitern; ein Anspruch der Kompatibilität besteht jedoch nicht. Typische ***OSI-Systeme*** mit auch lokalen Funktionen sind Faxgeräte, die kopieren können oder PCs mit lokaler Textverarbeitung oder Dateiverwaltung. Residiert bei diesen das Programm in einem Zentralrechner und nimmt ein Terminal nur die Tastaturbetätigungen ab und der Zentralrechner reflektiert die Zeichen auf dem Bildschirm, so kann die dazu notwendige Übertragung ein Objekt des ***OSI-Modells*** sein.

In der ***OSI***-Welt werden drei Management-Kategorien unterschieden:

- ***Anwendungsmanagement*** (***Application-Management***)
  Die ***Anwendungsprozesse*** bedürfen einer Sonderbehandlung gegenüber anderen Prozessen - vor allem, wenn Schnittstellen zu einer Benutzeroberfläche vorhanden sind. Dazu gehören z.B.:
  - Initialisierung von Parametern (z.B. Auflösung bei einem Telefax-Gerät)
  - Zurverfügungstellung von Ressourcen
  - Kontrolle von Wiederaufsetzpunkten
  - Paßwortkontrolle (Sicherheitstechnik, Datenschutz)
- ***Systemmanagement***,
  das schichtenübergreifend ist. Dazu gehören z.B.:
  - ***OSI-Ressourcen***-Zuweisung, wie Speicherbereiche, ***Physikalische Medien*** (Übertragungsstrecken), Gebührenzähler.
  - Programmlade-***Funktionen***, wenn z.B. höhere ***Systemfunktionen*** softwaremäßig noch nicht realisiert sind und damit das ***System*** aus ***OSI***-Sicht noch nicht existiert.

- Monitor-***Funktionen*** für Statistik, insbes. Fehlerzähler. Diese werden z.B. extern via Fernwartung ausgewertet.
- Rekonfiguration und Restart einzelner ***Schichten***, ganzer ***Systeme*** oder gar ganzer Netze.

• ***Schichtenmanagement***
Hier können wieder ***Funktionen*** des ***Systemmanagements*** auftauchen, nur eben schichtenspezifisch (besser: subsystemspezifisch). Weiterhin sind zu nennen:
  - Kommunikation zu anderen ***Management-Instanzen***
  - Als Beispiel aus der ***Schicht*** 2 des ISDN die TEI-Vergabeprozedur (dynamische Adreßzuweisung), die notwendig ist, wenn Endgeräte dynamisch an Mehrpunktschnittstellen umkonfiguriert werden können.

2.5 Die sieben OSI-Schichten

2.5.1 Resultierende Architekturprinzipien

Die Überlegungen in den vorangegangenen Abschnitten und die Erfahrung aus den existierenden ***OSI***-ähnlichen Realisierungen von Netzen (z.B. vom X.25-Paketnetz) haben zusammengefaßt folgende Architekturprinzipien bei der Definition der konkreten sieben ***Schichten*** zur Konsequenz:

1. Wegen der Überschaubarkeit nicht zu viele ***Schichten*** definieren. Die heute festgelegte Anzahl ist sieben.
2. ***Schichten***-Grenzen dorthin legen, wo die ***Dienstbeschreibung*** und die Anzahl der Aktionen über die Grenzen hinweg gering sind.
3. Unterschiedliche ***Funktionen*** verschiedenen ***Schichten*** zuordnen.
4. Ähnliche ***Funktionen*** in die gleiche ***Schicht*** einordnen.
5. ***Schichten***-Grenzen dorthin legen, wo sie sich in der Vergangenheit bewährt haben.
6. Die innere Struktur einer ***Schicht*** so aufbauen, daß *sie*, als auch die zugehörigen ***Protokolle***, bei einem Fortschreiten der Technologie vollständig überarbeitet werden können, ohne die ***Dienste*** und ***Schnittstellen*** der benachbarten ***Schichten*** ändern zu müssen.
7. ***Schichten***-Grenzen dorthin legen, wo in der Zukunft die Wahrscheinlichkeit einer Schnittstellennormung absehbar ist.
8. Dann eine ***Schicht*** schaffen, wenn sich die ***Funktionen*** auf unterschiedlichen Ebenen der Abstraktion der Datenbearbeitung unterscheiden. Solche können sein: Struktur, Syntax, Semantik.
9. Eine ***Schicht*** soll Schnittstellen nur zu unmittelbar benachbarten ***Schichten*** aufweisen.
10. Bildung von ***Unterschichten*** (***Sublayers***), wo ***Funktionen*** und ***Dienste*** dies sinnvoll erscheinen lassen.
11. Das Übergehen von ***Unterschichten***, nicht aber von ganzen ***Schichten*** erlauben.

2.5.2 Vorbemerkungen und ITU-T-Spezifikationen der X.200-Serie

Bei den nun folgenden Beschreibungen der sieben ***OSI-Schichten*** werden jeweils die ***Funktionen*** und die ***Dienste*** an die nächsthöhere ***Schicht*** angegeben. Am Beispiel einer Fernsprechverbindung wird, wie schon zuvor erwähnt, die ***Schicht*** konkreter erläutert - wobei zu beachten ist, daß diese streng genommen keine Datenverbindung darstellt. Weiterhin werden auch Beispiele - speziell ISDN-relevante - aus der Welt der Datenkommunikation aufgeführt. Außerdem soll nicht unerwähnt bleiben, daß es manchmal unterschiedliche Auffassungen der Zuordnung von ***Funktionen*** zu ***Schichten*** gibt.

Tabelle 2.5-1 listet die sieben ***Schichten*** auf. Die Kürzel werden in den folgenden Abschn. verwendet.

Schicht 7	Anwendungsschicht	Application Layer	A
Schicht 6	Darstellungsschicht	Presentation Layer	P
Schicht 5	Kommunikationssteuerungs- oder Sitzungsschicht	Session Layer	S
Schicht 4	Transportschicht	Transport Layer	T
Schicht 3	Vermittlungs- oder Netzschicht	Network Layer	N
Schicht 2	Sicherungsschicht	Data Link Layer	DL
Schicht 1	Bitübertragungsschicht	Physical Layer	Ph

Tabelle 2.5-1: Die OSI-Schichten mit deutschen und englischen Bezeichnungen, sowie Abkürzungen.

Die ***Schichten*** 1-4 werden auch als *transportorientierte* ***Schichten*** bezeichnet, während die ***Schichten*** 5-7 *anwendungsorientiert* heißen. Sind die transportorientierten ***Schichten*** aufgebaut, so ist sozusagen das *ideale Übertragungsmedium* vorhanden (Telekommunikation). Bei einem Sprachdialog würde das bedeuten, daß die Teilnehmer dadurch in die Situation versetzt sind, als würden sie direkt nebeneinander stehen. Bei zwei Telefaxgeräten wären diese über ein kurzes Kabel direkt verbunden (vgl.: Nullmodem). Die anwendungsorientierten ***Schichten*** sind auch dann noch zu beachten.

Bei den einzelnen ***Schichtenbeschreibungen*** werden im wesentlichen die wirklich charakteristischen Merkmale beschrieben. Es gibt Merkmale, die in ihrer *Art* nicht schichtencharakteristisch sind, aber deren *Inhalte* für jede ***Schicht*** einzeln festgelegt werden müssen. Sie werden i.allg. nicht explizit erwähnt. Dazu gehören bei den meisten ***Schichten*** folgende ***Funktionen*** und ***Dienste***:

- Übertragung von ***DU***s der nächsthöheren ***Schicht*** über ***Verbindungen*** zwischen ***Instanzen*** der gerade betrachteten ***Schicht***.
- Fehlerbehebung von auf der ***Schicht*** behebbaren Fehlern (z.B. Wiederholung einer mißglückten ***Verbindungsaufbau***-Prozedur in der ***Schicht***).
- Meldung von nicht auf der ***Schicht*** behebbaren Fehlern an die nächsthöhere ***Schicht*** oder das ***Management*** (z.B. Meldung einer mehrfach mißglückten ***Verbindungsaufbauprozedur*** in der ***Schicht***).
- Verwaltung von ***Dienstgüte***-Parametern (***Quality of Service*** = ***QoS***, z.B. Durchsatz, Restfehlerrate). Jede ***Schicht*** hat einen eigenen Satz solcher Parameter, die je nach Implementierung einen gewissen Wertebereich abdecken. Werte aus diesen Bereichen werden von der jeweils höheren ***Schicht***, soweit möglich, ausgewählt.

- Aufgaben des ***schichtenspezifischen Managements***
- ***Funktionen***, wie ***Multiplexen***, ***Splitten***, ***Segmentieren***, ***Blocken***, ***Ketten*** (betreffen i.allg. nur das Transportsystem, also die ***Schichten*** 1 - 4)
- ***Funktionen***, wie ***Flußregelung***, ***Quittierung***, ***Reihenfolgesicherung*** (betreffen meist nur die ***Schichten*** 2 - 4)

Weiterhin wird eine Unterscheidung der Eigenschaften der ***Schichten*** nach ***Funktionen*** und ***Diensten*** an die nächsthöhere ***Schicht*** hier wegen des recht hohen Abstraktionslevels nicht auseinandergehalten.

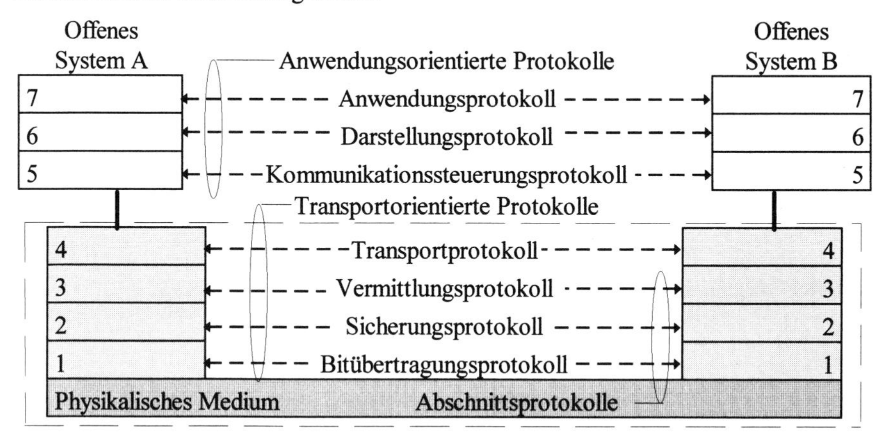

Abbildung 2.5-1 Transport- und anwendungsorientierte Schichten, sowie zugehörige Protokolle.

Nachdem Begriffe und konkrete Strukturierung dargelegt sind, erscheint an dieser Stelle ein Querverweis auf die ITU-T X.200-Serie angebracht [TI1, TI2]:

- X.200 beschreibt, wie bereits dargelegt, das ***OSI-Referenzmodell***.
- X.207 beschreibt die Unterstrukturierung der ***Anwendungsschicht***.
- X.208 gibt die Spezifikation der sog. ***Abstrakten Syntax-Notation EINS (ASN.1)*** an, die es ähnlich höheren Programmiersprachen ermöglicht, in der ***Darstellungsschicht*** (s. Abschn. 2.5.6) eine Abbildung abstrakt definierter Datentypen auf eine konkrete ***Transfersyntax*** durchzuführen.
- X.209 gibt konkrete Codierungsregeln (***Basic Encoding Rules***) für X.208 an.
- X.210 spezifiziert Konventionen für ***Dienste*** der ***OSI-Schichten***, speziell Regeln für ***Primitives***.
- X.211 - X.217 beschreiben die sieben ***Schichten*** konkret; die folgenden Abschnitte sind im wesentlichen Zusammenfassungen und Erläuterungen dazu.
- X.218 beschreibt einen sog. ***Zuverlässigen Transfer-Dienst*** (***Reliable Transfer Service = RTS***), der anwendungsunabhängig nach Kommunikationsfehlern mit einem Minimum an wiederholten ***A-PDU***s den Betrieb wiederherstellt (s. Abschn. 2.5.7).
- X.219 beschreibt die ***A-Dienste*** für sog. ***Abgesetzte Operationen*** mittels eines entspr. ***Remote Operations Service Elements*** (***ROSE***), das interaktive Anwendungen in einer verteilten ***OSI***-Umgebung unterstützt (s. Abschn. 2.5.7)
- X.220 gibt eine ***Protokoll***-Übersicht der ITU-T-***Protokolle*** aller ***Schichten***.

- X.222-X.229 spezifizieren ***verbindungsorientierte Protokolle*** der ***Schichten*** 2 - 7.
- X.233-X.237 spezifizieren ***verbindungslose Protokolle*** der ***Schichten*** 3 - 7.
- X.244-X.249 und X.255-X.257 beschreiben verschiedene Aspekte der ***OSI***-Normung, die nicht gut in den anderen Kategorien unterzubringen sind.
- X.264 beschreibt ***Transportprotokoll***-Kennzeichnungsmechanismen.
- X.273-X.274 beschreiben ***Schicht***-3- und -4-Datenschutz-Protokolle.
- X.282-X.284 beschreiben ***Management***-Informationselemente der ***Schichten*** 2 - 4.
- X.290-X.295 beschreiben Test-Algorithmen für ***Protokolle*** auf ***OSI***-Konformität.

2.5.2.1 Bitübertragungsschicht

Als erstes muß zum Aufbau einer ***Endsystemverbindung*** die **Übertragungstechnik** stehen [X.211].

Aufgabe: Bereitstellen **mechanischer**, **elektrischer**, **funktionaler** und **prozeduraler Mittel** zur Aktivierung, Erhaltung und Deaktivierung ***Physikalischer Verbindungen*** zwecks Übertragung von Bits zwischen ***Schicht***-2-***Instanzen***.

- **Mechanische Mittel**
  sind z.B. Steckeraufbau (ISDN-TAE-Stecker oder 25-poliger V.24-Stecker), Leitungsspezifikation (Flachbandkabel, Verdrillte Cu-Leitung, Koaxialkabel, Hohlleiter, Optischer LWL).
- **Elektrische Parameter**
  sind z.B. Strom-, Spannungs-, Leistungswerte, Bitraten, Leitungscodes (gleichspannungsfreie, taktableitbare), Frequenzgänge, Pulsmasken.
- **Funktionale Mittel**
  sind Aufgabenfestlegungen, wie Übertragung der ***Schicht***-2-Bits, Gleichspannungsversorgung eines ISDN-Telefons, Versetzen eines ISDN-Telefons in den Low-Power-Zustand, Notbetriebmanagement eines ISDN-Endgerätes bei Stromausfall.
- **Prozedurale Mittel**
  sind die Abläufe, die zu den **Funktionalen Mitteln** dazugehören, also praktisch die Protokoll-Sequenzen.

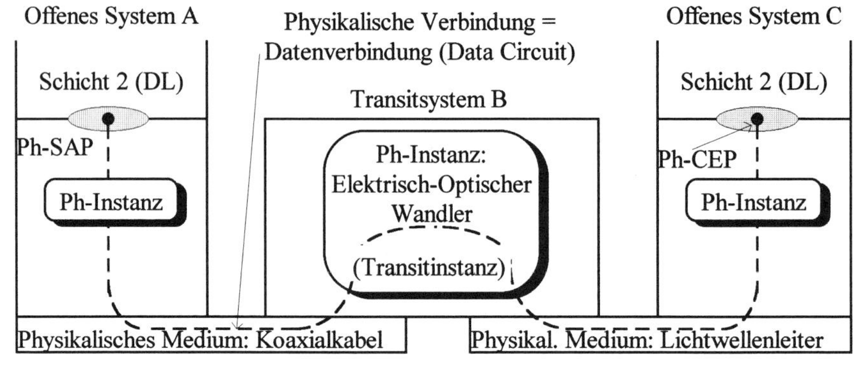

Abbildung 2.5-2: Physikalische Konfiguration und OSI-Modell.

Eine ***Ph-Verbindung*** kann ***Offene Transitsysteme*** mit einbeziehen, die die Bitübertragung auf der ***Schicht*** 1 schalten. Dazu gehören im ISDN z.B. Konzentratoren (BAKT) und Multiplexer (BAMX).

Instanzen der ***Ph-Schicht*** werden durch ***Physikalische Medien*** verbunden.

Funktionen und ***Dienste*** an die ***Schicht*** 2:

- Ungesicherte, reihenfolgeerhaltende, transparente Bitstromübertragung zwischen ***DL-Instanzen*** über ***Physikalische Verbindungen***.
- Die ***Ph-SDU*** ist *ein* Bit oder *eine Folge* von seriell oder parallel übertragenen Bits.
- ***QoS***-Parameter sind u.a. Bitrate, Bitfehlerwahrscheinlichkeit und Laufzeit.

Beispiele für reine ***Ph-Transitsysteme*** sind, wie in der Abbildung 2.5-2 dargestellt, Elektrisch/Optische Wandler. Ein anderes Beispiel sind, wie in Abbildung 2.5-3, Repeater, die Signale mit Schmitt-Triggern regenerieren und verstärken. Sie alle können *umgekippte* Bits nicht korrigieren (→***DL***) und keine Vermittlungsfunktionen (→***N***) durchführen.

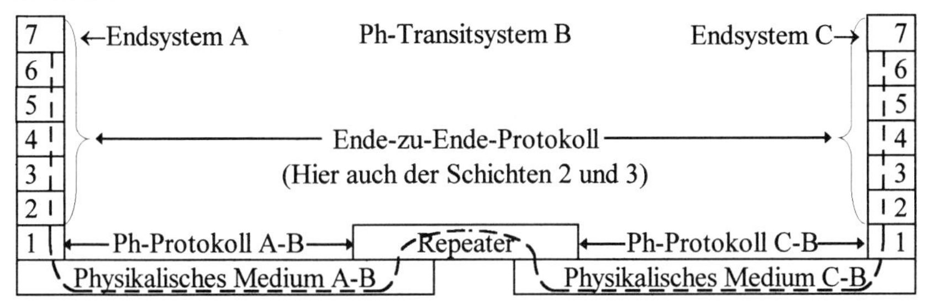

Abbildung 2.5-3: Repeater als Ph-Transitsystem.

Auf dieser ***Schicht*** wird nicht zwischen *verbindungsbezogener* Übertragung (Aufbau →Transferphase→Abbau) und *Verbindungsloser* Übertragung (Datagramme, Broadcast) unterschieden; dies manifestiert sich erst in höheren ***Schichten***.

Transfer von ***Ph-SDU***s kann sein:

- ***vollduplex***, ***halbduplex*** oder ***simplex***
- Punkt-zu-Punkt oder Mehrpunkt
- asynchron oder synchron

Die Übertragungsgeschwindigkeit auf dem ***Physikalischen Medium*** wird aufgrund der Tatsache, daß die ***Schicht*** 1 dem Bitstrom höherer ***Schichten*** Verwaltungsbits hinzufügen muß, größer sein als der Netto-Durchsatz des Nutzbitstroms für höhere ***Schichten***. Das gilt im übrigen grundsätzlich für jede ***Schicht***.

Die ***Schicht-1-Adressen*** (***Ph-SAPI***s) sind i.allg. nicht global bekannt, sondern gelten nur auf dem Abschnitt (Link).

Die ***Ph-Schicht*** einer Telefonverbindung wäre die physikalische Telefonstecker- und Steckdosenspezifikation, die Beschreibung der a/b-Ader, die Modulationsverfahren, die 3,4 kHz-Bandbreite etc.

2.5.2.2 Sicherungsschicht

Als nächstes müssen die Daten **abschnittsweise gesichert** übertragen werden [X.212].

Aufgabe: Bereitstellen funktionaler und prozeduraler Mittel zum Aufbau, Erhalten und Abbau von Abschnitts-***Verbindungen*** zwischen ***Schicht-2-Instanzen*** zwecks Übertragung von ***DL-SDU***s. Eine ***DL-Verbindung*** verläuft über eine oder mehrere ***Ph-Verbindungen***.

Die ***Sicherungsschicht*** erkennt und korrigiert - sofern möglich - Fehler auf der ***Bitübertragungsschicht***. Typisch sind dies Bitfehler durch Übersprechen etc.

Als **Abschnitte (Links)** werden diejenigen Segmente bezeichnet, die zwischen zwei ***Systemen*** existieren, die mindestens die ***Schicht*** 2 bearbeiten. Typisch ist das die Strecke von einem Endgerät zum ersten Netzknoten oder von einem Netzknoten (***Transitsystem***) zu einem anderen Netzknoten, wie in Abbildung 2.5-4 dargestellt.

Da die ***Schicht*** 1 nur eine ungesicherte Übertragung anbieten kann, ist also die nächstwichtigere Aufgabe, eine abschnittsweise Sicherung vorzusehen. Funktioniert diese Sicherung gut, kann man sich solche Sicherungsmaßnahmen auf höheren ***Schichten*** (z.B. Ende-zu-Ende) teilweise oder ganz sparen.

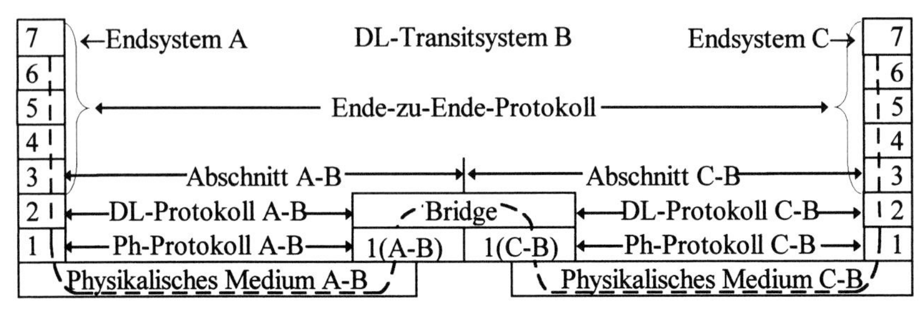

Abbildung 2.5-4: Brücke (Bridge) als DL-Transitsystem.

Ein ***Transitsystem***, das mit dem unteren Anteil der ***Schicht*** 2 endet, stellt entspr. Abbildung 2.5-5 bei Lokalen Netzen (LANs) typisch eine sog. *Brücke* (*Bridge*; s. auch Anschn. 8.6.2) dar. Will man hiermit z.B. von drei LANs zwei koppeln und das dritte soll von dem Verkehr der anderen beiden unberührt bleiben, besteht die Möglichkeit, den Endgeräten der LANs auf der ***Schicht*** 2 zusammenhängende Adreßräume zuzuordnen, so daß die Brücke eine Ausscheidung auf dieser ***Schicht*** durchführen kann, die das dritte LAN vom Verkehr der ersten beiden unbelastet läßt.

Die wohl klassischen und sehr ausgereiften Vertreter dieser ***Schicht*** sind die HDLC-***Protokolle***, die im X.25 Paketnetz als LAPB (Link Access Procedure Balanced; s. auch X.222) und im ISDN als LAPD (D-Kanal) vorkommen. Dort wird näher darauf eingegangen.

Funktionen und ***Dienste*** an die ***Schicht*** 3:

- Es werden für je eine ***N-Instanz*** eine oder mehrere z.B. durch Prüfbits gesicherte ***DL-Verbindungen*** zwischen zwei ***DL-Instanzen*** zur Verfügung gestellt, die dynamisch auf- und abgebaut werden können.
- Die ***DL-SDU*** ist der Rahmen (Frame), der beim HDLC-***Protokoll*** zusammengesetzt ist aus Anfangs-Flag, Adreßfeld, Steuerfeld, optional den ***N-UD*** (Nachricht im ISDN, Paket in X.25), einem Sicherungszeichen und einem Ende-Flag. Die Größe der ***DL-SDU***s kann durch die ***Ph***-Fehlerrate und die ***DL***-Fehlererkennungsmöglichkeit begrenzt sein.

- Wahrung der ***Reihenfolge*** von ***DL-SDU***s.
- ***Flußregelungs***-Mechanismen (***Flow Control***): die ***Partner-DL-Instanz*** kann die Rate festlegen, mit der sie ***DL-SDU***s abnimmt. Dies ist wichtig bei empfangsseitig begrenztem Speicherplatz, damit keine Überschreibung von ***DU***s vorkommt, die noch nicht von der ***N-Instanz*** abgenommen wurden. Für die ***Flußregelung*** gibt es beim HDLC-***Protokoll*** typisch eigene ***PCI***: RR-, RNR-, REJ-Rahmen.
- ***QoS***-Parameter sind der *Durchsatz* (*Throughput*), der aus der ***Ph***-Bitrate und -Bitfehlerwahrscheinlichkeit resultiert, eine *Restfehlerrate* sowie die *mittlere Zeit zwischen unbehebbaren Fehlern, die zum* ***Reset*** *führen.*
- ***DL-Adressen*** im D-Kanal des passiven S_0-Bus sind die ***SAPI***s **s**, **p**, **mg** zusammen mit den zugehörigen TEIs. Sie sind nur auf dem Teilnehmerabschnitt bekannt.

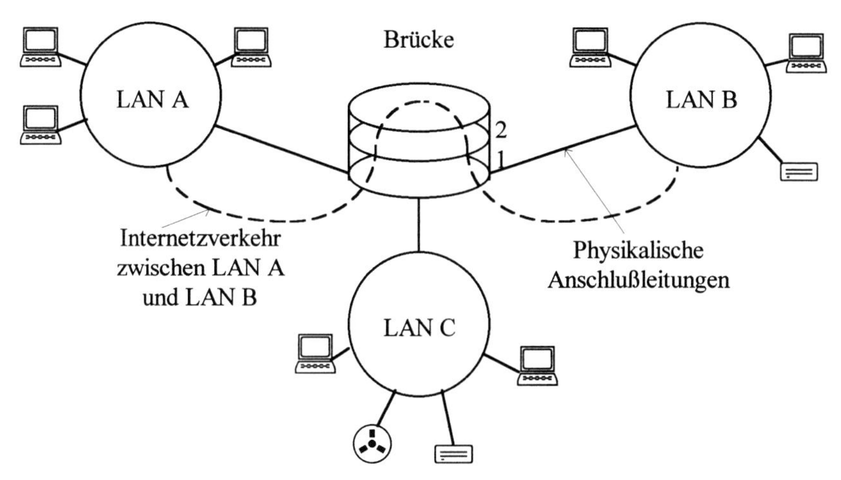

Abbildung 2.5-5: Einsatz einer Brücke zur Ausscheidung von Verkehr auf der Schicht 2.

Das Beispiel der Telefonverbindung läßt sich hier bezüglich der Sprachübertragung schlecht abbilden. Die z.B. PCM-codierte Sprache müßte in Rahmen gepackt werden, und wenn auf der ***Schicht*** 1 ein Bitfehler vorgekommen ist, müßte der Rahmen nochmals angefordert werden. Andererseits hat Sprache hohe Echtzeitanforderungen, da der Hörer die Sprache in der Kontinuität erwartet, wie sie vom Sprecher erzeugt wurde. Das wäre jedoch nur näherungsweise gegeben, wenn die Strecke eine gute Übertragungsqualität hat und z.B. auf der ***Schicht*** 1 mit wesentlich höherer Übertragungsrate als mit den für Telefonqualität üblichen 64 kbps gefahren würde. In der FDDI-LAN-Technik, besser in ATM-Netzen sind solche Systeme denkbar.

Anwendung findet die Funktionalität dieser ***Schicht*** jedoch bei der Signalisierung, wenn z.B. Wählziffern gesichert übertragen werden sollen, wie das im ISDN der Fall ist. Soll Sprache zwischengespeichert werden, wie z.B. beim Austausch von Information zwischen digitalen Sprachspeichersystemen, so ist der Sicherungsmechanismus anwendbar. Diese Sprachübertragung hat keine Echtzeitanforderungen zu erfüllen; sie hätte dann den Charakter von Daten. (Es soll noch bemerkt werden, daß es auch Daten mit Echtzeitanforderungen gibt - z.B. die Übertragung von Fernsehbewegtbildern).

2.5.2.3 Vermittlungsschicht

Zunächst soll darauf hingewiesen werden, daß dieses *N* nicht mit dem *(N)* verwechselt werden soll, welches eine allgemeine *(N)*-te ***Schicht*** bezeichnet [X.213].

Nachdem nun die einzelnen Netzabschnitte gesichert sind, muß eine **Vermittlungsfunktion** (***Routing***) in den Netzknoten ausgeführt werden, um die ***Endsysteme*** über das Netz miteinander verbinden zu können.

Aufgaben: Bereitstellung der Mittel zum Aufbau, Erhalten und Abbau von ***N-Verbindungen***. Dazu gehören die funktionalen und prozeduralen Mittel zum Austausch von ***N-SDU***s zwischen ***T-Instanzen*** über ***N-Verbindungen***.

Sie macht die ***T-Instanzen*** unabhängig von der Wegesuche im Netz und kaschiert die Nutzung der Netz-Ressourcen, wie ***Physikalische Übertragungsmedien***, ***DL-Verbindungen***, Netztopologie etc., vor diesen ***T-Instanzen***.

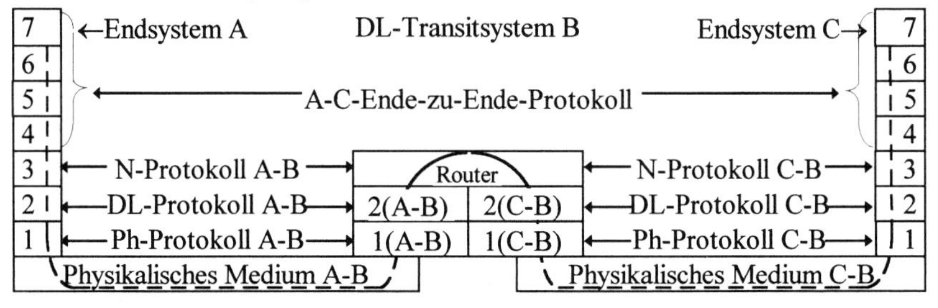

Abbildung 2.5-6: Netzschicht in einem Netzknoten.

Während die Kenntnis der Netzstruktur eines einzelnen ***DL***-Abschnitts typisch an einem Netzknoten (***Transitsystem***) endet, verfügt die ***N-Schicht*** über die höhere Intelligenz, alle vom jeweiligen Knoten, in dem sie gerade residiert, abgehenden und ankommenden Abschnitte zu kennen. Ein an einem Netzknoten ankommender ***DL***-Rahmen gibt hier grundsätzlich seine ***N-UD*** an die ***N-Instanz*** ab, diese wertet z.B. eine darin enthaltenen Rufnummer oder eine virtuelle Kanalkennung aus und gibt die ***PDU***, evtl. durch Hinzufügen nachfolgender Wählziffern in Form weiterer ***N-UD*** verändert, an eine gehende ***DL-Instanz*** weiter, die sie in eine ***DL-PDU*** (neuen Rahmen) verpackt und über eine andere Strecke zum nächsten Netzknoten überträgt (s. Abbildung 2.5-6).

N-PDUs sind im ISDN-D-Kanal die *Nachrichten*, im X.25-Paketnetz die *Pakete*. In LANs werden ***N-Transitsysteme*** als *Router* (s. Abschn. 8.6.3) bezeichnet. Sie können ***N-Adressen*** vollständig analysieren, ggf. umsetzen, wenn in verschiedenen Netzen unterschiedliche ***Adressierungs***-Strukturen angeboten werden. Neben den o.e. D3- und X.25/3-***Protokollen*** ist ein wichtiger Vertreter auf dieser ***Schicht*** das in Abschn. 6.3.1 besprochene *Internet-Protokoll* (*IP*).

Funktionen und ***Dienste*** an die ***Schicht*** 4:

- Wegesuche, Leitweglenkung, Ersatzwegebestimmung im Netz. Von hier (und nicht von der ***Schicht*** 2) werden die ***Schicht***-1-Leitungen verwaltet.
- Auf- und Abbau von ***Verbindungen*** zwischen ***Endsystemen*** durch Kopplung gesicherter ***Endsystem/Transitsystem*** und ***Transitsystem/Transitsystem-Verbindungen*** - insbesondere zu bekannten Kosten. Die ***T-Schicht*** sieht nur die ***Endsystem-Verbindungen*** und residiert nur noch in ***Endsystemen***.

- Kaschierung der darunterliegenden ***Medien***, d.h. es wird von diesen unabhängig ein einheitlicher *N-**Dienst*** angeboten. Insbesondere soll die ***T-Schicht*** nicht merken, wenn es sich auf der Netzebene eine heterogene Verknüpfung verschiedener Netze mit unterschiedlicher Qualität handelt.
- *DL*-ähnliche ***Funktionen*** wie ***Reihenfolgesicherung***, ***Flußregelung***, ***Quittierung*** (z.B. bei X.25, nicht aber im ISDN-D-Kanal); außerdem ***Reset-Funktionen*** - die aber jetzt, statt *abschnittsweise*, *netzweit* gelten.
- ***Multiplexen***. Ein typisches Beispiel hierfür ist der Signalisierungskanal von PCM30 (Zeitschlitz 16), wo *eine **DL-Verbindung*** genügt, und die den 30 Nutzkanälen zugeordneten Signalisierungs-Nachrichten jeweils daraufgemultiplext werden.
- *QoS*-Parameter sind ähnlich denen der ***Schicht*** 2, aber jetzt subnetz- oder netzspezifisch, resultierend in eine Ende-zu-Ende-Qualität.
- *N-**Adressen***, mit denen über ***SAP***s ***T-Instanzen*** erreicht werden können, gelten netzweit. Eine (Telefon)nummer repräsentiert für Fax typisch eine *N-**Adresse***.

Von besonderer Wichtigkeit ist in diesem Zusammenhang der letztgenannte Punkt, da i.allg. eine ***NSAP***-Adresse weltweit identifizierbar sein muß. Dies erfordert eine sorgfältige semantische als auch syntaktische Strukturierung dieser Adressen. Sie besteht grundsätzlich aus drei Teilen, und zwar dem:

- ***AFI*** (***Zuteilungsstellen- und Formatkennung = Authority and Format Identifier***) codiert das Format des zweiten (***IDI***)-Teils, dessen Adreßvergabestelle (z.B. eine Dienststelle der Telekom) und die abstrakte Syntax des dritten (***DSP***)-Teils.
- ***IDI*** (***Kennung des Adressierungsbereichs = Initial Domain Identifier***) legt den Bereich der Vermittlungsadressierung, für den die ***DSP***-Werte vergeben werden und dessen Adreßvergabestelle, fest.
- ***DSP*** (***Bereichsspezifischer Adreßteil = Domain Specific Part***) Hier ist die Adreßsyntax, wie *binär*, *dezimal*, *Schriftzeichen* und konkrete Adressierungsempfehlungen (Rufnummernpläne), wie ITU-T E.164, zu finden. Eine solche Struktur manifestiert sich z.B. in einer *Internet-Protocol-(IP)-Adresse*, wie in Abschn. 1.5.1.2 dargelegt.

Für das Telefonieren sind typische Aktivitäten der ***Netzschicht*** das Auswerten von Telefon-Rufnummern, Bereitstellen von Ressourcen, wie Hörtöne, Klingeltöne, Übertragung von Displayinformation etc. Aktivitäten der *N-**Schicht*** in analogen Telefonnetzen führen z.B. EMD-Wähler aus. Eine Ende-zu-Ende-*N-**Verbindung*** ist dann aufgebaut, wenn beim gerufenen Teilnehmer das Telefon klingelt.

2.5.2.4 Transportschicht

Danach muß sich jemand um die **Ende-zu-Ende-Koordination** mit letztendlich von der Anwendung vorgegebenen Parametern kümmern [X.214, X.224].

Aufgabe: ***Verbindungsaufbau***, transparente ***Datenübertragung*** und ***Verbindungsabbau*** zwischen ***S-Instanzen***. Sie macht diese unabhängig davon, wie zuverlässiger und kostengünstiger Datentransfer erreicht wird.

Die ***T-Schicht*** ist die niedrigste Ende-zu-Ende-***Schicht*** ohne ***Transitsystem*** und residiert in ***Endsystemen*** und intelligenten Netzknoten (z.B. Servern). Wenn sie ihre

Funktionen erfüllt, ist die ***Verbindung*** praktisch bis zur ***Anwendung*** netzseitig durchgeschaltet. Damit ist auch das ***T-Protokoll*** eine Ende-zu-Ende-***Protokoll***. Sie bildet den oberen Abschluß des Transportsystems (s. Bild 2.5-7); die Teilnehmer *stehen sich jetzt direkt gegenüber*. ***PDU***s der ***Transportschicht*** werden meist als ***Blöcke*** (***Blocks***) bezeichnet (Vgl.: ***Schicht*** 1,2: Rahmen [Frames]; ***Schicht*** 3: Pakete, Nachrichten [Packets, Messages]).

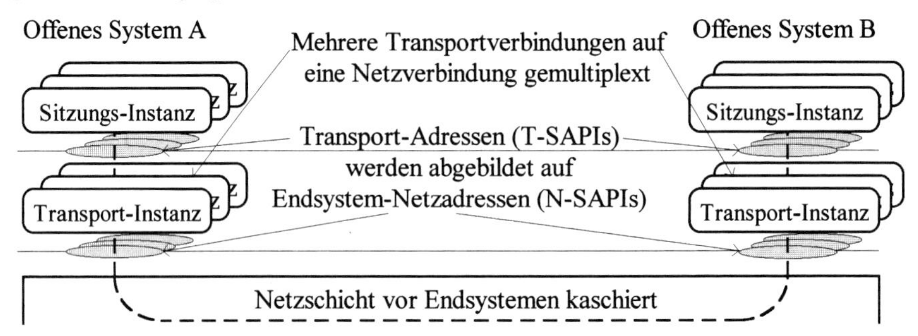

Abbildung 2.5-7: Transportschicht im OSI-System. Im Beispiel werden in einem System *mehrere* T-Instanzen auf *eine* N-Instanz gemultiplext, aber *eine* T-Instanz ist fest *einer* S-Instanz zugeordnet.

Funktionen und ***Dienste*** an die ***Schicht*** 5:

- Erweiterung von ***Endsystemverbindungen*** zu Teilnehmer-***Verbindungen***, wobei der Teilnehmer durch die ***Schichten*** 5-7 repräsentiert wird. Die ***Diensteangebote*** verschiedener potentieller ***Netzdienste*** werden zu *einem* ***Transportdienst*** gemäß den Parametervorgaben durch die ***S-Instanz*** optimiert.
- Die ***T-Schicht*** ist gewissen Aspekten der ***DL-Schicht*** nicht unähnlich; sie stellt vergleichbare Parameterwerte zur Verfügung. Die über das Netz aufgebaute Ende-zu-Ende-***Verbindung*** stellt sozusagen einen *Superabschnitt* dar. Ein typisches Beispiel dafür ist die Ende-zu-Ende-***Flußregelung*** zwischen einem PC und einem Drucker mit begrenzter Speicherkapazität, der die Zeichen nur mit endlicher mechanischer Geschwindigkeit zu Papier bringen kann.
- ***Vorrang-Datenübertragung*** (***Expedited Data Transfer***), bei der wichtige Daten den in einer ***Warteschlange*** (***Queue***) auf Übertragung wartenden Daten vorangestellt wird (z.B. Alarme).
- Die ***Dienste*** der ***Transportschicht*** sind entspr. X.224 in ***Dienstklassen*** (***Classes of Service***) unterteilt mit Werten für Parameter, wie *Durchsatz*, ***Verbindungsaufbau-****Zeit*, *Restfehlerrate* etc. Bei Anforderung eines ***T-Verbindungsaufbaus*** wird der ***T-Schicht*** von der ***S-Schicht*** die gewünschte ***Klasse*** mitgeteilt. Der geforderte ***QoS*** wird während der ***Transportverbindung*** eingehalten. Fehler, die dies verhindern, meldet die ***T-Instanz***. Konkret sind heute folgende ***Dienstklassen*** definiert:

  0. **Einfachklasse** für sog. A-Netze mit akzeptabler Gesamtfehlerrate:
     - Keine Ende-zu-Ende-***Flußregelung*** (Verlaß auf die Schicht 3 und darunter).
     - Auslösen der ***N-Verbindung*** impliziert Auslösen der ***T-Verbindung***.
  1. **Einfache Fehlerbehebungsklasse** für B-Netze mit akzeptabler Restfehlerrate - das sind Fehler, die die unteren Schichten nicht erkannt haben - aber unakzeptabler Rate der dort erkannten und der ***T-Schicht*** gemeldeten Fehler:

- ***T-PDU***-Numerierung
- Resynchronisierung nach ***Reset***
- ***Vorrangdatenübertragung*** verhandelbar
- Ab hier ***Ketten*** und ***Auftrennen***
- Ab hier separate Auslösung von ***N-*** und ***T-Verbindung***.

2. **Multiplexklasse**: wie Klasse 0, aber
   - Ab hier ***Multiplexen*** mehrerer ***T-Verbindungen*** auf eine ***N-Verbindung***
   - Optionale ***Flußregelung*** und ***Vorrangdatenübertragung***.
3. **Fehlerbehebungs- und Multiplexklasse**: wie Klassen 1+2, aber
   - obligate ***Flußregelung***
   - ***Multiplexen*** mehrerer ***T-Verbindungen*** auf eine ***N-Verbindung***
4. **Fehlererkennungs- und -behebungsklasse** für C-Netze mit unakzeptabler Restfehlerrate; diese müssen von der ***T-Schicht*** erkannt und behoben werden: wie Klasse 3, zusätzlich
   - Übertragungswiederholung nach Timeout
   - ***Splitten***
   - Prüfung der Daten auf Verlust, ***Reihenfolgeintegrität***, Duplizierung.

   Ein wichtiges dieser Klasse 4 angelehntes Protokoll ist das in Abschn. 6.3.2 besprochene *Transmission Control Protocol* (*TCP*) des Internet.

Das ***Transportdienst***-Modell sieht zwei Warteschlangen vor, die vom ***N-Diensterbringer*** separat für jede Richtung bereitgestellt werden, so daß eine getrennte ***Ende-zu-Ende-Flußregelung*** möglich ist. In dieser Warteschlange können sich befinden:

- ***Verbindungsaufbau***-Daten
- Normale Transfer-Daten
- Anzeigen des Endes von ***T-SDU***s
- ***Verbindungsabbau***-Daten
- ***Vorrangdaten*** (***Expedited Data Transfer***); normalerweise ist die ***Warteschlange*** FIFO organisiert, was durch diese Daten durchbrochen werden kann.

Beim Telefonieren könnte die ***T-Schicht*** als aufgebaut betrachtet werden, wenn der gerufene Teilnehmer den Hörer abgehoben (und strenggenommen seinen Namen genannt) hat. Die Dialogpartner haben dann eine ***Verbindung***, als würden sie direkt nebeneinander stehen. Die ***T-Verbindung*** wird 1:1 auf eine ***N-Verbindung*** abgebildet, mit der Telefonnummer als ***N/T***-Schnittstelle kann der Name als ***T/S-CEI*** assoziiert werden. Hebt der gerufene Teilnehmer nicht ab, so konnte zwar die ***N-Schicht*** aufgebaut werden, nicht aber die ***T-Schicht***. Eine ***Flußregelung*** auf dieser Schicht stellt die Bitte, langsamer zu reden, dar.

2.5.2.5 Kommunikationssteuerungsschicht

Jetzt muß der **Anwenderdialogablauf** festgelegt werden [X.215, X.225].

Aufgabe: Bereitstellen von Mitteln für kommunizierende ***P-Instanzen***, ihren Dialog zu organisieren und zu ***synchronisieren***. Dazu gibt es typisch eine ***Marke*** (***Token***), die jeweils einer der Beteiligten besitzt und ihm das *Rederecht* erteilt. Ein Beispiel ist ein Teilnehmer, der von einem Terminal eine Datenbank abfrägt. Hat er den *Cursor*, so ist dieser praktisch eine Inkarnation des ***Tokens***; sieht er die *Sanduhr*, ist die ***Marke*** aus seiner Sicht beim ***Partnersystem***.

Zur Datenübertragung zwischen ***P-Instanzen*** bildet die ***S-Schicht*** eine ***S-Verbindung*** auf eine ***T-Verbindung*** ab. Eine ***P-Instanz*** kann jedoch mehrere ***S-Verbindungen*** gleichzeitig haben. Diese können parallel oder sequentiell erfolgen. Beispiele hierfür wären im ISDN ein *Mehrdienstbetrieb*, wo zwei Kommunikationspartner über den einen B-Kanal miteinander reden und im anderen ein Telefax-Dokument übertragen (parallel) oder ein *Dienstewechsel*, wo über einen einzigen B-Kanal nacheinander geredet und dann ein Telefaxdokument übertragen wird. Es soll jedoch angemerkt werden, daß im ISDN dieses Problem durch die Konstruktion jeweils eigener sieben ***Schichten*** für je einen B-Kanal etwas anders gelöst wurde.

Die initiierende ***P-Instanz*** identifiziert die Ziel-***P-Instanz*** über eine ***S-Adresse***, die i.allg. auf eine ***T-Adresse*** abgebildet wird. Im Falle einer Abbildung *mehrerer* ***S-Adressen*** auf *eine* ***T-Adresse*** heißt das nicht: ***Multiplexen*** von ***S-Verbindungen*** auf ***T-Verbindungen***, sondern zur Zeit des ***S-Verbindungsaufbaus*** können von *mehreren* ***P-Instanzen*** Anforderungen zur Nutzung *einer* ***T-Verbindung*** vorliegen. ***Multiplexen*** und ***Splitten*** finden ab dieser ***Schicht*** nicht mehr statt; der Teilnehmer ist sozusagen unteilbar (atomar). Zu jedem Zeitpunkt einer ***Verbindung*** ist die ***T/S***-Abbildung 1:1.

Noch anders ausgedrückt: *eine* ***T-Instanz*** kann sehr wohl *mehrere* ***S-Instanzen*** bedienen, zu *einem Zeitpunkt* jedoch nur genau *eine*, d.h. für *eine* ***S-Instanz Dienste*** erbringen. Dies ist, wie zuvor dargelegt, bei darunterliegenden ***Schichten*** anders.

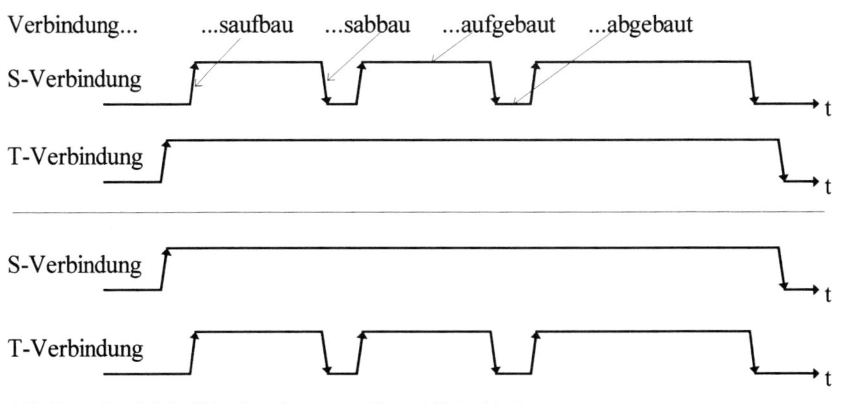

Abbildung 2.5-8: Mögliche Zuordnung von S- und T-Verbindungen.

Funktionen und ***Dienste*** an die ***Schicht*** 6:

- **Dialogsteuerung**; Kommunikationsformen sind ***Sx***, ***HDx*** und ***Dx***.
- **Synchronisation** von ***S-Verbindungen***. Dazu gehören das Setzen von ***Synchronisationspunkten*** und ein eventuelles Rücksetzen dorthin.
- ***Quarantänendienst***: hier kann die ***P-Instanz*** von der ***S-Partnerinstanz*** verlangen, daß sie Daten erst auf einen expliziten Freigabebefehl dieser ***P-Instanz*** ihrer ***P-Instanz*** weitergibt. Die gerufene ***P-Instanz*** merkt davon nichts.
- Eine ***T-Verbindung*** kann sequentiell mehrere ***S-Verbindungen*** abhandeln. Eine ***S-Verbindung*** kann, wie in Abbildung 2.5-8 dargestellt aber auch sequentiell mehrere ***T-Verbindungen*** verwenden.
- ***QoS***-Parameter sind u.a. *Schutz der* ***Sitzung*** *gegen fremdes Mitlesen oder Verändern von Daten, Priorität der* ***Sitzung****, Restfehlerrate, Durchsatz für jede Richtung.*

Die ***Marke*** wird von genau einem ***S-Benutzer*** verwaltet und kann ihm dynamisch erlauben, bestimmte ***S-Dienste*** abzurufen. Es gibt vier solcher ***Marken***:

- ***Daten-Berechtigungsmarke*** erlaubt das Senden von Daten.
- ***Abbau-Berechtigungsmarke*** erlaubt das Einleiten des ***Verbindungsabbaus***.
- Zwei ***Synchronisations-Berechtigungsmarken*** erlauben das Rücksetzen z.B. im Fehlerfall auf einen definierten Punkt.

Die ***Marke*** selbst kann sich in einem der folgenden Zustände befinden:

- *verfügbar,*
  in dem ein ***S-Benutzer*** das Recht hat, den zugeordneten ***Dienst*** zu benutzen.
- *nicht verfügbar,*
  so daß kein potentieller ***Benutzer*** den zugeordneten ***Dienst*** benutzen kann, z.B. dadurch, daß ein Datensatz im Netz unterwegs ist. Wieder *verfügbar* wird sie durch die Ankunft desselben. Ein anderes Beispiel sind Fehler in darunterliegenden ***Schichten***.

Beim Telefonieren wird die ***S-Schicht*** durch das Nennen der Namen des gerufenen und dann des rufenden Teilnehmers aufgebaut. Weiterhin wird hier die Dialogsteuerung festgelegt, d.h. wer wann reden darf. Obwohl die unterliegenden ***Verbindungen vollduplex*** sind, ist auf dieser Ebene beim Dialogbetrieb typisch die Komunikationsform ***halbduplex*** angebracht, da man schlecht gleichzeitig hören und sprechen kann.

Ein typischer Wechsel einer ***S-Verbindung*** mit gleicher unterliegender ***T-Verbindung*** liegt vor, wenn z.B. jemand anderes als der vom Rufenden gewünschte Teilnehmer zunächst den Hörer abnimmt (Sekretärin) und dann der gewünschte Teilnehmer ans Telefon geht (Chef). Andererseits kann auch die ***T-Verbindung*** umgebaut werden, ohne die ***S-Verbindung*** zu verändern, nämlich wenn der gerufene Teilnehmer an einem anderen Apparat weiterspricht.

Sprechen zwei Personen (gleichzeitig) an einem Telefon, würde dies ***Multiplexen*** von ***S*** auf ***T*** bedeuten. Jedoch ist erstens - wie schon mehrfach dargelegt - eine Fernsprechverbindung keine Datenverbindung, und zweitens wird dieser Aspekt auch dafür seit Anbeginn des ***OSI-Modells*** in den Gremien durchdiskutiert.

Als ***S-Instanz-Adresse*** kann man also auch den Namen des Teilnehmers ansehen. Ein ***Synchronisationspunkt*** auf dieser ***Schicht*** wird durch die Bitte um Wiederholung einer Menge von Worten ab einer bestimmten Stelle angestoßen, wenn der Kommunikationspartner z.B. zu schnell gesprochen hat.

2.5.2.6 Darstellungsschicht

Aufgabe: ***Syntaktische*** **Darstellung von Daten** im Gegensatz zur *Semantik* (*Bedeutung*), die nur den ***A-Instanzen*** bekannt ist. Die ***P-Schicht*** enthebt ***A-Subsysteme*** mit unterschiedliche Daten-***Darstellungen*** von dem Problem, diese ineinander umsetzen zu müssen. Die ***P-Schicht*** sieht zwei Aspekte der Daten-***Darstellung*** [X.216, X.226]:

- Umsetzung gehender Daten in eine neutrale ***Transfersyntax***, die die ***Partner-P-Instanz*** verstehen kann, aber ungünstigstenfalls keine der beteiligten ***A-Instanzen***.
- Umsetzen ankommender Daten gemäß ***Transfersyntax*** in eine ***Darstellung***, die die eigene ***A-Instanz*** verstehen kann.

Damit sind üblicherweise, drei ***Syntax***-Formen von Daten vorhanden:

- Lokale ***Syntax*** der Quell-***A-Instanz***
- Lokale ***Syntax*** der Ziel-***A-Instanz***
- ***Konkrete*** oder ***Transfersyntax*** zwischen den ***P-Instanzen***

Es gibt keine fest vordefinierte ***Transfersyntax*** für alle ***OSI***. Sie wird zwischen ***korrespondierenden P-Instanzen*** verhandelt. Zu dieser ***Syntax***-Verhandlungsprozedur gehören Fragen wie:

- Welche Transformationen sind nötig?
- Wer führt sie durch?
- Verhandlungen nur während der Initialisierung oder auch während der ***Sitzung***?

Die in X.208 (entspr. ISO 8824) spezifizierte ***ASN.1*** beschreibt eine abstrakte darstellungsunabhängige Notation für ***Transfersyntaxen*** durch einen Satz von ***Standard-Codierungsregeln*** (***Basic Encoding Rules***), bei der komplexe abstrakte Datentypen auf elementare (z.B. *boolesch*, *ganzzahlig* etc.) zurückgeführt werden.

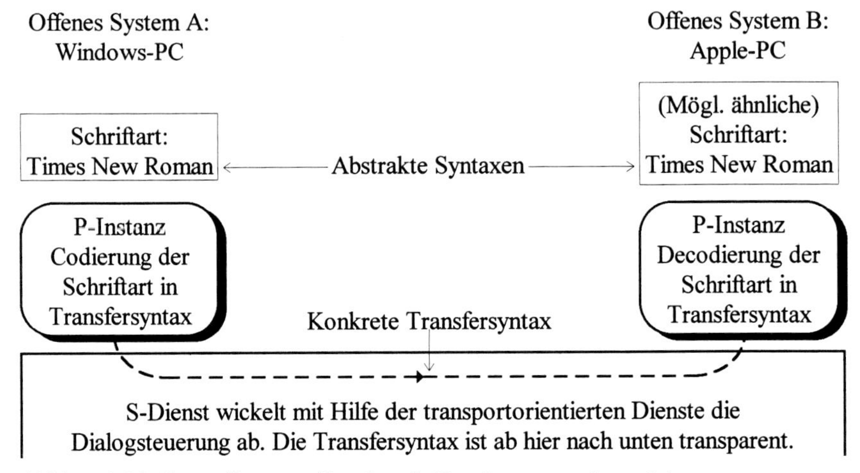

Abbildung 2.5-9: Umwandlung von Abstrakter- in Transfersyntax und umgekehrt.

Beispiele: zwei PCs, die zwar die gleiche Pixel-***Darstellungs***-Maske auf dem Bildschirm verwenden, aber der eine ASCII-codierte Daten abgibt, der andere EBCDIC-codierte. Ein sendeseitiges Telefaxgerät, das eine Bildvorlage nach einem bestimmten Raster abscannt und ein empfangsseitiger PC, der die Bildvorlage entsprechend seinem eigenen Pixelraster abbildet.

Dieses Prinzip ist eng verwandt mit der Verwendung typisierter Daten in modernen Programmiersprachen, wie PASCAL, CHILL usw. Hier werden abstrakte Datenstrukturen verwendet, wie RECORD, SET OF, FILE OF, die intern durch konkrete Bitmuster realisiert werden müssen. Auch abstrakte Begriffe, wie die *Formatvorlagen* des Textverarbeitungssystems Winword 7.0, mit dem dieses Buch geschrieben wurde, stellen solche abstrakten Syntaxen dar. Würde dieses Dokument zu einem Apple-Rechner übertragen werden, müßten, wie in Abbildung 2.5-9 dargestellt, konkrete Bitmuster für die Übertragungsstrecke festgelegt werden, die z.B. das abstrakte Schriftformat *Times New Roman*, und das Absatzformat *Textkörper Erstzeileneinzug* dieses Absatzes codieren. Andere Formate, wie Codierung der Buchstaben in Form von ASCII-Zeichen dürften auf beiden Rechnern gleich sein.

Typische ***Transfersyntaxen***, die heute definiert sind, sind das *Virtuelle Terminal (VT)*, *Dateiübertragung (File Transfer = FTAM)*, *RJE* etc.

Wichtig ist der Begriff des ***Darstellungskontexts***. Er stellt eine Beziehung zwischen einer ***Abstrakten Syntax***, wie von der ***A-Instanz*** gefordert, zu einer kompatiblen ***Transfersyntax,*** her. Ist diese Abbildung erfolgreich durchführbar, repräsentiert der ***Darstellungskontext*** für den Benutzer die Möglichkeit des Gebrauchs seiner ***Abstrakten Syntax***. Insbesondere kann eine ***Transfersyntax*** die Fähigkeit haben, *mehrere* ***Abstrakte Syntaxen*** zu transportieren.

Eine weitere wichtige Aufgabe der ***Transfersyntax*** ist eine mögliche Verschlüsselung von Information auf der Übertragungsstrecke (Encryption). Dies ist zu unterscheiden von Datenverwürflung, die auf der ***Schicht*** 1 vorgenommen wird, um z.B. bestimmte **01**-Folgen oder ein bestimmtes Leistungsdichtespektrum zu erzeugen.

Beim Telefonieren wird die ***Darstellungsschicht*** systemseitig durch die Wahl der Sprache, z.B. Deutsch oder Englisch, festgelegt. Transferseitig lassen sich beide auf eine PCM-Codierung umsetzen, die man als eine Art *Niederer Transfersyntax* bezeichnen könnte. Eine höhere, und dem Modell gerechter werdende, ***Transfersyntax*** würde eine Metasprache darstellen, für die man einen Übersetzer ins deutsche oder englische bauen könnte. Solches ist i.allg. eine Aufgabe der KI und nur ansatzweise realisiert.

2.5.2.7 Anwendungsschicht

Aufgabe: Bereitstellung der Mittel für die ***A-Prozesse***, die auf die ***OSI***-Umgebung zugreifen [X.217, X.227].

Eine allgemeine Beschreibung aller ***Funktionen*** der ***Anwendungsschicht*** ist schwierig, denn dies würde im Gegensatz zu den ***Funktionen*** der ***Schichten*** 1-6 dem Sinn der ***Anwendungsschicht*** widersprechen, da sich hier die ***Dienste*** ja gerade unterscheiden sollen. Erst von den darunterliegenden ***Funktionen*** sollen möglichst viele für verschiedene Anwendungen einheitlich sein. Dennoch sind bestimmte Aspekte bei allen ***Anwendungsfunktionen*** formalisierbar, d.h. die Normung, die hier noch am stärksten im Fluß ist, versucht die Menge der Gemeinsamkeiten aller bzw. möglichst vieler Anwendungen zu maximieren und in Grundeinheiten, sog. ***A-Dienstelementen*** (***Application Service Elements*** = ***ASE***s), zu zerlegen.

Funktionen und ***Dienste*** an die ***A-Prozesse***:

- ***A-Prozesse*** tauschen Daten über ***A-Instanzen***, ***A-Protokolle*** und ***P-Dienste*** aus.
- Die ***A-Instanz*** enthält einen Satz von ***ASE***s, die sich gegenseitig, sowie ***P-Instanzen***, über eigene Primitives aufrufen.
- ***ASE***s können wieder in ***Spezielle A-Dienstelemente*** (***Specific Application Service Elements*** = ***SASE***s) für Applikationen, wie z.B. *File Transfer, Access and Management (FTAM)*, *Message Handling Systems* (*MHS*) z.B. für *Electronic Mail* nach *X.400*, *Virtuelles Terminal* (*VT*) und *Job Transfer and Manipulation* (*JTM*), sowie ***Allgemeine A-Dienstelemente*** (***Common Application Service Elements*** = ***CASE***s), die ***Funktionen*** realisieren, die den ***SASE***s gemeinsam sind, unterteilt werden.
- Festlegung des beabsichtigten Kommunikationspartners.
- Abkommen über die Geheimhaltung und Zuteilung von Kosten.
- Festlegung der gewünschten ***OSI-Ressourcen***, für deren Einhaltung unterliegende ***Schichten*** sorgen müssen.
- Festlegung der ***QoS***-Parameter und der Verantwortlichkeit der Fehlerbehebung.

- Auswahl des Dialogverfahrens einschließlich der Auf- und Abbauprozeduren.
- Festlegung von ***Syntax***-Beschränkungen.

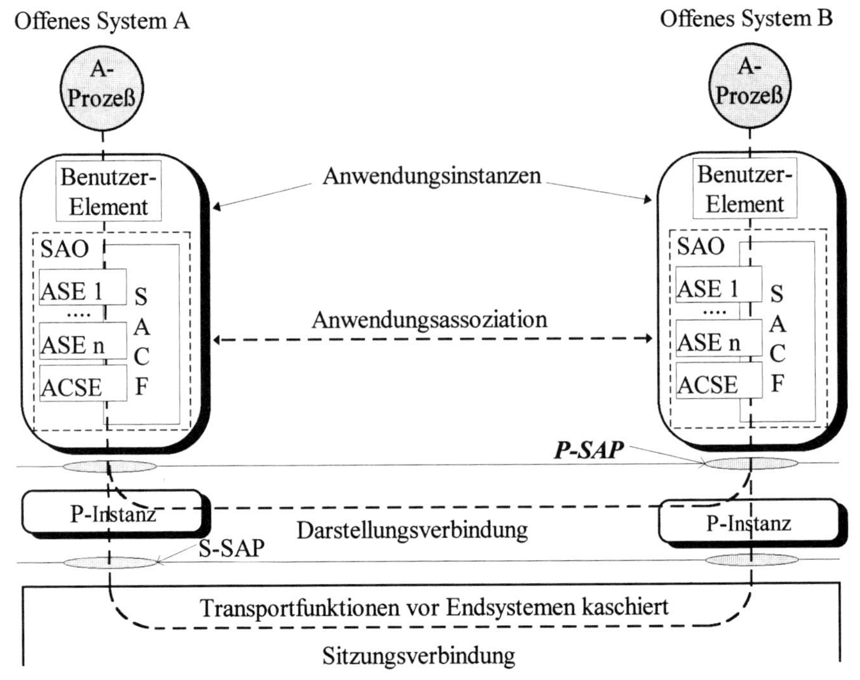

Abbildung 2.5-10: Konfiguration von ASEs (ASE 1 ... ASE n), die mit ihrer jeweiligen Steuerungseinheit SACF ein SAO bilden [LO].

Die ***Anwendungsschicht*** stellt mit diesen ***Funktionen*** und ***Diensten*** einen ***zusammengesetzten Dienst*** zur Verfügung. Dazu wird eine ***Anwendungsassoziation*** (kurz: ***Assoziation***) definiert, die sich gemäß Abbildung 2.5.10 1:1 auf die ***Darstellungsverbindung*** abbilden läßt und die grundsätzlich gemeinsam existieren, d.h. weder ***gemultiplext*** noch ***gesplittet*** - noch sequentiell unterschiedlich vorhanden sind. Eine ***SACF*** (= ***Single Association Control Function***) koordiniert die Kommunikation zwischen ***Anwendungsprozeß***, ***ASE***s und der ***Darstellungsschicht***.

Eine ***Assoziation*** stellt also eine Kooperationsbeziehung zwischen zwei ***A-Instanzen*** dar, die durch den Austausch von ***A-Steuerinformation*** unter Verwendung des ***P-Dienstes*** realisiert wird. Ein ***Anwendungskontext*** ist dabei ein wohldefinierter Satz von ***ASE***s, den zugehörigen Optionen, sowie jede weitere notwendige Zusatzinformation für das Zusammenwirken von ***A-Instanzen*** bei einer ***Assoziation***.

Wichtige Vertreter der ***CASE***s sind:

- ***ACSE*** (***Association Control Service Element***)
  unterstützt entspr. X.217 den Auf- (***A-ASSOCIATE***) und Abbau (***A-RELEASE***) von ***Assoziationen***. ***A-ABORT*** verursacht eine unvorhergesehenes Auslösen der ***Assoziation*** mit möglichem Informationsverlust, ***A-P-ABORT*** zeigt das Auslösen infolge Fehlern in der ***P-Schicht*** an.

- ***RTSE*** (***Reliable Transfer Service Element***; X.218, X.228)
  unterstützt ***zuverlässigen Datentransferdienst*** und steht hierarchisch, (sofern vorhanden), auf dem Niveau von ***ACSE***. Aufgabe des ***RTSE*** ist innerhalb des ***Kontextes*** einer ***Assoziation*** sicherzustellen, daß jede ***A-PDU*** genau einmal übertragen wird oder daß die sendende ***A-Instanz*** vor Ausnahmen warnt. Der ***RTS*** wird nach Kommunikations- und ***Endsystem***-Fehlern wiederhergestellt. Solche können z.B. aus Datenverlusten der ***P-Instanzen*** infolge Speichermangels entstehen, die von den unterliegenden ***Schichten*** nicht erkannt werden. Der ***RTS*** wird über eine bestimmte ***Primitive/Protokoll***-Sequenz zwischen anforderndem ***ASE*** und unterliegender ***P-Schicht*** abgewickelt.
- ***ROSE*** (***Remote Operation Service Element***; X.219, X.229)
  unterstützt entspr. dem Modell in Abbildung 2.5-11 die Ausführung ***abgesetzter Operationen*** und steht hierarchisch, (sofern vorhanden), auf dem Niveau von ***ACSE***.

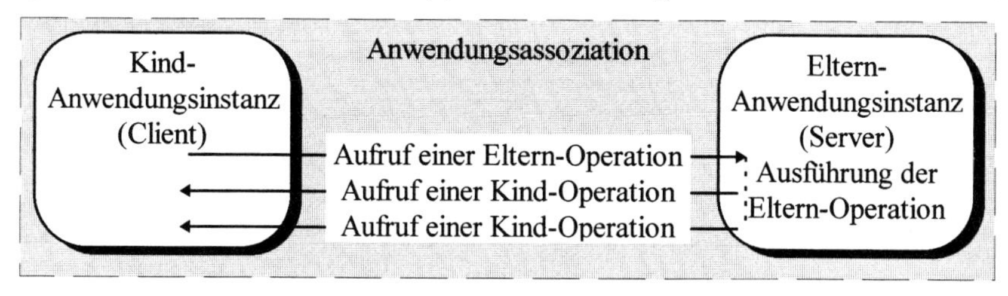

Abbildung 2.5-11: Verknüpfte ROSE-Operationen [X.219].

ROSE bildet die Grundlage des Client (z.B. PC)/Server (z.B. Mainframe)-Prinzips. Der PC-Nutzer benötigt z.B. Daten einer komplexen numerischen Operation (z.B. FFT), mit der der PC überfordert ist, auf einem abgesetzten Großrechner seien aber die Programm- und Speicherressourcen vorhanden. Der Client (auch ***Kindinstanz*** genannt) teilt seine Anforderung mittels einer Anfrage an den Server (***Elterninstanz***) mit. Der versucht, die Operation auszuführen, und teilt das Ergebnis dem Client mit. Dabei kann es vorkommen, daß der Server weitere Informationen zur Ausführung vom Client benötigt, was in der Abb. angedeutet ist. Man unterscheidet *synchrone* und *asynchrone* Operationsaufrufe. Im ersten Fall gibt der Client mit dem Aufruf eine Marke an den Server ab und wartet, bis irgendeine Antwort eintrifft, bevor er weitere Operationen anfordert. Im *asynchronen* Fall können weitere Operationen vor der Rückmeldung initiiert werden. ***ROSE*** definiert dazu fünf Operationsklassen, die die möglichen Kommunikationssequenzen beschreiben:

1. synchron mit Rückmeldung im Erfolgs- und Fehlerfall.
2. asynchron mit Rückmeldung im Erfolgs- und Fehlerfall.
3. asynchron mit Rückmeldung nur im Fehlerfall.
4. asynchron mit Rückmeldung nur im Erfolgsfall.
5. asynchron ohne Rückmeldung.

Ein anderes Beispiel wäre eine Reisebuchungsystem, bei dem der Client ein PC im Reisebüro darstellt, der Server der Zentralrechner eines Reiseveranstalters oder einer Fluggesellschaft [LO].

- ***CCRSE*** (***Commitment, Concurrency and Recovery Service Element***) unterstützt die ***atomare Ausführung verteilter Transaktionen***. Ein Beispiel einer ***verteilten Transaktion*** ist, daß ein Kunde bei einem Versandhaus einen Artikel per Btx bestellt und ihm die Abbuchungserlaubnis von seinem Konto gibt, das Versandhaus die Bestellung aber nur ausführen darf, wenn das Konto genügende Deckung aufweist. Der Kunde erwarte dazu von anderswo einen Geldeingang, der aber nicht zustandekomme und somit darf die angefangene ***Transaktion*** wegen des fehlenden Zwischenglieds nicht beendet werden. Beides sind ***atomare Transaktionsanteile***, die in Beziehung zueinander stehen. Im Beispiel schlägt einer fehl, was Auswirkung auf den anderen hat und ***CCR*** muß dafür Sorge tragen, daß der Nullzustand wieder erreicht wird und daß der Kunde nichts geliefert bekommt, was er nicht bezahlen kann.

Als ein Beispiel für ein ***SASE*** soll ***FTAM*** kurz angerissen werden: ***FTAM*** unterstützt den Austausch von Dateien, sowie die Bearbeitung von Dateisegmenten und Dateibeschreibungsparametern. Zur implementierungsunabhängigen Beschreibung des Zugriffs auf Dateien wird ein sog. ***Virtueller Dateispeicher*** (***Virtual Filestore***) definiert, der Dateien und ihre Struktur abstrakt spezifiziert.

Vor der Beschreibung des ***Virtuellen Dateispeichers*** muß eine Datei selbst abstrakt beschreibbar sein - hier in Form einer Struktur als Dateinamen, Organisationsdaten und dem eigentlichen Inhalt. Diese strukturierte Beschreibung endet hierarchisch bei den Grund-Informationseinheiten, genannt ***Data Units*** (***DU***s), denen jeweils eine ***Abstrakte Syntax*** zugeordnet werden kann, und die, wie in Abschn. 2.5.6 ausgeführt, bereits ein Objekt der ***P-Schicht*** ist:

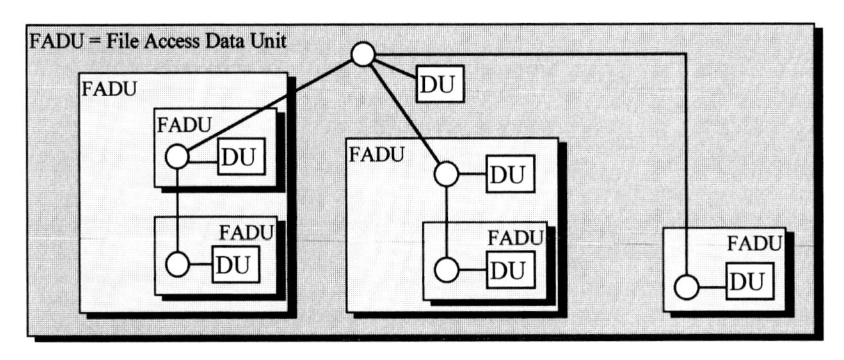

Abbildung 2.5-12: Grundstruktur einer Virtuellen Datei nach FTAM. Eine FADU stellt eine Zugriffseinheit auf eine DU dar.

Die für eine bestimmte Anwendung, z.B. Electronic Mail oder ***FTAM***, benötigten ***ASE***s bilden zusammen mit der ***SACF*** ein sog. ***SAO*** (= ***Single Association Object***), welches sich mit dem eigentlichen ***Anwendungsprozeß*** in der ***Anwendungsschicht*** befindet.

Bei einer Telefonverbindung repräsentiert die ***Anwendungsschicht*** den Gesprächsinhalt, beim ***Verbindungsaufbau*** die Prüfung der Namensnennung des abhebenden Teilnehmers, ob es sich um den gewünschten Kommunikationspartner handelt. Im ISDN kann der gerufene Teilnehmer als ***A***-Dienstmerkmal die Kosten übernehmen.

3 Die ITU-T-Spezifikationssprache SDL (Specification and Description Language)

3.1 Einführung

Die abstrakt definierten Primitiveprozeduren und Protokollabläufe des vorangegangenen Kapitels über das OSI-Modell müssen für konkrete Realisierungen mit Leben erfüllt werden. Dazu dient ***SDL***. Sein Zweck ist es, eine eindeutige ***Spezifikation*** und ***Beschreibung*** des Verhaltens von Telekommunikationssystemen zu erlauben [BE1, BE2, BR1, BR3, GE, HO1, IT, YE].

Die Begriffe ***Spezifikation*** und ***Beschreibung*** bedeuten dabei:

- Die ***Spezifikation*** eines ***Systems*** ist die Dokumentation des von ihm **geforderten Verhaltens**
- Die ***Beschreibung*** eines ***Systems*** ist die Dokumentation seines **gegenwärtigen Verhaltens**. Dazu muß das ***System*** natürlich bereits existieren.

SDL wurde ursprünglich vom CCITT in den Empfehlungen Z.100 - Z.104 spezifiziert und findet sich heute in den ITU-T-Empfehlungen Z.100 *f*, wobei *f* verschiedene Buchstaben- und Ziffernkombinationen darstellt, die unterschiedliche Aspekte von SDL beschreiben. Z.105 kombiniert ***SDL*** mit ASN.1 [FI1], Z.110 gibt Kriterien für die Anwendbarkeit von formalen Beschreibungstechniken an, und Z.120 ***Kommunikationsdiagramme*** (***Message Sequence Charts = MSC***).

SDL (Quelle: CCITT) ist nicht an die OSI-Welt (Quelle: ISO) gebunden, aber sicher im Hinblick auf dieses definiert worden. Allerdings kommen in beiden Welten Begriffe vor, die sich nicht immer vollständig abbilden lassen (dazu gehört z.B. der oben schon verwendete ***System***-Begriff). Damit soll gesagt werden, daß man OSI-Systeme auch anders spezifizieren kann, aber auch Nicht-OSI-Systeme in ***SDL***.

Die Frage, ob ***SDL*** neben den vielen anderen existierenden Spezifikationssprachen, wie dem von der ISO spezifizierten *Estelle*, oder *LOTOS* [FI2, HO2, TU] die beste ist, läßt sich wie beim OSI-Modell ebenfalls nicht pauschal, sondern nur wie dort beantworten. Der Grund, warum diese Sprache hier näher beschrieben wird, ist wieder ihre Verwendung durch das ITU-T zur ***Beschreibung*** von ISDN-Abläufen.

Das Konzept von ***SDL*** besteht aus der Verhaltensbeschreibung einer Anreiz → Antwort-Maschine, einer sog. *Extended Finite State Machine = EFSM.* Darüber wird eine Struktur gelegt.

Die Ziele des ITU-T bei der ***SDL***-Definition lassen sich wie folgt zusammenfassen:

- Einfach zu lernen, benutzen und interpretieren
- eindeutig
- einbindbar in andere Systemdesignmethoden
- erweiterbar

Als Anwendungsbereiche kann man im wesentlichen diejenigen nennen, die auch für das OSI-Modell gelten. Die ***SDL-Spezifikation*** eines solchen ***Systems*** stellt damit typisch die Logik der Kommunikationsbeziehungen dar, die danach software-, firmware- oder hardwaremäßig implementiert wird. Die ***SDL-Spezifikation*** soll syntaktisch und semantisch prüfbar sein, bevor z.B. die Implementation durch eine Programmiersprache erfolgt:

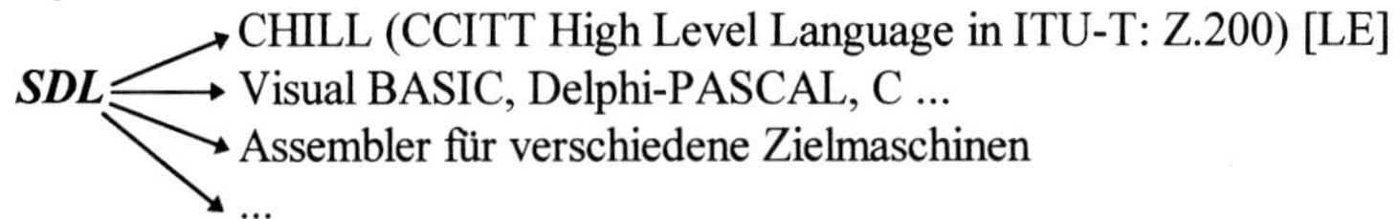

Damit zerfällt aus dieser Sicht der Software-Entwurf also in die beiden Phasen:

- ***Systemspezifikation*** in ***SDL***
- Implementierung in einer Programmiersprache.

Letztere soll erst dann erfolgen, wenn die ***Systemspezifikation*** steht. Dazu sind Tools [BR2, RI] nötig, wie z.B. SDT-PC von der Fa. Telelogic:

- Graphischer Editor
- Syntax- und Semantikprüfer.

Wenn man dagegen gleich sein Programm in die Tasten haut, sind *Spezifikation* und *Implementation* das gleiche, was z.B. durchaus von modernen Programmiersprachen unterstützt wird. Man hat sich jedoch in Programmierstile einzuarbeiten, auch in seine eigenen früheren Konstrukte.

3.1.1 Das SDL-Prozeß- und Datenkonzept

Das dynamische Verhalten eines ***SDL-Systems*** (das wir im Moment einmal der Einfachheit halber mit einem OSI-System gleichsetzen) wird durch parallel arbeitende ***Prozesse*** beschrieben. Diese lassen sich ebenfalls als OSI-Prozesse betrachten.

Ein ***Prozeß*** wird als EFSM modelliert. Er antwortet an seine Umgebung diskret auf diskrete Stimuli. Die Umgebung bilden andere ***Prozesse***, die auf diese Anworten wieder entsprechend reagieren und deren Konfiguration er nicht kennt (wohl aber seine unmittelbaren Kommunikationspartner).

Ein ***Prozeß*** wartet in einem *diskreten* ***Zustand*** (***STATE***), bis er ein gültiges ***Signal*** aus seiner Umgebung erhält. Danach führt er eine *Transition* in einen anderen **Zustand** (der auch der gleiche sein kann) aus. Bei dieser Transition führt er *Aktionen* aus.

Aktionen sind das Bearbeiten lokaler Information, das Senden von ***Signalen*** an die Umgebung (also andere ***Prozesse***) oder die *Kreation* anderer ***Prozesse*** (daher: EFSM). ***Prozesse*** können dynamisch kreiert und terminiert werden. Die Kreation kann durch andere ***Prozesse*** erfolgen oder der ***Prozeß*** existiert seit der Zeit der Systeminitialisierung. Das ***Prozeß***-Ende wird sofern überhaupt - durch eine explizite ***STOP***-Aktion des ***Prozesses*** herbeigeführt.

Signale warten in einer *Warteschlange* an einem Eingabeport des ***Prozesses***. Die primäre Organisation dieser Warteschlange ist FIFO, kann aber auch anders sein. ***Signale*** führen ***Daten*** mit sich, die dem ***Prozeß*** beim Empfang verfügbar sind. Diese ***Daten*** können in *lokalen* ***Prozeß***-Variablen gespeichert und von diesen entnommen werden.

Daten sind an *Konstante* oder *Variable* gebunden, wovon letztere prozeßlokal sind. Sie können zwischen ***Prozessen*** über ***Signale*** (aber auch anders) ausgetauscht werden. Die prozeßlokalen Variablen werden mit der ***Prozeßdefinition*** festgelegt (deklariert).

Daten sind *abstrakt typisiert*. Es gibt *vordefinierte* Typen und neue *benutzerdefinierte* Typen. Ein STRUCT-Konzept erlaubt die Erzeugung *zusammengesetzter* ***Datentypen*** aus vordefinierten und benutzerdefinierten Typen. Zuweisungs-, vergleichende und Ordnungsoperatoren sind bei vordefinierten ***Datentypen*** implizit definiert.

Beispiele vordefinierter ***Datentypen*** sind solche, die auch seit dem Auftauchen von PASCAL für höhere Programmiersprachen verwendet werden, wie:

- Boolean (True, False)
- Integer (1, 2, 3 ...)
- Character (a, b, c ...)

aber auch ***SDL***-spezifische, wie

- ***PId*** = ***Process Instance Identifier*** = ***Prozeßinkarnationsname***
- ***Timer*** (mit Operatoren wie *Set* und *Reset*).

3.1.2 Syntaktische Darstellungsformen von SDL

Es sind zwei *Syntaxklassen* definiert:

- **Abstrakte Syntax**
- **Konkrete Syntax**

Die abstrakte Syntax erläutert ***SDL***-Begriffe programmiersprachenähnlich in Form von Prosa mit Schlüsselwörtern, die für die abstrakte Syntax charakteristisch sind. Verwendet wird dazu heute die im Rahmen des OSI-Modells in X.208 spezifizierte Abstrakte Syntax Notation EINS (ASN.1), die über SDL hinaus von ITU-T für alle Aspekte, auf die sich formalisierbare Beschreibungstechniken anwenden lassen, benutzt wird. Die konkrete Syntax gibt verschiedene Ausprägungen der abstrakten Syntax wieder:

- **Graphische Darstellung *SDL/GR***
  Diese Form stellt die ***SDL-Spezifikation/-Beschreibung*** in Form von genormten Symbolen unter Zuhilfenahme von ***SDL/PR*** bei Textdarstellungen dar.
- **Programmiersprachenähnliche Darstellung *SDL/PR*** (***PR=Textual Phrase Representation***, auch als ***SDL***-linear bezeichnet). Diese Form kommt ohne Symbole mit ASCII-Zeichen aus. Die Syntaxregeln selbst werden formal in BNF-ähnlicher Form (s. auch PASCAL, C) dargestellt.

Bezüglich ***Prozeßdiagrammen*** (***PD***s; s. Abschn. 3.2.4) kennt ***SDL*** wieder zwei konkrete graphische Syntaxformen:

- **Zustandsübergangsorientiert**: ***SDL/GR/T*** (***T***: ***Transition oriented***), oft schlichtweg als ***SDL/GR*** bezeichnet. Diese Form wird hier ausführlich erläutert.
- **Zustandsorientiert**: ***SDL/GR/S*** (***S***: ***State oriented***), auch ***SDL/PE*** (***PE***: ***Pictorial Elements***). Diese Form wird hier nicht weiter verfolgt.

Die Verständlichkeit dieser drei Darstellungsformen für Mensch und Maschine läßt sich in etwa durch die rechts dargestellte Graphik beschreiben:

	SDL-Form:	
↑	***SDL/PE***	
Mensch:	***SDL/GR***	Maschine
	SDL/PR	↓

SDL/GR bietet einen vernünftigen Kompromiß zwischen

- schnellem Erkennen der Zusammenhänge durch den ***SDL***-Anwender, sofern gewisse Regeln eingehalten werden, bei
- brauchbarer maschineller Unterstützung.

3.2 Struktur-Konzept

Im Struktur-Konzept wird die Top-Down-Strukturierung einer ***SDL-Spezifikation*** dargestellt. Es werden Beispiele auf jeder Strukturebene genannt, die für die konkrete Syntaxform ***SDL/GR/T*** benötigten Symbole, sowie das Umfeld erläutert.

3.2.1 Systeme

Ein ***System*** repräsentiert eine konkrete physikalische Einheit, wie:

- Endgerät (Telefon, PC, Fernkopierer ...)
- Teilnehmerschaltung in einem Vermittlungssystem
- Steuerung einer TKAnl
- Packet-Handler

Es wird von seiner Umgebung durch eine ***System***-Grenze getrennt und enthält einen Satz von ***Blöcken*** (***Blocks***). Der hier verwendete ***System***-Begriff orientiert sich an der Definition von OSI-Systemen, die durch einen Satz von Schichten beschrieben werden. Subsysteme ließen sich z.B. in der ***SDL***-Welt als ***Blöcke*** modellieren. Das ***System*** hat das links dargestellte ***System***-Symbol mit dem ***Systemnamen*** darin:

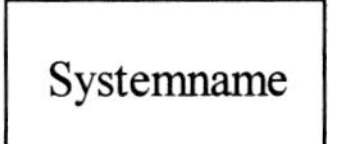

In der ***PR***-Syntax ist das ***System*** wie in Abbildung 3.2-1 definiert. Wir erkennen einen Symboltyp mit gerundeten Kanten, der als ***Terminal-Symbol*** bezeichnet wird. Diese Symbole enthalten Zeichenfolgen, die genauso in ***SDL/PR*** auftauchen, also Schlüsselwörter darstellen. Eckige Kästen stellen ***Nicht-Terminal-Symbole*** dar, und sind weiter unterstrukturiert, d.h. dazu existiert wieder ein Syntaxdiagramm, das aus ***Terminal-*** und ***Nicht-Terminal-Symbolen*** besteht. Das geht bis zur vollständigen Zerlegung in ***Terminal-Symbole*** weiter.

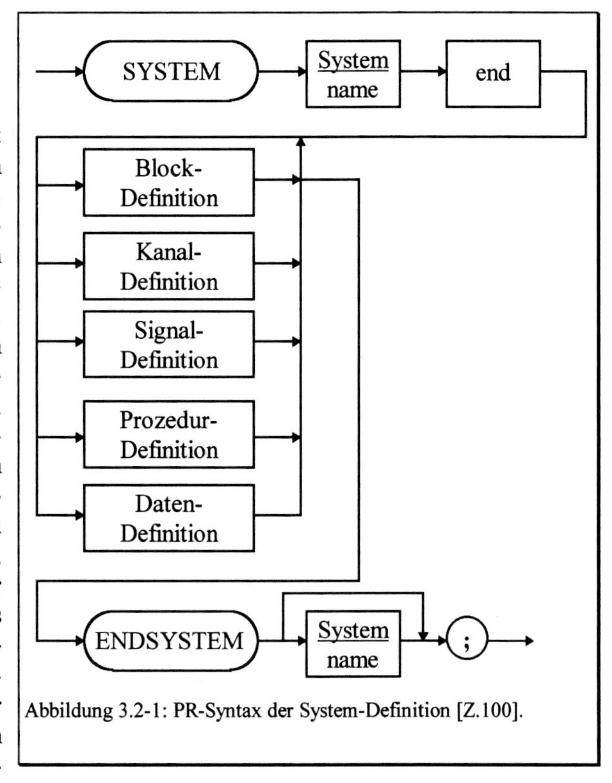

Abbildung 3.2-1: PR-Syntax der System-Definition [Z.100].

ENV

Ein spezielles ***System*** ist der *Rest der Welt*, das ***Environment***, das auch das ***System***-Symbol verwendet. Es stellt die nicht in ***SDL*** spezifizierten Anteile der Kommunikation dar, verhält sich jedoch an seiner Schnittstelle zu ***SDL-Systemen*** ***SDL***-gerecht.

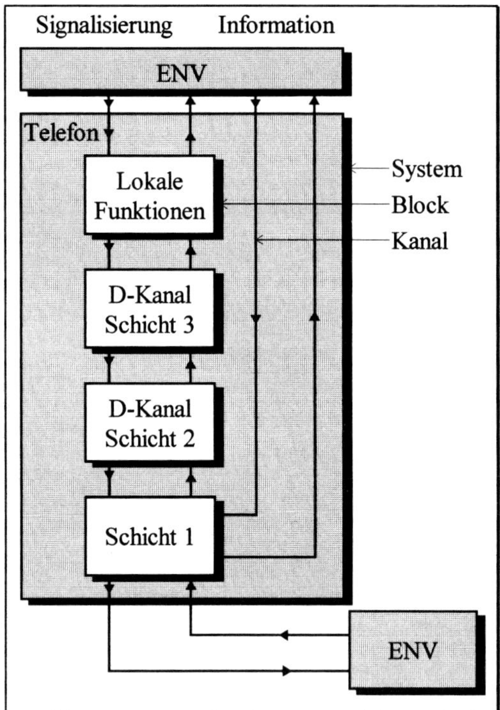

Abbildung 3.2-2: BID für ein System Telefon. Schattierung und Farbgebung sind keine Objekte der Norm und dienen lediglich der Kontrastbildung.

3.2.2 Blöcke

Blockname

Ein ***Block*** ist innerhalb des ***Systems*** ein Objekt handhabbarer Größe, in dem einer oder mehrere ***Prozesse*** ablaufen können. Beispiel:

- ein OSI-Subsystem (z.B. ISDN-D-Kanal Schicht 2)
- die Funktionalität eines Hardware-Bausteins (z.B. der Siemens-ICC)

Block und ***System*** haben das gleiche Symbol. Im Symbol steht entspr. obiger Skizze der ***Blockname***. Die Konfiguration aller zu spezifizierenden ***Blöcke*** wird durch das ***Block Interaction Diagram*** (***BID***) beschrieben. Innerhalb eines ***Blocks*** können ***Subblöcke*** mit eigenen ***BID***s existieren. Ein typisches ***BID*** für ein ***System*** *Telefon* stellt Abbildung 3.2-2 dar.

Blöcke kommunizieren untereinander und mit der ***System***-Grenze über unidirektionale ***Kanäle*** (***Channels***). Mindestens ein Endpunkt eines ***Kanals*** muß ein ***Block*** sein. Beide Endpunkte eines ***Kanals*** dürfen nicht der gleiche ***Block*** sein.

Die ***Kanaldefinition*** enthält eine ***Liste*** aller auf einem ***Kanal*** erlaubten ***Signale***. Der ***Kanal*** wird durch das ***Kanal***-Symbol beschrieben: ——————►——————

Syntaktisch darf ein bidirektionaler ***Kanal*** auch durch ein Symbol mit beiden Pfeilrichtungen beschrieben werden, semantisch handelt es sich jedoch auch dann um zwei unidirektionale ***Kanäle***, die unterschiedliche ***Signale*** führen können. Der ***Kanal*** ist eine passives ***SDL***-Objekt, d.h. er führt keine Operationen auf den ***Signalen*** aus und liefert sie am Ausgang in der Reihenfolge ab, in der sie auf ihn gestellt wurden (FIFO).

Genauso wie der ***Block*** in ***Subblöcke*** unterteilt werden kann, kann der ***Kanal*** entspr. Abbildung 3.2-3 in ***Subkanäle*** unterteilt werden. Die Struktur aller ***BID***s kann entspr. Abbildung 3.2-4 hierarchisch durch den ***Blockbaum*** (***Block Tree*** = ***BT***) beschrieben werden.

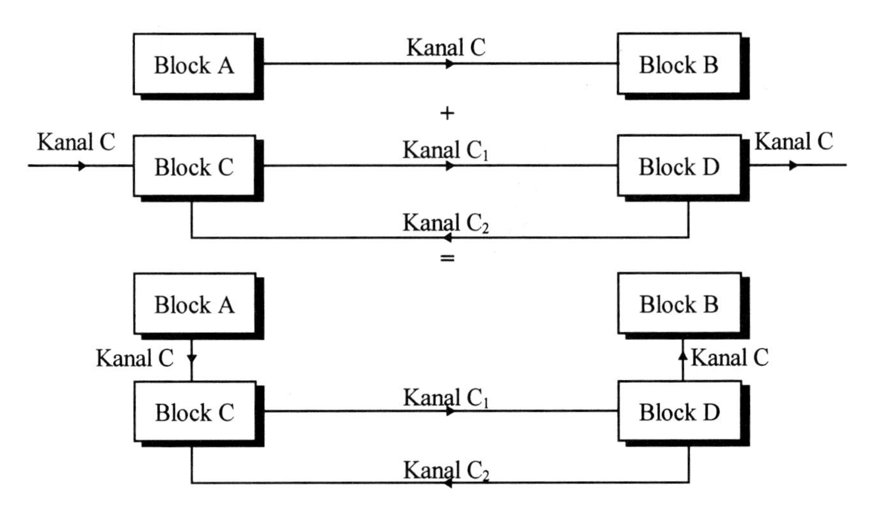

Abbildung 3.2-3: Unterteilung eines Kanals in Subkanäle [Z.100].

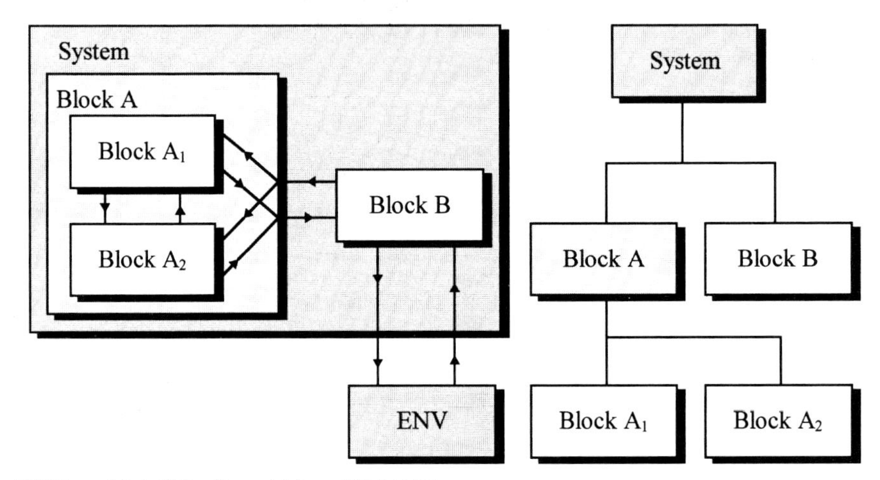

Abbildung 3.2-4: BID mit zugehörigem BT [Z.100].

System, ***Block*** und ***Kanal***, und damit ***BID*** und ***BT*** beschreiben die statische Struktur eines ***SDL***-Diagramms.

3.2.3 Prozesse

- ***Prozeß***-Funktionen und ***Prozeß***-Symbol:

  Ein ***Prozeß*** ist eine kommunizierende FSM, die sich innerhalb eines ***Blocks*** befindet. ***Prozesse*** laufen unabhängig von und parallel zu anderen ***Prozessen*** ab. Beispiele für ***Prozesse*** sind:

– Bearbeitung des Steuerfelds aller LAPD-Rahmen eines Abschnitts.
– Bearbeitung aller Nachrichten von genau einer ISDN-D-Kanal-Schicht-3-Verbindung.

Der ***Prozeß*** hat folgendes Symbol: Prozeßname

- ***Process Interaction Diagram***

  Die Konfiguration aller zu spezifizierenden ***Prozesse*** innerhalb eines ***Blocks*** wird durch das ***Process Interaction Diagram*** (***PID***) beschrieben (ein Bsp. s. Abbildung 3.2-5)

- ***Signalwege***:

  Das Äquivalent der ***Kanäle*** als Datenträger zwischen ***Blöcken*** sind die ebenfalls unidirektionalen ***Signalwege*** zwischen den ***Prozessen***. Ein ***Signalweg*** führt dabei entweder
  – von einem ***Prozeß*** zu einem anderen, oder
  – von einem ***Prozeß*** zur Quelle eines ***Kanals*** an der ***Block***-Grenze, oder
  – von der Senke eines ***Kanals*** zu einem ***Prozeß***.

  Signalwege können an der ***Block***-Grenze, d.h. an der Quelle eines ***Kanals*** konvergieren oder von der Senke eines ***Kanals*** divergieren. Der ***Signalweg*** wird durch das ***Signalweg***-Symbol beschrieben: ⟶

- ***Signalliste***:

  Eine ***Signalliste*** repräsentiert alle Namen von ***Signalen***, die auf dem ***Signalweg*** erlaubt sind. Sie kann einen eigenen Namen führen. Die ***Signale*** der ***Liste*** werden durch Komma getrennt in eckige Klammern aufgeführt. Neben ***Signalnamen*** kann die ***Signalliste*** weitere ***Signallistennamen*** enthalten.

  Die Vereinigung aller ***Signale*** aller ***Signallisten*** aller ***Signalwege***, die zu bzw. weg von einem ***Prozeß*** führen, bildet die Menge der im ***PD*** erlaubten ***INPUT***s bzw. ***OUTPUT***s dieses ***Prozesses***.

  Die Vereinigung aller ***Signale*** aller ***Signallisten*** aller ***Signalwege***, die zur Quelle bzw. Senke eines ***Kanals*** an der ***Block***-Begrenzung führen, bildet die Menge der auf dem ***Kanal*** erlaubten ***Signale***.

  Beispiele für ***Signallisten***:

  $[L_1]: [S_1, S_2, S_7]$ $[L_2]: [S_3, S_4, S_5, [L_1], S_6, S_8]$

- ***Signal***

  Ein ***Signal*** ist ein Datenfluß, der Information zwischen ***Prozessen*** überträgt. Es kann entweder von einem ***Prozeß*** zu einem anderen ***Prozeß*** oder zur Umgebung oder von der Umgebung zu einem ***Prozeß*** gesendet werden.

  Jedes ***Signal*** enthält in seiner Definition seinen ***Signalnamen***, den Namen der Inkarnation des Ursprungs-***Prozesses*** und den Namen der Inkarnation des Ziel-***Prozesses***. Zusätzlich können Variable mitgeführt werden.

  Das ***Signal*** hat kein eigenes Symbol. Es wird durch den ***Signalnamen*** mit der ***Parameterliste*** dargestellt. OSI-Primitives oder Protokollelemente (Rahmen, Pakete, Zellen, Slots) können z.B. in Form von ***Signalen*** dargestellt werden.

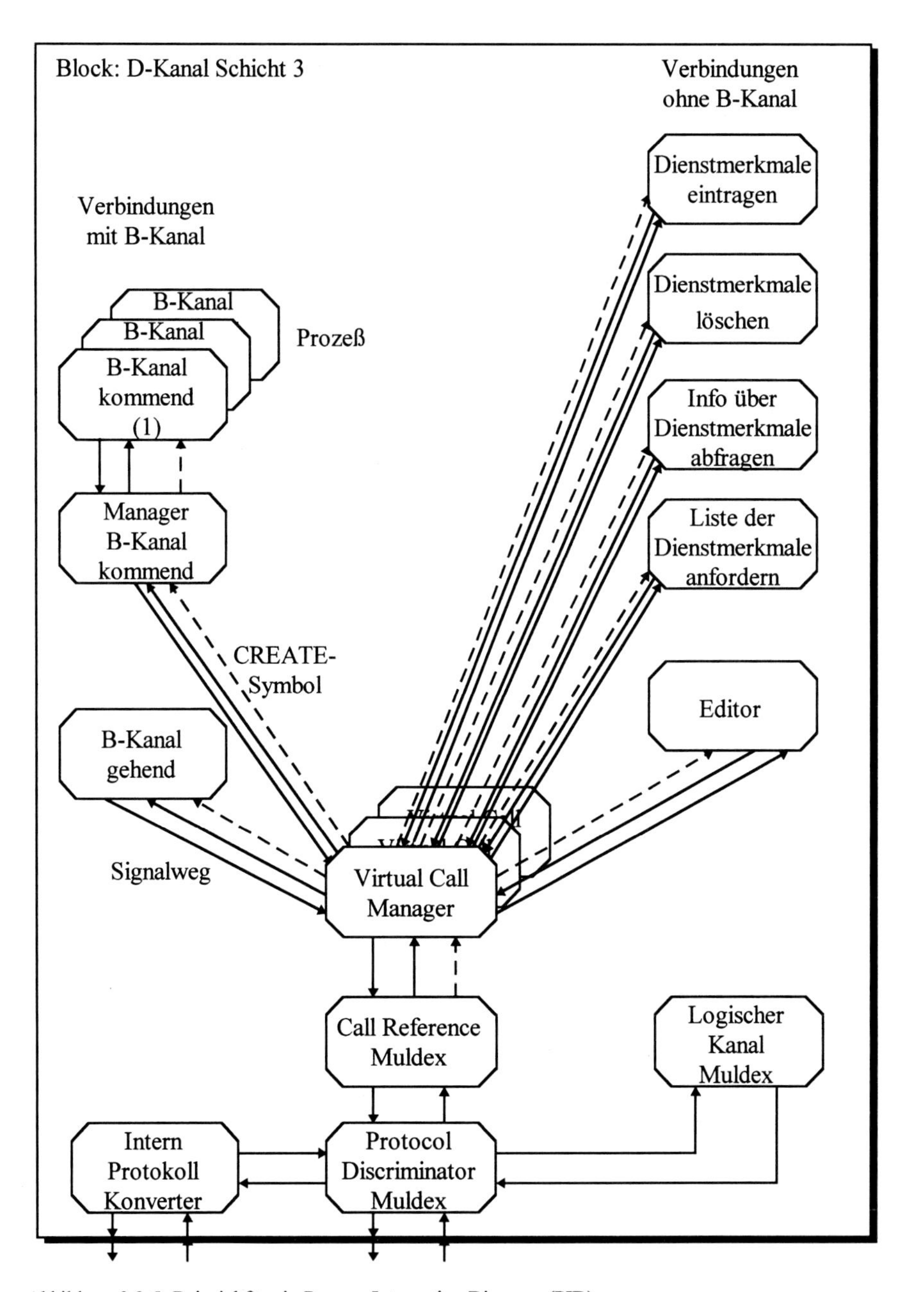

Abbildung 3.2-5: Beispiel für ein Process Interaction Diagram (PID).

Wenn ein ***Signal*** an einem ***Block*** über einen ***Kanal*** ankommt, führt dieser das ***Signal*** zum Eingang des ***Prozesses***, der durch die ***Prozeß***-(Inkarnations)-Adresse des ***Signals*** angegeben wird.

Wenn ein ***Signal*** von einem ***Prozeß*** innerhalb eines ***Blocks*** ausgegeben wird, wird es an den ***Prozeß***, der durch die ***Prozeß***-Adresse des ***Signals*** angegeben wird, ausgeliefert. Befindet sich der adressierte ***Prozeß*** im gleichen ***Block***, liefert der ***Block*** das ***Signal*** an seinem Eingang ab, andernfalls stellt der ***Block*** es auf den ***Kanal***, über den der adressierte ***Prozeß*** erreicht werden kann.

- ***Globale Parameter***

  Prozesse innerhalb eines ***Blocks*** können auf drei Arten miteinander kommunizieren:
  - ***Signale*** (wie vor)
  - ***Globale Parameter*** (***Shared Values***)
  - ***Exportierte*** und ***Importierte Parameter*** (***Exported, Imported Values***)

  Globale Parameter erlauben es einem ***Prozeß***, Variablen zu *lesen*, die ein anderer ***Prozeß*** im selben ***Block*** *sichtbar* gemacht hat. Nur der Besitzer (***Revealing Process***) der Variablen darf ihren Wert ändern. Der ***lesende Prozeß*** (***Viewing Process***) erhält den aktuellen Wert der Variable durch einen ***Sichtoperator*** (***Viewing Operator***). Wird der Wert durch den ***Revealing Process*** geändert, gilt dies sofort in allen ***Viewing Processes.***

- ***Exportierte*** und ***Importierte Parameter***

  Prozesse in unterschiedlichen ***Blöcken*** können außer über ***Signale*** auch noch über ***Exportierte*** und ***Importierte Parameter*** kommunizieren. ***Exportiert*** ein ***Prozeß*** eine Variable, können sie sämtliche ***Prozesse*** des ***Systems*** sehen, die danach eine ***IMPORT***-Operation auf sie ausführen. Nur der Besitzer (***Exporting Process***) darf den Variablenwert ändern. Dies kann er auch lokal tun, ohne den Variablenwert zu ***exportieren***, was die anderen ***Prozesse*** nicht mitbekommen.

- ***Statische*** und ***dynamische Prozesse***

  Es sind zwei ***Prozeß***-Typen definiert:
  - ***Statische Prozesse***
  - ***Dynamische Prozesse.***

  Statische Prozesse existieren seit ***System***-Beginn. ***Dynamische Prozesse*** werden durch ein ***CREATE REQUEST*** eines anderen ***Prozesses*** generiert. Der kreierende ***Prozeß*** muß sich im selben ***Block*** wie der kreierte ***Prozeß*** befinden. Der kreierende ***Prozeß*** kann ***statisch*** oder ***dynamisch*** sein. Der ***dynamische Prozeß*** kann mit dem ***System*** enden oder durch ein ***STOP*** erlöschen.

  Wo immer möglich und sinnvoll, sollten ***dynamische Prozesse*** nur dann unmittelbar miteinander kommunizieren, wenn sie in einer Kreationsbeziehung zueinander stehen. Eine Sicherstellung der Existenz eines ***dynamischen*** Partner-***Prozesses***, der nicht vom gerade betrachteten ***Prozeß*** kreiert wurde oder diesen kreiert hatte, kann aufwendig sein.

  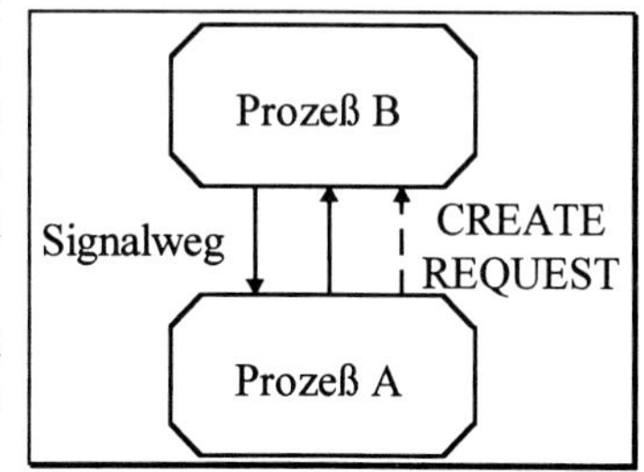

  Rechts ist ein Beispiel für eine Kreation mit dem Kreations-Symbol dargestellt: ***Prozeß*** A kreiert ***Prozeß*** B und kommuniziert mit ihm:

- ***Prozeß***-Variable und ***Formalparameter***

  Alle ***Prozesse*** führen vier Variable vom Typ ***PId***:

SELF	Name des ***Prozesses***
PARENT	***Vaterprozeß*** (NIL bei ***statischen Prozessen***)
OFFSPRING	Zuletzt kreierter ***Prozeß*** (NIL, wenn keiner kreiert wurde)
SENDER	***Prozeß***, von dem zuletzt ein ***Signal*** empfangen wurde

Diese Variablen können ausgewertet, es kann ihnen jedoch kein Wert zugewiesen werden.

Optional führt der ***Prozeß*** zwei Variablen vom Typ Integer:

- ***init***: Anzahl der von dem ***Prozeß*** zum Zeitpunkt der ***Systemkreation*** existierenden Inkarnationen (0 bei ***dynamischen Prozessen***).
- ***max***: Anzahl der von dem ***Prozeß*** maximal gleichzeitig existierenden Inkarnationen.

Ein ***Prozeß*** führt weiterhin eine ***Formalparameterliste***. Die Initialisierung durch ***Aktualparameter*** findet bei ***statischen Prozessen*** zum Zeitpunkt der ***Systemkreation*** statt, bei ***dynamischen Prozessen*** zum Zeitpunkt der ***Prozeßkreation***.

- ***Prozeßbaum*** (***Process Tree = PT***)

  Werden ***Blöcke*** in ***Subblöcke*** unterteilt, kann diese Trennung quer durch ***Prozesse*** gehen. Dies hat zur Folge, daß ***Prozesse*** in entspr. ***Subprozesse*** unterteilt werden. Ein derart unterteilter ***Prozeß*** wird, wie in Abbildung 3.2-6 dargestellt, durch den ***Prozeßbaum*** beschrieben. Aus Gründen der Übersichtlichkeit sollte von dieser Unterteilung kein Gebrauch gemacht werden.

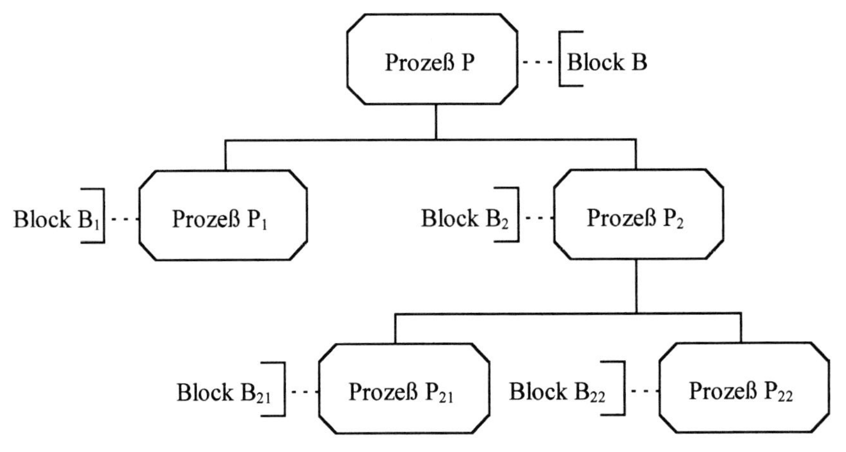

Abbildung 3.2-6: Beispiel für einen Prozeßbaum mit Kommentaren zur Blockzugehörigkeit [Z.100].

3.2.4 Prozeßdiagramme

3.2.4.1 Prozeßkonzept

Der ***Prozeß***-Ablauf wird durch das flußdiagrammähnliche ***Prozeßdiagramm*** (***PD***) beschrieben. Es stellt den eigentlichen Kern der ***SDL-Spezifikation*** dar, da hier die Abläufe spezifiziert werden. (Hier wird bewußt der Begriff *Prozedur* vermieden, da dieser in ***SDL*** für ähnliche Funktionen wie in Programmiersprachen verwendet wird). ***Prozeß-diagramme*** ohne die darüberliegende Struktur findet man z.B. in den ITU-T-Spezifikationen für die D-Kanal-Protokolle.

Während seiner Lebensdauer befindet sich der ***Prozeß*** entweder in einem ***STATE***, wo er auf ein ***Signal*** wartet, oder er führt einen Zustandsübergang (Transition) aus, bei dem eine Folge von Aktionen ausgeführt wird. In einem ***STATE*** kann nur ein definierter Satz von ***Signalen*** aus der Gesamtmenge der ***Signale*** der zu dem ***Prozeß*** führenden ***Signalwege*** empfangen werden.

Dazu existiert am ***Prozeß***-Eingang eine Warteschlange (Queue), an der alle ***Signalwege*** enden. Die ***Signale*** werden von dem ***Prozeß*** aus dieser Queue i.allg. FIFO konsumiert und der ***Prozeß*** verläßt den ***STATE*** in Nullzeit. Ist die Queue leer, wartet der ***Prozeß*** auf das nächste ***Signal***, d.h. er bleibt in dem ***STATE***.

Der Empfang des ***Signals*** macht dem ***Prozeß*** die mitgeführten ***Daten*** zugänglich und startet den Zustandsübergang. Dabei können die empfangenen ***Daten*** manipuliert und ***Signale*** ausgegeben werden, die dann andere ***Prozesse*** wiederum empfangen. Der Zustandsübergang endet bei einem Folgezustand (***NEXTSTATE***), der identisch mit dem ***STATE*** sein kann (z.B. beim Empfang von Wählziffern; bei der letzten Wählziffer ist der ***NEXTSTATE*** ein anderer), oder bei einem ***STOP***, bei dem der ***Prozeß*** aufhört zu existieren (z.B. wenn der Telefonhörer aufgelegt wurde).

Graphisch wird der ***Prozeß***-Ablauf durch eine Folge von ***PD***-Symbolen dargestellt, die durch ***Flußlinien*** verbunden sind. Die primäre Ordnung des ***Prozeß***-Ablaufs soll von oben nach unten sein. Zugehörige ***Formalparameter***, der Satz der gültigen ***INPUT-Signale***, ***Datendefinitionen***, ***Sichtbarkeitsdeklarationen*** (***Globale***, ***Exportierte***, ***Importierte Parameter***) und Ausdrücke werden in ***SDL/PR*** dargestellt.

3.2.4.2 Elementarsymbole und Erläuterungen

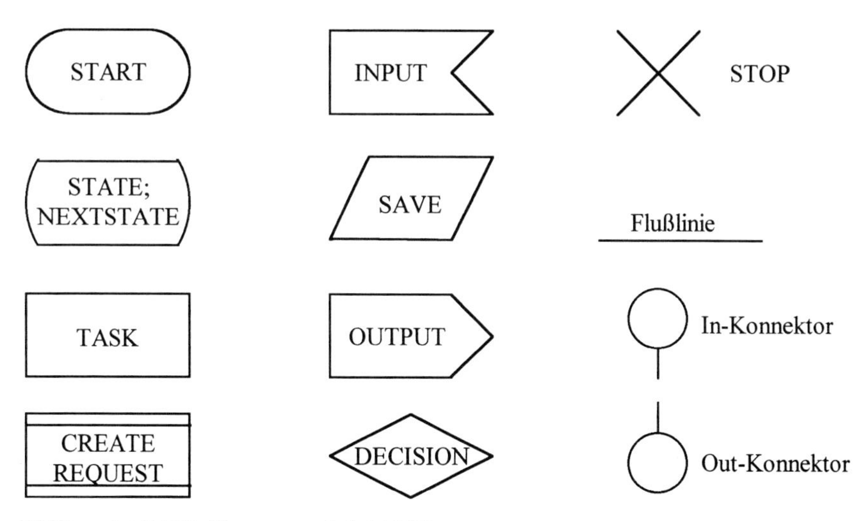

Abbildung 3.2-7: SDL-Elementarsymbole [Z.100].

Die ***PD***-Symbole können in zwei Klassen unterteilt werden:

- **Elementarsymbole**
  reichen zur vollständigen ***Spezifikation*** jedes ***SDL***-Diagramms aus.
- **Erweiterungssymbole**
  erlauben eine komfortablere Darstellung des ***Prozeß***-Ablaufs. Insbesondere wird hier eine weitere hierarchische Strukturierung der ***PD***-Ebene unterstützt.

Zunächst sind in Abbildung 3.2-7 die Elementarsymbole in Form einer Tabelle aufgeführt, dann erfolgt für jedes einzelne Symbol eine Erläuterung mit Beispielen. Die Symbolverbindungen gemäß Abbildung 3.2-8 durch ***Flußlinien*** sind erlaubt (***PD***-Syntaxdiagramm).

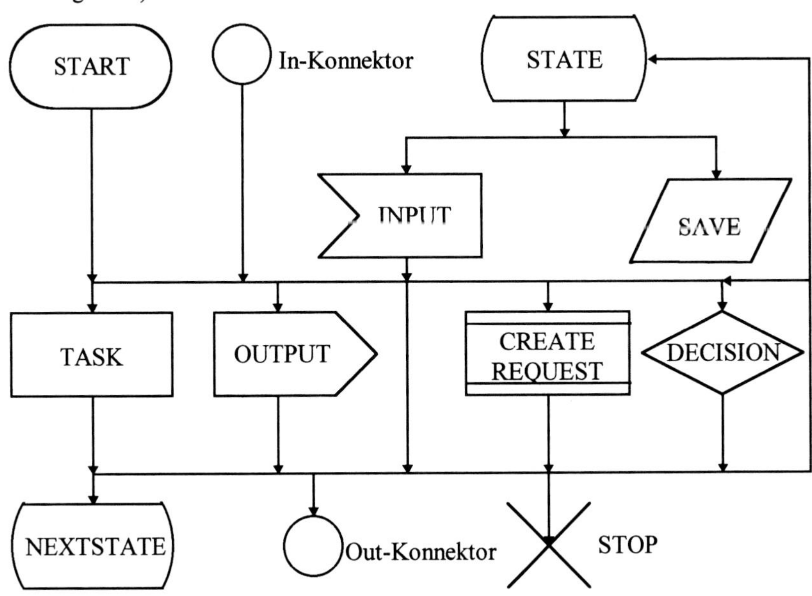

Abbildung 3.2-8: SDL-Elementarsymbol-Syntaxdiagramm [Z.100].

Symbolerläuterungen:

Das ***START***-Symbol eines ***PD*** beschreibt den Anfang des Verhaltens eines ***Prozesses***, nachdem er kreiert wurde. ***Prozeßname*** und ***Formalparameter*** sind Bestandteil des ***START***-Symbols.

Folgt auf das ***START***-Symbol unmittelbar ein ***STATE***-Symbol, in dem der erste ***INPUT*** erwartet wird, kann das ***START***-Symbol entfallen.

Alternativ kann der ***Prozeß*** nach dem ***START*** eine Initialisierungsphase durchlaufen, die z.B. von den über die ***Formalparameter*** (***FPAR***) übergebenen ***Aktualparametern*** abhängt. Dann kann auf das ***START***-Symbol auch ein ***TASK***-, ***OUTPUT***-, ***CREATE REQUEST***- oder ***DECISION***-Symbol folgen.

Das ***STOP***-Symbol beendet den ***Prozeß***. Er ist dann nicht mehr adressierbar. Die lokalen ***Daten*** existieren nicht mehr.

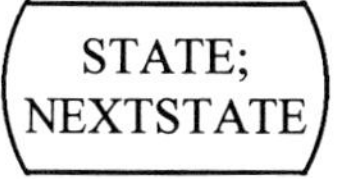

Befindet sich ein ***Prozeß*** in einem ***STATE***, werden keine Aktionen ausgeführt, sondern die ***INPUT***-Queue wird gemonitort. Abhängig vom Identifier des auf den ***STATE*** folgenden ***INPUT***s verläßt der ***Prozeß*** den ***STATE*** und führt eine spezifische Folge von Aktionen (Transitionen) aus. Ist die ***INPUT***-Queue leer, verbleibt der ***Prozeß*** im ***STATE***.

Ein ***Signal***, das als ***INPUT*** konsumiert wurde, existiert nicht mehr. Es steht nicht mehr in der Queue und es sind auch keine Entscheidungen auf es realisierbar (wohl aber auf seinen Inhalt). Man kann sagen, daß eine spezifische ***STATE/INPUT***-Kombination das jeweilige Weiterlaufen des ***Prozesses*** bestimmt.

Die Wahl der ***STATE***s eines ***Prozesses*** ist oft nicht einfach und erfordert einige Erfahrung des Spezifizierens. Insbesondere führen ungeschickte ***Block/Prozeß***-Strukturen typisch zur *STATE-Explosion* beim ***PD***. Daher ist eine sorgfältige Wahl dieser Strukturen sehr wichtig für die Klarheit des ***PD***.

Weiterhin besteht die Möglichkeit der Verhinderung der ***STATE***-Explosion durch das Setzen von *Flags*. Dabei sollte das Kriterium für das Setzen eines Flags aufgrund eines höheren Grades der Detaillierung erfolgen als die Wahl eines neuen ***STATE***s.

STATEs sind genau dann gleich, wenn sie

- die gleichen ***Signale*** als ***INPUT***s/***SAVE***s konsumieren, und
- danach die gleichen Aktionen ausführen, und
- die gleichen ***NEXTSTATE***s (Folgezustände) einnehmen,

d.h. die gleiche Zukunft haben. Die geschickte Wahl eines nicht zu hohen Detaillierungsgrades bei der ***PD***-Erstellung kann also ebenfalls zur ***STATE***-Reduktion verwendet werden.

Syntax: Auf ein ***STATE*** folgt immer ein ***INPUT*** oder ein ***SAVE***:

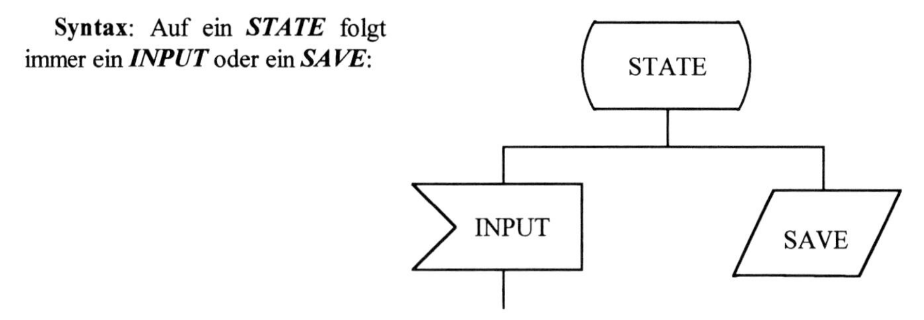

Semantik: Folgende Darstellungen sind äquivalent:

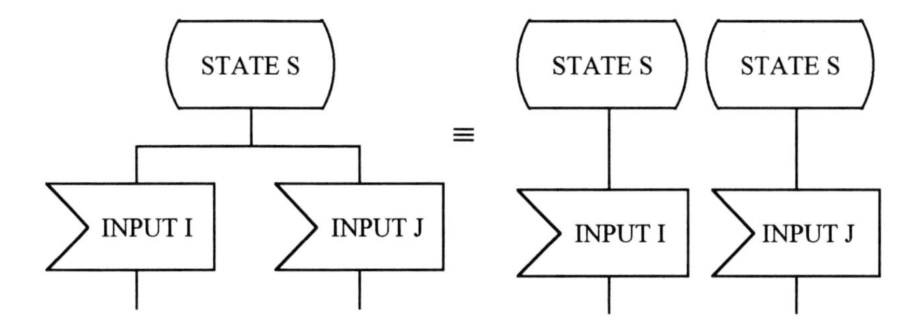

Während die linke Darstellung mehr der Übersicht dient, insbesondere wenn zu einem ***STATE*** sämtliche erlaubten ***INPUT***s auf einer Layout-Einheit (z.B. DIN A4-Seite) dargestellt werden, eignet sich die Darstellung rechts besser als Programmiervorlage und ist außerdem änderungsfreundlicher. Daher sollte für ein ***SDL-PD*** als Programmiervorlage gelten:

- ein ***STATE*** am Kopf einer Layouteinheit
- ein ***INPUT/SAVE*** auf dieser Layouteinheit
- sämtliche darauf folgenden Aktionen zu sämtlichen auf den ***STATE*** unmittelbar folgenden ***NEXTSTATE***s.

In Abbildung 3.2-9 ist ein Beispiel für eine Programmiervorlage dargestellt.

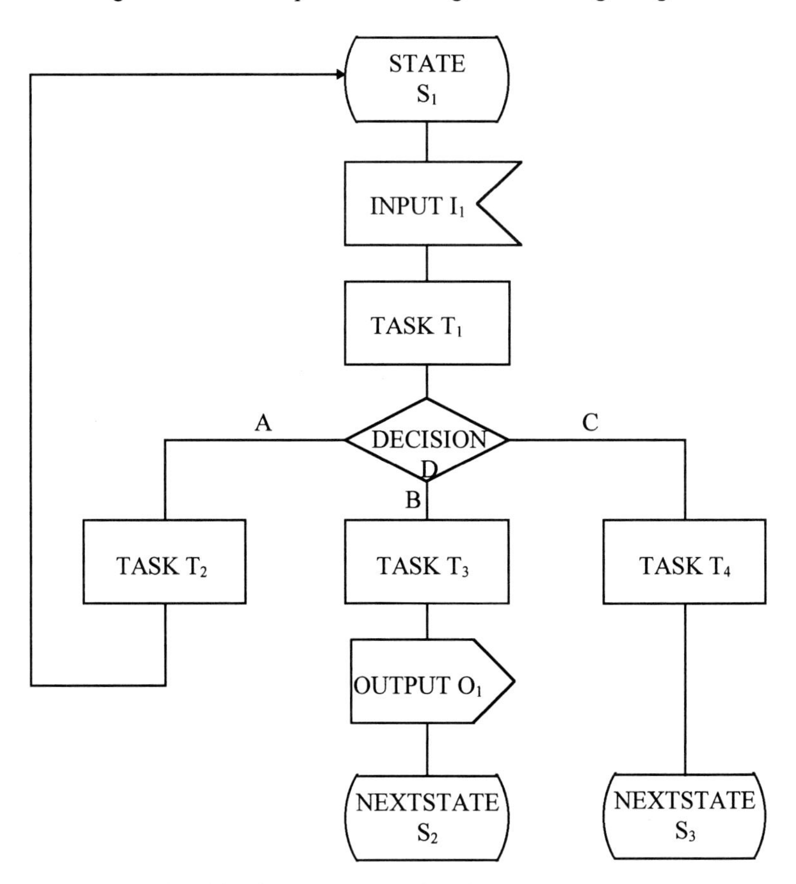

Abbildung 3.2-9: Beispiel für eine SDL-Programmiervorlage.

Weiterhin sind die beiden Darstellungen in Abbildung 3.2-10 äquivalent. Die Darstellung auf der rechten Seite erscheint klarer und sollte bevorzugt werden.

Das ***STATE***-Symbol enthält den ***STATE***-Namen und sollte weiterhin eine Nummer führen. Die ***PD***s sollen in fortlaufend aufsteigender Folge der ***STATE***-Nummern abgelegt werden.

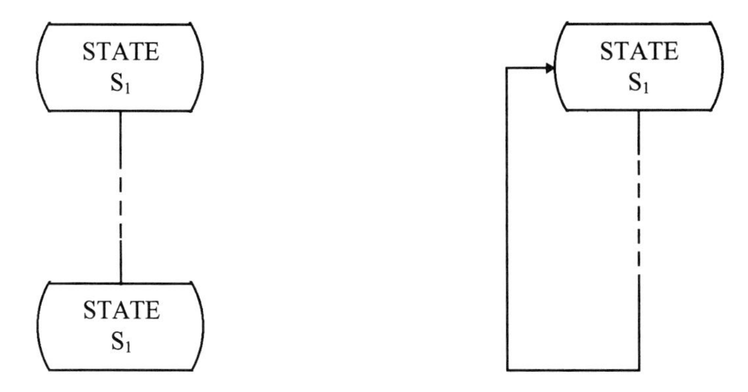

Abbildung 3.2-10: Äquivalente Darstellung von STATE-Sequenzen.

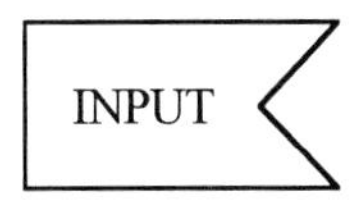

Ein ***INPUT***, vor dem immer ein ***STATE*** steht, bedeutet, daß das ***Signal***, das in dem Symbol genannt wird, in dem zugeordneten Zustand empfangen werden kann. Die darauffolgende Transition wird ausgeführt, wenn dieses ***Signal*** vorne in der Queue steht.

Das durch den ***INPUT*** aus der ***INPUT***-Queue entnommene ***Signal*** kann ***Daten*** mitführen, die hinter dem ***Signalnamen*** in Klammern und durch Komma getrennt, aufgeführt werden. Diese ***Daten*** stehen dem ***Prozeß*** nach dem ***INPUT*** zur Verfügung. Werden sie nicht aufgeführt, sind sie verloren.

Ein Beispiel für ein ***Signal*** mit ***Daten*** wäre ein OSI-Primitive mit einem Protokollelement (z.B. ein I-Rahmen). Auf einer höheren Ebene der Abstraktion kann das Protokollelement selbst das ***INPUT-Signal*** sein.

INPUTs, die ohne Aktionen zum gleichen ***STATE*** zurückführen (Null-Transition), sind implizit spezifiziert, d.h. das entsprechende ***PD*** braucht nicht angegeben zu werden.

Erster INPUT:

Eine ausgezeichnete Stellung nimmt in der Regel der erste ***INPUT*** eines ***Prozesses*** ein, der ihn vom Grundzustand nach der Kreation wegführt (gilt nur für ***dynamische Prozesse***). Dieser ***INPUT*** kann als *prozeßcharakterisierend* bezeichnet werden, d.h.: typisch führt vom Grundzustand nur *ein* ***INPUT*** weg. Während es bei anderen ***STATE***s i.allg. mehrere sein können.

Ein alternativer ***INPUT*** nach dem Grundzustand bezeichnet i.allg. in Wirklichkeit einen anderen ***Prozeß*** oder es handelt sich um einen Fehlerfall. Kann ein ***PD*** ohne Fehlerbehandlung im Grundzustand mehrere ***INPUT***s bearbeiten, sollte das ***PID*** auf Korrektheit überprüft werden.

Impliziter Queueing-Mechanismus:

Signale werden aus der Queue einzeln FIFO entnommen. Sind mehrere ***INPUT***s bei einem ***STATE*** erlaubt, wird genau dasjenige ***Signal*** entnommen, das als erstes in der Queue steht. Dies schließt die implizite Null-Transition mit ein. Die anderen zu diesem Zeitpunkt in der Queue wartenden ***Signale*** werden in diesem ***STATE*** nicht betrachtet. Soll die FIFO-Reihenfolge durchbrochen werden, so kann das ***SAVE***-Konzept angewendet werden. ***Signalen*** kann keine Priorität zuwiesen werden.

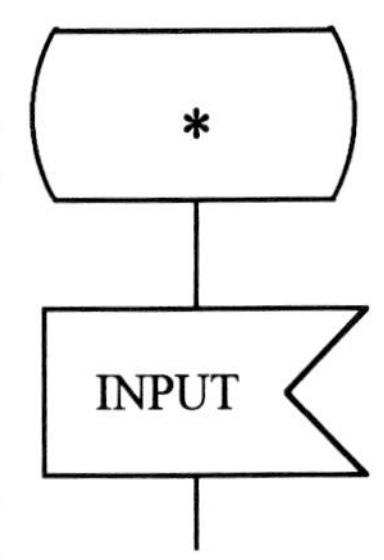

Empfang eines Signals in mehreren STATEs:

Kann ein ***Signal*** in allen Zuständen empfangen werden (z.B. ein *Reset*) und wird es in diesen Zuständen gleich behandelt, kann dies mit dem ***ALL-STATE***-Symbol dargestellt werden:

Eine ***STATE***-Liste in eckigen Klammern unter dem '*' kennzeichnet diejenigen ***STATEs***, für die das ***PD*** nicht gilt.

Externe und interne INPUTS:

SDL nach den Yellow Books von 1980 unterscheidet syntaktisch noch zwischen ***INPUTs***, die aus einem anderen ***Block*** kommen und internen ***INPUTs*** aus dem gleichen ***Block***:

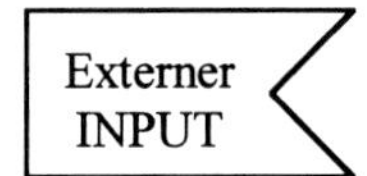

Ab den 1984er Red Books ist nur noch das Symbol auf der rechten Seite offizieller ***SDL***-Bestandteil, da semantisch kein Unterschied besteht. Trotzdem findet man sie auch heute noch - auch in ITU-T-Empfehlungen. Werden auf hoher Abstraktionsebene ohne darüberliegende ***Block***-Strukturen ***Prozesse*** z.B. für Endsysteme spezifiziert, so besteht einfach oft der Bedarf, zu unterscheiden, ob ein ***Signal*** (***INPUT***) über die Leitung vom Partner-***System*** kommt, oder von einem internen ***Prozeß***, der z.B. eine Benutzeroberfläche verwaltet.

Dies ist jedoch eine Unterscheidung im Hinblick auf die Implementierung; ***SDL-Signale*** kennen keine Kupferdrähte oder Glasfasern. Hinzu kommt, daß im ITU-T ***SDL*** einerseits und Anwendungen davon andererseits in verschiedene Studiengruppen festgelegt werden, und hier die Bedürfnisse offenbar unterschiedlich bewertet werden.

Sender-Identifikation:

Jedes ***Signal*** führt den ***PId*** der Sender-***Prozeß***-Inkarnation mit, die es mittels eines ***OUTPUTs*** auf den ***Signalweg*** gestellt hat. Sie dient dazu, die ***Prozeß***-Variable ***SENDER*** des Empfänger-***Prozesses*** upzudaten, auf die dieser lesend wie auf eine normale Variable zugreifen kann (s. Abschn. 3.2.3: ***Prozesse***)

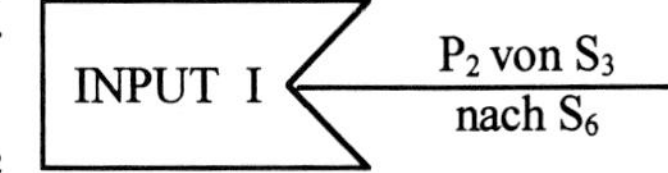

Zur Übersicht kann weiterhin der Zustandsübergang des Sender-***Prozesses*** dargestellt werden:

Dieses Symbol bedeutet beispielhaft: ***Prozeß*** P_2 transitioniert beim Aussenden von I von ***STATE*** S_3 nach ***STATE*** S_6. Diese Abbildung ist u.U. nicht eindeutig, weshalb an der waagrechten Linie mehrere Transitionen vorkommen können.

Top-Down-Strukturierung von Signalen:

Ist eine solche Strukturierung möglich, sollten die ***INPUTs*** nur die höchsten Ebene der Strukturierung sichtbar machen.

Bsp.: D-Kanal-Schicht 2, Strukturierung:

1. Rahmentyp (=***Signal***): I, RR, RNR, REJ, SABME, UA, ...
2. Feld: Adreß-, Steuer-, Info-, CRC, ...
3. Feldparameter z.B. des Adreßfeldes: SAPI, TEI, C/R-Bit
4. Werte der Parameter z.B. SAPI=**s**, TEI=**0**, ...

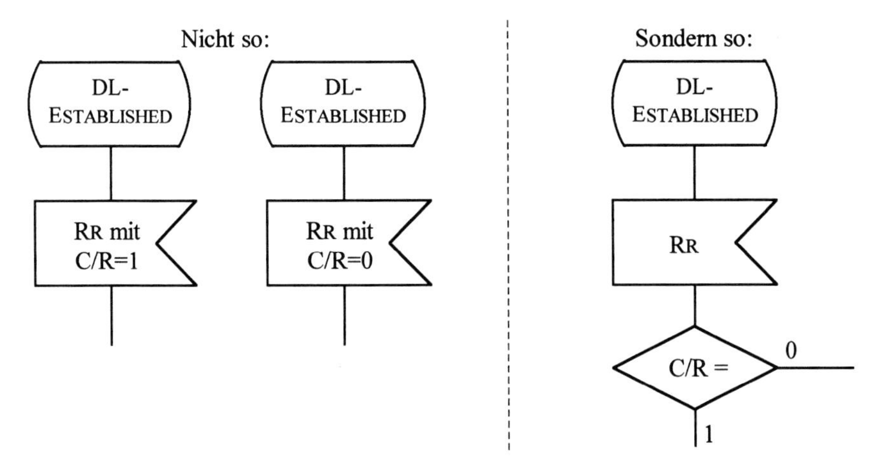

Abbildung 3.2-11: Unterschiedlicher Detaillierungsgrad auf INPUT-Ebene.

Spiegelsymboldarstellung:

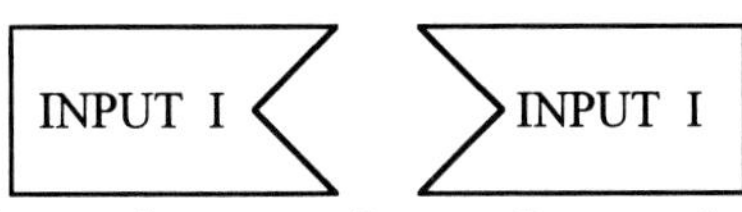

Grundsätzlich ist die Pfeilrichtung nach ITU-T frei wählbar und semantisch äquivalent:

Sie kann jedoch als Gedächtnisstütze verwendet werden, wenn Partner-***Prozesse*** im ***PID*** rechts oder links angesiedelt sind.

Es kann nun vorkommen, daß in verschieden ausgerichteten ***INPUT***s gleich benannte ***Signale*** (von unterschiedlichen ***Prozessen***) semantisch anders behandelt werden müssen. Hier muß dann der ***SENDER*** auf ***PD***-Ebene zur Unterscheidung mit angegeben werden.

Beispiel: Ein D-Kanal-Schicht-3-***Prozeß*** in einem Vermittlungsknoten, an dem auch Teilnehmer angeschlossen sind. Eine SETUP vom angeschlossenen Teilnehmer wird anders behandelt, als eine SETUP aus dem Netz, die dem Teilnehmer zugeführt werden muß.

Auswertung von Signalparametern:

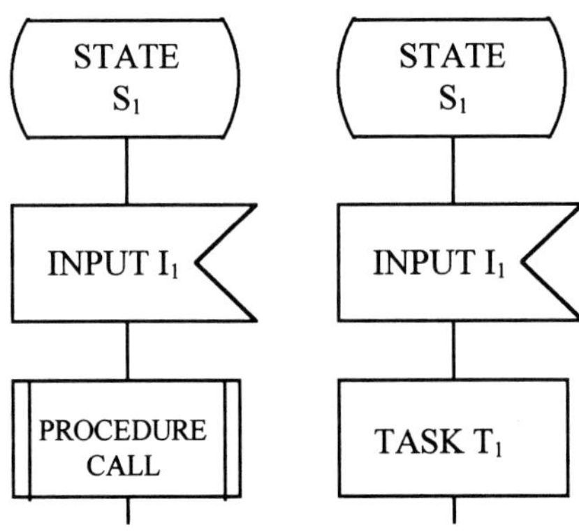

Das ***PD*** auf höchster Ebene sollte nach jedem ***INPUT*** ein Symbol enthalten, das die Dekodierung der ***Signalparameter*** erlaubt. Typische Kandidaten für diese Aktionen sind ***TASK*** und ***PROCEDURE*** (s. Abschn. 3.2.4.3: ***SDL***-Erweiterungen), so daß ein ***PD*** immer wie rechts dargestellt beginnen sollte:

Die ***INPUT***s sollten wie die ***STATE***s durchnumeriert und pro ***STATE*** fortlaufend in aufsteigender Reihenfolge abgelegt werden.

Das ***SAVE***-Konzept erlaubt die Verzögerung der Verarbeitung eines ***Signals*** - sprich: Entnahme aus der Empfangs-Queue - bis ein oder mehrere ***Signale***, die nach ihm eingetroffen sind, bearbeitet wurden. Das ***gesavete Signal*** verbleibt in der Queue, bis es in einem anderen ***STATE*** als ***INPUT*** konsumiert wird, womit das FIFO-Konzept der ***INPUT***-Queues durchbrochen wird.

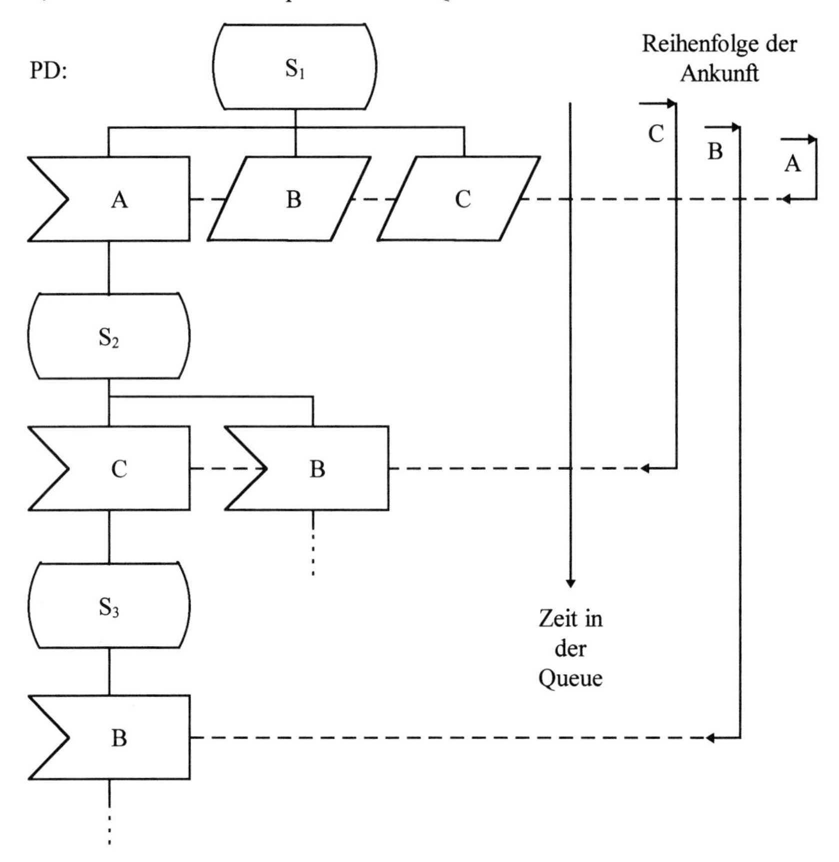

Abbildung 3.2-12: Zeitlich richtige Anwendung des SAVE-Konzepts.

Damit sind sämtliche Möglichkeiten der Entnahme von ***Signalen*** aus der Empfangsqueue abgedeckt:

- **Normaler *INPUT***
- ***Impliziter INPUT*** mit Null-Transition
- ***SAVE*** mit ***INPUT*** in einem späteren ***STATE***

Ist der ***STATE***, in dem der ***SAVE*** als ***INPUT*** bearbeitet wird, nicht ein unmittelbarer ***NEXTSTATE*** zum ***STATE***, in dem das ***Signal gesavet*** wird, müssen alle dazwischenliegenden ***STATE***s das ***Signal*** ebenfalls ***saven***, da sonst ein ***Impliziter INPUT*** definiert würde. Auf ***Parameter*** des ***gesaveten Signals*** darf nicht zugegriffen werden.

Eine, wenn auch unschöne, Methode, ein ***SAVE*** zu umgehen, ist, es als ***INPUT*** zu deklarieren und dann die ***Parameter*** in lokalen Variablen abzuspeichern. Die zugehörigen ***Daten*** werden dann erst in einem späteren Zustand ausgewertet.

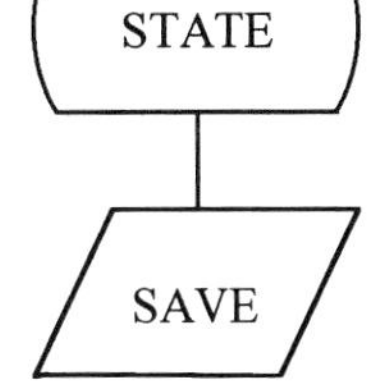

Zur Syntax: Der ***SAVE*** folgt immer einem ***STATE*** und hat danach keine weiteren Symbole:

Zur Semantik: Werden in einem ***STATE*** mehrere ***Signale gesavet***, so können sie durch ein ***SAVE***-Symbol dargestellt werden. ***SAVEs*** und spätere korrespondierende ***INPUTs*** enthalten den gleichen ***Signalnamen***.

Das ***SAVE***-Konzept sollte sparsam angewendet werden. Häufige ***SAVEs*** sprechen für ein ungeschicktes ***PD***-Konzept. Die Verwaltung der Queues wird aufwendig und Semantikprüfungen kompliziert.

Ein Beispiel für die Anwendung des ***SAVE***-Konzepts zeigt Abbildung 3.2-12.

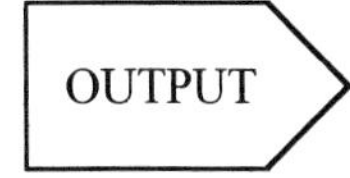

Ein ***OUTPUT***-Symbol stellt das Absenden eines ***Signals*** von einem ***Prozeß*** zu einem anderen dar. Zu dem ***OUTPUT*** gehören immer einer oder mehrere ***INPUTs*** (incl. ***SAVEs*** und ***Implizite INPUTs***) des Empfänger-***Prozesses***. *Mehrere* ***INPUTs*** bedeutet dabei nicht, daß das mit dem ***OUTPUT*** assoziierte ***Signal*** mehrfach empfangen wird, sondern daß es in mehreren ***STATEs*** empfangen werden kann.

Während die ***Parameter*** des zu dem ***OUTPUT*** korrespondierenden ***INPUT*** Variable sein müssen, können die dazugehörigen ***Parameter*** des ***OUTPUT*** Ausdrücke sein (vgl. bei Programmiersprachen ***Formal***- und ***Aktualparameter***). ***Parameter*** müssen in der gleichen Reihenfolge wie beim korrespondierenden ***INPUT*** angegeben werden.

Implizierter Queueing-Mechanismus:

Das beim ***INPUT*** gesagte gilt sinngemäß. Der den ***OUTPUT*** sendende ***Prozeß*** stellt das korrespondierende ***Signal*** in eine Sende-Queue, die einem ***Signalweg*** zugeordnet ist, der es bei einem Empfänger-***Prozeß*** im gleichen ***Block*** dessen Empfangsqueue zuführt, oder der an einem ***Kanal*** endet. Das Übertragen des ***Signals*** erfolgt in Nullzeit.

Externe und **interne** ***OUTPUTs***: Das beim ***INPUT*** gesagte gilt sinngemäß.

Empfänger-Identifikation:

Zum Aussenden des ***OUTPUT*** muß die ***PId*** des Empfänger-***Prozesses*** bekannt sein. Dies kann grundsätzlich auf zwei Arten geschehen:

- Die Werte solcher ***PIds*** werden dem ***Prozeß*** bei der Kreation über die ***Formalparameterliste*** des ***START***-Symbols mitgegeben.
- Als ***PId*** können die Werte der permanent vorhandenen lokalen Variablen ***PARENT***, ***OFFSPRING*** und ***SENDER*** verwendet werden. Hält man sich an die Vereinbarung, ***dynamische Prozesse***, die nicht in einer Kreationsbeziehung zueinander stehen, nicht unmittelbar miteinander kommunizieren zu lassen, kann nur Kommunikation dieser Art stattfinden.

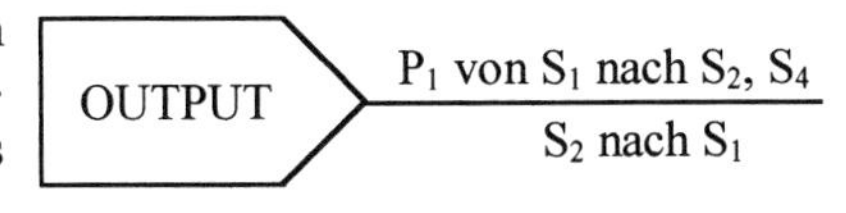

Zur Übersicht können analog zum ***INPUT*** ebenfalls, wie im rechts dargestellten Beispiel, die Zustandsübergänge des Empfänger-***Prozesses*** dargestellt werden:

Dabei sind ***STATEs*** und ***NEXTSTATEs*** i.allg. nicht eindeutig, d.h., es kann von weiteren Faktoren abhängen, in welchem ***STATE*** der Empfänger-***Prozeß*** gerade ist.

Spiegelpfeilrichtungen: Das beim ***INPUT*** gesagte gilt analog.

Generierung des durch den OUTPUT versendeten Signals:

Analog zum ***INPUT*** sollte vor dem ***OUTPUT*** in einer ***TASK*** oder ***PROCEDURE*** das zu sendende ***Signal*** generiert werden. Korrespondierende ***INPUT***s und ***OUTPUT***s enthalten den gleichen ***Signalnamen***.

TASK

Eine ***TASK*** stellt die Bearbeitung von ***Daten*** während einer Transition dar, sofern diese nicht eine Abfrage realisiert. ***Daten*** können nur von dem ***Prozeß*** verändert werden, der sie besitzt.

Typische ***TASK***-Aktionen sind:

- Hardware-Aktivitäten, wie *Sende Besetztton*
- ***Daten***-Manipulationen, wie Wertzuweisungen oder Variablen-Generierungen (***DCL***)

Mehrere Aktionen können zu *einer* ***TASK*** zusammengefaßt werden, sofern keine weiteren ***SDL***-Symbole dazwischen liegen und die Reihenfolge der Aktionen beliebig ist. *Mehrere* ***TASK***s für *mehrere Aktionen* erzwingt die *Sequentialität* der Aktionen entsprechend der Taskreihenfolge.

Eine ***DECISION*** ist eine Aktion während einer Transition, die den Wert eines ***Datums*** (***Datum*** hier als Singular von ***Daten***) zu dem Zeitpunkt der Aktion abfrägt. Das ***Datum*** muß dem ***Prozeß*** zugänglich sein. Der ***Prozeß*** verzweigt zu einem der zwei oder mehreren Pfaden, die der ***DECISION*** folgen.

In einem Programm würde man eine ***DECISION*** typisch über
IF ... THEN ... ELSE oder CASE

realisieren. In einer ***DECISION*** werden also logische Ausdrücke ausgewertet. In Abbildung 3.2-13 sind einige Beispiele für ***DECISION***s dargestellt.

Deadlocks:

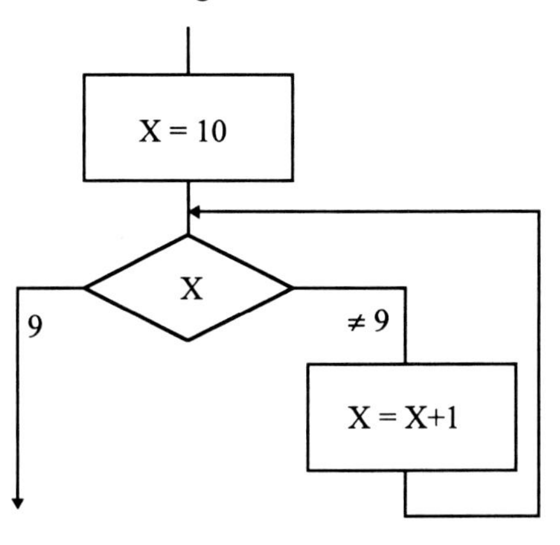

Führt die Antwort einer ***DECISION*** innerhalb der gleichen Transition zur selben ***DECISION***, muß mindestens *ein* ***Parameter*** des Entscheidungskriteriums verändert werden. Dies kann aber immer noch zu einem syntaktisch korrekten, aber semantisch bedenklichen ***PD*** führen:

Daten, auf die zugegriffen werden kann, sind

- solche, die in einer ***TASK*** gespeichert wurden
- solche, die durch einen ***INPUT*** empfangen wurden

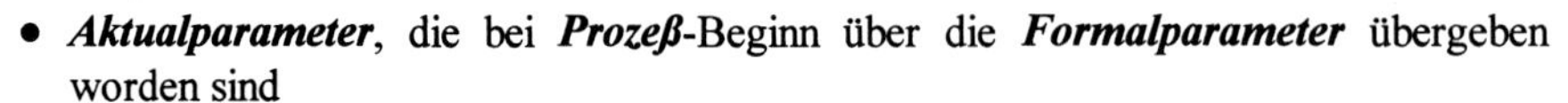

- ***Aktualparameter***, die bei ***Prozeß***-Beginn über die ***Formalparameter*** übergeben worden sind
- ***Globale Daten***
- ***Importierte Daten***

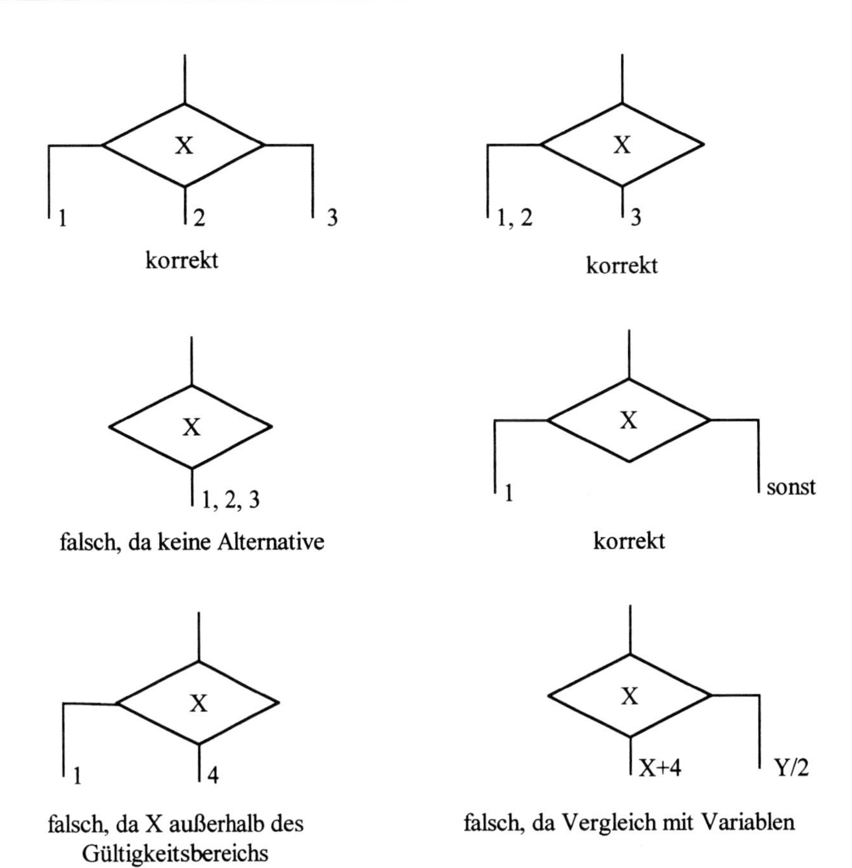

Abbildung 3.2-13: Beispiele für DECISIONs; X ∈ 1, 2, 3 [Z.100].

Das ***CREATE REQUEST***-Symbol erlaubt es, ***Prozesse*** im gleichen ***Block*** durch einen ***Prozeß***, der im ***PID*** einen ***CREATE REQUEST***-Pfeil aufweist, zu kreieren. Der kreierte ***Prozeß*** kann auch eine Inkarnation des kreierenden ***Prozesses*** sein.

Das ***CREATE REQUEST***-Symbol enthält

- den Namen des kreierten ***Prozesses***.
- eine ***Aktualparameterliste***, die aus Variablen oder Ausdrücken besteht, die in Typ, Anzahl und Reihenfolge den ***Formalparametern*** des ***START***-Symbols des kreierten ***Prozesses*** entspricht (zu ***Parametern*** vgl. auch ***INPUT/OUTPUT***).
- optional einen Kommentar, der auf das ***PD*** des kreierten ***Prozesses*** hinweist.

Es ist darauf zu achten, daß zu dem ***PD*** mit ***CREATE REQUEST*** im korrespondierenden ***PID*** der kreierte ***Prozeß*** mit Kreationspfeil dargestellt ist.

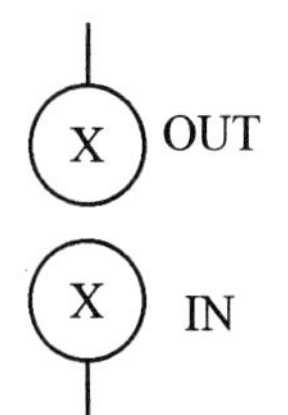

Jede ***Flußlinie*** eines ***PD*** kann durch ein Paar korrespondierender ***Konnektoren*** durchbrochen werden. Der Fluß geht dabei vom ***OUT-Konnektor*** zum ***IN-Konnektor***. Im Gegensatz zu den bisher behandelten ***PD***-Symbolen haben ***Konnektoren*** keine *semantische*, sondern nur *syntaktische* Bedeutung. Sie dienen einer übersichtlichen Aufteilung der Layout-Einheit und können logisch entfallen.

Konnektoren führen Namen, korrespondierende die gleichen. Für jeden Namen existiert nur ein ***IN-Konnektor***, es kann aber mehrere ***OUT-Konnektoren*** geben. Zur Übersicht sollen Seitenreferenzen des Partner-***Konnektors*** bei allen ***Konnektoren*** angegeben werden.

Konnektoren sollen sparsam verwendet werden. *Viele* ***Konnektoren*** sprechen für einen zu hohen Detaillierungsgrad auf der gerade bearbeiteten ***PD***-Ebene.

3.2.4.3 Erweiterungssymbole und Erläuterungen

Die in Abbildung 3.2-14 dargestellten Gruppen *Bedingung* und *Text* werden hier nicht weiter behandelt. Wichtig sind jedoch ***Prozeduren*** und ***Makros***:

Prozeduren:

sind eine Technik, ***Prozesse*** zu strukturieren. Sie bilden zusammen mit den ***Makros*** quasi die 4. Ebene der Hierarchie der ***SDL-Spezifikation***. Ihre Funktion ist ähnlich der von Unterprogrammen in einem Programm. Sie erfüllen typisch Routineaufgaben.

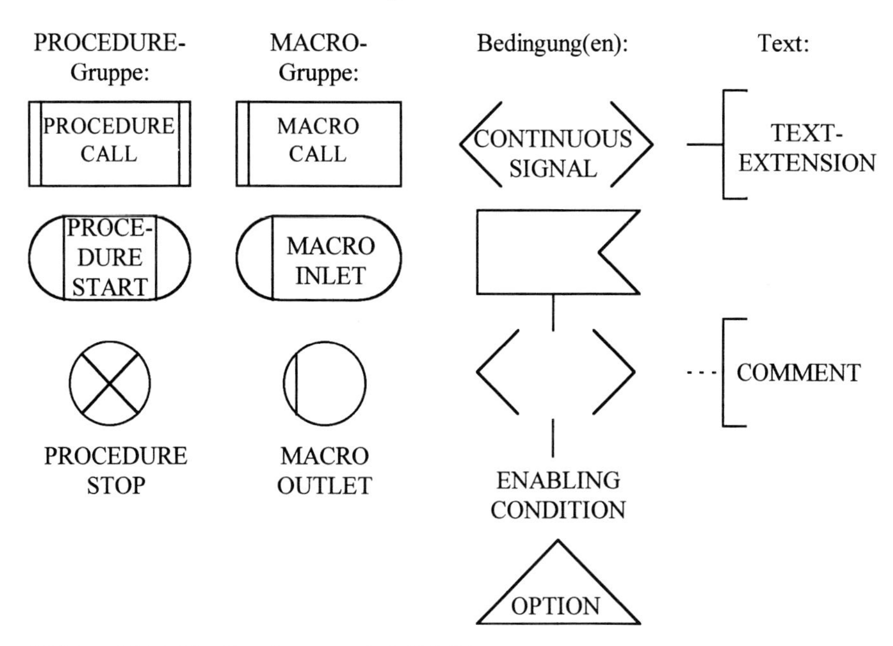

Abbildung 3.2-14: SDL-Erweiterungssymbole [Z.100].

Die Syntax einer ***Prozedur*** ist identisch mit der ***Prozeß***-Syntax, außer daß

- sie mit einem ***PROCEDURE CALL*** aufgerufen, und nicht kreiert wird
- das ***START***-Symbol durch das ***PROCEDURE START***-Symbol ersetzt wird
- das ***STOP***-Symbol durch das ***PROCEDURE STOP***-Symbol ersetzt wird.

Die Semantik ist unterschiedlich, obwohl gleiche ***PD***-Symbole in ***Prozeß*** und ***Prozedur*** gleiche Funktionen haben.

Eine ***Prozedur*** darf überall dort aufgerufen werden, wo eine ***TASK*** steht. Sie unterscheidet sich von der ***TASK*** wie folgt:

- Sie kann ***STATE***s enthalten und ***Signale*** (***INPUT***s) empfangen. Sie kann im Gegensatz zu ***Prozessen***, die immer blockspezifisch sind, auf ***System***-Ebene definiert sein. Die aufrufenden ***Prozesse*** müssen die von der ***Prozedur*** benutzten ***Daten*** sorgfältig verwalten.
- Sie kann ***Signale*** aussenden (***OUTPUT***) und gibt dabei den ***PId*** des aufrufenden ***Prozesses*** mit.
- Sie hat eigene lokale Variable und keinen Zugriff auf ***Prozeß***-Variable, es sei denn, diese wären durch ***IN/OUT***-Parameter bekannt gemacht.
- Um ***Prozeduren*** universell verwendbar zu machen, sind ***Signale*** als ***Parameter*** erlaubt, die Synonyme für die aktuellen ***Signalnamen*** des aufrufenden ***Prozesses*** darstellen.

Beim ***Prozeduraufruf*** wird deren Umgebung geschaffen und die Interpretation wird bis zum ***PROCEDURE STOP*** geführt, bei dem zum Aufrufer, der ein ***Prozeß*** oder eine andere ***Prozedur*** sein kann, zurückgegangen wird. Die grundlegenden Unterschiede zwischen ***Prozeß***- und ***Prozeduraufruf*** sind also die, daß

- bei der ***Prozeßkreation*** beide ***Prozesse*** parallel weiterlaufen.
- beim ***Prozeduraufruf*** der Aufrufer beim ***PROCEDURE CALL*** anhält, und erst nach Beendigung der ***Prozedur*** fortfährt. Man kann auch sagen: der aufrufende ***Prozeß*** läuft in der ***Prozedur*** weiter.

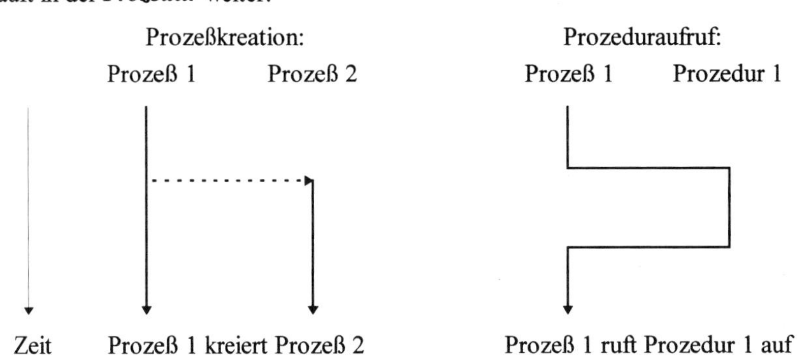

Abbildung 3.2-15: Vergleich von Prozeßkreation und Prozeduraufruf.

Die ***Prozedur*** benutzt - sofern überhaupt - die ***Signalwege*** und die ***INPUT/OUTPUT***-Queue des aufrufenden ***Prozesses***. Abbildung 3.2-15 illustriert die Unterscheidung von ***Prozeßkreation*** und ***Prozeduraufruf*** durch Zeitabläufe.

Makros:

Ein ***Makro*** ist ein Teil des ***PD***, das *vor Interpretation* des ***PD*** den ***MACRO CALL*** ersetzt. Es besteht eine gewisse Ähnlichkeit zur ***Prozedur***, was auch durch die Ähnlichkeit der Symbole ausgedrückt wird (s. Symbolerläuterungen in Abbildung 3.2-14). Im Gegensatz zum ***Makro*** wird die ***Prozedur*** erst zur *Laufzeit* des ***Prozesses*** interpretiert. Daraus resultieren die folgenden Unterschiede:

- Ein ***Makro*** kann grundsätzlich jedes beliebige, syntaktisch korrekte Teilstück eines ***PD*** ersetzen. Eine ***Prozedur*** kann nur eine ***TASK*** ersetzen.
- Ein ***Makro*** darf im Gegensatz zur ***Prozedur*** nicht rekursiv aufgebaut sein, da kein Abbruchkriterium dynamisch ausgewertet wird und eine unendliche Rekursion die Folge wäre.
- Ein ***Makro*** kann keines oder mehrere ***INLET***s und keines oder mehrere ***OUTLET***s aufweisen. (Vgl. ***Prozedur***: *ein* ***START***, *mehrere* ***STOP***s). Bei mehreren ***IN/OUTLET***s sollen diese beim ***MACRO CALL*** und bei den ***IN/OUTLET***s korrespondierend gekennzeichnet sein.
- ***Makros*** haben keine eigene Visibilität in Bezug auf ***Daten***. Die Visibilität wird erst nach der Substitution interpretiert und ist dann die des ***Prozesses***. (vgl. ***Prozedur***: ***Daten***-Übergabe über ***Formalparameter***).

Salopp kann man sagen: *ein Makro kann man aus einem* ***PD*** *mit der Schere ausschneiden*. Beispiel für ein ***Makroaufruf*** mit zugehörigem ***Makro***:

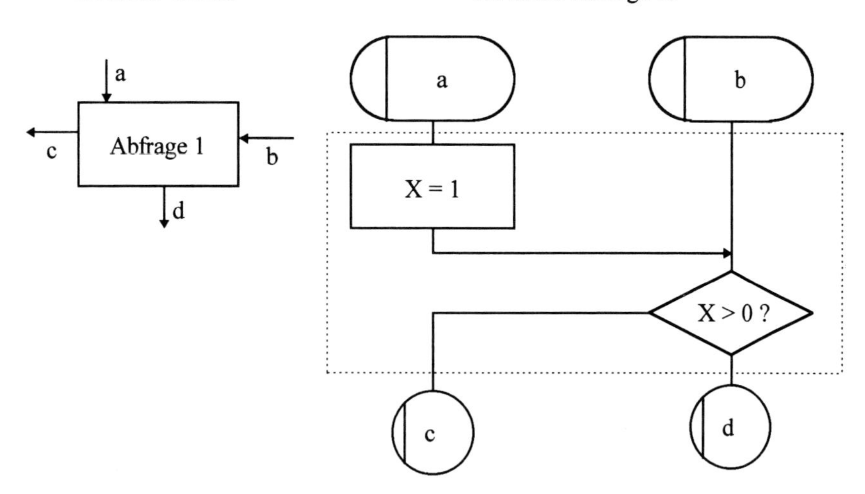

Abbildung 3.2-16: MACRO CALL und zugehöriges MACRO.

3.3 Ergänzende Dokumente

Um das Verständnis einer in ***SDL*** durchgeführten ***Spezifikation*** zu erleichtern, sind die folgenden drei ergänzenden Darstellungsformen vorgesehen:

- ***Zustandsübergangsdiagramm*** (***State Overview Diagram = SOD***)
- ***Zustands/Signaltabelle*** (***State/Signal Table = SST***)
- ***Kommunikationsdiagramm***
  (***Communication Diagram = CD*** - auch ***Message Sequence Chart = MSC***)

Diese Dokumente sind rein informell und es wird keine Syntax vorgeschrieben. Gute ***SDL***-SW-Tools sind in der Lage, aus ***SDL***-Diagrammen solche informellen Diagramme zu erzeugen, evtl. auch umgekehrt.

3.3.1 Zustandsübergangsdiagramm

Das ***SOD*** besteht, wie in Abbildung 3.3-1 dargestellt, aus gerichteten Verbindungen von ***STATE***s, sowie optional ***START***- und ***STOP***-Symbolen. Die ***STATE***-Symbole enthalten die ***STATE***-Nummern und -Namen. Die Verbindungslinien können mit den die Transition verursachenden ***Signalen*** (***INPUT***s, ***OUTPUT***s im ***PD***) beschriftet sein.

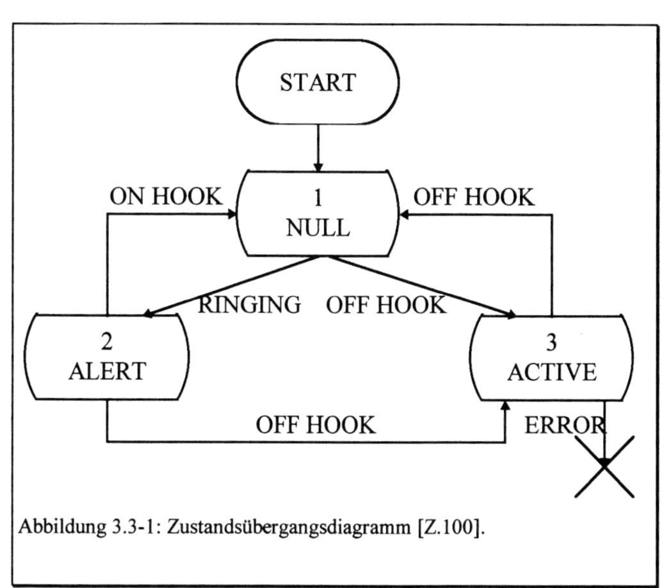

Abbildung 3.3-1: Zustandsübergangsdiagramm [Z.100].

3.3.2 Zustands/Signaltabelle

Die ***SST*** ist üblicherweise eine tabellarische Darstellung des ***SOD***. Sie kann weitere Information enthalten. Im dargestellten Beispiel zeigen die inneren Kästchen der Tabelle neben den Folgezuständen auch die Seite, auf der das entspr. ***PD*** zu finden wäre. Die Tabelle kann auch anders organisiert sein, indem z.B. außen ***STATE***s und ***NEXTSTATE***s und innen die ***Signale***, die von den ***STATE***s zu den ***NEXTSTATE***s führen, stehen.

STATE / Signal	1 NULL	2 ALERT	3 ACTIVE
RINGING	2 ALERT S.1	-	-
OFF HOOK	3 ACTIVE S.2	3 ACTIVE S.3	-
ON HOOK	-	1 NULL S.4	1 NULL S.5

3.3.3 Kommunikationsdiagramm

Während ***SOD*** und ***SST*** das ***PD*** ergänzen, vereinigt das ***CD*** Informationen über ***PID*** und ***PD***. Es stellt ***Signal***-Abläufe dar, die ein außenstehender Beobachter wahrnehmen könnte. Die dominanten Aspekte der Kommunikation sind hier die ***Signale*** in ihrem zeitlichen Ablauf, nicht die ***Zustände***.

Prozesse werden in Form vertikaler Linien dargestellt, wobei die Zeit bei allen Linien gemeinsam nach unten fortschreitet. Pfeile mit ***Signalnamen*** beschreiben die Kommunikation zwischen den ***Prozessen***. Durch sich nach unten verjüngende Dreiecke können auch bis zum Ende ablaufende Timer dargestellt werden, die dann z.B. zum Aussenden eines Signals (z.B. Wiederholung) führen. Ist das Dreieck vor der Spitze abgebrochen (gleichschenkliges Trapez), trifft eine Anwort vor Ablauf des Timers ein. Beispiele hierfür finden sich in mehreren späteren ***CD***-Darstellungen.

Es werden in der Regel nur die Gutfälle des ***Prozeß***-Ablaufs dargestellt. ***STATE***s werden nicht sichtbar gemacht. ***DECISION***s im zugehörigen ***PD*** führen normalerweise zum Aufbrechen des Diagramms und damit zu Unübersichtlichkeit. In Abbildung 3.3-2 wird ein Beispiel für ein ***CD*** dargestellt:

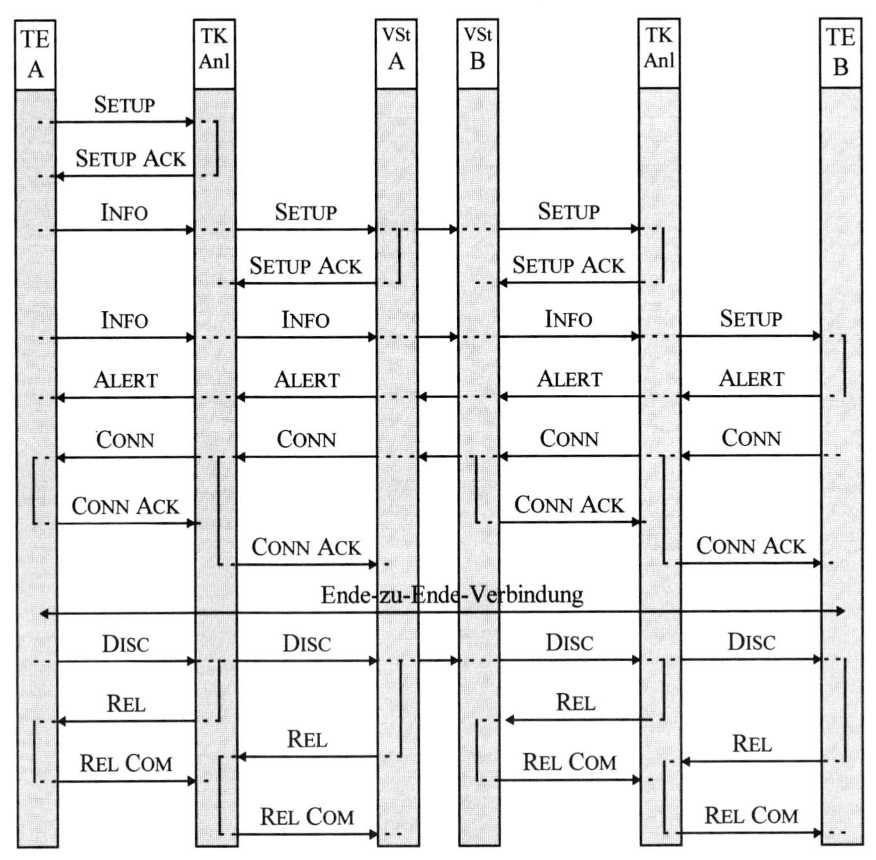

Abbildung 3.3-2: Verbindungsauf- und -abbau in der Schicht 3 des ISDN-D-Kanals über eine TKAnl.

3.3.4 Dokumentenstruktur

Das dargestellte Bild zeigt ein vollständiges ***SDL***-Dokument, zusammengesetzt aus den zuvor erläuterten Elementen:

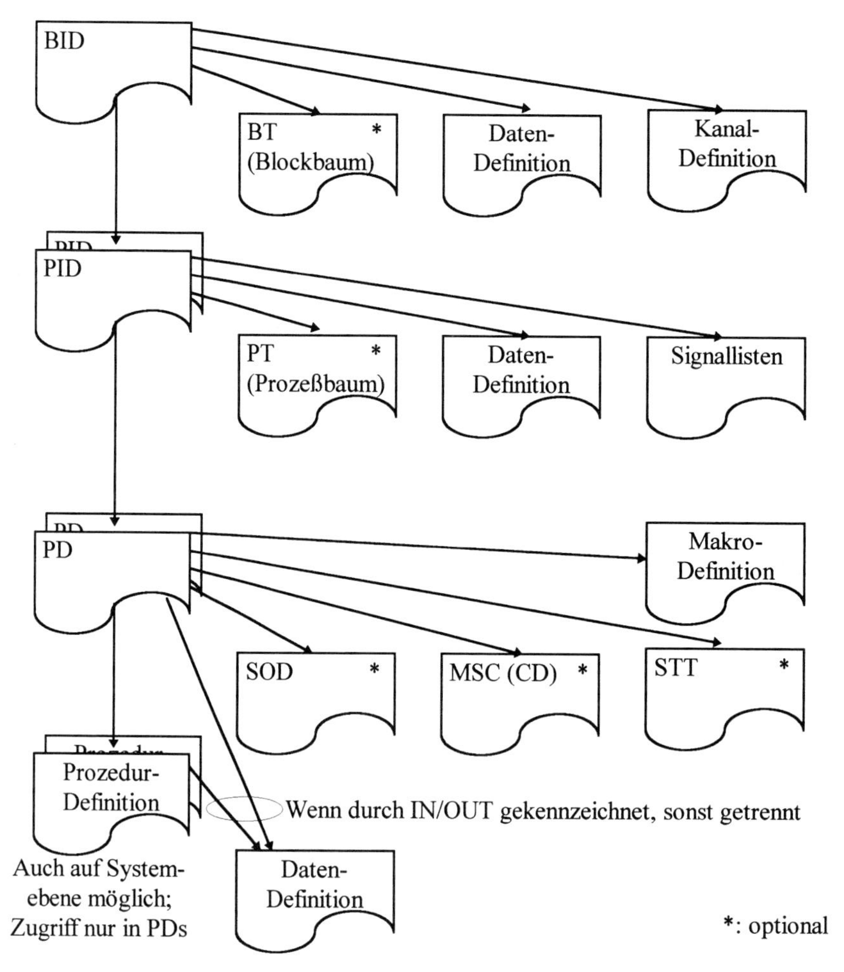

Abbildung 3.3-3: SDL-Dokumentenstruktur.

3.3.5 Petri-Netze

Petri-Netze [AB, RO, ST] kann man als diejenige auf die grundlegende Dissertation von C. A. Petri zurückgehende Spezifikationsmethode bezeichnen, bei der 1962 erstmals eine systematische und mathematisch gut formalisierbare Trennung von Spezifikation und Implementation durchgeführt wurde. Petri-Netze gehören nicht eigentlich zum direkten Umfeld von ***SDL*** in dem Sinne, als ITU-T sie nicht explizit als ergänzenden

Dokumentationsmöglichkeit erwähnt, in dem Sinne als grundlegendes Spezifikationsverfahren jedoch sehr wohl.

Petri-Netze sind gerichtete schlichte Graphen zur Beschreibung von Zuständen und Transitionen. Diese sind durch Bögen (Flußlinien) verbunden. Die einfachste Klasse sind die Bedingungs-Ereignis-Netze. Bedingungen lassen sich ***SDL-Zuständen*** zuordnen, im Petri-Netz durch ein kreisförmiges Stellen- oder Platz-Symbol (auch: Zustandsknoten) dargestellt. Ein Ereignis repräsentiert in ***SDL*** eine ***INPUT/TASK/OUTPUT***-Sequenz, im Petri-Netz ein i.allg. als Rechteck oder dicken Querstrich dargestellter Transitionsknoten.

Marken (Token) - dargestellt durch Punkte - können sich auf Plätzen befinden. Sie sind dynamische Objekte und müssen bei der Ein-***Prozeß-SDL***-Modellierung eines Petri-Netzes i.allg. in mehrere Zustände umgeschlüsselt werden. Sie kennzeichnen bei mehrfachem Auftreten die Parallel-(Neben)-Läufigkeit von Prozessen. Ein einfaches Bsp. für die Bedienung eines Puffers zwischen zwei Schichten-Instanzen zur Übergabe eines Primitives (**REQ**) und Weiterleitung der Interface-Daten ist in Abbildung 3.3-4 dargestellt.

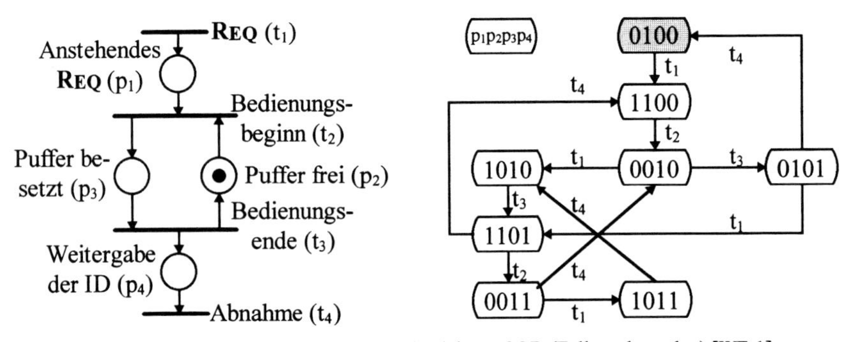

Abbildung 3.3-4: Petri-Netz (links) und daraus abgeleitetes SOD (Fallgraph; rechts) [WE.1].

Ein Problem der Petri-Netze für die Spezifikation von Systemen auf hohem Niveau durch Menschen ist die Symbolarmut und auch die Kompaktheit. Den drei Petri-Netz-Symbolen stehen ca. zehn ***SDL***-Grund- und ca. 15 Erweiterungssymbole gegenüber. Das menschliche Wahrnehmungsoptimum für die Symbolanzahl einer Konstruktion liegt grob in der Größenordnung von 10 - 30. Es ist daher kein Zufall, daß unser Zahlensystem auf zehn Ziffern beruht. Auch wenn der Anstoß der Festlegung der Ziffernanzahl der arabischen Zahlen von zehn durch die Anzahl unserer Finger kommen mag, würden wir trotzdem kaum das Binärzahlensystem für unsere Hausgebrauchsrechnung benutzen, wenn wir nur zwei Finger hätten, aber auch keine 73, wenn wir 73 Finger hätten.

Vergleichbar ist es mit dem Alphabet. Die Anzahl unserer Buchstaben liegt nicht von ungefähr bei knapp 30. Soviele Symbole kann man sich einfach gut merken. Das wissen Personen mit Schriftsprachen mit tausenden von Elementarsymbolen zu bestätigen. Hieraus ist ersichtlich, daß Petri-Netze bereits wenig komplexer Systeme nicht auf die menschliche Lesbarkeit, sondern auf Darstellungsexaktheit und damit auf semantische Korrektheitsprüfbarkeit (durch Maschinen) optimiert sind. Man modelliere zur Übung das obige ***SOD*** als vollständiges ***SDL-Diagramm*** mit allen im Petri-Netz implizit erfaßten Nebenläufigkeiten und vergleiche das Ergebnis mit dem kompakten Petri-Netz.

4 Das Diensteintegrierende Digitale Netz (Integrated Services Digital Network; ISDN)

4.1 Einführung in das ISDN

In diesem Kap. wird primär das ***Schmalband-(S)-ISDN*** beschrieben - im folgenden einfach mit ***ISDN*** bezeichnet - im Gegensatz zum in Kap. 9 über Asynchronous Transfer Mode = ATM-Technik abgehandelten Breitband-(B)-ISDN. Sofern es sich jedoch um Sachverhalte handelt, die in S- und B-ISDN einem gemeinsamen Kontext entstammen, finden wir diese auch hier [BO, GI, KA1, KA2, KE, MO, PR, RO, Schu, Ro, AL.7, HO.6].

4.1.1 Struktur der ITU-T-I-Empfehlungen und nationale Spezifikationen

Das ***ISDN*** wird im ITU-T unter Beteiligung vieler Studiengruppen (SG) definiert. Die Koordination führt die SG XIII (früher: XVIII) durch, unter deren Namen die I-Serie läuft. Den anderen Gruppen ist schon aus der Vor-***ISDN***-Zeit ein anderer Buchstabe (statt I für ***ISDN***) zugeordnet, weshalb manche Empfehlungen inhaltsgleich nochmals mit anderen Folgenummern auftauchen. Dies gilt insbesondere bei den der heutigen SG XI unter der Reihe Q.9xy zugeordneten ***D-Kanal***-Protokollen [CL1, CL2, CL3].

Die mittlerweile aufgehobene Empfehlung I.110 der aktuellen 1988er *Blue Books* stellte das in *Teile* (*Parts*) und weiter in *Abschnitte* (*Sections*) strukturierte Inhaltsverzeichnis der I-Empfehlungen dar. Die Struktur einer Numerierung ist: I.*Teilenummer Abschnittsnummer Empfehlungsnummer* (evtl.: .*Unternummer*).

Im folgenden wird eine Zusammenfassung der wichtigsten Empfehlungen - Stand: Juni 1996 - angegeben. Solche, die sich auf das B-ISDN beziehen, befinden sich verteilt unter den I-Empfehlungen und werden daher, um nicht aus diesem Zusammenhang gerissen zu werden, hier grau aufgeführt, inhaltlich in Kap. 9 abgehandelt.

Teil I gibt die **allgemeine Struktur** der I-Empfehlungen an. Dazu beschreiben:

- Abschn. I.1 den **Rahmen der I-Empfehlungen** und die ***ISDN*-Terminologie**:
  - I.112 ***ISDN***-Begriffsdefinitionen I.113 B-*ISDN*-Begriffsdefinitionen
- Abschn. I.2 die **Beschreibung** des ***ISDN***, konkret in
  - I.120 Prinzipien und Evolution des ***ISDN***
  - I.121 Breitband-Aspekte des ISDN
  - I.122 Rahmen von Frame-Mode-(FR)-Übermittlungsdiensten (Abschn. 9.9)
- Abschn. I.3 **allgemeine Modellierungsmethoden**. Hier werden in I.130 Merkmale für die Charakterisierung von Telekommunikationsdiensten, die von einem ***ISDN*** unterstützt werden, und Netzeigenschaften eines ***ISDN*** angegeben.

- Abschn. I.4 in I.140 **Telekommunikationsnetze** und **Diensteigenschaften**.
- Abschn. I.5 in I.150 Anwendung der **ATM**-Technik auf ISDN.

Teil II gibt den **Diensteumfang** mit I.200 als Leitfaden für die I.2xy-Serie an.

- Abschn. II.1/2 beschreibt in I.210/I.211/I.220/I.221
  Allgemeine Aspekte von ***ISDN*-Diensteprinzipien**.
- Abschn. II.3 beschreibt ***ISDN*-Übermittlungsdienste** (**Bearer Services**), in
  - I.230 Unterteilung des Übermittlungsdiensts in verschiedene Kategorien
  - I.231 **Leitungsvermittelte Übermittlungsdienste**. Diese werden in I.231.1-I.231.10 nach verschiedenen Kriterien unterteilt und beschrieben.
  - I.232 **Paketvermittelte Übermittlungsdienste**. Diese werden in I.232.1-I.232.3 nach verschiedenen Kriterien unterteilt und beschrieben.
- Abschn. II.4 beschreibt ***ISDN*-Teledienste,** in
  - I.240 die Definition von Telediensten
  - I.241 vom ***ISDN*** unterstützte Teledienste, einzeln aufgeführt in I.241.f (olgende):

    1: Fernsprechen 2: Teletex 3: Telefax G4 4: Mischdienste
    5: Videotex (Btx) 6: Telex 7: Fernsprechen 7 kHz 8: Fernwirken
- Abschn. II.5 beschreibt ***ISDN*-Dienstmerkmale** (**Supplementary Services**), die in Abschn. 4.4.9 besprochen werden. Konkret finden sich in
  - I.250 die Definition von Dienstmerkmalen (DM)
  - I.251 Rufnummer-Identifizierungs-DM, einzeln aufgeführt in I.251.1-8
  - I.252 Rufzustellungs-DM, einzeln aufgeführt in I.252.1-6
  - I.253 Rufvervollständigende DM, einzeln aufgeführt in I.253.1-3
  - I.254 Mehrteilnehmer-DM (Konferenzen), einzeln aufgeführt in I.254.1,2
  - I.255 DM für (private) Interessengruppen, einzeln aufgeführt in I.255.1-5
  - I.256 Gebühren-DM, einzeln aufgeführt in I.256.1-3
  - I.257 Zusatzinformationsübertragung, wie User-to-User-Information
  - I.258 ***TE***-Mobilität, auch während der Verbindung

Teil III gibt **allgemeine Netzaspekte** und **-funktionen** an:

- Abschn. III.1 beschreibt **funktionale Netzprinzipien**, konkret in
  - I.310 Funktionale ***ISDN***-Netzprinzipien – I.311 Allgemeine B-ISDN-Aspekte
  - I.312 (Q.1201) Prinzipien einer Intelligenten Netzarchitektur (IN; s. Abschn. 1.7).
- Abschn. III.2 beschreibt in Anlehnung an das OSI-Modell das ***ISDN*-Referenzmodell**, konkret in
  - I.320 das ***ISDN***-Protokoll-Referenzmodell
  - I.321 das B-ISDN-Protokoll-Referenzmodell und seine Anwendung
  - I.324 die ***ISDN***-Netzarchitektur
  - I.325 die ***ISDN***-Verbindungs-Referenzkonfigurationen
  - I.327 die B-ISDN-Netzarchitektur
  - I.328/9 (Q.1202/3) Netzarchitekturen des Intelligenten Netzes (IN)
- Abschn. III.3 beschreibt in
  - I.330 die ***ISDN***-Numerierung und -Adressierung
  - I.331 (E.164) den ***ISDN***-Rufnummernplan
  - I.333 Endgeräteauswahl im ***ISDN***

- Abschn. III.4 gibt in I.340 die *ISDN* **Verbindungstypen** an.
- Abschn. III.5 gibt in I.350-I.356
  Dienst- und **Netzgüteaspekte** für leitungs- und paketvermittelte Verbindungen an.
- Abschn. III.6 gibt in I.361-I.365 die **ATM-Protokollspezifikationen** an,
- Abschn. III.7 in I.370-I.376 **Allgemeine Netzanforderungen** und **-funktionen**.

Teil IV beschreibt die **ISDN-Teilnehmer/Netzschnittstellen**:

- Abschn. IV.1 beschreibt in
  - I.410 allgemeine Aspekte und Prinzipien der Teilnehmer/Netzschnittstellen
  - I.411 Referenzkonfigurationen
  - I.412 Teilnehmer-Schnittstellenstrukturen und Zugriffsmöglichkeiten
  - I.413 die B-ISDN-Teilnehmer-Netzschnittstelle
  - I.414 eine Übersicht über die ***Schicht 1*** für ***S***- und B-***ISDN***-Teilnehmerzugriff
- Abschn. IV.2 beschreibt die **Anwendung der I-Empfehlungen** auf ***ISDN*-Teilnehmer/Netzschnittstellen (UNI)**, konkret in
  - I.420 den Basisanschluß (→ 4.2)
  - I.421 den Primärratenanschluß
- Abschn. IV.3 beschreibt die **OSI-Schicht 1** für folgende Anschlüsse:
  - I.430 den Basisanschluß (→ 4.2)
  - I.431 den Primärratenanschluß
  - I.432 die B-ISDN-Spezifikation der physikalischen Schicht
- Abschn. IV.4 gibt die **Schicht 2** des ***D-Kanal*-Protokolls** (→ 4.3) an, in
  - I.440 (Q.920) mit allgemeinen Aspekten
  - I.441 (Q.921) die konkrete ***Schicht-2***-Spezifikation
- Abschn. IV.5 beschreibt die **Schicht 3** des ***D-Kanal*-Protokolls** (→ 4.4), in
  - I.450 (Q.930) allgemeine Aspekte
  - I.451 (Q.931) die Rufsteuerungsfunktionen (***Basic Call Control***)
  - I.452 (Q.932) die Spezifikation für die Steuerung von Dienstmerkmalen
- Abschn. IV.6 behandelt **Multiplexen**, **Bitratenadaption** und **Unterstützung existierender Schnittstellen**, in
  - I.460 eine allgemeine Einführung zu diesem Thema
  - I.461 (X.30) die X.21-, X.21bis- und X.20bis-Schnittstellenanpassung
  - I.462 (X.31) die Schnittstellenanpassung paketorientierter DEEn
  - I.463 (V.110) die V-Schnittstellenanpassung
  - I.464 die Schnittstellen mit eingeschränkter 64 kbps-Übertragungsmöglichkeit
  - I.465 (V.120) die V-Schnittstellenanpassung von DEEn
    mit der Möglichkeit statistischen Multiplexens
- Abschn. IV.7 behandelt Beziehungen zwischen Endgerätefunktionen und dem ***ISDN***.

Teil V beschreibt in I.500-I.580 **ISDN-Netz/Netz-Schnittstellen (NNI)**,
d.h. Schnittstellen zwischen ***ISDN***s und zwischen ***ISDN***s und anderen Netzen.

Teil VI beschreibt in I.601 und I.610 **Betriebs- und Wartungs-Prinzipien** für **ISDN**s.

Die erste Version der ***ISDN***-Spezifikationen erschien in den 1984er Red Books (RB) des damals noch CCITT benannten Gremiums. Da die DBP eine Vorreiterrolle übernommen hatte, war es notwendig, für das 1987 laufende Pilotprojekt und die von 1988-1992 angebotene erste Serie Spezifikationen festzuschreiben, von denen zu erwarten war, daß sie später von internationalen, wenigstens europäischen überschrieben würden.

Dies manifestierte sich zunächst in der Richtlinie *FTZ 1TR6*, die die Schichten 2 und vor allem 3 des ***D-Kanal-Protokolls*** festschrieb. Sie wurde im Zuge der europäischen Harmonisierung ab Herbst 1993 durch die Q.931-basierte ETSI-Richtlinie ***(E)-DSS1*** (***European Digital Subscriber Signalling System 1***) ersetzt, so daß jene heute den Regelanschluß auch in der BRD darstellt. Zur Zeit können *1TR6*-Endgeräte noch an entspr. konfigurierten Anschlüssen betrieben werden. Auch bilinguale Anschlüsse mit einer *1TR6/DSS1*-Mischbestückung sind noch möglich. Die Konfiguration läßt sich rein auf SW-Ebene der VStn einstellen. Charakteristika von *DSS1/1TR6* werden in Abschn. 4.4 behandelt.

Weitere wichtige nationale Richtlinien der ***Schicht 1*** des Basisanschlusses sind:

- 1TR210: ***Aktivierung/Deaktivierung***
- 1TR211: Speisekonzept
- 1TR212: Prüfen und Messen
- 1TR230: S_0-Schnittstelle
- 1TR220: U_{k0}-Schnittstelle
- 386TR2: Installation von ***ISDN-TE***

4.1.2 Was charakterisiert ein ISDN?

Diese Frage wird in der Empfehlung ITU-T I.120 wie folgt beantwortet:

Prinzipien des ISDN

(In Klammern wird ein charakteristisches Beispiel oder eine Erläuterung zur Unterscheidung gegenüber bisherigen Realisierungen angegeben):

- Abdeckung eines weiten Gebietes von Fernsprech- und Nicht-Fernsprechdiensten mittels eines begrenzten Satzes von Verbindungstypen und multifunktionalen Teilnehmer/Netzschnittstellen in einem Netz.
  (Telefon und PC weisen die gleiche Schnittstelle auf).
- Leitungs- und paketvermittelte, sowie nichtvermittelte Verbindungen und Kettungen derselben in einem Netz.
  (Dx-L, Dx-P, Telefonnetz und Direktrufnetz werden funktional vereint).
- Neue Dienste in 64-kbps-Kanälen (Mehrdienstbetrieb).
- Verteilte Intelligenz zwischen Endgerät und Netz
  (Telefone enthalten Mikroprozessoren und dedizierte Controllerbausteine).
- Eine geschichtete Protokollstruktur erlaubt den Netzzugriff
  (Prinzipien des OSI-Modells).
- Es wird nationale Netzvarianten geben
  (Zur optimalen Berücksichtigung vorhandener Strukturen, z.B. die U_{k0}-Schnittstelle in der BRD für Zweidrahtübertragungstechnik über vorhandene Leitungen).

Entwicklung:

- Die Basis ist das digitale Telefonnetz. Es evolviert durch Hinzufügen weiterer Funktionen und Netzeigenschaften - insbesondere denen von Datennetzen.
- Während der jahr(zehnt)elangen Entwicklungszeit müssen Vorkehrungen für das Zusammenarbeiten gleicher Funktionen in ***ISDN***s und Nicht-***ISDN***s - z.B. dem analogen Telefonnetz getroffen werden, da es Netzübergänge geben muß.
- Das Ziel ist eine digitale Ende-zu-Ende-Verbindung durch digitale Übertragungstechnik, sowie Zeit- und Raummultiplex in der Vermittlungstechnik. Dazu wird auch

die Fernsprech-Übertragungstechnik der Teilnehmeranschlußleitung digital, d.h. der CODEC sitzt im Telefon.

- Am Anfang müssen Zwischenlösungen für die Architektur der Teilnehmer/Netzschnittstellen gefunden werden. Diese sind nicht immer I-gerecht oder ITU-T-gerecht. Es müssen also Vorkehrungen für das Zusammenarbeiten von Nicht-***ISDN***-Endgeräten, wie Telefax-Geräten der Gruppe 3, oder analogen Telefonen, geboten werden. Dazu gehören Adapter-Funktionen oder, wie beim analogen Telefon, die Verlagerung der CODEC-Funktion in die Teilnehmerschaltung.
- Am Anfang beträgt die Basisbitrate 64 kbps, später kommen niedere oder höhere Raten hinzu. Letztere insbes. für digitale Bewegtbilder und schnellen Datentransfer (Breitband-***ISDN*** in ATM-Technologie; s. Kap. 9).

Die **Gründe für die Diensteintegration** lassen sich wie folgt zusammenfassen:

- Technologiewandel der Elektronik (z.B. VLSI-Technik) führt zu digitalen Signalen, die sich leicht übertragen, speichern, auslesen, verarbeiten und vermitteln lassen. Das Know-how dazu ist aus anderen Gebieten längst vorhanden.
- Wegen der einheitlichen Technologie lassen sich verschiedene Dienste kostensenkend in einem gemeinsamen Netz realisieren.
- Mehrfachausnutzung von Netzressourcen (Übertragungswege, Vermittlungs- und Rechnerkapazität) durch verschiedene Dienste führt ebenfalls zu Kostensenkung.
- Dadurch lassen sich neue Dienste, (wie Mehrdienstverbindungen), Zusatzdienste (wie Telemetrie), sowie Dienstmerkmale (wie Konferenzen) leicht realisieren.
- Die Dienstgüte bestehender Dienste wird verbessert. 64-kbps-PCM für Sprache verbessern zwar nicht die Sprachqualität selbst, eliminiert aber analoge Knackgeräusche. 64-kbps - ADPCM erlaubt eine Analogbandbreite von 7 kHz. Die Übertragungszeit reduziert sich - bei einem Teletex-Dokument wird sie gegenüber den Dx-L-2,4 kbps erheblich verkürzt - desgl. mit einem Telefax der Gr. 4 von ca. einer Minute auf ca. 10 s für eine DIN A4-Seite.

4.1.3 Telekommunikationsdienste aus der Sicht des ISDN

In Empfehlung I.210 werden eine **Klassifizierung** sowie **Beschreibungsmethoden** der ***ISDN***-Dienste angegeben. Daraus resultieren die **Netzeigenschaften**.

Gemäß diesem Dienstekonzept bestehen **Telekommunikationsdienste** aus

- **Technischen Merkmalen**, die der Teilnehmer sieht und
- **Weiteren Merkmalen**, wie betriebstechnische, administrative, kommerzielle etc.

Eine Realisierung der technischen Merkmale bedingt eine Intelligenzverteilung zwischen Endgeräten, Netz und Servern. Telekommunikationsdienste werden so in zwei Klassen unterteilt:

- **Übermittlungsdienste (Bearer Services)**
  Hier sind nur die OSI-Schichten 1 - 3 genormt, so daß dem Teilnehmer, der z.B. für Datenübertragungen die darüberliegenden Schichten selbst bestimmt, der Netzzugang ermöglicht wird. Sie können in etwa mit den Transportdiensten des OSI-Modells gleichgesetzt werden, obwohl diese i.allg. die Transportschicht mit einschließen.

- **Teledienste (Teleservices)**, diese wieder in
  - **Standarddienste**, die vom Netzbetreiber bis in die höchste Schicht durchgenormt sind (z.B. Telefax, Teletex),
  - **Höhere Dienste**, für die der Netzbetreiber oder ein anderer Dienstleistungsanbieter zusätzlich Speicher-, Bearbeitungs- und Verarbeitungsfunktionen durch Server im Netz anbietet. Dazu gehören der Zugriff auf Datenbanken und Informationszentralen (z.B. Btx, auf Briefkastendienste - Mailbox-Services - wie sie vom MHS nach X.400 zur Verfügung gestellt werden), sowie Adaptionsfunktionen zur Schnittstellen-, Protokoll- und Bitratenanpassung.
  - **Sonderdienste**, wie Sicherheitsdienste (Alarme), Fernwirken (Telemetrie) etc.

Hinzu kommen **Dienstmerkmale (DM; Supplementary Services**; auch: **Zusatzdienste**), die nur gemeinsam mit den Telekommunikationsdiensten verwendet werden können. Ein Beispiel dafür wäre die *Anrufumleitung* für den Telekommunikationsdienst *Fernsprechen*. Solche Dienstmerkmale können auch für andere Dienste verwendet werden, wie hier für Telefax. Andere Dienstmerkmale, wie *Makeln*, würden nur für das Fernsprechen sinnvoll sein.

Auf der Teilnehmerseite wurden **Referenzpunkte** 1 - 5 gemäß der Darstellung in Abbildung 4.1-1 definiert, an denen der Teilnehmer auf die Dienste zugreifen kann. An diesen Referenzpunkten werden für verschiedene Konfigurationen physikalische Schnittstellen definiert. Diese sind jedoch auf der hier beschriebenen Ebene der Abstraktion nicht zwingend notwendig.

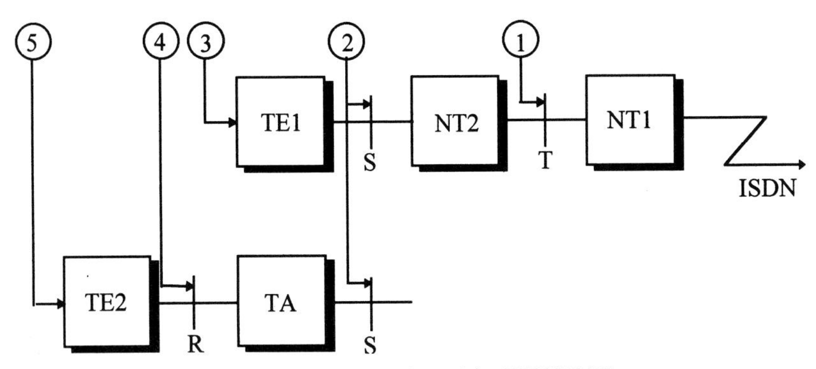

Abbildung 4.1-1: Mögliche Benutzerzugriffspunkte auf das ISDN [I.210].

Dabei gilt:

- An den Referenzpunkten ***S*** und ***T*** kann auf ***ISDN***-Übermittlungsdienste zugegriffen werden. ***NT1*** (***Network Termination 1***) repräsentiert typisch einen physikalischen Netzabschluß, ***NT2*** führt auch höhere Funktionen (bis ***Schicht 3***) aus, wie sie typisch von TKAnl oder LANs erbracht werden. ***TE1*** (***Terminal Equipment 1***) weist eine ***ISDN***-Schnittstelle auf.
- An Referenzpunkt ***R*** werden sonstige ITU-T-standardisierte Dienste via ***TA*** (***Terminal Adaptor***), die z.B. den Spezifikationen der V- oder X-Serie gehorchen, erbracht. ***TE2*** stellt ein zugehöriges Endgerät dar.
- ***TE1*** und ***TE2*** erbringen Teledienste.

4.1.3.1 Übermittlungsdienste

Übermittlungsdienste werden gemäß I.210/I.230 durch einen Satz von **Merkmalen** beschrieben, entspr. Abbildung 4.1-2 in die folgenden drei Kategorien einteilbar:

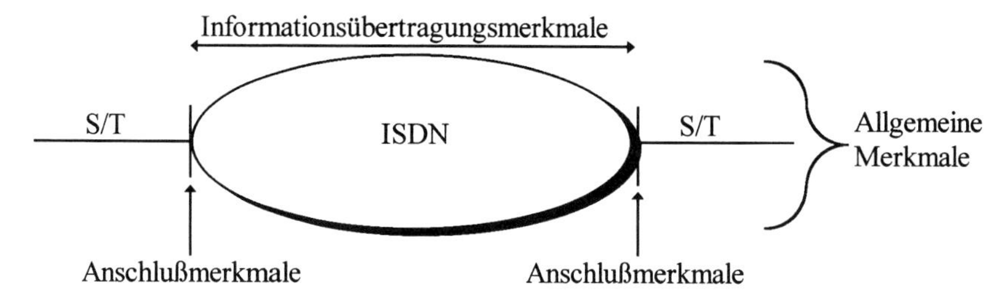

Abbildung 4.1-2: Merkmale und deren Gültigkeitsbereiche [I.210].

- **Informationsübertragung** mit den Merkmalen:
  - **Modus**, wie ☞leitungsvermittelt, ☞paketvermittelt, ☞framevermittelt
  - **Bitrate** oder **Durchsatz** in kbps (64, 384, 1920)
  - **Nutzung**, wie ☞Sprache, ☞3,1 kHz NF, ☞7 kHz NF, ☞Video, ☞ohne Beschränkung
  - **Takt-** und **Rahmenstruktur**, wie ☞8 kHz-Integrität, ☞SDU-Integrität, ☞ohne Struktur
  - **Verbindungsaufbau** ☞nach Teilnehmer-Wahl, ☞auf Vorbestellung, ☞dauernd
  - **Verbindungskonfiguration**, wie ☞Punkt-zu-Punkt, ☞Mehrpunkt, ☞Broadcast
  - **Symmetrie**, wie ☞unidirektional (z.B. Telefax), ☞bidirektional symmetrisch (z.B. Telefonieren), ☞bidirektional unsymmetrisch (z.B. Btx).
- **Anschlußmerkmale**, wie:
  - **Zugriffskanal** mit Rate, wie ☞$\boldsymbol{D_{16}}$, ☞$\boldsymbol{D_{64}}$, ☞$\boldsymbol{B}$, ☞$\boldsymbol{H_0}$, ☞$\boldsymbol{H_{11}}$, ☞$\boldsymbol{H_{12}}$
  - **Protokoll** wie ☞I.430/I.431, ☞I.440/I.441, ☞I.450-I.452, etc.
- **Allgemeine Merkmale**, wie
  - Dienstmerkmale
  - Dienstquerbezüge und Netzübergänge
  - QoS-Parameter
  - administrative und kommerzielle

Für den Übermittlungsdienst *Fernsprechen* sind z.B. folgende Merkmale charakteristisch:

- **Modus**: leitungsvermittelt
- **Bitrate**: 64 kbps
- **Symmetrie**: bidirektional symmetrisch
- **Taktstruktur**: 8kHz-Integrität
- **Nutzung**: Sprache, ☞pulscodemoduliert nach A-Law oder μ-Law, ☞ADPCM
- **Verbindungsaufbau**: ☞nach Tln.-Wahl, ☞Rückruf bei Besetzt: automatisch nach Vorbestellung
- **Konfiguration**: ☞Punkt-zu-Punkt, ☞bei Konferenz: Mehrpunkt
- **Kanal und Bitrate**: ☞$\boldsymbol{B}$(64 kbps) für die Sprachinformation, ☞$\boldsymbol{D}$(16 kbps) für Signalisierung

- **Zugriffsprotokoll**:
  ☞PCM (G.711) oder ☞ADPCM (G.722) für den ***B-***, ☞I.4xy für den ***D-Kanal***
- **Dienstmerkmale**: ☞Rufumleitung, ☞Rückruf bei Besetzt, ☞Konferenz
- **Dienstquerbezüge**: ☞Mehrdienstbetrieb oder ☞Dienstwechsel
- **Administrative** und **kommerzielle Aspekte**:
  ☞Schnittstellentestprozeduren nach X.290-X.295, ☞Gebührenstrukturen

4.1.3.2 Teledienste

Analog zu den Übermittlungsdiensten lassen sich für Teledienste nach I.210/I.240 drei **Merkmalkategorien** mit der in Abbildung 4.1-3 dargestellten Zuordnung festlegen:

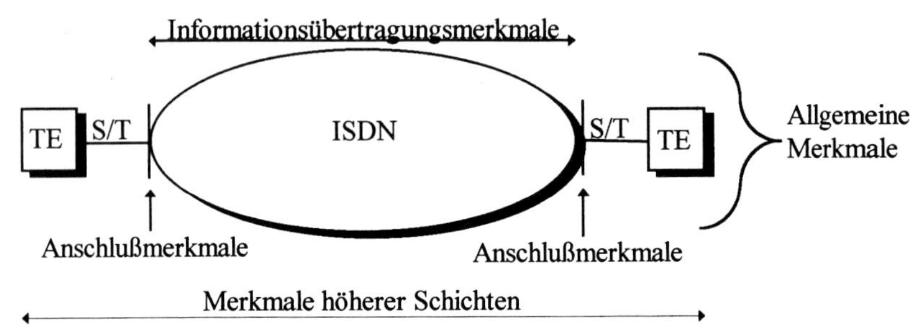

Abbildung 4.1-3: Verschiedene Merkmalkategorien in Bezug auf Teledienste. TE sind an Zugriffspunkten 2 und 4 wie in Abbildung 4.1-1 angeschlossen [I.210].

- **Merkmale der unteren Schichten**, welche analog zu den Übermittlungsdiensten in
  - **Informationsübertragungsmerkmale** und
  - **Anschlußmerkmale**

  zerlegt werden können.
- **Merkmale der höheren Schichten**, dazu gehören:
  - **Art der Benutzerinformation**,
    wie Sprache, Musik, Text, Faksimile, Videotex (Btx), Video etc.
  - **Schicht-4-Funktionen** T.70, X.214, X.224, X.234 (diensteunabhängig)
  - **Schicht-5-Funktionen**
    T.62 (Ttx, Fax G4); X.215, X.225, X.235 (diensteunabhängig)
  - **Schicht-6-Funktionen** T.61 für Teletex, T.6 für Telefax Gr. 4,
    T.100 und T.101 für Btx; X.216, X.226, X.236 (diensteunabhängig)
  - **Schicht-7-Funktionen** T.60 für Teletex, T.563 für Telefax Gr. 4,
    T.100 und T.101 für Btx; X.217-219, X.227-229, X.237 (diensteunabhängig)
- **Allgemeine Merkmale**:
  Hier sind im wesentlichen die Kategorien der Übermittlungsdienste zu erwähnen.

4.1.4 Funktionale Netzprinzipien des ISDN

Als **Standardisierungsziele** für das ***ISDN*** werden in der Empfehlung I.324 die folgenden angegeben:

- International kompatibles Diensteangebot
- Standardisierte Tln./Netzschnittstellen, um Endeinrichtungen portabel zu machen
- Standardisierung von Netzeigenschaften,
  um ein Zusammenwirken von Teilnehmer/Netz und Netz/Netz zu ermöglichen.

Erreicht werden diese Ziele durch eine **Hierarchie geschichteter Funktionen** gemäß dem OSI-Modell X.200 (s. Kap. 2) von denen hier die wichtigsten aufgeführt werden. Die meisten der in Tabelle 4.1-1 dargestellten Funktionen wurden schon beim OSI-Modell angerissen:

Schicht:	Funktionen:
7	Alle möglichen Arten von Anwendungen
6	Ver/Entschlüsselung; Kompression/Expansion
5	Sitzungsverbindungsauf- und -abbau, Dialogsteuerung, Abbildung Sitzungs- auf Transportverbindung, Management
4	Transportverbindungsauf- und -abbau, Multiplexen, Ende-zu-Ende-Fehlererkennung und -behebung, Flußregelung, Segmentierung und Blockung
3	Netzverbindungsauf- und -abbau, Wegesuche und Leitweglenkung, Adressierung, Multiplexen, Verkehrsmanagement
2	Abschnittsverbindungsauf- und -abbau, Abschnitts-Fehlererkennung und -behebung, -flußregelung, Reihenfolgesicherung, Rahmensynchronisation
1	Bitübertragungsschichtaktivierung und -deaktivierung, Bitübertragung, Multiplexen der Kanalstrukturen

Tabelle 4.1-1: OSI-Funktionen eines ISDN.

Folgende **Teilnehmer/Netzschnittstellen (User to Network Interfaces = UNI)** sind vorstellbar:

- Einzelne ***ISDN***-Endgeräte an einer Schnittstelle
- Mehrere ***ISDN***-Endgeräte an einer Schnittstelle ($\boldsymbol{S_0}$-Bus)
- Private Netze, wie TKAnl und LANs
- Nicht-***ISDN***-Endgeräte
- Informationsspeichernde und -verarbeitende Einheiten (Server)

Folgende **Netz/Netzschnittstellen (Network to Network Interfaces = NNI)** sind entspr. Abbildung 4.1-4 denkbar:

- zum analogen Telefonnetz und Datennetzen
- zu anderen ***ISDN***s
- zu Servern außerhalb des ***ISDN***

Insbes. ist der Einsatz sog. ***Interworking Functions*** (***IWF***) von Bedeutung, die derzeit noch einen wesentlichen Funktionsumfang umfassen, als sie durch Übergänge zu existierenden Netzen, die erst im Laufe der Zeit verschwinden werden (aktuelles Bsp.: Dx-L), großen Nutzerkreisen erst das Dienstangebot nutzbar machen. Diese ***IWF***s führen netzintern analog zu den ***TA***s auf der Tln.-Seite Protokoll- und Formatwandlungen durch. Sie können sich in den ***ISDN***s, aber auch in anderen Netzen befinden.

Die wichtigsten Hauptfunktionen bezüglich **Signalisierung** und **Vermittlung** lassen sich wie folgt zusammenfassen:

- Lokale Funktionen (Tln./Netz-Signalisierung, Vergebührung)
- 64 kbps leitungsvermittelt, 64 kbps unvermittelt, paketvermittelt
- Zwischenamtssignalisierung in einem zentralen Zeichenkanal (ZZK)
- Bitraten >64kbps leitungsvermittelt, >64kbps unvermittelt

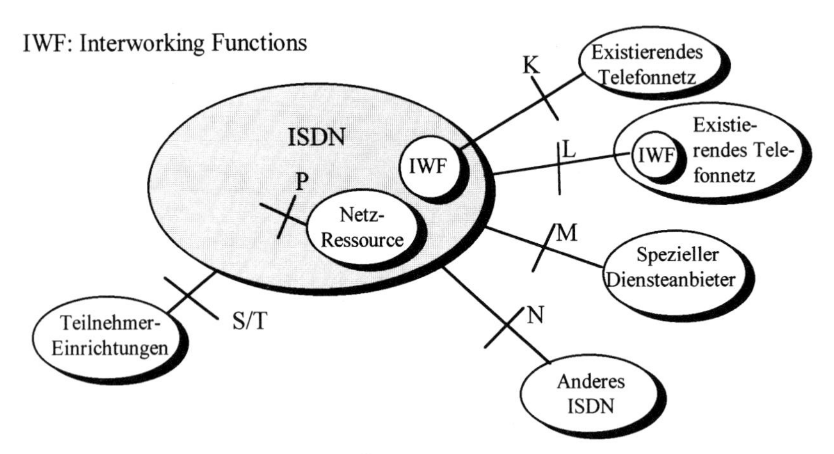

Abbildung 4.1-4: Referenzpunkte für den Übergang zu anderen Netzen und Teilnehmereinrichtungen [I.324].

Dieses Szenario läßt sich gemäß Abbildung 4.1-5 zusammenfassen:

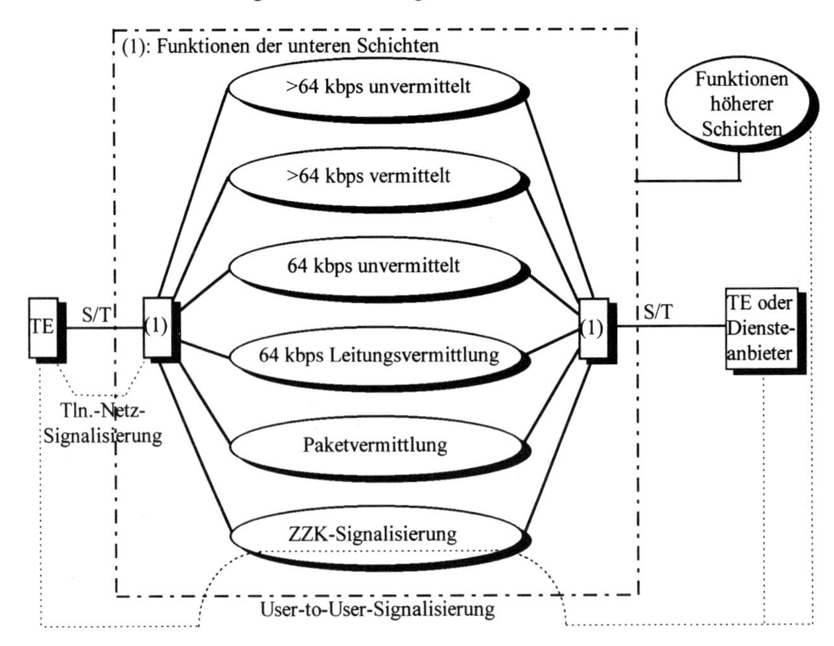

Abbildung 4.1-5: Grund-Architekturmodell eines ISDN [I.324].

4.1.5 Das ISDN-Protokoll-Referenzmodell

In der ITU-T-Empfehlung I.320 geht es um die Modellierung von **Informationsflüssen** (Nutz- bzw. Benutzer- [User = U] sowie Signalisierings- bzw. Steuerinformation [Control = C]) zum Teilnehmer und durch das ***ISDN***. Die Basis stellt das OSI-Modell nach ITU-T X.200 dar, wobei Teile des ***ISDN*** jedoch nicht in Form *Offener Systeme* realisiert werden können. Ein wichtiges Themengebiet in diesem Zusammenhang stellt die Abbildung der Schichtenstrukturen der Teilnehmeranschlußsignalisierungsprotokolle (I.4xy bzw. Q.9xy; s. dieses Kap.) und die Zwischenamtssignalisierungsprotokolle nach ZGS#7 (Q.7xy; s. Kap. 7) dar.

Das Problem der Anwendung des für Datenkommunikation konzipierten OSI-Modells auf das ***ISDN*** beruht auf der Tatsache, daß das ***ISDN*** Mehrwertdienste und Mehrdienstverbindungen einschl. Sprache und Video unterstützt. Typische, im reinen Datenverkehr nicht vorkommende Applikationen sind (Beispiele in Klammern):

- Informationsflüsse zwischen mehreren Protokollen mit Querbezug zueinander (Paketinformation im ***B-*** und im ***D-Kanal***)
- Auswahl von Verbindungseigenschaften
- Verhandlung von Verbindungseigenschaften auch während der Verbindung (Fenstergröße für die Anzahl maximal ausstehender Quittungen)
- Suspension von Verbindungen (Umstecken am Bus)
- Nachwahl z.B. bei schon aufgebauter Verbindung (Konferenzverbindungen)
- dynamische Adreßzuweisungen
  (***TEI***-Vergabe der ***Schicht 2*** des ***D-Kanal***-Protokolls an der S_0-Schnittstelle)
- Multimedia-Verbindungen
  (Mehrdienstebetrieb, Dienstewechsel während der Verbindung)
- Asymmetrische Verbindungen
  (Btx mit niederratigem Steuer-Kanal Tln. → Netz,
  sowie hochratigem Informationskanal Netz →Tln.)
- Netzmanagement, wie Leitweglenkung bei Netzknotenausfall
  (Funktionen des ZGS#7)
- Wartung (Testschleifen nach I.601)
- ***Aktivierung/Deaktivierung*** einer Schnittstelle (***Schicht-1*** Funktion am S_0-Bus)
- Zusammenwirken heterogener Netze (***ISDN*** ⇔ Paketnetz)
- Schichtendienste für Nicht-Daten-Anwendungen (Sprache, Video)
- Nicht-Endsystemverbindungen (Signalling Transfer Points des ZGS#7)
- Mehrpunktverbindungen (Konferenz, Broadcast)

In diesem Zusammenhang wird die Normungsgremien noch auf lange Sicht die Frage beschäftigen, in wieweit Punkte der obigen Tabelle das Gesicht des Standard-Referenzmodells selbst verändern, oder sie explizit außen vor bleiben und nicht offizieller Bestandteil des Modells werden. Dazu gehört z.B. das Einbinden von Sprache - das zumindest bei Nicht-Echtzeit-Transfer (Sprachspeichersysteme) - keine wesentlichen Unterschiede zu Datenverkehr aufweist, aber auch die Festlegung lokaler Funktionen, wie die Schnittstellen zu Benutzeroberflächen, die auch kommunikationsunabhängig genutzt werden können.

Teile obiger Funktionen waren ursprünglich nicht Bestandteil des Modells und sind mittlerweile eingeflossen. Durch Evolution des ATM-basierten B-ISDN mit seinen zusätzlichen Unterstrukturierungen vor allem auf niederer Ebene scheint die Anzahl der Funktionen, die nicht auf Anhieb in das Referenzmodell integrierbar sind, schneller zu wachsen als die Menge, die das OSI-Modell pro Zeiteinheit bereits aufnehmen kann.

Unabhängig von diesen sehr grundsätzlichen Fragen gibt Abbildung 4.1-6 Stellen an, an denen das erweiterte OSI-Modell, das für das ***ISDN*** Gültigkeit hat, ansetzt.

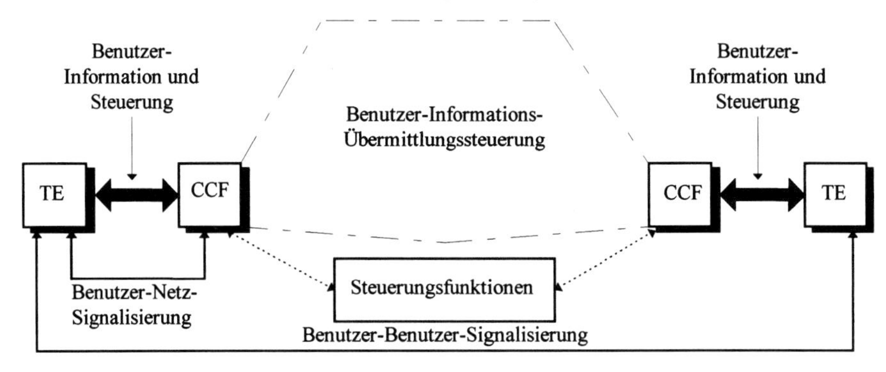

Abbildung 4.1-6: Mögliche Anwendungsbereiche das OSI-Modells auf das ISDN [I.320/RB].

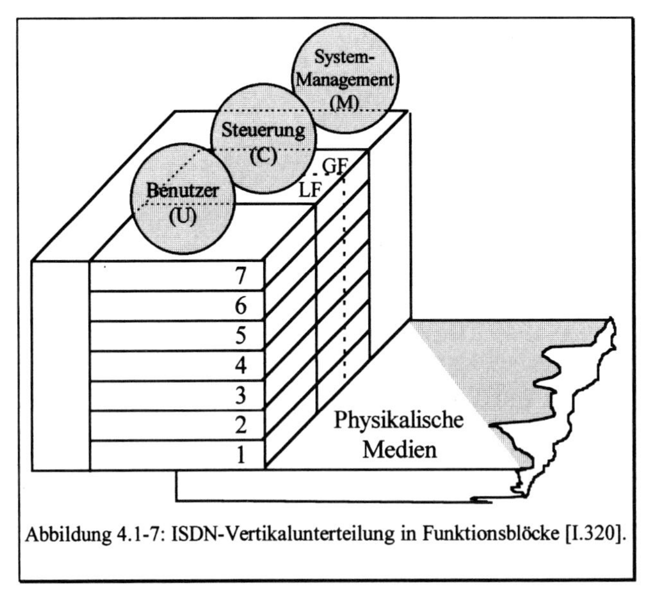

Abbildung 4.1-7: ISDN-Vertikalunterteilung in Funktionsblöcke [I.320].

Zum Zweck der Modellierung wird der in Abbildung 4.1-7 dargestellte Block, dessen Struktur sich an das OSI-Modell anlehnt, definiert:

Er kann auf verschiedene ***ISDN***-Elemente angewendet werden, wie ***TE***, ***NT***, ***ET***, ***SP/STP*** etc. Zu erkennen sind die Unterblöcke für:

- **Benutzer (User = U)**-Information mit eigener Schichtenstruktur und -protokollen
- **Steuer- oder Signalisierungs- (Control = C)-Information** mit eigener Schichtenstruktur und -protokollen. Dessen Hauptanwendung ist die Steuerung der Verbindungen des **U-Blocks**, welcher dazu den **C-Block** aufruft. Grundsätzlich kann die Anzahl der **C**-Schichten wie in der Nutzanwendung *sieben* betragen. Konkret sind im ***ISDN*** *drei* festgelegt. **C**-Funktionen lassen sich wieder in

Lokale (LF) und **Globale (GF)** unterteilen, je nachdem, ob die Partnerfunktion in einer benachbarten oder in einer abgesetzten Instanz abgehandelt wird.

- **Management (M)**, mit Funktionen, wie
  - Parameteraustausch beim Verbindungsaufbau
  - Verkehrssteuerung
  - Monitoren von **U/C**-Information
  - Fehlerbehandlung
  - Kooperationssteuerung von **U/C**-Blöcken (Block-Verwaltung)
  - dynamische Adreßzuweisungen, wie die ***TEI***-Vergabe in der ***Schicht 2*** des ***D-Kanal***-Protokolls der ***S_0***-Schnittstelle.

Management-Instanzen in verschiedenen Systemen können ebenfalls Informationen austauschen, was sie i.allg. über die **U/C**-Blöcke und die dazugehörigen Protokolle tun. Die Zuordnung der Informationsflüsse zu den Kategorien **U/C** ist komunikationskontextabhängig. So kann Information, die von einem Endgerät als **U**-Information generiert wurde, vom Kommunikationspartner als **C**-Information bearbeitet werden. Ein Beispiel wäre eine Spracherkennung, die Steuerfunktionen beim Paketaussortieren der Paketpost ausführt. Ein Beispiel, wie die ***Schicht 3*** der **U**-Information die **C**-Funktionen benutzt, ist in Abbildung 4.1-8 dargestellt.

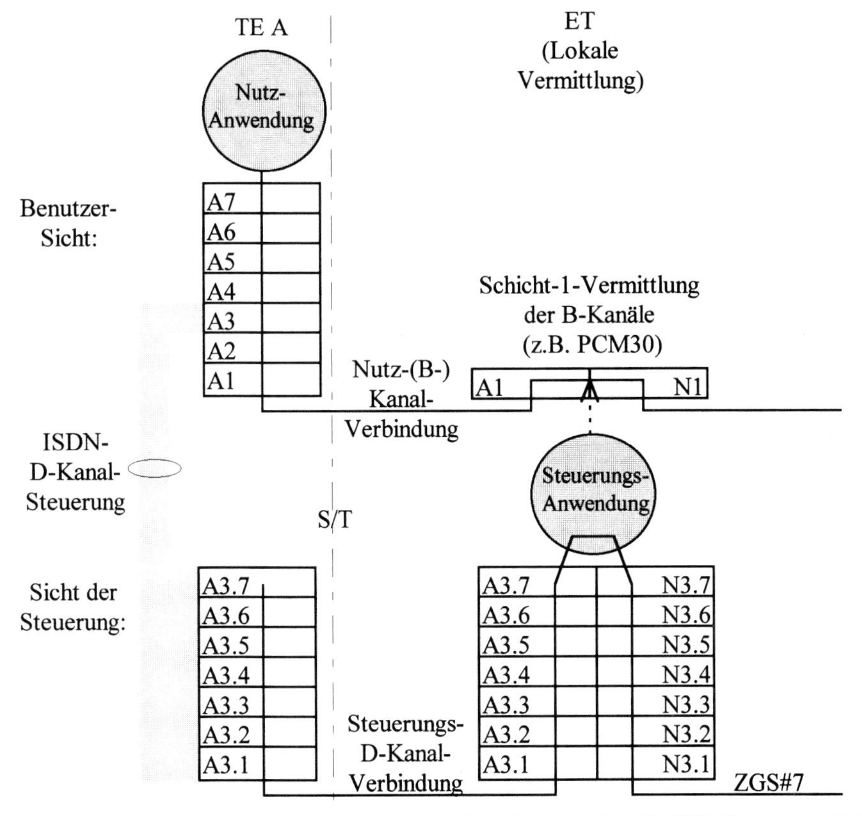

Abbildung 4.1-8: Benutzer- und Steuerungs-Perspektive einer typischen ISDN-Verbindung. A: Teilnehmerabschnitt; N: Netzabschnitt(e). Die Steuerung erhält von der Schicht 3 der Nutzanwendung Befehle zum Vermitteln auf der Schicht 1 der Nutzanwendung [I.320/RB].

In den Abbildungen 4.1-9 bis 4.1-11 werden Beispiele für die Aufteilung des ***ISDN***/OSI-Elementarblocks auf Funktionseinheiten dargestellt, die an typischen ***ISDN***-Verbindungskonfigurationen beteiligt sind.

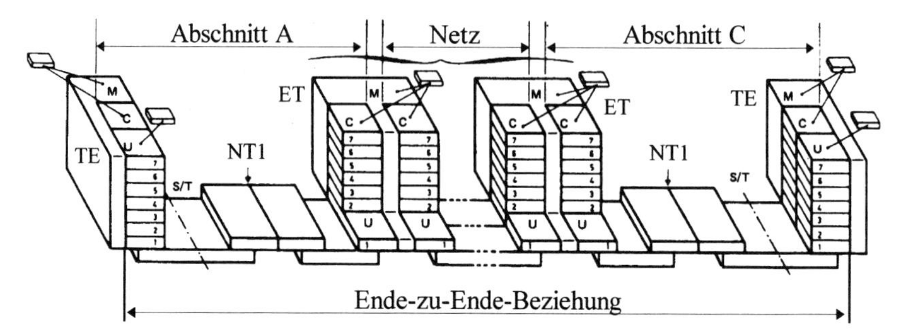

Abbildung 4.1-9: Leitungsvermittlung über den B-Kanal. Vermittlung der Nutzflüsse findet nur auf Schicht 1 statt [I.320].

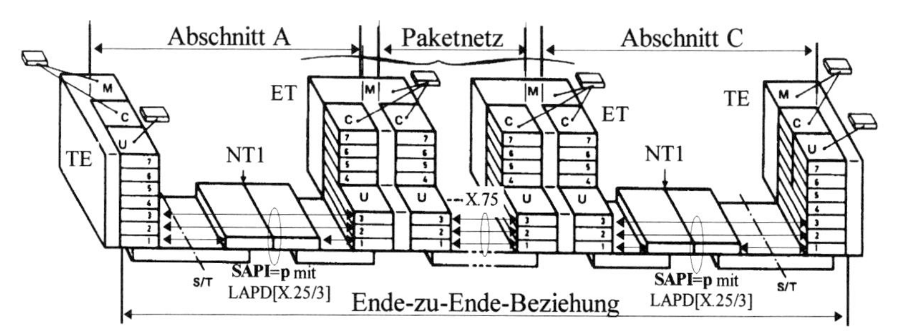

Abbildung 4.1-10: Paketvermittlung über den D-Kanal. Vermittlungsknoten müssen Nutz-Pakete auf der Schicht 3 bearbeiten können (Packet Handler). Auf der Teilnehmerleitung läuft auf der Schicht 2 des D-Kanals LAPD mit SAPI=p, auf Schicht 3 X.25; netzintern das Protokoll X.75 [I.320/RB].

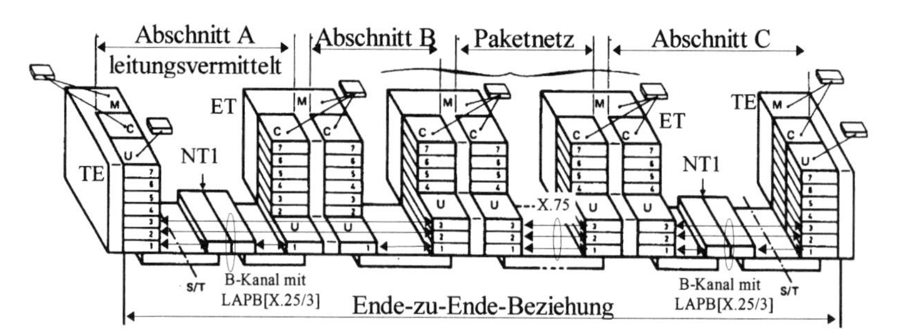

Abbildung 4.1-11: Paketvermittlung über den B-Kanal. Teilnehmer A hat keinen direkten Zugang zu einem Paketnetzknoten, sondern nur zu einem leitungsvermittelten Knoten, der über die D-SAPI=s-Signalisierung den B-Kanal mit LAPB[X.25/3] zum Packet Handler durchschaltet [I.320/RB].

Abbildung 4.1-12 stellt eine mögliche Architektur eines komplexen ***ISDN**-Endgeräts* mit möglichen Kommunikationsbeziehungen dar.

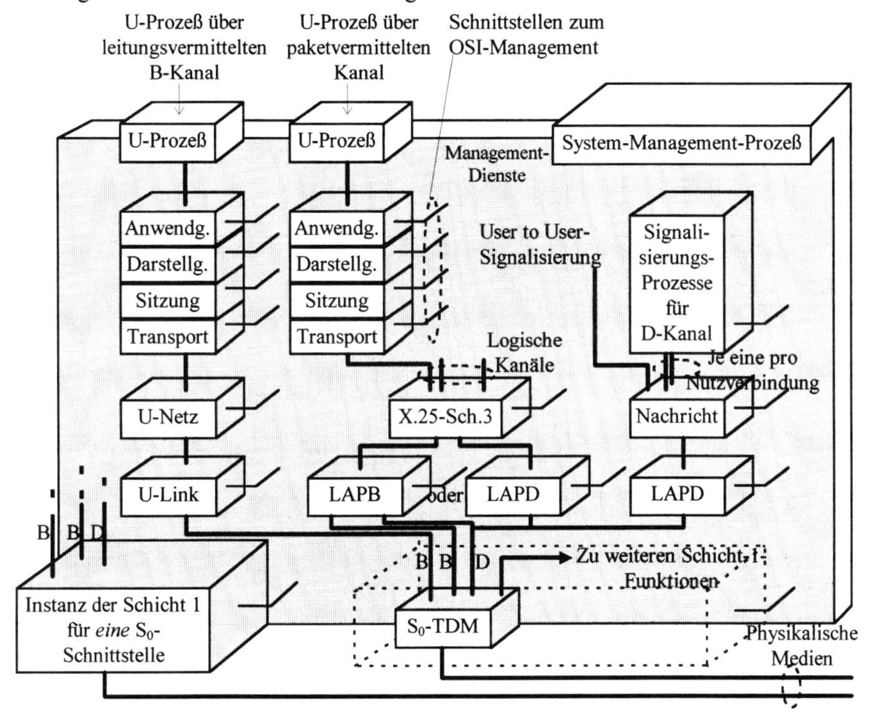

Abbildung 4.1-12: Möglicher Aufbau eines komplexen TE mit Zugriff auf beide B-Kanäle (leitungs- und paketvermittelt) sowie auf den D-Kanal (Signalisierung und Paketinformation) [I.320/RB].

Abbildung 4.1-13 stellt eine mögliche Architektur einer *Vermittlung* mit Kommunikationsbeziehungen dar. Über die ***S_0***-Schnittstelle von links zum Teilnehmer, dessen *TE*-Konfiguration man sich entspr. Abbildung 4.1-12 vorstellen kann, können über einen ***B-Kanal*** leitungsvermittelte Informationen kommen, sowie über einen ***B-*** bzw. den ***D-Kanal*** paketvermittelte mit ***SAPI=p***. Zusätzlich kommt über den ***D-Kanal*** mit ***SAPI=s*** die Steuerung der ***B-Kanäle***. Leitungsvermittelte ***B-Kanäle*** werden direkt über den Pfad *Leitungsvermittelter* ***B-Kanal*** auf ***Schicht 1*** geschaltet. Die Signalisierung dazu läuft über den ***D***-Pfad vorne von links nach rechts und wird dort via ***LAPD***-Prozeß an den ***D-Message***-Handler weitergeleitet. Hier wird die Nummer des gerufenen Teilnehmers analysiert und der ***Nachrichten***-Prozeß links daneben für den gehenden ***D-Kanal*** identifiziert, sowie die ***Nachricht*** über den Pfad *Signalisierungs-Transfer* weitergeleitet. Dieser Prozeß schleust die evtl. veränderte ***Nachricht*** via ***LAPD*** in den ***D_{64}***-Kanal der ***S_{2M}***-Schnittstelle ein. Die Pfadeinstellung für den gesteuerten ***B-Kanal*** wird bei Verbindungsaufbau von diesen Prozessen vorgenommen.

Paketvermittelte Verbindungen können auf Teilnehmer- und Vermittlungsseite unabhängig voneinander in ***B-*** bzw. ***D-Kanälen*** laufen. Eine Umpaketierung verschiedener oder gleicher Kanaltypen kann in der Vermittlungsstelle (mit Packet-Handler-Funktion) durchgeführt werden. Die möglichen Pfade dafür sind in Bild 4.1-13 eingezeichnet.

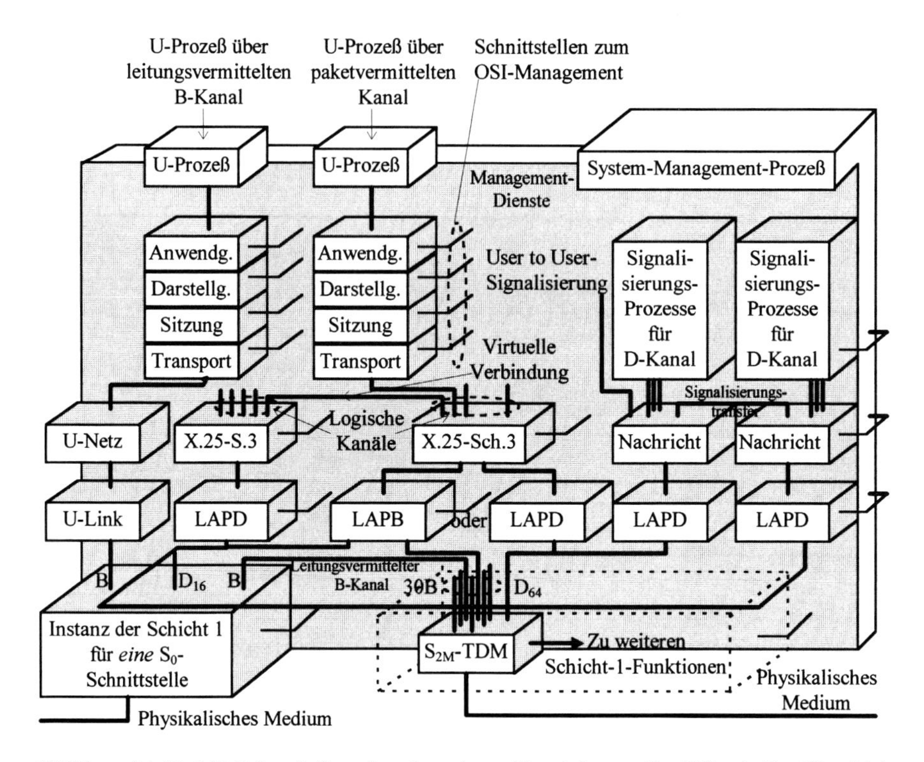

Abbildung 4.1-13: Möglicher Aufbau einer komplexen Vermittlungsstelle (ET) mit Zugriff auf leitungs- und paketvermittelte B-Kanäle sowie auf den D-Kanal (Signalisierung und Paketinformation). Zum Teilnehmer sind S_0-Schnittstellen realisiert, zum Netz S_{2M}-Schnittstellen [I.320/RB].

4.1.6 Referenzkonfigurationen im Teilnehmeranschlußbereich

Abbildung 4.1-14 stellt nach Empfehlung I.411 die Referenzkonfiguration für den Anschlußbereich eines Teilnehmers dar:

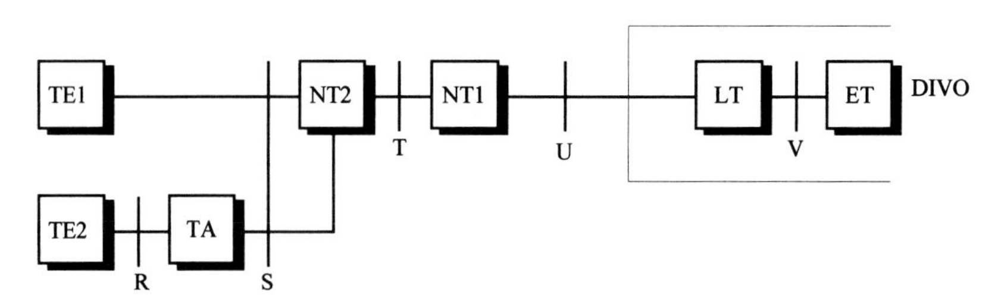

Abbildung 4.1-14: Referenzkonfiguration im Teilnehmer-Anschlußbereich [I.411].

Dabei bedeuten die Funktionseinheiten (Kästchen):

TE1:	***Terminal Equipment 1*** mit ***ISDN-S***-Schnittstelle (***Basic Access Interface***) mit den Kanalstrukturen ***2B+D*** mit Bitraten von (2·64+16=144) kbps. Beispiel: ***ISDN***-Telefon, ***ISDN***-Telefax der Gr. 4.
TE2:	***Terminal Equipment 2*** mit Nicht-***ISDN***-Schnittstelle. Beispiel: Dx-L-Teletexmaschine, Gr. 3-Telefax.
TA:	***Terminal-Adaptor***, der die ***R***-Schnittstelle auf die ***S***-Schnittstelle umsetzt und dabei Bitratenadaptions- und evtl. Protkollemulationsfunktionen bis in höhere OSI-Schichten ausführt.
NT2:	***Network Termination 2*** mit Signalisierungsfunktionen der OSI-Schichten 1-3. Typische Vertreter hierfür sind TKAnl und LANs.
NT1:	***Network Transmission Line Termination***. Führt Funktionen der OSI-Schicht 1 aus, wie 4-Draht/2-Draht-Umsetzung, falls nötig Speisung des ***TE***, Erzeugung des ***D-Echo-Kanals*** für die ***Zugriffssteuerung*** etc.
LT:	***Leitungsabschluß*** (***Line Termination***) der ***U***-Übertragungsstrecke in der Vermittlung (Physikalischer Leitungsabschluß; ***Schicht-1***-Funktionen).
ET:	***Vermittlungsabschluß*** (***Exchange Termination***) mit den höheren Vermittlungsfunktionen, wie sie z.B. das ZGS#7 beschreibt.

Die Schnittstellen (senkrechte Striche) haben zusammengefaßt folgende Eigenschaften:

R: Nicht-***ISDN***-Schnittstelle, wie ☞ a/b, ☞ V.24 mit zugehörigen weiteren V-Spezifikationen, ☞ X.21, ☞ X.25.

S: (Speziell S_0: ***Basisanschluß*** = ***BaAs***)

- Punkt-zu-Punkt Verbindung bis 1000 m
- Passiver Bus mit Anschluß von max. 8 Endgeräten bis 150 m, unter bestimmten Bedingungen bis 500 m
- Symmetrischer Vierdrahtanschluß mit
  Bitraten von brutto 192 kbps/netto 144 kbps (***2B+D***)
- Übertragungscode: Alternate Mark Inversion (AMI)
- 2·64 kbps (***2B***) - Informationskanäle
- 1·16 kbps (***D***) - Signalisierungskanal, sowie
- weitere ***Management***-Bits auf der ***Schicht 1*** gemultiplext
- Optionale Phantomspeisung des Endgerätes (40V)

T: Identisch mit ***S***-Schnittstelle, wenn physikalisch ausgeführt. Ab hier unterliegen die Schnittstellen nicht mehr ITU-T-Normung, sondern nationalen Festlegungen.

U: Diese Schnittstelle wird u.a. durch die bereits verlegten Leitungen des analogen Telefonnetzes realisiert. In der BRD ist das die U_{k0}-Schnittstelle mit folgenden Eigenschaften:

- zweidrähtig, Übertragungsverfahren Echo-Cancelling
- Reichweiten: 4 km bei Leitungen mit 0,4 mm Durchmesser
  8 km bei Leitungen mit 0,6 mm Durchmesser

- 4B3T-Code mit einer Bruttobitrate von 160 kbps/120 kbd
- Speisung des ***NT1***

4.1.7 Bitratenhierarchie, Kanalstrukturen, Kanäle

Folgende **Bitraten-** und **Multiplexhierarchie** (Plesiochrone Digitale Hierarchie = PDH) ist noch nach ITU-T G.702 auch für das ***ISDN*** vorgesehen (die Zahlenwerte sind in kbps angegeben, die PCM-Angaben gibt die Anzahl der möglichen 64 kbps-Sprachkanäle für Europa an):

Mux-Stufe:	a: Nord-Amerika b: Japan Basis: 1544 kbps			Europa Basis: 2048 kbps		PCM x, wobei x = Anzahl der möglichen 64 kbps-Kanäle
0			64		64	keine einzelne Schnittstelle
1	DS1		1 544	E1	2 048	30
2	DS2		6 312	E2	8 448	120 = 4 x 30
3	DS3	a: 44 736	b: 32 064	E3	34 368	480 = 4 x 120
4	DS4	a: 91 053	b: 97 726	E4	139 264	1920 = 4 x 480
5	DS5	a: 274 167	b: 397 200	E5	564 992	7680 = 4 x 1920

Tabelle 4.1-2: Plesiochrone Bitratenhierarchie in Europa, Japan und Nordamerika [KE].

Folgende Bildungsgesetze liegen dieser Hierarchie zugrunde:

- Die Basisbitrate eines Kanals beträgt immer 64 kbps entspr. PCM-codierter Sprache in Telefonqualität.
- Alle ***Rahmen*** haben gemäß dem Abtasttheorem eine Wiederholrate von 8 kHz zur oktettweisen Übertragung gemultiplexter 64kbps-Information.
- Jeder ***Rahmen*** führt Zeitschlitze für Nutzinformationsübertragung entspr. der PCM x-Angabe, Signalisierung, Synchronisation und optional solche, deren Funktionen anderweitig festgelegt sind (z.B. Management).
- Bei höheren Hierarchieleveln können Signalisierungszeitschlitze auch mit Nutzinformation belegt werden.
- Grundsätzlich sind zwei Signalisierungsmöglichkeiten vorgesehen: kanalassoziiert oder über einen Zentralen Zeichenkanal (ZZK). Diese beiden Formen werden beim ZGS#7 (Kap. 7) näher erläutert. Heute dominiert die letztere wegen ihrer größeren Flexibilität.

Zu den Bitraten ist zu bemerken, daß die für Sprache optimierten 64 kbps auch schon für Heimanwendungen für farbige Bewegtbilder ausreichen (parallel zum Fernsprechen im 2. ***B-Kanal***) und durchaus für ein Gesicht mit bewegten Partien mit entspr. Kompressionsraten (z.B. MPEG 2) genügt.

Mit einem 1920 kbps-Kanal geht das noch besser, 34 Mbps reichen für ein komprimiertes Farbfernsehbild mit PAL-Qualität aus, 140 Mbps für ein PAL-Bild ohne Kompression, d.h. in gewohnter Analogqualität entspr. der 5,5 MHz-Bandbreite, 565 Mbps für HDTV (High Definition Television).

Die PDH ist mittlerweile veraltet und wird im Zuge der ATM-Implementierung durch die SDH (Synchrone Digitale Hierarchie) ersetzt. Diese arbeitet mit sog. Synchronen Transportmodulen (STM-x), wobei die Bitraten wie rechts dargestellt weltweit festgelegt sind. Weitere Angaben finden sich in Abschn. 9.6.

x	Bitrate in Mbps
1	155,52
4	622,08
16	2 488,32

Folgende **Kanäle** stehen nach I.412 an der Teilnehmer/Netzschnittstelle zur Verfügung:

- ***B-Kanal*** zur Informationsübertragung mit einer Bitrate von 64 kbps (=4 kHz Audio)
- ***D-Kanal*** zur Signalisierung und optional zur Übertragung von Paketinformation als
  - D_{16} mit 16 kbps beim 192 kbps-***Basisanschluß*** der S_0-Schnittstelle
  - D_{64} mit 64 kbps beim 2048 kbps-***Primärratenanschluß*** der S_{2M}-Schnittstelle
- ***E-Kanal*** (RB) zur Signalisierung im Primärmultiplexanschluß als Option zum ***D-Kanal***. Hier wird auf den Schichten 1 und 2 der MTP des ZGS#7 gefahren, auf der Schicht 3 die in Abschn. 4.4 dargestellte Schicht 3 (I.450/I.451) des ***D-Kanal***-Protokolls. Diese Option wurde wohl aufgrund mangelnden Bedarfs seitens der Industrie in den Blue Books gestrichen.
- H_0-***Kanal*** zur Informationsübertragung mit 384 kbps (***6B***)
- H_{11}-***Kanal*** zur Informationsübertragung mit 1536 kbps (***23B***; Japan, Nord-Amerika)
- H_{12}-***Kanal*** zur Informationsübertragung mit 1920 kbps (***30B***; Europa)

Folgende **Kanal-Strukturen** sind dabei möglich:

- ***B-Kanal***-Strukturen:
  - Basistruktur: $2B + D_{16}$ = 144 kbps netto
  - Primärstruktur mit $23B+D_{64}$, $30B + D_{64}$ (oder $30B + E$): PCM30
- ***H-Kanal***-Strukturen; ein D_{64}-Kanal ist optional:
  - ***Primär-H_0-Struktur***: $5H_0$ (Europa)
  - ***Primär-H_1-Struktur***: H_{12} (Europa)
- Primär-Mix-Struktur: $mB + nH_0 + D_{64}$ (dieser evtl. optional) müssen in 1544/2048 kbps passen.

Die hier beschriebenen ***Kanäle*** und ***Kanal***-Strukturen sind Objekte der Schicht 1 des OSI-Referenzmodells. Das Netz kann in der Lage sein, einzelne ***Kanäle*** zu vermitteln, oder ganze ***Kanal***-Strukturen, die erst beim Tln. wieder aufgelöst werden, aber für das Netz transparent sind. Ein Beispiel hierfür wäre die Kopplung zweier TKAnl über das ***ISDN***, bei der dem Netz eine komplette ***Primär-(H_0- oder H_1)-Struktur*** angeboten wird, diese jedoch ausschließlich in den TKAnl weiter aufgelöst werden. Das Netz führt dann praktisch eine TKAnl-Emulation durch.

Flexibler in dieser Beziehung ist das ATM-basierte B-ISDN mit seiner aus dieser Sicht ebenfalls der Schicht 1 zuzurechnenden VP/VC-Struktur, bei der die Methode auf die Kopplung von LANs optimiert wird, bei denen die Kanäle wegen der *Burstiness* des Verkehrs nicht statischer, sondern bzgl. der Bandbreite dynamischer Natur sind.

Damit ist es an der Zeit, zunächst die ***Schicht 1***, also die physikalische Schicht, des ***Schmalband-ISDN*** näher zu untersuchen, was im folgenden im wesentlichen für den ***Basisanschluß*** durchgeführt wird.

4.2 Physikalische Schicht der ISDN-Teilnehmerschnittstellen

4.2.1 Übertragungstechnik

Um einen Teilnehmer vollduplex digital an ein Netz anzuschließen, sind im Prinzip vier Verfahren denkbar, deren Vor- und Nachteile kurz gegeneinander abgewogen werden. Weiterhin werden typische Einsatzbereiche und eine graphische Erläuterung angegeben.

- **Raummultiplex** (Space Division Multiplex = SDM)

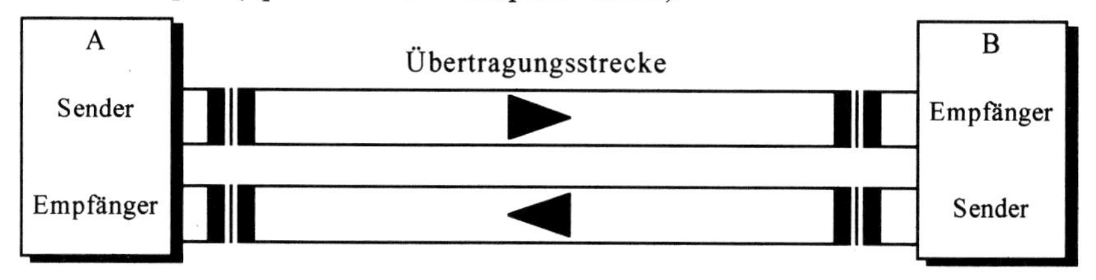

Entspr. der Illustration handelt es sich um eine Vierdrahtübertragung, bei der *ein* Leitungspaar für die Richtung Teilnehmer → Netz, das *andere* für die Richtung Teilnehmer ← Netz verwendet wird.

Vorteile:	Einfache Übertragungstechnik
	Niedrige Bitrate
	Einfache Zugriffsprozedur für verteilte Endgeräte
Nachteile:	Es werden vier Leitungen benötigt
Anwendung:	***S_0***-Schnittstelle nach ITU-T, vor allem wegen Zugriffsprozedur über den ***D-Echo-Kanal***

- **Echolöschverfahren** (Echo Cancelling)

Bei diesem und den folgenden Verfahren handelt es sich um Zweidrahtübertragung. Die digitalen Signale werden beidseitig im Basisband auf die Schnittstelle gestellt. Auf der Empfängerseite wird das Signal des Kommunikationspartners überlagert von dem Echo des eigenen Signals empfangen. Durch ein Filter wird letzteres ausgelöscht. Im Gegensatz zu den anderen handelt es sich hier also um ein Gleichlageverfahren, d.h. Sende- und Empfangsrichtung werden weder räumlich, zeitlich noch frequenzmäßig getrennt.

Vorteile:	Zweidrahtverfahren, d.h. verlegte Zweidrahtleitungen können verwendet werden
	Niedrige Bitrate, vor allem bei ternärem Code - damit geringe Bandbreite und folglich große Leitungslänge
Nachteile:	Komplizierte, und damit teure Übertragungstechnik
Anwendung:	U_{k0}-Schnittstelle mit 4B3T-Code der Telekom, vor allem wegen Leitungslängen

- **Zeitgetrenntlageverfahren**
  (Time Compression Multiplex = TCM, auch Ping-Pong-Verfahren)

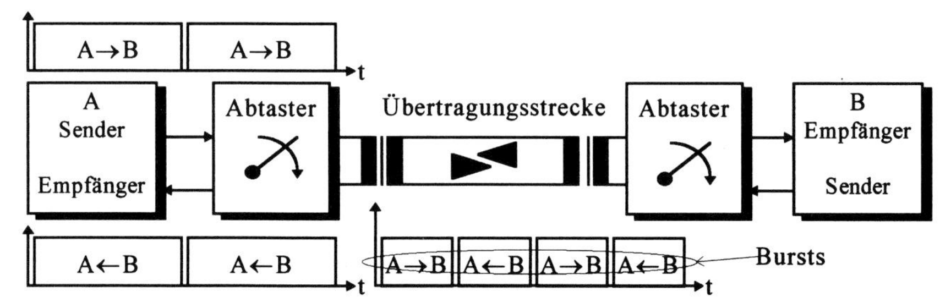

Entspr. der Illustration werden die Bitfolgen sendeseitig auf mindestens die doppelte Basisbandgeschwindigkeit beschleunigt (Bursts), womit nach einem übertragenen ***Rahmen*** in *einer Richtung* Zeit für die Übertragung in *Gegenrichtung* bleibt (daher der Name *Ping-Pong)*. Auf dem unteren Anteil der ***Schicht 1*** ist dies also ein Halbduplex-Verfahren, auf dem höheren Anteil Vollduplex.

Vorteile:	Zweidrahtverfahren, d.h. verlegte Zweidrahtleitungen können verwendet werden
	Einfachere Übertragungstechnik als beim Echolöschverfahren
Nachteile:	Mindestens die doppelte Basisbandbreite wird benötigt, damit kürzere Leitungslängen
Anwendung:	U_{p0}-Schnittstelle für den Teilnehmeranschluß von Endgeräten an TKAnl. Hier sind die benötigten Leitungslängen normalerweise kürzer als bei ***DIVO***-Anschlüssen von Hauptanschlußleitungen

- **Frequenzgetrenntlageverfahren** (Frequency Division Multiplex = FDM)

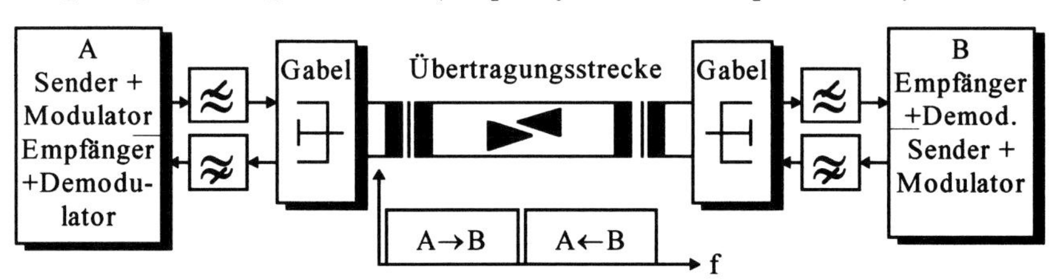

Entspr. der Illustration wird eine der beiden oder beide Richtungen durch ein analoges Modulationsverfahren in einen anderen Frequenzbereich als die andere Richtung moduliert und auf der Empfängerseite demoduliert. Bei hinreichender Trennschärfe der Filter erfolgt kein Übersprechen.

Vorteile:	Zweidrahtverfahren
Nachteile:	Großer Bandbreitenbedarf im Vergleich zum Echolöschverfahren
	Analoge Anteile in der Übertragungstechnik
Anwendung:	In der digitalen Übertragungstechnik unüblich. In der analogen Trägerfrequenztechnik bei der Vernetzung von Vermittlungsstellen noch sehr verbreitet; z.B. V300.

4.2.2 Leitungscodes

Zur Übertragung von Information über jede beliebige Schnittstelle müssen zwei Arten der Codierung berücksichtigt werden:

- der **Quellcode**,
  der im Hinblick auf die Eigenschaften der Quelle optimiert ist. Dazu gehört der PCM-Code für Sprache oder der ASCII für Textzeichen.
- der **Leitungscode** oder **Kanalcode**,
  der im Hinblick auf die Übertragungseigenschaften des Übertragungskanals optimiert ist. Nur dieser wird im weiteren betrachtet.

Leitungscodes haben Anforderungen aus einer Reihe von Gesichtspunkten zu erfüllen, von denen die wichtigsten weiter unten aufgeführt sind. Die gebräuchlichsten Leitungscodes im ***ISDN*** sind für die S_0-Schnittstelle der AMI-Code (Alternate Mark Inversion = Alternierende Puls-Inversion) und in der BRD für die U_{k0}-Schnittstelle der 4B3T (**4 B**inäre → **3 T**ernäre)- oder MMS43 (**M**odify **M**onitor **S**um)-Code sowie für die U_{p0}-Schnittstelle, die zum Anschluß von Endeinrichtungen an TKAnl verwendet wird, der AMI-Code in einer RZ-Version. Für diese Codes werden die Kriterien der Kanaloptimierung jeweils angegeben.

Der AMI-Code ist ein pseudoternärer Code, der in der hier verwendeten Form auf der S_0-Schnittstelle eine **0** auf alternierende positive 0^+ und negative 0^- Spannungspegel umsetzt, eine 1 auf einen Nullspannungspegel (müßte hier also eigentlich ASI = *Alternate Space Inversion* heißen).

Der 4B3T-Code ist ein ternärer Code, der gemäß Tabelle 4.2-1 aufgebaut ist. 2^4=16 mögliche logische Zustände werden in 3^3=27 umcodiert, wobei die Differenz als Redundanz zur Fehlerüberwachung und Formung des Leistungsdichtespektrums verwendet wird. Die Codeworte in der Tabelle sind so dargestellt, daß das links dargestellte Bit zuerst auf die Leitung gestellt wird. Abhängig von der letzten ternären Wortsumme ist für die Codierung des ternären Nachfolgeworts ein bestimmtes Alphabet A_i zu verwenden, das jeweils hinter dem Wort angegeben ist. Ein empfangener 3T-Block 000 (Codeverletzung!) wird in den 4B-Block **0000** decodiert. Die ***Laufende Digitale Summe*** (***Running Digital Sum = RDS***) als ständige Aufsummierung der ternären Wortinhalte überschreitet bei fehlerfreier Übertragung entspr. der Codetabelle eine bestimmte Größe nicht. Die ***U_{k0}***-Schrittgeschwindigkeit von 160 kbps reduziert sich auf 120 kbaud und entspr. das Leistungsdichtespektrum auf ca. 60 kHz. An einen Ein-Chip-Echokompensator (s. Abschn. 5.3.1) werden hohe Anforderungen gestellt, da das empfangene Signal sehr von der Rechteckform abweichen kann und als quasi-analoges Signal overgesampelt wird, wobei sich mit den 120 kbaud die notwendige Verarbeitungsgeschwindigkeit reduziert. Nachteilig sind außerdem die bis zu fünf Bit langen + bzw. −-Folgen (Echoschwänze).

t →	A_1		A_2		A_3		A_4	
0001	0−+	1	0−+	2	0−+	3	0−+	4
0111	−0+	1	−0+	2	−0+	3	−0+	4
0100	−+0	1	−+0	2	−+0	3	−+0	4
0010	+−0	1	+−0	2	+−0	3	+−0	4
1011	+0−	1	+0−	2	+0−	3	+0−	4
1110	0+−	1	0+−	2	0+−	3	0+−	4
1001	+−+	2	+−+	3	+−+	4	−−−	1
0011	00+	2	00+	3	00+	4	−−0	2
1101	0+0	2	0+0	3	0+0	4	−0−	2
1000	+00	2	+00	3	+00	4	0−−	2
0110	−++	2	−++	3	−−+	2	−−+	3
1010	++−	2	++−	3	+−−	2	+−−	3
1111	++0	3	00−	1	00−	2	00−	3
0000	+0+	3	0−0	1	0−0	2	0−0	3
0101	0++	4	−00	1	−00	2	−00	3
1100	+++	4	−+−	1	−+−	2	−+−	3

Tabelle 4.2-1: Codierungsregeln für den 4B3T-Code [KA1].

Die Zeitdiagramme in Abbildung 4.2-1 geben vergleichend **0**/**1**-Folgen in NRZ-, AMI- und 4B3T-Codierung an:

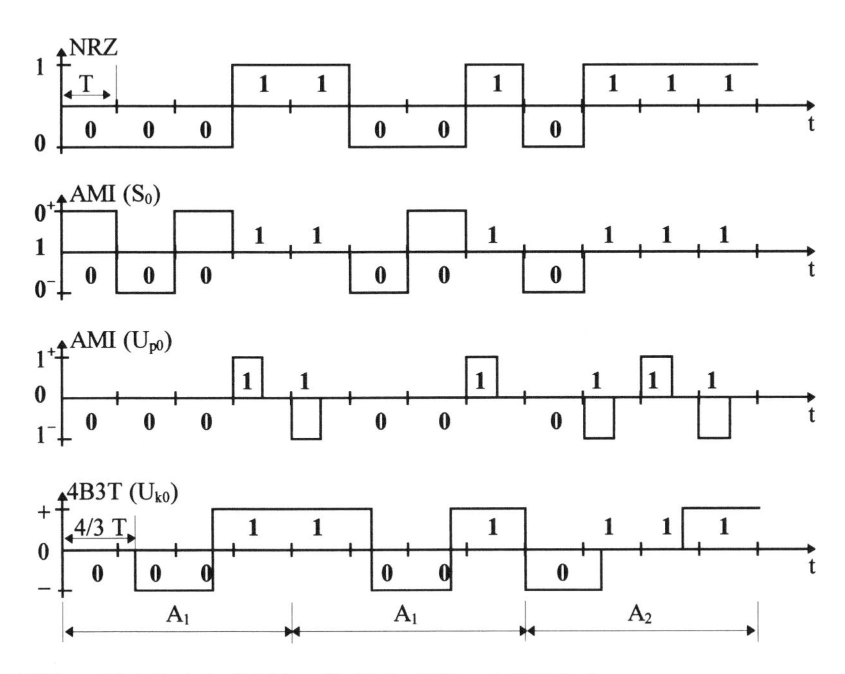

Abbildung 4.2-1: Typische Pulsfolgen für NRZ-, AMI- und 4B3T-Codierung.

Auswahlkriterien für einen Leitungscode:

- **Störsicherheit**
  Am störsichersten sind binäre Codes, bei denen die beiden logischen Werte auf den Aussteuergrenzen liegen. Beim pseudoternären AMI-Code ist dieses Prinzip nicht erfüllt. Die pseudoternären Eigenschaften werden für die Gleichspannungsfreiheit benötigt. Beim ternären 4B3T-Code ist dieses Prinzip ebenfalls nicht erfüllt. Die ternären Eigenschaften werden zur Bandbreitenreduktion und Fehlererkennung benötigt.
- **Bandbreite**
  Je höher die Stufenanzahl eines Codes ist, umso geringer ist seine Bandbreite, aber umso empfindlicher ist er bezüglich Störungen. Der U_{p0}-AMI-Code hat die größte Bandbreite, da RZ-Pulse kürzer als NRZ-Pulse sind, der S_0-AMI-Code etwa dieselbe wie der NRZ-Code (bitfolgenabhängig); der 4B3T-Code hat eine geringere Bandbreite als der NRZ- und damit der AMI-Code.
- **Leistungsdichtespektrum**
  Dieses ist mit den beiden vorgenannten Merkmalen eng verknüpft. Hochfrequente Anteile im Leistungsdichtespektrum führen zu stärker wirksamen kapazitiven Strom- und induktiven Spannungs-Einkopplungen. Die AMI-Codes weisen höherfrequente Leistungsdichtespektren als der 4B3T-Code auf. Die Amplitude beim U_{p0}-AMI-Code ist bei gleichem Spannungspegel jedoch geringer, da die kürzeren Impulse weniger Leistung enthalten.
- **Gleichanteil**
  Befinden sich Übertrager in der Übertragungsstrecke, so führt ein Gleichspannungsanteil zu starker Magnetisierung der Eisenkerne, was zu vermeiden ist. Das Leistungsdichtespektrum muß bei f = 0 verschwinden. Der AMI-Code ist wegen seiner pseudoternären Eigenschaften ohne Gleichanteil. Insbesondere wird auf der S_0-Schnittstelle durch die ***Schicht-1-Rahmenstruktur*** eine Rahmensynchronisierung durch eine Codeverletzung spätestens 13 Bit nach Rahmenbeginn bewirkt, die Gleichspannungsfreiheit am Rahmenende jedoch wieder erzwungen (s. Abschn. 4.2.3.5). Der 4B3T-Code ist ebenfalls gleichspannungsfrei.
- **Taktableitbarkeit**
  Wird für die Taktrückgewinnung benötigt, wenn, wie in der Weitverkehrstechnik üblich, keine separate Taktleitung mitgeführt wird. Der S_0-AMI-Code wäre bei langen 1-Folgen problematisch. Die Rahmenstruktur des ***Schicht-1-Rahmens*** verhindert dies jedoch. Durch die Wahl alternierender Spannungspegel für **0**en werden bei **0**-codierten *leeren* Kanälen dauernd Flanken erzeugt. Beim U_{p0}-AMI-Code tritt das Problem grundsätzlich bei langen **0**-Folgen auf, was jedoch ebenfalls durch die allerdings einfachere Rahmenstruktur als die der S_0-Schnittstelle verhindert wird. Der 4B3T-Code bietet durch das Codebildungsgesetz eine gute Taktableitbarkeit.
- **Überwachbarkeit des Bildungsgesetzes**
  Beim AMI-Code an sich gut gegeben. Wegen der Codeverletzungen zur Rahmensynchronisierung beim ***Schicht-1-Rahmen*** nicht so gut möglich. Beim 4B3T-Code wegen dar Tabellenform des Bildungsgesetzes gut möglich, aber aufwendiger.
- **Fehlerverhalten**
  Hier wird insbesondere die Fehlerfortpflanzung betrachtet, d.h. wie sich der Code verhält, nachdem ein empfangenes Bit den logisch falschen Wert darstellt, da die

physikalisch korrekte Bitfolge immer von der Vorgeschichte abhängt. Beim AMI-Code als auch beim 4B3T-Code werden die meisten Bitfehler auf der ***Schicht 1*** sehr schnell erkannt. Beim AMI-Code werden sie jedoch nicht korrigiert, sondern dies wird z.B. im ***D-Kanal*** der ***Schicht 2*** überlassen.

- **Realisierungsaufwand** für Codeerzeugung und Codeerkennung
  Der Leitungscode sollte mit einem integrierten Baustein erzeugt werden können, der eingangsseitig von einer Standard-Schaltung (z.B. TTL, CMOS) gespeist werden kann und ausgangsseitig den Code ausgibt (bzw. umgekehrt). Beim AMI-Code ist das relativ einfach, beim 4B3T-Code kompliziert.

4.2.3 Schicht 1 des ISDN-Basisanschlusses an den Referenzpunkten S und T

4.2.3.1 Das ISDN-Protokoll-Referenzmodell für den ISDN-Basisanschluß

Die Referenzkonfiguration mit den Schnittstellen S_0 und T_0 wurde in Abschn. 4.1.6 dargestellt. Charakteristische Funktionen der Schicht 1 eines OSI-Modells sind in Abschn. 2.5.2.1 angegeben. Die Erweiterung der Schichtenstruktur des OSI-Modells auf die Fähigkeit einer ***ISDN***-Schnittstelle, Nutzinformation (**U**) und Steuerinformation (**C**) separat zu übertragen wurde in Abschn. 4.1.5 dargestellt. Der dort vorgestellte Elementarblock kann jetzt für die ***2B+D***-Struktur der ***S***-Schnittstelle in Abbildung 4.2-2 konkretisiert werden. Aus diesem Bild ist ersichtlich, daß die ***Schicht 1*** allen Kanälen einschl. dem ***Management*** gemeinsam ist. Für den ***D-Kanal*** werden aber noch spezifische Funktionen (***Zugriffssteuerung***) ausgeführt. Die grundlegenden Normen finden sich in den ITU-T-Empfehlungen I.420 und I.430.

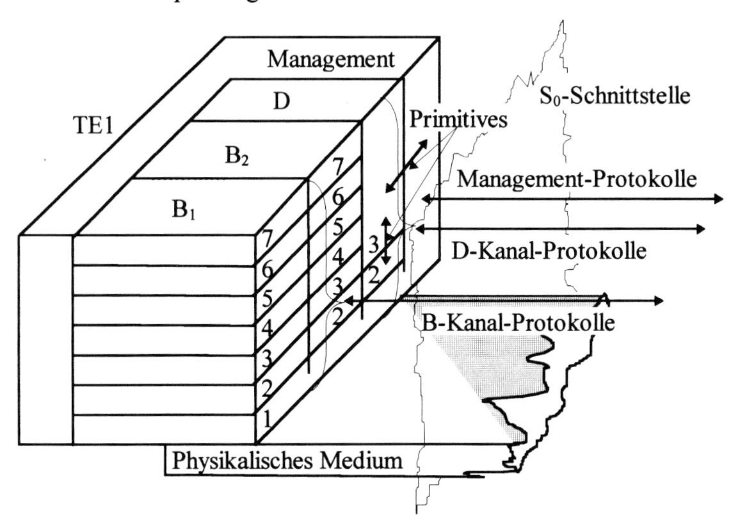

Abbildung 4.2-2: Schichtenmodell-Referenzblock für die 2B+D-Struktur der ISDN-S_0-Schnittstelle (Basic Access). Das Management hat z.Z. keinen eigenen direkten Zugriff auf das physikalische Medium (Vierdraht-Schnittstelle), sondern muß sich z.B. zur TEI-Vergabe via Primitives der D-Kanal-Schicht-2-Dienste bedienen.

4.2.3.2 Dienste und Primitives

Dienste vom physikalischen Medium:

- Das physikalischen Medium - hier eine verdrillte symmetrische Vierdrahtleitung - muß in der Lage sein, eine Bitrate von 192 kbps bidirektional zu übertragen.

Dienste an die Schicht 2:

- Bitübertragung von ***B-*** und ***D-Kanal***-Bits mit Takt- und Synchronisationsfunktionen.
- Prozeduren zur ***Aktivierung*** und ***Deaktivierung*** der Schnittstelle. Diese ist aktiviert, wenn eine normale Übertragung von ***B-*** und ***D-Kanal***-Bits möglich ist, deaktiviert, wenn eine solche Übertragung nicht möglich ist.
- Prozeduren, die es einzelnen Endgeräten erlauben, auf den ***D-Kanal***, der allen am Bus angeschlossenen Endgeräten gemeinsam ist, zuzugreifen.
- Wartungs-Prozeduren für Prüf- und Testschleifen.
- Statusanzeige des ***Schicht-1***-Status.

Dienste an das Schicht-1-Management:

- Fehlermeldungen, wie Rahmenverlust, Wiederhochlauf nach vorangegang. Fehler.
- Meldungen über Anschalte- und Aktivierungszustand.

Tabelle 4.2-2 gibt die Primitives zwischen ***Schicht 1***, ***Schicht 2*** und dem ***Schicht-1-Management*** in ***TE*** und ***NT2/ET*** an. Letzteres wird dabei als hierarchisch über der ***Schicht 1*** stehend betrachtet, was Auswirkungen auf die Zuordnung zu den *Primitivetypen* hat. Weitere ***NT2/ET***-spezifische Primitives s. Abschn. 4.2.4.3. Es wird nochmals an die in Abschn. 2.4.6.1 vereinbarte Primitive-Syntax erinnert:

xx-*Primitivename-Primitivetyp* optional: (*Parameter*)

xx sind die *Schichtenkürzel*, hier mit folgenden Bedeutungen:

- ***Ph*** für ***Schicht-1/Schicht-2***-Primitives
- ***MPh*** für ***Schicht-1/Management-Schicht-1***-Primitives

xx	Name	Typ:REQ	Typ:IND	Inhalt der Nachricht/Parameter
Kommunikation mit der Schicht 2				
Ph	ACTIVATE	Ph-AR	Ph-AI	-
Ph	DATA	x	x	Schicht-2-Rahmen, p-Indikator bei REQ
Ph	DEACTIVATE	-	Ph-DI	-
Kommunikation mit dem Management				
MPh	ACTIVATE	-	MPh-AI	-
MPh	INFORMATION	-	MPh-II	TE detektiert (keine) Leistung am Bus: MPh-II(c) onnected = gesteckt MPh-II(d) isconnected = nicht gesteckt
MPh	ERROR	-	MPh-EI	neuer Fehler bzw. Behandlung eines früheren Fehlers
MPh	DEACTIVATE	MPh-DR	MPh-DI	-

Tabelle 4.2-2: S_0-Primitives zwischen der Schicht 1 und anderen Instanzen. Zum p-(Prioritäts)-Indikator s. Abschn. 4.2.3.6. In den Typenspalten stehen die ggf. in der Folge verwendeten Abkürzungen [I.430].

4.2.3.3 Betriebsweisen

Zwei Betriebsweisen sind definiert (TR bedeutet *Terminal Resistor* und stellt einen reflexionsfreien Abschlußwiderstand dar):

- **Punkt-zu-Punkt** (Point to Point = PtP)

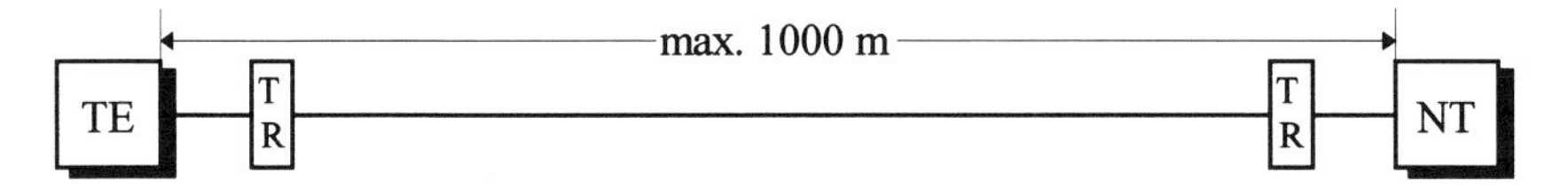

- **Mehrpunkt-Verbindungen.**
  Dabei können physikalisch bis zu acht Endgeräte mit S_0-Schnittstelle angeschlossen werden. Auf die beiden ***B-Kanäle*** können jedoch nur jeweils zwei gleichzeitig zugreifen, auf den ***D-Kanal*** entsprechend einer ***Zugriffsprozedur*** alle. Leitungslängen- und Laufzeitbeschränkungen resultieren aus dem in Abschn. 4.2.3.6 beschriebenen ***D-Kanal-Zugriffsverfahren***. Hiervon sind wieder zwei Varianten möglich:
  - der ***Kurze Passive Bus*** (***Short Passive Bus***)

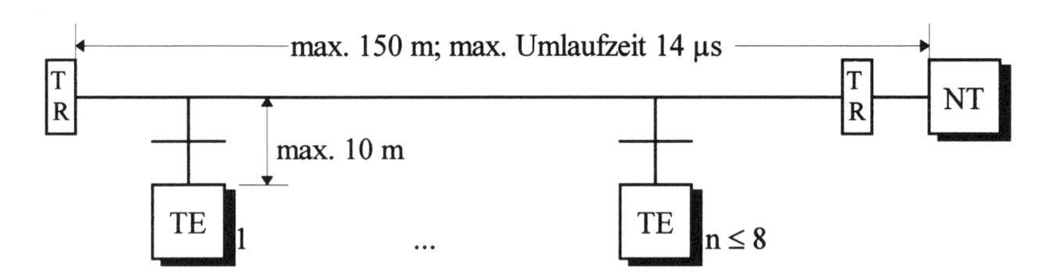

  - der ***Erweiterte Passive Bus*** (***Extended Passive Bus***). Wenn eine Mehrpunktverbindung mit einem Abstand von mehr als 150 m (bis 500 m) vom ***NT*** realisiert werden soll, dürfen die ***TE*** untereinander keinen größeren Abstand als 50 m aufweisen.

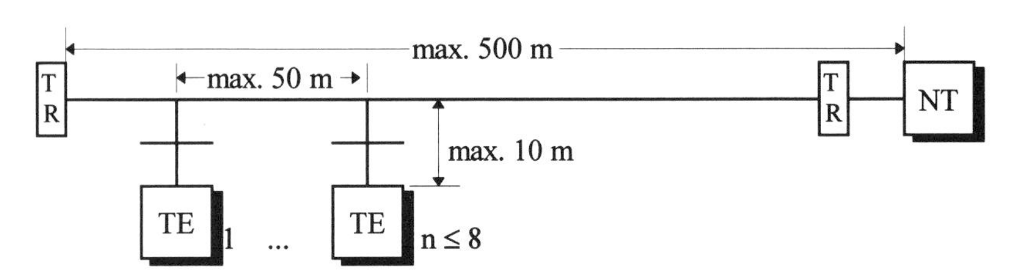

Die ***Schicht-1***-Betriebsweisen haben keinen Einfluß auf die Betriebsweisen höherer Schichten.

Bei der Punkt-zu-Punkt-Betriebsweise können die Adern jeweils einer Richtung vertauscht werden, bei der Mehrpunkt-Betriebsweise nicht. Das liegt an dem pseudoternären AMI-Leitungscode, bei dem die **0** als positive (**0^+**) oder negative (**0^-**) Spannung, die 1 als Nullpegel dargestellt wird. Eine Adernvertauschung an *einem* Endgerät bei unvertauschten Adern an einem *anderen* führt zu einer **0**-Aufhebung, die dann zu einer 1 wird.

4.2.3.4 Funktionale Eigenschaften

Folgende im weiteren erläuterten Funktionen führt die ***Schicht 1*** der ***S_0***-Schnittstelle aus. Sie können großteils mit dem in Abschn. 5.5.1 beschriebenen Siemens-Transceiver SBCX sowie den in Abschn. 5.3.1 aufgeführten ICs ISAC®-S(TE) ausgeführt werden.

- Zwei bidirektionale, unabhängige ***B-Kanäle*** zur Informationsübertragung mit einer Bitrate von je 64 kbps.
- Ein bidirektionaler ***D-Kanal*** - primär zur Signalisierung - mit einer Bitrate von 16 kbps. Optional kann der ***D-Kanal*** zusätzlich auch Paketinformation übertragen.
- ***Zugriffssteuerung*** auf den ***D-Kanal*** durch die max. acht Endgeräte des ***passiven Busses*** in Form eines 16 kbps ***D-Echokanals*** vom ***NT*** zu den ***TE***s.
- Bittakt von 192 kbps.
- 48-Bit-***Schicht-1-Rahmen***, AMI-codiert, in dem die beiden ***B-Kanäle*** und der ***D-Kanal*** gemultiplext sind. Die Bitstruktur dieses ***Rahmens*** ist in Abbildung 4.2-3 dargestellt und erläutert.
- ***Rahmentakt*** zur ***Schicht-1***-Rahmenerkennung von 4 kHz-Rahmenwiederholrate und 8 kHz ***B-Kanal***-Oktettrate.
- Der ***TE***-Sendetakt wird auf den Empfangstakt vom ***NT*** synchronisiert. Der Empfangstakt wird aus dem empfangenen Datenstrom abgeleitet.
- ***Aktivierungs***- und ***Deaktivierungsprozeduren***
- Phantomspeisung mit Anschaltezustandsüberwachung
- Symmetrischer Vierdrahtanschluß
- Management des Notbetriebs.

4.2.3.5 Rahmenaufbau

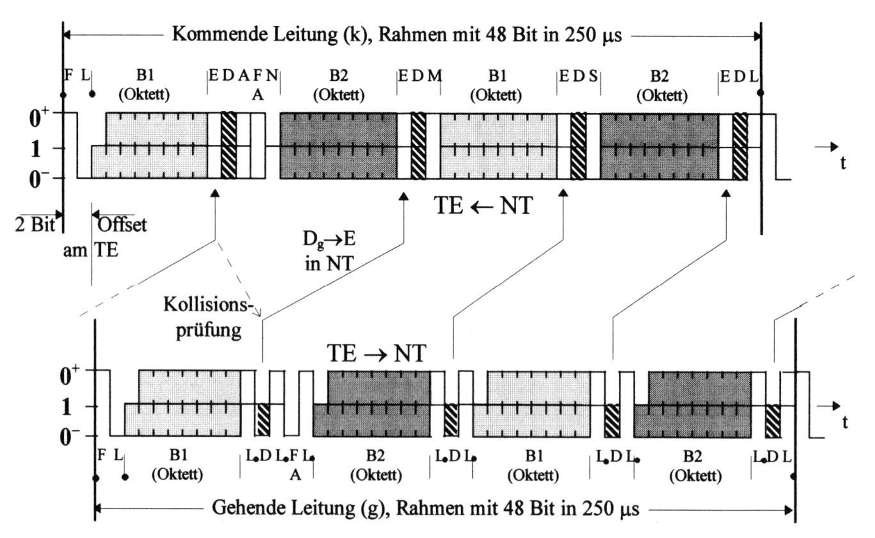

Abbildung 4.2-3: Schicht-1-Rahmenstruktur der S_0-Schnittstelle. F_A-, N-, M- und S-Bits können im kommenden Rahmen bei Verwendung des Q-Kanals (s. Abschn. 4.2.3.8) alle Ternärpegel annehmen [I.430].

Rahmeninhalt:

Dargestellt sind die beiden ***Schicht-1-Rahmen***, und zwar oben vom ***NT*** zum ***TE*** (kommend; k), unten von ***TE*** zum ***NT*** (gehend; g), die um zwei Bit am ***TE*** gegeneinander versetzt sind. In einem ***Rahmen*** befinden sich

- je *zwei* Oktetts der beiden ***B-Kanäle*** (***B_1***, ***B_2***), weshalb die Rahmendauer 250 µs (4 kHz Wiederholrate) beträgt.
- 4 Bits der ***D-Kanäle***.
- ein *F*=**0^+**-Bit (***Framing Bit***), mit dem der ***Rahmen*** beginnt.
- ***L-Bits*** (***Ausgleichsbits*** = ***DC-Balancing-Bits***), hinter denen der ***Rahmen*** gleichspannungsfrei ist, was im ***Rahmen*** durch einen Punkt gekennzeichnet wird. Einige dieser Bits werden zur Rahmensynchronisation durch ***Codeverletzungen*** benötigt.
- ein ***Hilfsrahmenbit*** (***F_A=Frame Alignment Bit***), das im kommenden ***Rahmen*** bei Bedarf eine AMI-***Codeverletzung*** erzwingt. Beim gehenden ***Rahmen*** ist ***F_A*** fest auf **0^-**. Zu ***Schicht-1***-Wartungszwecken kann ein ***Q-Kanal*** eingerichtet sein. Dann stellt ***F_A*** beim gehenden ***Rahmen*** in jedem 5. Rahmen das ***Q-Bit*** dar.

Im **kommenden** ***Rahmen*** befinden sich weiterhin:

- 4 ***D-Kanal-Echo-(E)-Bits***, welche durch Reflexion der vorangegangenen ***D-Kanal-Bits*** des gehenden ***Rahmens*** im ***NT*** herüberkopiert werden. Sie werden zur ***D-Kanal-Zugriffssteuerung*** verwendet.
- ein ***Aktivierungsbit A***, das bei aktivierter Schnittstelle 1 ist, sonst **0**.
- ein ***N-Bit*** mit $N = \overline{F_A}$
- ein ***S-Bit*** stellt durch Bildung von Subkanälen das Gegenstück zum o.a. ***Q-Bit*** dar.
- ein ***M-Bit*** wird bei Verwendung von ***S-*** und ***Q-Kanal*** zur Synchronisierung benutzt.

Rahmensynchronisation:

Der ***Rahmen*** beginnt mit einer ***FL***=**0^+0^-**-Bitfolge. Im weiteren wird von der Tatsache Gebrauch gemacht, daß auch das nächste **0**-Bit durch **0^-** dargestellt wird, womit das AMI-Bildungsgesetz verletzt wird. Sind im ***Rahmen*** bis zum Bit Nr. 13 (***F_A***) jedoch nur 1en aufgetaucht, erzwingt ***F_A*=0^-** die ***Codeverletzung***. Die Gleichspannungsfreiheit des ***Rahmens*** wird bei Bedarf durch eine wiederholte ***Codeverletzung*** mit dem (letzten) ***L-Bit*** wieder hergestellt. Daher treten in jedem ***Rahmen*** zwei ***Codeverletzungen*** auf. Die **0^+0^-**-Kombination im Abstand von weniger als 13 Bits vor einer ***Codeverletzung*** stellt den Rahmenanfang dar.

Im gehenden ***Rahmen*** wird für den Fall, daß alle auf ***FL*** folgenden ***B_1-Bits*** und das erste ***D***-Bit gleich 1 sind, danach jeweils auch ***L*** auf 1 belassen. Deshalb gilt ***F_A*=0^-** mit einem folgenden ***L-Bit***. Die Bits, die im kommenden ***Rahmen*** den Lagen von *N*, ***M***, ***S*** und ***E*** entsprechen, werden hier als ***L-Bits*** verwendet.

4.2.3.6 D-Kanal-Zugriffssteuerung

Befinden sich mindestens zwei (max. acht) Endgeräte am Bus, muß für den ***D-Kanal*** eine Arbitrierung erfolgen, da dieser paketorientiert aufgebaut ist. Der Bus verhält sich wie ein LAN. Da die Endgeräte keinen unmittelbaren Kontakt zueinander haben, wird eine ***Zugriffssteuerung*** ähnlich der von Ethernet verwendet, allerdings mit der Verbesserung, daß eine Kollision nicht dazu führt, daß sich beide an der Kollision beteiligten Endgeräte zurückziehen, sondern genau eines der Endgeräte diese Kollision gar nicht bemerkt und seine Bits weiter auf den ***D-Kanal*** stellt, während das andere (bzw. die anderen) Endgerät(e) sich zurückziehen und es frühestens nochmals versuchen dürfen, wenn der Gewinner seinen ***Schicht-2-Rahmen*** abgesetzt hat. Dadurch tritt kein Bitverlust und damit auch keine Durchsatzminderung auf.

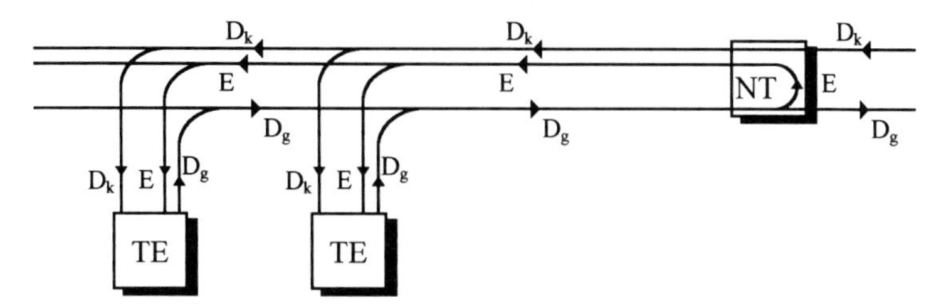

Abbildung 4.2-4: Topologie von kommendem D-Kanal, gehendem D-Kanal und D-Echo-Kanal.

Die Topologie des ***D-Kanals*** und des ***D-Echo-Kanals*** mit zwei ***TE***s und ***NT*** wird in Abbildung 4.2-4 dargestellt. Dabei bedeuten: D_g: gehender ***D-Kanal***, D_k: kommender ***D-Kanal***, ***E***: ***D-Echo-Kanal***.

Prozedur:

Ein ***TE*** oder ein ***NT***, das keinen ***D-Kanal-Schicht-2-Rahmen*** zu senden hat, sendet 1en (physikalischer Nullspannungspegel). Das ***NT*** sendet das von den ***TE*** erhaltene ***D_g-Bit*** als nächstes ***E-Bit*** im kommenden ***Rahmen*** zurück (s. Abschn. 4.2.3.5). Ein auf dem ***D-Kanal*** sendewilliges ***TE*** zählt die 1en des ***E-Kanals***, deren aktueller Wert C sein möge. Da jeder ***Schicht-2-Rahmen*** mit dem ***Flag***-Bitmuster **01111110** beginnt, setzt eine im ***E-Kanal*** empfangene **0** den 1en Zähler zurück, da dann ein anderes ***TE*** mit dem Senden begonnen haben muß.

Es sind zwei Prioritätsklassen definiert, die dafür sorgen, daß Signalisierung (***SAPI=s***) vor anderer Information im ***D-Kanal*** am schnellsten übertragen wird:

- ***SAPI=s*** hat die Prioritätsklasse k_1
- ***SAPI=p*** (bis 9,6 kbps!), ***mg*** oder andere haben die Prioritätsklasse $k_2 < k_1$

Innerhalb der beiden *Prioritätsklassen* k_j (j=1,2) sind zwei *Prioritätslevel* $l_i(k_j)$, (i=1,2) definiert, die die Anzahl der in der jeweiligen Klasse zu zählenden Einsen C angibt, bevor das zählende ***TE*** senden darf. Dies dient dazu, daß ein ***TE***, das gerade einen ***Schicht-2-Rahmen*** im ***D-Kanal*** abgesetzt hat, auf einen niedrigeren Prioritätslevel kommt, damit andere wartende ***TE*** nun ihre ***Rahmen*** absetzen können. Es gilt:

$$l_1(k_1)=8 \qquad l_2(k_1)=9 \qquad l_1(k_2)=10 \qquad l_2(k_2)=11$$

Werden in einer Klasse j $l_1(k_j)$ Einsen C gezählt, so darf danach ein ***Schicht-2-Rahmen*** abgesetzt werden. Danach wird der Minimalwert des C-Zählers auf $l_2(k_j)$ erhöht, nach dem ein weiterer ***Rahmen*** dieser Klasse abgesetzt werden darf. Nach $l_2(k_j)$ wird der Level wieder $l_1(k_j)$. Zu dem Minimalwert $l_1(k_1)=8$ ist zu bemerken, daß sechs empfangene 1en Bestandteil eines ***Flags*** sein müssen.

Nach dem Beginn des Aussendens wird das ***E-Bit*** weiter überwacht. Kommt ein anderes als das gesendete ***D_g-Bit*** zurück (***D_g***=1, ***E***=0), wird das Senden eingestellt, da eine Kollision stattgefunden haben muß. C wird auf 0 zurückgesetzt, der Prioritätslevel $l_i(k_j)$ bleibt der gleiche.

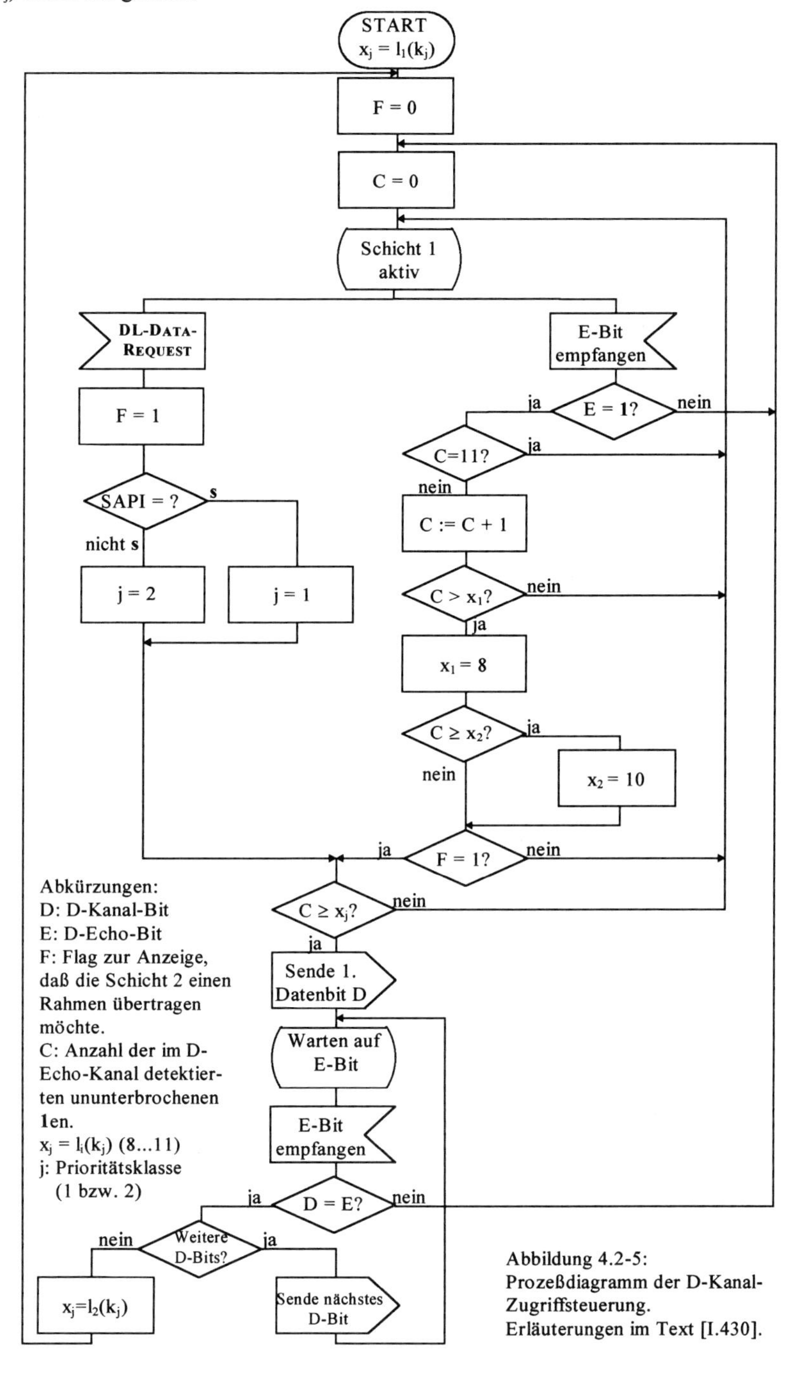

Abbildung 4.2-5:
Prozeßdiagramm der D-Kanal-Zugriffsteuerung.
Erläuterungen im Text [I.430].

Der Sender der **0** hat die Kollision nicht bemerkt und sendet weiter. Hieran ist ersichtlich, daß bei einer Polaritätsumkehr das Verfahren nicht funktionieren kann. Der Ablauf der ***Zugriffssteuerung*** mit allen Eventualfällen läßt sich anschaulich durch das SDL-Prozeßdiagramm in Abbildung 4.2-5 darstellen.

Auch gegenüber dem in Kap. 8 vorgestellten Token-Verfahren weist diese Zugriffsmethode Vorteile auf. Bei dieser Methode treten die beim (klassischen) Token-Passing-Verfahren charakteristischen Niedriglastprobleme nicht auf, bei dem für jeden neuen Burst durch das Warten auf den Token der Durchsatz auch dann deutlich unter der Bitrate liegt, wenn nur eine Station den Ring nutzt.

4.2.3.7 Aktivierung und Deaktivierung

Die ***Schicht 1*** der S_0-Schnittstelle befindet sich im ***aktivierten*** Zustand, wenn sie in der Lage ist, alle ***Schicht-1***-Funktionen und Dienste an die ***Schicht 2*** zu erbringen. Dazu gehört insbesondere die Übertragung des vollständig aufgebauten ***Schicht-1-Rahmens***.

Die ***Aktivierungsprozedur*** beschreibt den Übergang vom ***deakivierten*** Zustand, bei dem das Endgerät ohne elektrisches Signal lediglich an die Schnittstelle gesteckt ist, bis zum ***aktivierten*** Zustand. Die ***Deaktivierungsprozedur*** beschreibt den umgekehrten Weg. Die beiden Prozeduren gelten für die gesamte Schnittstelle, d.h. alle Endgeräte und alle Kanäle.

Die ***Aktivierung*** kann von der ***TE***-Seite - hier über das Primitive ***Ph-ACTIVATE-REQUEST*** - oder von der ***NT***-Seite angestoßen werden. Die Antwort des ***NT*** auf einen ***TE***-seitigen ***Aktivierungs***-Wunsch sieht genauso aus, als sei die ***Aktivierung*** von der ***NT***-Seite angestoßen worden. Das heißt, ab hier sind die Prozeduren gleich. Eine ***Deaktivierung*** kann nur von der ***NT***-Seite angestoßen werden.

Beim Übergang vom ***deaktivierten*** in den ***aktivierten*** Zustand sind Zwischenzustände sowie Signale notwendig, die den ***aktivierten*** Zustand herbeiführen. Weiterhin müssen Fehlerfälle behandelt werden. Zu diesen gehört das Nichterkennen der Takt- und Rahmensignale des Kommunikationspartners, aber auch der Kollisionsfälle, wenn gleichzeitig von beiden Seiten ein Aufbauversuch unternommen wird.

Folgende Attribute der Prozeduren müssen festgelegt werden, wegen der Unsymmetrie jeweils für die ***TE***- und ***NT***-Seite getrennt:

- **Zustände (States)**.
- ***Primitives*** zwischen ***Schicht 1*** und ***Schicht 2*** bzw. ***Schicht-1-Management***. Diese wurden bereits in Abschn. 4.2.3.2 angegeben.
- **Protokollelemente**,
  die hier ***S-Infos*** heißen und weiter unten mit ***Sx*** durchnumeriert werden.
- **Abläufe**, die sich z.B. in SDL oder mit den anderen in Abschn. 3.3 erwähnten ergänzenden Dokumenten spezifizieren lassen.
- **Timer** und **Counter** (**Zeitgeber** und **Zähler**). Bei jedem ausgesendeten Signal ist ein Zeitgeber zu starten, nach dessen Ablauf die Antwort erwartet wird. Ist die Antwort vor Timerablauf nicht angekommen, so kann das Signal erneut ausgesendet und der Timer nochmals gestartet werden. Ein Counter zählt die Anzahl der Wiederholungen. Ist nach einer bestimmten Anzahl von Versuchen die Antwort nicht eingetroffen, wird ein Fehler (***MPh-ERROR***) gemeldet.

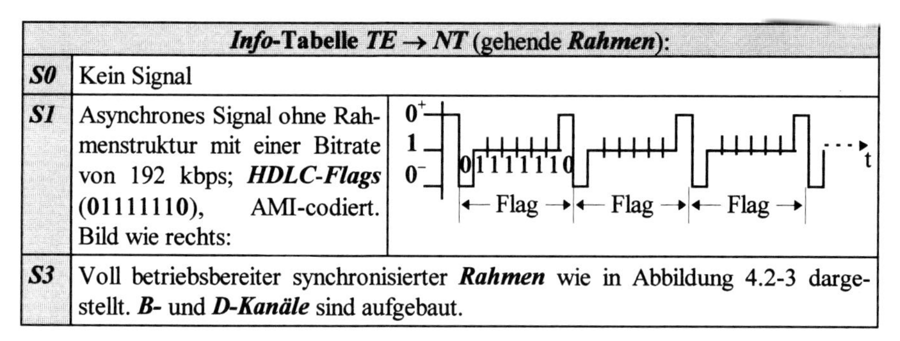

***Info*-Tabelle *TE* → *NT* (gehende *Rahmen*):**		
S0	Kein Signal	
S1	Asynchrones Signal ohne Rahmenstruktur mit einer Bitrate von 192 kbps; ***HDLC-Flags*** (**01111110**), AMI-codiert. Bild wie rechts:	
S3	Voll betriebsbereiter synchronisierter ***Rahmen*** wie in Abbildung 4.2-3 dargestellt. ***B-*** und ***D-Kanäle*** sind aufgebaut.	

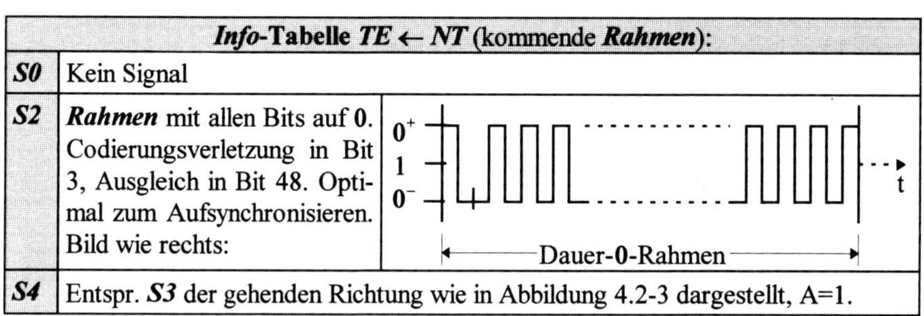

***Info*-Tabelle *TE* ← *NT* (kommende *Rahmen*):**		
S0	Kein Signal	
S2	***Rahmen*** mit allen Bits auf **0**. Codierungsverletzung in Bit 3, Ausgleich in Bit 48. Optimal zum Aufsynchronisieren. Bild wie rechts:	
S4	Entspr. ***S3*** der gehenden Richtung wie in Abbildung 4.2-3 dargestellt, A=1.	

Kurzbeschreibung der ***Aktivierungsprozedur*** (nur Gut-Fälle betrachtet):

1. ***TE*** mit ***Aktivierungs***-Wunsch sendet ***S1*** an ***NT*** (entfällt bei kommender ***Aktivierung***).
2. ***NT*** antwortet mit ***S2*** bzw. ***NT*** stößt mit ***S2*** an. Das Signal ist für das ***TE*** zur Takt- und Rahmensynchronisation optimal.
3. ***TE*** synchronisiert sich auf und antwortet mit dem *leeren* ***Rahmen S3*** (alle ***B-*** und ***D-Bits*** auf **0**). Es signalisiert damit dem ***NT***, daß seine ***Schicht 1*** aufgebaut ist.
4. ***NT*** antwortet mit dem *leeren* ***Rahmen S4*** (A=1). Es signalisiert damit dem ***TE***, daß nun auch seinerseits die ***Schicht 1*** aufgebaut ist. Ab jetzt können beide Seiten ihre Information entsprechend den höheren Protokollen auf die Schnittstelle stellen.

Zustände auf der *TE*-Seite:	
F1	**Power OFF**: Keine Spannungsversorgung, kein Signal (d.h. kein ***S-Info***).
F2	**Sensing**; **Schnittstellenprüfung**: Spannungsversorgung angeschaltet, kommendes ***Sx*** möglicherweise detektiert, aber noch nicht identifiziert, um welches Signal es sich handelt. Power Down möglich.
F3	**Deactivated**: ***S0*** kommend detektiert, ***S0*** gesendet. Power Down möglich.
F4	**Waiting for Signal**; **Empfangsbereit**: Durch ein ***Ph-AR*** wurde das Aussenden von ***S1*** angestoßen; ***S2*** wird erwartet.
F5	**Identifying Input**; **Empfangend**: Antwort auf ***S1*** trifft ein. ***S2*** oder ***S4*** werden erwartet.

	Zustände auf der *TE*-Seite (Fortsetzung):
F6	**Synchronized**: ***S2*** wurde empfangen, ***S3*** wird ausgesendet und ***S4*** erwartet.
F7	**Activated**: Normaler Betriebszustand. ***S3*** und ***S4*** werden intermittierend gesendet bzw. empfangen.
F8	**Lost Framing**; **Rahmenverlust**: Takt- und/oder ***Rahmensynchronisation*** sind verlorengegangen. Resynchronisation durch ***S2*** oder ***S4*** bzw. ***Deaktivierung*** durch ***S0*** werden erwartet.

	Zustände auf der *NT*-Seite:
G1	**Deactivated**: ***NT*** sendet ***S0***.
G2	**Pending Activation**; **Aktivierend**: ***NT*** sendet ***S2***, erwartet ***S3***.
G3	**Activated**: Partnerzustand zu ***TE/F7***. ***NT*** kann nach Beendigung des Sendens der ***TE*** den Zustand ***G3*** erhalten oder ***deaktivieren***, wenn von höheren Schichten im Netz angefordert.
G4	**Pending Deactivation**; **Deaktivierend**: Aussenden von ***S0***. Der Übergang in ***G1*** hängt nicht von einer Reaktion der ***TE***-Seite ab, sondern wird durch einen netzinternen Timer gesteuert.

In Abbildungen 4.2-6 sind die ***Aktivierungs***- und ***Deaktivierungsprozeduren*** für die ***TE***- und ***NT***-Seite in Form von SDL-Prozeßdiagrammen dargestellt. Damit der zur Prozedur gehörige Prozeß sich nicht *aufhängt*, wenn die erwartete Antwort von Partnerprozeß ausbleibt, sind Zeitgeber (Timer) definiert, die gestartet werden, sobald ein Signal (*S1*-*S4*) losgesendet wird, auf das eine Antwort innerhalb einer bestimmten Zeit erwartet wird.

Der Timer stellt sozusagen einen *Spiegelprozeß* für den Partnerprozeß im eigenen System dar, sobald dieser nicht antwortet. Ob der Timer in der gleichen Instanz, im gleichen Block oder in einem anderen Block abläuft, wird offengelassen und obliegt dem Spezifizierer des Systems. Der Übersichtlichkeit halber wurden keine expliziten Timer-Stop-OUTPUTs dargestellt.

Konkret werden folgende **Timer** verwendet:	
T_{U2}/T_{U3} auf ***NT***-Seite:	Überwachen die Gesamtzeit der ***Aktivierungsprozedur*** (30-35 s) kommend/gehend.
T_2 auf ***NT***-Seite: (BRD: T_{S7})	Dient zur Verhinderung unbeabsichtigter ***Deaktivierung***; sollte im Bereich von 25 ms $\leq T_2 \leq$ 100 ms liegen.
T_3 auf ***TE***-Seite: (BRD: T_{S1})	Entspricht T_{U2}/T_{U3} auf der ***NT***-Seite.

Weitere Informationen über ***Aktivierung/Daktivierung*** und ggf. Wechselwirkung mit der S_0-Schnittstelle finden sich in den Abschnitten 4.2.4.3 und 4.2.5.3 über die verschiedenen Ausführungsformen der ***U***-Schnittstellen.

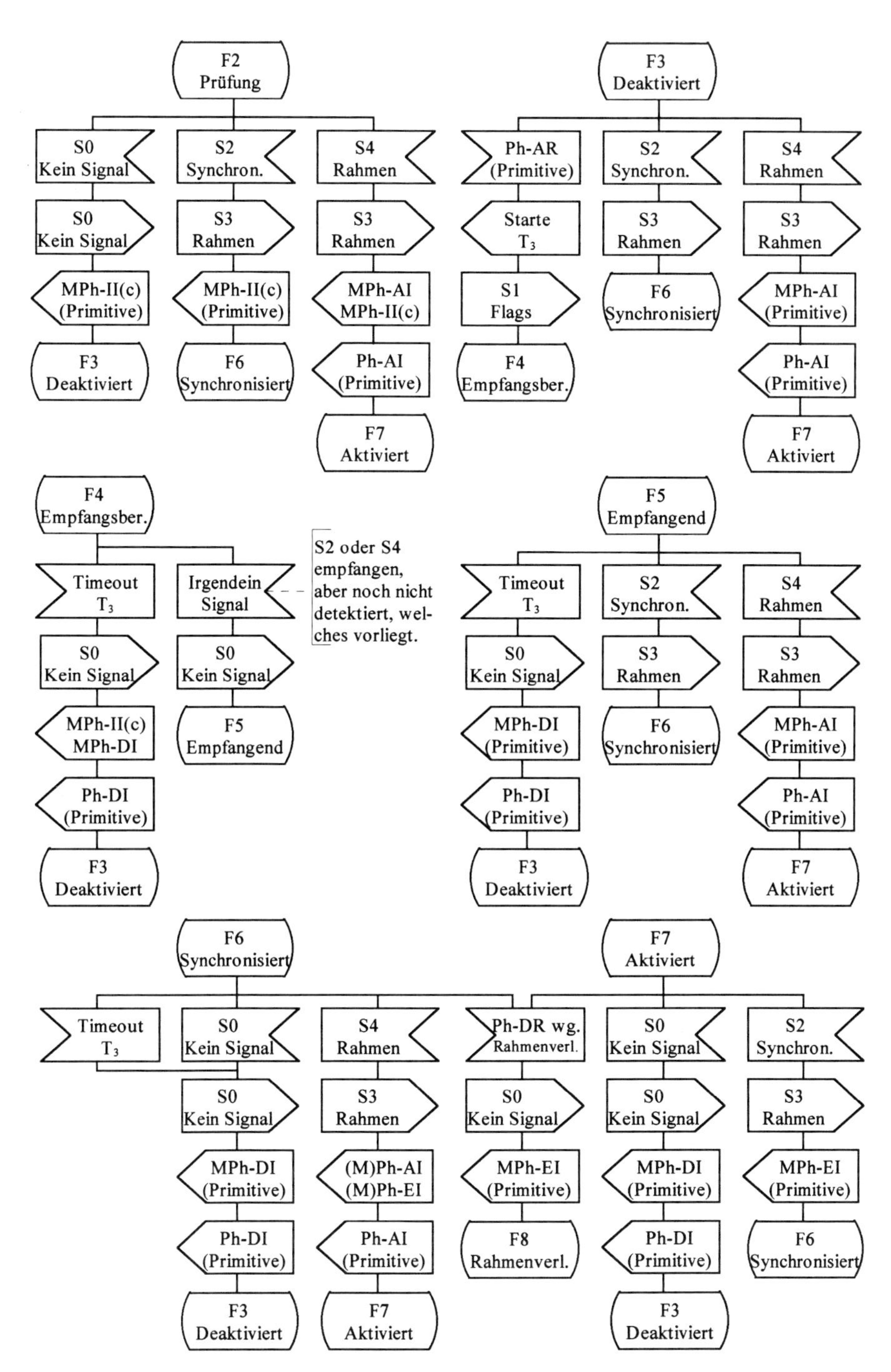

Abbildung 4.2-6a: SDL-Prozeßdiagramme der Aktivierungs- und Deaktivierungsprozeduren auf der TE-Seite (Zustände F2-F7). [I.430].

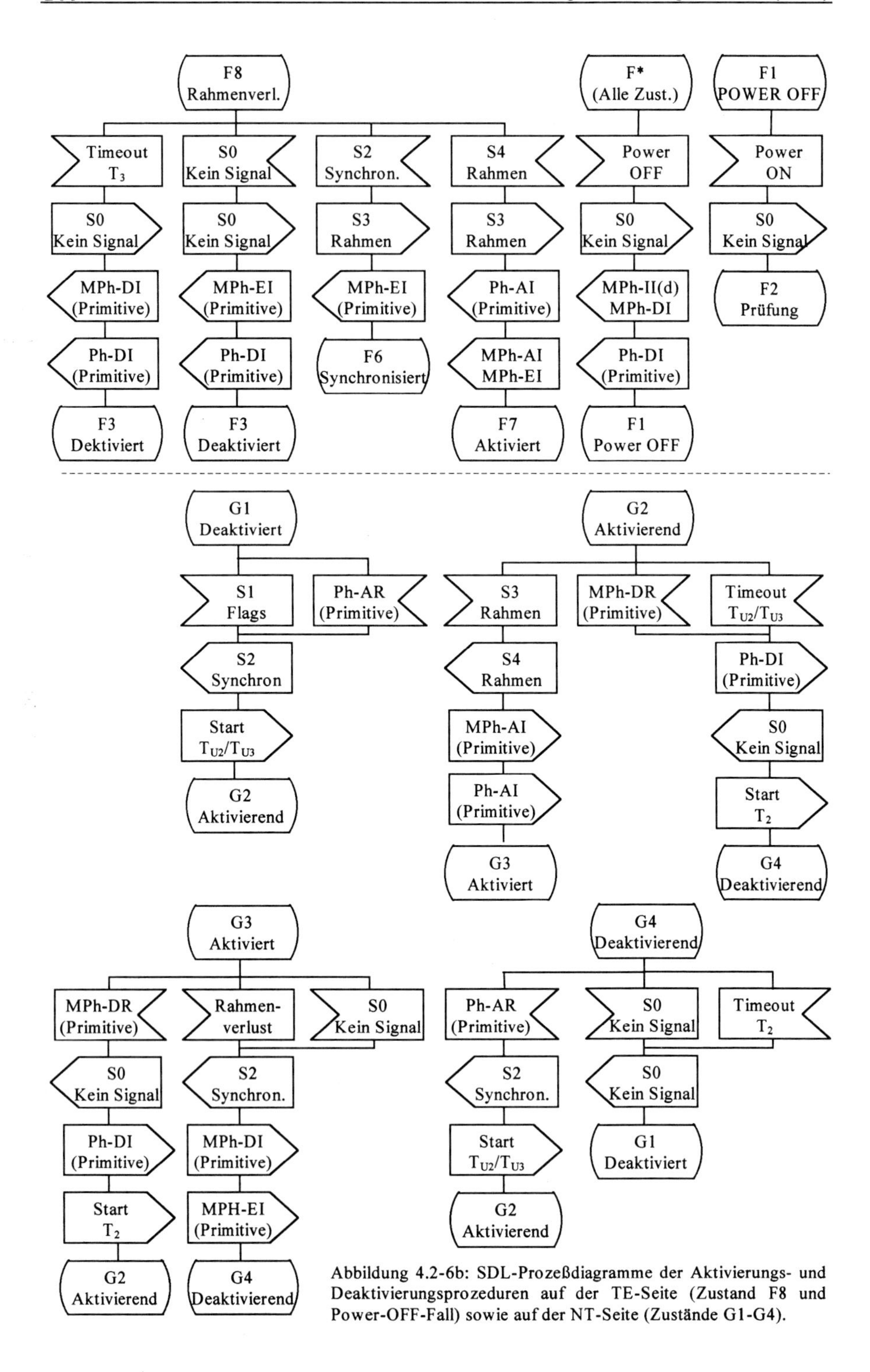

Abbildung 4.2-6b: SDL-Prozeßdiagramme der Aktivierungs- und Deaktivierungsprozeduren auf der TE-Seite (Zustand F8 und Power-OFF-Fall) sowie auf der NT-Seite (Zustände G1-G4).

4.2.3.8 Wartung (Maintenance)

Diese gegenüber der 1984er-Spezifikation neue optionale Funktion sieht mittels Unterstützung eines ***S-Kanals*** Richtung ***TE←NT*** und eines ***Q-Kanals*** Richtung ***TE→NT*** die Möglichkeit von Test, Wartung und Prüfschleifen auf der Schicht 1 der ***S_0-Schnittstelle*** vor. Solche tiefliegenden Maintenance-Funktionen gewinnen wegen der wachsenden Komplexität der Fundamente kommunizierender Systeme immer größere Bedeutung, was sich auch z.B. in der Festlegung eines aufwendigen Managements bei Lokalen Netzen neuerer Generation (z.B. FDDI; s. Abschn. 8.5.9.2: Bit-Signalling) gegenüber klassischen Realisierungen manifestiert.

Im Gegensatz zu den über das Netz zu transportierenden ***B-*** und ***D-Bits*** sind die ***S-*** und ***Q-Bits*** eine lokale Angelegenheit des ***S-Busses*** und werden nur zwischen (den) ***TE*** und dem ***NT*** ausgetauscht. Die Funktionalität dieser Bits wird als ***Mehrrahmensynchronisierung*** bezeichnet, da die ausgetauschten Informationseinheiten - hier: *Mitteilungen* genannt - sich aus Bitmustern zusammensetzen, die über mehrere ***Schicht-1-Rahmen*** verteilt sind. Die Strukturierungen von ***Q-*** uns ***S-Kanal*** sind wegen der Verstreutheit der Bits im ***Schicht-1-Rahmen*** entspr. Tabelle 4.2-3 wie folgt festgelegt:

- **Q-Bit-Identifikation**
  Das ***TE→NT-Q-Bit*** wird durch das ***F_A-Bit*** eines jeden fünften ***Rahmens*** realisiert und dies durch Inversionen der Binärwerte von ***F_AN*** (**10** statt **01**) der ***TE←NT-*** Richtung markiert. Dadurch können alle ***TE*** die Übertragung in den ***Q-Bit-*** Positionen synchronisieren und so eine Störung der gehenden ***F_A-Bits*** eines ***TE*** mit den ***Q-Bits*** eines anderen bei der Buskonfiguration vermeiden.
- **Mehrfachrahmenkennzeichnung**
  Der ***Q-Bit-Mehrfachrahmen*** besteht aus Vier-Bit-Symbolen ***Q_1 Q_2 Q_3 Q_4*** und wird synchronisiert, indem das ***M-Bit*** der Pos. 26 in jedem 20. kommenden ***TE←NT-Rahmen*** auf 1 gesetzt wird. Die ***TE*** synchronisieren sich auf die o.a. empfangenen ***F_A-Bit***-Inversionen und senden ***Q-Bits*** in jedem fünften Rahmen, in denen ***TE←NT-F_A-Bits*** = 1 sind. Wie ***TE***-Kollisionen beim Zugriff auf den ***Q-Kanal*** vermieden werden, ist nicht Bestandteil der Richtlinie I.430, sondern obliegt dem Implementierer.
- **Algorithmus zur S-Kanal-Strukturierung**
  Das auf Pos. 37 des ***TE←NT***-Rahmens stehende ***S-Bit*** nutzt die gleiche Kombination von ***F_AN***-Inversionen und ***M-Bits*** wie oben zur Strukturierung des ***Q-Kanals*** beschrieben. Es sind fünf Subkanäle(-channels) ***SC_n*** mit n = 1 - 5 mit jeweiligen Bitpositionen ***SC_{n1}*** bis ***SC_{n4}*** definiert, die die Übertragung jeweils eines Vier-Bit-Symbols pro Mehrfachrahmen mit entspr. 5 ms (= 20 x 250 µs) Dauer ermöglichen. Die Verwendung der Subkanäle ***SC_2*** bis ***SC_5*** selbst, nebst zugehörigen Protokollen ist Gegenstand weiterer Untersuchungen; derzeit müssen deren Bits mit **0** codiert werden.

Rahmen:	1	2	3	4	5	6	7	8	9	10	11	12	13	14	15	16	17	18	19	20
F_A ←	1	0	0	0	0	1	0	0	0	0	1	0	0	0	0	1	0	0	0	0
M ←	1	0	0	0	0	0	0	0	0	0	0	0	0	0	0	0	0	0	0	0
F_A →	Q_1	0	0	0	0	Q_2	0	0	0	0	Q_3	0	0	0	0	Q_4	0	0	0	0
S ←	SC11	SC21	SC31	SC41	SC51	SC12	SC22	SC32	SC42	SC52	SC13	SC23	SC33	SC43	SC53	SC14	SC24	SC34	SC44	SC54

Tabelle 4.2-3: Kennung von Q-Bit-Position, Mehrfachrahmen- und S-Kanalstruktur [I.430].

Die folgende Liste gibt Auskunft über die Bedeutung und Codierung der Bits von ***Q***- und ***SC₁-Kanal***. Die Mitteilungen sind nach Prioritäten geordnet aufgeführt. In Klammern dahinter steht das jeweils zugehörige Bitmuster, zu interpretieren als SC_{11} SC_{12} SC_{13} SC_{14} für die jeweils durch den Pfeil angegebene ***TE←NT***-Richtung bzw. Q_1 Q_2 Q_3 Q_4 für die ***TE→NT***-Richtung:

- **Anzeige Stromausfall** beim ***TE*** (**Loss of Power = LP**; 1111←,→)
  Die Mitteilung ist kurz vor Einleitung der Übertragung der ***Info S0*** vor Verlust der Rahmensynchronisierung in mindestens einem, max. drei Mehrfachrahmen zu senden. Dazu muß das ***TE*** über ausreichende Energiespeichermöglichkeiten verfügen, um die Übertragung für mindestens zwei volle Mehrfachrahmen von 10 ms Dauer sicherstellen zu können.
- **Selbsttest** (**Self Test = ST**):
  - **STP erfolgreich** (**-Pass**; **0010**←) bzw. **STF nicht erfolgreich** (**-Fail**; **0001**←): ***NT*** teilt den ***TE*** das Ergebnis des Selbsttests mit. Dieser wurde mit
  - **ST-Anforderung (0001→)**
    von mindestens einem ***TE*** angefordert. Während dessen Dauer sendet das ***NT*** die
  - **STI-Anzeige** (**-Indication; 0111**←)
- **Erkannter Anschluß-Übertragungssystem-Fehler**
  (**Detected Access System Transmission Error = DTSE**; alle ←)
  für jede güteüberwachte Dateneinheit wird eine DTSE-Mitteilung übertragen:
  - kommend und gehend (**1100**)
  - kommend (**1000**)
  - gehend (**0100**)
- **B-Kanal-Prüfschleifenanzeigen (Loopback B-Channel 1 bzw. 2 = LB1/LB2)**
  - LB1-Anforderung (**0111**→)
  - LB1I-Anzeige (**1101**←)
  - LB2-Anforderung (**1011**→)
  - LB1I-Anzeige (**1011**←)
  - LB1/2-Anforderung (**0011**→)
  - LB1/2I-Anzeige (**1001**←)
- **Anzeige Empfangssignalverlust (Loss of Received Signal = LRS**; **1010**←)
  NT meldet den ***TE***, daß das ***U***-Schnittstellen-Empfangssignal nicht identifizierbar ist.
- **Anzeige Betriebsunterbrechung**
  (**Disruptive NT Operation Indication = DOI**; **0011**←)
  NT zeigt den ***TE*** an, daß es unter Bedingungen arbeitet, die den normalen ***D-Kanal***-Datenfluß behindern können, wie
  - Rückschleife des kompletten ***2B+D***-Bitstroms zum Netz.
  - Anzeige vom Netz, daß seine Transparenz verlorenging und es ***D-Kanal***-Meldungen nicht bearbeiten kann.
  - Eine von einem Operator eingeleitete ***NT***-Prüfung, aufgrund derer ***D***-Nachrichtenflüsse in beide Richtungen abgebrochen werden.
  - Netzalarm, der zum Abbruch von ***D-Kanal***-Nachrichten führt.
  - Jede sonstige Aktion von Seiten des Benutzers oder Netzes, die zur ***D-Kanal***-Unterbrechung führt.
- **Slave/Master-Modi**. Die folgenden drei Mitteilungen sind für V.230 reserviert.
  - V-DTE-Slave-Modus (**1101**→)
  - V-DCE-Slave-Modus (**1100**→)
  - V-DCE-Master-Modus (**0110**←)
- **Frei** (**NORMAL**) (**0000**←,→) wird gesendet, wenn keiner der obigen Fälle vorliegt

4.2.3.9 Speiseprinzip und elektrische Eigenschaften

Abbildung 4.2-7 stellt das Phantom-Speiseprinzip des ***S_0-Bus*** sowie die Zweidraht-Vierdraht-Wandlung des Signals mit Hilfe des Echolöschverfahrens im ***NT*** dar.

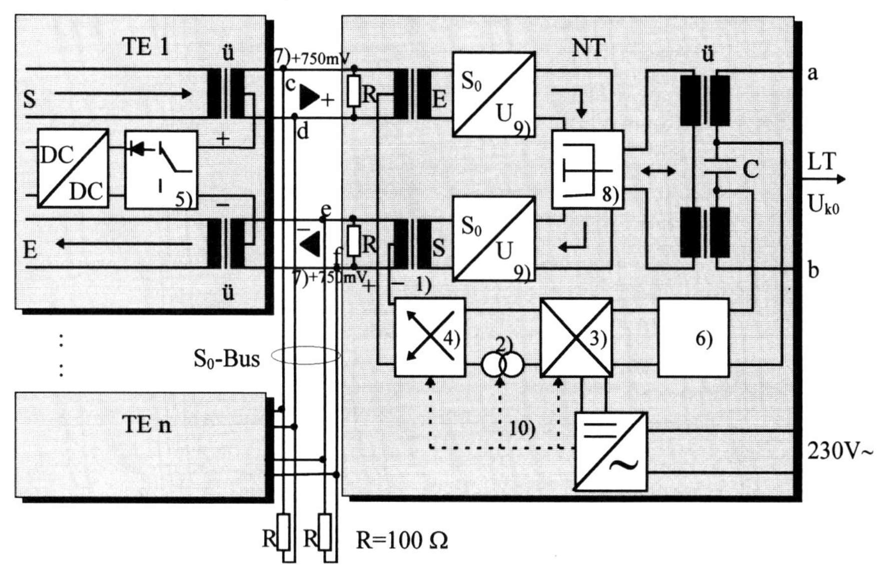

1) Polarität der Speisespannung im Normalbetrieb
2) Strombegrenzung
3) Stromversorgungsankopplung
4) Polaritätsumschalter für Notstromversorgung
5) Umschalter für Not- und Normal-TE
6) Stromversorgung von VSt (ET)
7) Polarität des positiven AMI-Pulses
8) Adaptiver Echokompensator
9) S_0/U_{k0} bzw. U_{k0}/S_0-Umsetzer
10) Notstromumschaltung

Abbildung 4.2-7: Speiseprinzip und Signalpfad über den S_0-Bus [KA2].

Dabei gilt:

- Im **Normalbetrieb** wird das ***NT*** über die ***U_{k0}***-Schnittstelle aus der ***DIVO*** gespeist.
- Die **ferngespeisten** ***TE*** (typisch Telefone) am ***S***-Bus werden von einem Netzgerät im ***NT*** über einen Phantomkreis versorgt.
- Der sog. **Notbetrieb** tritt ein, wenn die Netzversorgung via ***NT*** am Bus ausfällt. Dann wird der Bus mit reduzierter Leistung über die ***U_{k0}-NT***-Versorgung gespeist. Dieser Fall wird durch einen Polaritätswechsel der Versorgungsspannung angezeigt. Die spannungsversorgten ***TE*** müssen bis auf ein notspeiseberechtigtes in den **Low-Power-Zustand** gehen. Das notspeiseberechtigte ***TE***, typisch ein Telefon, stellt nur die Grundfunktionen zur Verfügung.

Die wichtigsten **technischen Daten** in Tabellenform:

- Fernspeisung Normalbetrieb:
  - Ausgangsspannung am ***NT***: +40V; +5%/–15%
  - Minimale Leistungsabgabe des ***NT***: 4,5 W
  - Maximale Leistungsaufnahme eines ***TE***: 900 mW

- Maximale Leistungsaufnahme eines ***TE*** im Power-Down-Mode (***deaktiviert***): 100 mW
- Fernspeisung Notbetrieb:
  - Ausgangsspannung am ***NT***: –40V; +5%/–20%
  - Minimale Leistungsabgabe des ***NT***: 420 mW
  - Maximale Leistungsaufnahme des notspeiseberechtigten ***TE***: 400 mW
  - Maximale Leistungsaufnahme des nicht notspeiseberechtigten ***TE***: 25 mW
- Strombegrenzung: 150 mA im Normalbetrieb, 15 mA im Notbetrieb
- Maximale Stromänderungsgeschwindigkeit: 5 mA/μs (z.B. durch Polaritätsumkehr vom Normal- zum Notbetrieb)
- Bitrate: 192 kbps ± 100 ppm Toleranz.
- Abschlußwiderstand: 100 Ω ± 5% zu beiden Seiten der S_0-Schnittstelle,
- Impulsspannung am Senderausgang: 750 mV
- Dämpfung: max. 6dB bei 96 kHz (Grundfrequenz der Bruttobitrate von 192 kbps)
- Die Pulsmaske am Senderausgang ist in der Abbildung 4.2-8 dargestellt. Die grau schraffierte Zone stellt den Toleranzbereich des Nominalpulses dar. Die Pulsdauer von 5,21 μs invertiert ergibt die Bitrate von 192 kbps.

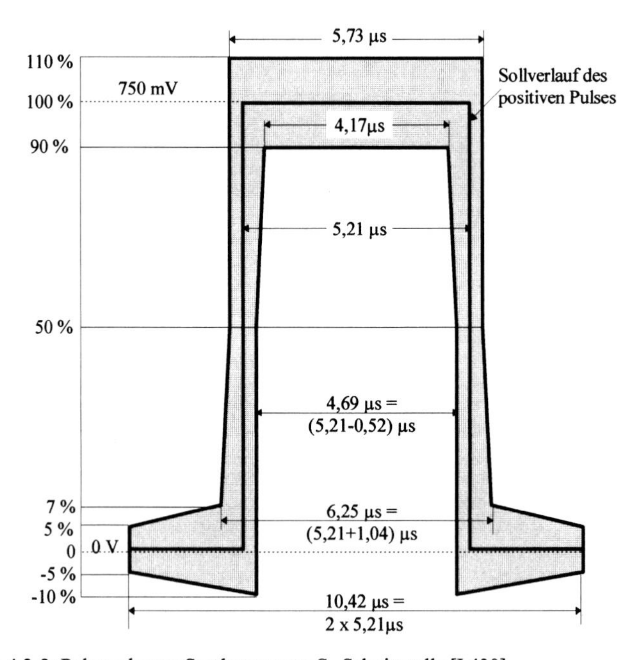

Abbildung 4.2-8: Pulsmaske am Senderausgang S_0-Schnittstelle [I.430].

4.2.4 Die U_{k0}-Schnittstelle

4.2.4.1 Konfiguration und Übertragungstechnik Echolöschverfahren

Diese Schnittstelle ist für die Punkt-zu-Punkt-Anbindung des ***NT*** an die ***DIVO***, konkret die ***LT*** vorgesehen. Sie unterliegt nicht internationaler Normung, sondern hängt von den jeweiligen nationalen Gegebenheiten ab. Insbesondere wird es durch die Wahl der Übertragungstechnik ermöglicht, über die bereits vorhandenen Leitungen zum Anschluß analoger Telefone an das analoge Fernsprechnetz jetzt Digitalsignale mit einer Bandbreite von ca. 60 kHz statt 4 kHz über mehrere km zu übertragen. Die im folgenden beschriebenen Funktionen können großteils mit dem in Abschn. 5.3.1 beschriebenen Siemens-Transceiver IEC-T ausgeführt werden.

Wäre diese Bedingung nicht einhaltbar gewesen, indem diese Leitungen hätten neu verlegt oder mehrfach durch Regeneratoren unterbrochen werden müssen, wäre dies ein enormer Hemmschuh für die Einführung des ***ISDN*** gewesen. So können durch eine optimierte Übertragungstechnik mittels des Echolöschverfahrens über 99,5% der verlegten Leitungen - das sind Längen unterhalb von ca. 8 km - ohne weiteren physikalischen Eingriff weiterverwendet werden.

Abbildung 4.2-9 stellt den Signalweg und die zugehörigen Echos, die bei einer Leitung unterdrückt werden müssen, dar. Dazu werden aus dem Sendesignal die zu erwartenden Echos mittels Transversalfiltern nachgebildet und zusätzlich zu dem empfangenen Signal auf der eigenen Empfangsseite invertiert und zeitlagenrichtig eingespeist.

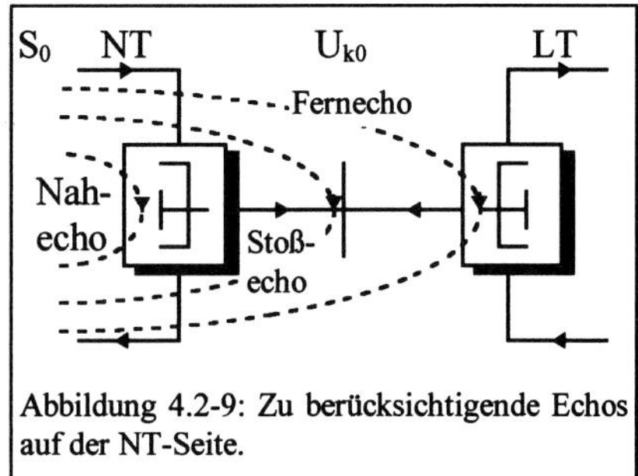

Abbildung 4.2-9: Zu berücksichtigende Echos auf der NT-Seite.

Ein sendeseitiger Verwürfler (Scrambler) sorgt dafür, daß sich unabhängig von den gerade zu übertragenden Bitmustern sendeseitige und empfangsseitige physikalische Impulsfolgen unterscheiden, da andernfalls die Funktionsweise des Gleichlageverfahrens beeinträchtigt wäre. Ein empfangsseitiger Entwürfler (Descrambler) macht die sendeseitige Verwürflung wieder rückgängig. Sende- und empfangsseitige Verwürfler unterscheiden sich durch die Werte der verwendeten (in der BRD 23) Polynomkoeffizienten.

Ein *Echofenster* ist die Zeitdauer, innerhalb der Echos von Relevanz zu erwarten sind. Seine Länge hängt vor allem von der physikalische Leitungslänge und davon ab, wie stark der Wellenwiderstand der Leitung von den Widerständen der Stoßstellen in Betrag und Phase abweicht. Da hier sehr unterschiedliche Gegebenheiten vorliegen können, wird das Transversalfilter mit selbstadaptierenden Koeffizienten ausgeführt. Dominant wird immer das Nahecho sein, Stoßstellen- und Fernecho umso mehr, je kürzer die Leitung ist. Eventuell sind innerhalb eines Echofensters Reflexionen mehrerer Pulse, und bei kurzen Leitungen Mehrfachreflexionen zu berücksichtigen.

Da der physikalische Verlauf des zum Empfänger gelangenden Signals sehr *analog* sein kann, wird es hochfrequent *overgesampelt* und die so entstehenden Pulse mit Hilfe des Transversalfilters kompensiert. Das Ergebnis sollte eine Pulsfolge sein, die der des reinen Empfangssignals möglichst ähnlich ist. Das Know-How zum Aufbau solcher Filter ist aus der Analogtechnik von Transozean- und Satellitenverbindungen vorhanden.

4.2.4.2 Rahmenaufbau

Abbildung 4.2-10 stellt den Rahmenaufbau auf der $\boldsymbol{U_{k0}}$-Schnittstelle dar.

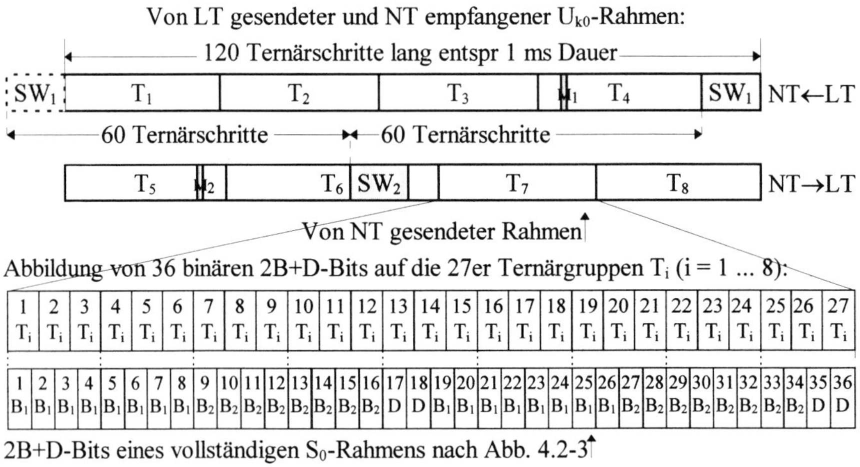

Von LT gesendeter und NT empfangener U_{k0}-Rahmen:

120 Ternärschritte lang entspr 1 ms Dauer

SW₁ (gestrichelt)	T₁	T₂	T₃	M₁ T₄	SW₁	NT←LT

60 Ternärschritte — 60 Ternärschritte

T₅ M₂	T₆	SW₂	T₇	T₈	NT→LT

Von NT gesendeter Rahmen

Abbildung von 36 binären 2B+D-Bits auf die 27er Ternärgruppen T_i (i = 1 ... 8):

1	2	3	4	5	6	7	8	9	10	11	12	13	14	15	16	17	18	19	20	21	22	23	24	25	26	27
T_i	T_i	T_i	T_i	T_i	T_i	T_i	T_i	T_i	T_i	T_i	T_i	T_i	T_i	T_i	T_i	T_i	T_i	T_i	T_i	T_i	T_i	T_i	T_i	T_i	T_i	T_i

1	2	3	4	5	6	7	8	9	10	11	12	13	14	15	16	17	18	19	20	21	22	23	24	25	26	27	28	29	30	31	32	33	34	35	36
B_1	B_1	B_1	B_1	B_1	B_1	B_1	B_1	B_2	B_2	B_2	B_2	B_2	B_2	B_2	B_2	D	D	B_1	B_1	B_1	B_1	B_1	B_1	B_1	B_1	B_2	B_2	B_2	B_2	B_2	B_2	B_2	B_2	D	D

2B+D-Bits eines vollständigen S_0-Rahmens nach Abb. 4.2-3

Abbildung 4.2-10: Schicht-1-Rahmenaufbau auf der U_{k0}-Schnittstelle [KA2].

Die 144 kbps schnellen, von der $\boldsymbol{S_0}$-Schnittstelle ankommenden 36 ***2B+D***-Bits jeweils eines ***S_0-Rahmens*** werden zunächst entspr. o.A. verwürfelt und dann gemäß den in Tabelle 4.2-1 angegebenen 4B3T-Codierungsregeln in Ternärstufen umgewandelt, woraus sich eine Schrittgeschwindigkeit von ¾·144 kbd = 108 kbd ergibt. Die übrigen Bits der $\boldsymbol{S_0}$-Schnittstelle werden im ***NT*** konsumiert bzw. bzgl. $\boldsymbol{S_0}$ generiert.

Dafür werden via $\boldsymbol{U_{k0}}$ entspr. der Abbildung 1 kbd Meldeworte M_1 und M_2 sowie 11 kbd Synchronworte $SW_1 = SW_2 = + + + - - - + - - + -$ gemäß einem elfstufigen Barker-Code eingefügt, so daß sich auf der $\boldsymbol{U_{k0}}$-Schnittstelle nun eine Bruttobaudrate von 120 kbd ergibt, die eine Bandbreite von 60 kHz benötigt (gegenüber 96 kHz bei einer transparenten Übertragung von ***S_0-Rahmen***). Der verwendete Code hat eine zur Synchronisierung optimale Autokorrelationsfunktion (AKF). Die M-Bits werden zur Schnittstellenverwaltung verwendet: M_1 zum Schalten von Prüfschleifen und M_2 zum Melden von Rahmenfehlern.

4.2.4.3 Aktivierung, Deaktivierung und Primitives

Grundsätzliche Ausführungen zu ***Aktivierung*** und ***Deaktivierung*** siehe Abschn. 4.2.3.7. Zum **Kennzeichenaustausch** gehören außer der Speisung des ***NT*** von der ***DIVO***:

- ***Aktivierung*** der Schnittstelle mit Transparentschalten der ***B-*** und ***D-Kanäle*** in der ***DIVO*** und ***NT***. Diese kann von beiden Seiten durch kommende bzw. gehende Belegung erfolgen, bei der ***DIVO*** zusätzlich zu Prüfzwecken nur bis zum ***NT***.
- Störungsbehandlung bei Nichtzustandekommen und Verlust der Synchronisation.
- ***Deaktivierung*** der Schnittstelle durch die ***DIVO***.

Zur Steuerung dieser Funktionen werden ***U-Infos*** verwendet, die Funktionen ähnlich den ***S-Infos*** der ***S_0***-Schnittstelle haben und vom ***NT*** auf diese abgebildet werden (bzw. umgekehrt). Die Indizes geben vergleichbare Funktionen an.

***Info*-Tabelle *NT→DIVO* (gehende *Rahmen*)/*NT←DIVO* (kommende *Rahmen*):**	
U0	Kein Signal.
U1W/ U2W	**Wecksignal**: 16 x + + + + + + + + − − − − − − − − = 256 Pulse entspr. 7,5 kHz Grundfrequenz und einer Dauer von 2,133 ms.
U1A	**Asynchronsignal**: Binäre Dauer-**0,** kein ***Rahmen*** (ternäre 0 statt Synchronwort). Geht während der Synchronisierung vom asynchronen in den synchronen Zustand über.
U1/U2	***Rahmen*** mit ***B = D =* 0**, M = y/x.
U3/U4H	Voll betriebsbereiter, synchronisierter ***Rahmen*** mit ***B = D =* 1**, M = y/x.
U5/U4	Voll betriebsbereiter, synchronisierter ***Rahmen*** mit ***B = D =*** M = y/x.

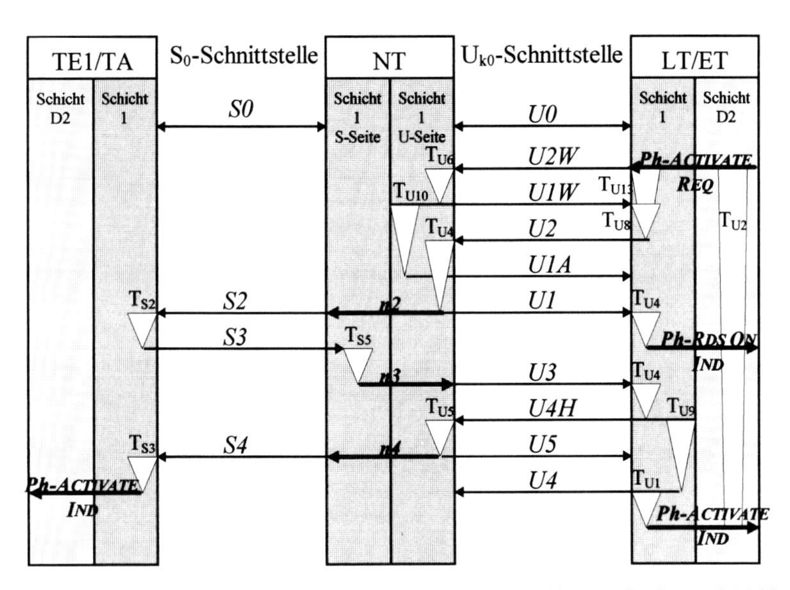

Abbildung 4.2-11: Kommende Aktivierungsprozedur: INFOs, Primitives, Zeitgeber und Meldungen auf S_0- und U_{k0}-Schnittstelle [KA1].

Es folgt eine Kurz-Beschreibung der in Abbildung 4.2-11 dargestellten kommenden ***Aktivierungsprozedur*** (nur Gut-Fälle betrachtet); die T_{Ui} und T_{Si} stellen Zeitgeber dar. Die Gesamtprozedur zerfällt in zwei Phasen: die Weckphase mit ***U1W*** und ***U2W***, bei der im Power-Down-Mode befindliche ***NT***-Geräteteile geweckt werden, sowie die eigentliche Startphase, bei der Bit- und Rahmensynchronismus hergestellt werden. Eine SDL-Übersicht der ***NT/TE***-Seite wurde bereits in Abbildung. 4.2-6b dargestellt.

1. ***DIVO*** stößt nach einem ***Ph-AR*** von ***D2*** die ***Aktivierung*** mit ***U2W*** an, die ggf. überwacht durch T_{U13} = 12 ms einmal wiederholt wird. T_{U2} = 30 - 35 s wird zur Überwachung des Gesamtaktivierungsvorgangs gestartet.
2. ***NT*** quittiert nach der Ansprechzeit T_{U6} = 2,66 ms (20 Perioden ***U2W***) mit ***U1W,*** der Startverzögerungszeitgeber T_{U10} = 13 ms wird gestartet, wovor ***U2*** eintreffen muß.
3. ***DIVO*** stoppt T_{U13}, startet T_{U8} = 9,66 ms, und antwortet nach Ablauf mit ***U2***.
4. ***NT*** synchronisiert sich auf ***U2*** und startet $T_{U4} \leq 78$ ms, wonach die Synchronisierung ***NT***-seitig abgeschlossen ist. Nach Ablauf von T_{U10} wird ***U1A*** gesendet, nach Ablauf von T_{U4} ***U1A*** durch ***U1*** ersetzt. Gleichzeitig wird ***S2*** (s. Abschn. 4.2.3.7) auf die ***S_0***-Schnittstelle gestellt und damit die ***Aktivierung*** erstmals auf den ***S***-Bus weitergereicht.
5. ***NT*** empfängt von ***S_0*** ***S3*** und meldet dies nach T_{S5} = 750 µs an ***DIVO*** mit ***U3***.
6. ***DIVO*** startet T_{U4}, antwortet danach mit ***U4H*** und startet T_{U9} = 1ms entspr. einer Rahmendauer ***U4H***.
7. ***NT*** startet T_{U5} = 110 µs, sendet nach Ablauf ***S4*** via ***S_0*** und ***U5*** via ***DIVO***.
8. ***DIVO*** sendet nach Ablauf von T_{U9} ***U4*** zum ***NT*** und meldet nach T_{U1} = 1ms (eine ***U_{k0}***-Rahmendauer) die abgeschlossene ***Aktivierung*** mit ***Ph-AI*** an ***D2***.

Nun ist noch im ***NT*** das Zusammenspiel von ***S_0***- und ***U_{k0}***-Schnittstelle zu regeln. Dazu sind sog. *Meldungen* ***nx*** im ***NT*** zwischen der ***S_0-Schicht 1*** und der ***U_{k0}-Schicht 1*** entspr. Tabelle 4.2-4 definiert. Zusätzlich sind hier die *Meldungen* für die nicht weiter beschriebene *gehende* ***Aktivierung**** und die ***Deaktivierung*** angegeben.

S_0-Schnittstelle	Meldung/ Richtung	***U_{k0}***-Schnittstelle
Erkennen der ***Aktivierungs***-Anforderung ***S1***	***n1****/→	Aussenden des Wecksignals ***U1W***
Aussenden ***S2*** (Wecksignal für ***TE*** bei ankommendem Ruf)	***n2***/←	Erkennen ***U2*** und Aussenden ***U1*** in Richtung ***LT/ET***. ***NT*** auf Netztakt synchronisiert.
Erkennen von ***S3***; ***NT***-Empfänger empfangsbereit	***n3***/→	Aussenden ***U3***
Aussenden ***S4***; ***B*** und ***D*** transparent	***n4***/←	Erkennen ***U4H,*** dann Aussenden ***U5***
Erkennen der ***Deaktivierungs***-Quittung ***S0***	***n5***/→	
Aussenden des ***Deaktivierungs***-Befehls ***S0***	***n6***/←	Erkennen des ***Deaktivierungs***-Befehls ***U0***, dann Aussenden ***U0***

Tabelle 4.2-4: Meldungen im NT zur Abwicklung von Aktivierungs- und Deaktivierungsprozedur.

Zu diesem *Meldungsbegriff* ist anzumerken, daß es sich um Kommunikationselemente handelt, die eine Zwitterfunktion zwischen *Primitives* und *Protokollelementen* ausführen. *Protokollelementcharakter* haben sie, da sie zwischen hierarchisch gleichstehenden Instanzen ausgetauscht werden, *Primitivecharakter*, da sie systemintern verwendet werden, um letztendlich Primitives der einen Richtung auf solche in die andere abzubilden. Sie sind typisch bei OSI-Transitsystemen die Kommunikationselemente zwischen den beiden (oder mehreren) Instanzen der jeweils höchsten Schicht für jede gehende bzw. kommende Richtung.

In Tabelle 4.2-5 ist eine Liste der in ***NT2/ET*** verwendeten Primitives angegeben, soweit sie rein die U_{k0}-Schnittstelle betreffen; solche die sich auch auf S_0 beziehen sind in Tabelle 4.2-2 angegeben.

xx	Name	Typ:REQ	Typ:IND	Inhalt der Nachricht/Parameter
Ph	AWAKE	-	x	Wecken von Power-Down-ICs
Ph	RDS-ON	-	x	Laufende Digitale Summe RDS aktiviert
Ph	LOOP-1/-2/-4	x	-	Prüfschleifen 1/2/4 schließen

Tabelle 4.2-5: Weitere NT2/ET-U_{k0}-Primitives zwischen Schicht 1 und Schicht 2 des D-Kanals [KA1].

4.2.4.4 Fehlerüberwachung und Prüfschleifen

Zur Fehlerüberwachung wird zum einen der Schwellwert des Speisestroms von ca. 50 mA herangezogen. Die ***RDS*** ist eine Größe, die aufgrund der Codierungsregeln des 4B3T-Codes bestimmte Werte im Fall einer korrekten Betriebsweise nicht überschreitet. Dabei werden einfach die aufeinanderfolgenden (Tri)-Bits wie Zahlen aufaddiert. Das Ergebnis darf zu keinem Zeitpunkt –1 unter- bzw. +4 überschreiten. Die ***RDS*** wird permanent in den Empfangsdecodern ausgewertet.

Andere Fehler sind unzulässig lange 0-Folgen, die die Codierungsregel zwar nicht verletzen, aber einfach durch Senderausfall der Gegenstelle auftreten. Der Service-Kanal M_2 dient entspr. Abbildung 4.2-12 zur Meldung von Rahmenfehlern ***NT→ ZWR→LT→ET***. Überschreitet die Rahmenfehlerhäufigkeit den Wert von 10/s in zehn aufeinanderfolgenden Sekunden gemessen, wird der Teilnehmeranschluß deaktiviert. Dies entspricht einer Rahmenfehlerrate von 1% und liegt viele Zehnerpotenzen über dem Normfehler solcher Strecken. Man muß bei diesen Werten davon ausgehen, daß dann im ***D-Kanal*** CRC-Fehler so häufig auftreten, daß dort ohnehin nichts mehr läuft.

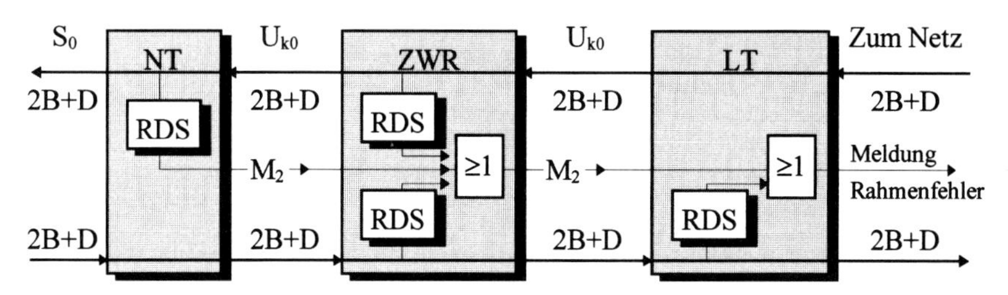

Abbildung 4.2-12: Meldung von Rahmenfehlern durch die RDS-Überwachung [KA2].

Um Störungen zu lokalisieren, sind aus ***DIVO***-Richtung entspr. Tabelle 4.2-5 Prüfschleifen über ***die B-Kanäle*** und den ***D-Kanal*** in ***LT***, ***ZWR*** und ***NT*** schließbar. Der Befehl zum Schließen einer Schleife erfolgt über den M-Kanal. Außerdem können Schleifen im ***TE*** und ***TA*** geschlossen und von dort gesteuert werden.

4.2.4.5 Speiseprinzip und elektrische Eigenschaften

Die wichtigsten technischen Daten in Tabellenform:

- Für Schleifenwiderstände bis 600 Ω ungeregelte Versorgungsspannung des ***NT*** von 50 ... 71 V.
- Für Schleifenwiderstände > 600 Ω geregelte Versorgungsspannung des ***NT*** bzw. ***Zwischenregeneratoren*** (***ZWR***) von 93 ± 3 V.
- Maximale Speisereichweite 1400 Ω.
- Gleichstromschleifenwiderstand bis zum ***ZWR*** < 1000 Ω.
- Normalbetrieb: Leistungsaufnahme des ***NT*** < 350 mW.
- Notbetrieb: Leistungsaufnahme ***NT*** und ein notspeiseberechtigtes Telefon < 800 mW
- Leistungsaufnahme ***ZWR*** < 500 mW
- Strombegrenzung: 50 ± 5 mA
- Baudrate: 160 kbps bzw. 120 kbd
- Impulsspannung am Senderausgang: 2V

4.2.5 Die U_{p0}-Schnittstelle

4.2.5.1 Aufgaben, Betriebsweise und Konfiguration

Diese nationale vom ZVEI in der Richtlinie DKZ-N Teil 1.2 spezifizierte Schnittstelle ist für den Anschluß von ***EE*** (***EndEinrichtungen*** entspr. den ***TE***) direkt oder über eine Netzabschlußleitung an eine ***TKAnl*** definiert. Auf ***Schicht 1*** wird das in Abschn. 4.2.2 beschriebene zweidrahtige Zeitgetrenntlageverfahren (Index *p* steht für *Ping-Pong*) verwendet. Die Kanalstruktur ***2·B***(64 kbps)+***D***(16 kbps) sowie die höheren Schichten sind mit denen der S_0- und U_{k0}-Schnittstellen identisch. Abbildung 4.2-13 stellt das Anschlußscenario dar. Die in der Folge angegebenen Funktionen können großteils mit den in Abschn. 5.3.1 beschriebenen Siemens-ICs IBC, ISAC®-P und ISAC®-PTE - letztere zusätzlich mit ***Schicht-D2***-Funktionen - ausgeführt werden.

Das Äquivalent der netzseitigen Einheit ***NT*** wird hier, sofern vorhanden, als ***PT*** = ***Private Termination*** bezeichnet. Sie dient dazu, zur ***EE*** die Standard-S_0-Vierdrahtleitung zwecks Mehrpunktfähigkeit zu erweitern, die mit dem Direktanschluß der ***EE*** nicht möglich ist. $PS_{1,2}$ bezeichnen Prüfschleifen.

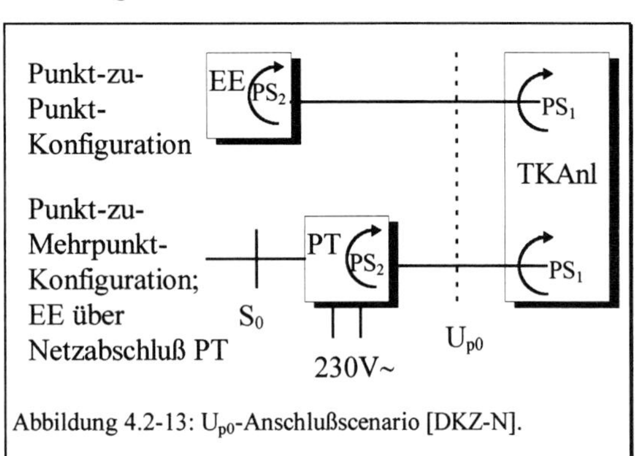

Abbildung 4.2-13: U_{p0}-Anschlußscenario [DKZ-N].

Folgende **Reichweitenbedingungen** des Kabels sind einzuhalten:

- **Kabeldämpfungsreichweite**:
  ≤ 26 dB bei 192 kHz (z.B. 0,6 mm PVC-Kabel: 1,7 km)

- **Kabellaufzeitreichweite**:
  $\leq$ 23 µs je Richtung (z.B. 0,6 mm Erdkabel: 3,9 km)
- **Speisereichweite** - gemessen in Ω -
  ist in Abhängigkeit vom Wert der Strombegrenzung der ***TKAnl*** und der ***EE***- bzw. ***PT***-Leistungsaufnahme anzugeben. Die Werte erfolgen weiter hinten. (z.B. 0,4 mm Erdkabel: 2,1 km).

Die o.a. Werte sind die kleinsten Werte und bestimmen den Kabeltyp. ***EE*** sind mit dem Schnittstellenort über ein Kabel verbunden, dessen Länge gegenüber o.a. Werten vernachlässigbar sein muß.

4.2.5.2 Funktionale Eigenschaften

Leitungscode:
Es wird wie auf der S_0-Schnittstelle der AMI-Code, allerdings in einer RZ-Version und mit der Codierung **0**=0V, 1=±U_m verwendet. Ein Beispiel ist in Abbildung 4.2-1 dargestellt.

Funktionen:

- Zweiseitig gerichtete transparente Übertragung der beiden 64-kbps-***B-Kanäle***. Der binäre Datenstrom wird mit dem 7-Bit-Polynom $1+x^{-6}+x^{-7}$ verwürfelt.
- bidirektionaler, transparenter ***D-Kanal*** mit einer Bitrate von 16 kbps.
- bidirektionaler 2-kbps-Maintenance-(=***M***)-Kanal für Servicefunktionen.
- Bit- und Rahmensynchronisation des Empfängers und des Sendesignals der ***EE*** auf die ***TKAnl***-Bit- und Rahmentakte.
- ***Aktivierung*** und ***Deaktivierung*** der Schnittstelle.
- Melden von Codefehlern durch die ***EE*** an die ***TKAnl***.
- Speisung der ***EE***(***PT***).
- Prüfschleifensteuerung.

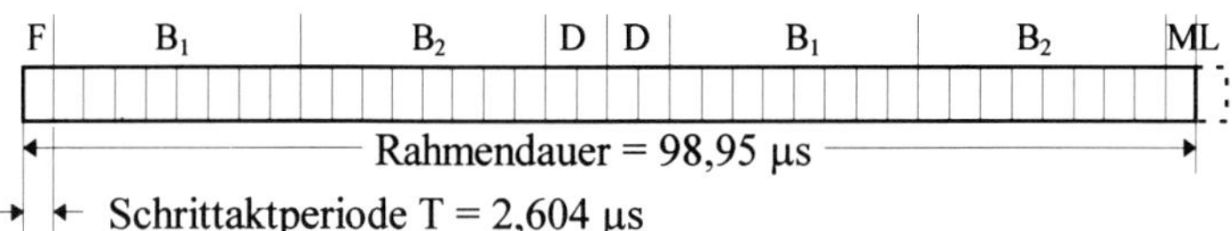

1 Codeverl.	M_1	LOOP/ RDS	M_2

Abbildung 4.2-14: Schicht-1-Rahmen- und -Überrahmenstruktur des M-Bits [DKZ-N].

Abbildung 4.2-14 stellt den ***Schicht-1-Rahmen*** sowie einen 4-Bit-***Schicht-1***-Überrahmen des M-Bits zur Übertragung von Servicedaten dar.
Für den **Rahmenaufbau** gilt:

- Ein ***Rahmen*** besteht aus 38 pseudoternären Schritten und enthält neben Steuerbits ***F*** und ***M*** je zwei Oktetts der ***Kanäle*** B_1 und B_2 sowie vier Bits des ***D-Kanals***. Optional kann in jedem vierten ***Rahmen*** ein ***L-Ausgleichsbit*** zur Gleichanteilverringerung infolge der Codeverletzung durch das ***M-Bit*** (s.u.) angehängt werden.

- Jeder ***Rahmen*** beginnt mit dem Rahmensignalbit *F*=1. Außerdem wird während der Synchronisationsphase die Polarität des ***F-Bits*** so eingestellt, daß sie gleich derjenigen des letzten 1-Bits im vorausgegangenen ***Rahmen*** der gleichen Richtung ist, was die ***AMI***-Codierungsregel verletzt und einen Gleichanteil produziert. Ist die Schnittstelle aktiv, entfällt diese Codeverletzung.
- Die Bits nichtbelegter ***B-*** und ***D-Kanäle*** werden mit **0** codiert.

Für den **Überrahmenaufbau** gilt:

- Seine Erkennung erfolgt durch Setzen von *M*=1 mit ***AMI***-Codierungsverletzung in jedem vierten ***Rahmen***. Das ***LOOP/RDS-Bit*** des Überrahmens benutzt die ***TKAnl*** zum Schalten der Prüfschleife PS_2 in der ***EE(PT)***, welche ihrerseits dieses Bit zur Meldung von Übertragungsfehlern (RDS-Fehler) verwendet.
- M_1 und M_2 bilden einen 2 kbps-Service-Kanal.

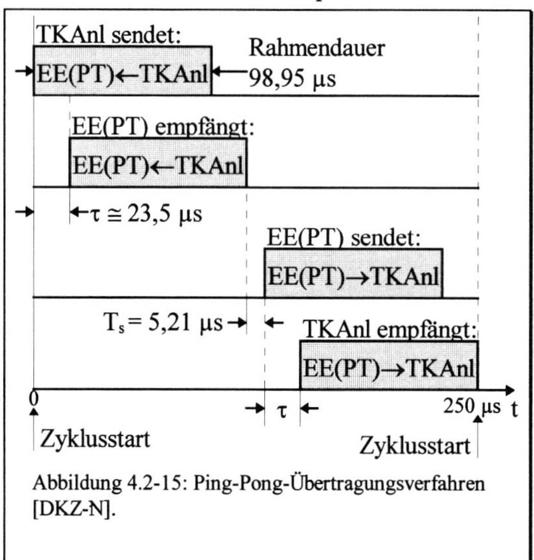

Abbildung 4.2-15: Ping-Pong-Übertragungsverfahren [DKZ-N].

Für das Übertragungsverfahren nach Abbildung 4.2-15 gilt:

- Die ***TKAnl*** beginnt in periodischer Abfolge von jeweils 250 µs einen Übertragungszyklus, der je einen Burst ***EE←TKAnl*** und ***EE→TKAnl*** enthält.
- Die ***EE*** muß zwischen dem Ende eines empfangenen ***Rahmens*** und dem Beginn eines gesendeten ***Rahmens*** eine Schutzzeit T_s = 5,21 µs entsprechend zwei Schrittlängen einhalten, während der das ***L-Bit*** gesendet wird.
- Die Schrittgeschwindigkeit beträgt 384 kbaud entspr. einer Schrittdauer von 2,604 µs, einer Rahmendauer von 38 x 2,604 µs = 98,95 µs und einer Gesamtübertragungszeit von 2 x 98,95 µs + T_s = 203,11 µs pro Zyklus. Die verbleibende Zeit innerhalb des Zyklus von (250–203,11) µs = 47 µs ist die für die Übertragung der beiden ***Rahmen*** maximal zur Verfügung stehende Laufzeit.

4.2.5.3 Aktivierung und Deaktivierung

Grundsätzliche Ausführungen zu ***Aktivierung*** und ***Deaktivierung*** siehe Abschn. 4.2.3.7. Zum **Kennzeichenaustausch** gehören außer der Speisung:

- ***Aktivierung*** der Schnittstelle mit Transparentschalten der ***B-*** und ***D-Kanäle*** in der ***TKAnl*** und der ***EE(PT)***. Diese kann von beiden Seiten durch kommende bzw. gehende Belegung erfolgen, bei der ***TKAnl*** zusätzlich zu Prüfzwecken.

- Störungsbehandlung bei Nichtzustandekommen oder Verlust der Synchronisation.
- ***Deaktivierung*** der Schnittstelle durch die ***TKAnl***.

Zur Steuerung dieser Funktionen werden ***P-Infos*** verwendet, die Funktionen ähnlich den ***S-Infos*** der S_0-Schnittstelle bzw. den ***U-Infos*** der U_{k0}-Schnittstelle haben. Die Indizes geben vergleichbare Funktionen an.

Info*-Tabelle *EE(PT)→TKAnl/EE(PT)←TKAnl (gehende/kommende ***Rahmen***):	
P0	Kein Signal
P1W/ P2W	**Asynchrones Wecksignal** mit 2 kHz Wiederholrate entspr. 500 µs Abstand; Codierungsverletzung im ***F-Bit***, *M*=1. ***B-*** und ***D-Bits*** sind nach einem bestimmten Muster codiert./Schließen der Prüfschleife 1.
P1/ P2	Wie ***P1W***, nur daß M_1=M_2=1, ***LOOP/RDS***=transparent, und auf den Empfangstakt synchronisiert. 4 kHz Wiederholrate entspr. 250 µs Abstand. Antwort auf ***P2***./Stellt alle für die Synchronisation der ***EE(PT)*** notwendigen Elemente zur Verfügung.
P3/P4	Voll betriebsbereiter, synchronisierter ***Rahmen***.

Timer T_{Px} für die Überwachung der Kennzeichenabläufe:		
x	Zeit	Aufgabe: Zeit zur...
0	1 ... 5 s	Überwachung der Synchronisation der ***EE(PT)*** durch die ***TKAnl***.
1	1 ... 5 s	Überwachung des erfolgreichen Abschlusses der ***Aktivierungsprozedur***.
2	≤10 ms	Erkennung des Wecksignals.
3	≤ 100 ms	Entzerreradaption, Bittakt- und Rahmensynchronisation.
4	2 Rahmen (500 µs)	Erkennung des zweimaligen Ausbleibens der Codierungsverletzung im ***F-Bit***.
5	8 Rahmen (2 ms)	Erkennung des achtmaligen Ausbleibens von Rahmensignalen (***Deaktivierung***).

Kurz-Beschreibung der ***Aktivierungsprozedur*** (nur Gut-Fälle betrachtet):

1. ***EE(PT)*** mit ***Aktivierungs***-Wunsch sendet ***P1W*** zur ***TKAnl*** (entfällt bei kommender ***Aktivierung***) und startet T_{P1}.
2. ***TKAnl*** antwortet nach T_{P2} mit ***P2*** bzw. ***TKAnl*** stößt mit ***P2*** an und startet T_{P0}. Die ***B-*** und ***D***-Bits enthalten entspr. obiger ***Info***-Tabelle ein zur Takt- und Rahmensynchronisation optimales Bitmuster.
3. ***EE(PT)*** wertet ***P2*** aus. Die Synchronisation ist nach zwei fehlerfrei aufeinander folgend erkannten ***Rahmen*** sowie Überrahmenanfängen durchgeführt. ***EE(PT)*** quittiert nach Ablauf von T_{P2}+T_{P3} mit ***P1***.
4. ***TKAnl*** antwortet nach T_{P3} mit *leerem* ***Rahmen P4***, d.h. ***B-*** und ***D-Kanäle*** sind transparent geschaltet, was durch Beendigung der Codierungsverletzung des ***F-Bits*** signalisiert wird.

5. ***EE***(***PT***) antwortet nach T_{P4} mit ***P3*** mit analoger Bedeutung zu ***P4*** und stoppt T_{P1}.
6. ***TKAnl*** stoppt nach Empfang von ***P3*** und Ablauf von T_{P4} T_{P0}.

Nun ist noch im ***PT*** das Zusammenspiel von S_0- und U_{p0}-Schnittstelle zu regeln. Dazu sind Meldungen ***nx*** im ***PT*** zwischen der ***S_0-Schicht 1*** und der ***U_{p0}-Schicht 1*** ähnlich denen im vorangegangenen Abschn. im ***NT*** definiert:

S_0-Schnittstelle	Meldung/ Richtung	U_{p0}-Schnittstelle
Erkennen der ***Aktivierungs***-Anforderung ***S1***	***n1***/→	Aussenden des Wecksignals ***P1W***
Aussenden ***S2*** (Wecksignal für ***EE*** bei ankommendem Ruf)	***n2***/←	Erkennen ***P2*** und Aussenden ***P1***
Erkennen ***S3***; Empfänger im ***PT*** ist empfangsbereit	***n3***/→	
Aussenden ***S4***	***n4***/←	Erkennen ***P4*** (***S3*** vorhanden), dann Aussenden ***P3***
Erkennen der ***Deaktivierungs***-Quittung ***S0***	***n5***/→	
Aussenden des ***Deaktivierungs***-Befehls ***S0***	***n6***/←	Erkennen des ***Deaktivierungs***-Befehls ***P0***, dann Aussenden ***P0***
Aussenden ***S2***; Schließen der Prüfschleife PS_2 (nach Empfang von ***n4***)	***n7***/←	***PT***-Empfänger auf Netztakt synchronisiert; Befehl zum Schließen der Prüfschleife PS_2 erkannt

Tabelle 4.2-6: Meldungen im PT zur Abwicklung von Aktivierungs- und Deaktivierungsprozedur [DKZ-N].

4.2.5.4 Prüfschleifen

Entspr. Abbildung 4.2-13 sind zwei Prüfschleifen PS_1 und PS_2 definiert. PS_1 dient der Selbstprüfung des Schnittstellenabschlusses der ***TKAnl*** und verbindet bei dieser Senderausgang mit Empfängereingang. Die von der ***TKAnl*** gesendeten Kennzeichen gelangen nicht nur auf den eigenen Empfänger, sondern auch über die Schnittstelle zur ***EE***(***PT***).

Das Kennzeichen ***P2W*** hat den gleichen Aufbau wie ***P1W*** und stellt das (synchrone, da von der ***TKAnl*** ausgehende) Weckzeichen zum Schließen der Prüfschleife dar. Nach Ende bzw. während der Prüfprozedur, z.B. bei Fehlererkennung, kann die ***TKAnl*** die Schnittstelle normal deaktivieren.

PS_2 - von der ***TKAnl*** durch Setzen des ***LOOP/RDS-Bits*** im ***M-Kanal*** auf 1 aktiviert - befindet sich im ***EE***(***PT***) und bewirkt, daß diese empfangene Kennzeichen zur ***TKAnl*** zurücksendet. Der ***M-Kanal*** wird nicht geschleift. Im ***EE***(***PT***) *muß* die ***Aktivierung*** dieser Prüfschleife erfolgen, wenn in der Aktivierungsphase oder im aktivierten Zustand dieses Bit gesetzt ist.

4.2.5.5 Speiseprinzip und elektrische Eigenschaften

Über die Schnittstelle kann die ***EE*(*PT*)** von der ***TKAnl*** gespeist werden. Die Betriebszustände *Normalbetrieb*, *Notbetrieb* (optional) und *Fehlerfall* sind zu unterscheiden. Eine Normal/Notbetriebumschaltung wird durch die ***Schicht 3*** des ***D-Kanal-Protokolls*** durchgeführt und nicht, wie bei der S_0-Schnittstelle, durch Polaritätsumkehr der Versorgungsspannung.
Die wichtigsten technischen Daten in Tabellenform:

- **Fernspeisung Normalbetrieb**:
  - **Ausgangsspannung *TKAnl***: 48V ± 9V.
    Kann erdbezogen sein, wobei dann der positive Anschluß mit der Erde zu verbinden ist.
  - **Maximale Leistungsaufnahme** einer ***EE*(*PT*)**: 1000 mW
    optional bei entspr. Reduzierung der Speisereichweite mehr.
  - **Strombegrenzung**: I_{S1} = (50 ± 5) mA oder I_{S2} = (70 ± 5) mA. Spricht die Strombegrenzung (auch im Notbetrieb) dauernd für mehr als 500 ms an, kann die ***TKAnl*** den Speisestrom unterbrechen. Ein Wiederanschalten ist frühestens nach 15 s zulässig. Ab- und Wiederanschalten können periodisch wiederholt werden.
- **Fernspeisung Notbetrieb**:
  - **Ausgangsspannung** wie Normalbetrieb.
  - **Maximale Leistungsaufnahme** eines ***EE***: 400 mW; ***PT***: 800 mW;
    letzterer Wert schließt die ***EE***-Notbetriebversorgung am ***S_0-Bus*** mit ein.
  - **Strombegrenzung**: I_{SN} = (20 ± 5) mA
- **Speisereichweite, gemessen in Ω** bei einem
  - ***EE*** mit 1000 mW Leistungsaufnahme:
    372 Ω bei I_{S1}- bzw. 380 Ω bei I_{S2}-Strombegrenzung
  - ***EE*** mit 1500 mW Leistungsaufnahme:
    125 Ω bei I_{S1}- bzw. 244 Ω bei I_{S2}-Strombegrenzung
  - ***PT*** mit 800 mW Leistungsaufnahme: 475 Ω
- **Speise-, Dämpfungs- und Laufzeitreichweite, gemessen in km**:

Kabeltyp	S	D	L
0,6 mm PVC	4,4	1,7	3,1
0,6 mm Erdkabel	4,4	4,7	3,9
0,4 mm Erdkabel	2,1	2,8	3,8

- **Impulsspannung am Senderausgang**:
  2 V ± 10% an 100 Ω
- **Impulsspannung am Empfängereingang**:
  ± 50 mV ... ± 2,5 V
- **Abschlußwiderstand**:
  100 Ω zu beiden Seiten der Schnittstelle
- **Potentialtrennung** ist zwischen ***U_{p0}***- und ***S_0-Schnittstelle*** erforderlich

Damit sind die wichtigsten ***Schicht-1***-Aspekte des ***Basisanschlusses*** in der BRD dargelegt. Die zuletzt besprochene auf einem Entwurf der Fa. Telenorma basierende ***U_{p0}-Schnittstelle*** wurde schon früh von den ***TKAnl***-Herstellern favorisiert, da ihnen die Komplexität der ***S_0***-Spezifikation für die andersartige Problematik ihrer (z.B. kürzeren) Anschlüsse nicht angebracht erschien. In der Vor-ISDN-Zeit versuchten auch andere deutsche ***TKAnl***-Hersteller (z.B. die Fa. Nixdorf), firmeneigene Realisierungen durchzusetzen, was jedoch nicht gelang.

4.3 Sicherungsschicht des D-Kanals der ISDN-Teilnehmerschnittstellen

4.3.1 Übersicht

Die allgemeinen Aufgaben einer ***Sicherungsschicht*** (***Data Link Layer*** = ***DLL***) wurden im OSI-Modell, Abschn. 2.5.2.2 beschrieben. In den Abschn. 4.1.5 und 4.2.3.1 wurde dieses Modell für die ***n·B+D***-Struktur (***n***=2 für den Basis- bzw. ***n***=30 für den Primärratenanschluß) erweitert. Die Sicherungsschicht ist nun kanalspezifisch festzulegen.

Dies kann im ***B-Kanal*** nicht eindeutig geschehen, da bereits ab dieser Schicht 2 die Funktionen und Protokolle sehr unterschiedlich sein können. So sind bei normaler Sprachübertragung bis auf die PCM-Codierung alle Schichten oberhalb der ersten transparent, paketorientierte Endgeräte werden hier **HDLC**-LAPB fahren, andere Endgeräte wieder andere Protokolle. Eine Auswahl heute gängiger ***B-Kanal***-Protokolle und Funktionen der damit verbundenen Schichten findet sich in Kap. 6.

Der ***D-Kanal*** stellt jedoch primär die Signalisierungsfunktionen zur Verfügung und muß daher auf dieser Schicht dienste- und endgeräteunabhängig universell den Netzzugang entspr. den ITU-T-Empfehlungen I.440/441 (Q.920/921) ermöglichen. Das ***DL***- (auch: ***D2***)-Protokoll wird abschnittsweise gefahren, d.h. zwischen Endgerät (***TE1***, ***TA***) und dem Abschnittsende, welches bei Vorhandensein einer ***NT2***-Funktion z.B. eine TKAnl oder ein LAN sein wird, beim Hauptanschluß typisch die erste Vermittlungsstelle (***ET***, ***DIVO***). Innerhalb der Netze wird dieses Protokoll nicht verwendet, da es primär ein Teilnehmer/Netz-Schnittstellenprotokoll darstellt, und Funktionen, wie Netzverwaltung, die z.B. vom ZGS#7 erbracht werden, nicht anbietet.

Die hier beschriebene Prozedur ***LAPD*** (***Link Access Procedure D*** [für ***D-Kanal***]) gehört zur Klasse der ***HDLC-***(***High Level Data Link Control***)-Prozeduren und basiert auf **HDLC**-LAPB (Balanced), welches im X.25-Paketnetz auf der Schicht 2 gefahren wird. ***LAPD*** bietet gegenüber LAPB Erweiterungen an, die insbesondere die Multipointfähigkeit der S_0-Schnittstelle betreffen. Ist diese Funktion nicht gefragt, wie auf der U_{p0}- oder Primärratenschnittstelle, so sind LAPB und ***LAPD*** ähnlich.

Aufgabe von ***LAPD*** ist die Übertragung von Information zwischen ***Schicht-3***-Instanzen über den ***D-Kanal*** von ***ISDN***-Teilnehmer/Netzschnittstellen. ***LAPD*** ist bitratenunabhängig und benötigt einen vollduplex bittransparenten ***D-Kanal***. Folgende Konfigurationen werden insbesondere unterstützt:

- Mehrere Endgeräte an der S_0-Schnittstelle (S_0-***Bus***).
- Mehrere ***Schicht-3***-Instanzen (auch in einem Endgerät).

Alle ***DL***-Informationen werden in Form von ***Rahmen*** (***Frames***) übertragen, die von einem charakteristischen Bitmuster (***Flag*** = ***Flagge***: **01111110**) begrenzt werden. Diese Bits werden einzeln auf den jeweiligen ***Schicht-1-Rahmen*** (S_0: s. Abb. 4.2-3; U_{k0}: s. Abb. 4.2-10; U_{p0}: s. Abb. 4.2-14) zusammen mit den ***B-*** sowie den übrigen ***Schicht-1-***Bits gemultiplext. Dies ist in Abbildung 4.3-1 anhand des Einschleusens der ersten ***Flag***-Bits auf einen ***Schicht-1-Rahmen*** der S_0-Schnittstelle dargestellt. Die in der Folgen beschriebenen Funktionen können großteils mit dem in Abschn. 5.5.2 beschriebenen Siemens-IC ICC, sowie den in Abschn. 5.3.1 aufgeführten ICs ISAC®-S(TE) bzw. ISAC®-P(TE) ausgeführt werden.

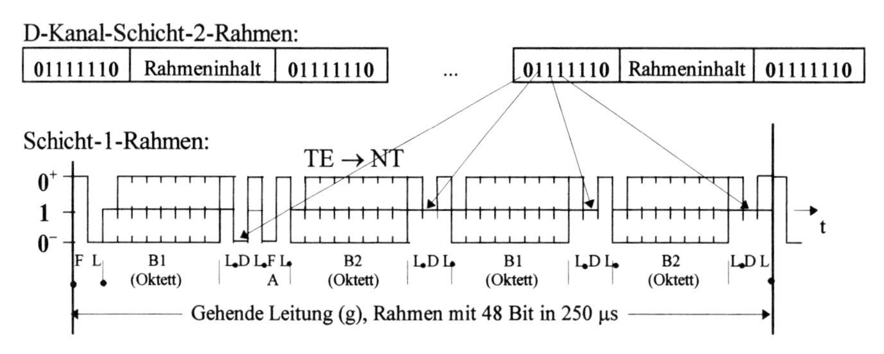

Abbildung 4.3-1: D-Kanal-Schicht-2-Rahmenstruktur und Multiplexen der D-Bits auf den Schicht-1-Rahmen bei der S_0-Schnittstelle.

Folgende **Funktionen** werden von ***LAPD*** erbracht:

- Bereitstellung einer oder mehrerer ***DL***-Verbindungen in einem ***D-Kanal***, die durch einen ***DLCI*** (***Data Link Connection Identifier*** = ***Sicherungsschicht-Verbindungskennung***) in jedem ***D2-Rahmen*** unterschieden werden.
- ***Rahmen***-Begrenzung, -Synchronisation und -Transparenz, die es erlauben, eine Bitfolge als ***Rahmen*** zu erkennen.
- Reihenfolgesicherung.
- Erkennen und Beheben von erkannten Übertragungs-, Format- und Betriebsfehlern sowie Meldung nichtbehebbarer Fehler an das ***Management*** (***Mgmt***).
- Flußregelung.

Konkret werden die ***D2-Rahmen***-Struktur, Prozedurelemente und die Prozedur von ***LAPD*** beschrieben. Dazu gehören:

- die Primitives zu den ***Schichten 1***, ***3*** und dem ***DL-Mgmt***
- die Partner-Protokolle zum Transfer von Informations- und Steuerdaten zwischen einem Paar ***DL-SAPs***. Dies schließt die Übertragung von ***DL-Mgmt***-Information mit ein (insbes. ***TEI***-Vergabe).

4.3.2 Schichtenkommunikation

Abbildung 4.3-2 stellt die wichtigsten Elemente der Schichtenkommunikation, zwischen ***D-Kanal-Schicht-2***-Instanzen in ***TE*** und ***NT2/ET***, der ***Schicht 1***, der ***D-Kanal-Schicht 3***, sowie dem ***DL-Mgmt*** im Gesamtüberblick, dar. Man erkennt die Primitives, die hier nur in den Typen ***REQ***(uest) und ***IND***(ication) aufgeführt sind, da es sich hier, wie weiter hinten in Abschnitt 4.3.6 dargelegt, meist um unbestätigte Dienste handelt. Sie sind zu den ***Schichten 1*** und ***D3*** sowie zum ***DL-Mgmt*** zu spezifizieren.

Die Partner-Protokollelemente sind für alle Schichten dargestellt. Für die ***Schicht 1*** heißen sie ***Infos***, wie z.B. in Abschn. 4.2.3.7 angegeben. Auf der ***Schicht 2*** kommen sie in Form von ***Commands*** und ***Responses*** (letzteres nicht zu verwechseln mit dem hier nicht dargestellten gleichnamigen Primitive-Typ) vor. Diese Aufteilung wird in Abschn.

4.3.9.1 erläutert. Auf der Schicht ***D3*** heißen die Partner-Protokollelemente ***Nachrichten*** (***Messages***), wie in Abschn. 4.4.3 weiter ausgeführt.

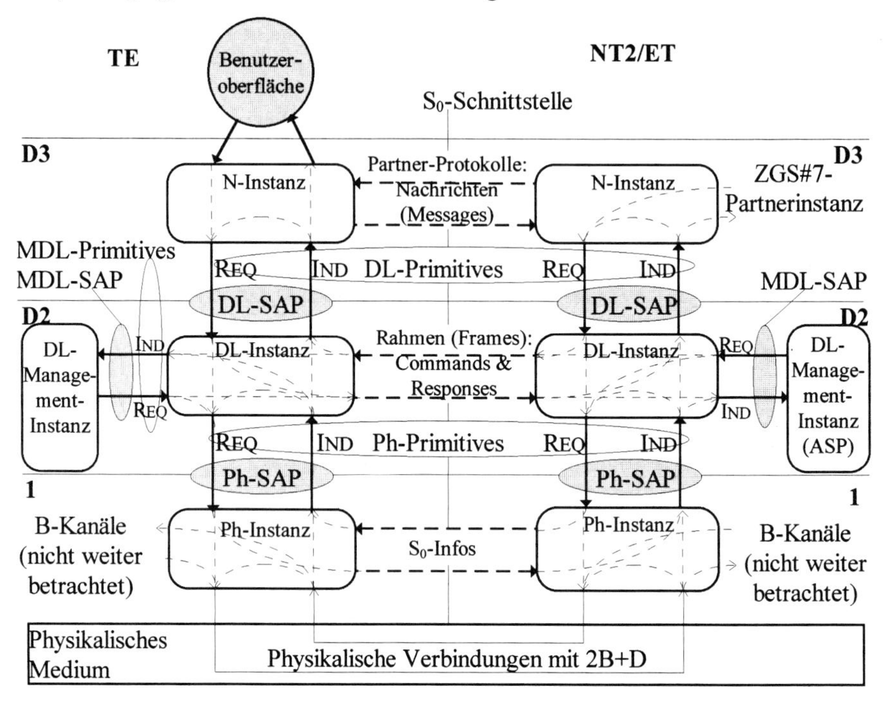

Abbildung 4.3-2: Schichtenkommunikation mit Instanzen, SAPs, Primitives, Protokollen. Der TEI-Verwalter auf der NT2/ET-Seite ASP heißt Assignment Source Point und wird in Abschn. 4.3.12.2 näher erläutert [I.440].

Weiterhin sind die ***SAP***s dargestellt, die es ebenfalls zu den ***Schichten 1***, ***D3*** sowie dem ***DL-Mgmt*** geben muß. Ihnen zugeordnet sind ***DLCI***s, ***SAPI***s, ***TEI***s, ***CEP***s und ***CES'***, die in Abschn. 4.3.5.1 weiter spezifiziert werden.

Auf der ***TE***-Seite ist im allgemeinen Fall, z.B. bei Telefonen oder Fax-Geräten, noch eine hier nicht weiter betrachtete Schnittstelle zur Benutzeroberfläche vorzusehen, die bei anderen ***TE***-Typen, wie Servern, entfallen kann. Auf der ***NT2/ET***-Seite kommuniziert die ***D3***-Instanz i.allg. mit einer ebensolchen, weshalb man sich das ganze Bild für die B-Seite nochmals gespiegelt vorstellen kann (Transitsystem; s. Abschn. 2.5.2.3 des OSI-Modells). Ist der B-Tln. an derselben VSt angeschlossen, könnte die ***D3***-Verbindung prinzipiell von dieser Instanz alleine abgehandelt werden, sie sieht jedoch nach unten zwei ***DL***-Instanzen - den jeweiligen *Abschnitten* (*Links*) zum A- und B-Tln. zugeordnet.

Die gestrichelten Pfeile im Innern der Instanzen geben die möglichen logischen und physikalischen Pfade der Daten an. Insbesondere laufen die in Abschn. 2.4.5 definierten PCI-Datentypen über diejenigen Pfade, die sich direkt in der Instanz schließen, SDUs hingegen nehmen den Weg zur Masterinstanz bzw. kommen von dort.

B-Kanal-Daten werden auf der ***Schicht 1*** ge(de)multiplext und daher nicht weiter betrachtet. Auch sind ***Management***-Instanzen der anderen Schichten nicht weiter dargestellt.

4.3.3 Multiple Punkt-zu-Punkt- und Broadcast-Verbindungen

Auf der ***Schicht 2*** wird ein *kommender Ruf* sämtlichen ***TE*** am Bus angeboten; annehmen können ihn zunächst grundsätzlich alle, bei denen die ***Schicht 1*** aufgebaut ist, d.h. bei denen nach Bus-Anstecken die ***Aktivierungsprozedur*** nach Abschn. 4.2.3.7 erfolgreich war, bzw. die sich auf einen bereits aktivierten Bus aufsynchronisiert haben. Nach Rufannahme durch genau eines der ***TE*** läuft die Verbindung dann mit diesem ***TE*** weiter; sonstigen zur Rufannahme bereiten ***TE*** wird auf der ***Schicht 3*** signalisiert, daß ein anderes den Ruf erhalten hat. Bei *gehendem Ruf* kommt die erste Variante nicht vor.

Entsprechend dieser Ausführung sind die beiden in der Überschrift angegebenen Verbindungskonstellationen auf der ***Schicht 2*** definiert. Diese ***DL***-Verbindungskonstellationen haben keinen Einfluß auf die ***Ph***-Verbindungskonstellation. In den folgenden beiden Abbildungen 4.3-3 und 4.3-4 wird jeweils die ***Ph***-Konstellation in Form durchgezogener Linien, die ***DL***-Konstellation durch gestrichelte Linien angedeutet.

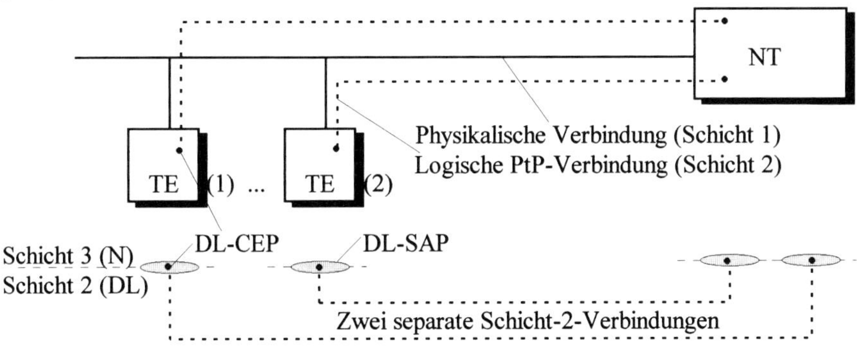

Abbildung 4.3-3: Multiple Punkt-zu-Punkt-Verbindungen auf der Schicht 2 [I.440].

- ***Multiple Punkt-zu-Punkt-Verbindungen (Point to Point = PtP)***
  mit unterschiedlichen ***DLCI***s stellen den Normalfall für die Kommunikation beim Anschluß von mehreren ***TE***s dar. Das heißt, jedes ***TE*** hat *eine* ***DL***-Verbindung mit je einem Endpunkt (***DL-CEP***) im ***TE*** und im ***NT2/ET*** (bzw. TKAnl bei zwischengeschalteter U_{p0}-Schnittstelle, was in Zukunft immer impliziert werden soll). Dies schließt den Ein-***TE***-Fall am Bus mit ein. Ein Konfigurationsbeispiel ist in Abbildung 4.3-3 angegeben. Bei einer
- ***Broadcast-Verbindung***
  gibt es ***NT2/ET***-seitig nur *einen* Verbindungsendpunkt (***CEP***), ***TE***-seitig *je einen* in einem ***DL-SAP***. Dieser Fall wird typisch bei einem kommenden Verbindungsaufbau realisiert, wo alle ***TE*** über den sog. ***Group Terminal Endpoint Identifier (GTEI)*** gerufen werden. Kompatibilitäts- und Belegtzustandsprüfungen, die eines davon aussortieren, werden auf der ***D3-Schicht*** durchgeführt. Ein Konfigurationsbeispiel ist in Abbildung 4.3-4 angegeben.

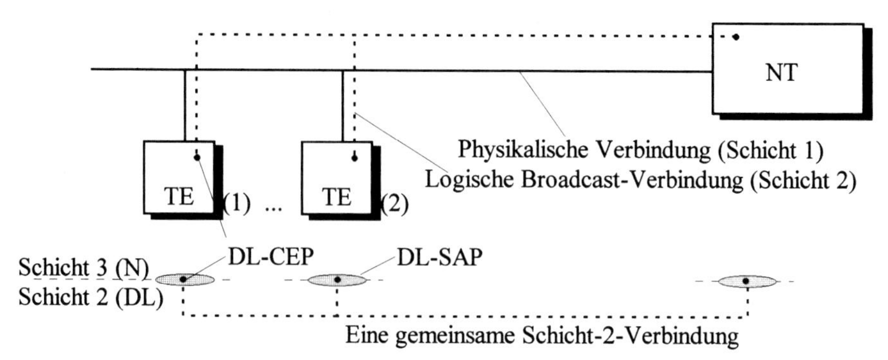

Abbildung 4.3-4: Broadcast-Verbindung auf der Schicht 2 [I.440].

4.3.4 Unquittierte und quittierte Betriebsweise

Zwei Betriebsweisen von Verbindungen zur Übertragung von Information, die gleichzeitig auf dem ***D-Kanal*** existieren können, sind definiert: ***unquittierte*** und ***quittierte***. Bei der

- ***Unquittierten Betriebsweise*** (***Unacknowledged Information Transfer Mode***) wird ***D3***-Information in Form sog. *UNNUMERIERTER INFORMATIONS*-***Rahmen*** (*UNNUMBERED INFORMATION* ***Frames*** = *UI*-***Frames***) übertragen. Hier fehlen die Mechanismen der Fehlerbehebung und Flußregelung. Sie kann bei ***PtP***- und ***Broadcast***-Verbindungen angewendet werden. Eine typische Anwendung ist der kommende ***Broadcast***-Verbindungsaufbau am ***S_0-Bus***, wo alle ***TE*** per *UI*-***Rahmen*** mit ***GTEI*** vom ***NT2/ET*** angesprochen werden. Bei der
- ***Quittierten Betriebsweise*** (***Acknowledged Information Transfer Mode***) wird ***D3***-Information in Form sog. *NUMERIERTER INFORMATIONS*-***Rahmen*** (***I-Rahmen***) in einem ***Mehrrahmen-Mode*** (***Multiple Frame Mode***) über ***PtP***-Verbindungen mit allen ***LAPD***-Funktionen übertragen. Dabei darf zu jedem Zeitpunkt eine bestimmte Anzahl ***k*** von ***I-Rahmen***, die von einem Modulo-Fenster (Window, z.B. ***k*** = 3) bestimmt wird, ***unquittiert*** ausstehen (s. Abschn. 4.3.11).
  Aufgebaut wird eine Verbindung in dieser Betriebsweise mit dem *SET ASYNCHRONOUS BALANCED MODE* [*EXTENDED*] (*SABM*[*E*])-Befehl und ***quittiert*** mit einem *UNNUMBERED ACKNOWLEDGEMENT* (*UA*). Der *EXTENDED*-Zusatz bestimmt ein 7-Bit-mod128=2^7-Fenster zum Zählen von ***I-Rahmen*** im ***Steuerfeld*** von ***LAPD***.

4.3.5 Aufbau von Informationsübertragungsmodes

4.3.5.1 Kennzeichnung von Verbindungen

Zur Erläuterung der hier verwendeten Begriffe s. OSI-Modell, Abschn. 2.4. Auf der ***Schicht 2*** werden Dienste in ***TE*** protokollmäßig durch zwei Adreßmechanismen angesprochen: durch den

- ***SAPI***, der den ***D-Kanal***-Dienst kennzeichnet. Heute sind definiert:

SAPI	für
***s* (0)**	Signalisierung, der Hauptaufgabe des ***D-Kanals***.
***p* (1,16)**	Pakete (Nutzdaten, wie sie auch im ***B-Kanal*** laufen können)
32-61	Kennzeichnung virtueller Frame-Relay-Verbindungen
***mg* (62)**	Management-Information für Frame-Relay-Verbindungen.
***mg* (63)**	***Management***-Information, insbesondere der ***TEI-Zuweisungs***- und ***Rücknahmeprozedur***

Tabelle 4.3-1: Bedeutungen und Codierungen der heute festgelegten D2-SAPI.

Hinter den ***SAPI***-Kürzeln sind in Klammern die heute festgelegten Dezimalcodierungen angegeben, die konkret im ***Adreßfeld*** (s. Abschn. 4.3.9.1) eines ***D-Rahmens*** verwendet werden.

- ***TEI***, der innerhalb des ***SAP*** und damit Dienstes eine die Verbindung abhandelnde Instanz adressiert. Bei einem einfachen Endgerät, wie bei einem Telefon, wird üblicherweise nur der ***SAPI s*** mit *einem* ***TEI*** vorhanden sein. Bei multifunktionalen Endgeräten, wie PCs mit Telefonfunktion kann für jede dieser beiden Funktionseinheiten ein eigener ***TEI*** vergeben sein. Ein anderes Beispiel wäre ein PC mit mehreren Windows, die alle Verbindung zu unterschiedlichen Kommunikationspartnern haben. Jedes Window kann als eigene Funktionseinheit betrachtet werden und so einen eigenen ***TEI*** führen. Der ***TEI*** bietet somit die Möglichkeit, zwischen *physikalischen* und *logischen* Endgeräten zu unterscheiden.

Ein ***DLCI*** wird im ***Adreßfeld*** eines jeden ***Rahmens*** mitgeführt und wird eindeutig auf einen ***CEI*** (***Connection Endpoint Identifier = Verbindungsendpunktkennung***) an jedem Ende der Verbindung abgebildet. Es gilt folgende Zuordnung:

DLCI = SAPI + TEI ***CEI = SAPI + CES***

Dabei bedeuten:

- Der ***CEI*** identifiziert ***DL***-SDUs zwischen den ***Schichten 2*** und ***3***, ist also ein Primitive-Objekt, während
- der ***DLCI*** das zugehörige Objekt des Partner-Protokolls darstellt.
- Der ***SAPI*** identifiziert den ***SAP*** auf der ***TE***- bzw. ***NT2/ET***-Seite.
- Der ***TEI*** identifiziert eine spezifische ***D2***-Verbindung innerhalb eines ***SAP***. Er ist nur der die ***D2***-Verbindung steuernden ***DL***-Instanz, nicht aber der ***D3***-Instanz bekannt. Er muß zusammen mit dem ***SAPI***, d.h. der ***DLCI*** muß S_0-schnittstellenweit eindeutig sein.
- Den ***CES***, der zu einem spezifischen ***TEI*** gehört, kennt nur die lokale ***DL***- sowie ***D3***- bzw. ***DL-Mgmt***-Instanz. Er muß damit im einzelnen ***TE SAP***-weit eindeutig sein.

Bei einem zu sendenden ***Rahmen*** übergibt die ***D3***-Instanz via Primitive den ***CES*** und evtl. eine ***D3-Nachricht*** an die zugehörige ***DL***-Instanz. Diese bildet den ***CES*** auf den ***TEI*** ab, generiert zusammen mit dem ihr bekannten ***SAPI*** den ***DLCI*** und packt ihn in das ***Adreßfeld*** dieses ***Rahmens***. Auf der Empfangsseite läuft das ganze umgekehrt.

Der ***TEI*** kann entweder

- *dynamisch* durch die ***TEI-Zuweisungsprozedur*** vom ***DL-Mgmt*** des Netzes, das die ***TEI***s verwaltet, vergeben, und bei Bedarf wieder entfernt, werden. Dazu muß das ***TE*** in der Lage sein, die entspr. Prozeduren durchzuführen. Dieses Verhalten ist für ***TE***s sinnvoll, wenn sie an verschiedenen ***S_0-Bussen*** verwendet werden können. Wenn ein ***TEI*** an einem ***Bus*** vergeben wurde, könnte er beim Umstecken des ***TE*** doppelt vorhanden sein und muß neu vergeben werden. Gültige dynamisch vergebene ***TEI***-Werte liegen im Bereich von **64–126**.
- oder *statisch* sein. Das heißt, es sind auch ***TE*** zugelassen, bei denen *der* (bzw. bei multifunktionalen ***TE*** *die*) ***TEI*** z.B. vom ***TE***-Hersteller fest eingestellt ist (sind) oder über DIP-Schalter vom Benutzer eingestellt werden kann. Gültige statische ***TEI***-Werte liegen im Bereich von **0–63**.

Abbildung 4.3-5 illustriert die dargestellten Zusammenhänge an einem Beispiel:

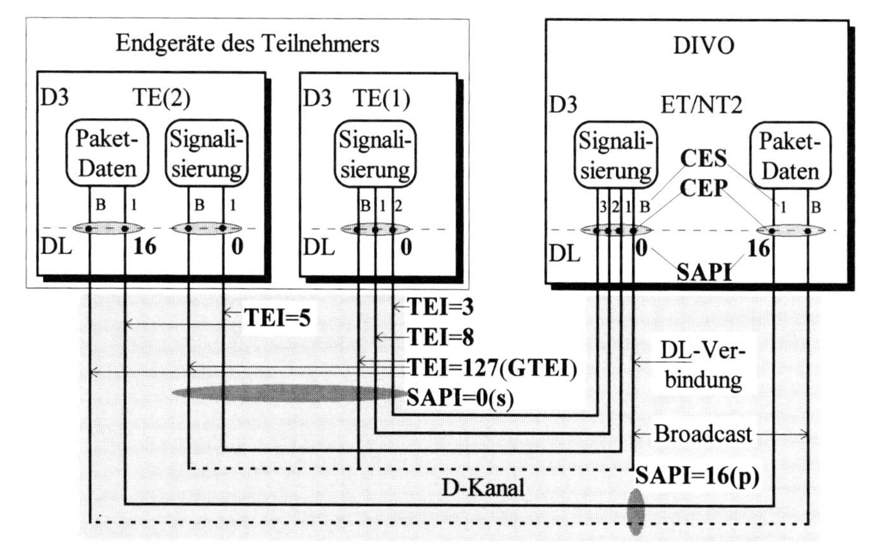

Abbildung 4.3-5: Adressierung im D-Kanal mit SAPI und TEI [I.440].

4.3.5.2 Data Link-Zustände

Eine ***DL-PtP***-Instanz kann sich in einem der drei folgenden *Zustände* befinden:

1. ***Kein TEI Zugewiesen*** (***TEI Unassigned***).
   Dieser Zustand ist nur bei ***TE*** mit dynamischer ***TEI-Zuweisungsprozedur*** möglich. Es kann keine ***D3***-Information übertragen werden.
2. ***TEI Zugewiesen*** (***TEI Assigned***).
   Dies erfolgt bei entspr. ***TE*** mit der ***TEI-Zuweisungsprozedur***. Die ***unquittierte Betriebsweise*** ist möglich.
3. ***Mehrrahmen-Mode Aufgebaut*** (***Multiple Frame Mode Established***).

Dies erfolgt mittels des Primitives ***DL-ESTABLISH*** und protokollmäßig über *SABME*- und *UA*-***Rahmen***. ***Unquittierte*** sowie ***quittierte*** Informationsübertragung sind möglich.

Ein ***DL-PtP-CEP*** kann sich bezüglich der ***DL***-Verbindung in einem der vier folgenden **Zustände** befinden (in Klammern stehen die korrespondierenden Zustände der zugehörigen Instanz entspr. der obigen Tabelle):

1. ***Abgebaut*** (***Link Connection Released***; 2)
2. ***Im Aufbau Begriffen*** (***Awaiting Establish***; 2)
3. ***Aufgebaut*** (***Link Connection Established***; 3)
4. ***Im Abbau Begriffen*** (***Awaiting Release***; 2)

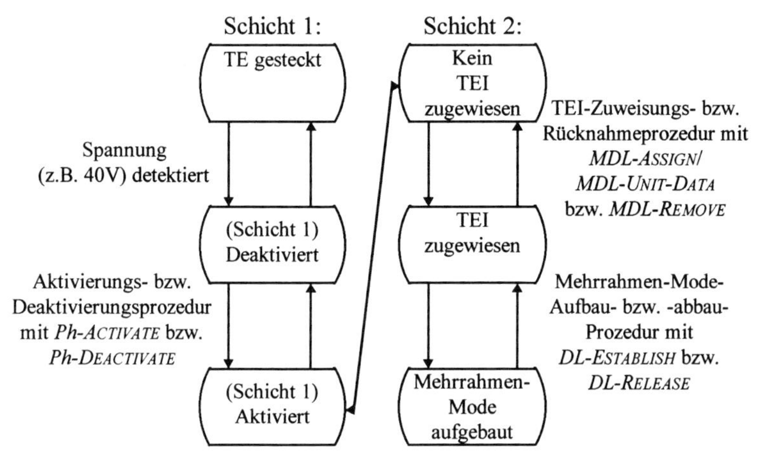

Abbildung 4.3-6: Zustands-Sequenz vom Stecken eines TE an den Bus bis zum vollständigen Aufbau der Schichten 1 und 2 (Pfeile nach unten).

Für diese Übergänge gibt es eine Sequenz von Primitives mit zugehörigen ***DL-Rahmen***, die über die Schnittstelle übertragen werden. Die ***CEP***-Zustände 1 und 3 sind stabile Zustände, 2 und 4 Transitionszustände. Das in Abbildung 4.3-6 dargestellte Zustandsübergangsdiagramm gibt die Konditionen an, die Zustandsübergänge bewirken. Die Primitives und die damit geforderten bzw. erbrachten Dienste werden in Abschn. 4.3.6 aufgeführt. Zusätzlich ist in der Abbildung die davor abzulaufende ***Aktivierungsprozedur*** der ***Schicht 1*** dargestellt. Nachdem die dargestellte Aufbausequenz abgeschlossen ist, ist Informationsübertragung auf der ***Schicht 3*** mit ***D3-Nachrichten*** grundsätzlich möglich, d.h. die eigentliche Signalisierungsverbindung, die der Teilnehmer sieht, und hier z.B. die Rufnummer zur Wahl eingibt.

Ein ***Broadcast***-Abschnitt kann immer ***unquittierte*** Informationsübertragung durchführen. Der einzige Zustand entspricht einem ***PtP-TEI zugewiesen***; verwendet wird für alle ***Broadcast***-Verbindungen ein fester ***GTEI*=127**, mit dem alle ***TE*** ansprechbar sind.

4.3.5.3 TEI-Verwaltung

Die ***TEI-Vergabeprozedur*** wird angestoßen, wenn eine ***DL***-Verbindung, die ja durch diesen ***TEI*** gekennzeichnet ist und sich von den anderen ***DL***-Verbindungen unterscheiden muß, benötigt wird. Das ist i.allg. zur Übertragung von ***D3-Nachrichten*** der Fall. Der ***TEI*** ist nach der Zuweisung allen ***SAP***s eines ***TE*** gemeinsam.

Die ***Zuweisungsprozedur*** wird zwischen ***DL-Mgmt***-Instanzen abgehandelt. Dabei verwaltet die ***NT2/ET***-Instanz ***ASP*** (***Assignment Source Point = Zuweisungverwalter***) den ***TEI***-Raum (Master) und die ***TE-DL-Mgmt***-Instanz (Slave) besorgt den ***TEI*** für die ***TE-DL***-Instanz, die ihn für ihre Verbindung benötigt.

Ist der ***TE***-Seite der ***TEI*** zugewiesen, wird von der ***DL***-Instanz die ***TEI/CES***-Zuordnung und damit die ***DLCI/CEI***-Zuordnung vermerkt. Auf der ***NT2/ET***-Seite wird die entsprechende Zuordnung entweder beim Empfang des ersten ***Rahmens*** vom ***TE*** mit dem zugewiesenen ***TEI*** oder bereits zum Zeitpunkt der ***TEI-Vergabe*** durchgeführt. Ab diesem Zeitpunkt ist eine ***DL***-Partner-Zuordnung vorhanden.

Die ***DLCI/CEI***-Zuordnung wird auf Anforderung der ***Mgmt***-Instanz durch die ***TEI-Rücknahmeprozedur*** aufgehoben, wenn diese erkannt hat, daß der ***TEI*** keine Gültigkeit mehr hat. Dies ist z.B. der Fall, wenn ein ***TE*** mit ***TEI*** an einen anderen Bus gesteckt wird und eine ***DL***-Verbindung über diesen ***TEI*** aufbauen will, ein anderes ***TE*** aber gleichzeitig eine Verbindung über denselben ***TEI*** hat. Dann wird es zwei ***DL***-Instanzen in den beiden ***TE*** geben, die recht schnell einen ***Rahmen*** erhalten, der nicht protokollgerecht ist. Beide ***TE*** müssen sich dann neue ***TEI***s besorgen, wobei bereits bestehende ***D3***-Verbindungen abgebaut werden müssen.

In den Zuständen ***TEI Zugewiesen*** und ***Mehrrahmen-Mode Aufgebaut*** kann eine ***TEI-Check-Prozedur*** von der ***NT2/ET***-Seite initiiert werden, um den ***TEI***-Status abzufragen. Dazu gehört insbesondere, daß ***TE***, nach deren ***TEI*** gefragt wird, antworten *müssen*. Wenn keine Antwort erfolgt, geht das verwaltende ***DL-Mgmt*** davon aus, daß das ***TE*** nicht mehr am ***Bus*** vorhanden ist und trägt den ***TEI*** als *frei* ein. So kann auch vor einer Kollision das mehrfache Vorhandensein eines ***TEI***, wie oben beschrieben, überprüft, und ***TEI***s neu vergeben werden. Optional besteht die Möglichkeit, von der ***TE***-Seite die ***TEI-Check-Prozedur*** anzustoßen, z.B. wenn man ihm mitteilen will, daß es an einen anderen Bus gesteckt wurde.

4.3.6 Dienste und Primitives

Zunächst werden die Primitives zwischen der ***Schicht 2***, den ***Schichten 1*** und ***3*** sowie dem ***DL-Mgmt*** beschrieben (die zur ***Schicht 1*** wurden bereits in Abschn 4.2.3.2 angegeben). Das ***Management*** wird auch hier als eine Schicht betrachtet, die hierarchisch über der Schicht steht, der es zugeordnet ist. Die Schichten-Konfiguration, die ähnlich strukturiert ist, wie in Abschn. 4.2.3.2, sowie die Primitive-Namen sind in Tabelle 4.3-2 dargestellt. Es sind zur vollständigen Übersicht alle ***D2***-Primitives aufgeführt.

Die **Dienste** an die ***D3-Schicht*** sind demnach:

- **Übertragung** von ***D3***-SDUs mit unterschiedlicher Priorität. Typisch hat der ***SAPI s*** eine höhere Priorität als andere ***SAPI***s, damit der ***D-Kanal*** seine Hauptaufgabe - nämlich Signalisierung - möglichst ungehindert erfüllen kann. Dies wirkt sich auf die

Ph-D-Kanal-Zugriffssteuerung (Abschn. 4.2.3.6) so aus, daß ***s-Rahmen*** am wenigsten ($l_1(k_1)=8$) **1**en zählen müssen, bis sie zum ***D-Kanal*** Zugang haben.

- ***Unquittierte*** Informationsübertragung im ***Broadcast***-Mode, initiiert bzw. gemeldet über ***DL-UNIT-DATA*** und übertragen im *UI-**Rahmen***.
- ***Quittierte*** Informationsübertragung im ***Mehrrahmen-Mode***, initiiert bzw. gemeldet wird für je eine Verbindung, gekennzeichnet durch ihren ***DLCI*** bzw. ***CEI***:
  - der Aufbau mit ***DL-ESTABLISH***.
  - Datenübertragung mit ***DL-DATA***, übertragen in ***I-Rahmen***.
  - der Abbau mit ***DL-RELEASE***.

Kürzel	Primitive-Name	Primitive-Typ				Data Link-SDU	Kurz-Erläuterung ggf. mit Beispiel
		REQ	IND	RSP	CNF		
Schnittstelle Schicht D2/Schicht D3:							
DL	UNIT DATA	x	x	-	-	D3-Nachricht	z.B. Broadcast; Verb.-Aufbau (k) mit UI-Rahmen
DL	ESTABLISH	x	x	-	x	-	DL-Aufbau; hat SABME zur Folge
DL	DATA	x	x	-	-	D3-Nachricht	Normaler Betrieb I-Rahmen
DL	RELEASE	x	x	-	x	-	DL-Abbau; hat DISC zur Folge
Schnittstelle Schicht D2/Management Schicht D2:							
MDL	ASSIGN	x	x	-	-	TEI, CES	Initiiert TEI-Zuweisung
MDL	UNIT DATA	x	x	-	-	Mgmt-Nachricht	TEI-Zuweisung in UI-Rahmen
MDL	REMOVE	x	-	-	-	TEI, CES	TEI-Rücknahme
MDL	ERROR	-	x	x	-	Fehlerursache	Fehlermeldung
MDL	XID	x	x	x	x	CME-Info	Verbindungs-Mgmt-Info
Schnittstelle Schicht D2/Schicht 1:							
Ph	ACTIVATE	x	x	-	-	-	Initiiert bzw. meldet Ph-Aktivierung
Ph	DATA	x	x	-	-	DL-Rahmen, p-Indikator	Normaler Betrieb
Ph	DEACTIVATE	-	x	-	-	-	Initiiert bzw. meldet Ph-Deaktivierung

Tabelle 4.3-2: Primitives zwischen der Schicht 2 des D-Kanals und der Schicht 3 des D-Kanals, der Schicht 1 sowie dem Management der Schicht 2 des D-Kanals [I.441].

Die **Dienste** an das ***DL-Mgmt*** sind:

- ***Unquittierte*** Informationsübertragung im ***Broadcast-Mode***, initiiert bzw. gemeldet über ***MDL-UNIT DATA*** und übertragen in *UI-**Rahmen***.
- **Fehlermeldungen** mit ***MDL-ERROR***.
- Optional Übergabe von ***DL*-Verbindungsparametern** mit ***MDL-XID***
- ***TEI*-Verwaltungsdienste** vom ***DL-Mgmt***, obwohl sie primitivemäßig als Dienste der ***Schicht 2*** an das ***DL-Mgmt*** betrachtet werden. Initiiert bzw. gemeldet wird:
  - eine ***TEI-Zuweisung*** mit ***MDL-ASSIGN***.
  - Datenübertragung zur ***TEI-Zuweisung*** mit ***MDL-UNIT DATA*** (s.o.), übertragen in *UI-**Rahmen***.
  - eine ***TEI-Rücknahme*** mit ***MDL-REMOVE***.

4.3.7 Management-Struktur

Die Struktur und ihr Bezug zu ***DL***-Instanzen ist in Abbildung 4.3-7 dargestellt. Der Block *Multiplex-Prozedur* wird in Abschn. 4.3.13 näher erläutert.

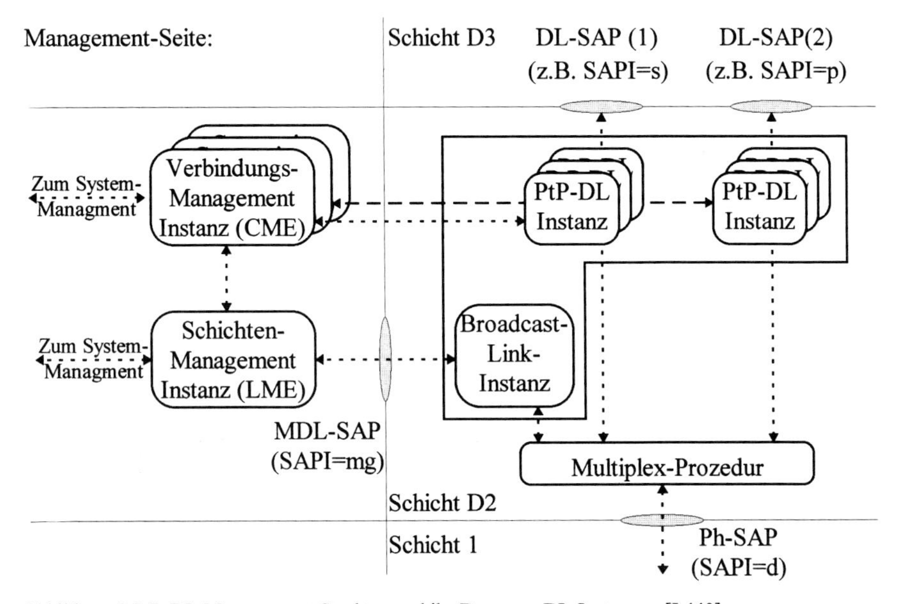

Abbildung 4.3-7: DL-Management-Struktur und ihr Bezug zu DL-Instanzen [I.440].

Die ***Schichten-Management-Instanz*** (***Layer Management Entity = LME***) verwaltet Ressourcen, die ***DL***-schichtenweit Bedeutung haben. Der Zugriff auf die ***LME***s erfolgt über den ***SAPI mg***. ***LME***s in ***TE*** und ***NT2/ET*** kommunizieren ***unquittiert*** miteinander über *UI-**Rahmen*** mit ***SAPI=mg***, ***TEI=GTEI***. Aufgaben der ***LME***s sind:

- ***TEI-Zuweisung***
- ***TEI-Überprüfung***
- ***TEI-Rücknahme***

Diese Prozeduren werden in Abschn. 4.3.12.2 näher erläutert.

Weiterhin gibt es eine ***Verbindungs-Management-Instanz*** (***Connection Management Entity = CME***), die Ressourcen verwaltet, die sich auf einzelne Verbindungen beziehen. Da mehrere Verbindungen gleichzeitig existieren können, müssen von der *CME* mehrere Inkarnationen existieren. *CME*s in *TE* und *NT2/ET* kommunizieren über ***XID-Rahmen*** (***Exchange Identification***), der weder in der ***quittierten*** noch in der ***unquittierten Betriebsweise*** verwendet wird. *CME*-Funktionen sind für die zugehörige Verbindung:

- **Parameter-Initialisierung** (optional), wie
  - Zurverfügungstellung von Speicherplatz (Puffer) zur Zwischenablage gehender und kommender ***Rahmen***
  - Festlegung der Fenstergröße ***k unquittiert*** ausstehender ***Rahmen*** beim ***Mehrrahmen***-Mode
  - Festlegung von System-Parametern (s. Abschn. 4.3.11).
- **Fehler-Behandlung**
  - Auswertung von Rahmenfehlern
  - Fehlerstatistik
- **Flußregelungsinitiierung**

4.3.8 Rahmen-Struktur für die Kommunikation zwischen Partner-Instanzen

4.3.8.1 Rahmenformat

Abbildung 4.3-8 stellt das *DL*-Rahmenformat dar. Für einen *gehenden* ***DL-Rahmen*** werden die Bits einzeln in die ***D***-Bits des ***Ph-Rahmens***, wie in Abbildung 4.3-1 dargestellt, einsortiert (gemultiplext), für einen *kommenden* ***Ph-Rahmen*** entnommen und wieder zum ***DL-Rahmen*** zusammengesetzt.

Die Bits werden oktettweise gruppiert, horizontal dargestellt und von 1 ... 8 durchnumeriert. Felder mit mehreren Oktetts sind vertikal hintereinandergestellt und aufsteigend durchnumeriert. Die Bits werden in aufsteigender numerischer Reihenfolge gesendet, Bit Nr. 1 des jeweiligen Oktetts zuerst.

Die hier dargestellte Struktur ist die Grundstruktur aller ***HDLC-Rahmen***, auch z.B. von LAPB (X.25) oder LAPF (Frame Relay). Die wesentlichen Modifikationen beziehen sich auf die Anzahl der Oktetts pro Feld. So ist das ***Adreßfeld*** bei LAPB einoktettig, bei LAPF kann es bis zu vier Oktetts betragen, und das ***Steuerfeld*** kann entfallen.

Horizontaldarstellung; die Zeit läuft von links nach rechts:

t→

...	01111110	Adreßfeld	Steuerfeld	Informationsfeld	Rahmenprüffeld	01111110	...
	1 Oktett	2 Oktetts	1 oder 2 Oktetts	m Oktetts (m_{max}=260)	2 Oktetts	1 Oktett	
	Flag	Rahmenkopf (Header)		Schicht-3-Nachricht	CRC-Zeichen	Flag	

Vertikaldarstellung; die Zeit läuft von rechts nach links und von oben nach unten:

	MSB			←t				LSB	
Bit Nr.	8	7	6	5	4	3	2	1	
Oktett 1	**0**	**1**	**1**	**1**	**1**	**1**	**1**	**0**	↓t
Oktett 2	Höherwertiges Adreßfeldoktett								
Oktett 3	Niederwertiges Adreßfeldoktett								
Oktett 4	Steuerfeld (C-Feld = Control-Field)								
(Oktett 5)	2. Oktett nur bei mod 128-Rahmen mit Folgenummern								
m Oktetts	**Informationsfeld (I-Feld = Information-Field) nur bei DL-Mgmt/D3-UI- und D3-I-Rahmen**								
Oktett n-2	Frame Check Sequence (FCS) in Form eines								
Oktett n-1	CRC-(Cyclic Redundancy Check)-Zeichens								
Oktett n	**0**	**1**	**1**	**1**	**1**	**1**	**1**	**0**	

Abbildung 4.3-8: Rahmenformat eines n-oktettigen LAPD-Rahmens [I.441].

Das LSB einoktettiger Felder hat die Nummer 1, steht also rechts, bei mehroktettigen Feldern nimmt die Wertigkeit kontinuierlich mit wachsender Oktettnummer ab. Hier steht also unten rechts das LSB, oben links das MSB. Damit kann eine Bitnummer im Feld durch das Wertepaar der Oktettnummer und der relativen Bitnummer im Oktett (o,b) gekennzeichnet werden. Das folgende Beispiel illustriert eine zusammengehörige Bitfolge, die sich vom MSB (k,3) bis LSB (k+1,7) erstreckt. Die Wertigkeit des jeweiligen Bits ist als Zweierpotenz angegeben. Die Bits x_i können **0** oder **1** sein.

Bit Nr.	8	7	6	5	4	3	2	1
Oktett k						$x_4 \cdot 2^4$	$x_3 \cdot 2^3$	$x_2 \cdot 2^2$
Oktett k+1	$x_1 \cdot 2^1$	$x_0 \cdot 2^0$						

Eine Ausnahme bildet - wie im folgenden Bild dargestellt - das ***FCS-Feld***, bei dem gilt: MSB = (k,1), LSB = (k+1,8):

Bit Nr.	8	7	6	5	4	3	2	1
Oktett k	$x_8 \cdot 2^8$	$x_9 \cdot 2^9$	$x_{10} \cdot 2^{10}$	$x_{11} \cdot 2^{11}$	$x_{12} \cdot 2^{12}$	$x_{13} \cdot 2^{13}$	$x_{14} \cdot 2^{14}$	$x_{15} \cdot 2^{15}$
Oktett k+1	$x_0 \cdot 2^0$	$x_1 \cdot 2^1$	$x_2 \cdot 2^2$	$x_3 \cdot 2^3$	$x_4 \cdot 2^4$	$x_5 \cdot 2^5$	$x_6 \cdot 2^6$	$x_7 \cdot 2^7$

4.3.8.2 Bedeutungen der Rahmen-Felder

- **Flag** (Rahmenbegrenzung, auch: Frame-Delimiter):
  Der ***Rahmen*** beginnt mit dem ***Eröffnungs-(Opening)-Flag*** und endet mit dem ***Ende-(Closing)-Flag***, beide mit dem Bitmuster **01111110**. Das ***Ende-Flag*** eines ***Rahmens*** kann auch das ***Eröffnungs-Flag*** des Folgerahmens sein. Damit eine Bitfolge - sei es durch normale Codierung oder infolge eines Fehlers - innerhalb des ***Rahmens***

zwischen den ***Flags*** kein ***Flag*** simuliert, wird grundsätzlich hinter fünf aufeinanderfolgenden **1**en zwischen den ***Flags*** eine **0** eingefügt, die der Empfänger wieder entfernt. Das bezeichnet man als ***Bit-Transparenz***, den Vorgang als ***Bitstopfen*** (***Bit-Stuffing***) bzw. ***-entstopfen*** (***-Destuffing***).

- **Adreßfeld (Address Field):**
  Das zwei Oktetts lange ***Adreßfeld*** identifiziert Sender und Empfänger des ***LAPD-Rahmens***, indem es die vereinbarten Binärcodes für ***SAPI*** und ***TEI*** enthält. Für ***SAPI p***=**16** allerdings ist ein *LAPB-**Rahmen*** zu übertragen, der entspr. der älteren LAPB-Konvention ein einoktettiges ***Adreßfeld*** enthält *ohne* ***SAPI*** oder ***TEI***. Der Wert des ***EA-Bit*** unterscheidet die beiden ***Rahmentypen*** eindeutig, wodurch der Empfänger ggf. auf die LAPB-Struktur umschalten kann. Da kein ***TEI*** codiert werden kann, ist in *einem* ***D-Kanal*** nur *eine* LAPB-Verbindung möglich. Das
- **Steuerfeld (Control Field):**
  codiert den ***Rahmentyp***, führt für quittierungspflichtige ***I-Rahmen***, die ***D3-***Information übertragen, ***Folgenummern*** (***Sequence-Numbers N(S)*** und ***N(R)***) für die Rahmennumerierung, sowie Bits zur ***Sendeaufforderung*** (***Poll/Final-Bit = P/F-Bit***) an die Partnerinstanz mit. Die Oktettanzahl beträgt für ***unquittierte Betriebsweise*** 1 und für den ***Mehrrahmen-Betrieb*** 2 Oktetts für ***Rahmen*** mit ***Folgenummern***, für andere ebenfalls 1 Oktett. Das
- **Informationsfeld:**
  enthält in *I-* bzw. *UI-**Rahmen*** Information der ***D3***-Schicht oder des ***Managements*** (*N-* bzw. ***Mgmt-Nachrichten***). Es besteht aus einer ganzzahligen Anzahl m von Oktetts, wobei z.Z. m_{max} = ***N201*** = 260 (s. Abschn. 4.3.11) festgelegt ist. Das
- **Rahmenprüffeld** (***Frame Check Sequence = FCS***)
  wird zur Fehlererkennung verwendet. Angewandt wird die ***Zyklische Redundanzprüfung*** (***Cyclic Redundancy Check = CRC***) mithilfe des Generator-Polynoms $g(x)=x^{16}+x^{12}+x^5+x^0$, das dem Bitmuster **1 0001 0000 0010 0001** entspricht. Weiterhin werden vom Sender die Polynome $p_1(x) = x^k \cdot \sum_{i=0}^{15} x^i$ und $p_2(x) = x^{16} \cdot d(x)$ verwendet, wobei d(x) gleich dem k=(n-4)-Oktetts langen (noch nicht ***gestopften***) Bitmuster von ***A***-, ***C***- und ggf. ***I-Feld*** ist. $p_1(x)$ und $p_2(x)$ werden durch g(x) mod2 binär dividiert und von den addierten Restgliedern das 16 Bit lange Einerkomplement übertragen (bitweise Inversion).
  Als typische Sender-Implementierung wird der ursprüngliche Inhalt des 16-Bit-Registers der Instanz, die das Restglied berechnet (z.B. der Siemens ICC), auf 1 gesetzt und dann mittels der Polynomdivision, wie oben beschrieben, modifiziert.
  Auf der Empfängerseite wird das ***FCS***-Register mit 16 1en aufgefüllt, die empfangenen, ***entstopften***, und so geschützten Bits zwischen den ***Flags*** mit x^{16} multipliziert und dann mod2 durch g(x) dividiert. Das Restglied-Bitmuster muß als Ergebnis dieser Operation im ***FCS***-Register als **0001 1101 0000 1111** auftauchen, damit die Übertragung fehlerfrei war. Damit werden alle Fehler mit ungeradem Gewicht sowie alle ≤3-Bitfehler erkannt. Eine Fehlerkorrektur kann mit dieser Methode nicht durchgeführt werden. Ein ***CRC***-Generator und -Dekoder kann auf einfache Weise durch ein Schieberegister der Länge von g(x) realisiert werden, bei dem das zu sichernde Bitmuster beim Verschieben an den Stellen, an denen g(x)=1, mit den vorangegangenen Stellen XOR-verknüpft wird.

4.3.8.3 Fehlerhafte Rahmen

Fehlerhaft ist ein ***LAPD-Rahmen***, wenn er

- nicht durch zwei ***Flags*** begrenzt wird, oder
- aus weniger als sechs Oktetts bei ***Rahmen*** mit ***Folgenummern*** und weniger als fünf Oktetts bei ***Rahmen*** ohne ***Folgenummern*** besteht, oder
- nicht aus einer ganzzahligen Oktettanzahl vor Transparenz-**0**-Bit-Einfügung oder nach Transparenz-**0**-Bit-Extraktion besteht, oder
- einen ***FCS***-Fehler, oder
- ein einoktettiges ***Adreßfeld*** enthält

Fehlerhafte ***Rahmen*** werden ohne Information des Senders ignoriert und es wird auch keine Aktion infolge solcher ***Rahmen*** ausgeführt, da insbesondere das ***Adreßfeld*** zerstört sein kann und damit der Adressat nicht angegeben werden kann. Die Timer und Counter der Partner-Instanz sorgen ggf. für eine wiederholte Aussendung von so verworfenen ***Rahmen*** oder führen zum Verbindungsabbruch. Werden sieben oder mehr aufeinanderfolgende 1en empfangen, so wird ein solcher ***Rahmen*** ignoriert.

4.3.9 Rahmen-Feld-Formate und Feld-Variable

4.3.9.1 Adreßfeld

Das folgende Bild stellt die ***Adreßfeld*-Struktur** dar:

Bit Nr.	8	7	6	5	4	3	2	1
Oktett 2	S A P I						C/R	EA=0
Oktett 3	T E I							EA=1

Folgende Variable sind zu erkennen:

- ***SAPI***, der in vorangegangenen Abschnitten schon ausführlich behandelt wurde. Codierungen und deren Bedeutungen sind in Tabelle 4.3-1 aufgeführt. Derzeit sind keine weiteren Codierungen für den ***D-Kanal*** belegt.
- ***TEI***, der ebenfalls in den vorangegangenen Abschnitten ausführlich behandelt wurde, Dabei gilt folgende Unterteilung:
  - ***TEI***=***GTEI***=127 (Bitmuster: **0111 1111**) wird für ***Broadcast*** verwendet. Jedes ***TE*** kann neben seinem bzw. seinen spezifischen ***TEI*** über den ***GTEI*** angesprochen werden.
  - ***TEI***=**0–63** wird für ***PtP***-Verbindungen in ***TE*** verwendet, die die ***TEI-Zuweisungsprozedur*** nicht abhandeln können und der ***TEI*** von außen eingestellt werden muß. Dabei wird nicht spezifiziert, auf welche Weise das geschehen kann, sondern dies wird dem Hersteller des ***TE*** überlassen. Eine Möglichkeit ist die Festlegung in einem ROM, was jedoch verhindert, daß zwei ***TE*** mit gleichem ***TEI*** an einem Bus betrieben werden können. Besser ist der Zugang über DIP-Schalter, Jumper, Menüauswahl etc., was voraussetzt, daß der Benutzer über eine mögliche ***TEI***-Kollision informiert wird (z.B. durch Displayanzeige), und dann auch weiß, was er zu tun hat, um das ***TE*** an diesem Bus betreiben zu können.

- *TEI*=64–126 wird für *PtP*-Verbindungen in *TE*s verwendet, die die ***TEI-Zuweisungsprozedur*** abhandeln können.

- ***C/R*-Bit**. Dieses kennzeichnet einen ***Rahmen*** als ***Command*** oder ***Response***. Ein ***Command*** stellt praktisch eine Initiative einer der beiden Sender dar, die ***Response*** ist die Antwort darauf. Es gibt ***Rahmentypen***, die nur als ***Commands*** vorkommen, andere nur als ***Responses***, und die übrigen in beiden Formen. Bei ***HDLC***-Prozeduren hat das Netz (*NT2/ET*) die ***C/R***-Bit-Adresse **0**, das Endgerät die Adresse 1. Ein ***Command*** wird mit der Partneradresse ausgesendet, eine ***Response*** mit der eigenen, so daß sich die rechts oben dargestellte Zuordnung ergibt.

C/R	Command	Response
TE→NT	0	1
TE←NT	1	0

- ***EA-Bit*** (***End of Address-(EA)-Bit***). Dieses dient zur Unterscheidung des zweioktettigen ***Adreßfelds*** von ***LAPD*** gegenüber dem einoktettigen von LAPB. Das ***Adreßfeld*** ist dort zu Ende, wo das ***EA-Bit*** den Wert 1 hat.

4.3.9.2 Steuerfeld

Die folgenden Bilder stellen die ***Steuerfeld***-Strukturen für die drei ***HDLC-Rahmentypklassen*** *I* (*INFORMATION*), *S* (*SUPERVISORY = ÜBERWACHUNG*) und *U* (*UNNUMBERED = UNNUMERIERT*) dar. Jeweils nachfolgend sind Erläuterungen zu den Funktionen der ***Rahmentypklassen*** angegeben.

- **I-Format**:

Bit-Nr.:	8	7	6	5	4	3	2	1
Oktett 4	N(S)							**0**
Oktett 5	N(R)							P

I-Rahmen dienen zum Übertragen von ***D3***-Information, deren Inhalt selbst im nachfolgenden ***I-Feld*** codiert und für die ***Schicht 2*** transparent ist. ***I-Felder*** werden mit dem Primitive ***DL-DATA*** übergeben und können im Rahmen ***quittierter*** Information übertragen werden. Das ***I***-Format, von dem es nur einen ***Rahmentyp*** gibt, wird durch Bit (4,1)= **0** codiert.

- **S-Format**:

Bit-Nr.:	8	7	6	5	4	3	2	1
Oktett 4	x	x	x	x	S	S	**0**	1
Oktett 5	N(R)							P/F

*S-**Rahmen*** führen ***DL***-Überwachungsfunktionen aus, wozu die ***Quittierung*** von *I-**Rahmen***, Wiederholungsaufforderung der Übertragung von *I-**Rahmen,*** sowie die temporäre Aussetzung der Übertragung von *I-**Rahmen*** (Flußregelung) gehört. Das ***S***-Format wird durch die Bits (4, 2 1)=**01** codiert. Die beiden ***S***-Bits codieren die unterschiedlichen *S-**Rahmentypen***, von denen danach vier möglich und drei definiert sind. Die x-Bits sind für weitere Standardisierung reserviert und haben derzeit den Wert **0**.

- **U-Format:**

Bit-Nr.:	8	7	6	5	4	3	2	1
Oktett 4	M	M	M	P/F	M	M	1	1

*U-**Rahmen*** führen zusätzliche ***DL***-Steuerfunktionen sowie Übertragung von ***unnumerierter Information*** in der ***unquittierten Betriebsweise*** aus. Das ***U***-Format wird durch die Bits (4, 2 1)=11 codiert. Die ***M-Bits*** codieren die einzelnen *U-**Rahmen***.

Steuerfeldvariable:

- *N*(*S*) in ***I-Rahmen*** heißt ***Sendefolgenummer*** (***Send Sequence Number***) und codiert Modulo n (hier: n = 128) von **0** ... n–1 (hier: von **0** ... 127 entspr. den 7 Bit) die Nummer des ***I-Rahmens***, in dem sie sich befindet. Zur Verwaltung von *N*(*S*) werden senderseitig - dem jeweiligen ***DL-PtP-CEP*** zugeordnet - zwei weitere Variable geführt, die nicht in ***Rahmen*** übertragen und ebenfalls Modulo n codiert werden:
  - *V*(*S*) heißt ***Sendezustandsvariable*** (***Send State Variable***) und gibt die ***Folgenummer*** *N*(*S*) des jeweils als nächstes auf dieser ***DL***-Verbindung zu sendenden ***I-Rahmens*** an. *V*(*S*) wird mit jedem ausgesendeten ***I-Rahmen*** um 1 inkrementiert, darf aber den senderseitig geführten Wert
  - *V*(*A*) der ***Quittungszustandsvariablen*** (***Acknowledge State Variable***) um einen bestimmten Wert ***k*** (s. Abschn. 4.3.11) nicht übersteigen (***Sliding Window***-Verfahren). *V*(*A*) identifiziert den letzten gesendeten ***I-Rahmen***, der von der ***DL***-Partner-Instanz ***quittiert*** wurde, d.h. *V*(*A*)–1 ist gleich der *N*(*S*) des letzten ***quittierten I-Rahmens***. Es gilt also $V(S) \leq V(A)+k$. *V*(*A*) wird upgedatet durch die von der ***DL***-Partnerinstanz empfangene *N*(***R***) (s.u.). Alle ***Rahmen*** bis *V*(*A*)–1 können sendeseitig gelöscht werden, die ***Rahmen*** von *V*(*A*) bis *V*(*S*) müssen als Kopie solange gespeichert werden, bis sie mit einem entspr. *N*(***R***) von der ***DL***-Partnerinstanz ***quittiert*** wurden, oder werden im Fehlerfall nochmals ausgesendet.

- *N*(***R***) in *I*- und ***S-Rahmen*** heißt ***Empfangsfolgenummer*** (***Receive Sequence Number***) und codiert Modulo 128 die Nummer des nächsten von der ***DL***-Partnerinstanz erwarteten ***I-Rahmens***. Die bis *N*(***R***)–1 (→*V*(*A*)–1) empfangenen ***Rahmen*** werden gleichzeitig ***quittiert***. Es gilt also $V(A) \leq N(R) \leq N(S)$. Zur Verwaltung von *N*(***R***) wird senderseitig - dem jeweiligen ***DL-PtP-CEP*** zugeordnet - eine weitere Variable geführt, die nicht in ***Rahmen*** übertragen und ebenfalls Modulo n codiert wird:
  - *V*(***R***) heißt ***Empfangszustandsvariable*** (***Receive State Variable***) und gibt die ***Folgenummer*** *N*(***R***) des jeweils als nächstes auf dieser ***DL***-Verbindung erwarteten ***I-Rahmens*** an. *V*(***R***) wird mit jedem empfangenen fehlerfreien ***I-Rahmen***, für dessen $N(S) = V(R)$ gilt, um 1 inkrementiert.

- ***P/F-Bit*** (***Poll/Final-Bit***) in allen ***Rahmen***. In ***Command-Rahmen*** heißt es ***P-***, in ***Responses F-Bit*** (s. ***Adreßfeld***). ***P***=1 fordert die ***DL***-Partner-Instanz zur sofortigen Übertragung einer ***Response*** auf, ***F***=1 kennzeichnet dann die dazugehörige ***Response***. Da ***I-Rahmen*** nur als ***Commands*** vorkommen, heißt dieses Bit hier immer ***P-Bit***. Viele Implementationen setzen bei ***Commands*** grundsätzlich dieses Bit, vor allem während der Testphase oder bei schlechten Verbindungen. Bei länger ausstehenden ***Responses*** ist bei schlechter Strecke die Wahrscheinlichkeit groß, daß zwar ein ***Rahmen*** korrekt übermittelt wird, aber trotzdem wegen ausbleibender Quittung wiederholt werden muß.

4.3.10 Rahmentypen

Die in Tabelle 4.3-3 dargestellten ***Rahmentypen*** werden sowohl auf der ***TE***- als auch auf der ***NT2/ET***-Seite verwendet. Die Codierungen werden durch das ***Steuerfeld*** in den Oktetts 4 und 5 vorgenommen. Wird ein anderer ***Rahmentyp*** mit korrektem ***FCS***-Feld auf einer ***LAPD-DL***-Verbindung empfangen, wird er ohne weitere Aktionen ignoriert.

Anwendung	Format	Command	Response	Codierung für Bit 8	7	6	5	4	3	2	1	Oktett
Unquittierte und quittierte Multi-Frame-Mode Informations Übertragung	Informationstransfer	I		N(S)							0	4
				N(R)							P	5
	S (Supervisory)	RR (Receive Ready)		0	0	0	0	0	0	0	1	4
				N(R)							P/F	5
		RNR (Receive Not Ready)		0	0	0	0	0	1	0	1	4
				N(R)							P/F	5
		REJ (Reject)		0	0	0	0	1	0	0	1	4
				N(R)							P/F	5
	U (Unnumbered)	SABME		0	1	1	P	1	1	1	1	4
			DM	0	0	0	F	1	1	1	1	4
		UI		0	0	0	P	0	0	1	1	4
		DISC		0	1	0	P	0	0	1	1	4
			UA	0	1	1	F	0	0	1	1	4
			FRMR	1	0	0	F	0	1	1	1	4
Verb.-Mgmt		XID		1	0	1	P/F	1	1	1	1	4

Tabelle 4.3-3: Rahmentypen der HDLC-Prozedur LAPD und ihre Codierungen im Steuerfeld [I.441].

Funktionen und Erläuterungen zu den einzelnen ***Rahmentypen*** und **-namen**:

- *I (INFORMATION)-**Command***:
  Übertragung von für die ***Schicht 2*** transparenten ***D3***-Informationsfeldern über eine ***DL***-Verbindung in fortlaufend (Modulo 128) numerierten ***Rahmen***. Dieses ***Command*** wird im ***Mehrrahmen-Mode quittiert*** über ***DL-PtP***-Verbindungen übertragen; es stellt damit die Hauptaufgabe der ***Schicht 2*** dar.

Die folgenden drei ***Rahmentypen*** *SABME*, *DISC* und *UA* stellen die Auf- und Abbaubefehle des ***Mehrrahmen-Modes*** sowie die Quittung dafür dar:

- *SABME (SET ASYNCHRONOUS BALANCED MODE EXTENDED)-**Command***:
  Durch dieses ***Command*** fordert die sendende ***TE-DL***-Instanz die ***NT2/ET-DL***-Partner-Instanz auf, in den ***quittierten*** Modulo-128-***Mehrrahmen-Mode*** zu gehen, welche dies ihrerseits mit einer *UA-(UNNUMBERED ACKNOWLEDGEMENT)-**Response*** quittiert (s.u.). Danach werden auf beiden Seiten die Variablen $V(S)$, $V(A)$ und $V(R)$ initialisiert und die ***DL***-Instanzen können ***I-Rahmen*** übertragen.

Lag vor dem Senden/Empfang von *SABME* ein Fehlerfall vor, so ist dieser damit behoben. Wurden zuvor ***I-Rahmen*** übertragen, die noch nicht quittiert sind, so bleiben sie unquittiert und werden verworfen. Die Folgen für höhere Schichten unterliegen deren Kontrolle und nicht der der ***Schicht 2***.

- *DISC* (*DISConnect*)-***Command***:
  Beendet den durch *SABME* aufgebauten ***Mehrrahmen-Mode*** und wird ebenfalls mit *UA* ***quittiert***. *DISC* muß nicht durch die ***DL***-Instanz gesendet werden, die die Verbindung mit *SABME* aufgebaut hatte; der Abbau kann auch durch die Partnerinstanz initiiert werden. Das bei *SABME* gesagte zu unquittierten ***Rahmen*** gilt analog.
- *UA* (*UNNUMBERED ACKNOWLEDGEMENT*)-***Response***:
  Antwort auf *SABME* und *DISC*. Bevor *UA* von der *SABME*- oder *DISC*-sendenden ***DL***-Instanz nicht empfangen wurde, wird der Mode-Zustand nicht verändert. Wurde zuvor eine temporären Nichtempfangsbereitschaft (*RNR*) durch die ***DL***-Instanz gesendet, so wird diese mit der Übertragung von *UA* aufgehoben.

Die folgenden drei *S-**Rahmentypen*** *RR*, *RNR* und *REJ* überwachen den Ablauf des aufgebauten ***Mehrrahmen-Modes***. Sie führen alle folgende Funktionen aus:

- ***Quittierung*** zuvor empfangener *I-**Rahmen*** bis einschl. $N(\boldsymbol{R})-1$.
- **Statusabfrage** bezügl. des momentanen Zustands der Empfangsbereitschaft der ***DL***-Partner-Instanz, wozu das Aussenden eines ***Commands*** mit gesetztem ***P-Bit*** verwendet werden kann. Eine Anwendung dafür ist ein aufgebauter ***B-Kanal*** (z.B. eine Telefonverbindung). Während dieser Zeit läuft u.U. minuten- oder gar stundenlang keine Signalisierung. Um sicherzustellen, daß die ***D-Kanal***-Verbindung noch funktioniert, wird die Gegenseite regelmäßig angepollt, was hierüber geschehen kann. Die ***DL***-Partner-Instanz antwortet je nach Status mit *RR* oder *RNR*.

Zusätzlich führen die folgenden einzelnen *S-**Rahmen*** weitere Funktionen aus:

- *RR* (*RECEIVE READY*)-***Command/Response***:
  - Meldung der Empfangsbereitschaft für *I-**Rahmen***.
  - Aufhebung eines zuvor gesendeten *RNR* (Flußregelungsfunktion)
- *RNR* (*RECEIVE NOT READY*)-***Command/Response***:
  - Meldung der momentanen Nichtempfangsbereitschaft für *I-**Rahmen***, z.B. weil im Empfangsspeicher mit begrenzter Kapazität so viele *I-**Rahmen*** in einer Queue zur Abarbeitung stehen, daß keine weiteren mehr aufgenommen werden können.
- *REJ* (*REJect*)-***Command/Response***
  - Anforderung der wiederholten Übertragung von *I-**Rahmen*** ab einschl. $N(\boldsymbol{R})$. Nach den wiederholten *I-**Rahmen*** können neue weitergesendet werden. Ein typischer Fall für das Aussenden von *REJ* liegt vor, wenn zwei ***Rahmen*** empfangen wurden, bei denen sich die $N(\boldsymbol{S})$ sich um mehr als 1 unterscheiden. Dann müssen ***Rahmen*** verlorengegangen sein, z.B. durch ein fehlerhaftes ***CRC***-Zeichen.
    Nur *eine* *REJ*-Bedingung kann für *eine* Richtung zu *einem* Zeitpunkt anstehen. Wird der *I-**Rahmen*** mit dem $N(\boldsymbol{S})$ empfangen, das gleich dem $N(\boldsymbol{R})$ im *REJ*-***Rahmen*** ist, so ist die Fehlersituation aufgehoben.
  - Aufhebung eines zuvor gesendeten *RNR*.

Die folgenden ***Rahmen*** werden für Funktionen benötigt, die sich schlecht weiter in Gruppen zusammenfassen lassen:

- *UI* (*Unnumbered Information*)-***Command***:
  Verlangt eine Master-Instanz ***unquittierte*** Informationsübertragung, so wird dieser ***Rahmentyp*** verwendet. Er führt keine Folgenummern und kann daher ohne weiteres verlorengehen. Er verändert keine ***DL***-Variablen.
  Typische Anwendungen liegen außerhalb des ***quittierten*** Betriebs bei der ***TEI-Vergabe***, wo das *UI*-***Command*** von ***Management***-Instanzen verwendet wird, oder beim kommenden Ruf auf dem ***S-Bus***, wo per *UI*-***Rahmen*** mit ***GTEI*** allen ***TE*** die Verbindung angeboten wird (und nicht mit einem Gruppen-*SABME*, wie man annehmen könnte und weshalb auch *SABME* nicht von ***NT2/ET*** kommen kann). Annahmebereite ***TE*** antworten mit *SABME* und können so die Verbindung weiterführen.
- *DM* (*Disconnected Mode*)-***Response***:
  Der ***DL***-Partner-Instanz wird mitgeteilt, daß momentan der ***Mehrrahmen-Mode*** nicht ausgeführt werden kann, z.B. statt auf *SABME* mit *UA* zu antworten. Ein anderes Beispiel ist ein angekommener ***Rahmen***, der nur im ***Mehrrahmen-Mode*** erwartet wird, aber vorher kein *SABME*/*UA* ausgetauscht wurde,
- *FRMR* (*Frame Reject*)-***Response***:
  Der ***DL***-Partner-Instanz wird ein Fehler mitgeteilt, der durch wiederholtes Aussenden des vorherigen ***Rahmens*** nicht behoben werden kann. Das sind typisch Protokoll- oder Prozedurfehler.

  Ein *FRMR* wird man oft in der SW-Entwicklungsphase einer ***LAPD*** erhalten. Ein im folgenden Bild dargestelltes fünfoktettiges Informationsfeld, das dem *FRMR*-***Steuerfeld*** unmittelbar folgt, enthält eine genaue Begründung der *FRMR* durch das Setzen der Bits W, X, Y und Z:

<table>
<tr><td>Bit-Nr.:</td><td>8</td><td>7</td><td>6</td><td>5</td><td>4</td><td>3</td><td>2</td><td>1</td></tr>
<tr><td>Oktett 5</td><td colspan="8">Steuerfeld des</td></tr>
<tr><td>Oktett 6</td><td colspan="8">zurückgewiesenen Rahmens</td></tr>
<tr><td>Oktett 7</td><td colspan="7">V(S)</td><td>0</td></tr>
<tr><td>Oktett 8</td><td colspan="7">V(R)</td><td>C/R</td></tr>
<tr><td>Oktett 9</td><td>0</td><td>0</td><td>0</td><td>0</td><td>Z</td><td>Y</td><td>X</td><td>W</td></tr>
</table>

Abbildung 4.3-9: Oktetts 5-9 eines LAPD-FRMR-Rahmens [I.441].

Dabei bedeuten:
- Oktetts 5 und 6 stellen das ***Steuerfeld*** des ***Rahmens*** dar, der zurückgewiesen wird. Handelt es sich dabei um einen *U*-***Rahmen*** (mit einoktettigem ***Steuerfeld***), werden im Oktett 6 des *FRMR* alle Bits auf **0** gesetzt.
- *V*(*S*) und *V*(***R***) die aktuellen Werte dieser Variablen der *FRMR*-sendenden ***DL***-Instanz.
- ***C/R***=1, wenn der zurückgewiesene ***Rahmen*** ein ***Command*** war, andernfalls ***C/R***=**0**

- W=1, wenn das zurückgewiesene ***Steuerfeld*** in den Oktetts 5 und 6 undefiniert oder nicht implementiert ist (Protokollfehler). Das kann vorkommen, wenn ein ***TE*** mit einer älteren Protokoll-Version gesteckt ist.
- X=1, wenn W=1 und der ***Rahmen*** ein unerlaubtes ***I-Feld*** enthält oder ein ***S***- oder ***U-Feld*** mit falscher Länge darstellt.
- Y=1, wenn ein im ***Rahmen*** korrekterweise enthaltenes ***I-Feld*** zu lang ist.
- Z=1, wenn das zurückgewiesene ***Steuerfeld*** gemäß den Oktetts 5 und 6 einen unzulässigen Wert von $N(\boldsymbol{R})$ enthält, der nicht die Bedingung erfüllt, daß $V(A) \leq N(\boldsymbol{R}) \leq V(\boldsymbol{S})$ (Prozedurfehler; es wird z.B. ein ***I-Rahmen quittiert***, der schon zuvor ***quittiert*** oder der noch gar nicht gesendet wurde).

- *XID* (*EXCHANGE IDENTIFICATION*)-***Command/Response***
  Kann, muß aber nicht ein Informationsfeld enthalten, in dem die Identifikations-Information enthalten ist. *XID*-***Rahmen*** werden vom ***Verbindungs-Management*** (***CME*** s. Abschn. 4.3.7) im sog. *Compelled-Mode* verwendet, d.h. wird ein *XID* empfangen, muß die Antwort vorrangig vor jedem anderen ***Rahmen*** und sofort erfolgen.

  Enthält das *XID*-***Command*** ein ***I-Feld***, das der Empfänger interpretieren kann, so soll er mit einer *XID*-***Response*** mit ***I-Feld*** antworten. Kann es nicht interpretiert werden oder ist keines vorhanden, so soll die *XID* -***Response*** kein ***I-Feld*** enthalten.

4.3.11 System-Parameter

Jedem ***SAP*** ist eine Liste von Systemparametern zugeordnet, die Zeitgeber (Timer) und Zähler (Counter) für bestimmte Funktionen darstellen. Jeder dieser Parameter hat einen voreingestellten Wert (Default-Value), der ohne besondere Zuweisung vorhanden ist. Er kann bei Bedarf überschrieben werden, sei es durch explizite Zuweisung oder durch eine Verhandlungsprozedur mit dem Partner (Negotiation). Auch diese Systemparameter können von der in Abschn. 4.3.7 beschriebenen jeweiligen ***CME*** verwaltet werden.

Timer werden durch Variablennamen ***T2xy*** dargestellt, wobei die erste Ziffer die Schicht codiert, ***x*** und ***y*** zwei Ziffern sind, die die Timer innerhalb der Schicht durchnumerieren. *Counter* werden mit ***N2xy*** bezeichnet.

Folgende Parameter sind definiert; der zugewiesene Wert gibt die Voreinstellung an, dahinter steht die Aufgabe:

T200 = 1s	Maximalzeit bis zur ***Quittierung*** eines übertragenen ***I-Rahmens***.
T201 = ***T200***	Minimalzeit zwischen der wiederholten Übertragung von *TEI-IDENTITY-CHECK*-***Nachrichten***.
T202 = 2 s	Minimalzeit zwischen der wiederholten Übertragung von *TEI-IDENTITY-REQUEST*-***Nachrichten***.
T203 = 10 s	Maximalzeit ohne Rahmenaustausch.
N200 = 3	Festlegung der Anzahl der Wiederholungsversuche zum Erhalt einer ***Quittung***, nachdem ***T200*** abgelaufen ist.
N201 = 260 Oktetts	Maximale Oktettanzahl in einem ***I-Feld***.
N202 = 3	Maximalanzahl übertragener *TEI-IDENTITY-REQUEST*-***Nachrichten***.

k (die Maximalanzahl ***unquittiert*** aufeinanderfolgend ausstehender numerierter ***I-Rahmen = Sliding Window Size***) = 1 für ***SAPI=s***, 3 für ***SAPI=p*** beim 16 kbps-Basisanschluß, 7 für ***SAPI=s, p*** beim 64 kbps-Primärratenanschluß.

4.3.12 Partner-Prozeduren

4.3.12.1 Klassifizierung

Die Prozeduren lassen sich in folgende Klassen unterteilen:

- Für ***unquittierten*** **Betrieb**, wozu insbesondere der ***Broadcast***-Betrieb gehört, bei dem auf dem ***S_0-Bus*** allen ***TE*** ein kommender Ruf mit ***TEI = GTEI*** angeboten wird.
- ***TEI-Management***-**Prozeduren**, dazu gehören
  - ***TEI-Zuweisung*** (***TEI-Assignment***), z.B. wenn ein ***TE*** noch keinen ***TEI*** hat.
  - ***TEI-Überprüfung*** (***TEI-Check***), durch das ***NT2/ET***, z.B. wenn aufgrund eines Prozedurfehlers ein mehrfach vergebener ***TEI*** vermutet wird.
  - ***TEI-Rücknahme*** (***TEI-Removal***), z.B. wenn ein ***TEI*** mehrfach vergeben wurde.
  - optional von der ***TE***-Seite ***TEI-Verifizierung*** (***TEI-Verify***), z.B. wenn das ***TE*** an einen anderen Bus gesteckt wurde.
- **Automatische Verhandlung** von ***DL*-Parametern**, wie *Fenstergröße*, *Reaktionszeiten* (Timerwerte), *Anzahl von Wiederholungen* (Counterwerte) etc.
- **Auf-**, **Abbau**, **Betrieb** und **Wiederaufbau** des ***quittierten Mehrrahmen-Modes***, in dem die normale Übertragung von ***D3***-Information stattfindet. Dies stellt die Hauptaufgabe des ***D-Kanal***-Betriebes dar und diese Prozeduren sind detailliert in den ITU-T-Richtlinien I.441 (Q.921) erläutert, sowie in Form von Zustandsübergangsgraphen und SDL-Diagrammen beschrieben. Auf diese Details wird hier aufgrund des Umfangs verzichtet.
- **Fehlermeldung** und **-behebung**.

4.3.12.2 TEI-Verwaltung

Die ***TEI***-Verwaltungsprozeduren werden ***NT2/ET***-seitig vom ***Assignment Source Point*** (***ASP***) gefahren, der Masterfunktionen hat und den ***TEI***-Raum verwaltet. ***TE***-seitig existieren Slave-***Mgmt***-Instanzen, die die ***TEI***-Prozeduren für die ***Schicht 2*** ihres jeweiligen ***TE*** fahren.

Ist ein ***TE***, das zu der Kategorie von ***TE*** gehört, die sich einen ***TEI*** dynamisch zuweisen lassen können, im Zustand ***Kein TEI Zugewiesen***, kann die Anforderung einer ***TEI-Zuweisung*** auf zwei Arten erfolgen:

- durch ***DL-ESTABLISH-REQUEST*** von ***D3***, um gehend ein ***D3***-Verbindung aufzubauen, die eine ***DL***-Verbindung benötigt, die dazu wiederum einen ***TEI*** braucht.
- durch einen über die Schnittstelle angekommenen *UI-**Rahmen*** mit ***GTEI***, in dessen ***I-Feld*** sich eine *SETUP* (***D3***-Befehl zum ***D3***-Verbindungsaufbau) befindet, die an die ***Schicht 3*** transparent weitergegeben wird, und die dann ebenfalls per ***DL-ESTABLISH-REQUEST*** wie oben die ***TEI***-Zuweisung mittelbar initiiert.

Die ***Schicht 2*** kann nicht und braucht auch nicht für diese beiden Fälle zu wissen, wodurch letztendlich die ***TEI-Zuweisungs***-Anforderung zustande kam. Dem ***DL-Mgmt***, das die ***Zuweisungsprozedur*** abhandelt, wird von der ***DL***-Instanz, die von der ***Schicht 3*** das ***DL-ESTABLISH-REQUEST*** erhält, ein ***DL-ASSIGN-INDICATION*** geschickt. Alle nun folgenden ***Rahmen*** zur Abhandlung der Prozedur sind *UI**-Rahmen*** mit ***TEI=GTEI***, ***SAPI=mg*** und einer ***Nachricht*** im ***I-Feld***, welche folgende Struktur hat:

Bit-Nr.:	8	7	6	5	4	3	2	1
Oktett 5	Management Entity Identifier (MEI)							
Oktett 6	Referenz-Nummer							
Oktett 7	(Reference Number = Ri)							
Oktett 8	Nachrichten-Typ (Message Type = MT)							
Oktett 9	Aktions-Indikator (Action Indicator = Ai)							E

Abbildung 4.3-10: Oktetts 5-9 von UI-Rahmen bei der TEI-Verwaltung [I.441].

Folgende ***MT***s sind vorgesehen: *IDENTITY...*

Nachrichtenname	***Ri***	***MT***	***Ai =***	**Bedeutung:**
REQUEST ***TE → NT2/ET***	*	**1**	127: jeder ***TEI*** wird akzeptiert.	***TE*** fordert ***TEI***-Zuweisung an.
ASSIGNED ***TE ← NT2/ET***	*	**2**	64...126: zugewiesener ***TEI***.	***ASP*** weist ***TEI*** zu.
DENIED ***TE ← NT2/ET***	*	**3**	64...126: nicht zugewies. ***TEI*** 127: kein ***TEI*** mehr vorhanden.	***ASP*** weist keinen ***TEI*** zu.
CHECK REQUEST ***TE ← NT2/ET***	0	**4**	0...126: überprüft den ***TEI***; 127: überprüft alle ***TEI***.	***ASP*** überprüft ***TEI***-Werte am Bus.
CHECK RESPONSE ***TE → NT2/ET***	*	**5**	0...126 gibt den ***TEI*** des gerade antwortenden ***TE*** an.	Antwort auf *CHECK REQUEST*.
REMOVE ***TE ← NT2/ET***	0	**6**	0...126 nimmt den ***TEI*** zurück; 127 nimmt alle ***TEI*** zurück.	***ASP*** nimmt ***TEI*** zurück.
VERIFY ***TE → NT2/ET***	0	**7**	0...126 codiert den ***TEI***, der überprüft werden soll.	***TE*** läßt ***TEI***-Gültigkeit überprüfen.

Tabelle 4.3-4: Nachrichten-Typen des DL-Managements zur TEI-Verwaltung [I.441].

Dabei bedeuten:

- ***MEI*** = 00001111 adressiert das ***Management***; entspricht auf der ***Schicht 3*** etwa dem ***Protokoll-Diskriminator*** (***PD*** s. Abschn. 4.4.3.2)
- ***Ri*** kann jeden beliebigen Wert von **0** ... **65 535** (*) annehmen. Er wird statistisch vergeben und dient zur Unterscheidung evtl. mehrerer gleichzeitig auf dem ***S-Bus*** laufender ***TEI***-Verwaltungs-Prozeduren zu unterschiedlichen ***TE***. Für *eine* ***TEI-Management***-Verbindung bleibt dieser Wert fest. Er wird von der initiierenden Seite

vergeben. Er entspricht auf der ***Schicht 3*** in etwa der ***Call-Reference*** (***CR*** s. auch Abschn. 4.4.3.2).

- ***MT*** codiert die Funktion der ***Nachricht***. Entspricht demselben Begriff auf der ***Schicht 3***.
- ***Ai*** enthält diejenigen ***TEI***-Werte, die je nach ***MT*** gewünscht, vergeben, verwehrt, überprüft oder zurückgenommen werden. ***E***=1 bedeutet, daß das ***Ai***-Feld einoktettig ist, ***E*=0** setzt es fort.

Im folgenden sind die zugehörigen Prozeduren in Form von Kommunikationsdiagrammen dargestellt. Links befindet sich das ***TE***, dem ein ***TEI*** zugewiesen, dessen ***TEI*** überprüft bzw. dessen ***TEI*** zurückgenommen werden soll. Die Syntax der ***Rahmen*** ist wie folgt: *Rahmenkürzel* (***SAPI=SAPIname***, ***TEI=GTEI***)[***Ri***, ***Message-Type***, ***Ai***]. Der senkrechte Pfeil gibt den Ablauf der Zeit an. Die ***TEI-Zuweisungsprozedur*** läuft im Normalfall wie rechts oben dargestellt ab.

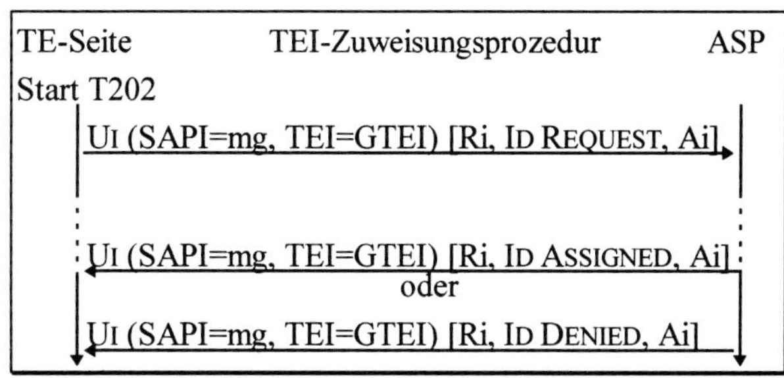

Die ***TEI-Überprüfungsprozedur*** läuft im Normalfall wie folgt ab; sie kann auch ohne *ID VERIFY* von der ***NT2/ET***-Seite initiiert werden:

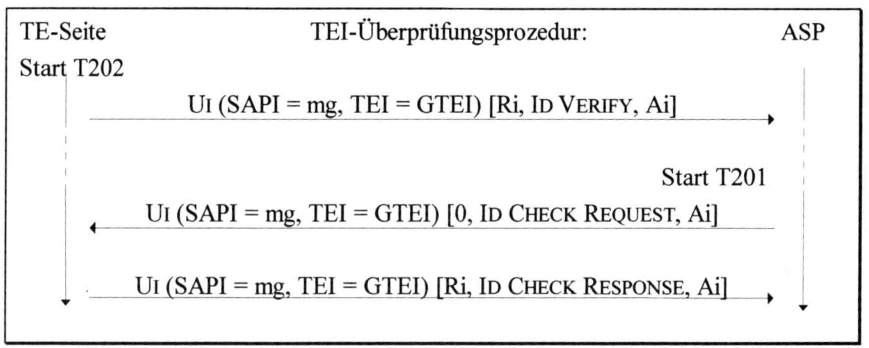

Die ***TEI-Rücknahmeprozedur*** läuft im Normalfall wie rechts dargestellt ab; das zweimalige Aussenden dient zur Erhöhung der Sicherheit:

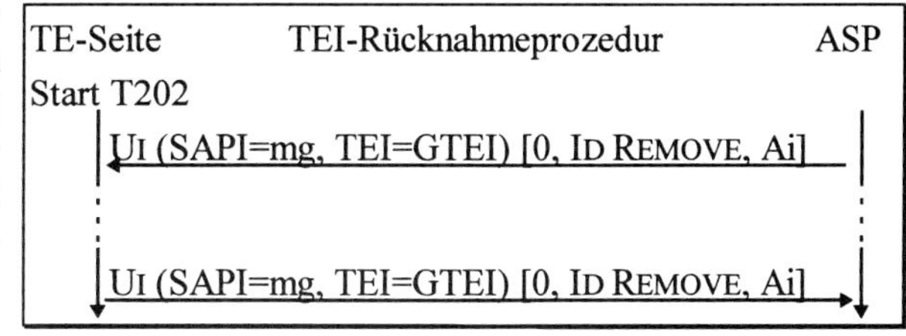

4.3.12.3 TEI-Vergabe und Aufbau des Mehrrahmen-Betriebs

In Abbildung 4.3-11 ist in einem Ablaufdiagramm, das sowohl Primitive-Prozeduren als auch Partner-Prozeduren mit einbezieht, der vollständige Aufbau einer ***D3***-Verbindung mit allen darunterliegenden Aufbauprozeduren dargestellt. Auf den darauffolgenden Seiten sind die Abläufe erläutert.

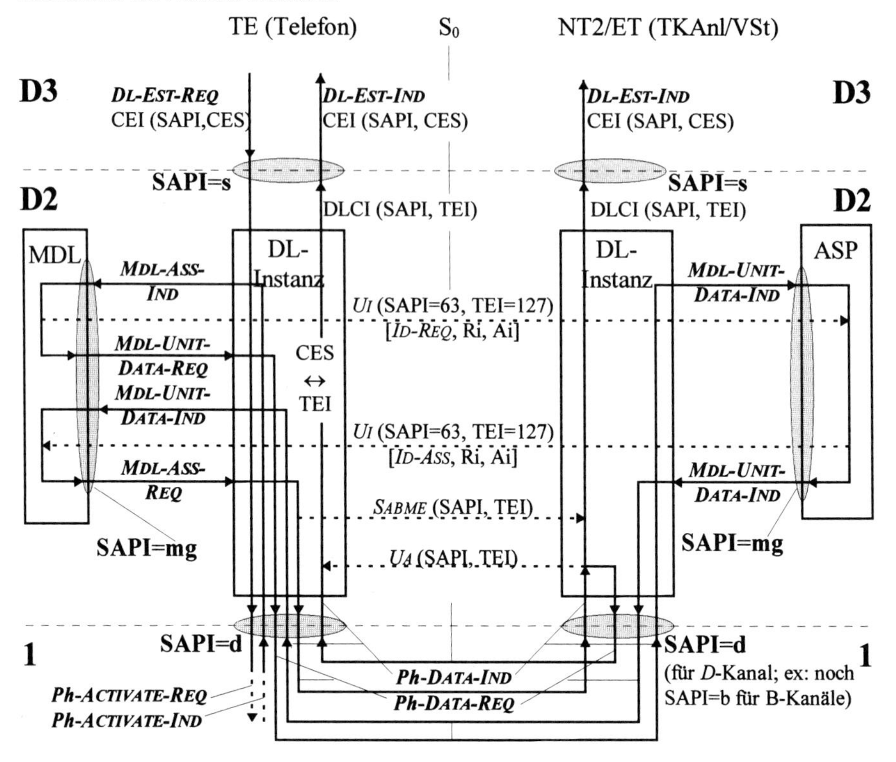

Abbildung 4.3-11: Prozeduren: TEI-Vergabe und Aufbau des Mehrrahmen-Modes.

Man erkennt auf dem Bild in horizontaler Richtung das ***TE***, die ***S_0***-Schnittstelle und ***NT2/ET***, in vertikaler Richtung die ***Schichten 1***, ***2*** und ***3*** des ***D-Kanals*** sowie die zur ***Schicht 2*** jeweils zugehörige ***Management***-Instanz (***MDL***). Die ellipsenförmigen Gebilde stellen, wie gehabt, ***SAP***s dar.

Die Initiative geht von der ***Schicht 3*** der ***TE***-Seite aus. Sie kann durch einen kommenden *UI*-***Rahmen*** mit SETUP-***Nachricht*** (s. Abschn. 4.4.3.5) oder durch das Abheben des Telefonhörers, um eine gehende Verbindung aufzubauen, angestoßen worden sein, was hier nicht dargestellt ist.

Insgesamt sind folgende Schritte sequentiell durchzuführen:

1. Bei ***deaktivierter Schicht 1***:
   Aktivierung derselben - im Bild durch die entspr. Primitives angedeutet.
2. Sofern kein ***TEI*** zugewiesen:
   Durchführung der ***TEI-Zuweisungsprozedur*** durch die Partner-***Mgmt-Nachrichten*** *ID-REQUEST*/*ID-ASSIGNED* - im Bild dargestellt.
3. Aufbau des ***Mehrrahmen-Betriebs*** durch die Partnerprozedur
   SABME/*UA* - im Bild dargestellt.

4. Aufbau der ***Schicht** 3*-Verbindung durch die Partnerprozedur, die mit der SETUP-***Nachricht*** eingeleitet und mit der CONNect-***Nachricht*** abgeschlossen wird (s. Abschn. 4.4.3.4).

(zusätzlich für 2.- 4. für jeden ***Rahmen*** separat die ***D-Kanal-Zugriffsprozedur*** der ***Schicht 1*** - im Bild nicht dargestellt, da vom sonstigen Verkehr auf dem Bus abhängig).

Erläuterung des Ablaufs:

***TE*-Seite:**

- ***D3 → DL*: *DL-ESTABLISH-REQUEST***
  über ***SAPI*0(=*s*)**, ***CES*** von ***D3*** vergeben. ***D3*** verlangt von ***DL*** Aufbau des ***Mehrrahmen***-Betriebs, um danach ***D3***-Information zu übertragen.
- ***DL → Ph*: *Ph-ACTIVATE-REQUEST*,**
  DL verlangt von ***Ph Aktivierung*** der S_0 -Schnittstelle,
  ... ***Aktivierungsprozedur*** läuft ...
- ***Ph → DL*: *Ph-ACTIVATE-INDICATION*.**
  Ph meldet erfolgreichen Abschluß der ***Aktivierungsprozedur***.
- ***DL → MDL*: *MDL-ASSIGN-INDICATION***
  über ***SAPI*63(=*mg*)**, ***TEI*127(=*GTEI*)**. ***DL*** verlangt von seinem ***Management*** eine ***TEI***-Zuweisung für eine Verbindung, über die ***DL*** später die ***D3***-PDUs transportieren kann.
- ***MDL → DL*: *MDL-UNIT-DATA-REQUEST***
  über ***SAPI*63(=*mg*)**, ***TEI*127(=*GTEI*)** mit Parameter *IDENTITY REQUEST*, ***Referenz-Nummer Ri*** legt logische Kanalnummer für ***TEI***-Vergabe fest, ***Aktions-Indikator Ai*** legt evtl. gewünschten ***TEI*** fest. ***MDL*** verlangt von ***DL***, einen *UI-**Rahmen*** zu übertragen, um den ***TEI*** vom Partner-***Management*** (=***ASP***) zu besorgen.
- ***DL → Ph*: *Ph-DATA-REQUEST*,**
  DL übergibt die vom ***MDL*** erhaltenen Daten in einem *UI-**Rahmen*** an die ***Ph***. Dort läuft nun die ***D-Kanal-Zugriffssteuerung*** ab. Irgendwann klappts, dann

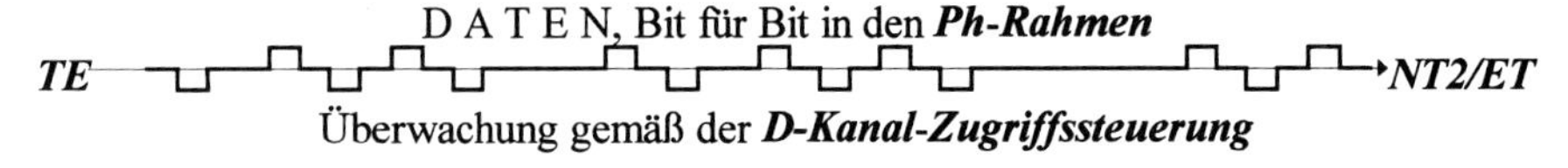

***NT2/ET*-Seite:**

- ***Ph → DL*: *Ph-DATA-INDICATION*,**
  Ph übergibt die von der Partner-***Ph*** erhaltenen Daten (*UI-**Rahmen***) an die ***DL***.
- ***DL → ASP*: *MDL-UNIT-DATA-INDICATION***
  über ***SAPI*63(=*mg*)**, ***TEI*127(=*GTEI*)** mit Parameter *IDENTITY REQUEST* etc. ***DL*** meldet dem ***ASP***, daß ein *UI-**Rahmen*** angekommen ist, um eine ***TEI-Zuweisung*** anzustoßen (was natürlich die ***DL***-Instanz nicht weiß).
- ***ASP → DL*: *MDL-UNIT-DATA-REQUEST***
  über ***SAPI*63(=*mg*)**, ***TEI*127(=*GTEI*)** mit Parameter *IDENTITY ASSIGNED*, gleicher ***Ri*** wie oben, ***Ai*** stellt den *zugewiesenen* ***TEI*** dar.

- ***DL* → *Ph*: *Ph-DATA-REQUEST*.**
  Übergabe der vom ***ASP*** erhaltenen Daten, verpackt in einen ***UI-Rahmen*** an die ***Ph***.

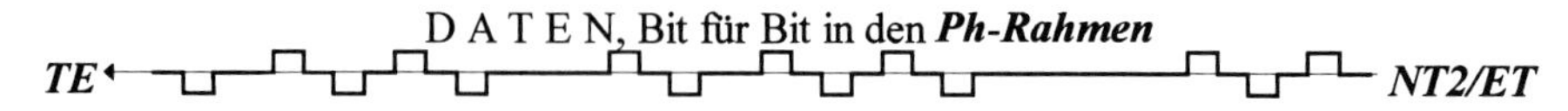

TE-Seite:

- ***Ph* → *DL*: *Ph-DATA-INDICATION*,**
  Ph übergibt die von der Partner-***Ph*** erhaltenen Daten (***UI-Rahmen***) an die ***DL***.
- ***DL* → *MDL*: *MDL-UNIT-DATA-INDICATION***
  über ***SAPI*63(=*mg*)**, ***TEI*127(=*GTEI*)** mit Parameter *IDENTITY ASSIGNED* etc. ***DL*** meldet dem ***MDL***, daß ein ***UI-Rahmen*** angekommen ist, der den *zugewiesenen* ***TEI*** enthält.
- ***MDL* → *DL*: *MDL-ASSIGN-REQUEST***
  über ***SAPI*63(=*mg*)**, ***TEI*127(=*GTEI*)** mit Parameter *zugewiesener* ***TEI***.
- ***DL* → *Ph*: *Ph-DATA-REQUEST*.**
  Übergabe ***SABME-Rahmen*** mit ***SAPI*0(=*s*)**, ***TEI*=*zugewiesener* *TEI*** im ***Adreßfeld*** an die ***Ph***.

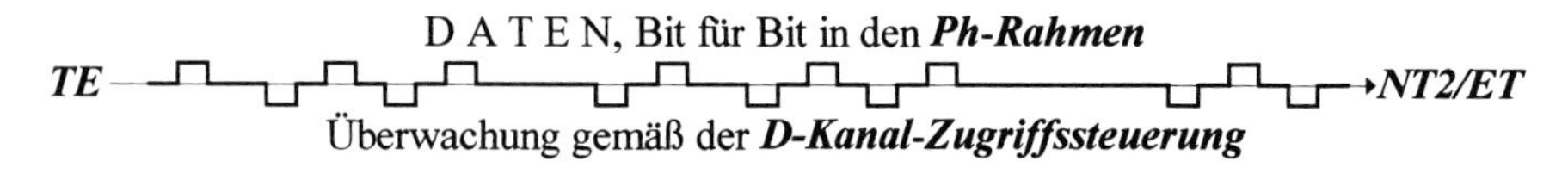

NT2/ET-Seite:

- ***Ph* → *DL*: *Ph-DATA-INDICATION*.**
  Ph übergibt die von der Partner-***Ph*** erhaltenen Daten (***SABME-Rahmen***) an die ***DL***.
- ***DL* → *D3*: *DL-ESTABLISH-INDICATION***
  über ***SAPI*0(=*s*)**, ***TEI*=*zugewiesener* *TEI***. ***DL*** meldet an ***D3***, daß ein ***DL***-Abschnitt aufgebaut wurde, gleichzeitig
- ***DL* → *Ph*: *Ph-DATA-REQUEST*.**
  Übergabe ***UA-Rahmen*** als Quittung für *SABME* mit ***SAPI*0(=*s*)**, ***TEI*=*zugewiesener* *TEI*** im ***Adreßfeld*** an die ***Ph***.

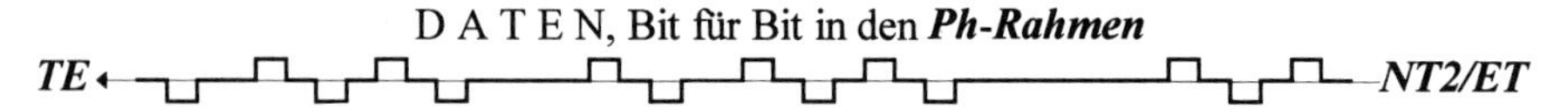

TE-Seite:

- ***Ph* → *DL*: *Ph-DATA-INDICATION*,**
  Ph übergibt die von der Partner-***Ph*** erhaltenen Daten (***UA-Rahmen***) an die ***DL***.
- ***DL* → *D3*: *DL-ESTABLISH-INDICATION***
  über ***SAPI*0(=*s*)**, ***TEI*=*zugewiesener* *TEI*** als Antwort auf das initiierende ***DL-ESTABLISH-REQUEST***.
- ***D3* → *DL*: *DL-DATA-REQUEST*** (ab hier im Bild nicht mehr dargestellt)
  über ***SAPI*0(=*s*)**, ***TEI*=*zugewiesener* *TEI*** mit ***D3-Nachricht*** (typ.: SETUP) als Parameter.

- ***DL* → *Ph*: *Ph-DATA-REQUEST*.**
  Übergabe ***I-Rahmen*** mit ***SAPI0(=s)***, ***TEI**=zugewiesener **TEI*** mit ***D3-Nachricht*** im ***I-Feld*** an die ***Ph***.

- ***D3-Nachricht*** (SETUP) geht ins Netz ...

4.3.12.4 Abbau des Mehrrahmen-Betriebs

In Abbildung 4.3-12 ist die typische Sequenz zum Abbau des ***Mehrrahmen-Betriebs*** dargestellt. Dabei ist unterstellt, daß die Initiierung, die grundsätzlich von beiden Seiten ausgehen kann, hier von der ***TE***-Seite - konkret der ***Schicht 3*** - ausgeht. Dazu muß zuvor die ***D3***-Verbindung ausgelöst worden sein. Die ***Ph***-Verbindung wird nicht ausgelöst, auch wenn sie, wie in Abbildung 4.3-11 dargestellt, im Zuge des Aufbaus der ***DL***-Verbindung aufgebaut wurde, da sie evtl. von anderen Busteilnehmern benötigt wird. Daher darf die ***Schicht 1*** nur von der ***NT2/ET***-Seite abgebaut werden.

Erläuterung des Ablaufs:

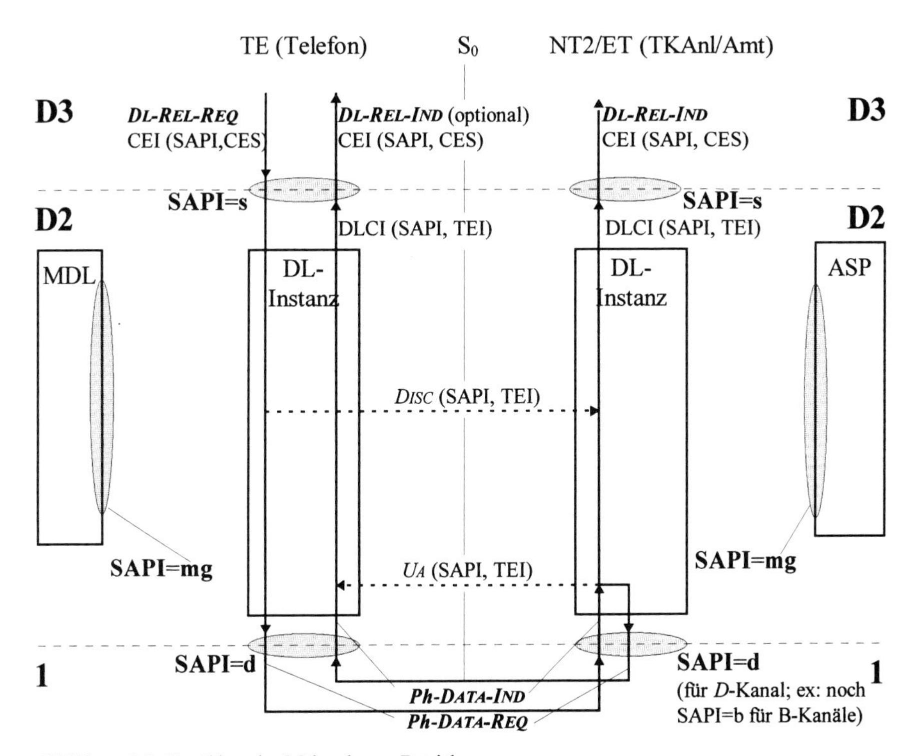

Abbildung 4.3-12: Abbau des Mehrrahmen-Betriebs.

TE-Seite:

- ***D3 → DL*: *DL-RELEASE-REQUEST***
  über ***SAPI*0(=*s*)**, ***CES*** zum zugehörigen ***TEI***. ***D3*** verlangt von ***DL*** Abbau des ***Mehrrahmen-Betriebs*** nach Beendigung der *D3*-Verbindung, weil z.B. der Teilnehmer den Hörer aufgelegt hat.
- ***DL → Ph*: *Ph-DATA-REQUEST***
  DL generiert einen *DISC*-***Rahmen*** und übergibt ihn an ***Ph*** zur Übertragung an *NT2/ET*.

NT2/ET-Seite:

- ***Ph → DL*: *Ph-DATA-INDICATION*.**
  Ph übergibt die von der Partner-***Ph*** erhaltenen Daten (*DISC*-***Rahmen***) an die ***DL***.
- ***DL → D3*: *DL-RELEASE-INDICATION***
  über ***SAPI*0(=*s*)**, ***TEI**=zugewiesener* ***TEI***. ***DL*** meldet an ***D3*** den Abbauwunsch des ***Mehrrahmen-Betriebs*** ihrer Partnerinstanz, gleichzeitig
- ***DL → Ph*: *Ph-DATA-REQUEST*.**
  Übergabe *UA*-***Rahmen*** als Quittung für *DISC* mit ***SAPI*0(=*s*)**, ***TEI**=zugewiesener* ***TEI***, im ***Adreßfeld*** an die ***Ph***.

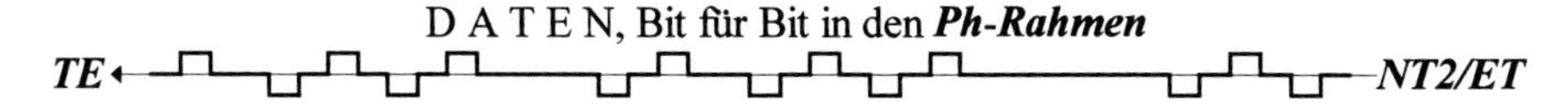

TE-Seite:

- ***Ph → DL*: *Ph-DATA-INDICATION*,**
  Ph übergibt die von der Partner-***Ph*** erhaltenen Daten (*UA*-***Rahmen***) an die ***DL***.
- ***DL → D3*: *DL-RELEASE-INDICATION*** (optional)
  über ***SAPI*0(=*s*)**, ***TEI**=zugewiesener* ***TEI***, als Antwort auf das den Abbau initiierende ***DL-RELEASE-REQUEST***.

DL-Verbindung ist abgebaut. Das ***TE*** ist nun von ***NT2/ET*** nur noch über den ***GTEI*** ansprechbar, wenn ein *kommender* Ruf vorliegt. Für eine weitere Verbindung kann der beim Aufbau zugewiesene ***TEI*** wieder verwendet werden.

4.3.13 Innere Struktur einer DL-Schicht auf einer Teilnehmerschaltung

In Abschn. 5.5.2 werden Telecom-ICs für das Abhandeln von ***Schicht-2***-Funktionen beschrieben. Dazu müssen den zuvor beschriebenen Funktionen Funktionseinheiten zugeordnet werden, die man im OSI-Modell als Instanzen, in SDL als Blöcke modellieren kann. Hierin laufen wiederum Prozesse ab, die die konkreten Aufgaben bei der ***Rahmen***-Codierung in gehender Richtung und -Dekodierung in kommender Richtung ausführen. Um einen kommenden ***Rahmen*** zu analysieren, müssen bestimmte Schritte sequentiell ausgeführt werden; für einen gehenden ***Rahmen*** muß das umgekehrt laufen. Abbildung 4.3-13 gibt eine solche mögliche Struktur für eine Teilnehmerschaltung an.

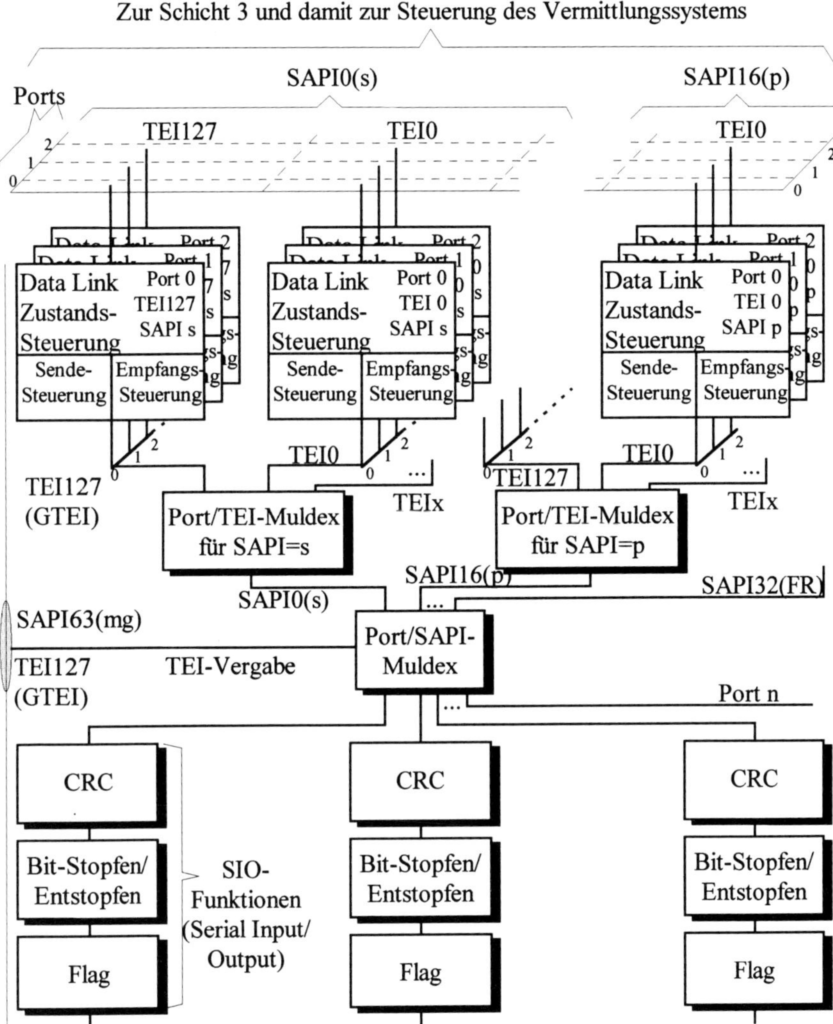

Abbildung 4.3-13: Struktur der Schicht 2 auf einer Teilnehmerschaltung eines Vermittlungssystems [I.440].

Teilnehmerschaltungen stellen in Vermittlungssystemen das Bindeglied zwischen den ***TE*** am ***Bus*** einerseits, und der Steuerung des Vermittlungssystems sowie dem Koppelfeld andererseits, dar. Der Steuerung werden die ***D3***-Daten zugeführt, so daß sie das Koppelfeld zum Vermitteln der ***B-Kanal***-Daten, die jenem zugeführt werden, einstellen kann. An einer Teilnehmerschaltung können i.allg. mehrere ***S_0-Busse*** (z.B. 8 oder 16) angeschlossen sein, so daß hier neben dem ***SAPI*** und ***TEI*** eine dritte Adressierungseinheit hinzukommt: der ***Port***, der die einzelnen Busse unterscheidet. Man beachte: ***SAPI*** und ***TEI*** sind busweit eindeutig, werden also bei verschiedenen ***Ports*** mehrfach vorkommen.

Ein *kommender*, d.h. aus den ***D-Bits*** der ***Schicht 1*** gedemultiplexter ***DL-Rahmen*** muß zunächst von den ***Flags*** befreit werden. Konkret ist also der hierarchisch niedrigste Prozeß derjenige, der dauernd den Fluß der ***D-Bits*** monitort und auf die ***Flag***-Sequenz **01111110** wartet. Die Bitfolge zwischen zwei solchen ***Flags*** liefert er an den hierarchisch nächsthöheren Prozeß -

Bit-Entstopfen - ab, was bedeutet, daß er sie in ein Register schreibt, das hier sozusagen die Implementierung eine instanzinternen Primitive-Schnittstelle darstellt. Die ***Flags*** selbst werden nicht weiter benötigt. Der Prozeß ***Bit-Entstopfen*** untersucht den Registerinhalt auf die Bitfolge **111110** und entfernt die **0**. Wir erinnern uns: Die **0** wurde eingefügt (***Bitstopfen***), damit innerhalb des ***Rahmens*** kein ***Flag*** simuliert wird (s. Abschn. 4.3.8.2). Er liefert den ***enstopften Rahmen*** an den

CRC*-Prozeß** ab, der untersucht, ob der ***Rahmen Bitfehler enthält. Er wertet das 2-Oktett-***FCS***-Feld entspr. dem in Abschn. 4.3.8.2 beschriebenen Algorithmus aus und liefert bei Fehlerfreiheit ***Adreß-***, ***Steuer-*** und - falls vorhanden - ***Informationsfeld***, an die Instanz

Port/SAPI*-Muldex** ab (*Muldex* für *Multiplexer/Demultiplexer*). Im Fehlerfall wird der komplette Restrahmen verworfen, d.h. der ***Port/SAPI*-Muldex** erhält über die Ankunft eines ***Rahmens erst gar keine Meldung. Der Prozeß ***Port/SAPI*-Muldex** analysiert im fehlerfreien Fall im ***Adreßfeld*** den ***SAPI*** und liefert den Rest an die Instanz

Port/TEI*-Muldex** für diesen ***SAPI. Der zugehörige Prozeß analysiert im ***Adreßfeld*** den ***TEI*** und liefert den Rest an die Instanz

DL-Zustandssteuerung für die entspr. ***Port/SAPI/TEI***-Kombination ab. Da der ***Port*** nicht Bestandteil eines ***DL-Rahmens*** ist, muß folglich der unterste Prozeß in dieser Kette die Information darüber in der ICI mitgeben. Er muß dazu wissen, welchem ***Port*** er zugeordnet ist. Die ***DL-Zustandssteuerung*** ist selbst wieder eine komplexe Funktionseinheit, die in Form mehrerer Prozesse modelliert werden kann, und insbesondere, wie dargestellt, aus einer Empfangs- und Sendesteuerung, sowie einer Schnittstelleneinheit zur hierarchisch höheren Schicht, besteht.

In der Empfangssteuerung wird der Rest des ***Adreßfelds*** sowie das ***Steuerfeld*** ausgewertet; ein evtl. vorhandenes ***I-Feld*** wird transparent an die hierarchisch höhere Schicht - ***D3-*** bzw. ***DL-Mgmt*** - weitergegeben. Bei der Bearbeitung werden z.B. die Parameter $N(S)$, $N(R)$ ausgewertet und die internen Variablen $V(S)$, $V(R)$ und $V(A)$ upgedatet. Die Sendesteuerung erhält Information z.B. zum Erzeugen eines ***Quittungsrahmens*** - wie *RR* oder *RNR*. In *gehender* Richtung läuft das ganze umgekehrt.

Nicht dargestellt sind für die letztgenannten Prozesse Schnittstellen zum ***Management***, über die z.B. Fehlerstatistiken geführt werden können. Dazu gehören z.B. die Häufigkeit der Rückweisung eines Rahmens durch *FRMR* oder die Häufigkeit der Notwendigkeit des Aussendens eines *REJ* bzw. Empfang derselben.

4.4 Vermittlungsschicht des D-Kanals der ISDN-Teilnehmerschnittstellen

4.4.1 Aufgaben und Funktionen

Die allgemeinen Aufgaben einer ***Vermittlungsschicht*** (auch ***Netzschicht***; ***Network Layer*** = ***N***) wurden im OSI-Modell, Abschn. 2.5.2.3 beschrieben. Die ***Vermittlungsschicht*** muß für jeden ***B***-(besser: Nutz)-***Kanal*** und ***D-Kanal*** getrennt festgelegt werden; das in Abschn. 4.3.1 gesagte gilt hier sinngemäß. In Abschn. 4.3 werden die ***D-Kanal***-Dienste, die die Sicherungsschicht der ***Vermittlungsschicht*** erbringt, ausführlich beschrieben.

Die ***Vermittlungs-(D3)-Schicht*** ist die höchste Schicht des ***D-Kanals***. Sie enthält die Intelligenz, um die Informationsflüsse der Nutzkanäle zu steuern. Sie wirkt Ende-zu-Ende. Das bedeutet, daß eine *SETUP*-***Nachricht***, die als Reaktion auf einen Verbindungsaufbauwunsch - z.B. durch Abheben des Hörers bei einem Telefon - von einem rufenden Endgerät generiert wurde, beim gerufenen auch wieder als *SETUP* ankommt. Netzintern wird jedoch wie bei der Sicherungsschicht ein anderes Protokoll - das ZGS#7 - verwendet, das aus der *SETUP* eine IAM (INITIAL ADDRESS MESSAGE) macht.

Auf der ***Schicht 3*** des Signalisierungskanals können unterschiedliche Protokolle gefahren werden - unterschieden durch einen sog. ***Protocol Discriminator*** = ***PD***, der das erste Oktett einer ***D3-Nachricht*** darstellt. Die wichtigsten sind:

- das auf ***LAPD*** aufsetzende ***D-Kanal-Schicht-3-(D3)*-Protokoll**, das hier behandelt wird und primär zur Signalisierung auf Teilnehmeranschlußleitungen dient. Es wird bzgl. der Rufsteuerung (***Call Control***) in I.451 (Q.931) beschrieben, bzgl. der Dienstmerkmalbehandlung (***Supplementary Services***; ***DM***) in I.452 (Q.932).
- Das **Frame-Mode-Protokoll**, das in Abschn. 9.9 unter B-ISDN angesprochen wird. Das auf ***D3***-Ebene in Q.933 spezifizierte Protokoll dient primär zum Einrichten von FR-PVCs an der ***S_{2M}***-Schnittstelle, hat aber auch über das ISDN hinausgehende Bedeutung. Es verwendet einen Subset von ***D3*** mit internen Erweiterungen.
- das **X.25-Schicht-3-Protokoll**, das verwendet wird, um im ***D-Kanal*** paketierte Nutzinformation zu übertragen. Hier ist weiterhin zu unterscheiden, ob auf der ***Schicht 2 LAPD*** oder LAPB (optional) gefahren wird, was im ***Steuerfeld*** des ***DL-Rahmens*** unterschieden wird (s. Abschn. 4.3.8.2).

Während also auf der ***Schicht 2*** abschnittsweise und abgekoppelt von den anderen Abschnitten die ***DL-Rahmen*** *konsumiert* werden, muß die Information auf der ***Schicht 3*** in jeder Transit-Vermittlungsstelle an die nächste weitergegeben werden. Abbildung 2.5-6 illustriert diese Zusammenhänge.

Die PDU auf der ***Schicht 3*** ist die ***Nachricht*** (***Message***). Ihr ***Schicht-2***-Äquivalent ist der ***DL-Rahmen***. Die ***Nachricht*** bildet bei ***D3***-Verbindungen das ***I-Feld*** eines I- oder eines UI-***Rahmens***.

Während das ***DL***-Protokoll ***LAPD*** zur Gruppe der schon vor ***ISDN*** genormten ***HDLC***-Prozeduren (mit Erweiterungen für die Multipointfähigkeit) gehört, ist das ***D3***-Protokoll eine Neuschöpfung und basiert insbesondere nicht auf dem ***N***-Protokoll von X.25, obwohl es teilweise ähnliche Funktionen erfüllt. Es ist primär ein verbindungsorientiertes ***Funktionalprotokoll***, wie ***LAPD***, aber auch X.25/3, d.h. die ***TE*** verfügen über eigene Intelligenz und kennen Zustände. Darüberhinaus sind Anreiz-Antwort (Stimulus)-Elemente für einfache ***TE*** spezifiziert, die bei den ***Informationselementen*** in Abschn. 4.4.3.3 kurz angesprochen werden, ansonsten aber wird das ***Funktionalprotokoll*** zum Steuern **leitungsvermittelter Verbindungen** hier weiter behandelt.

Folgende Funktionen werden obligat in dieser Schicht ausgeführt:

- **Aufbau**, **Steuerung** und **Abbau** von **leitungs-** und **paketvermittelten Verbindungen**. Typisch laufen diese Verbindungen in den ***B-Kanälen***.
- Unterstützung von **Mehrdienst-**, **Mehrbenutzer-**, **Mehrkanal-** und **Mehrnetz-**Verbindungen.
- Bearbeitung der **Primitives** zur **Kommunikation** mit der **Schicht 2**.
- **Generierung** und **Interpretierung** von ***D3-Nachrichten*** für die **Partner-Kommunikation**.
- **Primitive-Bearbeitung** zur **Kommunikation** mit einer **Benutzeroberfläche** im ***TE***.
- Verwaltung von **Zeitgebern** und **logischen Instanzen** (wie ***Transaktionsnummern*** [***Call References*** = ***CR***], die logischen Kanalnummern entsprechen) zur Ruf- und Verbindungssteuerung.
- Verwaltung von **Zugriffsressourcen**, wie Nutzkanälen und logischen Kanälen für Paketvermittlung.
- **Kompatibilitätsprüfungen** der Benutzeranforderungen mit dem Diensteangebot.

Optional weiterhin:

- **Wegesuche**
- **User-to-User** und **User-to-Network**-Information
- **Multiplexen**,
  wie z.B. bei der 2,048-Mbps-Übertragung, wo mehrere ***D3***-Verbindungen auf eine ***DL***-Verbindung gemultiplext werden.
- **Splitten**,
  wie z.B. bei der Antwort auf einen kommenden Ruf, wo *eine* ***D3***-Verbindung auf *mehrere* ***DL***-Verbindungen gesplittet wird (s. Abschn. 4.4.7.1; der Ruf kommt auf der ***Schicht 2*** mit ***GTEI*** an und die einzelnen ***TE*** antworten mit ihren individuellen ***TEI***s, aber der gleichen ***Transaktionsnummer*** = ***CR***).
- **Segmentierung**,
  wo lange ***Nachrichten*** in max. 260-Oktetts-langen Stücken der ***Schicht 2*** übergeben und dort in separaten ***I-Rahmen*** übertragen werden (z.B. bei *USER INFOrmation*-***Nachrichten***).
- **Blockung**,
  wo mehrere ***Nachrichten*** zusammengefaßt der ***Schicht 2*** übergeben und in einem ***Rahmen*** übertragen werden.
- **Fehlererkennung** und **-behebung**.
- **Wahrung** der **Reihenfolgeintegrität**.
- **Flußregelung** für Ende-zu-Ende-, z.B. ***User-to-User-Nachrichten***.
- **Reset**.

Dazu werden die folgenden ***DL*-Dienste** benötigt:

- **Auf-** und **Abbau** von ***DL*-Verbindungen**.
- **Fehlergesicherte Datenübertragung**.
- **Anzeige** von **unbehebbaren *DL*-Fehlern**.
- **Anzeige** des ***DL*-Status**.

Konkret werden in den Normen I.451/452 (Q.931/932) die ***Nachrichten***-Struktur, die Prozedurelemente und die Prozedur des Protokolls beschrieben. Dazu gehören analog zur ***Schicht D2***:

- die **Primitives** zur ***Schicht D2*** (s. Abschn. 4.3.6), sowie zur **Benutzeroberfläche**.
- die **Partner-Protokolle** zum ***Nachrichten***-Transfer zwischen einem Paar ***D3-SAP***s.
- die **Primitives** zum ***Schicht-3-Management*** (noch nicht spezifiziert).

4.4.2 Normen, DSS1

Aufgrund der Tatsache, daß die ***D3-Schicht*** die dem Benutzer sichtbaren Funktionen eines ***ISDN*** bietet, diese für einen langfristigen Bestand sorgfältig definiert und erprobt werden müssen, ist der heutige Zustand aus der Historie zu verstehen. Die ehemalige DBP hatte, wie eingangs erwähnt, eine Vorreiterrolle übernommen, um schon in einem frühen Stadium der Pilotprojekte (1987-1988) mit einer SEL-VSt in Stuttgart (System 12) und einer Siemens-VSt in Mannheim (EWSD) in einer ersten Serie (1988-1992) ***DM*** anzubieten. Das damalige CCITT war jedoch noch nicht auf diesem Stand, da eine internationale Harmonisierung etwas länger dauert. Die klassische Richtlinie dieses nationalen ***D3***-Protokolls, die 1TR6, wurde aus diesen Überlegungen geboren.

In der Normenwelt kann man wie folgt grob eine vierstufige Unterstrukturierung des Gültigkeitsbereichs von Normen vornehmen. Angegeben sind beispielhaft zuständige Gremien und Institutionen mit typische Normen derselben:

- **Weltweit** gültige Normen: ITU (I-Serie), ISO (IS=International Standards)
- **Europaweit** gültige Normen: ETSI (E-DSS1, E-DSS2)
- **Nationale** Normen. BRD: Telekom (1TR6, 1TR220: U_{k0}), DIN, ZVEI (DKZ-N Teil 1.2: U_{p0}); USA: IEEE (LAN-Standards), ANSI (FDDI)
- **Industriestandards**: ECMA (European Computer Manufacturers Association: Firmenzusammenschluß europäischer Computerfirmen mit Normen, die ITU-T und ISO-Normen für Datenkommunikation nach eigenen Interessen optimieren), Intel (Standard-µP), Microsoft (Betriebssysteme für mit Intel-kompatiblen-µP bestückten IBM-kompatiblen PCs), Centronics-Schnittstelle PC/Drucker, Hayes-AT-Befehlssatz für Modems.

Bzgl. der ***DM*** ist grundsätzlich eine *weltweite* Harmonisierung anzustreben. Im Zuge der Entwicklung ist die derzeitige Stufe die, daß das ETSI mit der Festlegung des *europäischen* (E)-DSS1-Protokolls - Ende 1993 auf der Basis der ITU-T-Empfehlungen I.450-452 (Q.930-932) - vor allem auf der letzteren - eine Reihe von ***DM*** festgelegt hat, die derzeit in der BRD die Anschlüsse der *nationalen* Richtlinie 1TR6 ersetzen (EURO-ISDN). Sofern sich der Rest dieses Kap. auf Normen bezieht, die national, europaweit und weltweit unterschiedlich geregelt sind, wird implizit Bezug auf das ITU-T-DSS1 genommen, Bezüge zur 1TR6 werden entspr. gekennzeichnet.

Die Anzahl der Unterzeichnerstaaten eines *Memory of Understanding* - d.h. eines Bekenntnisses zur Implementierung des DSS1 - beträgt z.Z. 22 und es ist zu erwarten, daß diese Anzahl noch wächst. Als Migration in Richtung B-ISDN wird derzeit an einem DSS2 gearbeitet, das das DSS1 um breitbandspezifische Erweiterungen ergänzt bzw. sie entspr. modifiziert.

4.4.3 Nachrichten (Messages)

Im Zuge der Erweiterung zum B-ISDN mit der in Kap. 9 beschriebenen ATM-Technik werden die meisten hier vorgestellten ***D3-Nachrichten*** ebenfalls benötigt. Darüberhinaus gibt es in der ITU-T-Empfehlung Q.2931 festgelegte ATM-spezifische (DSS2), die hier, um sie nicht aus dem grundsätzlichen Zusammenhang zu reißen, ebenfalls aufgeführt und als solche gekennzeichnet werden.

4.4.3.1 Übersicht über die Nachrichtentypen

Die u.a. ***Nachrichten*** werden im ***D-Kanal*** mit dem im folgenden Abschn. erläuterten ***Protocol Discriminator DSS1*** (Q.931 = I = international) gesendet. Acht von ihnen sind für ***DM*** in Q.932 spezifiziert und entspr. gekennzeichnet. Die B-ISDN-ATM-Signalisierung verwendet ebenfalls viele der in Q.931 spezifizierten ***Nachrichten*** mit für das B-ISDN unter Q.2931 modifizierten Bedeutungen. Sie sind hier unterstrichen dargestellt.

- **Verbindungsaufbau**:
  SETUP, *SETUP ACKnowledge*, *CALL PROCeeding* (früher: *CALL SENT*), *ALERTing*, *CONNect*, *CONNect ACKnowledge*, *PROGRESS*
- **Verbindungsinformationsphase**:
  Halten (Q.932): *HOLD*, *RETrieve* jeweils mit *ACKnowledge* bzw. *REJect*
  Endgeräteportabilität: *SUSPend*, *RESume* jeweils mit *ACKnowledge* bzw. *REJect*
  USER INFOrmation
- **Verbindungsabbau**:
  DISConnect *RELease*, *RELease COMplete* (früher: *RELease ACKnowlege*),
  RESTART *RESTART ACKnowledge*.
- **Verschiedene**:
  SEGment, *CONgestion CONtrol*, *FACility* (Q.932), *REGister* (Q.932)
  INFOrmation, *NOTIFY*, *STATus ENQuiry*, *STATus*.
- **Semipermanente virtuelle Verbindungen** (**SPC**; **nur** ATM Q.2931): SPC ...
  STATUS REPORT, STATUS ENQUIRY, UPDATE STATUS, UPDATE STATUS ACK

Die *KAPITÄLCHEN* geben jeweils das Mnemo der ***Nachricht*** an, Groß- und Kleinbuchstaben zusammen den genauen ***Nachrichten***-Namen.

4.4.3.2 Nachrichtenformate

Wie auf der ***Schicht 2*** die ***DL-Rahmen***, sind auch auf der ***Schicht 3*** die ***Nachrichten*** nach einem bestimmten Muster codiert, das in der folgenden Abbildung dargestellt ist. Danach setzt sich jede ***D3-Nachricht*** aus einer Folge von ***Nachrichten-Elementen*** (***Information-Elements*** = ***IE***s) zusammen, die jeweils aus einer Anzahl von Oktetts bestehen, welche wiederum von der Art des ***IE*** und seiner Verwendung abhängen.

Damit ist die Struktur einer solchen ***Nachricht*** dynamisch und in Abhängigkeit von weiteren Randbedingungen von unterschiedlicher Länge, was so z.B. in der Struktur von X.25-Paketen noch nicht vorkommt. Der Preis dafür sind z.B. bitfressende Längenfeldangaben, die bzgl. ihres Inhalts für den Benutzer *wertlos* sind

Bit Nr.	8	7	6	5	4	3	2	1
IE 1	Protocol Discriminator (PD; obligat)							
IE 2	Call Reference (CR; obligat)							
IE 3 ...	Message Type (MT; obligat)							
IE n	ggf. Weitere obligate oder optionale IEs (W-Elemente)							

In der obigen Darstellung bedeutet ein Kasten *ein* ***IE***, nicht aber unbedingt *ein* Oktett. Die Zählweise für ***IE*** und Oktetts beginnt mit der Nr. 1 des oberen Kastens. Die einzelnen ***IE*** haben folgende Bedeutung:

- ***Protocol Discriminator*** (***PD = Protokollkennzeichen***); einoktettig: unterscheidet einzelne ***D3***-Protokolle. Folgende ***PD***s sind von Bedeutung:
  - **DSS1** (***PD***=8) entspr. der ITU-T-Empfehlung I.451 (Q.931) für das S-ISDN, sowie für Frame Relay Management.
  - **DSS2** (***PD***=**9**) entspr. der ITU-T-Empfehlungen Q.2931 für das ATM-basierte B-ISDN (hier gibt es allerdings keinen D-Kanal).

  Weitere Ausstiegspunkte sind vom ITU-T definiert. Beispiele dafür sind ***PD*** für private Anwendungen, wie innerhalb von TKAnl, oder Bereiche für X.25-Paketvermittlung (**16 - 63**, **80 - 154**). ***PD*** = 255 ist als Erweiterung vorgesehen, d.h. darauf werden weitere Oktetts folgen, die noch als ***PD***-zugehörig zu interpretieren wären. **0 - 7** ist gesperrt.
- ***Call Reference*** (***CR = Transaktionsnummer***); mehroktettig: von folgender Struktur:

Bit Nr.	8	7	6	5	4	3	2	1
Oktett 1	**0**	**0**	**0**	**0**	CR-Länge in Oktetts			
Oktett 2	CRF	CR-Wert (CR-Value = CRV)						
...	Fortsetzung CR-Wert							

Die ***CR*** kennzeichnet die ***D3***-Verbindung (***Transaktion***), zu der die ***Nachricht*** gehört und hat auf der ***Schicht 3*** ähnliche Bedeutung wie der ***DLCI*** auf der ***Schicht 2***. Sie entspricht beim X.25-Protokoll in etwa der logischen Kanalnummer auf der ***Schicht 3***. Auf einem ***DLCI*** können mehrere ***CR***s existieren, z.B. wenn ein multifunktionales Endgerät für jede Funktion eine andere ***D3***-Verbindung hat, können diese über *eine* ***DL***-Verbindung gefahren werden.

CR-Werte unterschiedlicher ***DL***-Verbindungen kennzeichnen immer unterschiedliche ***Transaktionen***, auch wenn die ***CR***-Werte gleich sind, mit folgender Ausnahme: beim *kommenden* Ruf legt die ***NT2/ET***-Seite den ***CR***-Wert fest und überträgt die initialisierende *SETUP*-***Nachricht*** in einem UI-***Rahmen*** mit ***GTEI*** auf der ***Schicht 2***. Die einzelnen ***TE*** antworten (z.B. mit einem *ALERTing*) in einem I-***Rahmen*** mit ihrem jeweiligen ***TEI*** und derselben ***CR***, die in der *SETUP* enthalten war. Daran kann die ***NT2/ET-Schicht D3*** die einzelnen Verbindungen unterscheiden.

Beim *gehenden* Ruf legt das ***TE*** die ***CR*** fest. In diesem Zusammenhang hat das ***CRF***-Bit die Funktion, daß die Seite, die den Ruf initiiert hatte, dieses Bit immer zu **0** setzt, die andere Seite verwendet hier die 1. Die übrigen Bits sind für die ***Transaktion*** bei allen ***Nachrichten*** gleich. Im Netz der Telekom wird eine zweioktettige

CR verwendet, wobei also das erste Oktett den Wert 1 hat und das zweite Oktett den ***CR***-Wert codiert. Damit sind pro ***DLCI*** 128 ***Transaktionen*** möglich.

Beim *kommenden* Ruf legt das ***NT2/ET*** die ***CR*** fest. Sie hat keine Ende-zu-Ende-Bedeutung. Vielmehr wird beim Übergang im ***NT2/ET*** in das Netz der Kanalkennzeichnungsmechanismus des netzinternen Protokolls (typ. ZGS#7) verwendet. Auf der Seite des Partner-Endgeräts wird eine eigene ***CR*** verwendet (sofern es sich dabei überhaupt um einen ***ISDN***-Anschluß handelt).

Verbindungen mit mehr als einem ***B-Kanal*** haben ebenfalls nur *eine* ***CR***. Wenn sich mehrere Verbindungen einen ***B-Kanal*** zeitlich verschachtelt teilen (Halten, Makeln), so hat jede eine eigene ***CR***. Die ***CR*** wird jeweils mit der *erster* ***Nachricht*** einer Verbindung belegt und mit der *letzten* wieder *freigegeben*.

- ***Message Type*** (***MT*** = ***Nachrichtentyp***); einoktettig
  Beispiel: *SETUP*=5, *ALERT*=1 etc.; Bit (8)=**0** - ein Wert von 1 ist für noch nicht genormte Erweiterungen vorgesehen.
- ***Weitere Elemente*** (***W-Elemente***; nach ITU-T: ***Other Information Elements***) regeln die genaue Bedeutung der ***Nachricht***. Wie ***Nachrichten*** durch ***MT***s gekennzeichnet werden, haben ***W-Elemente*** einen ***Information Element Identifier*** (***IEI***), der den Namen des ***W-Elements*** kennzeichnet.

  Es sind zwei ***W-Element***-Formate definiert:

  – **einoktettige** gemäß folgendem Aufbau:

Bit Nr.:	8	7	6	5	4	3	2	1
	1	IEI			Inhalt des W-Elements			

  oder

Bit Nr.:	8	7	6	5	4	3	2	1
	1	Information Element Identifier (IEI)						

  Sie haben innerhalb einer ***Nachricht*** primär Verwaltungsaufgaben, die die Struktur der ***Nachricht*** und das Protokoll selbst betreffen. Sie können an jeder Stelle innerhalb der ***Nachricht*** auftreten.

  – **mehroktettige** gemäß folgendem Aufbau:

Bit Nr.	8	7	6	5	4	3	2	1
Oktett 1	**0**	Information Element Identifier (IEI)						
Oktett 2	Länge des W-Elements in Oktetts							
Oktett 3 ...	Inhalt des W-Elements (IdW)							

  Mehroktettige ***W-Elemente*** müssen innerhalb einer ***Nachricht*** in der Reihenfolge aufsteigender ***IEI*** stehen, damit die Empfängerinstanz das Vorhandensein eines ***W-Elements*** feststellen kann, ohne die gesamte ***Nachricht*** nach ihm absuchen zu müssen. Für das Feld *Inhalt des* ***W-Elements*** gelten weitere Regeln, die hier nicht näher spezifiziert werden.

W-Elemente können je nach ***Nachrichtentyp***, Richtung und benutzerseitiger Konfiguration (z.B. ***S-Bus***, TKAnl) *zwingend vorgeschrieben*, *wahlfrei* oder *nicht erlaubt* sein.

4.4.3.3 W-Elemente und ihre Bedeutungen

Viele *IE*s kommen nur in *wenigen* bzw. *einer **Nachricht*** vor, um deren wesentlichen Gehalt zu kennzeichnen. Ist dies der Fall, wird die ***Nachricht*** mit einem → angegeben.

Einoktettige W-Elemente des Codesatzes 0

- ***Shift*** (*SHI*)
  dient der Umschaltung zwischen verschiedenen Codesätzen *innerhalb* einer ***Nachricht*** und hat damit ähnliche Funktionen wie auf ***Nachrichten***-Ebene der ***PD***.

  Bit (4)=1 (***Non-locking Shift***) schaltet *nur für das darauffolgende **W-Element*** auf den neuen Codesatz um. Danach wird wieder auf den vorher gültigen Codesatz zurückgeschaltet (Monoflop-Funktion).

  Bit (4)=**0** (***Locking Shift***) schaltet *für alle folgenden **W-Elemente*** um, bis wieder ein ***Shift*** kommt (Flip-Flop-Funktion).

  Die restlichen drei Bits (3 2 1) codieren acht mögliche **Codesätze**:
  - **0** (Regelcodesatz) ist voreingestellt und codiert I.451 (Q.931), also DSS1-interpretierbare ***IE***s. Diese werden im folgenden weiterbehandelt.
  - **4** ist für Anwendungen in ISO/IEC-Normen reserviert.
  - 5 ist für national definierte ***IE***s reserviert
  - **6** codiert ***IE***s in lokalen öffentlichen oder privaten Netzen. Sie werden nur innerhalb des jeweiligen Netzes verstanden und haben in verschiedenen Netzen i.allg. unterschiedliche Bedeutung. Im ISDN-Pilotprojekt/1. Serie der DBP wurde dieser Codesatz für bestimmte nur für von der DBP benutzte ***IE***s verwendet (z.B. den *Service Indicator*). Allerdings wurden statt des ***PD*** I auch zwei andere ***PD***s verwendet, und zwar N0=**64** und N1=**65**, die tlw. die gleichen Nachrichten wie unter ***PD*** I verwendeten, man hatte aber die Freiheit, sie anders zu konfigurieren.
  - 7 codiert anwenderspezifisch definierte ***IE***s, wie sie z.B. von TKAnl verwendet werden. Sie werden in anderen Netzen nicht verstanden.
  - 1–3 sind reserviert.
- ***More Data*** (***MDAT*** → *USER INFO*)
  wird zur Fortsetzung der *USER INFO* verwendet, indem dem B-***TE*** hiermit Folgesegmente angezeigt werden, d.h. die ***Nachricht*** wurde auf höherer Ebene segmentiert. Es hat nur Ende-zu-Ende-Bedeutung und wird nicht vom Netz überwacht, wäre somit bei einer korrekten OSI-Abbildung innerhalb des ***D-Kanals*** ein PDU der Transportschicht. *USER INFO* kann z.B. auf Displays von Endgeräten abgebildet werden und zu lang für das ***I-Feld*** eines I-***Rahmens*** sein. Die Codierung der Bits (4-1) ist **0**.
- ***Congestion Level*** (***CONLV*** → *CON CON*)
  erfüllt Flußregelungsmechanismen entspr. den ***LAPD-Rahmen*** RR (Codierung: **0**) und RNR (Codierung: 15) z.B. im Zusammenhang mit ***More Data***.
- ***Sending Complete*** (***SC*** → *SETUP*, *INFO*)
  wird zur Vollständigkeitsanzeige der Zielrufnummer verwendet.
- ***Repeat Indicator*** (***RI***)
  gibt an, wie nachfolgende Mehrfach-***IE***s in einer ***Nachricht*** interpretiert werden sollen. Manche von diesen, wie ***Bearer Capability***, ***Cause*** und ***Channel Identification*** dürfen mehrfach vorkommen, bei den meisten anderen wäre dies ein Protokollfehler.

Mehroktettige W-Elemente des Codesatzes 0

Die folgenden ***W-Elemente*** müssen, sofern sie in einer ***Nachricht*** vorkommen dürfen bzw. müssen, in dieser Reihenfolge angeordnet sein:

- ***Segmented Message*** (***SGM***)
  zeigt an, daß die vorliegende ***Nachricht*** Teil einer segmentierten ist und wie groß die Gesamt-***Nachricht*** ist, damit der Empfänger Puffer bereitstellen kann.
- ***Bearer Capability*** (***BC*** → *SETUP*)
  gibt die vom Netz benötigten Informationstransfer- und Zugriffsattribute für den ***Nutzkanal*** entspr. Abschn. 4.1.3.1 (I.231) im Detail an. Mittels dieses in der *SETUP* obligat vorkommenden Schlüssel-***IE*** kann das Netz beim Verbindungsaufbau überprüfen, ob es das vom rufenden Tln. gewünschte Übermittlungsdienst-Anforderungsprofil bereitstellen kann.

  Weiterhin ist dies das ***IE***, mit dem mittels eines ***Information Transfer Capabilities***-Subfeldes verhindert wird, daß auf der Empfänger-Seite z.B. ein G4-Fax-Gerät auf einen Telefonanruf antwortet, was vergleichbar im analogen Netz ja problemlos gelingt. ***TE***, die am ***Bus*** den kommenden Ruf via ***DL-***UI-***Rahmen*** mit ***GTEI*** und der *SETUP* darin erhalten, antworten nur, wenn sie dienstekompatibel sind. In der ersten Serie verwendete die DBP statt ***Bearer Capability*** den bereits o.e. *Service Indicator* mit vergleichbaren, allerdings auf die Möglichkeiten dieser Serie reduzierten Netzes der DBP. Heute werden u.a. folgende Übermittlungsdienste (Auszug) angeboten:

<table>
<tr><td>Bit Nr.:</td><td>8</td><td>7</td><td>6</td><td>5 4 3 2 1</td></tr>
<tr><td>Oktett 3</td><td>1</td><td colspan="2">Codierungsstandard
z.B. Q.931; ISO/IEC</td><td>Information Transfer Capabilities:
Sprache, (un)eingeschränkte digitale Info, Video etc.</td></tr>
<tr><td>Oktett 4</td><td>0: Forts.
1: Ende</td><td colspan="2">Übertragungsart:
leitungs/paketverm.</td><td>Übertragungsbitrate:
64, 2 x 64, 484, 1536, 1920, n x 64 kbps</td></tr>
<tr><td>Oktett 4a</td><td>1</td><td colspan="3">Bitratenmultiplikator: gibt nur bei n x 64 kbps den Wert von n an</td></tr>
<tr><td>Oktett 5</td><td>0/1</td><td>0</td><td>1</td><td>Nutz-Protokollkennung Schicht 1: Bitratenadaption nach V.110, G.711 µ/A-Law, ADPCM, H.221 etc.</td></tr>
<tr><td>Oktett 5a</td><td>0/1</td><td>Synch/
Asynch.</td><td>Verhand-
lung</td><td>Bitrate im Nutzkanal bei Bitratenadaption in Okt. 5:
Bitraten nach X.1 und weitere (z.B. V.6)</td></tr>
<tr><td>Oktett 6</td><td>1</td><td>1</td><td>0</td><td>Nutz-Protokollkennung Schicht 2: Q.921/X.25</td></tr>
<tr><td>Oktett 7</td><td>1</td><td>1</td><td>1</td><td>Nutz-Protokollkennung Schicht 3: Q.931/X.25</td></tr>
</table>

  Zur detaillierten Kompatibilitätsprüfung werden beim B-Tln. i.allg. noch die am Ende dieser Liste aufgeführten ***IE***s ***LLC*** und vor allem ***HLC*** für den Nutzdienst benötigt.
- ***Cause*** (***CAU***)
  Ein IdW-Oktett (Cause Value) codiert i.allg. Fehlermeldungen. Das ***IE*** ist damit in etwa einem ***DL-Rahmen*** FRMR vergleichbar. Die Liste möglicher Fehlermeldungen ist sehr umfangreich und wird in der Spezifikation Q.850 festgelegt. Beispiele: *Falscher **CR**-Wert, Kein Nutzkanal frei* oder *Rufnummer des Tln. hat sich geändert.*
- ***Call Identity*** (***CID*** → *SUSP*, *RES*)
  Mittels der ***Nachrichten*** *SUSPend* und *RESume* kann ein Endgerät während einer Verbindung am ***Bus*** umgesteckt oder es kann zu einem anderen Endgerät gewechselt werden. Während der Suspension der Verbindung wird die ***CR*** durch eine vom Endgerät frei vergebene Identität ***CID*** ersetzt. Diese wird beim Rückwechsel in eine neue ***CR*** transformiert.

- ***Call State*** (***CS*** → STAT)
  gibt den aktuellen, in Abschn 4.4.4 näher erläuterten Zustand, einer Verbindung an (***CALL INTIATED, OVERLAP SENDING, OUTGOING CALL PROCEEDING*** etc.). Das ***IE*** kann als Hilfe bei Protokollfehlern dienen, damit eine Instanz weiß, in welchem Zustand sich die Partner-Instanz befindet, um das Protokoll auf einen definierten Punkt zurückzusetzen.
- ***Channel Identification*** (***CHI***)
  Codiert den gewünschten Nutzinformations-(***B*** oder ***H***)-***Kanal***. Das ***IE*** hat je nach Schnittstelle (z.B. S_0, S_{2M}) unterschiedliche Strukturen und unterschiedliche Parameter. Insbesondere kann z.B. an der S_0-Schnittstelle ein ***TE*** dem Netz mitteilen, ob ein ***B-Kanal*** gewünscht wird und - wenn ja - welcher.
- ***Data Link Connection Identifier*** (***DLCI***; nur Q.933)
  identifiziert einen angeforderten ***DLCI*** beim Einrichten von Frame-Mode-PVCs.
- ***Facility*** (***FAC***; Q.932)
  zeigt die Aktivierung und den Betrieb von ***DM*** an. Beispiele dafür sind *Anrufumleitung, Automatischer Rückruf, Konferenz* u.v.a.m. Diesen ***DM***, die einen wesentlichen Gehalt des ***ISDN*** darstellen, wird ein separater Abschn. (4.4.9) gewidmet. Die Struktur und Inhalte dieses ***IE*** werden wesentlich durch die ***DM*** selbst bestimmt. ***FAC*** kann innerhalb einer ***Nachricht*** mehrfach vorkommen.
- ***Progress Indicator*** (***PRI***)
  aktiviert Attribute, die bei Nicht-Ende-zu-Ende-***ISDN***-Verbindungen benötigt werden, wie *Nicht-ISDN-Tln. beteiligt, In-Band-Signalisierung benötigt*, etc.
- ***Network Specific Facilities*** (***NSF*** → SETUP) wie ***Facility***, nur netzspezifisch.
- ***Notification Indicator*** (***NOT*** → NOTIFY)
  überträgt verbindungsbezogene Information bzgl. des Rufzustands, wie *Tln steckt um* oder *Änderungen in den Übermittlungsdienstattributen.*
- ***Display*** (***DSP***)
  codiert Texte von max. 34/82 IA5-(ASCII)-Zeichen, die auf einem Display zur Anzeige gebracht werden sollen.
- ***Date/Time*** (***DTE***)
  codiert das aktuelle Datum nach *Tag.Monat.Jahr-Stunde:Minute:Sekunde.*

*IE*s für einfache Stimulus-*TE* mit minimaler Intelligenz

Diese ***IE***-Gruppe ist lediglich in der Lage, den Gabelzustand oder eine betätigte Zifferntaste codiert zu übertragen, sowie auf Befehl einen bestimmten Hörton oder ein Rufsignal zu aktivieren bzw. zu deaktivieren (***Stimulus***-Protokoll). Es handelt sich um ein zustandsloses Protokoll vergleichbar der Intelligenz eines einfachen Analogtelefons.

- ***Keypad Facility*** (***KPD*** → SETUP, INFO) überträgt einzeln IA5-Zeichen.
- ***Signal*** (***SIG***) dient zum direkten An- und Abschalten von Hörtönen und Rufsignalen
- ***Switchhook*** (***SHK*** → SETUP, INFO, CONN) Telefonhörer *aufgelegt, abgehoben.*

*IE*s für Dienstmerkmale (Supplementary Services) nach Q.932

Diese ***IE***-Gruppe geht im Gegensatz zum o.a. ***Facility*** davon aus, daß das ***TE Funktionstasten*** (***Feature Keys***) aufweist, denen eine bestimmte Bitkombination zugeordnet ist, die bei Betätigung der Taste in dem ***IE*** transparent codiert und mit der

Nachricht zum Netz übertragen wird. Dort ist die eigentliche Bedeutung der Taste in einer ***Dienstkennung*** (auch: ***Dienstprofil = Service Profile***) gespeichert.

Insbes. können gleiche ***TE*** mit gleichen Bitkombinationen für die ***Funktionstasten*** im Netz mit anderer Bedeutung konfiguriert werden. Zur Unterscheidung müssen ihnen unterschiedliche ***Endgerätekennungen*** (***Endpoint Identifiers***) zugewiesen werden. Es handelt sich also im Gegensatz zu o.a. ***Stimulus***-Protokoll um ein Protokoll für Tasten mit dynamisch festlegbarer Bedeutung.

- ***Information Request*** (***IRQ*** → *INFO*)
  dient zum Anfordern von Zusatzinformationen zum Vervollständigen eines ***DM***, beispielsweise der Eingabe *Rufumleitung* durch eine vorher festgelegte ***Funktionstaste***; das Netz gibt auf dem Display zurück: *Geben Sie die Rufnummer ein:*
- ***Feature Activation*** (***FA***)
  Tln. betätigt Funktionstaste und aktiviert ein ***DM***, z.B. *Rufumleitung*.
- ***Feature Indication*** (***FI***)
  übermittelt dem Tln. Informationen über den Status von ***DM***, im Bsp. erscheint nach erfolgter Zifferneingabe der Text: *Rufumleitung nach ... gespeichert.*
- ***Service Profile Identification*** (***SPI*** → *INFO*)
  identifiziert eine bestimmte ***Dienstkennung***, d.h. im Prinzip die Kennung einer Datei, in der festgelegt ist, welche Bedeutung welche ***Funktionstaste*** hat.
- ***Endpoint Identifier*** (***EI*** → *INFO*)
  identifiziert ein ***TE***, das auf eine bestimmte ***Dienstkennung*** zugreifen kann.

*IE*s für virtuelle X.25-Verbindungen (s. Abschn. 6.2.1)

- ***Information Rate*** (***IRA*** → *SETUP*)
  teilt dem B-Tln. die im CALL REQUEST-Paket gewählte X.1-Durchsatzklasse an.
- ***End to End Transit Delay*** (***ETD*** → *SETUP, CONN*)
  Nennwert der maximal zulässigen Laufzeit für Pakete.
- ***Transit Delay Selection and Indication*** (***TDS*** → *SETUP*)
  Transitverzögerungszeitauswahl und -Anzeige für Pakete.
- ***Packet Layer Binary Parameters*** (***PLB*** → *SETUP, CONN*)
  Beispiele sind: *Modulo-Wert für das Paket-Durchzählen*, *Vorrangdaten* wie *X.25-Interrupt* oder *Auslieferungsbestätigung benötigt.*
- ***Packet Layer Window Size*** (***PWS*** → *SETUP*) vergleichbarer Wert wie bei ***D2***.
- ***Packet Size*** (***PS*** → *SETUP*) gibt die maximale Paketlänge an.

*IE*s für Frame Mode Q.933-Verbindungen (s. Abschn. 9.9)

- ***Link Layer Core Parameters*** (→ *SETUP, CONN*)
  gibt die Kernparameter *Maximalgröße des Informationsfelds*, *Durchsatzanforderungen*, *Committed Burst Size* B_c und *Excess Burst Size* B_e an.
- ***Link Layer Protocol Parameters*** (→ *SETUP, CONN*)
  gibt Betriebsparameter, wie Fenstergröße und Zeitgeberwerte an.
- ***Connected Number*** (→ *SETUP, CONN*)
  Rufnummer, zu dem der Frame-Mode-Ruf vermittelt wurde.
- ***Connected Subadress*** (→ *CONN*)
  Subadresse, zu dem der Frame-Mode-Ruf vermittelt wurde.

- ***X.213-Priority*** (→ *CONN*)
  erlaubt das Verhandeln der Priorität einer Verbindung nach OSI-X.213.
- ***Report Type*** (→ *STATUS ENQIRY, STATUS*) Anfrage bzw. Antwort des Status.
- ***Link Integrity Verification*** (→ *STATUS ENQIRY, STATUS*)
  über Management-Verbindungen werden periodisch Nachrichten mit Folgenummern ausgetauscht zum Sicherstellen, daß der DLCI noch Gültigkeit hat.
- ***PVC-Status*** (→ *STATUS ENQIRY, STATUS*)
  gibt den DLCI und den Status von PVCs über einen ***B-Kanal*** an.

Die folgenden ***IE***s gelten wieder universell

- ***Calling Party Number***
- ***Calling Party Subaddress***
- ***Called Party Number***
- ***Called Party Subaddress***

kennzeichnen Tln.-Rufnummern oder Teile davon (z.B. einzelne Wählziffern) und können in der *SETUP* (Blockwahl) und *INFO*s (intermittierendes normales Wählen) vorkommen. Die ***Subadressen*** rufen z.B. ein dediziertes Endgerät am Bus.

- ***Redirecting Number*** (→ *CONN*)
  kennzeichnet die Rufnummer des Tln., mit dem der rufende Tln. wirklich verbunden wurde. Diese kann sich von der ursprünglich gewählten unterscheiden, wenn der gerufene Tln. z.B. eine Rufumleitung programmiert hatte oder wenn ein Ruf weitergeleitet wurde. Sie kann beim Initiator zur Anzeige gebracht werden.

Die IdW-Felder sind bei allen diesen Adressen wie folgt codiert:

Bit Nr.	8	7	6	5	4	3	2	1
Oktett 1	1	Adreßtyp			Numerierungsplan			
Oktett 2 ...	Adreßziffern (IA5-Characters)							

Adreßtyp codiert dabei die Attribute wie: *internationale/nationale Rufnummer*, *Kurzwahlrufnummer*, *Adreßfortsetzung* (Wählziffer) wie z.B. beim normalen intermittierendem Wählen am Telefon (Overlap Sending).

Numerierungsplan codiert den zugrundeliegenden Numerierungsplan, wie ***ISDN*** nach E.164, Telefonnumerierungsplan nach E.163 oder z.B. Datennetznumerierungsplan nach X.121.

Die *Adreßziffern* werden nach dem IA5 (ASCII-Zeichen) codiert. Die E.164-ISDN-Rufnummer hat dabei folgende Struktur:

Ausscheidungs-Ziffern	Länder-Kennzahl	Ortsnetz-Kennzahl	Teilnehmer-Rufnummer	ISDN-Subadresse (max. 32 Ziffern)
optional	ISDN-Rufnummer (max. 15 Ziffern)			
	ISDN-Adresse			

Die nicht-***ISDN***-spezifische(n) Ausscheidungsziffer(n) werden wie in der Analogtechnik z.B. für TKAnl zur Unterscheidung interner/externer Ruf benötigt. Ansonsten setzt sich die Struktur zunächst wie im analogen Fernsprechnetz fort. Die Subadresse wird nicht vom Netz interpretiert und transparent zum TKAnl/LAN-Tln. durchgereicht. Ihre Festlegung unterliegt privaten Betreiberorganisationen.

Alternativ kann durch die letzte Ziffer der *ISDN*-Rufnummer (***Endgeräteauswahlziffer* = *EAZ***) ein einzelnes ***TE*** gerufen werden; steht hier eine 0, wird der ganze Bus gerufen (***Global Call***).

- ***Transit Network Selection* (*TNS* →** *SETUP*)
  identifziert ein Transitnetz zum Aufbau der Verbindung. Bei heterogenen Netzen, vor allem für Verbindungen ins Ausland können hier Parameter vorgegeben werden, wie *Datennetz* oder *Mobilfunknetz.*
- ***Restart Indicator*** (→ *SETUP, RESTART, RESTART ACK*)
  identifiziert bei einem *RESTART* das Objekt, auf den sich dieser bezieht - z.B. einen einzelnen Kanal oder eine gesamte Schnittstelle.
- ***Low Layer Compatibility* (*LLC* →** *SETUP*)
  dient zur Überprüfung, ob gewünschte Nutzkanal-Protokolle der Schichten 1 - 3 von beiden Seiten gefahren werden können. Die Parameter sind diejenigen des o.a. ***IE Bearer Capability*** sowie weitere, die grundsätzlich für das Netz nicht relevant sind. Das ***IE*** wird im Gegensatz zu ***BC*** vom Netz transparent Ende-zu-Ende weitergeleitet und *nur von den* ***TE*** ausgewertet. Vergleichbare Funktionen weist
- ***High Layer Compatibility* (*HLC* →** *SETUP*)
  für Protokolle der Schichten 4 - 7, wie in Abschn. 4.1.3.2 (Teledienste) spezifiziert, auf. Hier werden also die genauen Anwendungen unterschieden und die Anwender-Dienstekompatibilität des Rufs überprüft..
- ***User to User Information* (*UTU* →***USER INFO*)
  wird zur netztransparenten Ende-zu-Ende-Übertragung von Information verwendet. Bezüglich des Inhalts bestehen keine Restriktionen wie bei ***Display***.

4.4.3.4 Nachrichten und ihre Bedeutungen

Die ***Nachrichten*** werden entsprechend der Reihenfolge in Abschn. 4.4.3.1 kurz erläutert. Die Funktionen können in Abhängigkeit der Richtungen User to Network (***TE* → *ET***/TKAnl = u → n; gehend) oder Network to User (***TE* ← *ET***/TKAnl = u ← n; kommend) unterschiedlich sein und werden dann entspr. gekennzeichnet. Die rufende Seite wird als A-Seite, die gerufene als B-Seite bezeichnet. A und B werden als Indices für u und n (u_A, u_B bzw. n_A, n_B) verwendet.

Weiterhin ist der **Gültigkeitsbereich** der ***Nachricht*** von Interesse:

- **lokal** (l), d.h. nur beim A- oder B-Tln. und den jeweilige EVStn.
  Eine solche Nachricht wird nicht in eine ZGS#7-Nachricht umgesetzt und kommt auch nicht von dort, sondern wird in der lokalen EVSt generiert und zum Tln. geschickt. Bsp.: *SETUP ACK.*
- **transparent** (t) für das Netz mit ausschließlicher Ende-zu-Ende-Bedeutung.
  Sie wird vom ZGS#7 zwar übertragen, aber nicht ausgewertet. Bsp.: *USER INFO.*
- **global** (g), d.h. von Bedeutung für alle beteiligten Systeme.
  Sie wird vom ***D3*** in das ZGS#7 umgesetzt und von den ISUPs bearbeitet. Sofern eindeutig, wird das Kürzel der jeweiligen ZGS#7-Nachricht angegeben. Bsp.: *SETUP.*

Es wird nur der Fall betrachtet, daß die Schnittstelle einen ***S_0-Bus*** realisiert. Beim TKAnl-Anschluß gelten teilweise andere Regeln, die hier nicht weiter verfolgt werden.

Es wird jeweils der Fall für ein allgemeines ***TE*** skizziert und falls nötig, kurz auf das typische Verhalten beim Telefon eingegangen. Falls angebracht, wird zu jeder ***Nachricht*** die typische(n) Antwort-***Nachricht***(***en***) von dem Kommunikationspartner angegeben.

In Klammern befinden sich hinter den ***Nachrichten***-Namen die Kürzel der obligaten ***W-Elemente*** (s. Abschn. 4.4.3.3), evtl. mit Richtungsangabe. Es kann bei solchen Elementen vorkommen, daß sie protokollmäßig vorgeschrieben, aber die Länge 0 haben können, d.h. inhaltslos sind. In diesem Fall werden sie nicht aufgeführt und wie optionale ***W-Elemente*** betrachtet.

Nachrichten für den Verbindungsaufbau

Typische Sequenzen dieser ***Nachrichten*** werden in Abschn. 4.4.7 dargestellt

- *SETUP* (g → IAM; ***BC***; wird im folgenden Abschn. erläutert)
  $u_A \rightarrow n_A$:
  Aufbau einer Verbindung mit ***B-Kanal***-Benutzung einleiten. Kann entweder *keine* (Telefonhörer abgehoben), *alle* (Blockwahl) oder *nur Teile* der Wählziffern der Verbindungsaufbauinformation enthalten. Erwartet werden die Antworten
  - *SETUP ACKnowledge*, wenn die Wählinformation unvollständig ist.
  - *CALL PROCeeding*, wenn die Wählinformation vollständig ist und als solche erkannt wurde.

  $n_B \rightarrow u_B$ (***CHI***):
  Für die ***TE*** am ***S_0-Bus*** liegt ein kommender Ruf vor. Es werden alle Informationen mitgegeben, die das Netz für Endgeräteauswahl, Kompatibilitäts- und Berechtigungsprüfungen liefern kann (z.B. Endgeräteauswahlziffer, Dienstkompatibilität). *SETUP* kommt im ***I-Feld*** eines UI-***Rahmens*** mit ***GTEI*** und wird zunächst allen Endeinrichtungen am Bus angeboten. Erwartet werden die Antworten
  - *ALERTing*, wenn das ***TE*** zur Rufannahme bereit ist und den Tln. ruft (typ. beim Telefon).
  - *CONNect* bei automatisch antwortenden ***TE***, die zur Rufannahme bereit sind (z.B. bei einem Fax-Gerät).
- *SETUP ACKnowledge* (l; ***CHI***) $u_A \leftarrow n_A$:
  Quittung für gehende *SETUP*, falls die Vermittlung nicht feststellen kann, ob die Wählinformation vollständig ist. Sie teilt praktisch nur mit, daß sie den Verbindungsaufbauwunsch zur Kenntnis genommen hat. Typisch wird der ***B-Kanal*** zugewiesen, über den später die Nutzverbindung läuft. Das ***TE*** aktiviert, sofern noch nicht alle Wählziffern eingegeben sind, den Wählton. Erwartet wird eine oder mehrere *INFOrmation*-***Nachricht***(***en***), die Wählziffern enthalten.
- *CALL PROCeeding* (l; ***CHI***, wenn dies die erste Quittung für *SETUP* ist) $u_A \leftarrow n_A$:
  Vollständigkeitsanzeige der Wählinformation, was impliziert, daß nachfolgende Wählziffern ignoriert werden. Bei Blockwahl, bei der auf *SETUP* direkt mit *CALL PROCeeding* geantwortet wird, wird der ***B-Kanal*** zugeteilt. Die zuvor empfangene *SETUP* wird mit der nun vollständigen Wählinformation zur B-Seite übertragen. Erwartet wird von dort
  - *ALERTing*, wenn mindestens ein ***TE*** zur Rufannahme bereit ist und den Tln. ruft (typ. beim Telefon).
  - *CONNect*, wenn mindestens ein automatisch antwortendes ***TE*** zur Rufannahme bereit ist (z.B. bei einem Fax-Gerät).

- *ALERTing* (g → ACM)
  $n_B \leftarrow u_B$:
  Die kompatiblen und grundsätzlich zur Rufannahme bereiten ***TE*** antworten auf die empfangene *SETUP*. Bei einem Telefon klingelt dieses und ruft den Tln. *ALERTing* kann von mehreren ***TE*** geantwortet werden, mit derselben ***CR***, mit der die *SETUP* angekommen war, jedoch nur *eines* wird den Ruf erhalten. Erwartet wird, daß der Tln. den Hörer abhebt.
  $u_A \leftarrow n_A$ (***CHI***, wenn dies die erste Quittung für *SETUP* ist):
  Das Netz leitet obiges *ALERTing* an das rufende ***TE*** weiter und gibt ihm damit die Information, daß die Verbindung netzseitig bis zum gerufenen Tln. durchgeschaltet werden konnte und daß dieser frei ist oder im Belegtfall angeklopft wird. Ist das rufende ***TE*** ein Telefon, wird z.B. der Freiton aktiviert. Erwartet wird, daß der gerufene Tln. den Hörer abhebt.
- *CONNect* (g → ANS)
  $n_B \leftarrow u_B$:
  Kommender Ruf wird vom ***TE*** angenommen. Signalisiert beim Telefon typisch nach einem empfangenen *ALERTing* das Abheben des Telefonhörers, bei Nichtfernsprech-***TE*** B (Fax-Gerät) kann mit *CONNect* direkt auf *SETUP* geantwortet werden. Mehrere ***TE*** können mit *CONNect* antworten, jedoch nur eines erhält den Ruf mittels
  - *CONNect ACKnowledge* und damit den ***B-Kanal*** - z.B. das Telefon, bei dem zuerst der Hörer abgenommen wurde. Bei den anderen wird die Verbindung mittels
  - *RELease* wieder abgebaut.

  $u_A \leftarrow n_A$ (***CHI***, wenn dies die erste Quittung auf *SETUP* ist):
  Das Netz leitet obiges *CONNect* an das rufende ***TE*** weiter und teilt ihm mit, daß der ***B-Kanal*** netzseitig bis zum gerufenen Tln. durchgeschaltet wurde. Telefon: beim gerufenen ***TE*** wurde der Hörer abgehoben. Die Gebührenpflicht beginnt.
- *CONNect ACKnowledge* (l) $n_B \rightarrow u_B$:
  Antwort auf ein *CONNect* für das gerufenen ***TE***, das den Ruf erhält. Bei dem ***DM*** *Gebührenübernahme durch den gerufenen Tln.* beginnt die Gebührenpflicht.
- *PROGRESS* (g → CPG; ***PRI***) $n_B \rightarrow u_B$:
  Die in den 84er Red Books noch nicht vorgesehene ***Nachricht*** wurde im wesentlichen hinzugenommen, um das ***IE PRI*** zu übertragen, falls keine der o.e. ***Nachrichten*** ansteht, mit der es ebenfalls übertragen werden kann, aber beim Tln. eine ***PRI***-Funktion benötigt wird - oder bei einem Netzübergang den Fortschritt eines Verbindungsaufbaus zu melden.

Nachrichten für die Verbindungsinformationsphase

- *HOLD* (l; Q.932)
  kann gesendet werden, wenn der ***B-Kanal*** abgeschaltet, aber die ***CR*** noch gehalten werden soll. Dies ist z.B. bei einem Dienstewechsel der Fall und nur in bestimmten unten angegebenen Zuständen möglich. Quittiert wird mit
  - *HOLD ACKnowledge* (l; Q.932) bei Annahme der *HOLD*-Anforderung, oder
  - *HOLD REJect* (l; Q.932; ***CAU***) bei Ablehnung der *HOLD*-Anforderung.
- *RETrieve* (l; Q.932)
  dient zum Reaktivieren von zuvor mit *HOLD* in den gehaltenen Zustand versetzten Verbindungen, z.B. beim Dienstewechsel zum Rückwechsel. Quittiert wird mit

- *RETrieve ACKnowledge* (l; Q.932) bei Annahme der *RETrieve*-Anforderung, oder
- *RETrieve REJect* (l; Q.932; ***CAU***) bei Ablehnung der *RETrieve*-Anforderung.

Die folgende ***Nachrichten***-Gruppe dient zur Abwicklung des ***DM*** *Umstecken am Bus* (s. Abschn. 4.4.9)

- *SUSPend* (l), *SUSPend ACKnowledge* (l), *SUSPend REJect* (l; ***CAU***)
  $u_A \rightarrow n_A$ bzw. $n_B \leftarrow u_B$:
  Das ***TE*** fordert *Umstecken am Bus* an. Dazu kann das ***W-Element CID*** (***Call Identity***; s. Abschn. 4.4.3.3) vorhanden sein. Als Antwort wird erwartet
  - *SUSPend ACKnowledge* bei Annahme von *SUSPend*, oder
  - *SUSPend REJect* bei Ablehnung von *SUSPend*.
- *RESume* (l; ***CAU***), *RESume ACKnowledge* (l; ***CHI***), *RESume REJect* (l; ***CAU***)
  $u_A \rightarrow n_A$ bzw. $n_B \leftarrow u_B$:
  Das ***TE*** fordert das Wiederanstecken an den Bus nach *SUSPend* an. Dazu kann das ***W-Element CID*** vorhanden sein. Als Antwort wird erwartet
  - *RESume ACKnowledge* bei Annahme von *RESume*, oder
  - *RESume REJect* bei Ablehnung von *RESume*.
- *USER INFOrmation* (t → USR; ***UTU***)
  Für das Netz transparente Ende-zu-Ende-Übertragung von Information zwischen den ***TE***.

Nachrichten für den Verbindungsabbau

Ein typische Sequenz dieser ***Nachrichten*** wird in Abschn. 4.4.7 dargestellt

- *DISConnect* (l, g → REL; ***CAU***)
  $u_A \rightarrow n_A$ bzw. $n_B \leftarrow u_B$:
  Auslöseanforderung von beiden Seiten möglich. Beim Telefon legt einer der Tln. den Hörer auf. Erwartet wird als Antwort
  - *RELease*, wenn die Verbindung vollständig abgebaut werden soll.

  $u_A \leftarrow n_A$ bzw. $n_B \rightarrow u_B$:
  Das Netz leitet obiges *DISConnect* an das Partner-***TE*** weiter und fordert damit die Auslösung der Verbindung und trennt den ***B-Kanal*** vom Netz. Dieser wird aber noch nicht freigegeben, da er möglicherweise noch benötigt wird. Erwartet wird die jeweils gleiche Antwort wie bei u → n.
- *RELease* (l, globale Inhalte möglich; ***CAU*** bei der ersten Auslösenachricht)
  $u_A \rightarrow n_A$ bzw. $n_B \leftarrow u_B$:
  Antwort auf *DISConnect*. ***B-Kanal*** wird freigegeben und die Freigabe der ***CR*** wird eingeleitet. Erwartet wird als Antwort *RELease COMplete*.
  $u_A \leftarrow n_A$ bzw. $n_B \rightarrow u_B$:
  Antwort auf *DISConnect*. ***B-Kanal*** wird vom Netz getrennt, bleibt dem ***TE*** jedoch bis zur Antwort *RELease COMplete* zugeordnet. Wird weiterhin für ***TE*** verwendet, die bei einem kommenden Ruf zur Rufannahme bereit waren, diesen aber nicht erhalten haben (s.o.). Außerdem Zwangsauslösung der Verbindung durch das Netz möglich.
- *RELease COMplete* (l, globale Inhalte möglich; ***CAU*** bei der ersten Auslösequittung)
  Antwort auf *RELease*. ***CR*** und ***B-Kanal*** werden freigegeben.

- *RESTART* (l; ***Restart Indicator***)
  in dieser in den 1984er Red Books noch nicht vorgesehenen ***Nachricht*** verlangt der Initiator, daß ein Restart für den in ***CHI*** spezifizierten Kanal oder die in ***Restart Indicator*** spezifizierte Schnittstelle durchgeführt wird. Das rückgesetzte Objekt geht in den *Ruhe-*(*Idle*)-Zustand. Quittiert wird mit
  – *RESTART ACKnowledge* (l; ***Restart Indicator***)).

Nachrichten für verschiedene Anwendungen

- *SEGMENT* (→ SGM; ***SM***) entspr. ***SM*** Teil einer segmentierten Nachricht
- *CONgestion CONtrol* (l; ***CONLV***) u ← n:
  Mittels des ***W-Element***s ***CONLV*** und dessen Inhalten *Receiver Ready* und *Receiver Not Ready* werden Beginn und Ende der Ende-zu-Ende-Flußregelung (im Gegensatz zur abschnittsweise Flußregelung der ***Schicht 2***) mitgeteilt, insbes. wenn *USER INFOrmation* durch das ***W-Element MDAT*** fortgesetzt wird.
- *FACility* (l, g → FAR; Q.932; ***FAC***)
  $u_A \rightarrow n_A$ bzw. $n_B \leftarrow u_B$
  Das ***TE*** fordert das in ***FAC*** entspr. Q.932 spezifizierte ***DM*** an bzw. das angeforderte ***DM*** wird aktiviert oder verweigert.
- *REGister* (l; ***FAC***)
  Der Absender weist eine neue ***Call Reference*** (***CR***) einer ***Transaktion*** *ohne* ***B-Kanal***-Benutzung zu. In der 1R6 wurden dazu die ***Nachrichten*** in solche *mit* und solche *ohne* ***B-Kanal***-Benutzung unterteilt. Letztere bildete eine ganze Gruppe. Die dazugehörige ***Nachricht*** *Facility Register* wurde zur Aktivierung der ***DM*** *Ständige oder fallweise Anrufumleitung*, *Sperre*, *Automatischer Weckdienst* benutzt. *REGister* nimmt nun diese Funktionen für das in ***FAC*** spezifizierte ***DM*** wahr.
- *INFOrmation* (g → SAM)
  Mit dieser ***Nachricht*** können auf einer bestehenden ***Transaktion*** Informationen übertragen werden. Die wichtigste Anwendung ist die Generierung bzw. Übermittlung von Wählziffern beim Verbindungsaufbau in den ***IE***s ***Called Party Address*** und ***Called Party Subaddress***.
- *NOTIFY* (t; ***NI***)
  dient für jedwede Art von netztransparenter in ***NI*** spezifizierter verbindungsbezogener Information.
- *STATus ENQuiry* (l)
  Der Absender fordert vom Empfänger eine *STATus*-***Nachricht*** an, z.B. um als Reaktion auf einen Protokollfehler dessen Zustand abzufragen. Dieser antwortet mit
- *STATus* (l; ***CS***, ***CAU***)
  Der Absender teilt im ***IE CS*** seien aktuellen Zustand mit. Die Nachricht kann auch unabhängig von *STATus ENQuiry* mit ***CAU*** begründet gesendet werden. Insbesondere können vergleichbar einem ***D2***-*FRMR* Fehlerfälle mitgeteilt werden

4.4.3.5 Beispiel für eine Nachricht: SETUP

Wie schon im vorangegangenen Abschn. dargestellt, ist die *SETUP* die initialisierende ***Nachricht*** einer Verbindung mit ***B-Kanal***-Benutzung, und auch zumeist die komplexeste. Sie wird z.B. von einem Telefon durch Abheben des Hörers generiert und im Netz weitergeschaltet, wenn beim intermittierenden Wählen unterwegs die Wählziffern mittels *INFO* nachgereicht werden. Diese sind dort im ***W-Element Called Party Number*** enthalten und werden beim Durchlauf durch das Netz in die aus der *SETUP* erzeugten ZGS#7-IAM umgepackt. Bei der B-EVSt wird die IAM, nun mit der vollständigen ***ISDN***-Rufnummer aufgefüllt, wieder in eine *SETUP* zurückgewandelt und auf den ***S-Bus*** gestellt.

Sie wird dort, wie bereits erwähnt, auf der ***Schicht 2*** als ***I-Feld*** eines UI-***Rahmens*** mit ***GTEI*** übertragen und so allen ***TE*** am ***Bus*** angeboten. Es antworten diejenigen, die annahmebereit und dienstekompatibel sind. Letzteres wird durch das obligate ***W-Element BC*** und ggf. durch ***LLC*** und ***HLC*** festgestellt. Die rechts dargestellte Tabelle stellt die möglichen ***IE*** in der Reihenfolge ihres Auftretens für den Verbindungsaufbau eines leitungsvermittelten ***B-Kanals*** dar. Der Buchstabe *o* bedeutet: *optional*, der Buchstabe *m*: *obligat* (*mandatory*). Dabei ist zu bemerken:

Information-Element	
Protocol Discriminator	m
Call Reference	m
Message Type	m
Sending Complete	o
Repeat Indicator	o
Bearer Capability	m
Channel Identification	m
Facility	o
Progress Indicator	o
Network Specific Facilities	o
Display	o
Calling Party Number	o
Calling Party Subaddress	o
Called Party Number	o
Called Party Subaddress	o
Transit Network Sel. u→n	o
Low Layer Compatibility	o
High Layer Compatibility	o
User-User	o

- ***CHI*** ist wie folgt aufgebaut:

Bit Nr.	8	7	6	5	4	3	2	1
Oktett 1	**0**	**0**	**0**	1	1	**0**	**0**	**0**
Oktett 2	**0**	**0**	**0**	**0**	**0**	**0**	**0**	1
Oktett 3	1	**0**	**0**	**0**	P/E	**0**	ICS	

  Zur Erinnerung codiert Oktett 1 den Namen des ***W-Elements***, Oktett 2 die Länge des IdW in Oktetts und Oktett 3 stellt den IdW selbst dar. Die festen Bits in Oktett 3 haben nach ITU-T alle eine bestimmte Bedeutung, auf die nicht weiter eingegangen wird und die zu den hier angegeben Werten festgelegt sind. Weiterhin stellen
  - ***P/E*** das ***Preferred/Exclusive-Bit*** dar. Dabei gilt
    P/E=**0** gibt einen bevorzugten, ***P/E***=1 einen vorgeschriebenen Kanal an. Dieser wird im
  - ***ICS***-(***Interface Channel Selection***)-Feld codiert. Dabei bedeuten:
    ICS=**00**: kein ***B-Kanal*** benötigt, **0**1: Kanal B_1, 1**0**: Kanal B_2,
    11: beliebiger ***B-Kanal***. Bei ***ICS***=**00** oder ICS=11 ist ***P/E*** irrelevant.

- ***NSF*** kann bei mehreren ***DM*** mehrfach auftreten, soll aber maximal vierfach vorkommen. Die Codierung selbst kann nationalen Regeln unterliegen, was in dem ***IE*** selbst codiert wird:

  Für beide Richtungen sind in der BRD z.B. möglich:
  - Gebührenübernahme.
  - Semipermanente Verbindung (SPV), bei der im Netz zwischen zwei ***TE*** ein Nutzkanal reserviert ist.
  - Nutzung der SPV aktivieren/deaktivieren.
  - Geschlossene Benutzergruppe

Für die Richtung u → n außerdem:
- Übernehme reservierten ***B-Kanal*** mit Angabe der ***B-Kanal***-Nr., z.B. bei einer Rückfrage.

Für die Richtung u ← n außerdem:
- Anzeige eines *übergebenen*, *umgeleiteten* oder *weitergeschalteten* Rufs von einem anderen Apparat
- Automatischer Weckdienst
- Anzeige *Gebührenübernahme nicht möglich.*

4.4.4 Zustände der Prozesse der Vermittlungsschicht

Gerade die Sequenzen des verbindungsorientierten *D3*-Protokolls lassen sich gut in SDL spezifizieren. Neben den ***Nachrichten***, die auf Partnerprozedurebene die OUTPUTs und INPUTs der Prozesse darstellen, müssen die Zustände (STATES) festgelegt werden. Dabei laufen in den ***TE*** und den VStn kommunizierende Prozesse ab, denen verschiedene korrespondierende Zustände zugeordnet werden können.

Die Kommunikationspartner der ***TE***-Prozesse sind die Benutzeroberfläche und der Partnerprozeß in der VSt. Die Kommunikationspartner der VSt-Prozesse sind entspr. Abbildung 4.4-1 der ***TE***-Prozeß und der ZGS#7-ISUP-Prozeß in der nächsten Stufe der Netzhierarchie. Die ***D3***-Blöcke werden in Abschn. 4.4.8 weiter strukturiert. Eine mögliche direkte Prozeßaufteilung wurde bereits in Abschn. 3.2.3, Abb. 3.2-5 angegeben.

Bezüglich des Prozeßkonzepts wird ebenfalls auf Abschn. 3.2.3 verwiesen, wo dargelegt wurde, daß immer dann ein neuer Prozeß zu spezifizieren ist, wenn aus einem Ruhezustand ein anderer INPUT (hier: ***Nachricht*** oder Primitive von der Benutzeroberfläche) empfangen werden kann.

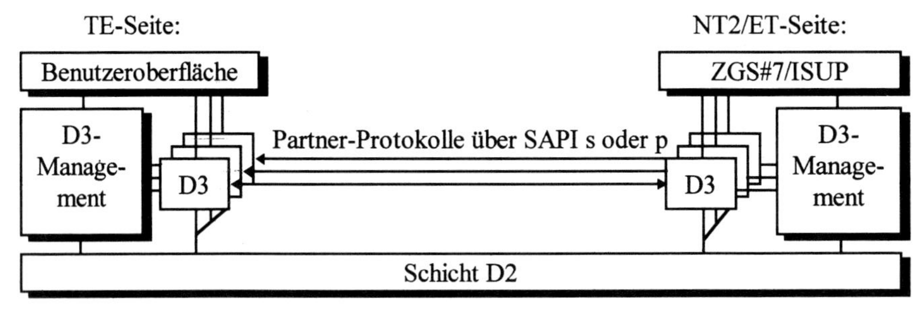

Abbildung 4.4-1: Grobstrukturierung der Netzschicht des D-Kanals.

Es wird bei den Zustandserläuterungen jeweils kurz auf die vom Prozeß empfangenen und danach gesendeten oder erwarteten Primitives bzw. ***Nachrichten*** hingewiesen, sowie, falls spezifisch, ein Querverweis auf das Verhalten eines Telefons gemacht. Die Numerierung und Namensgebung ist etwas modifiziert dem ITU-T entnommen. Die Numerierung weist aufgrund ihrer historischen Entwicklung leichte Unregelmäßigkeiten auf. Es werden nur die Gutfälle des Normalablaufs für den ***S-Bus*** betrachtet. Zustandsübergangsdiagramme geben im Anschluß eine Übersicht über die Zusammenhänge mit weiteren selbsterklärenden Zustandsübergangsmöglichkeiten. Punkt-zu-Punkt-

Konfigurationen, wie z.B. beim Anschluß von TKAnl an das ***ISDN***, sowie Abwicklung von ***DM***, bedingen weitere Zustände und werden hier nicht betrachtet.

Zu den ***Nachrichten*** soll hier nochmals bemerkt werden, daß immer nur die logische Beziehung zum Partner-***D-Kanal*** unter Umgehung des Netzes mit seinen entspr. #7-Nachrichten dargestellt ist, die in Kap. 7.2 erläutert werden. Der jeweilige Zustand einer ***D3***-Instanz kann bei Bedarf in dem in Abschn. 4.4.3.3 vorgestellten ***IE Call State*** der in Abschn. 4.4.3.4 vorgestellten ***Nachricht*** *STATUS* zum Partner übertragen werden.

4.4.4.1 Teilnehmerseite

Zunächst folgen die möglichen initiierenden Primitives von der Benutzeroberfläche, die alle zu unterschiedlichen Prozessen aus den Nullzustand führen. Der Primitive-Name wird teilweise so gewählt, wie die ***Nachricht***, die er an der ***S***-Schnittstelle erzeugt.

- ***CONNect REQuest*** (Prozeß: ***Gehende Verbindung***)
  fordert einen *gehenden* Verbindungsaufbau (***Transaktion***) mit ***B-Kanal***-Benutzung an - beim Telefon typisch durch Hörerabheben. Alle ***Nachrichten*** der ***B-Kanal***-Benutzung sind hier entspr. den Prozedurregeln erlaubt. Nur die Zustände dieses Prozesses und des Prozesses für den *kommenden* Verbindungsaufbau, die die aufwendigsten und wichtigsten sind, werden hier weiter verfolgt.
- ***FACility REGister REQuest***
- ***FACility CANCel REQuest***
- ***FACility INFormation REQuest***
- ***FACility STATus REQuest***

Zustände des Prozesses *Gehende Verbindung* (*TE*/Teilnehmer - = User-Seite)	
U0	*NULL* (Ruhe; Telefon: On Hook) Keine Verbindung und ist damit praktisch der Nullzustand aller Prozesse.
U1	***CALL INTIATED*** (Gehender Belegungsanreiz; Telefon: Off Hook) ***CONNect REQuest*** von der Benutzeroberfläche empfangen (Hörer abgehoben) und *SETUP* zum Netz gesendet. Beim Telefon Wählziffern von Benutzeroberfläche erwartet.
U2	***OVERLAP SENDING*** (Gehender Wahlzustand) *SETUP ACK* vom Netz empfangen, zur Benutzeroberfläche Wählton angeschaltet, und im Senden von Wählziffern via *INFO*-***Nachrichten*** begriffen. Wählton wird nach erster gesendeter Wählziffer wieder abgeschaltet. Die Wählziffern führen immer wieder in den Zustand ***U2*** zurück, bis die letzte Wählziffer gesendet wurde, dann wird vom Netz *CALL PROC* erwartet.
U3	***OUTGOING CALL PROCEEDING*** (Gehender Wahlendezustand) *CALL PROC* vom Netz empfangen, *ALERT* bzw. *CONN* vom Netz erwartet.
U4	***CALL DELIVERED*** (Gerufener Teilnehmer frei) *ALERT* vom Netz empfangen, Rufton zur Benutzeroberfläche angeschaltet und *CONN* vom Netz erwartet.
U10	***ACTIVE*** (Ende-zu-Ende-Verbindung) *CONN* vom Netz empfangen, Rufton zur Benutzeroberfläche abgeschaltet, ***B-Kanal*** Ende-zu-Ende durchgeschaltet.

Von der Netzseite kann ein Prozeß für den ***kommenden Verbindungsaufbau*** mit

- *SETUP* (Prozeß: ***Kommender Verbindungsaufbau***)
  angestoßen werden. Der Fortgang des Prozesses unterscheidet sich in Abhängigkeit davon, ob das *Annahmebereitschaft zeigende* ***TE*** den Ruf erhält oder nicht.

Zustände des Prozesses *Kommende Verbindung* (***TE***/Teilnehmer- = User-Seite)	
U0	***NULL*** (Ruhe; Telefon: On Hook) Keine Verbindung und ist damit praktisch der Nullzustand aller Prozesse.
U6	***CALL PRESENT*** (Kommender Belegungsanreiz) *SETUP* vom Netz empfangen, aber noch nicht zum Netz quittiert. Der Zustand wird erst bei einer Prozeßaufteilung sichtbar und nicht weiter verfolgt.
U7	***CALL RECEIVED*** (Kommender Rufzustand) *SETUP* vom Netz empfangen, zur Benutzeroberfläche wird ***SETUP INDication*** gesendet (Rufton angeschaltet) und ***CONNect REQuest***, d.h. daß der Hörer abgehoben wird, erwartet. Telefon sendet *ALERT*, automatisch antwortende ***TE*** senden *CONN*.
U8	***CONNECT REQUEST*** (Kommender Meldezustand) Von der Benutzeroberfläche als Reaktion auf den mittels ***SETUP INDication*** angeschalteten Rufton ***CONNect REQuest*** erhalten (Hörer abgehoben) und *CONN* gesendet; *CONN ACK* erwartet.
U9/ U25	***INCOMING CALL PROC/OVERLAP REC*** (Komm. Wahlende/Wahlzustand) *SETUP* sowie ggf. weiteren *INFO*s vom Netz empfangen und je nach Vollständigkeit mit *SETUP ACK*, *CALL PROC*, *ALERT* oder *CONN* quittiert. Die Zustände werden z.B. von TKAnl eingenommen und daher nicht weiter verfolgt.
U10	***ACTIVE*** (Ende-zu-Ende-Verbindung) *CONN ACK* empfangen. Ab hier sind die beiden Prozesse praktisch gleich, da nun von jeder Seite ***DM*** aktiviert werden können oder die Verbindung abgebaut werden kann.

Gemeinsame Zustände der Prozesse *Gehende/Kommende Verbindung* (***TE***/Teilnehmer- = User-Seite) im Zuge des Verbindungsabbaus, der zu jeder Zeit von jeder Seite initiiert werden kann:	
U11	***DISCONNECT REQUEST*** (Auslöseanforderung eines ***TE***) ***DISConnect REQuest*** von der Benutzeroberfläche empfangen (Hörer aufgelegt), *DISC* zum Netz gesendet, *REL* von dort erwartet.
U12	***DISCONNECT INDICATION*** (Auslöseanzeige vom Netz) *DISC* vom Netz empfangen (anderer Tln. hat Hörer aufgelegt), zur Benutzeroberfläche ***DISConnect INDication*** (Besetztton) gesendet, ***RELease REQuest*** von dort erwartet (d.h. daß Tln. Hörer auflegt).
U19	***RELEASE REQUEST*** (Auslöseeinleitung eines ***TE***) ***RELease REQuest*** von der Benutzeroberfläche im Zustand ***U12*** empfangen (Hörer aufgelegt, nachdem vorher anderer Tln. Hörer aufgelegt hatte), *REL* zum Netz gesendet, *REL COM* von dort erwartet.

Gemeinsame Zustände der Prozesse *Gehende/Kommende Verbindung* (*DM*) (*TE*/Teilnehmer- = User-Seite) im Zuge der Abwicklung bestimmter *DM*, die in bestimmten Zuständen von jeder Seite initiiert werden können:	
U15	***SUSPEND REQUEST*** (Suspendierungsanforderung) Im Zustand ***U10*** wurde das ***DM*** *Umstecken am Bus* durch ein ***SUSPend REQuest*** von der Benutzeroberfläche aktiviert. *SUSP* wird zum Netz gesendet und von dort *SUSP ACK* erwartet. Nach dessen Empfang wird in den Zustand
U16	***LOCAL SUSPEND*** (Suspendiert; Q.931: kein separater Zustand, sondern ***U0***) übergegangen. Hier wird die Anzeige des Wiederansteckens durch ein ***REsume REQuest*** von der Benutzeroberfläche erwartet. Nach Empfang desselben wird *RES* zum Netz gesendet und in den Zustand
U17	***RESUME REQUEST*** (Rückschalten von Suspendierung) übergegangen. Es wird *RES ACK* erwartet und nach Empfang desselben wieder nach ***U10*** übergegangen.
UH1	***HOLD REQUEST/INDICATION*** (Halteanforderung; Q.932-Zustand) In den Zuständen ***U3, U4*** oder ***U12*** *gehend* bzw. ***U7 - U10*** *kommend* wurde ein ***HOLD REQuest*** von der Benutzeroberfläche empfangen. *HOLD* wird zum Netz gesendet, welches dieses weiterleitet, und von dort wird *HOLD ACK* erwartet. Nach dessen Empfang wird in den Zustand
UH2	***LOCAL/REMOTE HOLD*** (Verbindung gehalten; Q.932-Zustand) übergegangen. Hier wird die Anzeige des Rückwechsels durch ein ***RETrieve REQuest*** von der Benutzeroberfläche erwartet. Nach Empfang desselben wird *RET* zum Netz gesendet und in den Zustand
UH3	***RETRIEVE REQUEST/IND.*** (Rückschalten von Halten; Q.932-Zustände) übergegangen. Es wird *RET ACK* erwartet und nach Empfang desselben wieder in den Zustand vor ***UH1*** übergegangen.

In Abbildung 4.4-2 sind diese Zustände mit den typisch zu empfangenden Primitives und ***Nachrichten*** in Form eines Zustandsübergangsdiagramms (nur Gutfälle) für die Teilnehmerseite dargestellt. Die ***HOLD***-Gruppe bezieht sich auf DM und ist in erster Linie unabhängig von den normalen Rufprozeduren. Der jeweils links des / dargestellte Zustand bezieht sich auf die Initiatorseite, die nicht diejenige sein muß, die die Verbindung aufgebaut hat, der rechte Zustand auf die passive Seite, die, durch den Initiator gesteuert, dessen Zustandssequenz nachfahren muß (Handshake-Prozedur).

4.4.4.2 Netzseite

Wenn möglich, werden die Zustände hier durch direkte Querbezüge zu denjenigen der Teilnehmerseite erläutert.

Zu jedem kreierten Prozeß in einem ***TE*** des der VSt zugeordneten ***S-Bus*** muß ein Kommunikationspartner-Prozeß in der VSt existieren. Er wird entsprechend durch den Empfang der ***Nachrichten***

- *SETUP* (Prozeß: ***Gehende Verbindung***)
- *REGister*

kreiert. Von der Netzseite kann ein Prozeß für den *kommenden Verbindungsaufbau* mit

- *Setup* (Prozeß: ***Kommende Verbindung***)
  angestoßen werden. (Strenggenommen kommt, wie schon mehrfach erwähnt, vom Netz statt der *Setup* beim ZGS#7 die Initial Address Message (Iam), die einer *Setup* auf der A-Seite entstammt und nun wieder in eine solche zurückgewandelt wird).

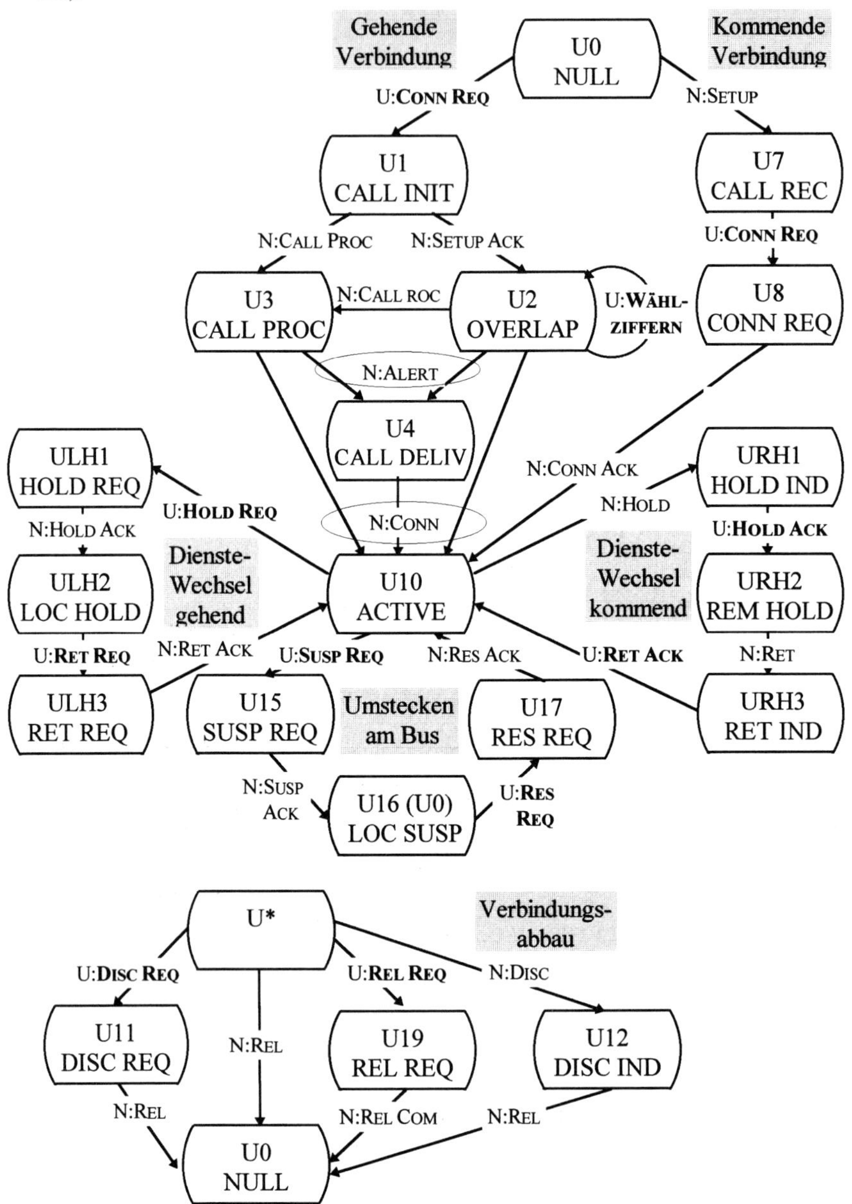

Abbildung 4.4-2: Zustände der TE-Seite und zugehörige INPUTs von der Benutzeroberfläche (U; Primitives) bzw. vom Netz (N; Nachrichten) zur Transition in den Folgezustand.

	Zustände des Prozesses *Gehende Verbindung* (*NT2/ET-* = Netz-Seite)
N0	*NULL* (Ruhe) Keine Verbindung und ist damit praktisch der Nullzustand aller Prozesse.
N1	***CALL INITIATED*** (Gehender Belegungsanreiz) *SETUP* vom ***TE*** empfangen und IAM zum Netz gesendet. Je nach Vollständigkeit der Wählinformation *SETUP ACK* oder *CALL PROC* zum ***TE gesendet***. Beim Telefon ggf. Wählton gesendet und 1. Wählziffer (*INFO*) erwartet.
N2	***OVERLAP SENDING*** (Gehender Wahlzustand) Wählziffern werden via *INFO*-***Nachrichten*** vom ***TE*** empfangen und zum Netz weitergereicht. Diese führen bis zum Empfang der letzten Wählziffer in den Zustand ***N2*** zurück. Vom Netz wird *CALL PROC*, *ALERT* oder *CONN* erwartet.
N3	***OUTGOING CALL POCEEDING*** (Gehender Wahlendezustand) *CALL PROC* vom Netz empfangen und zum ***TE*** weitergeleitet, *ALERT* bzw. *CONN* vom Netz erwartet.
N4	***CALL DELIVERED*** (Gerufener Teilnehmer frei) *ALERT* vom Netz empfangen und zum ***TE*** weitergeleitet, *CONN* vom Netz erwartet.
N10	***ACTIVE*** (Ende-zu-Ende-Verbindung) *CONN* vom Netz empfangen und zum ***TE*** weitergeleitet. ***B-Kanal*** Ende-zu-Ende durchgeschaltet.

	Zustände des Prozesses *Kommende Verbindung* (*NT2/ET-* = Netz-Seite)
N0	*NULL* Keine Verbindung und ist damit praktisch der Nullzustand aller Prozesse.
N6	***CALL PRESENT*** (Kommender Belegungsanreiz) *SETUP* vom Netz empfangen und zum ***TE*** weitergeleitet. Bei vollständiger Wählinformation *CALL PROC* zum Netz gesendet. Vom ***TE*** *ALERT* oder *CONN* erwartet.
N7	***CALL RECEIVED*** (Kommender Rufzustand) *ALERT* vom ***TE*** empfangen und zum Netz weitergeleitet. Vom ***TE*** *CONN* erwartet. Da *ALERT* mehrfach kommen kann, muß für jedes ein neuer Prozeß mit eigenem ***N7*** kreiert werden.
N8	***CONNECT REQUEST*** (Kommender Meldezustand) *CONN* vom ***TE*** empfangen und zum Netz weitergeleitet. Zum ***TE*** *CONN ACK* gesendet. Da *CONN* mehrfach kommen kann, werden alle anderen in ***N7*** kreierten Prozesse wieder terminiert. Vom Netz wird *CONN ACK* erwartet.
N9	***INCOMING CALL PROCEEDING*** (Kommendes Wahlende; s. ***U9***)
N25	***OVERLAP RECEIVING*** (Kommender Wahlzustand; s. ***U25***)
N10	***ACTIVE*** (Ende-zu-Ende-Verbindung) *CONN ACK* vom Netz empfangen. Ab hier sind die beiden Prozesse praktisch gleich, da nun von jeder Seite ***DM*** aktiviert werden können oder die Verbindung abgebaut werden kann.

Gemeinsame Zustände der Prozesse *Gehende/Kommende Verbindung NT2/ET* der Netz-Seite beim Verbindungsabbau, der von jeder Seite initiiert werden kann	
N11	***DISCONNECT REQUEST*** (Auslöseanforderung des eigenen ***TE***) *DISC* vom ***TE*** empfangen, zum Netz weitergeleitet und von dort *REL* erwartet.
N12	***DISCONNECT INDICATION*** (Auslösemeldung des Netzes) *DISC* vom Netz empfangen, zum ***TE*** weitergeleitet und von dort *REL* erwartet.
N19	***RELEASE REQUEST*** (Auslöseeinleitung des Netzes) *REL* vom Netz empfangen, zum ***TE*** weitergel. und von dort *REL COM* erwartet.

Die gemeinsamen Zustände der Prozesse ***Gehende/Kommende Verbindung*** bzgl. ***Umstecken am Bus*** sind ähnlich denen im vorangegangenen Abschn. erläuterten.

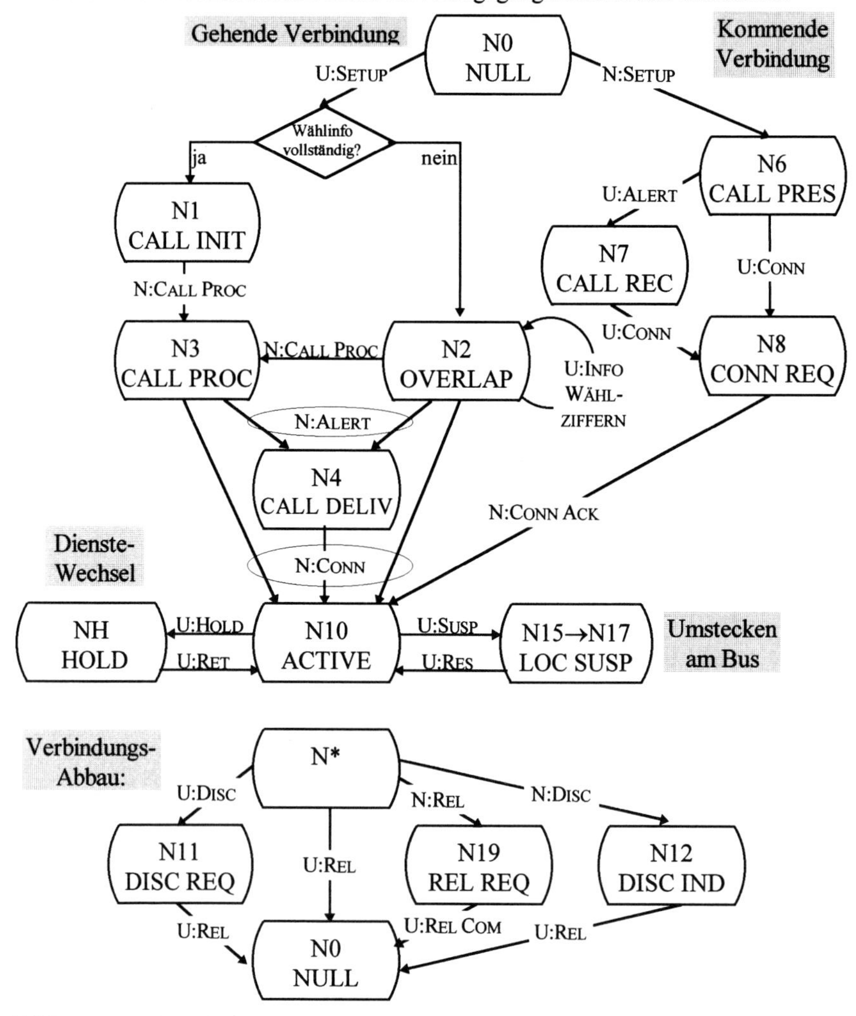

Abbildung 4.4-3: Zustände der NT2/ET-Seite und zugehörige INPUTs (Nachrichten) vom Teilnehmer (U) bzw. vom Netz (N) zur Transition in den Folgezustand.

4.4.5 System-Parameter der Netzseite

Die in diesem Abschn. spezifizierten Timer ***T3xy*** sind in der VSt implementiert und beziehen sich auf die Überwachung der Abläufe der ***TE***-Seite. Auf der ***TE***-Seite und bzgl. der Überwachung der Abläufe in den Partner-VStn (ZGS#7) gibt es ebensolche Gruppen, die hier nicht weiter dargestellt ist. ZGS#7-Timer s. Abschn. 7.2.4.2; etliche der ***TE***-Timer sind optional. Der erste Index (hier: 3) gibt die Schichtennummer an, die weiteren klassifizieren den Timer selbst, von denen die wichtigsten dargestellt sind.

xy	TO [s]	Z.	Bedeutungen der Timer T3xy:
01	180	***N7***	B: *ALERT* empfangen, *CONN* erwartet
02	10...15	***N2***	A: Empfang von *INFO-**Nachrichten*** mit Wählinformationen
03	4	***N6***	B: *SETUP* gesendet und eine Reaktion erwartet (z.B. *ALERT*). Gegebenenfalls *SETUP* einmal wiederholen
04	20	***N25***	B: Von TKAnl *SETUP ACK* empfangen, *INFO*(s) gesendet und *CALL PROC*, *ALERT* oder *CONN* erwartet
05	30	***N12***	*DISC* ohne **PRI** zum ***TE*** gesendet, *REL* erwartet
06	30	***N12***	*DISC* mit **PRI** (B-Kanal-Hörton) zum ***TE*** gesendet, *REL* erwartet
07	180	***N17***	*Umstecken am Bus*: *SUSP ACK* gesendet, *RES* erwartet
08	4	***N19***	*REL* gesendet, *REL COM* erwartet
09	90	*	Von ***D2*** unerwartet **DL-DISC-IND** erhalten. Trifft **DL-EST-IND** vor Timeout ein, wird ***D3*** nicht abgebaut
10	10	***N9***	B: Von TKAnl *CALL PROC* empfangen, *ALERT* od. *CONN* erwartet
12	6	***N6***	B: Wird mit ***T303*** gestartet und überwacht bei Verbindungsaufbauabbruch das Auslösen aller ***TE*** (Freigabe der ***CR***), die auf kommende *SETUP* reagiert haben
14	4	*	Empfang einer segmentierten Nachricht
16	120	***R1***	Restartanforderung: *RESTART* gesendet, *RESTART ACK* erwartet
17	<***T316***	***R2***	*RESTART* empfangen, interne Auslösung der ***CR***
20	≈30	***N10***	*CONN* gesendet/empfangen, erwartet Verbindungsannahme bzw. sendet sie. Überwacht z.B. *Anklopfen* während ex. Verbindung
22	4	*	*STATUS ENQ* gesendet, *STATUS*, *DISC*, *REL* oder *REL COM* erwartet
1TR6-Timer zum Überwachen des Abwickelns von DM:			
AA	120		Rufzeitüberwachung sowie Überwachung der Reaktion des Tln., nachdem er eine *FAC-**Nachricht*** erhalten hat.
AB	15		Verkürzte Rufzeit bei dem ***DM*** *Anrufumleitung* (*fallweise*).
AC	20		Nach Auslösen der Verbindung kann der gerufene Teilnehmer während dieser Zeit die *Identifizierung des Rufenden* anfordern.
AE	180		Zeitabstand zwischen zwei aufeinanderfolgenden ankommenden Rufen für das ***DM*** *Automatischer Weckdienst*.
AD	30		Wartezeit auf Melden B-Tln. zum *Identifizieren von Klingelstörern*
AF	15 min		Zeitdauer für das Aktivbleiben eines *Automat. Rückrufes bei Besetzt*
AG	5		Zeitabstand zwischen zwei aufeinanderfolgenden Übertragungen der *Gebühreninformation*.

Tabelle 4.4-1: Timer und ihre Bedeutung auf der Schicht 3 des D-Kanals/Vermittlungsstellen-Seite. Abkürzungen: TO: Timeout [in Sekunden], Z.: Zustand. A/B: Rufende/Gerufene Seite. [Q.931/1TR6].

4.4.6 B-Kanal-Verwaltung

Während der Zugriff auf den paketorientierten ***D-Kanal*** am ***S-Bus*** auf der ***Schicht 1*** über das LAN-ähnliche ***D-Kanal-Zugriffsverfahren*** abgehandelt wird (s. Abschn. 4.2.3.6), wird der leitungsvermittelte ***B-Kanal*** in der ***Schicht 3*** des ***D-Kanals*** auf der Netzseite als Ressource verwaltet und den ***TE*** fest für die Dauer einer Verbindung zugeteilt. Innerhalb des ***B-Kanals*** können dann jedoch trotzdem paketvermittelte Verbindungen aufgebaut werden, jedoch nur für das ***TE***, das ihn erhalten hat.

Im Gegensatz zum konventionellen analogen Netz bleibt ein Tln., auch wenn er einen ***B-Kanal*** z.B. zum Telefonieren belegt hat, über den ***D-Kanal*** erreichbar. Hier ist es z.B. über das ***DM*** *Anklopfen* möglich, mit ihm in Verbindung zu treten, indem er veranlaßt wird, den Ruf anzunehmen. Eine Alternative wäre die Benutzung des zweiten ***B-Kanals***, wenn dieser frei ist und es die Endgerätegegebenheiten des gerufenen Tln. ermöglichen.

Ein ***B-Kanal*** kann sich in einem der drei folgenden Zustände befinden:

- **Frei** (**Idle**):
  Für den ***B-Kanal*** wird kein Rufverfahren durchgeführt und es besteht über diesen ***B-Kanal*** keine Verbindung.
- **Belegt** (**Reserved**):
  Der ***B-Kanal*** steht für Rufe nicht mehr zur Verfügung. Er ist für ein Rufverfahren belegt, jedoch noch keinem bestimmten ***TE*** zugeordnet worden. Dies ist z.B. beim kommenden Ruf der Fall, wo ein ***B-Kanal*** reserviert werden muß, den eines der ***TE*** später erhält.
- **Zugeteilt** (**Allocated**):
  Der ***B-Kanal*** ist für eine Verbindung zugeteilt worden und damit von einem Endgerät belegt.

Je nachdem, wieviele und ggf. welche ***B-Kanäle*** noch frei sind, bestimmt beim kommenden Ruf den Inhalt des ***W-Element***s ***CHI*** in der *SETUP*-***Nachricht***, mit der der ***B-Kanal*** belegt wird. Zugeteilt wird er in der *CONN ACK*-***Nachricht***.

Beim gehenden Ruf wird der ***B-Kanal*** über die ***CHI*** der *SETUP ACK* bzw. der *CALL PROC* zugeteilt und vor Aussenden derselben von der VSt belegt.

Die Zuordnung einer Verbindung zum ***B-Kanal*** wird aufgehoben, wenn die Verbindung ausgelöst ist. Ist einem ***B-Kanal*** keine Verbindung mehr zugeordnet, so wird dieser freigegeben.

4.4.7 Kommunikationsdiagramme für Prozedurabläufe

In den ITU-T- und anderen Empfehlungen werden die einzelnen Sequenzen für Prozedurabläufe, wie Verbindungsauf- und -abbau und ***DM***-Zugriffe, in Form von Kommunikationsdiagrammen und SDL-Diagrammen dargestellt. Erstere Darstellungsart erlaubt einen guten Überblick über den Normalablauf, ist jedoch kaum für eine exakte Darstellung geeignet, während von letzterer Darstellung in den Empfehlungen ausführlich Gebrauch gemacht wird.

Die SDL-Darstellungen werden verwendet, um alle möglichen Kombinations- und auch Fehlerfälle zu behandeln und geben damit die exakte Spezifikation der Abläufe an.

Sie alle hier aufzulisten würde den Rahmen diese Buches bei weitem sprengen und auch nicht seinem Sinn entsprechen. Für eine Detailanalyse der Abläufe sei dem Leser daher auch hier die angeführte Normen-Literatur empfohlen.

Als Beispiele für Prozedurabläufe werden hier ein normaler Verbindungsauf- und -abbau sowie das ***DM*** *Dienstewechsel mit Endgerätewechsel* erläutert. Es werden die Symbole:

*/o: ***B-Kanal*** durchschalten/trennen; △: ***CR*** freigeben

verwendet. Die langgezogenen, auf der Spitze stehenden Dreiecke und gleichschenkligen Trapeze innerhalb der VStn. stellen in Abschn. 4.4.5 spezifizierte Timer dar - ein Dreieck einen vollständig ablaufenden, der daraufhin z.B. das Aussenden einer ***Nachricht*** zur Folge hat - eine gleichschenkliges Trapez einen durch das Eintreffen einer rechtzeitig eingetroffenen erwarteten ***Nachricht*** zurückgesetzten.

4.4.7.1 Normaler Verbindungsauf- und -abbau

In Abb. 3.3-2 wurde bereits ein Kommunikationsdiagramm zwischen zwei ***TE***, die an TKAnl angeschlossen sind, welche wiederum an verschiedenen VStn angeschlossen sind, dargestellt. Das Kommunikationsdiagramm in Abbildung 4.4-4 stellt einen normalen Verbindungsauf- und -abbau für ***TE*** dar, die direkt an der VSt angeschlossen sind. Der wesentliche Ablauf dürfte nach Studium der vorangegangenen Abschn. selbsterklärend sein. Zu sehen sind das rufende ***TE*** A, die ihm zugeordnete VSt ***ET*** A, die dem gerufenen ***S-Bus*** zugeordnete VSt ***ET*** B sowie zwei ***TE*** des gerufenen ***S-Bus***: ***TE*** B_1, welches den Ruf erhält und ***TE*** B_2, welches den Ruf nicht erhält. Zusätzlich sind in Form selbsterklärender Symbole die Primitives zur Benutzeroberfläche dargestellt.

Man erkennt die vom rufenden ***TE*** A generierte *SETUP*, die von der ***ET*** A mit *SETUP ACK* quittiert wird. ***TE*** A sendet danach die Wählziffern in einzelnen *INFO*-***Nachrichten***, die gesammelt werden - und - wenn daraus die Ziel-Vst ***ET*** B ermittelt wurde, zur *SETUP* hinzugepackt und diese der ***ET*** B übergeben werden. Zwischen den VStn sind die Namen der zugehörigen ZGS#7-Nachrichten angegeben, da hier, wie schon mehrfach erwähnt, nicht das ***D-Kanal***-Protokoll, sondern das ZGS#7 gefahren wird. Das Eintreffen der *INFO*-***Nachrichten*** selbst wird mit dem Timer ***T302*** überwacht, der auslöst, wenn der Tln. mehr als 10 ... 15 s zwischen der Eingabe von Wählziffern verstreichen läßt.

Hat ***ET*** B die *SETUP* mit allen notwendigen Wählziffern erhalten, wird der B-***S-Bus*** mittels dieser *SETUP* in einem UI-***Rahmen*** mit ***GTEI*** gerufen. Gleichzeitig wird der Timer ***T303*** = 4 s gestartet, der erst gestoppt wird, wenn vom B-***S-Bus*** ein *CONN* eintrifft. Läuft ***T303*** ab, wird die *SETUP* wiederholt und ***T303*** noch einmal gestartet, wie hier der Fall. Wären bis dann gar keine ***Nachrichten*** oder nur *RELeases* vom B-***S-Bus*** eingetroffen, würde die Verbindung rückwärts abgebaut werden.

In diesem Beispiel ist nun dargestellt, daß zunächst ***TE*** B_1 mit *ALERT* antwortet, welches zum ***TE*** A übertragen wird und bei ihm das Freizeichen aktiviert. Daraufhin wird in ***ET*** A ***T3AA***=120s gestartet, welcher die Rufzeit überwacht. Käme nach ***T3AA*** kein *CONN*, würde die Verbindung rückwärts abgebaut werden. ***T3AA*** ist eigentlich ein ZGS#7-Timer und taucht daher in dessen Kontext unter TI 13 nochmals auf (s. Abschn 7.2.4.2)

In diesem Beispiel antwortet ***TE*** B_2 mit *ALERT* während der zweiten Laufzeit von ***T303***, was von ***ET*** B zwar zur Kenntnis genommen, aber nicht an ***TE*** A weitergegeben wird, da dieses ja schon ein Freizeichen von ***TE*** B_1 hat. Vor dem zweiten Ablauf von ***T303***, und damit auf jeden Fall vor Ablauf von ***T3AA***, antwortet ***TE*** B_1 mit *CONN*, welches an ***TE*** A weitergereicht wird und so die Verbindung zwischen ***TE*** A und ***TE*** B_1 herstellt. ***T303*** und ***T3AA*** werden gestoppt und ***ET*** A bzw. ***TE*** B_1 erhalten die Quittungen *CONN ACK* von ***TE*** A bzw. ***ET*** B.

ET B muß nun noch ***TE*** B_2 auslösen, da dieses ja den Ruf nicht erhalten hat und sendet ihm *REL*, welches ***TE*** B_2 mit *REL COM* quittiert. ***T308*** = 4 s überwacht das Eintreffen der *REL COM*.

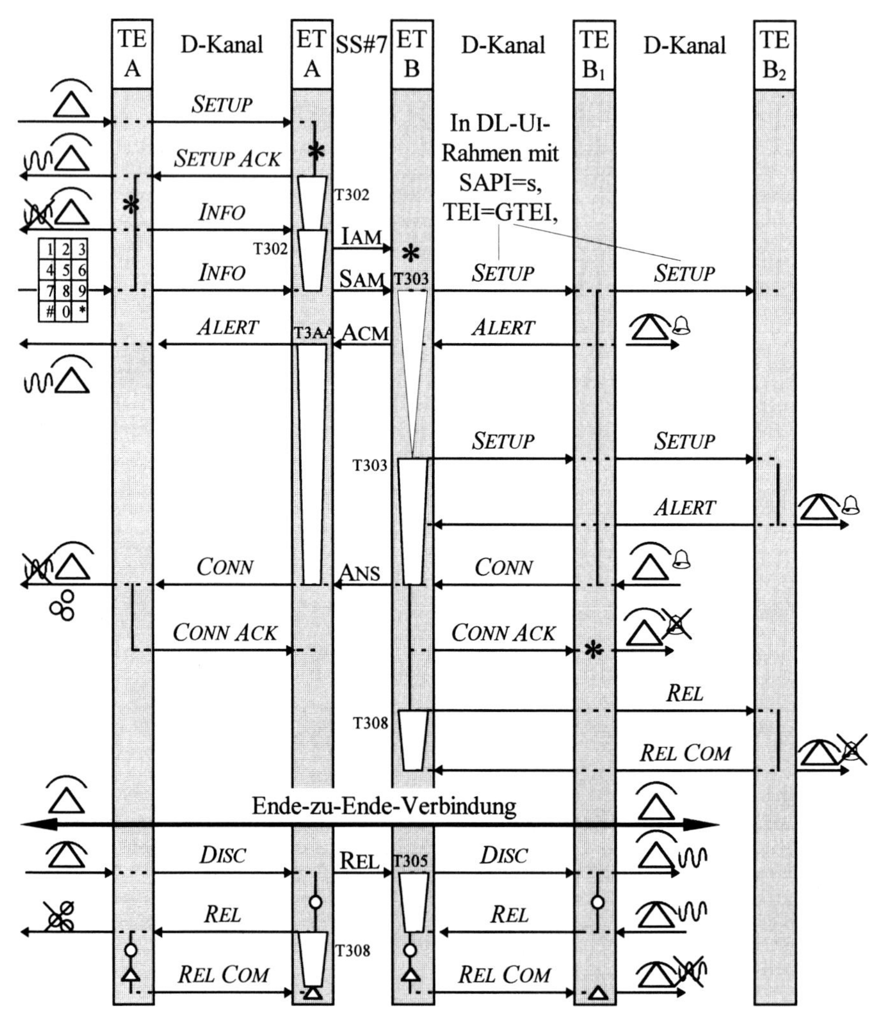

Abbildung 4.4-4: Verbindungsauf- und -abbau in der Schicht 3 des ISDN-D-Kanals mit Ruf an zwei TE am S_0-Bus, von denen TE_1 den Ruf erhält. Weitere Erläuterungen im Text [1TR6].

Die Auslöseanforderung der Verbindung wird im Beispiel durch ***TE*** A mittels *DISC* übertragen, ***ET*** A löst mit *REL* aus und ***TE*** A quittiert mit *REL COM*, überwacht auf der VSt-Seite wieder mit ***T308***. *DISC* wird zu ***ET*** B übertragen und von dort zum ***TE*** B_1. Gleichzeitig wird in der ***ET*** B die Auslösezeitüberwachung ***T305*** = 30 s gestartet, die beim Empfang von *REL* gestoppt wird und worauf ***TE*** B_1 ein *REL COM* als Quittung erhält.

4.4.7.2 Dienstewechsel mit Endgerätewechsel

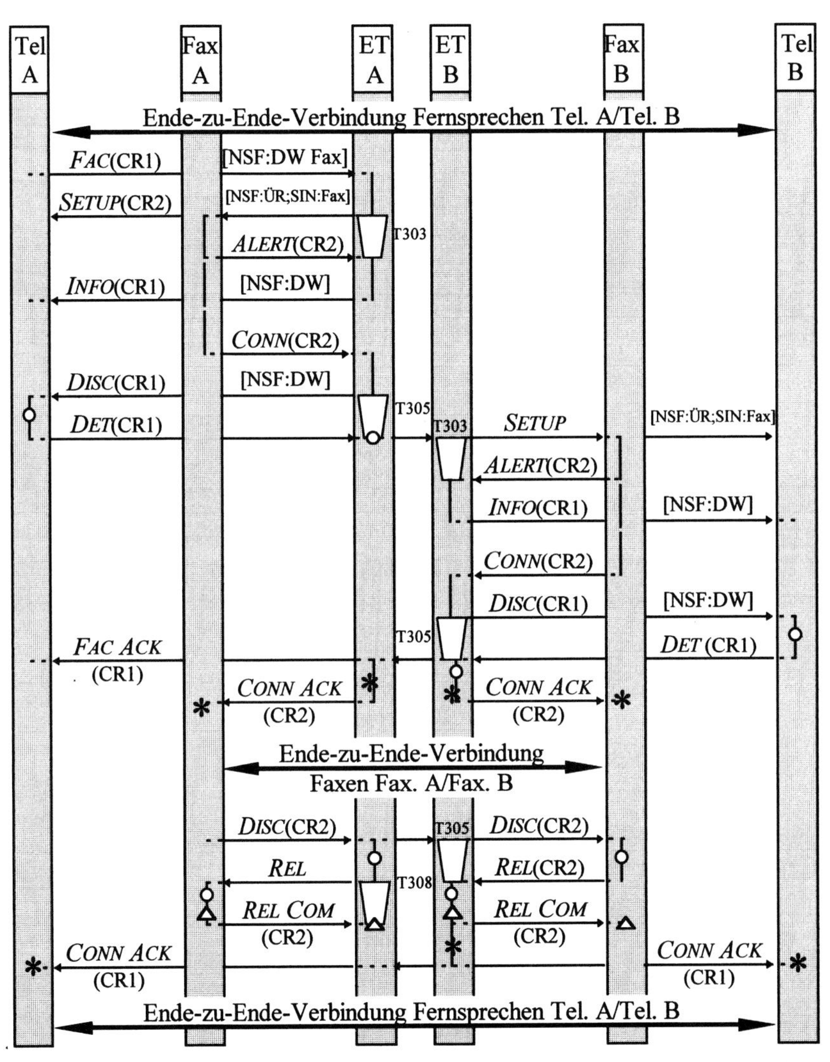

Abbildung 4.4-5: Dienstewechsel mit Endgerätewechsel und Rückwechsel während einer Verbindung. Die DETach-Nachricht wird im DSS1 im Prinzip durch HOLD ersetzt und der Ablauf vereinfacht [1TR6].

Das 1TR6-Kommunikationsdiagramm in Abbildung 4.4-5 stellt *einen zweiseitigen Dienstewechsel (**DW**) mit Endgerätewechsel* (Telefon → Fax) und *Rückwechsel* (Fax → Telefon) während einer Verbindung dar. Zu sehen sind das Telefon A, das eine Verbindung mit Telefon B hat, die Fax-Geräte A und B, zu denen gewechselt werden soll, und die jeweils zugeordneten VStn ***ET*** A und ***ET*** B. Es werden zwei ***CR*** benötigt, die hinter den ***Nachrichten*** zusammen mit ***W-Elementen*** jeweils in Klammern angegeben sind: $\boldsymbol{CR_1}$ handelt die Verbindung zwischen den Telefonen ab und wird bei dem ***DW*** zu den Fax-Geräten, deren Verbindung über $\boldsymbol{CR_2}$ läuft, gehalten, um den Rückwechsel zu ermöglichen. Da die ***CR***-Werte nur lokale Bedeutung haben, unterscheiden sich die Werte von $\boldsymbol{CR_1}$ natürlich auf den Seiten A und B, wie bei der Besprechung der ***CR*** dargelegt. Desgleichen für $\boldsymbol{CR_2}$.

Der ***DW*** wird von Tel. A mit der *FAC* ($\boldsymbol{CR_1}$, ***NSF*** *Zweiseitiger DW*) initiiert. ***ET*** A generiert eine *SETUP* ($\boldsymbol{CR_2}$, ***NSF*** *Übergebener Ruf* = *ÜR*, ***SIN*** *Fax*) zum A-***Bus***, auf den nur das Fax-Gerät mit *ALERT* ($\boldsymbol{CR_2}$) antwortet. Daraufhin erhält Tel. A mittels *INFO* ($\boldsymbol{CR_1}$, ***NSF*** = *Zweiseitiger DW*) die Mitteilung, daß Fax A sich gemeldet hat. Fax A sendet *CONN* ($\boldsymbol{CR_2}$) und nimmt den Ruf an. Tel. A erhält *DISC* ($\boldsymbol{CR_1}$, ***NSF*** = *Zweiseitiger DW*) und quittiert mit *DET* ($\boldsymbol{CR_1}$), um $\boldsymbol{CR_1}$ zum Rückwechsel zu halten.

Nun ruft ***ET*** A ***ET*** B, welches die *SETUP* ($\boldsymbol{CR_2}$, ***NSF*** = *Zweiseitiger DW*) auf den ***S-Bus*** schickt. Ab hier ist der Ablauf auf der B-Seite bis zum *DET* genauso wie auf der A-Seite. ***ET*** B sendet auf dieses *DET* ein *CONN ACK* ($\boldsymbol{CR_2}$) zu Fax B und ein ZGS#7-FACility ACCepted zu ***ET*** A. ***ET*** A sendet *FAC ACK* ($\boldsymbol{CR_1}$) zu Tel. A als Antwort auf das von ihm ursprünglich initiierte *FAC* ($\boldsymbol{CR_1}$). Gleichzeitig erhält Fax A von ***ET*** A eine *CONN ACK* ($\boldsymbol{CR_2}$). Nun ist der ***DW*** vollständig durchgeführt - die Faxgeräte sind verbunden (aktiv) und die Telefone *halten* die Verbindung (passiv).

Der Rückwechsel kann von einem passiven oder aktiven ***TE*** eingeleitet werden. Hier wird der letztere Fall, initiiert durch Fax A, dargestellt. Die Fax-Geräte führen mit ihren VStn einen normalen Verbindungsabbau durch, woraufhin ***ET*** B nach dessen Abschluß ein *CONN ACK* ($\boldsymbol{CR_1}$) zu Tel. B und zu ***ET*** A sendet. ***ET*** A leitet dieses an Tel. A weiter, woraufhin die Fernsprechverbindung wieder aufgebaut ist.

4.4.8 Innere Struktur der Vermittlungsschicht

Abbildung 4.4-1 stellt die beiden Subsysteme der ***Schicht 3*** der ***TE***- als auch der ***NT2/ET***-Seite mit ihrer Partnerschnittstelle - und den Schnittstellen zu Dienstbenutzer und Diensterbringer-Subsystemen dar.

Damit sind praktisch auf jeder Seite je vier Schnittstellen gehend und kommend zu beschreiben:

- zur ***Schicht 2*** (Diensterbringer)
- zum Kommunikationspartner (Peer)
- zum Dienstbenutzer (***TE***: Benutzeroberfläche, ***ET***: Netz)
- zum zugeordneten Management (hier nicht weiter betrachtet)

Neben der Abhandlung der Prozeduren für Verbindungsauf- und -abbau müssen ***DM*** behandelt werden. Niedere Funktionen sind:

- die Überprüfung empfangener ***Nachrichten*** auf syntaktische und semantische Korrektheit und Generierung der Syntax bei gehenden ***Nachrichten***.

- Informationsaustausch mit der ***Schicht 2*** über den Verbindungszustand.
- Informationsaustausch mit der höheren Ebene (Benutzer bzw. Netz).

Dargestellt in den folgenden beiden Abschnitten sind mögliche Blockstrukturen, in denen wieder Prozesse ablaufen können.

4.4.8.1 Teilnehmer-Seite

Die linke Seite von Abbildung 4.4-6 stellt eine mögliche grundsätzliche innere Blockstruktur des ***TE*** dar. Bei Eindienst-***TE*** wird meist in einem Block ein Prozeß zu finden sein. Bei Mehrdienst-***TE*** können es für die verschiedenen Funktionsanteile mehrere Prozesse sein, die auch gleichzeitig - auch in mehreren Inkarnationen eines Prozesses - ablaufen können.

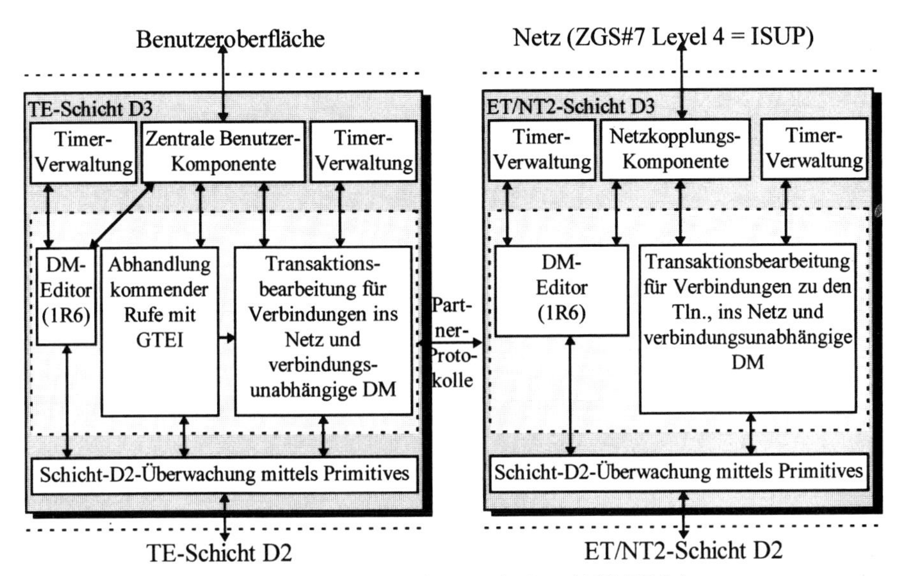

Abbildung 4.4-6: Blockstrukturierung der Schicht D3 auf TE- und NT2/ET-Seite.

Die ***Schicht-2***-Überwachung führt u.a. folgende Aufgaben aus:

- Primitive-Bearbeitung.
- Syntaxprüfungen für ankommende ***Nachrichten*** und evtl. bereits Zerlegung nach ***W-Elementen***.
- Verwaltung des Zugriffs mehrerer ***D3***-Prozesse, die auf *eine* ***DL***-Verbindung zugreifen wollen (Multiplexen).
- ***Transaktions***-Verwaltung (***CR***-Belegung).
- Durchführung des Auf- und Abbaus von ***DL***-Verbindungen (SABME/DISC-Initiierung/Entgegennahme).
- Überwachung und Fehlerbehandlung dieser ***DL***-Verbindung.

- Transparentes Senden von Partner-***Nachrichten*** (***Messages***) zur VSt via ***Schicht 2***, die von den darüberliegenden Prozessen generiert wurden.
- Empfangen von Partner-***Nachrichten*** (***Messages***) von der VSt via ***Schicht 2***, die zu den oberen Blöcken transparent weitergeleitet werden.

Zum Adressieren der höheren Prozesse werden ***SAPI+CES*** sowie ***PD*** und ggf. ***CR*** verwendet; für neue Verbindungen muß der entspr. Prozeß kreiert werden.

Die Benutzeroberflächenverwaltung führt u.a. folgende Aufgaben aus:

- Auswertung und Bearbeitung der ***Nachrichten*** für Verbindungsauf- und -abbau sowie für ***DM***-Abwicklung.
- Steuern der Benutzeroberfläche, wie *Tastenbetätigungen entgegennehmen* (Hörer abgehoben → *SETUP* generieren), Display- und LED-Anzeigesteuerung.
- Beim Abwickeln der ***DM***: Koordination zwischen verschiedenen ***Transaktionen***, die einen ***B-Kanal*** benutzen (z.B. *Dienstwechsel bei Mehrdienstendgeräten* oder *Makeln*, oder zwischen verschiedenen Verbindungen [*Konferenz*]).

4.4.8.2 Vermittlungsstellen-Seite

Die rechte Seite von Abbildung 4.4-6 stellt eine mögliche grundsätzliche innere Blockstruktur der VSt dar. Da die VSt viele Tln. zu bedienen hat, werden i.allg. gleichzeitig von jedem Prozeß viele Inkarnationen in unterschiedlichen Zuständen existieren.

Die ***Schicht-2***-Überwachung führt im wesentlichen vergleichbare Aufgaben wie auf der ***TE***-Seite aus. Die Adressierung der höheren Prozesse ist komplizierter, da neben ***SAPI+CES***, ***PD*** und ***CR*** noch nach einzelnen Teilnehmerschaltungen (SLM = Subscriber Line Modules) und innerhalb derselben nach Anschlüssen (***Ports***) unterschieden werden muß. Insbes. wird man eine solche Funktion bei einer VSt-Architektur mit Zentralrechner und intelligenten, d.h. µP-gesteuerten SLMs (s. Kap. 5) sinnvoll zwischen diesen aufteilen, wie dies für das EWSD in Abschn. 7.3 kurz beschrieben wird.

Weiterhin existieren beim kommenden Ruf für eine SLM-***Port-SAPI-GTEI-PD-CR***-Kombination u.U. mehrere Antworten mit unterschiedlichen ***TEI***, für die alle gesonderte Prozesse kreiert werden müssen. Außerdem können hier gemeinsame Ressourcen, wie ***B-Kanäle***, verwaltet werden.

Die Netzankopplung führt Aufgaben aus, die der Benutzeroberflächensteuerung im ***TE*** ähnlich sind. Insbesondere gehören dazu Funktionen wie Format- und Codewandlungen zwischen ***D-Kanal-Nachrichten*** und ZGS#7-Nachrichten.

4.4.9 Dienstmerkmale im öffentlichen Netz

Dienstmerkmale erhöhen die Effizienz des öffentlichen Netzes enorm und man kann erwarten, daß sie einen wesentlichen Beschleunigungsfaktor für die Entwicklung des ***ISDN*** darstellen werden. Im analogen Netz sind solche ***DM*** nur schwer zu realisieren. Ein Beispiel stellt der GEDAN-(Gerät zur Dezentralen Anrufweiterschaltung)-Dienst dar, wozu ein Zusatzgerät zum Telefon angeschafft werden muß. Weitere ***DM*** werden aber auch neuerdings Analogfernsprechteilnehmern angeboten, wenn sie netzintern Zugriff auf digitale VStn haben.

TKAnl (früher: NStAnl) weisen wesentliche ***DM*** des ***ISDN*** schon seit langem auf. Die Gründe dafür sind u.a., daß es digitale TKAnl schon seit Ende der siebziger Jahre gibt und daß sich andererseits für einen enger begrenzten privaten Nutzerkreis solche ***DM*** einfacher realisieren lassen. Die Erfahrungen, die von den Herstellern hier gewonnen wurden, sind in die ***DM***-Normung mit eingeflossen.

DM können *diensteabhängig* oder *diensteunabhängig* sein - eine *Konferenz* kann z.B. nur ***TE*** gleichen Typs einbeziehen. Die Überwachung, ob ein ***DM*** für den jeweiligen Dienst benutzt werden darf, unterliegt bis auf einige Ausnahmen den ***TE***. Die ***DM***-Zugriffe können in solche *mit* oder *ohne* ***B-Kanal***-Verbindung klassifiziert werden. Zur ersten Gruppe dient die *FAC-**Nachricht***, zur zweiten die *REG-**Nachricht***.

Es gibt ***DM***, die erst mit einer Einricht-Sequenz eingerichtet werden müssen und mit einer Lösch-Sequenz wieder gelöscht werden können, und die dann bei einer ***B-Kanal***-Verbindung automatisch aktiviert werden - wie z.B. *Ruhe vor dem Telefon* (*RvdT*) oder andere, die dynamisch durch explizite Tln.-Eingabe während der Verbindung aktiviert und deaktiviert werden - wie z.B. eine *Konferenz*.

Die Korrelationsmöglichkeiten von ***DM*** untereinander müssen ebenfalls berücksichtigt werden, da evtl. mehrere ***DM*** gleichzeitig aktiviert sein können. Es gibt ***DM***, die sich gegenseitig ausschließen, bei anderen sind Sonderregelungen zu beachten. ***DM*** im Zusammenhang mit der Benutzung über TKAnl-Grenzen hinweg bedürfen ebenfalls i.allg. Modifikationen.

Der Zugriff auf ***DM*** ist grundsätzlich von digitalen und analogen ***TE*** möglich, sofern sie am ***ISDN*** direkt angeschlossen sind. Digitale Telefone verfügen über ein Tastenfeld, das bereits auf die Programmierung, Aktivierung, Deaktivierung und Löschung von ***DM*** optimiert sind. So gibt es Tasten für *RvdT*, *Rückruf bei Besetzt*, *Konferenz* usw. und ein Display kann zur Unterstützung der Benutzerführung verwendet werden. Einfache analoge Telefone bieten den Zugriff auf die meisten ***DM*** ebenfalls an, jedoch muß man hier wegen des einfachen Tastenfelds mit den Ziffern 0 - 9, # und * und allenfalls A-, B-C- und D-Tasten Zugriffssequenzen aus Faltblättern ablesen, die nicht selten danebengehen. Die Benutzerführung kann wegen des fehlenden Displays allenfalls akustisch erfolgen oder unterbleibt ganz. Moderne analoge Telefone können den Digitaltelefonen vergleichbare Benutzeroberflächen aufweisen.

Hier werden nun die ***DM*** angegeben und, sofern sie nicht selbsterklärend sind, kurz erläutert. Die genauen Spezifikationen, Zugriffsabläufe und Korrelationen zu Diensten und anderen ***DM*** sind aufwendig und sollten bei Bedarf der angeg. Literatur entnommen werden. Als Beispiel wird ein SDL-Prozeßdiagramm des ***DM*** *Ruf Umlegen* (*Call Transfer = CT*) im übernächsten Abschn. angegeben.

4.4.9.1 I.25y/Q.932-Dienstmerkmale

Bei ITU-T heißen ***DM***, wie bereits erwähnt, ***Supplementary Services*** (***ISS***). Sie werden im Service-Paket in acht Klassen unterteilt, die selbst wieder in der Empfehlungsgruppe I.25y.f (s. Abschn. 4.1.1) spezifiziert sind, wobei die im folgenden zur Numerierung verwendeten *y*-Werte die Klasse kennzeichnen und *f* darin die einzelnen ***DM***. I.25y.f spezifiziert Funktionsumfang und Prozeduren (SDL-Diagramme), Q.932 demgegenüber die Protokollelemente (***Nachrichten*** und ***IE***s). Von der Telekom werden die angegebenen Abkürzungen ebenfalls verwendet, weshalb hier keine direkte Übersetzung angegeben wird, sondern die jeweils beigefügte Erläuterung genügen sollte.

1 Rufnummer-Identifizierung (Number Identification Supplementary Services)

1.1 ***Direct Dialling In*** (***DDI***) Durchwahl zur Nebenstelle
1.2 ***Multiple Subscriber Number*** (***MSN***) Mehrfachrufnummer für einen Anschluß
1.3 ***Calling Line Identification Presentation*** (***CLIP***)
Anzeige der Rufnummer des A-Tln. beim B-Tln.
1.4 ***Calling Line Identification Restriction*** (***CLIR***)
Unterdrückung von ***CLIP*** durch den A-Tln.
1.5 ***Connected Line Identification Presentation*** (***COLP***)
Anzeige der Rufnummer des B-Tln. beim A-Tln.; bei um- oder weitergeleiteten Rufen können sich gewählte und verbundene Rufnummer unterscheiden.
1.6 ***Connected Line Identification Restriction*** (***COLR***) wie ***CLIR*** bzgl. ***COLP***.
1.7 ***Malicious Call Identification*** (***MCI***)
Rufnummer-Identifizierung (Fangen) erlaubt dem B-Tln. die Identifizierung böswilliger Anrufer oder Klingelstörer, z.B. durch Aufzeichnung der Daten ankommender Rufe.
1.8 ***Sub-adressing*** (***SUB***) identifiziert die volle ISDN-Adresse des A-Tln.

2 Rufzustellungsunterstützende DM (Call Offering Supplementary Services)

2.1 ***Call Transfer*** (***CT***; s. folgender Abschn.)
manuelle Rufumlegung durch einen der Tln. zu einem dritten Tln.
2.2 ***Call Forwarding Busy*** (***CFB***)
automatische Rufweiterschaltung zu einem dritten Tln., wenn B-Tln. besetzt.
2.3 ***Call Forwarding No Reply*** (***CFNR***)
automatische Rufweiterschaltung zu einem dritten Tln. nach einer bestimmten Zeit, wenn B-Tln. zwar frei, aber nicht abhebt.
2.4 ***Call Forwarding Unconditional*** (***CFU***)
statische, d.h. Programmierung einer Anrufumleitung durch den B-Tln. zu einem anderen ***TE***. Dies kann vom ***TE*** des B-Tln. geschehen oder von dem ***TE***, zu dem umgeleitet werden soll. Anwendung z.B. wenn der B-Tln. in Urlaub gefahren ist und wenn er kommende Rufe in dieser Zeit alle dorthin vermittelt haben möchte.
2.5 ***Call Deflection*** (***CD***)
wie ***CFU***, jedoch kann die Programmierung von einem ***TE*** geschehen, das weder das B-***TE*** noch das ***TE*** ist, zu dem umgeleitet werden soll.
2.6 ***Line Hunting*** (***LH***)
verteilt ankommende Rufe für eine ISDN-Rufnummer automatisch an eine ganze Anschlußgruppe (wichtig z.B. für Telefonauskunftsplätze → Hunt Group).

3 Rufvervollständigende DM (Call Completion Supplementary Services)

3.1 ***Call Waiting*** (***CW***)
Anklopfen mit Anzeige am Display, auch möglich, wenn kein B-Kanal mehr frei. Der angeklopfte Tln. kann den Ruf unter Abbau oder Halten des ersten annehmen, ihn zurückweisen oder ignorieren.
3.2 ***Call Hold*** (***CH***)
Halten - auch: Parken - einer Verbindung z.B. beim Makeln oder als Reaktion auf ***CW***.
3.3 ***Completion of Calls to Busy Subscribers*** (***CCBS***)
Automatischer Rückruf bei *besetzt* oder wenn *B-Tln. frei, aber nicht abhebt*.

4 Mehrteilnehmer-DM (Multiparty Supplementary Services)

4.1 ***Conference Calling*** (***CONF***) Einberufen einer Mehrtln.-Konferenz

4.2 ***Three Party Service*** (***3PTY***)
Halten einer Verbindung und hinzufügen einer dritten; dynamisches Makeln zwischen diesen beiden oder Zusammenschalten aller Tln und wieder temporäres oder endgültiges Trennen eines Tln.

5 Interessengruppen-DM (Community of Interest Supplementary Services)

5.1 ***Closed User Group*** (***CUG***)
Bilden geschlossener Benutzergruppen soz. als privates logisches Netz, wobei einzelnen Tln. gehende und/oder kommende Verbindungen nach außen erlaubt sein können. Auch können teilnehmerbezogen einzelne Verkehrsarten gesperrt sein. Einzelne Tln. können mehreren ***CUG***s angehören. Als eine ***CUG*** können z.B. auch alle Tln. einer TKAnl konfiguriert werden.

5.2 ***Private Numbering Plan*** (***PNP***)
Festlegung logischer Privatnetze mit interner Rufnummernstruktur bei Unterstützung von Einrichtungen des öffentlichen Netzes.

5.3 ***Multi-level Precedence and Preemption Service*** (***MLPP***)
Priorisierung von Rufen, vor allem bei Belegung von Ressourcen von Tln. mit niederer Priorität (z.B. Chef-Rufe oder Alarme).

5.4 ***Priority Service*** (***PS***)
Automatische Wegewahl priorisierter Rufe durch das Netz, z.B. Alarme.

5.5 ***Outgoing Calls Barring*** (***OCB***)
Verhindert den gehenden Verbindungsaufbau durch einen ***CUG***-Tln. zu einem Tln. außerhalb der ***CUG***. Beispielsweise können Fern- oder Auslandsgespräche von Tln. einer TKAnl verhindert werden.

6 Gebühren-DM (Charging Supplementary Services)

6.1 ***Credit Card Calling*** (***CRED***)
Tln. kann mittels Kreditkarte bei entspr. eingerichtetem TE eine Verbindung aufbauen, wie es heute für Fernsprechzellen mit Telefonkarten üblich ist. Die Karte kann dabei selbst Informationen über ihren Wert tragen oder nur die Fernmeldekontonr. des Tln., von der die Verbindungsgebühr automatisch abgebucht wird.

6.2 ***Advice of Charge*** (***AOC***)
Tln. wird über die aktuellen Verbindungsgebühren bei Verbindungsaufbau, permanent, durch Abfrage, nach Verbindungsende informiert.

6.3 ***Reverse Charging*** (***RC***)
A-Tln. oder B-Tln. können Gebührenübernahme durch den B-Tln. aktivieren. Im ersten Fall kann der B-Tln. dies zurückweisen.

7 Zusatz-DM (Additional Information Transfer Supplementary Services)

7.1 ***User to User Signalling*** (***UUS***)
Mittels der ***Nachricht*** *USER INFO* können die Tln. netztransparent begrenzte Informationsmengen über den Signalisierungskanal austauschen.

8 TE-Mobilität-DM (Terminal Mobility Supplementary Services)

8.1 ***Terminal Portability*** (***TP***) *Umstecken am* ***Bus*** während einer Verbindung

8.2 ***In Call Modification*** (***IM***)
Dienstwechsel während einer Verbindung (typ. Ablauf s. Abschn. 4.4.7.2). *Gerätewechsel ohne Dienstewechsel*, z.B. Wechsel von einem Telefon zu einem anderen am gleichen ***Bus***.

Darüberhinaus gibt es nationale DM, die z.B. nur das ***TE*** betreffen und daher nicht international genormt sein müssen. Beispiele sind

- **Ruhe vor dem Telefon** (RvdT)
- **Automatischer Weckdienst**
- **Automatisches Aufsynchronisierung eines *TE* auf den Status des Anschlusses** incl. Statusabfrage;
  War ein ***TE*** längere Zeit nicht in der Lage, für den ***Bus*** eingetragene ***DM*** zu registrieren, kann dies hiermit nachgeholt werden.
- **Causes**
  Mitteilung und Begründung über ***DM***-Zurückweisungen durch das Netz.
- **Einrichten**, **Aktivieren** und **Deaktivieren** einer **semipermanenten Verbindung** (**SPV**).

4.4.9.2 Beispiel für ein DM: I.252.1 - Ruf Umlegen (Call Transfer)

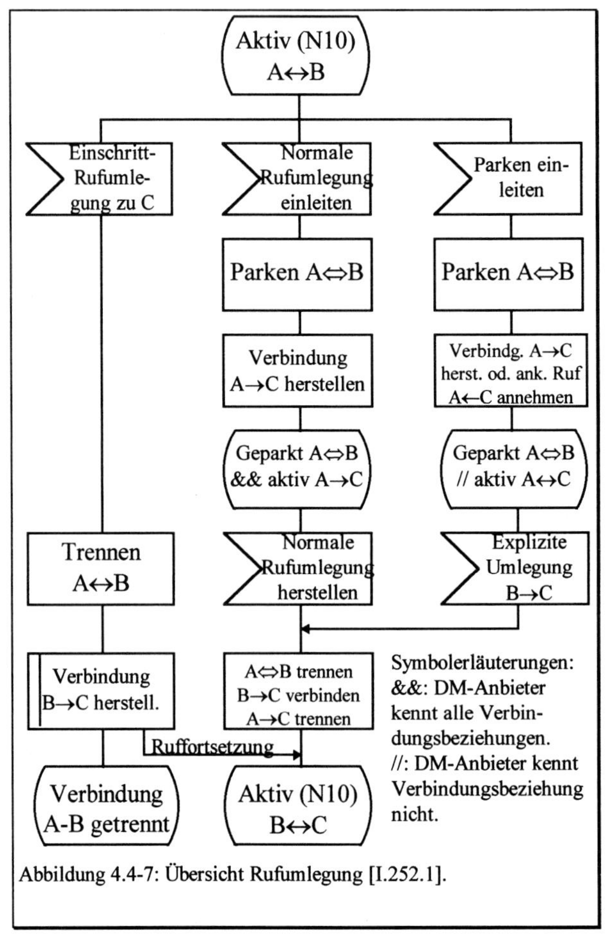

Abbildung 4.4-7: Übersicht Rufumlegung [I.252.1].

Bei der *Einschritt*-Umlegung kann A eine Verbindung B→C durch den DM-Anbieter herstellen lassen, ohne selbst mit C in Kontakt zu treten.

Bei der *normalen* Rufumlegung kann A vom DM-Anbieter die bestehende Verbindung A↔B parken lassen und stellt selbst eine Verbindung A→C her. Danach läßt er den DM-Anbieter die Verbindung B→C herstellen und sich aus beiden Verbindungen auslösen.

Bei der *expliziten* Umlegung parkt A seine Verbindung zu B, und baut danach eine Verbindung zu C auf bzw. nimmt eine von C kommende Verbindung an. Danach wird von A dem DM-Anbieter, der die Beziehungen nicht kennt, die explizite Übertragungsanforderung der Verbindung B→C erteilt.

5 Hardware-Controller (Telecom-ICs) für die unteren OSI-Schichtenanteile

5.1 Diskussion von Hardware- und Software-Realisierungen

Die Realisierung des ISDN und anderer Kommunikationssysteme steht und fällt mit der Verfügbarkeit hochintegrierter VLSI-Controllerbausteine für Funktionen, die arbeitsintensiv sind und schnell abgewickelt werden müssen. Dabei kann man davon ausgehen, daß praktisch alle Abläufe µP-gesteuert sind. Ein µP ist jedoch ein Bauelement, das sich für das Abwickeln der niederen Protokollfunktionen wenig eignet. Die stürmische Entwicklung vor allem der CMOS-Technologie in den achtziger Jahren hat die Voraussetzungen zur Realisierung solcher Controller geschaffen, mit [KÜ, MÖ, SE, WE]:

- Ruheaufnahmeleistungen im nW-Bereich - wichtig für Power-Down-Modes von Telefonen, die ja nach wie vor über die Anschlußleitung phantomferngespeist werden.
- TTL-kompatiblen Versorgungsspannungen (5V) und darunter, die gegenüber den 4000er Serien der siebziger Jahre auch die Betriebsleistung deutlich reduzieren, da die Verlustleistung proportional dem Versorgungsspannungsquadrat wächst. Hieraus resultierte u.a. die HC (High Speed CMOS), HCT (HC TTL kompatible), AC(T)-74er Serie mit gleichen Funktionen wie TTL-Gatter gleicher Typennummer.
- Taktfrequenzen in der Größenordnung von über 100 MHz, erreicht durch viele Einzelmaßnahmen im Bereich der Herstellungstechnologie - von der Verwendung
  - selbstjustierender Silicon-Gates mit Hilfe der Ionenimplantation statt der Diffusionstechnik und daraus resultierenden kleineren Geometrieabmessungen - über
  - unsymmetrische Verteilung von n-MOS und p-MOS-FETS (z.B. 80:20) vereinigt die Vorteile der schnelleren n-MOS-Technologie (Elektronenbeweglichkeit dreimal größer als Löcherbeweglichkeit) und ihre einfachere Herstellbarkeit mit den Vorteilen von CMOS - z.B. dem größeren statischen und dynamischen Störabstand - zu
  - verbesserten Isolationsverfahren (z.B. Planox, LOCOS, Isoplanar- und Polyplanarverfahren) mit geringerem Flächenbedarf und daraus resultierenden geringeren Streukapazitäten, die wegen der Frequenzproportionalität des Leitwerts zu Verlusten führen.

  Insbesondere ebnet die Ermöglichung dieser Taktfrequenzen den Weg in den Breitband-Bereich, wie sie z.B. mithilfe der ATM-Technik erreicht wird - benötigt für Video- und schnelle Datenanwendungen, oder zehntausende von Schmalbandkanälen über einen LWL. Es wird von Kabel-Bitraten im Tbps-(10^{12} Bit pro Sekunde)-Bereich über Längen von 150 km berichtet.

- Entwicklung von Ausgangsstufen, die Treiberströme vergleichbar denen bipolarer Technologie erlauben - wichtig für Busankopplungen, die in der Telekommunikation allenthalben benötigt werden (z.B. die hybride BICMOS-Technologie).
- Höhere Ausbeute bei der Herstellungstechnologie führt zu preiswerten Chips - unabläßlich für den *Massenmarkt* Telekommunikation, denn erst damit sind die Voraussetzungen erfüllt, in den Privatbereich vorzudringen.

Konkret stellt sich jedoch die Frage: soll eine bestimmte Funktion HW-mäßig, d.h. verdrahtungsprogrammiert mittels dedizierter Controllerbausteine, also ASICs - oder SW-mäßig, d.h. speicherprogrammiert mittels µP und PLA, ROM, RAM - realisiert werden? Dabei kann man für eine HW-Realisierung folgende Aufteilung machen:

Vorteile:

- Schnelligkeit
- Keine Manipulierbarkeit z.B. durch Viren
- Nichtflüchtigkeit

Nachteile:

- Unflexibilität in Bezug auf Normungsänderungen bei installierten Systemen.
- ICs brauchen Platz auf den Platinen, kosten Geld und verbrauchen Leistung, was insbes. im TE mit seinen max. 900 mW Leistungsaufnahme von Nachteil ist.
- Möglichkeit von Defekten.

Bei der SW-Realisierung muß man dann noch zwischen Firmware (PLA, ROM) und flüchtiger SW (RAM) unterscheiden. Erstere nimmt eine Mittelstellung ein, letztere bedingt als weiteren Nachteil im phantomgespeisten TE, daß sie, sofern nicht Akku-gepuffert, nach jedem Steckvorgang neu geladen werden muß.

Der Standardisierungsgrad von Protokollfunktionen im OSI-Modell nimmt naturgemäß mit wachsender Schichtennummer immer weiter ab, da die Funktionen der höheren Schichten komplexer werden und den Bedürfnissen der Zukunft angepaßt werden müssen. Letztere sind daher eher Objekte einer SW-Realisierung und Aufgabe des µP. Niedere Schichten hingegen sind eher Objekte einer HW-mäßigen Realisierung.

Daraus resultiert die nächste Frage: An welcher Stelle im OSI-Modell ist der Break-Even-Point zwischen HW und SW zu suchen? Das hängt von den einzelnen Funktionen und von dem Zeitpunkt ab (also z.B. das Jahr 1996), da dieser Schnitt gemacht wird. Dabei ist zu erwarten, daß sich mit fortschreitender Zeit, in der die Normungen für höhere Schichten immer weiter festgeschrieben werden und die Integrationsdichte dieser ICs und damit ihre Fähigkeit, immer komplexere Funktionen auszuüben, steigt, diese Grenze nach oben bewegt.

Heute, wie zu Beginn der Telecom-IC-Entwicklung in den frühen Achtzigern, liegt diese Grenze für den D-Kanal, um den es hier im wesentlichen geht, irgendwo in der Schicht 2. Das heißt, die dem B- und D-Kanal gemeinsame Schicht 1, sowie die unteren LAPD-Funktionen werden in geeigneten Controllerbausteinen abgewickelt, die oberen Anteile von LAPD und die Schicht D3, sowie bei einem TE die Bedienung der Benutzeroberfläche werden vom µP (mithilfe weiterer ICs) abgehandelt.

Für den B-Kanal läßt sich diese Frage sinnvoll nur diensteabhängig beantworten und wegen der Fülle der Möglichkeiten wird diese Frage hier nicht weiter behandelt. Für Sprachübertragung z.B. wird die schon lange wohldurchstandardisierte A/D- und D/A-Wandlung (PCM oder ADPCM) mittels solcher ICs realisiert, für niedere Funktionen des Datenverkehrs lassen sich solche Controller z.B. in der in Kap. 4 und 9 vorgestellten Frame Relay-Technik einsetzen.

Für eine Modellierung der Kommunikationssysteme in SDL-Strukturen ist die Frage nach HW- oder SW-Realisierung von untergeordnetem Interesse. Es ist allenfalls sinnvoll, Block- und Prozeßgrenzen mindestens dorthin zu legen, wo die Trennstelle zwischen HW und SW liegt, aber keinesfalls Vorschrift. Man tut sich evtl. leichter bei der Implementierung.

Ist die Grenze zwischen HW und SW einmal gezogen, ergibt sich als nächste Frage: Sollen die HW-mäßig zu realisierenden Funktionen auf möglichst *viele* oder möglichst *wenige* ICs verteilt werden? In SDL ausgedrückt - soll vielleicht *jeder Prozeß* in einem *eigenen IC* abgehandelt werden oder *ein monolithischer IC alle* Funktionen erfüllen?

Vom rein technischen Standpunkt hat die letzte Realisierungsmöglichkeit natürlich Grenzen: es kann nur soviel in ein IC hineingepackt werden, wie zum Zeitpunkt seiner Realisierung technisch möglich ist. Aber die Frage steht dennoch im Raum: Wenn die technische Möglichkeit der monolithischen Realisierung aller HW-Funktionen gegeben wäre, wäre dies auch ein sinnvoller Weg?

Dazu vergleichen wir auch hier die Vorteile und Nachteile von *vielen* ICs mit *dedizierten Funktionen und damit geringerer Komplexität pro IC*. Bei *wenigen* ICs mit *vielen Funktionen pro IC* sind diese dann entspr. vertauscht.

Vorteile:

- Größere Flexibilität.
- ICs selbst sind technisch einfacher zu realisieren und damit auch einfacher zu bedienen (programmieren bzw. parametrisieren).
- Weniger nicht benötigte Funktionen auf einem IC. Nichtbenötigte Funktionen treten auf, wenn der gleiche IC an verschiedenen Orten eingesetzt werden soll.

Nachteile:

- Zunächst ist klar, daß sich die oben bereits erwähnten Nachteile der Hardware addieren: Kosten, Platz, Leistungsaufnahme, Defektmöglichkeiten.
- Zwischen den ICs müssen Schnittstellen physikalisch realisiert und damit zum Quasi-Standard erhoben werden, da möglichst viele Hersteller eine ganze IC-Familie anbieten sollen. Die konkrete Realisierung eines OSI-Systems wird weniger *offen*, da nur komplette Familien zueinander passen und untereinander disjunkt sind.
- Geschwindigkeitsverluste der Datenübertragung zwischen den ICs.

Die Frage, für welche Variante man sich entscheidet, hängt von vielen weiteren Kriterien ab und ist i.allg. gar nicht so einfach zu beantworten. Oft wird eine Lösung irgendwo in der Mitte liegen. Insbes. in den achtziger Jahren herrschte hier zwischen verschiedenen Herstellern ein wahrer Glaubenskrieg, der, wie mittlerweile auf anderen Gebieten auch, in Kooperationen gemündet ist.

5.2 Grundstruktur von Vermittlungssystemen

Abbildung 5.2-1 zeigt die Grundstruktur eines ISDN-Vermittlungssystems, wie sie aus der Sicht der Aufteilung von Funktionen auf ICs von Bedeutung ist. In Abschn. 7.3 wird auf dieses Thema nochmals aus der Sicht netzinterner Signalisierung (ZGS#7) eingegangen. Dazu ist es sinnvoll, die ICs selbst zunächst in die Klassen

- ISDN-spezifische ICs, und
- Nicht-ISDN-spezifische ICs

aufzuteilen. Erstere wird man primär in der Peripherie der Vermittlungssysteme und den Endgeräten finden, letztere mehr im Innern der Vermittlungssysteme. Diese müssen dann auch nicht internationalen und nationalen Schnittstellennormen gehorchen, sondern können durch Firmenstandards festgelegt sein.

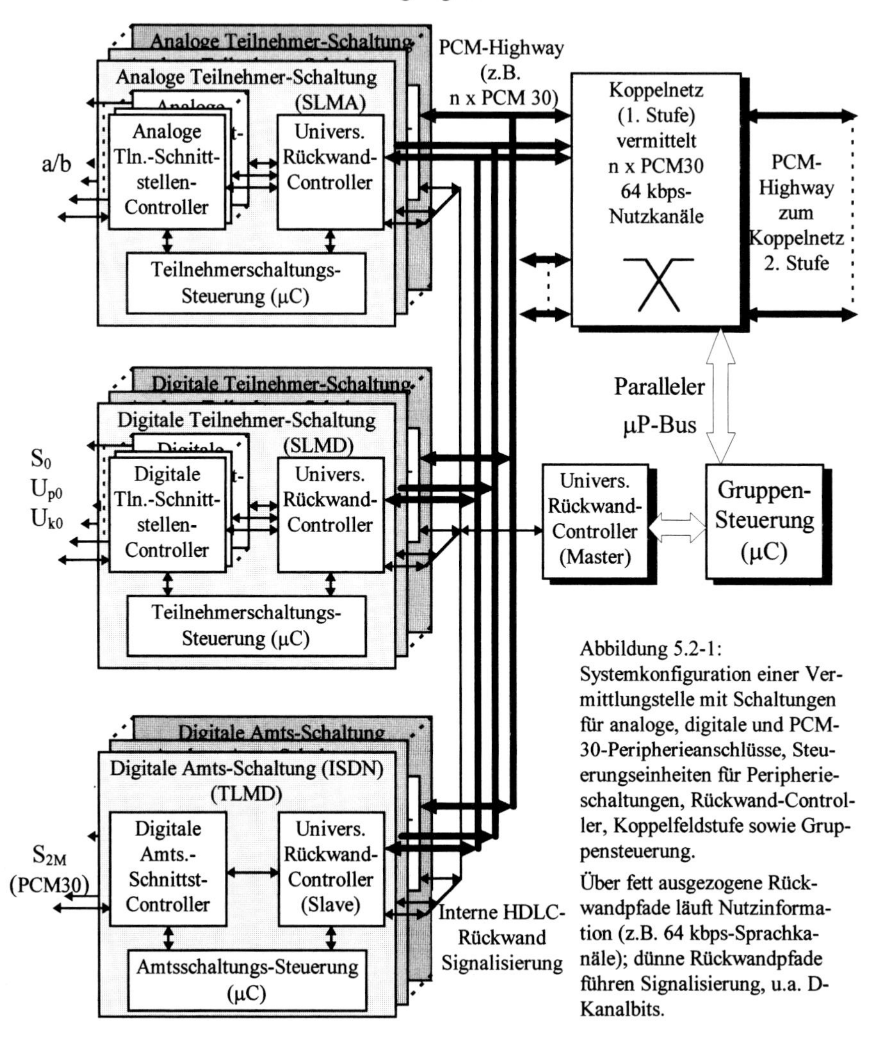

Abbildung 5.2-1: Systemkonfiguration einer Vermittlungstelle mit Schaltungen für analoge, digitale und PCM-30-Peripherieanschlüsse, Steuerungseinheiten für Peripherieschaltungen, Rückwand-Controller, Koppelfeldstufe sowie Gruppensteuerung.

Über fett ausgezogene Rückwandpfade läuft Nutzinformation (z.B. 64 kbps-Sprachkanäle); dünne Rückwandpfade führen Signalisierung, u.a. D-Kanalbits.

Der Zugang zum Vermittlungssystem, sei es eine Vermittlungsstelle (VSt = ET) oder eine TKAnl (Funktion eines NT2), erfolgt über ***Peripheriemoduln***, konkret für Endgeräte (TE) über ***Teilnehmerschaltungen*** (***SLM = Subscriber Line Modules***) und für Anschlüsse an andere Vermittlungssysteme über entspr. Schaltungen - z.B. ein ***digitaler Amtsanschluß*** (***Trunk Line Module Digital = TLMD***) über PCM30. Die dargestellte Konfiguration ist nur als beispielhaft anzusehen; es sind noch viele andere Anschlußmöglichkeiten relevant.

Jedes dieser ***Peripheriemoduln*** verfügt wiederum über spezielle Schnittstellen-Moduln - zum einen *dedizierte* nach *extern* (z.B. a/b für Analoganschlüsse; S_0, U_{p0}, U_{k0} oder firmeninterne Schnittstellen für Digitalanschlüsse; PCM30, PCM120 etc. für Fernanschlüsse) - zum anderen noch *universelle* nach *intern*, hier dargestellt durch den **Universellen Rückwandcontroller**. Der Begriff *Rückwand* ist in dem Sinne zu verstehen, als das Vermittlungssystem typisch in Schränken untergebracht ist, bei denen die Moduln von vorne gesteckt werden und durch eine Rückwand nutzkanal- und steuerungsmäßig verbunden sind. Erstere Gruppe sollte möglichst durch die o.e. (a/b; ISDN)-spezifischen Telecom-ICs realisiert werden, die den Normen des Kap. 4 gehorchen müssen, der **Universelle Rückwandcontroller** kann eine firmeninterne Lösung des VSt-Herstellers sein und sollte insbes. für jede der Schaltungen *gleich* sein. Für Basisbandanschlüsse wird man i.allg. auf *einem* ***Peripheriemodul*** *mehrere* Tln.-Schnittstellen, z.B. 8 oder 16, bedienen können.

Zusätzlich befindet sich auf dem ***Peripheriemodul*** eine ***Modulsteuerung*** in Form eines µP mit zugehörigen Speichern (µC), der für die gesamte Verwaltung des ***Peripheriemoduls*** und der Endgeräte zuständig ist. Er kann Schnittstellen zu den (Tln./Amts)-Schnittstellenmoduln, zum ***Rückwandcontroller*** und zur ***Gruppensteuerung*** aufweisen. Die Leistungsfähigkeit des Prozessors richtet sich nach der Komplexität der Funktionen und der Anzahl der externen Schnittstellen, die er zu bedienen hat. Man kann hier meist mit einem preiswerten Standard-16-Bit-µP (z.B. 80188) auskommen. Wesentliche Aufgaben des µC sind u.a.

- bei ISDN-Schnittstellen das Abhandeln der höheren D2- und D2-Mgmt-Funktionen, die nicht von den Schnittstellenmoduln bearbeitet werden, ohne die ***Gruppensteuerung*** zu belasten.
- die Kommunikation mit der ***Gruppensteuerung***, d.h. im ISDN-Fall transparente Transmission von D3-Nachrichten, von der Peripherie zur ***Gruppensteuerung*** und umgekehrt. Sind Nicht-ISDN-Endgeräte angeschlossen, wie z.B. an der a/b-Schnittstelle, so sind die Signale der Endgeräte in D3-Nachrichten umzusetzen, z.B. ein OFF-HOOK in eine SETUP.
- Programmierung der parametrisierbaren ICs auf Anweisung der ***Gruppensteuerung*** - z.B. zu Betriebsarteneinstellungen.
- Abhandlung von Testsequenzen für die ***Peripheriemoduln*** und Endgeräte.
- Führung von Statistiken über Verkehrsaufkommen und Fehlerfälle auf dem ***Peripheriemodul***.

Die Kommunikation der ***Modulsteuerung*** mit der ***Gruppensteuerung*** kann z.B. über den **Universellen Rückwandcontroller** (Slave) erfolgen, der dazu zur Rückwand eine HDLC-Schnittstelle aufweist, die gemultiplext alle Slaves benutzen, und auf Schicht-2-Verbindungen mit einem ebensolchen (Master) kommunizieren. Diese HDLC-Verbindungen werden auf dem unteren Anteil die typischen LAP-Funktionen fahren, wie DL-Rahmen-, Bitstopf- und CRC-Bearbeitung, auf der höheren Ebene jedoch gegenüber LAPD eine deutlich vereinfachte Betriebsweise (z.B. LAPB). Will man hier als Master und Slave den gleichen Bausteintyp verwenden, muß dieser für die entspr. Betriebsart einstellbar sein.

Weitere Funktionen diese **Controllers** müssen das *Multiplexen* bzw. *Demultiplexen* von Nutz- und Signalisierungsinformation sein. Die Nutzinformation (B-Kanäle bzw. auf der Teilnehmerschaltung digitalisierte Sprachschwingungen) muß zum Systeminneren von der Signalisierung (z.B. D-Kanal) getrennt werden. Erstere wird über den ***PCM-Highway*** dem ***Koppelnetz*** zugeführt, letztere, wie oben dargestellt, zur ***Gruppensteuerung***. Zum Tln. hin muß das ganze umgekehrt laufen. Eine Alternative zu einem wie oben beschriebenen separaten HDLC-Bus ist die Möglichkeit, die Signalisierung in den ***PCM-Highway*** zu multiplexen, dem ***Koppelnetz*** zuzuführen, auf welches die ***Gruppensteuerung*** wiederum Zugriff hat und die Signalisierung so empfangen bzw. über diesen Weg senden kann.

Die ***Gruppensteuerung*** verfügt über die Intelligenz, die Vermittlungsschicht zu bearbeiten. Im ISDN-Fall heißt das

- Kommunikation auf Schicht-3-Ebene mit den Endgeräten und den Amtsleitungen - beides z.B. via dem **Universellen Rückwandcontroller** (Master), und einer hier nicht weiter dargestellten ***Zentralsteuerung***, die als nächste Hierarchiestufe bei großen VStn vorhanden sein kann. Diese Verbindung selbst kann wieder über einen reservierten Kanal des ***Koppelfelds*** geführt werden (z.B. Zeitschlitz 16 bei PCM30).
- Funktionen wie *Wegesuche* durchzuführen. Er kann Tln.-Rufnummern analysieren und feststellen, ob der Tln. an einem von ihm kontrollierten ***Peripheriemodul*** angeschlossen ist.
- Formatwandlungen zum/vom und Kommunikation mit dem ZGS#7
- Einstellen des ***Koppelfeldes*** zum Durchschalten der Nutzkanäle zu einem von ihm kontrollierten ***Peripheriemodul*** oder zu einem hier nicht dargestellten ***Zentralkoppelfeld***, das seinerseits von o.e. ***Zentralsteuerung*** gesteuert wird.
- Funktionen, die, wie oben beschrieben, die ***Peripheriemodulsteuerungen*** für die ***Peripheriemodule*** durchführen, müssen hier für die ganze Gruppe erbracht werden.
- Im Falle der Abhandlung analoger oder hybrider Verbindungen sind weitere Funktionen zu erbringen, wie Kommunikation mit Mehrfrequenzempfängern (MFEs), Ansteuerung von Rufsignalgeneratoren (RSGs) usw.

Die ***Gruppensteuerung*** muß eine entspr. Leistungsfähigkeit aufweisen, typisch wird man als zentrale Intelligenz hierzu einen aus Sicherheitsgründen gedoppelten 16/32-Bit-Prozessor nehmen.

Das ***Koppelfeld*** ist heute üblicherweise ein Raum/Zeit-Koppelfeld, das mehrere ankommende physikalische Leitungen mit einer bestimmten Zeitschlitzstruktur (z.B. PCM30, PCM120 oder höhere) bidirektional auf andere Leitungen und andere Zeitschlitze vermitteln kann. Die Vergabe der Raum- und Zeitlagen selbst wird von der ***Gruppensteuerung*** verwaltet, wozu es zu dieser eine Schnittstelle aufweist.

ICs, die die beschriebenen Funktionen aufweisen, werden nun in den folgenden Abschn. beschrieben.

5.3 Übersicht über die ICs der Siemens-IOM®-Familie

Eine weit verbreitete VLSI-Familie, die hier stellvertretend vorgestellt werden soll, wird von der Fa. Siemens [SI1-SI7] unter dem Namen **ISDN-Oriented Modular System Architecture** (**IOM®**) angeboten - heute in der Variante **IOM®-2**. Second-Source-Anbieter sind u.a. die Firmen Advanced Micro Devices [AMD], Alcatel und Plessey, die zusammen auch mit Italtel an der Normung gearbeitet haben.

Die Familie geht von folgender **Philosophie** aus:

- **Modularität** sichert flexible Verbindungen der ICs für verschiedene Anwendungen.
- **Gleiche ICs für verschiedene Anwendungen** durch programmierbare Modeumschaltungen reduzieren die IC-Anzahl. Damit können ICs in größeren Stückzahlen mit entspr. niedrigeren Preisen hergestellt werden.
- Dennoch eine **klare Aufteilung**, damit die ICs nicht zu komplex werden, um Entwicklungsfehler, -ressourcen und -zeit zu sparen.

Es wird bei den folgenden Einsatzgebieten jeweils das Kürzel, der Name des Siemens-Bausteins, die Typenbezeichnung (Second-Source-Anbieter haben i.allg. andere Typenbezeichnungen für den gleichen Baustein) und eine kurze Funktionsbeschreibung angegeben. Zusätzlich werden Einsatzgebiete angegeben; es gibt noch zahlreiche weitere, kompatible ICs, deren Beschreibung der ang. Literatur entnommen werden kann.

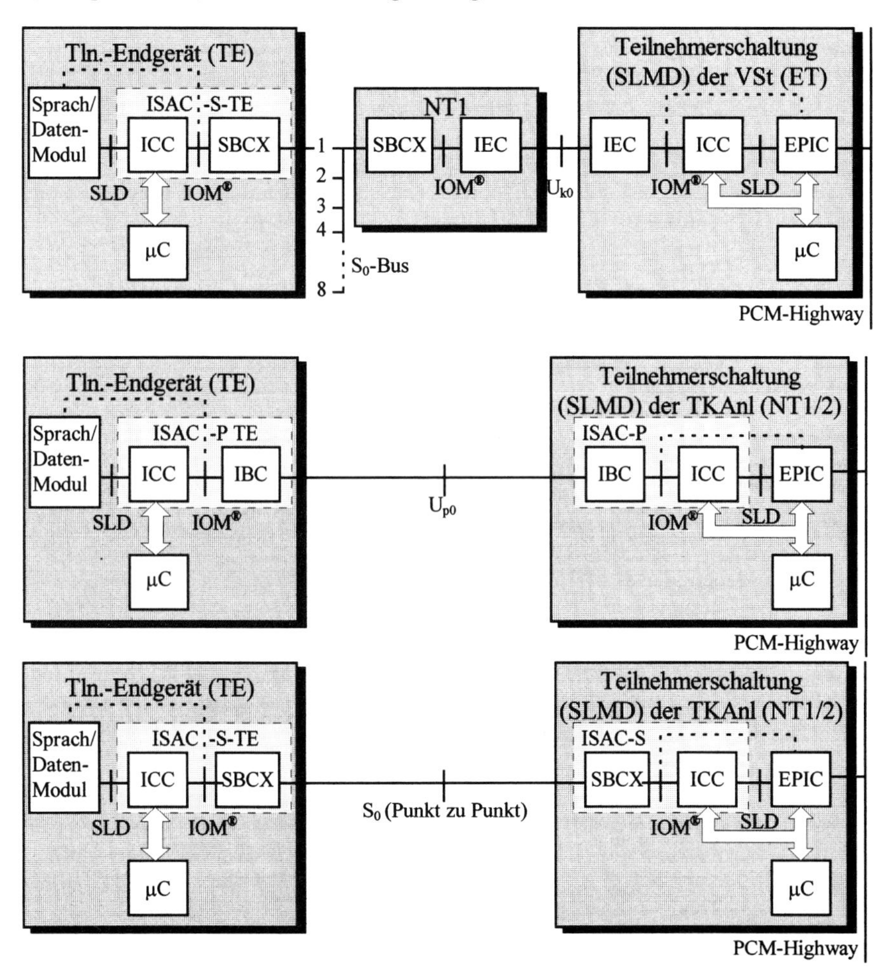

Abbildungen 5.3-1: Einige Konfigurationsmöglichkeiten der Siemens Telecom-ICs SBCX, IBC, IEC, ICC, ISAC-S, ISAC-P und EPIC an S_0, U_{k0} und U_{p0}-Schnittstellen. Weitere Erläuterungen im Text.

5.3.1 Basisanschluß

In den Abbildungen 5.3-1 sind verschieden Konfigurationsmöglichkeiten von IOM®-ICs am Basisanschluß dargestellt.

Zu sehen sind das digitale TE, bei dem, sofern es sich um ein Telefon handelt, die AD/DA-Wandlungen bereits dort im ***Sprach/Datenmodul*** (**ARCOFI®**) vorgenommen werden. Demgegenüber steht in der Vermittlung als ***Peripheriemodul*** die ***digitale Teilnehmerschaltung*** (***SLMD = Subscriber Line Module Digital***), die die Schichten 1 und 2 des D-Kanal-Protokolls vollständig abhandelt. Die D-Kanal-Schicht-3-Information, also die Nachrichten (Messages), müssen zur Steuerung der Vermittlung weitergeleitet und dort bearbeitet werden.

Die B-Kanal-Information hingegen wird, außer evtl. bei Paketinformation, transparent zum ***Koppelfeld*** der Vermittlung weitergeleitet. Diese ***SLM***s können i.allg. mehrere Tln.-Schnittstellen abhandeln. Früher waren es aufgrund des niedrigeren Integrationsgrades der ICs weniger, heute sind es bis zu 16. Man sollte jedoch bedenken, daß *viele* Schnittstellen an einem ***SLM*** auch ein größeres Ausfallrisiko bedeuten, da mit Ausfall des ***SLM***, das i.allg. nicht redundant gehalten wird, auch die angeschlossenen Endgeräte *tot* sind.

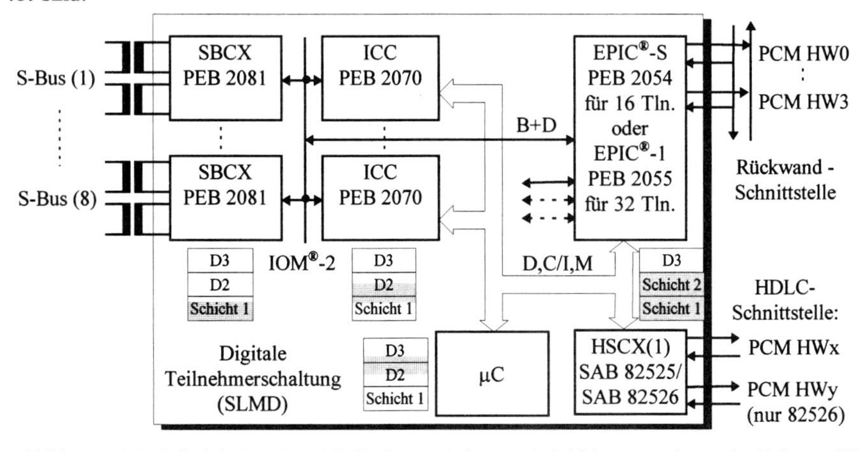

Abbildung 5.3-2: Beispiel einer ISDN-Teilnehmerschaltung mit Schichtenzuordnung der Telecom-ICs.

Die Konfiguration in Abbildung 5.3-2 stellt diese Zusammenhänge mit OSI-Schichtenmodell beispielhaft dar. Die grau schattierten Zonen der Schichtensymbole geben den möglichen Funktionsbereich des ICs an. Endet eine Schattierung innerhalb der Schicht, so werden die höheren Funktionen vom hierarchisch höherstehenden IC, z.B. vom µP ausgeführt.

Die folgenden drei ICs stellen sog. Schicht-1-***Transceiver*** (Transmitter + Receiver) dar, d.h. sie arbeiten als Sender und Empfänger und zwar jeweils auf beiden Seiten der Schnittstelle (TE- und LMD):

- **SBC = S-Bus Interface Circuit** (PEB 2080)
  für die in Abschn. 4.2.3 beschriebene S_0-Schnittstelle nach I.430/1TR230 bzw., wie dargestellt, heute die erweiterte **IOM®-2**-Version **SBCX** (PEB 2081)

- **IEC-T = ISDN Echo Cancellation Circuit** (PEB 20901/2)
  für die in Abschn. 4.2.4 beschriebene U_{k0}-Schnittstelle mit dem 4B3T-Code in der BRD nach FTZ 1TR220. Der
- **IEC-Q = ISDN Echo Cancellation Circuit** (PEB 2091)
  für die U_{k0}-Schnittstelle nach ANSI T1.601-1991, ITU-T G.961, ETSI DTR/TM 3002 mit 2B4Q-Code z.B. für den US-Markt.
- **IBC = ISDN Burst Transceiver Circuit** (PEB 2095)
  für die in Abschn. 4.2.5 beschriebene U_{p0}-Schnittstelle nach DKZ-N Teil 1.2.

Da das Protokoll unsymmetrisch ist, müssen sie für die entsprechende Betriebsart (TE bzw. NT) konfiguriert werden. Sie bieten eine einheitliche

IOM®-Schnittstelle zu einem Controller für die unteren Teile von LAPD (s. Abschn. 4.3) an, der für alle ***Transceiver*** und beide Schnittstellen-Seiten gleich ist, den

- **ICC = ISDN Communications Controller** (PEB 2070)

Dieser weist weiterhin eine Parallel-Schnittstelle zu einem Standard-µP auf, um dort die für ihn und den ***Transceiver*** transparenten Daten der höheren Schichten abzuliefern bzw. von dort zu erhalten, sowie die Schnittstelle **SLD = Subscriber Line Data** zum Abliefern und Empfangen der Nutzinformation der B-Kanäle - auf der TE-Seite zum ***Sprach/Daten-Modul*** und auf der ***SLMD*** - Seite zum **EPIC® (Extended PCM Interface Controller)** - einer (Teil-)Realisierung des **Universellen Rückwandcontrollers.**

In einer ersten Stufe der Höherintegration sind ***Transceiver*** und **ICC** vereinigt, und zwar im

- **ISAC-S = ISDN Subscriber Access Controller** (PEB 2085/6)
  für die S-Schnittstelle; dabei für die TE-Seite speziell der **ISAC-S -TE** (PSB 2186)
- **ISAC-P = ISDN Subscriber Access Controller** (PEB 20950)
  für TKAnl-Anwendungen (PABX = Private Automatic Branch Exchange); dabei für die TE-Seite speziell der **ISAC-P -TE** (PSB 2196).

Die **IOM®-Schnittstelle** wird bei diesen ICs nicht mehr als physikalische Realisierung zwischen den Schichten 1 und D2 benötigt, ist aber dennoch herausgeführt, um z.B. in ISDN-Telefonen bzw. Videophonen den Anschluß zum **ARCOFI®** bzw. externen Modulen, bei einer ISDN-PC-Karte (CAPI; s. Abschn. 6.5.4) über den **ISAR** den Anschluß zum PC-Bus oder auf dem ***LMD*** zum **EPIC®** zu ermöglichen. Eine **ISAC**-Variante für die U_{k0}-Schnittstelle ist z.Z. wegen der Komplexität der Echolöschung noch nicht möglich. Die anderen Schnittstellen sind die gleichen wie beim **ICC**.

Weiterhin ist in der Vermittlung - z.B. auf der ***Teilnehmerschaltung*** - der sog.

- **EPIC®** = **Extended PCM Interface Controller** (PEB 2054/5)
  einsetzbar, der 2 bzw. 4 **IOM®-2-Schnittstellen** aufweist, an je einer 8 (einkanalige) Tln. bedienen kann, und deren Nutzkanäle blockierungsfrei über 2 bzw. 4 32-kanalige 2,048-Mbps-Strecken zum ***Koppelfeld*** der Vermittlung führt. Der
- **HSCX = High Level Serial Communications Controller Extended**
  ist in der Lage, über seine Externschnittstelle zwei unabhängige X.25-LAPB bzw. PtP-LAPD-HDLC-Kanäle zu bedienen. Dies insbesondere für den Zeitschlitz 16 einer PCM30-Strecke mit Taktableitung und -rückgewinnung.

Zur Steuerung der Gleichspannungsversorgung für alle drei Tln.-Schnittstellen benötigt man die nicht dargestellten

- **IRPC = ISDN Remote Power Controller** (PSB 2120)
  zum Einsatz in TE, die über die Anschlußleitung versorgt werden (also typisch Telefone), sowie im NT. Er wandelt, wie in Abschn. 4.2.3.9 und Abb. 4.2.7 dargestellt, die ankommende Gleichspannung von ± 40V für Normal-, Power-Down- und Notfall in die von den ICs benötigten Logikpegel um (z.B. CMOS, TTL: 5V)
- **IEPC = ISDN Exchange Power Controller** (PEB 2025)
  zum Einsatz auf dem ***SLM*** der VSt, der bis zu vier Übertragungsstrecken gehend bedienen kann, also den Partner der **IRPC**s darstellt, und ihnen die ± 40V-Versorgungsspannung liefert.

Im digitalen Telefon wird als ***Sprach/Datenmodul*** der

- **ARCOFI® = Audio Ringing Coder-Decoder-Filter** (PSB 2160)
  benötigt, mit Funktionen, wie
  - AD/DA-Wandlung A/µ-Law
  - Bandbegrenzung (Filter)
  - programmierbare Anpassung von Filterverläufen und Abschlußimpedanzen an länderspezifische Anforderungen durch ein Koeffizienten-SW-Paket
  - DTMF, Ton- und Rufsignalgenerator
  - Anschluß von Fernsprecheinrichtung Hörer/Freisprechen und Höreinrichtung Hörer/Lautsprecher
  - Testschleifenunterstützung durch Analog- und Digitalteil

5.3.2 Primärmultiplexanschluß

Abbildung 5.3-3 stellt eine typische Konfiguration zur Realisierung des Anschlusses und der Vermittlung von mehreren PCM30-Leitungen dar:

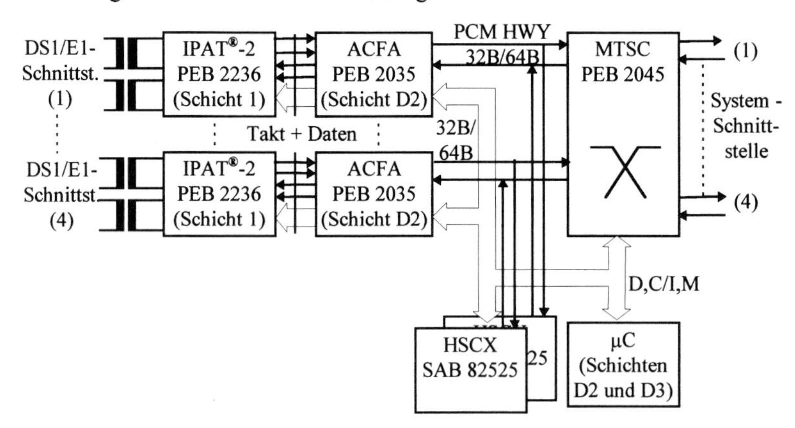

Abbildung 5.3-3: Beispiel für die Realisierung von 16 Primärmultiplexanschlüssen mit Telecom-ICs mit einer Vermittlungskapazität von 512 B-Kanälen.

Alle ICs sind für die 2,048-Mbps-PCM30-Norm mit 30 64kbps-B-Kanälen und einem 64kbps-D-Kanal, als auch für die 1,544-Mbps-PCM24-DS_1-Norm mit 24 64-kbps-

Kanälen ausgelegt. Sie weisen eine Standard-µP-Schnittstelle mit gemultiplextem Adreß/Datenbus und Steuerleitungen auf, die bei der **ICC**-Beschreibung in Abschn. 5.5.2 näher erläutert werden.

ICs:

- **IPAT®-2 = ISDN Primary Access Transceiver** (PEB 2236)
  realisiert die Schnittstelle zur Leitung mit Sende- und Empfangsfunktionen. Die wichtigsten Merkmale sind
  - Verwendung einer PLL zur Taktableitung aus dem empfangenen Bitstrom der Leitung
  - Transparenz für ternär codierte Leitungsdaten (z.B. HDB3)
  - Empfangspegelempfindlichkeit adaptiv gesteuert
  - Programmierbare Sendepulsform für diverse Primärschnittstellenspezifikationen.
  - Schaltmöglichkeiten von Prüfschleifen zur Leitungs- und Systemseite
- **ACFA = Advanced CMOS-Frame Aligner** (PEB 2035)
  realisiert einen universellen PCM-Rahmensynchronisationsbaustein. Die wichtigsten Merkmale sind
  - Rahmen- und Überrahmensynchronisation
  - Codieren und Decodieren von HDB3-, B8ZS- und AMI-Codes
  - Erkennen von Übertragungsfehlern durch CRC-Zeichenanalyse
  - Elastischer Speicher für Phasenunterschiede und Jitter-Kompensation
  - Anschlußmöglichkeiten an ein optisches Übertragungssystem
  - Schaltmöglichkeiten von Prüfschleifen für Test- und Diagnosezwecke
- **HSCX = High Level Serial Communications Controller Extend.** (SAB 82525/6)
  ist ein universell programmierbarer Baustein für serielle Datenübertragung (s. auch Abschn. 5.3.1). Die wichtigsten hier benötigten Merkmale sind:
  - Zwei/ein unabhängige(r) HDLC/SDLC-Kanal mit Protokollunterstützung von LAPB/D und SDLC
  - Oszillator, DPLL und Bitratengenerator für beide Kanäle
  - Bitrate bis 4 Mbps, multiplexbar in den ***PCM-Highway***
  - 8-Bit parallele, ge(de)multiplexte Systembusumsetzung
  - 4/2-Kanal-DMA-Schnittstelle
  - 64-Oktett-FIFO pro Kanal und Richtung
- **MTSC = Memory Time Switch CMOS** (PEB 2045)
  realisiert einen ***Koppelfeld***-Baustein für Raum- und Zeitlagen-Vermittlung von bis zu 512 kommenden Zeitschlitzen in 16 PCM-Leitungen auf 256 Zeitschlitze in acht PCM-Leitungen (Systeminterface). Die Daten, die der **MTSC** über die 2,048-Mbps-Synchronschnittstelle vom **ACFA** erhält, werden unabhängig vom Systeminterface auf Übertragungsstrecken von 2,048, 4,069 oder 8,192 Mbps umgeschaltet.
  Einen zweiten **MTSC** am Systeminterface Back-to-Back angeschlossen realisiert gemeinsam mit ersterem ein blockierungsfreies 16 x 16-***Koppelfeld***, acht **MTSC**s lassen sich blockierungsfrei zu einem 32 x 32-***Koppelfeld*** verschalten.
  Zahlreiche weitere ***Koppelfeld***-Bausteine gehören zu einer Familie, angefangen vom kleineren **MTSS** für 256 x 256 über den **MTSL-16** für 1024 x 1024 Zeitschlitze. **MUSAC**-(**Mu**ltipoint **S**witching **a**nd **C**onferencing Unit)-Varianten unterstützen zusätzlich Konferenzen in bis zu 64 Kanälen.

5.3.3 Anschluß analoger Endgeräte

Hier handelt es sich im wesentlichen um Telefone. Analoge Nichtfernsprechendgeräte wie Telefax-Geräte der Gruppen 2 und 3, sowie Btx-Endgeräte, werden über den **TA a/b** an ***SLMD***s angeschlossen. Die Vielzahl der existierenden analogen Telefone, die noch lange über der Menge der digitalen Telefone liegen wird, rechtfertigt einen direkten Anschluß derselben an eine ***analoge Teilnehmerschaltung*** (***SLMA***).

Damit entfällt der TA und die AD/DA-Wandlung wird auf dem ***SLM*** vorgenommen. Die Rückwand zur VSt-Steuerung und zum Koppelfeld sollte natürlich die gleiche Schnittstelle realisieren wie das ***SLMD***. Dazu kann wieder der **EPIC®** als **Universeller Rückwandcontroller** verwendet werden. Da über die Schnittstellen keine ISDN-Nachrichten kommen, müssen diese aus den Signalisierungsimpulsen/frequenzen generiert werden; analoge Sprachschwingungen müssen in PCM-Worte umgewandelt werden.

Die Funktionen eines ***SLMA*** werden unter dem Kunstwort ***BORSCHT*** zusammengefaßt; Abbildung 5.3-4 zeigt eine Telecom-IC-Konfiguration für diese Anordnung:

- **B** attery Feed (Fernspeisung)
- **O** vervoltage Protection (Überspannungsschutz)
- **R** inging (Rufen des Telefons)
- **S** ignalling (Signalisierung); manchmal findet man hier auch
  S upervision (Überwachung der Gabel-Zustände Off-Hook, On-Hook)
- **C** oding (PCM-Codierung/Decodierung)
- **H** ybrid (Gabelschaltung; analoge Telefone werden zweidrähtig angeschaltet - zur Rückwand müssen Sende- und Empfangsweg vierdrähtig getrennt werden)
- **T** est (Prüfen und Messen)

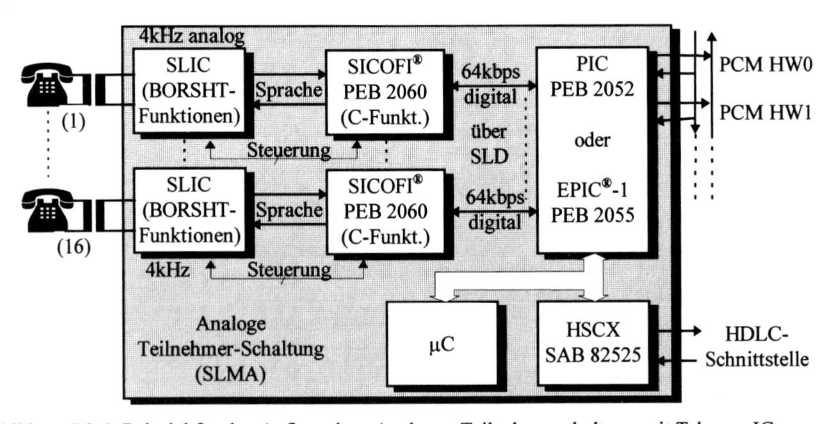

Abbildung 5.3-4: Beispiel für den Aufbau einer Analogen Teilnehmerschaltung mit Telecom-ICs.

Mit folgenden ICs:

- **SLIC = Subscriber Line Interface Circuit**: übernimmt die ***BORSHT***-Aufgaben
- **SICOFI®** (entspr. **ARCOFI®** im digitalen Telefon): übernimmt die ***C***-Aufgaben
- **EPIC®** (s. ***SLMD***) oder als einfachere Möglichkeit den
- **PIC = PCM Interface Controller** (PEB 2052; ähnl. früher: **PBC**)

5.4 Schnittstellen

Schnittstellen von ISDN-Bausteinen sind in vier Klassen unterteilbar: Schnittstellen zu

- **Übertragungsstrecken**

  Sie müssen internationale und nationale Spezifikationen erfüllen.
- **µP**

  Da die µP nicht speziell für ISDN entwickelt wurden, sondern es sich um billige universell verwendbare Massenprodukte handeln soll, weisen die Controller-ICs Schnittstellen zu solchen µP auf, i.allg. wegen der hohen Pinanzahl mit gemultiplextem Daten- und Adreßbus. Bei den hier beschriebenen ICs sind dies Schnittstellen zu den INTEL-µP-Familien 48, 81, 85, 86 und 88. Zu
- **anderen ISDN-Controller ICs.**

  Diese Schnittstellen unterliegen der Spezifikation des Herstellers und es ist wünschenswert, daß sich möglichst viele Hersteller einer solchen Industrienorm anschließen. Sie sollte möglichst die Verbreitung einer µP-Schnittstelle erreichen.
  Die IC-Schnittstellen **IOM®** und **SLD** wurden bereits in den vorangegangenen Abschnitten erwähnt. Vor allem erstere hat sich aufgrund der bereits weiten Verbreitung der ICs zu einem Industriestandard entwickelt.
- **sonstige,**

  wie Spannungsversorgung (V_{DD}), Masseanschluß (V_{SS}), RESet und Taktversorgung, (CLK), (festverdrahtete) Betriebsarteinstellung je nach Einsatzfall, etc.

Dabei weist nicht jeder IC jede Schnittstelle auf, wie aus den Abbildungen in den vorangegangenen Abschn. ersichtlich. Auch können Schnittstellenanschlüsse in Abhängigkeit des Betriebsmodus unterschiedliche Funktionen übernehmen, insbes. auch die Betriebsrichtung ändern (Eingang, Ausgang, bidirektional; Pinstrapping).

5.4.1 IOM®-2-Schnittstelle

Die **IOM®-2-Schnittstelle** weisen u.a. die ***Transceiver*** **SBCX**, **IEC**, **IBC** und der **ICC**, sowie deren Höherintegrationen auf, aber auch Multiplexer, wie der **EPIC®** [SI2]. Sie kann daher als Schicht 1/Schicht 2-Schnittstellenrealisierung (Ph-SAP) betrachtet werden. Sie ist entspr. Abbildung 5.4-1 eine getaktete serielle Schnittstelle mit zwei Takt- (**FSC**- und **DCLK**) und zwei unidirektionalen Datenleitungen (**DU**, **DD**). In welcher Richtung die Takte übertragen werden, d.h. wer Master und wer Slave ist, hängt von der Konfiguration ab und ist in Abbildung 5.4-2 für einige wichtige Anwendungsfälle skizziert.

Die **IOM®-2**-Schnittstelle kann mit einer Rahmenwiederholrate von 8 kHz (125 µs) in **zwei Modes** betrieben werden:

- **Line-Card-Mode**

  mit acht vieroktettigen Zeitschlitzen (Unterrahmen) und einer Bitrate von 2,048 Mbps, Taktfrequenz von 4,096 MHz und einer Datenrate von 256 kbps pro **IOM®**-Zeitschlitz. In diesem Mode wird der **ICC** typisch auf den ***LMD*** betrieben und kann, wie in Abbildung 5.3-2 dargestellt, bis zu acht ***Transceiver*** gleichzeitig bedienen. In diesem Fall können nur die niedrigsten D2-Funktionen (SIO) vom **ICC** ausgeführt werden, höhere müssen vom µP erbracht werden. Weitere Erläuterungen zu diesen Konfigurationen s. Abschn. 5.3-1.

- **Terminal Mode**
  mit drei vieroktettigen Zeitschlitzen (Unterrahmen) und einer Bitrate von 768 kbps, Taktfrequenz von 1536 kHz und einer Datenrate von 256 kbps pro **IOM®**-Zeitschlitz. In diesem Mode wird der **ICC** typisch im TE mit *einem* ***Transceiver*** betrieben. Die heller schattierten Zeitschlitze 1 und 2 dienen i.allg. der Kommunikation mit Nicht-***Transceivern***. Weitere Kombinationen sind möglich. Von Zeitschlitz 2 werden die rechten vier **C/I**-Bits benutzt, um einen **T(elecom)IC**-Bus zu realisieren. Dieser erlaubt es, *mehreren* D2-Instanzen (z.B. SAPI = s, p), in *einem* TE den Zugang zum D-Kanal und den **C/I**-Bits des Zeitschlitzes *Nr. 0* intern zu regeln. **DD**-Bits 1 und 2 dieses Zeitschlitzes werden dabei für D-Echo-Bits via **ICC** verwendet.

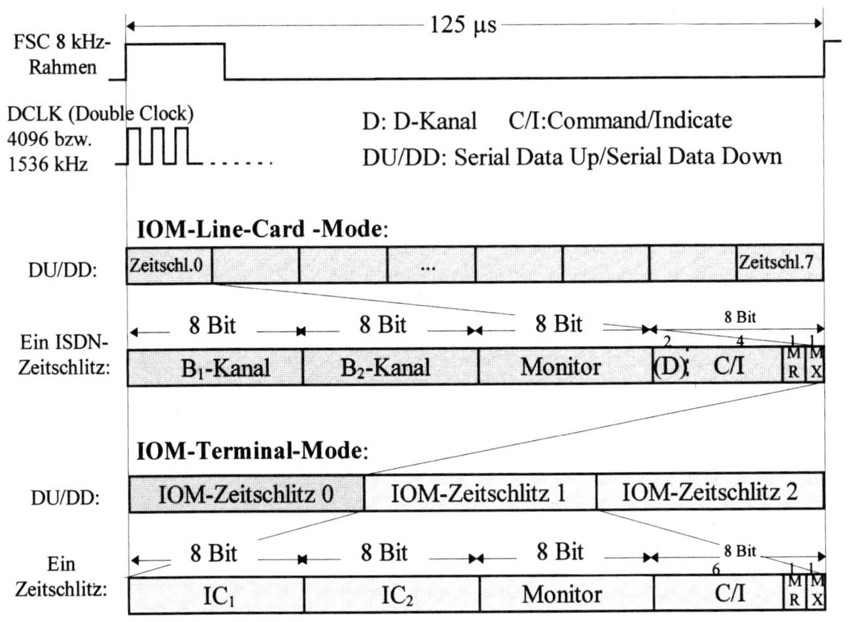

Abbildung 5.4-1: Betriebsmodi, Rahmenstrukturen und Inhalte der IOM®-2-Schnittstelle.

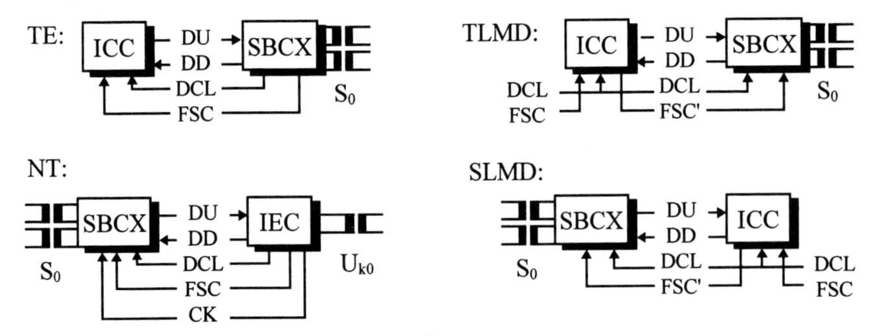

Abbildung 5.4-2: Anwendungsbeispiele der IOM®-Schnittstelle mit Richtungen der Taktsignale.

Dabei bedeuten:

- **FSC = Frame-Synchronisation**
  8 kHz-Rahmensynchronisation entspr. einer Rahmendauer von 125 µs, der Abtastperiode von Sprache in Telefonqualität.
- **DCL = Double Data-Clock**
  4096 kHz im Line-Card-Mode, 1536 kHz-Taktrate im Terminal-Mode
- **DU/DD = Serial Data Upstream** (TE → ET; gehend)/
  Downstream (TE ← ET; kommend)
  serieller Datenein/ausgang mit 256 kbps-Datenrate pro Zeitschlitz entspr. 4 Oktetts in einem 8 kHz-Rahmen mit folgenden Kanälen:
  - $\mathbf{B_1}$ und $\mathbf{B_2}$ mit je 64 kbps entspr. je einem Oktett für je einen B-Kanal.
  - **Monitor** mit 64 kbps entspr. einem Oktett.
    Dieser Kanal wird zur Übertragung von je nach Konfiguration und Übertragungsmode verschiedener Information verwendet. Da die ***Transceiver*** aus Pinning-Platzgründen keine eigene µP-Schnittstelle aufweisen, kann der µP über den **Monitor-Kanal** via **ICC** auf diese zugreifen und sie insbes. programmieren. Zu den Funktionen gehören u.a.:
    - Fehlerrate und Echokompensatorkoeffizienten beim **IEC**-Anschluß
    - Zugriffssteuerung auf den D-Kanal beim **SBCX**-Anschluß. Diese wird im **ICC** abgehandelt und dazu werden hier die Prioritätsparameter und D-Echo-Bits übergeben.
  - **MR/MX** = mit 8 kbps sind Handshake-Bits zur Steuerung des Datenflusses des **Monitor**-Kanals.
  - **D** mit 16 kbps entspr. 2 Bit für die D-Kanal-Übertragung (nur bei ISDN)
  - **C/I = Command/Indicate**
    mit 32 kbps entspr. 4 Bit für die Aktivierung, Deaktivierung der Schicht 1 und zum Schalten von Testschleifen, bzw. 6 Bit bei Analoganschlüssen ohne D-Kanal. Über diesen Kanal tauscht der µP mit den ***Transceivern*** im Gegensatz zum **Monitor-Kanal** periodisch in jedem Rahmen aktuelle Statusinformationen aus.
  - **IC1/IC2 = Inter-Chip Communication Channels**
    dienen als universelle Datenpfade zwischen Benutzereinrichtungen.

5.4.2 SLD-Schnittstelle

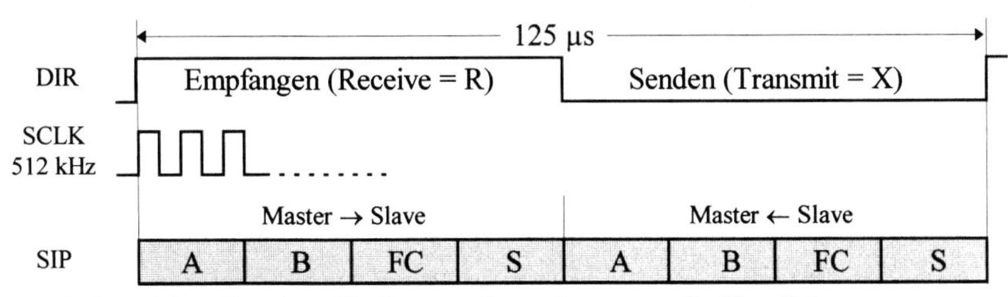

A, B: bel. 64-kbps-Kanäle FC: Feature Control S: Signalisierung
DIR(ection): Richtung SCLK: Subscriber Clock SIP: Serial Interface Port

Abbildung 5.4-3: Rahmenstruktur und Inhalt des SLD-Bus.

Die **SLD**-Schnittstelle weisen u.a. **ARCOFI®**, **SICOFI®**, **ICC** und **E(PIC®)** auf. Sie ist eine getaktete serielle Schnittstelle mit einer Takt (**SCLK**)-, einer Richtungsumschaltungs (**DIR**)- und einer bidirektionalen Datenleitung (**SIP**), wie Abbildung 5.4-3 darstellt. Bei etlichen ICs sind Schnittstellenleitungen zwischen **IOM®**- und **SLD**-Funktionalität umschaltbar.

Dabei bedeuten:

- **DIR = Direction Signal**: 8 kHz-Richtungsumschaltung der **SIP**-Leitung
- **SCLK = Subscriber Clock**: 512 kHz-Taktrate
- **SIP = Serial Interface Port**
  bidirektionaler ping-pong-betriebener serieller Dateneingang mit 512 kbps-Datenrate entspr. 4 Oktetts in einem 8 kHz-Rahmen für je eine Richtung mit folgenden 64-kbps-Kanälen:
  - **A** und **B** für je einen Nutzkanal, z.B. B_1 und B_2 im ISDN-Betrieb
  - **FC = Feature Control**
    zur Übertragung von Steuerinformation zwecks Programmierung von Slave-ICs.
  - **S** für Signalisierung, z.B. D-Kanal-Daten.

5.5 Übersicht über einige wichtige IOM®-ICs

Die ***Transceiver*** **SBCX**, **IEC** und **IBC** sind grundsätzlich mit Übertragern an die Leitung anzukoppeln. Für Beschreibungen bidirektionaler Funktionen wird jeweils nur die Empfangsrichtung von der Tln.-Schnittstelle beschrieben. Die Senderichtung ist entspr. umgekehrt zu interpretieren. Die Versorgungsspannung von 5V ist entspr. der CMOS-Technologie an V_{DD} (Drain), Masse an V_{SS} (Source) anzuschließen. An Gehäuse-Varianten sind für fast alle ICs die Varianten P-(Plastik)-DIP (Dual In Line Package; steckbar) und LCC- (Leadless Ceramic Chip; aufsetzbar in SMD-Technik) erhältlich.

5.5.1 SBCX (S/T-Bus Interface Circuit Extended)

In Abbildung 5.5-1 ist das **SBCX**-Blockschaltbild dargestellt. Nicht dargestellt sind die separaten an den Mittenanzapfungen der leitungsseitigen Übertrager anzuschließenden

- **IEPC** zwecks Zurverfügungstellung der 40V-Phantomspeisung beim ***SLMD***.
- **IRPC** zur Erzeugung der 5V-Versorgungsspannung typisch bei Telefonen und NT aus der Phantomspeisespannung.

Der lt. I.430 notwendige Leitungsabschlußwiderstand von 100 Ω tritt nur am fernen Ende auf, nicht wenn das TE irgendwo mitten am Bus angeschlossen ist. Für den aktiven Betriebszustand wird eine maximale Leistungsaufnahme von 80 mW, den Standby-Betrieb 6 mW angegeben.

Auf die Beschreibung der ***Transceiver*** **IEC** und **IBC** wir hier verzichtet. Ersterer ist im Vergleich zum **SBCX** relativ komplex wegen der harten Anforderungen aus den teilw. schon seit Jahrzehnten verlegten Leitungen, letzterer im Vergleich dazu relativ einfach. Er stammt aus der TKAnl-Welt, wo Bus-Realisierungen i.allg. nicht benötigt werden und er damit eine preisgünstige Lösung anbietet (s. Abschn. 4.2.5).

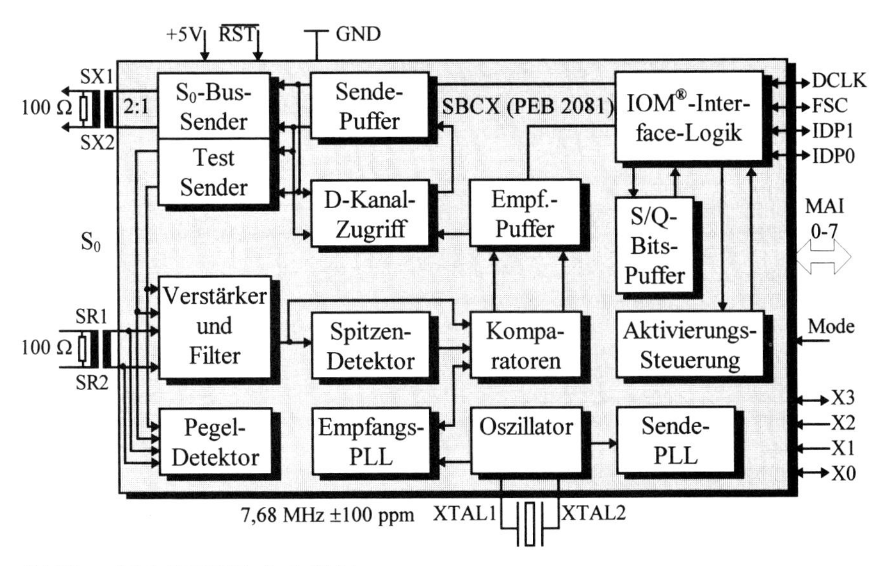

Abbildung 5.5-1: SBCX-Blockschaltbild.

Der **SBCX** als auch **IOM®-2**-kompatible Variante und Nachfolger des **IOM®-1-SBC** handelt praktisch alle Schicht-1-Funktionen der S-Schnittstelle in TE, NT- und ***LMD***-Funktionen automatisch ab (nicht D-Kanal-Zugriffssteuerung im TE-Multipoint-Mode). Dazu sind auf der linken Seite die vier S_0-Schnittstellenleitungen mit Sende- und Empfangstreibern zu sehen. Danach werden die AMI-codierten Daten des Schicht-1-Rahmens in binäre (NRZ) umgewandelt. Es folgt der Empfangspuffer, aus dem der Funktionsblock *IOM-Interface-Logik* den Schicht-1-Rahmen dekodiert und die B- und D-Bits in die entspr. Kanäle der **IOM®-2**-Schnittstelle stellt. In der Betriebsart NT werden die empfangenen D-Bits über den Block *D-Kanal-Zugriff* und den Sendepuffer in den D-Echo-Kanal kopiert.

Die *PLL-Einheiten* dienen für die S-Schnittstelle im NT-Mode zur Taktgenerierung, im TE-Mode zur Taktableitung und haben dazu einen Anschluß **XTAL** mit einem 7,68 MHz-Takt, an dem ein entspr. Quarzoszillator angeschlossen werden muß. An **IOM®**-Schnittstellenleitungen sind zunächst **DCLK** und **FSC** zu erkennen. **IDP0** und **IDP1** stellen die **IOM®**-Leitungen **DU** und **DD** dar, die in ihrer Zuordnung programmierbar sind, daher die *bidirektionalen* Anschlüsse. Mode- und Funktionsanschlüsse **M** und **X** dienen der Betriebsarteneinstellung. Neu gegenüber der älteren Version **SBC** ist das **Maintenance Auxiliary Interface** (**MAI**) zur erweiterten Betriebsart/Testeinstellung.

Konkret werden folgende Funktionen ausgeführt:

- Senden und Empfangen der Signale der S_0-Schnittstelle nach ITU-T I.430/ ETS 300 12/ANSI T1.605 bzw. FTZ 1R230, aber mit Leitungslängen bis 2 km (!)
- Abwicklung der Aktivierungs- und Deaktivierungsprozedur nach ITU-T I.430.
- Einstellen des Power-Down-Modes mit **ReST**art, in dem der **SBCX** den Zustand **F3**: **Deactivated** (s. Abschn. 4.2.3.7) einnimmt. Alle Ausgänge sind hochohmig. Der Oszillator und leistungsintensive Analogkomponenten werden abgeschaltet, die Weckerkennung bleibt aktiv.

- Weckerkennung im Power-Down-Zustand von beiden Richtungen, d.h. von der Benutzeroberfläche (Hörer abgehoben) oder von der S_0-Schnittstelle (kommender Ruf).
- Umsetzung der Rahmenstruktur zwischen S_0- und **IOM®-2**-Schnittstelle; mögliche Konfigurationen sind in Abbildung 5.4-2 dargestellt.
- im Slave-Modus Rückgewinnung von Takt- und Rahmensignal, frequenz- und phasenrichtig.
- Rahmenanpassung im ***TLMD***-Einsatz an den kommenden Rahmen vom Amt.
- Schalten von Prüfschleifen auf allen S_0-Schnittstellenkanälen.
- D-Kanal-Zugriffsteuerung, wobei auf der TE-Seite der **ICC** die Überwachungen und Betriebsparametereinstellungen, wie *Priorität* und *Prioritätserniedrigung* vornimmt.

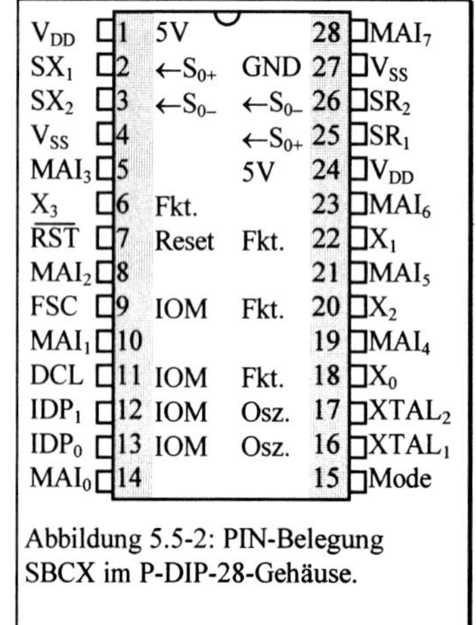

Abbildung 5.5-2: PIN-Belegung SBCX im P-DIP-28-Gehäuse.

- Kommunikation mit der Peripheriesteuerung mittels Befehlen und Meldungen im **C/I-Kanal**.

In Abbildung 5.5-2 sind Pinbelegung, -numerierung und -funktionen der 28 Pins angegeben. In welchen Modes der **SBCX** betrieben werden kann, ergibt sich zunächst durch den Wert des **Mode-Bits** sowie durch die möglichen Kombinationen von $\mathbf{X_3}$ **-** $\mathbf{X_0}$. Weiterhin sind durch die **MAI**-Bits verschiedene Betriebsarten einstellbar, deren aller Bedeutung und Richtung wiederum von der Konfiguration abhängt, die da sein kann:

- ***SLMD*** PtP/Bus
- ***TLMD***
- NT PtP/Bus
- TE

Wie in Abschn. 5.4.1 erläutert, kommuniziert die Steuerung des Moduls, auf dem sich der **SBCX** befindet, mit dem **SBCX** via **ICC** im **C/I-Kanal** der **IOM®-2**-Anschlüsse **IDP0/1**. Konkret stehen hier Codierungen für Ph-Primitives, die der zugeordnete Prozessor als höhere D2-Instanz sendet (**REQ**; hier: Command = **CMD** genannt) oder empfängt (**IND**). Die verwendeten Primitives hängen wiederum vom Einsatzfall (TE, NT, ***SLMD***, ***TLMD***) ab. Beispielhaft sind in Tabelle 5.5-1 die Primitives im TE/***TLMD***-Mode aufgeführt. Man beachte, daß zum einen in ITU-T I.430 nicht spezifizierte Testmodi abgewickelt werden, zum anderen die Typbezeichnungen *Request* und *Indication* sich nicht immer an die OSI-Konventionen halten.

Beim Austauschen der unterschiedlichen Befehle und Meldungen durchlaufen die beteiligten Instanzen die verschiedenen in Abschn. 4.2.3.7 spezifizierten (sowie weitere) Zustände, deren Transitionen in Abbildung 4.2-6 durch SDL-Diagramme beschrieben sind. Als SDL-PID-Äquivalent wird in der ang. Literatur (z.B. [SI1]) statt der in Kap. 3 dargestellten Alternativen eine Kompaktdarstellung verwendet, für die ein Beispiel in Abbildung 5.5-3 zu sehen ist. Entsprechend dem links unten angegebenen Symbol werden innerhalb eines Kreises STATEs, INPUTs und OUTPUTs für die **IOM®**- als auch die S/T-Seite dargestellt. An den auf das Symbol zulaufenden Pfeilen steht immer ein Signal, z.B. ein INPUT, der identisch mit einem Signal des Symbols ist, und aus dem erkannt werden kann, unter welcher Bedingung die Instanz aus dem Herkunftszustand in den Folgezustand transitioniert.

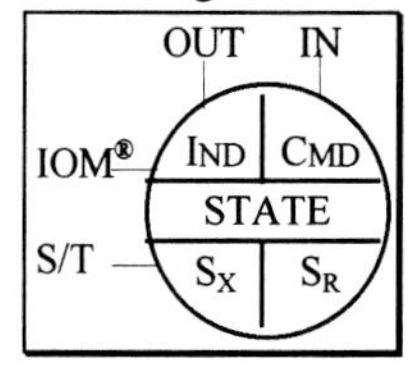

Befehle (C) µP→SBCX	Abk.	Erläuterung
Activation Request 8/10	AR8/10	von Signalisierungs- bzw. Paket-D2-Instanz
Activation Request Loop	ARL	Analogschleife vor S/T-Schnittstelle schließen
Deactivation Indication	DI	Deaktivierungsanzeige mit Transition nach **F3**
Reset	RES	Zurücksetzen SBCX, der INFO S0 aussendet
Timing Request	TIM	Power Up und IOM®-2-Taktsignale senden
Test Mode 1	TM1	Sende 2 kHz-Einzelpulse über S/T
Test Mode 2	TM2	Sende kontinuierlich 96 kHz-Pulse über S/T
Meldungen (I) µP←SBCX	**Abk.**	**Erläuterung**
RES, TM1, TM2, ARL		Quittungen für o.a. Befehle
Deactivate Request	DR	von S/T empfangen
Slip Detected	SLIP	Jitter > 50µs Spitze-Spitze auf S/T detektiert
Receiver Not Synchronous	RSY	S/T-Signal empfangen und synchronisierend
Power Up	PU	Sende IOM®-2-Taktsignale
Activate Request	AR	INFO S2 empfangen
Far-end-code-violation	CVR	Codeverletzung nach Mehrrahmenempfang
Activation Indication Loop	AIL	Schleife A aktiviert
Activation Indication 8/10	AI8/10	INFO S4 mit D-Priorität 8/10 empfangen
Deactivate Confirmation	DC	Taktabschaltung im TE, Ruhezustand

Tabelle 5.5-1: Befehle und Meldungen zwischen Prozessor und SBCX im TE bzw. auf dem TLMD.

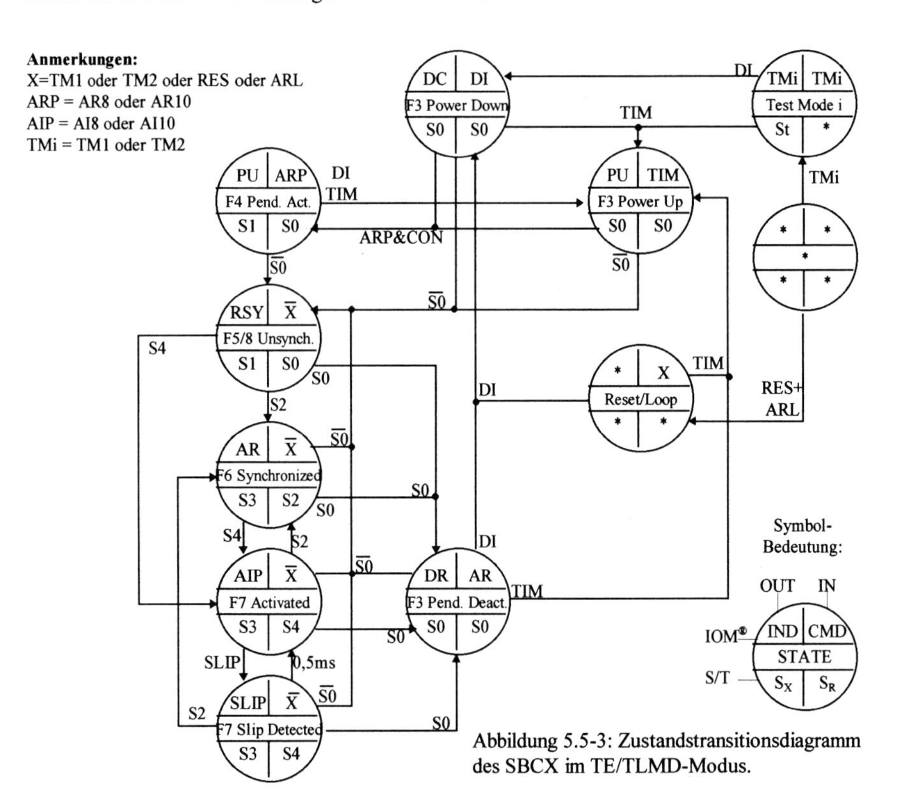

Abbildung 5.5-3: Zustandstransitionsdiagramm des SBCX im TE/TLMD-Modus.

5.5.2 ICC (ISDN Communications Controller)

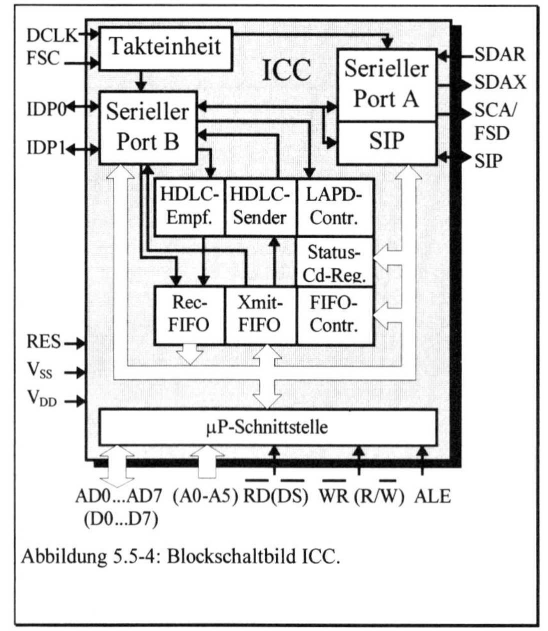

Abbildung 5.5-4: Blockschaltbild ICC.

Entspr. Abb. 5.5-4 weist der **ICC** zum ***Transceiver*** die **IOM®**-Schnittstelle auf, die **SLD**-Schnittstelle zu **ARCOFI®** oder **EPIC®** (alternativ: **IOM®**), sowie eine μP-Schnittstelle. Er handelt die niederen D2-Funktionen von LAPD in TE- und ***SLMD***-Anwendungen automatisch ab. Dazu läßt er sich in fünf verschiedene Betriebsarten programmiert schalten:

- **Auto-Mode**
  für S- und I-Rahmen; U-Rahmen werden im **Transparent-Mode** an den μP weitergegeben. Voraussetzung: Fenstergröße 1. Typisch für TE-Anwendungen mit SAPI = s.
- **Non Auto-Mode**
  bei Fenstergröße > 1, wie z.B. bei TE-Anwendungen mit SAPI = p. D2-Steuerfeld wird transparent an den μP weitergegeben, Adreßfeld vom **ICC** komplett bearbeitet.
- **Transparent-Mode 1, 2, 3**
  ohne Steuerfeld-Bearbeitung. Kann so mehrere LAPD-Kanäle abhandeln. Typisch für ***SLMD***-Anwendungen. In den einzelnen Betriebsarten werden folgende Funktionen ausgeführt:
  1 TEI-Erkennung auf zwei Individual-TEIs und GTEI
  2 keine Adreßerkennung
  3 SAPI-Erkennung auf zwei Individual-SAPIs und FE/FC_{Hex} codierte GSAPI.

Immer werden also ausgeführt: Flag-Bearbeitung, Bit-Stopfen, CRC- und C/R-Bit-Bearbeitung (SIO-Funktionen). Nicht bearbeitete Daten werden dem μP übergeben. Abbildung 5.5-5 zeigt für *kommende* LAPD-Rahmen übersichtlich die Funktionen, die in den einzelnen Betriebsarten ausgeführt werden.

Weiterhin werden die Nutz-(B)-Kanäle für verschiedene Konfigurationen über die **SLD**-Schnittstelle z.B. an den **ARCOFI®** (TE = Telefon), an den **EPIC®** (***SLMD***-Anwendung; optional **IOM®**) oder über den μP-Bus zum μP übergeben (z.B. bei einem Telefax-Gerät). Es können bis zu acht ***Transceiver*** an einen **ICC**, aber auch bis zu acht **ICC** an ein ***Transceiver*** angehängt werden (**TIC-Bus**), um z.B. in einem TE verschiedene SAPIs von unterschiedlichen **ICC**s bearbeiten zu lassen.

Der **ICC** verfügt pro Richtung über 2 x 32-Oktett FIFOs, in denen D2-Rahmen zwischengespeichert werden können, die einen überlappenden Ausgabebetrieb ermöglichen, wodurch die Puffergröße nicht die maximale Länge der D-Kanal-Rahmen begrenzt.

Die auf der linken Seite dargestellten vier Schnittstellenleitungen zum ***Transceiver*** können in die Modi *IOM* und *HDLC* geschaltet werden, weshalb die **IOM®-2-**Leitungen *DU/O* nicht direkt zu erkennen sind, sondern im **IOM®**-Modus durch *IDP0/1* realisiert werden. Dahinter werden im Block *Serieller Port B* die beiden B-Kanäle, der D-Kanal und die **Monitor-**, **C/I-** und die möglichen anderen **IOM®**-Kanäle voneinander getrennt. Die B-Kanäle werden transparent dem *Seriellen-Port A* in der TE-Anwendung dem **ARCOFI®** usw. zugeführt, bzw. in der ***SLMD***-Anwendung über die **SLD**-Schnittstelle (**SIP**) dem **EPIC®**.

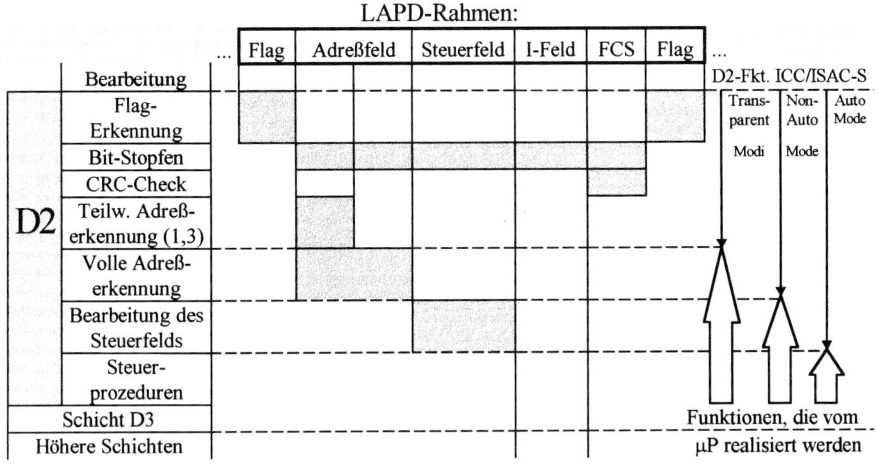

Abbildung 5.5-5: Funktionen des ICC bzw. des ISAC-S in verschiedenen Betriebsmodi [AMD].

Der *Serielle Port A* verfügt dazu über die Anschlußleitungen

- **SDAR/X** (Serial Data Receive/Transmit) mit einer Kapazität von 128 kbps
- **SCA/FSD**: Serial Data Clock 128 kHz/Frame Synch. Delayed 8 kHz

Der D-Kanal kommt in den *HDLC-Receiver* und wird dort von den Schicht-2-Headern entspr. dem eingestellten Mode befreit. Der *LAPD-Controller* wertet je nach Mode die Header aus. Der Rest kommt in das *Empfangs-(R)-FIFO*, wo er vom µP ausgelesen werden kann. Der *FIFO-Controller* steuert die *FIFO*s an. Das *Status-Command-Register* stellt dem µP Daten der Auswertung durch den *LAPD-Controller* zur Verfügung. Die anderen Kanäle werden intern oder vom µP weiterverarbeitet.

Zuletzt ist unten die *µP-Schnittstelle*, bestehend aus Bussender/empfänger, Adreßregistern und Bussteuerlogik zu erkennen. Der µP-Bus wird **ICC**-intern zu den Blöcken parallel fortgesetzt, wie im Blockschaltbild dargestellt. Diese Blöcke enthalten Register, die der µP lesen oder beschreiben kann, was er über die Anschlußleitungen durchführt. Diese haben folgende Funktionen:

- **AD0 - AD7**: Address/Data-Leitungen 0 - 7 im **Multiplexed Bus Mode**
  ICC-Eingang für Adressen, Ein- und Ausgang für Daten. Adreß- und Datenbus sind mit acht Bit parallel gemultiplext. Wird im **Non Multiplexed Bus Mode** ein Prozessorbus verwendet, bei dem Adreß- und Datenbusse getrennt sind, werden hierüber die Daten **D0 - D7** transferiert, und über **A0-A5** die Adressen angelegt.

- **ALE**: Address Latch Enable; **ICC**-Eingang im **Multiplexed Bus Mode**
  Wenn ALE=1, sind die Bits auf dem AD-Bus als Adresse für die **ICC**-internen Register zu interpretieren, sonst als Daten.
- **$\overline{\text{RD}}$/$\overline{\text{DS}}$**: ReaD Strobe/Data Strobe; **ICC**-Eingang
  $\overline{\text{RD}}$=0: **ICC** kann auf dem Bus lesen (Intel-µP); ansteigende **$\overline{\text{DS}}$**-Flanke markiert Ende einer gültigen Schreib/Lese - Operation (Motorola-µP)
- **$\overline{\text{WR}}$/R$\overline{\text{W}}$**: Write Strobe; **ICC**-Eingang
  $\overline{\text{WR}}$=**0**: Schreiben auf Intel-µP-Bus; **R$\overline{\text{W}}$**=**0**/1: Schreiben/Lesen bei Motorola-µP
- **$\overline{\text{CS}}$**: Chip Select; **ICC**-Eingang: mit $\overline{\text{CS}}$=**0** steuert der Prozessor den **ICC** an
- **$\overline{\text{INT}}$**: INTerrupt Request; **ICC**-Ausgang (nicht dargestellt)
  Mit $\overline{\text{INT}}$=**0** unterbricht der **ICC** den µP und meldet z.B. die Ankunft von Daten.

Insgesamt verfügt der **ICC** PEB 2070-P über 24 Anschlüsse. Im aktiven Betriebszustand wird eine Leistungsaufnahme von 4 mW, im Standby-Betrieb 2 mW angegeben.

5.5.3 EPIC® (Extended PCM Interface Controller)

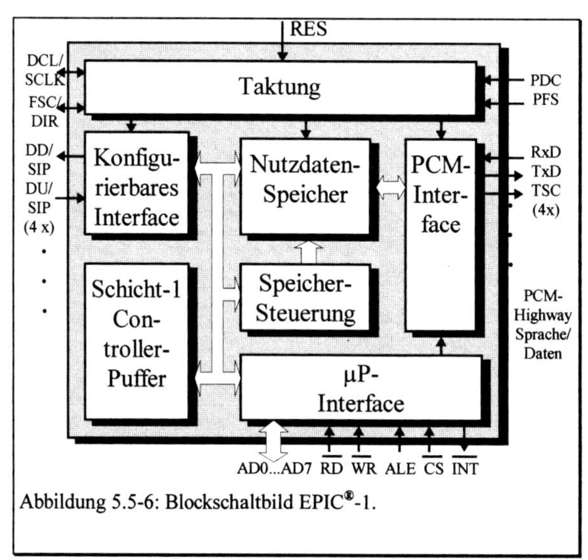

Abbildung 5.5-6: Blockschaltbild EPIC®-1.

In Abbildung 5.5-6 ist das Blockschaltbild mit Angabe der wichtigsten Funktionsblöcke des **EPIC®-1** dargestellt. Er realisiert typisch die Schnittstelle zwischen der ersten Konzentratorstufe für mehrere analoge und digitale Anschlüsse, wie z.B. auf den ***SLMD*** und ***SLMA***. Dort führt er blockierungsfrei Konzentrator- und Multiplexfunktionen für bis zu 32 ISDN oder 16 analoge Tln. in kommende und gehende Richtung aus. Dazu weist er folgende Schnittstellen auf:

- **IOM®/SLD**
  zu den **ICC** bzw. **SICOFI®** für die einzelnen Tln.-Schnittstellen. Die Schnittstellenleitungen sind zwischen diesen beiden Funktionen konfigurierbar, des weiteren kann hier neben der aktuellen **IOM®-2**-Version die ältere **IOM®-1**-Version unterstützt werden, um auch noch Telecom-ICs der ersten Generation zu unterstützen. Der kleine Bruder **EPIC®-S** weist hier nur zwei **IOM®-2**-Schnittstellen auf.
- **Highway-Schnittstelle**
  mit vier unidirektionalen Kanälen mit 24/32 64-kbps-Zeitschlitzen je frei programmierbar zum Koppelfeld. Im Gegensatz zum Vorgänger **PBC** werden keine HDLC-

Funktionen zum Gruppencontroller mehr unterstützt, sondern die Pinanzahl wird für mehr Nutzkanalleitungen verwendet. Damit können **LM**s mit größerer Tln.-Zahl bedient werden oder *ein* **EPIC®** *mehrere* **LM**s bedienen.

- **µP-Schnittstelle**
  zum ***LM***-µP, aufgebaut wie beim **ICC**. Der µP kann z.B. dazu verwendet werden, aus den Nicht-ISDN-gerechten analogen Steuersignalen analoger Telefone ISDN-Nachrichten zu generieren und zum Zentralrechner weiterzuleiten. Aber auch ein Zugriff des µP zu den Nutzkanälen ist möglich, um hier z.B. via **HSCX** X.25-Protokolle zu fahren.

Vor allem bei analogen Tln. ist das Anpollen seitens der Gruppensteuerung unter Verzicht auf den ***SLMA***-Prozessor interessant. Außerdem stehen zwei DMA-Kanäle zur Verfügung, um die internen l6-Bit-Puffer je Richtung zu erweitern. Die internen Funktionen sind über die µP-Schnittstelle programmierbar. Insgesamt verfügt der **EPIC®** über 44 Pins.

5.6 Beispiel für einen kommenden ISDN-Verbindungsaufbau über ISDN-ICs

Diese Sequenz ist nur beispielhaft und keine Implementierungsvorgabe. Sie stellt auch nur die wichtigsten Aktionen zur Übersicht dar. Ausgegangen wird von den Konfigurationen in Abbildungen 5.3-1. Die Schnittstelle zwischen **Gruppenprozessor** (**GP**) und **Perpherieprozessor** (**PP**) wird als physikalische Implementierung eines DL-SAP betrachtet. In Anbetracht der Tatsache, daß es sich hier um Leitungen handelt, die mehrere Meter lang sein können, wird, wie beim **HSCX** dargelegt, diese Verbindung wieder separat mit einer Sicherungsschicht gefahren. Das bedeutet, daß eine Struktur, die auf hohem Spezifikationsniveau keine Unterscheidung zwischen **GP** und **PP** macht, in der Detaildarstellung wie in Abbildung 5.6-1 rechts aufgesplittet werden kann.

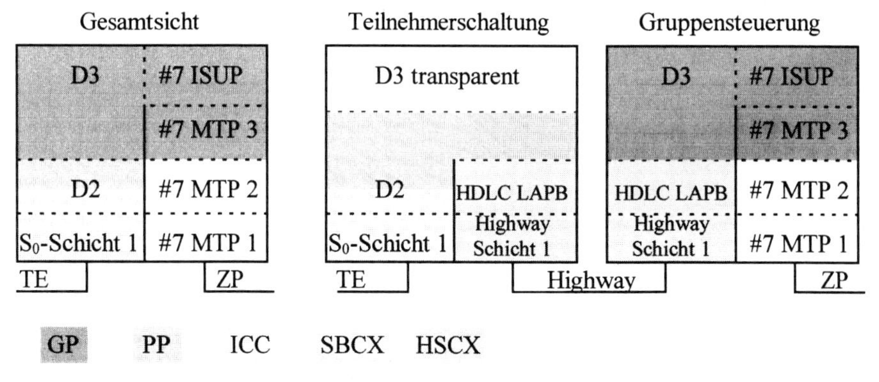

Abbildung 5.6-1: Aufteilung der Schichten aus Gesamtsicht und Detailsicht unter Einbeziehung des HDLC-Highways auf die Funktionseinheiten GP, PP, ICC, SBCX und HSCX.

Gestrichelte Linien sind durchlässig, auf ihnen können also SAPs realisiert werden. Die Grenzen zwischen den Schichten als auch den Funktionseinheiten sind vage gezogen und nicht immer sauber auf eine OSI-Struktur abbildbar, wie schon aus den vorangegangenen Abschn. ersichtlich. Der #7-Anteil wird im Kap. 7 ausführlich behandelt.

Betrachten wir einen kommenden Verbindungsaufbau, so trifft auf #7-ISUP/MTP 3-Ebene eine IAM ein, so daß der **GP** über den Highway mit einem Zeitschlitz als Signalisierungskanal ein Primitive **DL-ESTABLISH-REQ** sendet. Dessen physikalische Realisierung wird vom dem **GP** zugeordneten Master-**HSCX** in einen LAPB-I-Rahmen zum Slave-**HSCX** der Peripheriesteuerung gesendet. Dieser führt die HDLC-Funktionen aus, packt die **DL-ESTABLISH-REQ** aus und übergibt sie dem ***SLMD***-µP.

Das Primitive enthält weitere Information, wie:

- den Zeitschlitz des **PCM-Highway** über den die Nutzinformation ankommt,
- eine interne, mit der S_0-CR (Call Reference; s. Abschn. 4.4.3.2) vergleichbare Kennung, mit der der **GP** alle Folgenachrichten zum **PP**, und dieser für genau diese Verbindung zu ihm, überträgt. Diese Kennung hat jedoch nur Bedeutung auf dem Abschnitt **PP/GP** und muß für jede folgende Nachricht dieser Verbindung vom **GP** mit der zum gerufenen Tln. geltenden CR assoziiert werden. Außerdem muß dem **PP** vom **GP** mitgeteilt werden, zu welchem Port des ***SLMD*** die nachfolgenden Nachrichten und die Nutzkanäle hinaus müssen, da dieser die Tln.-Rufnummer in der folgenden SETUP nicht interpretieren kann.
- eine entspr. Codierung für den SAPI=s, der auf der DL-Schicht der Tln.-Schnittstelle zu verwenden ist.

Der **PP** überprüft den Zustand des Busses an dem gewünschten Port. Ist er deaktiviert, leitet er mittels **Ph-ACTIVATE-REQ** die Aktivierungsprozedur ein, indem er dem diesem Port zugeordneten **SBCX** via **ICC** und **C/I**-Kanal dazu entspr. Tabelle 5.5-1 den Befehl ***AR8*** erteilt. Kommt die Rückmeldung über den erfolgreichen Abschluß (***AI8***), sind die TE im Zustand *Aktiviert*, d.h. per Broadcast (GTEI) ansprechbar. Der **PP** meldet dem **GP** mit **DL-ESTABLISH-IND**, daß er die erste Nachricht zu dieser Verbindung für den Bus schicken kann.

Die vom **GP** aus der IAM generierte SETUP mit evtl. teilw. höherer Schicht-2-Information (SAPI) wird via **HSCX** nun dem **PP** mit Primitive **UNIT-DATA-REQ** übergeben. Dieser gibt dem diesem Port zugeordneten **ICC** den Befehl, einen UI-Rahmen mit SAPI=s, GTEI und der für beide transparenten SETUP als Parameter zu erzeugen. Dieser packt den Rest der Schicht 2 hinzu und komplettiert den DL-Rahmen. Weiterhin wird der zu belegende B-Kanal auf der **SLD**-Schnittstelle, und damit auch auf der **IOM**®- und S-Schnittstelle festgelegt und dem **ICC** sowie dem **EPIC**® einprogrammiert, so daß letzterer die Verbindung zu den Rückwandzeitschlitzen durchschalten kann.

Der **ICC** übergibt den LAPD-UI-Rahmen mit der SETUP dem **SBCX**, der ihn bitweise in die nächsten Schicht-1-Rahmen einfädelt und diesen auf die S-Schnittstelle stellt.

Der TE-**SBCX** (mehrere, wenn es sich um einen Bus handelt) entnimmt diesen Schicht-1-Rahmen, trennt B- und D-Kanäle auf und stellt sie auf die **DD**-Leitung der **IOM**®-Schnittstelle zum **ICC**. Dieser bearbeitet den D-Kanal entspr. seinem eingestellten Mode und übergibt den Rest des Rahmens einschl. SETUP dem **TP** (**Terminalprozessor**). Die B-Kanäle werden bei einem Telefon dem **ARCOFI**® zur

D/A-Wandlung und von dort dem Telefonhörer zugeleitet (allerdings jetzt noch nicht, da die Verbindung ja noch nicht aufgebaut ist).

Der **TP** untersucht die SETUP und darin insbes. die IEs *Bearer Capability*, *Low Layer Compatibility* und *High Layer Compatibility* (s. Abschn. 4.4) sowie ggf. die *Subadresse* bzw. die *EAZ*. Ist das Ergebnis positiv, und wird unterstellt, daß nach der zuvor abgelaufenen Aktivierungsprozedur das betrachtete TE noch keine(n) TEI hat, wird, wie in Abb. 4.3-11 dargestellt, die TEI-Vergabeprozedur angestoßen. Der **TP** kann die Schicht 3 komplett bearbeiten und ist so auf diesem Niveau der D3-Partner (Peer-Entity) des D3-Prozesses im **GP**. Abgewickelt wird die TEI-Vergabe zwischen dem **TP** als Slave, dessen Programm auch das DL-Mgmt enthält, und dem **PP** als Master, dessen Programm auch den TEI-Verwalter ASP enthält - via den beiden **ICC**s und **SBCX**s über UI-Rahmen. Eine SABME/UA-Sequenz schließt den Vorgang mit dem Aufbau des Mehrrahmen-Modes ab und der D3-Instanz im **TP** wird **DL-EST-IND** gemeldet.

Nun wird der Tln. gerufen und vom **TP** ein ALERTing generiert, das dann analog denselben Weg zurückläuft. Das heißt, der **TP** übergibt die Nachricht an den **ICC** mit Primitive **DL-DATA-REQ** und zugehörigen Parametern. Dieser erzeugt einen I-Rahmen und wickelt gemeinsam mit dem **SBCX** die D-Kanal-Zugriffsprozedur ab.

Der ***SLMD*-SBCX** fieselt die D-Bits aus dem Schicht-1-Rahmen, der ***SLMD*-ICC** entfernt die Flags, entstopft den I-Rahmen und überprüft das CRC-Zeichen. Entspr. seinem eingestellten Mode übergibt er die relevanten Teile an den **PP**, welcher die ALERTing-Nachricht transparent zu seinem **GP** überträgt, die dieser decodiert und daraus entspr. die #7-Nachricht ADDRESS COMPLETE MESSAGE (= ACM; s. Abschn. 7.2.4.2) erzeugt und sie zum **ZP** zwecks Weiterleitung an den rufenden Tln. übergibt.

5.7 Auswahlkriterien für ISDN-ICs

Es folgt ist eine Liste wichtiger Kriterien für die Auswahl von ISDN-ICs:

Normen	Erfüllen Schnittstellen-ICs exakt die geforderten - insbesondere nationalen Normen (ITU-T, ETSI, Telekom)?
Familie	Existiert zu einem gewünschten IC eine komplette Familie? Wie sind *nicht von der Familie angebotene* Funktionen realisierbar?
Hersteller	Wer stellt die IC-Familie her? Gibt es bei Lieferengpässen Second-Source-Anbieter? Wie gut ist das Vertriebsnetz des Herstellers ausgebaut? Gibt es bei technischen Problemen Applikationsingenieure vor Ort oder müssen sie erst eingeflogen werden?
Beständigkeit	Wird das Konzept der IC-Familie vom Hersteller langfristig verfolgt? Sind ICs (Stecker-, Versorgungsspannungs-, Signalspannungs-, funktional etc.) abwärts- und aufwärtskompatibel?
ASIC-Varianten	Lassen sich kundenspezifische Varianten preiswert realisieren? Bieten sich andere Kunden an, solche Varianten mitzutragen, um damit die Stückzahlen zu erhöhen und den Preis zu reduzieren?

Interne Schnittstellen	Welche firmenspezifischen Schnittstellen weist der IC auf? Werden Industriestandards unterstützt?
Betriebsart-einstellung	Lassen sich Betriebsarten programmierbar einstellen oder nur HW-mäßig?
µP-Schnitt-stellen	Weisen ICs Standard-µP-Schnittstellen auf (Intel, Motorola, beide)? Kann der IC für einfache Anwendungen optional Stand-Alone arbeiten?
Technologie	In welchen Technologien wird die IC-Familie angeboten? (CMOS mit geringer Leistungsaufnahme; TTL, ECL mit hoher Geschwindigkeit; nMOS für Hochintegration; GaAs für Breitbandanwendungen; BICMOS für Leitungstreiber)
Power Down Mode	Für Telefon-Anwendungen: Hat der IC einen Power-Down-Mode, so daß der Leistungsverbrauch bei längerer Nichtbenutzung reduziert wird?
CAD-Bibliotheken	Befinden sich die IC-Daten in CAD-Bibliotheken? Sind diese Bibliotheken zugänglich und mit der vorhandenen Entwicklungsumgebung nach Wünschen des Anwenders modifizierbar? Was läßt sich der Hersteller der ICs für die Benutzung der Bibliotheken zahlen?
Gehäuse-Varianten	In welchen Gehäuse-Varianten werden die ICs angeboten (steckbare, wie DIL; aufsetzbare SMD, wie LCC) ?
Äußere Beschaltung	Wie sieht die äußere Beschaltung aus und was muß selbst dazugemacht werden? Gibt es hier Varianten?
Taktfrequenz	Welche Taktfrequenz(en) benötigt der IC? Muß sie extra für ihn bereitgestellt werden?
Spannungs-versorgung	Welche Spannungsversorgung(en) benötigt der IC? - evtl. mehrere? Muß sie extra für ihn bereitgestellt werden? Besteht Kompatibilität zu existierenden Technologien (74xx TTL und CMOS)?
Umgebungs-temperatur	In welcher Umgebungstemperatur arbeitet der IC noch korrekt? Ist Zwangskühlung insbes. bei Häufung notwendig? Folgen: Geräuschentwicklung, d.h. keine Aufstellung in Büros; Leistungsaufnahme des Ventilators; Ausfallsicherung; Platzbedarf
Testunter-stützung	Welche Testunterstützung zur Fehlerdiagnose bietet der IC an? Welche Software bietet der IC-Hersteller an?
Flexibilität	Ist der IC an mehreren Stellen einsetzbar? (TE/***SLMD***/***TLMD***/***SLMA***/NT-Seite)
Kosten	Wie reduzieren sich Kosten bei Stückzahlen? Wie haben sich Kosten in der letzten Zeit entwickelt?

6 Nutzkanal-Dienste und -Protokolle

6.1 Übersicht

In dem vorangegangenen Kap. 4 über das ISDN wurden primär die D-Kanal-Protokolle vorgestellt, die zum Steuern der Nutzinformationsflüsse in den B-Kanälen benötigt werden. Kap. 5 behandelte die dazugehörigen Controller-Bausteine, für die die Nutzinformation transparent ist. Bevor im folgenden Kap. 7 das ZGS#7 zum Fortsetzen der D-Kanal-Signalisierung in das Netz behandelt wird, sollen hier wichtige Vertreter der Nutz-(ISDN: B-, aber auch H)-Kanalprotokolle ab Schicht 3 vorgestellt werden.

Diese Protokolle sind auch von den Inhalten der Folgekap. über das ZGS#7, LAN, und ATM im wesentlichen unabhängig. Auf der Schicht 3 sind hier als wichtige Vertreter X.25 als die Grundlage der ***Paketnetze*** zu nennen, sowie das Protokollpaar ***TCP/IP*** für die Schichten 4 und 3 des Internet. Auf den Schichten 5 - 7 sind dies ***Mehrwertdienste*** (***Value Added Services*** = ***VAS***), wie das hier vorgestellte ***MHS*** nach X.400 für Electronic Mail, sowie Dateiübertragung, -zugang und -verwaltung (***File Transfer***, ***Access and Management*** = ***FTAM*** [ISO 8571, HE.1]) und das elektronische Adreßbuch (***Verzeichnissysteme*** = ***Directories***) [ISO 9594/X.500, TI2, HE.1].

Diese Protokolle beziehen sich auf Datenverkehr, der hier jeden möglichen Informationsaustausch nichtsprachlichen Dialogs ausdrücken soll, also im Gegensatz zum Fernsprechverkehr steht, bei dem die Funktionen höherer Schichten durch die Kommunikationspartner erfüllt werden. Insbesondere sind dies Daten textlicher Natur (ASCII-Dateien), Bewegt- und Standbilder, Meßwerte oder Daten, deren Eigenschaften nicht weiter spezifiziert sind. Dabei kann es sich durchaus um Sprachinformation handeln, die z.B. in Sprachspeichersystemen aufbewahrt wird, und die beim Überspielen nicht Dialog- und damit Echtzeitbedingungen unterliegt. In diesem Falle ist es möglich, z.B. Sicherungs-, Quittungs- und Flußregelungsmechanismen auch hierauf anzuwenden.

Funktional ist eine Datenschnittstelle zu einem Netz entspr. Abbildung 6.1-1 grundsätzlich unterteilbar in eine

- ***DEE*** (***Datenendeinrichtung***; ***Data Terminal Equipment*** = ***DTE***), und eine
- ***DÜE*** (***Datenübertragungseinrichtung***; ***Data Circuit Terminating Equipment*** = ***DCE***)

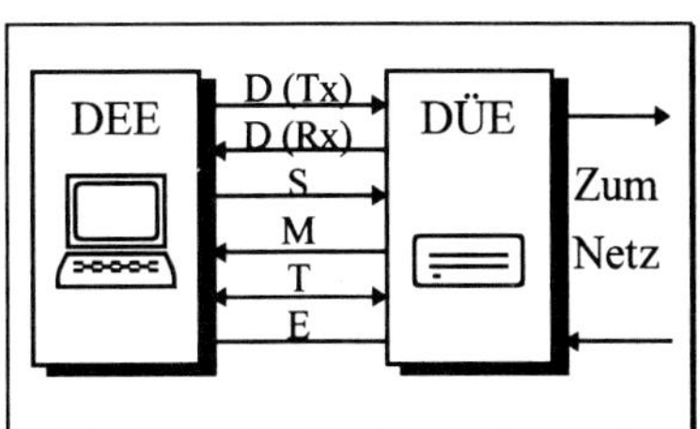

Abbildung 6.1-1: Schnittstellenkonfiguration zum Anschluß einer DEE über eine DÜE an ein Netz.

Die ***DÜE*** macht die Schnittstelle weitgehend unabhängig von den Spezifikationen der Anschlußleitung an das Netz. Sie führt die physikalische Abbildung der Schnittstellendaten auf das Netz aus. Funktionen, die an dieser Schnittstelle praktisch immer erbracht werden, sind:

- **D atenübertragung**
  in gehender (Transmit = Tx) und kommender (Receive = Rx) Richtung. Diese Leitungen können grundsätzlich
  - parallel - i.allg. bei kurzen lokalen Busverbindungen im dm-Bereich, oder
  - seriell - üblich bei Anschlüssen an Netze im m- bis km-Bereich, ausgeführt sein. Diese Ausführungsform wird hier weiter behandelt.
- **S teuer**- und **M eldeleitungen** (**Control** und **Indicate**)
  mit denen die Einheiten ihren Betrieb koordinieren.
- **T aktleitungen** (**Bittakt** = **Signal Element Timing** und **Oktetttakt** = **Byte Timing**), um die ***DEE*** auf den Netztakt zu synchronisieren.
- **E rdleitungen** (**Signal Ground**),
  um ein definiertes physikalisches Potential zwischen ***DEE*** und ***DÜE*** herzustellen.

In der historischen Entwicklung reduziert sich die Anzahl dieser Leitungen von recht hohen Werten, wie 25 bei V.24 über 15 bei X.21, 4 bei der S_0-Schnittstelle auf 2 bei U_{p0} und U_{k0}. Es wird hier bei Bedarf als Ergänzung noch kurz auf die unterliegenden Schicht-1-und -2-Funktionen eingegangen, sofern die Spezifikation der höheren Schicht aus historische Gründen zunächst über andere Netze als die hier vorgestellten vorgesehen war.

6.2 Paketvermittlung über X.25

Als wesentlicher historischer Verdienst des X.25-Standards ist die Tatsache zu werten, daß sich aus der hier erstmals klar spezifizierten Schichtenstrukturierung in den siebziger Jahren das OSI-Modell entwickelt hat. Welche Schnittstellenspezifikationen im Umfeld von Paketnetzen von Bedeutung sind, zeigt Abbildung 6.2-1 [MO].

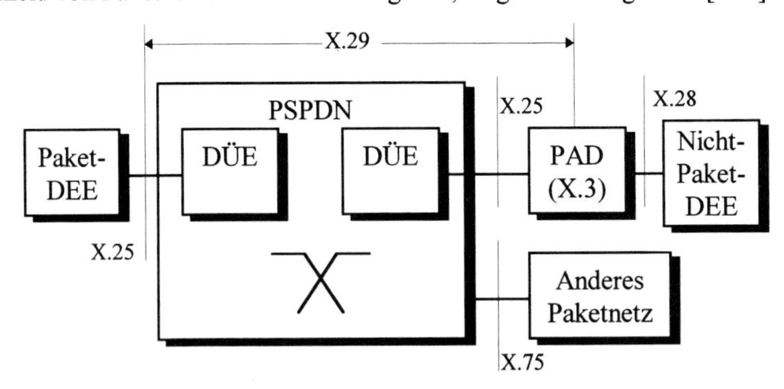

Abbildung 6.2-1: Schnittstellen zum Zugriff von Paket- und Nicht-Paket-DEEn auf das X.25-Paketnetz

Die Funktionseinheit ***PAD*** (***Packet Assembly Disassembly***) wird benötigt, um ***DEEn***, die im Start/Stop-Betrieb arbeiten, den Zugriff auf das (öffentliche) Paketnetz (***Packet Switched Public Data Network*** = ***PSPDN***) zu ermöglichen. Wichtig ist, daß X.25 ein Teilnehmeranschlußprotokoll zwischen ***DEE*** und ***DÜE*** darstellt, das zunächst unabhängig davon ist, wie das Netz die benötigten Funktionen realisiert.

6.2.1 Schichtenstruktur des X.25-Anschlusses

Die X.25-Spezifikation umfaßt die Schichten 1-3 des OSI-Modells. Konkret beschreibt der Schicht-1-Standard die Optionen der X.21 und X.21bis-Empfehlungen für den unmittelbaren Zugang zum öffentlichen ***Paketnetz*** (in der BRD: Dx-P) und die V-Empfehlungen für den Zugriff auf dieses ***Paketnetz*** über das öffentliche Telefonnetz mittels eines Modems, das dieser V-Spezifikation gehorcht. Für den ISDN-Anschluß gehört diese Schnittstelle zur Klasse der R-Schnittstellen (s. Abbildung 4.1-1) und ist damit ein Objekt für den TA X.25. Die dazugehörige Spezifikation ist in I.462/X.31 festgelegt. X.21bis beschreibt den Zugang einer ***DEE*** zum öffentlichen Datennetz, die eine Synchron-Modemschnittstellenspezifikation der V-Serie erfüllt. Hier soll die X.21-Spezifikation angerissen werden [TI2.1].

6.2.1.1 X.21-Schnittstelle

Diese 15-drähtige Schnittstelle erlaubt die Nutzung Öffentlicher Datennetze durch ***DEEn***, die mit Schnittstellen der V-Serie (Fernsprechnetze) bei Synchronbetrieb kompatibel sind. Der Spezifikationsumfang ist wie folgt festgelegt:

- Auswahl einer Untermenge der X.24-Leitungen und Beschreibung der Signale.
- Bereitstellung eines transparenten Übertragungswegs an der ***DÜE/DEE***-Schnittstelle für Schicht-2-PDUs.
- serielle synchrone transparente Vollduplex-Datenübertragung
- Festlegung der Bitraten (0,6); 2,4; 4,8; 9,6; 19,2; 48; 64; 2 048 kbps und neuerdings 34 Mbps gemäß der Spezifikation X.1 als Zugangsraten zu öffentlichen Datennetzen.

Die elektrischen Spezifikationen werden in X.27/V.11 beschrieben. Diese Schnittstelle erlaubt sowohl den Zugang zu leitungsvermittelten (Dx-L) und ***paketvermittelten*** Datennetzen (Dx-P). Die Schnittstellenspezifikation wurde erstmals 1972 vom damaligen CCITT in Genf festgelegt und in jeder Studienperiode den gewandelten Anforderungen angepaßt.

6.2.1.2 HDLC-LAP B als Sicherungsschicht für X.25

Link Access Procedure Balanced ist eine Vorläufer- bzw. abgespeckte Version von LAPD. Es sollen hier daher nur die wesentlichen Unterschiede erläutert werden:

- ***LAPB*** sieht nur den PtP-Betrieb vor; im Gegensatz dazu ist in LAPD die Multipoint-Adressierung mit dem GTEI möglich (kommender Ruf beim Bus). Bei ***LAPB*** kann also zu einem Zeitpunkt nur *eine* Virtuelle Schicht-2-Verbindung über diese Schnittstelle abgehandelt werden.
- ***LAPB*** verfügt nur über ein einoktettiges Adreßfeld, wobei die einzige benötigte Funktion die des C/R-Bits wie bei LAPD ist. Eine DLCI-Adressierung erübrigt sich wegen des PtP-Betriebs.
- Keine dynamische Adreßzuweisung (TEI-Vergabe).
- Sind keine Daten zu senden, werden bei ***LAPB*** dauernd Flags gesendet, bei LAPD 1en, damit zugriffswillige ***DEE***n (TEs) erkennen können, ob der Kanal frei ist.

- Bei ***LAPB*** kann ein *SABM(E)* sowohl von ***DEE*** als auch ***DÜE*** kommen, um eine Schicht-2-Verbindung aufzubauen, bei LAPD wegen der Multipointfähigkeit der Schnittstelle nur vom TE - als Reaktion auf ein **CONNECT-REQ** von der Benutzeroberfläche oder als Antwort auf einen im *UI*-Rahmen kommenden Ruf.

6.2.1.3 Paketschicht von X.25

Die allgemeinen Funktionen einer Schicht 3 des OSI-Modells wurden bereits in Abschn. 2.5.2.3 beschrieben. PDUs der Schicht 3 von X.25 werden im Gegensatz zu *Schicht-2-Rahmen*, *Zellen* (ATM) oder *Slots* (DQDB, Dx-M) als ***Pakete*** bezeichnet. Sie befinden sich hierarchisch auf dem Niveau von ISDN-D-Kanal-Nachrichten (-Messages) und sind in ihrer Funktionalität teilweise mit diesen vergleichbar. Sie bilden analog das I-Feld von ***LAPB***-Rahmen, die ein solches führen.

Der ***Paket***-Dienst umfaßt grundsätzlich drei Dienstklassen:

- ***Vermittelte Virtuelle Verbindung*** (***Switched Virtual Connection = SVC***)
  mit Verbindungsaufbau, Datenübertragung und -abbau, also vergleichbar dem gewählten D-Kanalzugang mit ISDN-Nachrichten und folglich mit entspr. Zuständen.
- ***Festgeschaltete Virtuelle Verbindung***
  (***FVV***; ***Permanent Virtual Connection = PVC***)
  konfiguriert für eine bestimmte Dauer durch den Netzbetreiber.
- ***Verbindungslose Kommunikation*** (***Connectionless Service***)
  zustandslos mittels Datagrammen (X.25-Bestandteil von 1980-1984).

Der Begriff der ***Virtuellen Verbindung*** besagt, daß durch das Netz während ihres Bestehens in den vermittelnden Netzknoten die Vermittlungsdaten gespeichert werden, die benötigt werden, um ein ***Paket*** zum nächsten Netzknoten bzw. zum Endteilnehmer zu routen. Die Ressourcen sind auch reserviert, wenn gerade keine ***Pakete*** übertragen werden. Sie können dann jedoch im Gegensatz zu leitungsvermittelten Verbindungen von anderen genutzt werden (z.B. die Bitrate). Abbildung 6.2-2 zeigt den grundsätzliche Aufbau eines X.25-***Pakets***:

	MSB							LSB
Bit-Nr.:	8	7	6	5	4	3	2	1
Oktett 1	Formatkennung				Logische Kanalgruppennr.			
Oktett 2	Logische Kanalnummer							
Oktett 3	Pakettyp							
m Oktetts	max. 128 Oktetts Nutzdaten der Schicht 4 oder weitere Schicht-3-Parameter							

Abbildung 6.2-2: Grundaufbau eines X.25-Pakets.

Die ersten drei Oktetts eines jeden ***Pakets*** bilden den ***Paketkopf*** vergleichbar dem Drei-Feld-Kopf einer ISDN-D3-Nachricht. Bedeutungen der ***Paketelemente***:

- ***Formatkennung*** (***Format Identifier***):
  legt fest, ob die ***Pakete*** mod 8 oder mod 128 gezählt werden und identifiziert Paketgruppen.

- ***Logische Kanalgruppennummer*** (***Channel Group Number***) und ***Logische Kanalnummer*** (***Channel Number***):
  Die o.e. ***Virtuellen Verbindungen*** sind auf einem Abschnitt einem ***logischen Kanal*** zugeordnet, der seinerseits wieder zu einer ***logischen Kanalgruppe*** auf diesem Abschnitt gehört. Die Nummern haben nur abschnittsweise Bedeutung und die ***Virtuelle Verbindung*** wird durch das Netz durch die Kettung dieser Nummern realisiert. Dieses Prinzip ist praktisch allen ***paketorientierten*** Netzen gemeinsam und wird uns z.B. wieder bei der Breitband-ATM-Technik (Abschn. 9.3) begegnen, nur daß dieses Prinzip dort zwei Stufen tiefer abgehandelt wird. Beim D-Kanal wäre der äquivalente Parameter die Call Reference (CR).
- ***Pakettyp*** (***Packet Type***): vgl. D3: Message Type

Abbildung 6.2-3 zeigt das Kommunikationsdiagramm für den Aufbau, Datenübertragungsphase und den Abbau einer ***Virtuellen X.25-Verbindung***. Die ***Pakete*** sind in ihrer Namensgebung im wesentlichen selbsterklärend und lassen sich funktional in etwa auf die unten in Klammern angegebenen ISDN-D3-Nachrichten abbilden:

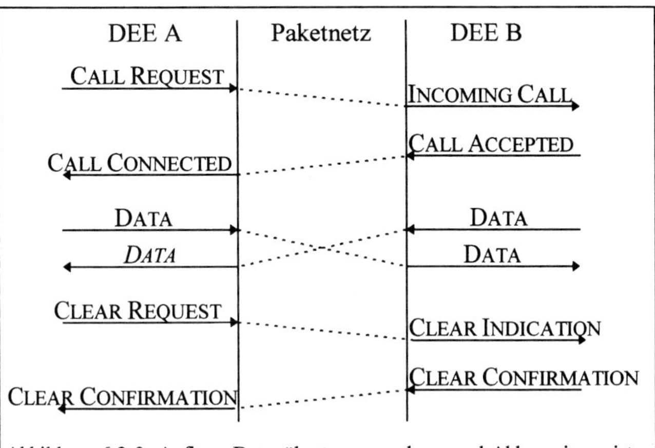

Abbildung 6.2-3: Aufbau, Datenübertragungsphase und Abbau einer virtuellen X.25-Verbindung.

- *CALL REQUEST/INCOMING CALL* (SETUP)
- *CALL ACCEPTED/CALL CONNECTED* (CONNECT)
- *DATA* (Daten im B-Kanal)
- *CLEAR REQUEST/CLEAR INDICATION* (DISCONNECT)
- *CLEAR CONFIRMATION* (RELEASE)

Man erkennt, daß die im OSI-Modell später verwendeten Primitive-Typennamen hier als ***Pakettyp***-Bestandteile verwendet werden. Es sollen hier zwei dieser ***Pakettypen*** in Abbildung 6.2-4 in ihrem weiteren Aufbau kurz erläutert werden. Wir erkennen, daß hinter dem für jedes ***Paket*** obligaten ***Paketkopf*** die pakettypspezifischen Felder folgen. *AL* steht für Adreßlänge, d.h. die Ziffernanzahl; die eigentlichen ***DEE***-Adressen befinden sich beim *CALL REQUEST/INCOMING CALL* dahinter und sind im Gegensatz zu den LAPD-DLCIs statt abschnittsweise *weltweit* eindeutig. Sie sind also auf dem hierarchischen Level einer Telefonnummer beim Fernsprechnetz und damit Calling Party Number/Called Party Number in einer ISDN-SETUP äquivalent.

Anhand des *DATA*-***Pakets*** erkennen wir analog zu ISDN D3, daß nicht jedesmal die oft vieloktettigen durchsatzmindernden Adressen übermittelt werden, sondern bei Verbindungsaufbau eine Assoziation zwischen diesen Adressen und den ***Kanal(gruppen)-nummern*** hergestellt wird. Bei Verbindungsaufbau können Dienstmerkmale, wie *Gebührenübernahme durch gerufene **DEE**, Flußregelungsparameter* und *Wahl einer Durchsatzklasse* angegeben, sowie bereits Nutzdaten übertragen werden.

CALL REQUEST/INCOMING CALL

Format Identifier	Log. Kanalgr.-Nr.
Logische Kanalnummer	
Code *CALL REQUEST/INCOMING CALL*	
AL Rufende DEE	AL gerufene DEE
Adresse der rufenden DEE	
Adresse der gerufenen DEE	
0 0	Dienstmerkmal-Länge
Dienstmerkmale ≤ 62 Oktetts)	
Benutzerdaten ≤ 16 Oktetts)	

DATA (mod8)

Q	Format Id.	Log. Kanalgr.-Nr.	
Logische Kanalnummer			
P(R)	M	P(S)	0
Nutzdaten (max. 128 Oktetts)			

Abbildung 6.2-4: X.25-Paketaufbau CALL REQUEST/INCOMING CALL und DATA.

Anders an dem *DATA-**Paket*** gegenüber der Funktionalität von ISDN-D3 ist das Vorhandensein von P(S) und P(R), die ihrem Gehalt nach den HDLC-Parametern N(S) und N(R) entsprechen. *DATA-**Pakete*** unterliegen also auf der Schicht 3 einer eigenen Flußregelung - zusätzlich zu der der ***LAPB***-I-Rahmen, in die sie verpackt sind - wodurch die Datenrate der Partner-***DEE*** unmittelbar beeinflußt werden kann. Dies ist natürlich ein Overhead, der seinen Preis in Durchsatzminderung hat. Bei den heutigen hochqualitativen Leitungen, auch bei hohen Bitraten mit LWL wird dieser durchgehend vermieden.

M steht für ***More Data*** und ist 1, um Folge-***Pakete*** anzuzeigen, d.h., wenn die Schicht 4 segmentiert hat, sonst oder bei einoktettigen Nutzdaten ist ***M*=0**. Das ***Q***-(Qualifier)-Bit hat für X.29 Bedeutung und muß in *einer **Paket***-Sequenz den gleichen Wert haben, z.B. zur Unterscheidung von Benutzerdaten und Steuerinformation.

Zu der Flußregelung und zugehörigen Quittierung soll erwähnt werden, daß es analog zu HDLC-***LAPB***/D PCI-Typen RR und RNR gibt, die kein Informationsfeld der Schicht 4 führen. Weiterhin gibt es noch ein *INTERRUPT-**Paket***, mit dem sich die Tln. einoktettige Nachrichten zusenden können, *RESET-**Pakete*** von den ***DEE***n oder vom Netz, um bei bestimmten Fehlern *eine Verbindung* zurückzusetzen, *RESTART-**Pakete***, die *alle* Kanäle einer ***DEE*** initialisieren.

6.2.2 Zugriff paketorientierter DEEn auf das ISDN

Der in I.462/X.31 spezifizierte TA X.25 erfüllt beim Zugriff einer paketorientierten ***DEE*** gemeinsam mit dem NT die Funktion der ***DÜE***. Funktionen des TA können je nach Konfiguration das Zusammenarbeiten aller Schichten der zu adaptierenden Schnittstelle zu den Schichten des D-Kanals betreffen. Mindestens muß der TA folgende Funktionen erfüllen:

- Konversion der elektrischen und mechanischen Eigenschaften der Schnittstellen.
- Bitratenadaption.
- Umsetzung der Schnittstellensignale der einen Schnittstelle auf die andere (Formate, Prozeduren). Dieses Themengebiet selbst ist wieder relativ komplex - vor allem wegen der unten beschriebenen verschiedenen Szenarien und Wechselwirkungen zwischen diesen, und soll daher hier nicht weiter behandelt werden [BO.4].

Grundsätzlich sind zwei Szenarien denkbar:

- **Netzübergangsscenario (Minimum Integration Scenario** entspr. **X.31 Case A**)
  Ort der Vermittlung ist das ***PSPDN***; das ISDN schaltet B-Kanäle zwischen TA und ***PSPDN*** transparent auf einem vorher konfigurierten (nicht vermittelten) Weg durch. Auf der Schicht 2 wird LAPB gefahren, auf Schicht 3 X.25/3. Für zwei paketorientierte ***DEE***n, die beide am ISDN angeschlossen sind, wird eine unnötige Schleife durch das ***PSPDN*** geschaltet.
- **Integriertes Scenario (Maximum Integration Scenario** entspr. **X.31 Case B**)
  Ort der Vermittlung ist das ISDN; ein Pfad zum ***PSPDN*** wird nur geschaltet, wenn die gerufene ***DEE*** auch dort zu finden ist. Diese Lösung ist für das ISDN aufwendiger, da zusätzlich ***Packet Handler***, die Speicherfunktionen ausführen, bereitgestellt werden müssen. Weiterhin ist zu berücksichtigen, daß ***Paketdaten*** im
  - **B-Kanal (P10I-B)**
    gefahren werden können. Eine solche Verbindung wird wie eine leitungsvermittelte Verbindung mit D3-Signalisierung über SAPI=**s** auf- und abgebaut. Ansonsten gilt die Schichtenstruktur wie im Netzübergangsscenario (s. auch Abbildung 4.1-11). Für ***Pakete*** im
  - **D-Kanal (P10I-D)**
    werden hingegen der SAPI=**p** mit LAPD (optional: LAPB) als D2-Protokoll verwendet und kein B-Kanal benötigt. Die Schicht 3 ist wieder die von X.25. Die Ressource *B-Kanal* ist dann für leitungsvermittelte Verbindungen frei, bei hochratigen Paketverbindungen kann der D-Kanal aber schnell zum Engpaß werden, X.25-Bitraten oberhalb von 16 kbps (z.Z. max. 9,6 kbps) können nicht gefahren werden. Da das ZGS#7 in seinen ZZK nicht für Paketinformation ausgelegt ist, muß beim Übergang von S_0 nach ZGS#7 eine Konversion von D-Paketdaten in die Nutzkanäle stattfinden, d.h. in den EVStn müssen bereits ***Pakket Handler***-Funktionen erbracht werden (s. auch Abbildung 4.1-10).

B- und D-Kanal haben festgelegte physikalische Bitraten und auf der X.25-Seite können die o.e. Bitraten nach X.1 vorkommen. Hier ist es nötig, Bitratenadaptionen im TA durchzuführen. Zu diesem Zweck ist die Bitratenadaptionseinheit eines TA grundsätzlich zweistufig ausgeführt und sei hier für den B-Kanal angegeben:

- **Ratenadaption 1 (RA 1)** gemäß I.461/X.30
  gültig für die gesamte X.21- und X.21bis-Schnittstelle: setzt die X.1-Nettobitrate $\leq$ 64 kbps nach dem in Tabelle 6.2-1 dargestellten Algorithmus gemäß folgender kbps-Zuordnung um: 0,6/1,2/2,4/4,8 $\rightarrow$ 8,0; 7,2/9,6 $\rightarrow$ 16,0; 12,2/14,4/19,2 $\rightarrow$ 32,0. In der Empfehlung I.463/V.110 werden im übrigen die gleichen Adaptionsstufen für den Zugriff von niederratigen ***DEE***n mit V-Schnittstellen, die ursprünglich für den Zugang zum analogen Fernsprechnetz mittels Modem vorgesehen waren, via TA auf das ISDN beschrieben.

	MSB			←t				LSB	
Bit Nr.	8	7	6	5	4	3	2	1	
Oktett 0u	**0**	**0**	**0**	**0**	**0**	**0**	**0**	**0**	↓t
Oktett 0g	E7	E6	E5	E4	E3	E2	E1	1	
Oktett 1	S1/6	D6	D5	D4	D3	D2	D1	1	
Oktett 2	X	D12	D11	D10	D9	D8	D7	1	
Oktett 3	S3/8	D18	D17	D16	D15	D14	D13	1	
Oktett 4	S4/9	D24	D23	D22	D21	D20	D19	1	

Tabelle 6.2-1: Struktur des 40-Bitrahmens zur Bitratenanpassung in Stufe 1 [I.461/X.30].

Dabei hängt Oktett 0 dieser 5-Oktett-Gruppe davon ab, ob die Oktettgruppennr. ungerade (0u) oder gerade (0g) ist. Im letzten Fall codieren die E-Bits die X.1-Bitrate der X.21-Schnittstelle. Die D-Bits codieren die eigentliche Nutzinformation, S und X codieren Steuer- bzw. Status-Information sonstiger X.21-Leitungen, die auf der Empfängerseite wieder auf diese umgesetzt werden müssen.

- **Ratenadaption 2** (**RA 2**) gemäß I.460
  setzt diese Werte auf 64 kbps um. Dies kann auf einfache Art geschehen, indem für 8 kbps nur das jeweils erste Bit eines B-Oktetts belegt wird. Bei 16 kbps sind es die ersten beiden, bei 32 kbps das erste Nibble. Die im jeweiligen Oktett befindlichen nichtbenutzten Bits werden auf 1 gesetzt. Bei ***Paket***-Daten besteht hier zusätzlich die Option des Flag-Stuffings, d.h. statt des angeg. Abbildungsschemas werden die LAPB-Rahmen fortlaufend auf B-Bits abgebildet und die dazwischenliegenden Bits durch Flags aufgefüllt. In diesem Fall muß der TA Rahmen zwischenspeichern können, im vorangegangenen nicht.
  Mit beiden Varianten besteht die für niedrige Bitraten die Möglichkeit, auch mehrere ***Paket***-Verbindungen gleichzeitig im B-Kanal zu multiplexen, statt die freien Bits wie o.a. zu *verschwenden*.

In diesem Zusammenhang ist noch die neuere Empfehlung I.465 (V.120) zu erwähnen, die Bitratenadaption und statistisches Multiplexen für asynchrone Übertragungsraten bis 19,2 kbps und HDLC-basierte synchrone bittransparente Datenströme bis 56 kbps mittels eines LAPD-ähnlichen Rahmenformats erlaubt. Hier werden mit einem Logical Link Identifier (LLI) im Adreßfeld einzelne Nutz-Subkanäle in einem B-Kanal unterschieden.

6.3 TCP/IP und aufsetzende Protokolle

Die ***TCP/IP***-Protokollarchitektur ist einer der Dinosaurier der Datenkommunikation, genauso wie das Betriebssystem UNIX, zwischen denen eine enge Verwobenheit besteht, und die heute im Zeitalter des in Abschn. 1.5 vorgestellten Internet dessen Grundlage bilden. Angesiedelt auf den OSI-Schichten 4/3 wurde die Kombination aus der Sichtweise einer eigenen kompletten Prä-OSI-Architektur geboren, aus dem pragmatischen Ansatz, daß es unterhalb ***TCP/IP*** etwas geben muß, was als *Fahrgestell* dient, und oberhalb etwas - Anwendungen - dem ***TCP/IP*** als *Steuerungs-Plattform* dienen soll. Wie das *unterhalb* und *oberhalb* aussehen kann, wird beispielhaft in Abbildung 6.3-1 dargestellt [CO, GL, GO, HU, LA, LY, MA, RO, SA, ST, WA].

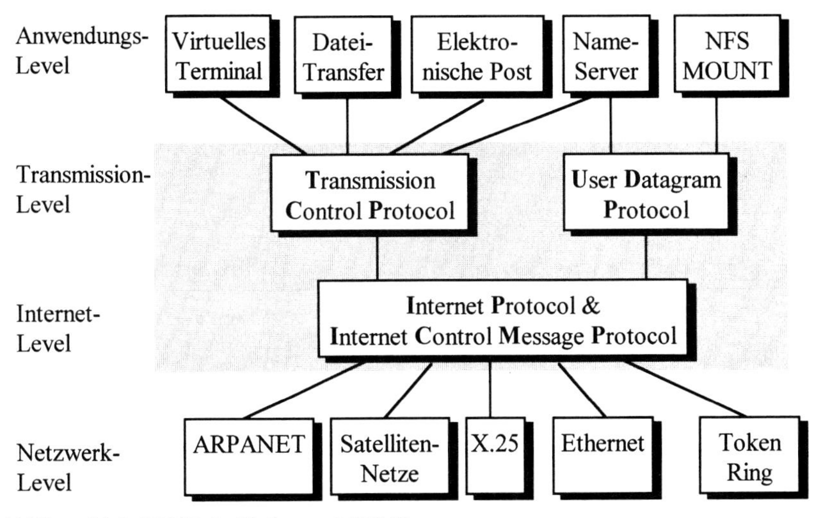

Abbildung 6.3-1: TCP/IP-Architekturmodell [SA].

6.3.1 Internet-Protokoll (IP)

Das ***IP*** ist im *Request for Comment* (*RFC*) *791* und aufgrund der in Abschn. 1.5 dargelegten Historie aus einem militärischen Entwicklungsauftrag im MIL-STD 1777 spezifiziert. Diese RFCs sind Veröffentlichungen der am ARPANET beteiligten Systemspezifizierer (Internet Activities Board = IAB). Charakteristisch für diesen unteren Anteil der Protokollgruppe sind folgende Merkmale:

- Datagramme (verbindungslos)
- 32-Bit-Strukur der ***IP***-Adressen
- max. 2^{16}-Oktetts-***Pakete***
- Endliche ***Paket***-Lebensdauer im Netz
- Bedarfsweise ***Paket***-Fragmentierung
- 8-Bit-Transportprotokolladressen
- Kopfprüfsumme, keine Datenprüfsumme
- Best-Effort-Zustellung

Ein ***IP-Paketkopf*** ist wie folgt aufgebaut; die Zahlen geben die jeweilige Bitposition an:

1	4	8	16		24	32
Version	Länge	Servicetypen	Paketlänge in Oktetts			
Identifikation			DF	MF	Fragmentabstand	
Lebensdauer		Transport	Kopfprüfsumme			
Senderadresse						
Empfängeradresse						
Optionen						Füllzeichen

Abbildung 6.3-2: IP-Paketkopf [SA].

Die ***Paketkopf***-Elemente haben folgende Bedeutungen:

- **Version**: Versionsnummer des verwendeten ***IP***-Protokolls - derzeit: 4.
- **Länge**: des ***Paketkopfes*** in 32-Bit-Worten. Minimal- und auch Normalwert ist 5. Das Optionsfeld kann mehrfach vorkommen, womit größere Werte möglich sind.
- **Service**: Standardwert: **0**. Andere Werte können hier vorkommen und lassen ggf. niedrige Wartezeiten, hohen Durchsatz oder hohe Zuverlässigkeit bei der Übertragung zu, werden aber zumindest heute praktisch nicht ausgenutzt.
- **Paketlänge**: des Gesamt-***Pakets*** in Oktetts. Wird im sog. ***Pseudo-Protokollkopf*** dem Transportprotokoll übergeben (s.u.).
- **Identifikation**: Zähler zur Durchnumerierung von ***Paket***-Fragmenten.
- **DF**, **MF**: ***Don't Fragment*** = 1 verhindert das ***Paket***-Fragmentieren - auch wenn es deshalb verworfen werden muß, ***More Fragments*** = 1 zeigt Folgefragmente an.
- **Fragmentabstand**: Kennzeichnet bei ***MF*** = 1 die relative Lage des im ***Paket*** enthaltenen Nachrichtenfragments zur Gesamtnachricht, gemessen in Oktetts.
- **Lebensdauer (Time to live = TTL)**: gibt in Sekunden an, wie lange das ***Paket*** im Netz verweilen darf (typ. 15 - 30). Jeder Knoten, den das ***Paket*** durchläuft, erniedrigt **TTL** um mindestens 1. Ist bei **TTL = 0** das ***Paket*** noch nicht beim Empfänger, wird es verworfen, und der Absender mit *TIME EXCEEDED* benachrichtigt. Dies verhindert Irrläufer im Netz.
- **Transportprotokoll**: Kennzeichnet eines von heute ca. 50 möglichen Transportprotokollen, z.B. ***ICMP*** =1, ***TCP*** = **6**, ***UDP*** = 17.
- **Kopfprüfsumme**: Einerkomplement der 16-Bit-Summe aller 16-Bit-Worte des ***Paketkopfes***. Dieser Algorithmus ist schnell und effizient, aber begrenzt auf bestimmte Fehlerarten. Die Prüfung des ***Paket***-Inhalts (= ***Segment***) obliegt Ende-zu-Ende der Transportschicht (z.B. ***TCP***).
- **Sender-** und **Empfänger-Adresse**: Die Aufspaltung in die Klassen A, B und C sowie die zukünftige Entwicklung wurde bereits in Abschn. 1.5.1.2 beschrieben. Hier auch ein Wort zu ***TCP/IP*** auf Ethernet, welches in Abschn. 8.2 behandelt wird. Das LLC-Feld wird hier üblicherweise nicht verwendet, sondern das ***IP-Paket*** gleich hinter dem zwei Oktetts langen MAC-Längenfeld - $\mathbf{0800}_{\text{Hex}}$ codiert - eingefügt. Die Abbildung von ***IP***- auf MAC-Adressen wird ebenfalls dort angesprochen. Da ***TCP/IP*** keineswegs an Ethernet - auch nicht an LANs - gebundenen ist, sondern über analoge Netze, ISDN oder ***Paketnetze*** gefahren werden kann, wird es hier, wie die anderen höheren Protokolle auch, losgelöst von den niederen Protokollen behandelt.
- **Optionen** und **Füllzeichen**: optional für spezielle Aufgaben, wie Netzmanagement und Sicherheit. Füllzeichen ergänzen die Optionen ggf. auf vier Oktetts. Die wichtigsten Optionen sind:
  - ***Source Route***: Liste von Internet-Adressen, die das ***Paket*** durchlaufen soll. Dabei kann noch unterschieden werden, ob genau ein bestimmter Pfad durchlaufen werden soll, oder ob auch noch andere Zwischenknoten erlaubt sind.
  - ***Record Route***: Knoten, die das ***Paket*** durchläuft, müssen zwecks Nachvollziehbarkeit des Wegs ihre ***IP***-Adresse zufügen.
  - ***Timestamp***: des jeweiligen Knotens beim ***Paket***-Durchlauf wird eingefügt. Dies kann z.B. für Verkehrsmessungen und Wegeoptimierungen verwendet werden.
  - ***Security***: Sicherheitsanforderungen, praktisch nur militärisch genutzt.

6.3.2 Transmission Control Protocol (TCP) und Umfeld

Das ***TCP*** ist im RFC 793 und im MIL-STD 1778 spezifiziert. Charakteristisch für diesen oberen Anteil der ***TCP/IP***-Protokollgruppe sind folgende Merkmale:

- bidirektionale virtuelle Vollduplexverbindung.
- aus Benutzersicht kontinuierlicher, nicht blockweiser Datenstrom.
- Ende-zu-Ende-Datensicherung durch Folgenummern, Prüfsummenbildung mit Empfangsquittungen, Quittung mit Zeitüberwachung und automatischer ***Segment***-Wiederholung nach Quittungszeitablauf.
- Sliding Windows
- Anwenderadressierung mit 16-Bit-Portnummer
- Urgent Data und Push-Funktion
- Verbindungsbezogener Dienst

Ein ***TCP-Segmentkopf*** ist wie in Abbildung 6.3-3 aufgebaut:

<table>
<tr><td>1</td><td>4</td><td>10</td><td colspan="6"></td><td>16</td><td>24</td><td>32</td></tr>
<tr><td colspan="9">Sender-Portnummer (-Kanal)</td><td colspan="3">Empfänger-Portnummer (-Kanal)</td></tr>
<tr><td colspan="12">Sequenznummer (SEQ)</td></tr>
<tr><td colspan="12">Quittungsnummer (ACK)</td></tr>
<tr><td>Daten-
Abstand</td><td colspan="2">Reserviert</td><td>U
R
G</td><td>A
C
K</td><td>P
S
H</td><td>R
S
T</td><td>S
Y
N</td><td>F
I
N</td><td colspan="3">Fenstergröße
(Window-Size)</td></tr>
<tr><td colspan="9">Prüfsumme (Checksum)</td><td colspan="3">Dringlichkeits-Zeiger (Urgent-Pointer)</td></tr>
<tr><td colspan="11">Optionen</td><td>Füllzeichen</td></tr>
</table>

Abbildung 6.3-3: TCP-Segmentkopf [SA].

Bis auf die Tatsache, daß TSDU-Grenzen aufgrund der Oktettorientierung nicht erhalten bleiben, ist das ***TCP*** im wesentlichen ein OSI-Schicht-4-konformes Protokoll. Man beachte: die im OSI-Modell als *Blöcke* bezeichneten Schicht-4-PDUs heißen hier ***Segmente***, weshalb das im OSI-Modell in Abschn. 2.4.6.3 erläuterte *Segmentieren* hier *Fragmentieren* heißt. Die ***Segmentkopf***-Elemente haben folgende Bedeutungen:

- **Sender-** und **Empfänger-Port**:
  Endpunkte (sog. ***Sockets***) der virtuellen Verbindung, die die Applikation adressiert. Beispielsweise steht hier für ***FTP*** 20 oder 21, für ***TELNET*** eine 23 - wenn die Festlegung des Transport-Felds = ***TCP*** im ***IP-Paketkopf*** lautet. Wird auf der Schicht 4 ein anderes Protokoll (z.B. ***UDP***) gefahren, kann die gleiche Anwendung nach dessen Protokollvorschrift mit einer anderen Codierung adressiert werden müssen.
  Die ***IP/TCP***-Adreßkombination Netz(N)/HOST-ID(m)/Port adressiert also ähnlich der Durchwahl in einer TKAnl mit Vorwahl/TKAnl-Nummer/Nebenstelle. Mit dieser TKAnl-Durchwahl wird letztendlich eine Person adressiert, was in der ***TCP***-Numerierung dem ***Port*** entspricht, der die Anwendung adressiert.
  Handelt es sich um eine Individualkommunikation zwischen zwei Clients, grob vergleichbar einer Fernsprechverbindung zwischen zwei Personen - allerdings i.allg. zeitlich entkoppelt, wie das bei e-Mail (Eudora) - unterstützt durch Mail-Server - der Fall ist, oder um eine WWW-Verbindung (Netscape), so laufen diese Programme unter einer bestimmten Betriebssystem-Umgebung des jeweiligen Client-PCs. Ist dies z.B. Windows, so wird heute üblicherweise zwischen ***TCP*** und dem Anwendungs-

programm Eudora oder Netscape die Winsocket-Schnittstelle liegen, die dann in der entspr. ***Port***-Nummer adressiert werden muß.
Handelt es sich um eine Kommunikation mit einem Server, der z.B. die Homepage eines Unternehmens präsentiert, und möchte man sich von hier Produktinformation downloaden, wird die Adressierung ***FTP*** sein, vergleichbar mit der Fernsprechapplikation des Anrufs der *Zeitansage*, *Weckdienst* oder *Rufnummernauskunft*.

- **Sequenz-** und **Quittungsnummer**:
  Durchnumerierung der ***TCP-Segmente***, vergleichbar N(S)/N(R) der HDLC-Prozeduren oder P(S)/P(R) von X.25/3, nur daß diese jetzt Ende-zu-Ende statt abschnittsweise gelten.
- **Datenabstand**: Codiert die Länge des ***TCP***-Protokollkopfes in 32-Bit-Worten.
- **Flag-Bitgruppe *URG*, *ACK*, *PSH*, *RST*, *SYN*, *FIN***: ein gesetztes Bit bedeutet:
  - ***URG***: Urgent-Zeiger (s.u.) gültig
  - ***ACK***: Quittungsnummer gültig
  - ***PSH***: Daten sofort Anwendung übergeben
  - ***RST***: Restart
  - ***SYN***: Verbindungsaufbauwunsch; quittierungspflichtig.
  - ***FIN***: Einseitiger Verbindungsabbau; quittierungspflichtig.
- **Fenstergröße**:
  der Sender gibt die Anzahl der Oktetts an, die sein Empfangspuffer momentan aufnehmen kann, und die die Gegenstelle senden darf, ohne daß jeweils eine individuelle Quittung nötig wäre. Diese Methode wird als ***Sliding Window*** bezeichnet; der Algorithmus für eine effektive Nutzung ist komplex. Bei den abschnittsweisen HDLC-Prozeduren wird diese Funktionalität mit der S-Rahmengruppe RR, RNR und REJ gelöst; die Fenster sind dort jedoch nicht dynamisch.
- **Prüfsumme**:
  Ähnlich ***IP***-Kopfprüfsumme, gebildet über den ***TCP-Protokollkopf***, Nutzdaten und bestimmte Teile des ***IP-Paketkopfes***, (s.o. ***Pseudo-Protokollkopf***).
- **Dringlichkeits-Zeiger**:
  Zeiger auf ein Oktett im Datenfeld, dessen nachfolgenden Oktetts von der Anwendung *vor allen anderen* gelesen werden müssen (**Urgent Data**). Typisch für ***TELNET***-Anwendungen, um z.B. einen Programmabbruch zu signalisieren, was bedeutet, daß die davorliegenden Daten dieses ***Segments***, die kontinuierlich bereits gesendet wurden und nicht rückholbar sind, zu ignorieren sind, und ggf. der Benutzer eine Bildschirm-Einblendung erhält (z.B. *Anwendung wegen Fehlers geschlossen*).
  Diese Funktion ist nicht zu verwechseln mit dem in OSI-Schicht-4 spezifizierten Begriff der *Vorrang-Datenübertragung* (*Expedited Data Transfer*). Vorrang-Daten sind ganze T-Datenblöcke, die sich beim Durchlauf durch Netzknoten an einer Warteschlange vorbeidrängeln dürfen, also das FIFO-Prinzip durchbrechen (z.B. Alarme). Demgegenüber ist die ***Dringlichkeitsanzeige*** eine reine Sache der Anwendung.
- **Optionen:**
  z.B. bei Verbindungsaufbau Bereitschaftsanzeige zum Empfang von großen ***Segmenten*** (z.B. 1024 Oktetts statt des vorgeschriebenen Minimums von 536 Oktetts).

TCP-Segmente haben keine unterschiedlichen Namen, vergleichbar SETUP, ALERT, REL des D3-Protokolls, oder CALL REQUEST, DATA bei X.25/3, sondern die Bedeutung wird über die o.e. **Flag-Bitgruppe** geregelt. Beispiel für einen ***TCP***-Verbindungsaufbau, Austausch dreier Daten-***Segmente*** und -abbau in Abbildung 6.3-4:

Aktion der Station A →	SEQ-Wert	ACK-Wert	Gesetzte Flags	Anzahl Datenoktetts	Aktion der ← Station B
Verbindungsaufbau	x	0	SYN	-	
	y	x+1	SYN, ACK	-	Quittung
Quittung	x+1	y+1	ACK	-	
Daten	x+1	y+1	ACK	a	
	y+1	x+1+a	ACK	b	Daten u. Quittung
Quittung	x+1+a	y+1+b	ACK	-	
Verbindungsabbau	x+1+a	0	FIN, ACK	-	
	y+1+b	x+2+a	ACK	-	Quittung
	y+1+b	x+2+a	ACK	c	Daten
Quittung	x+2+a	y+1+b+c	ACK	-	
	y+1+b+c	x+2+a	FIN, ACK	-	Verbindungsabbau
Quittung	x+2+a	y+2+b+c	ACK	-	

Abbildung 6.3-4: TCP-Verbindungsaufbau, Austausch dreier Datensegmente und -abbau.

Das ***User Datagram Protocol* = *UDP*** ist im RFC 768 spezifiziert und im Gegensatz zu dem mittlerweile sehr ausgefeilten und komplexen ***TCP***, das über jede Menge weiterer Protokollfunktionen, wie Zeitüberwachung, spezielle Effizienzsteigerungsalgorithmen usw. verfügt, sehr einfacher Natur. Es wird im ***IP-Paketkopf***-Feld *Transportprotokoll* = 17 adressiert. Charakteristisch sind folgende Merkmale:

- verbindungslos (wie das ***IP*** selbst)
- Prüfsumme aller Daten
- Best Effort-Zustellung
- sehr einfach

Ein ***UDP-Segmentkopf*** ist wie in Abbildung 6.3-5 aufgebaut:

1 16 32

Sender-Portnummer (-Kanal)	Empfänger-Portnummer (-Kanal)
Länge des gesamten Pakets	Prüfsumme (optional)

Abbildung 6.3-5: UDP-Segmentkopf [SA].

Das ***UDP*** findet seine Einsatzbereiche in hochqualitativen Hochgeschwindigkeitsleitungen, bei denen auf die Fehlerbehebungsmechanismen der niederen Schichten (z.B. LAN-MAC-Schicht) Verlaß ist, aber auch bei System-Ladefunktionen.

Das obligate im RFC 792 spezifizierte ***Internet Control Message Protocol* = *ICMP*** stellt das Management des ***IP*** dar. Es wird im ***IP-Paketkopf***-Feld *Transportprotokoll* = 1 adressiert. Der Protokollkopf besteht aus einem festen und einem variablen Teil. Es gibt unterschiedliche ***ICMP-Segmenttypen***, wie *DESTINATION UNREACHABLE* (Empfänger unerreichbar), *SOURCE QUENCH* (Datenrate reduzieren), *REDIRECT* (Routenwechsel zu einem Gateway, über den das Ziel einfacher erreichbar ist), *ECHO REQUEST* und *ECHO REPLY* (Testdaten mit Reflexion; ping-Funktion), *TIME EXCEEDED*, *PARAMETER PROBLEM* (ähnlich FRMR in HDLC).

6.3.3 Beispiele höherer TCP/IP-Dienste: FTP, SMTP und TFTP

Ist eine ***TCP/IP***-Verbindung hergestellt, kann eine darauf passende Anwendung aktiviert werden. Von der Benutzeroberfläche läuft das i.allg. jedoch so, daß ein entspr. Befehl zur Aktivierung der Anwendung eingegeben wird, diese via Primitives die ***TCP/IP***-Schichten zum Kommunikationsaufbau aufruft, dann darüber ihrerseits den angesteuerten Rechner anspricht (d.h. entspr. Abschn. 2.5.2.5 die der Schicht 5 zugeordnete Sitzung installiert) und sich danach beim Benutzer mit dem für das jeweilige Betriebssystem spezifischen Prompt als Inkarnation der Sitzungs-Marke zurückmeldet.

Die Gesamtkonfiguration entspr. Abbildung 6.3-1 kann man sich unter Einbeziehung der niederen Schichten, des Betriebssystems und der Hardware wie in Abbildung 6.3-6 vorstellen. Die hier beispielhaft vorgestellten höheren Dienste und Protokolle decken aus OSI-Sicht den Gesamtbereich der Schichten 5 - 7 ab.

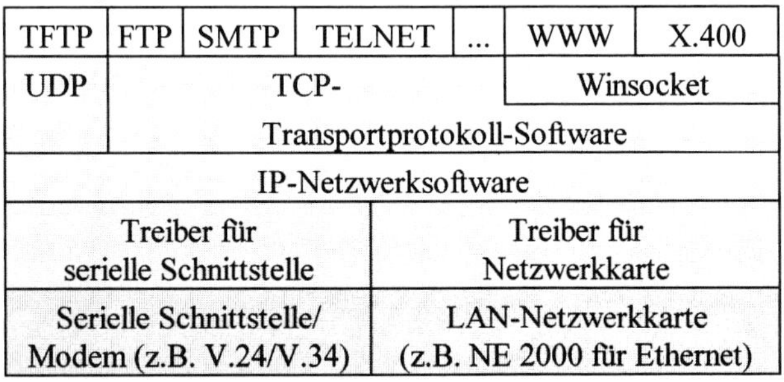

<table>
<tr><td>TFTP</td><td>FTP</td><td>SMTP</td><td>TELNET</td><td>...</td><td>WWW</td><td>X.400</td></tr>
<tr><td rowspan="2">UDP</td><td colspan="4">TCP-</td><td colspan="2">Winsocket</td></tr>
<tr><td colspan="6">Transportprotokoll-Software</td></tr>
<tr><td colspan="7">IP-Netzwerksoftware</td></tr>
<tr><td colspan="4">Treiber für
serielle Schnittstelle</td><td colspan="3">Treiber für
Netzwerkkarte</td></tr>
<tr><td colspan="4">Serielle Schnittstelle/
Modem (z.B. V.24/V.34)</td><td colspan="3">LAN-Netzwerkkarte
(z.B. NE 2000 für Ethernet)</td></tr>
</table>

Abbildung 6.3-6: Kommunikations-Softwareschichtung im PC.

Das in RFC 959 spezifizierte ***File Transfer Protocol*** (***FTP***) stellt eine unter vielen Betriebssystemen benutzte Variante zur Abwicklung eines Dateitransfers dar. Charakteristisch ist die getrennte Adressierung auf ***TCP-Port***-Ebene von Steuerkanal (**21**) und Datenkanal (**20**), eine Strukurierung, wie sie prinzipiell bereits auf der Schicht 1 des ISDN mit der Unterteilung in D- und B-Kanäle vorgenommen wurde. Die wichtigsten ***FTP***-Kommandos (Meta-Begriffe) finden sich in Tabelle 6.3-1 auf einen Blick:

FTP-Kommando:	Bedeutung
OPEN/QUIT(BYE)	Eröffne/Beende ***FTP***-Sitzung
GET/PUT	Hole Datei von Server/Sende Datei an Server
DEL	Lösche Datei in Server
BINARY	Schalte auf binären Übertragungsmodus um
CD	Change Directory - Wechsele Dateiverzeichnis auf Server
LCD	Local Change Directory - Wechsele Dateiverzeichnis auf Client
PWD	Gib Dateiverzeichnis auf Server aus
DIR	Directory - Zeige Dateiverzeichnis auf Server an

Tabelle 6.3-1: Die wichtigsten ftp-Kommandos.

Die dafür als Protokollelemente verwendeten Codes werden in Form des ***Network Virtual Terminal***-(***NVT***)-Formats durch vier Zeichen lange Kommandowörter, abgeschlossen durch ein CR/LF mit optionalen Parametern dargestellt. Rückmeldungen in Form eines dreistelligen Zifferncodes mit Texterläuterung berichten über das Ergebnis der Befehlsausführung. Charakteristisch ist weiterhin, daß Client/Server-Sitzungs-(also: ***FTP***)-Verbindung und ***TCP***-Verbindung immer gemeinsam für einen Transfer auf- und abgebaut werden. ***FTP*** nutzt ausschließlich die ***TCP***-Sicherungsfunktionen, wie es sich für eine ordentliche OSI-Struktur gehört.

Zu den Funktionen der Darstellungsschicht ist zu bemerken, daß die beiden einzigen praktisch genutzten Transferarten der voreingestellte *Textübertragungsmodus* in Form von ASCII-Zeichen und der durch den ***binary***-Befehl (s.o.) aktivierbare *Binärmodus* sind. Letzterer läßt aufgrund der nicht benötigten Formatwandlungen eine deutlich schnellere Übertragung zu und er sollte bei Übertragungen zwischen Rechnern mit gleichem Betriebssystem für alle Dateitypen angewendet werden. *Textmodus* bietet sich bei heterogener Übertragung zwischen Rechnern an, deren gemeinsame Datendarstellung bei ASCII endet. Darüberhinaus wird aber auch Datenkompression unterstützt - nur sinnvoll anwendbar, wenn man sicher ist, daß der Client die Expansion korrekt durchführen kann.

Das ***FTP***-verwandte in RFC 821 spezifizierte ***Simple Mail Transfer Protocol*** (***SMTP***) realisiert unter ***TCP-Port*** 25 das Protokoll der elektronischen Post (e-Mail). Die wenigen Steuerbefehle bestehen aus jeweils vier Buchstaben, die wichtigsten sind:

- *HELO IP-Adresse im DNS-Klartext*: Client meldet sich beim Server an
- *MAIL e-Mail-Adresse*: Absender
- *RCPT e-Mail-Adresse*: Empfänger
- *DATA Daten*. Ende der e-Mail ist ein Einzelpunkt am Zeilenanfang.
- *HELP*: Hilfe anfordern
- *QUIT*: Beende ***SMTP***-Sitzung

Zurück kommen jeweils Antworten im dreistelligen ***FTP***-Code.

Das ebenfalls ***FTP***-verwandte in RFC 783 spezifizierte ***Trivial File Transfer Protocol*** (***TFTP***) realisiert unter dem ***UDP-Port*** **69** eine stark vereinfachte Dateitransferfunktion zum ausschließlichen Text- und Binärtransfer. Da keines der unterliegenden Protokolle verbindungsbezogen ist, d.h. damit auch keine Zustände (STATEs) kennt, muß ***TFTP*** selbst die Übertragungssicherung vornehmen - Funktionen also, die so von der OSI-Spezifikation auf diesem Level nicht mehr zu finden sind. Auch gibt es keine Überwachung der Zugriffsautorisierung auf dem Server, so daß i.allg. nur der Zugriff auf Daten erfolgen kann, die jedem anderen ebenfalls uneingeschränkt zugänglich sind.

Damit ist auch der Anwendungsbereich von ***TFTP*** gegenüber ***FTP*** sinnvoll abgrenzbar: ***TFTP*** wird typisch für das Hochfahren plattenloser Stationen durch den Server eingesetzt, wozu in diesen lediglich der Netzwerktreiber, die ***IP***-Grundfunktionen, das einfache ***UDP*** und das ***TFTP***-Programm benötigt werden - einige kB im EPROM.

Andere wichtige auf ***TCP/IP*** laufende höheren Protokolle sind ***TELNET*** zum Zugriff auf Programme in abgesetzten Rechnern (z.B. FORTRAN-Numerik-Programme; Virtuelles Terminal), sowie ***NFS*** (***Network File System***), das es Programmen erlaubt, auf Dateien in ***NFS***-Servern schreibend, lesend und verarbeitend zuzugreifen.

6.4 Message Handling Systems (MHS) nach X.400

Die ITU-T-Serie X.400 beschreibt ein der OSI-Schicht-7 zugeordnetes ***Mitteilungs-Übermittlungssystem***, und zwar in

- X.400/F.400 (1) ***Mitteilungs-Übermittlungsdienste***: ***Mitteilungs-Übermittlungssystem*** und Dienste-Übersicht
- X.402 (2) eine Darstellung der Gesamtarchitektur

- X.408 Regeln der Umsetzung codierter Informationen, d.h. daß ein Textanteil einer ***Mitteilung*** auch als solcher beim Empfänger in Erscheinung tritt, oder daß ein integrierter Sprachanteil als solcher hörbar gemacht wird.
- X.411 (4) ***Mitteilungs-Transfersystem***: Definition und Verfahren abstrakter Dienste
- X.413 (5) ***Mitteilungs-Speicher***: Definition abstrakter Dienste
- X.419 (6) Protokollspezifikation
- X.420 (7) ***Interpersonelles Mitteilungs-Übermittlungssystem***
- X.421 COMFAX-Benutzung des ***MHS***
- X.435 Elektronisches Datenaustausch-Mitteilungs-System
- X.440 Sprach-Mitteilungs-System
- X.445 Asynchrone Protokoll-Spezifikation - Bereitstellung eines OSI-konformen verbindungsbezogenen Netzdiensts über das Telefonnetz
- X.460 Modell und Architektur eines ***MHS***-Managements
- X.480 - X.485 Spezifikation von Testmethoden für ***MHS***-Protokolle (P_1, P_2, P_3, P_7; s.u.) auf Konformität (ersetzt X.403).

Während die X.400-Serie primär die technischen Aspekte des ***MHS*** beschreibt, finden sich in der F-Serie, teilweise mit identischer Numerierung (z.B. X.400 = F.400), die bereitgestellten öffentlichen Dienste und der Zugang öffentlicher Dienste von und nach einem ***MHS***. Zusätzlich sind in diesem Umfeld von Bedeutung U.80 (Ttx/Tx), U.204 (Tx/***IPMS***), T.330 (Telematik-Zugang zum ***IMPS***) sowie die X.500-Serie über Verzeichnisse (Directories). Darüberhinaus ist als Grundlage die X.200-Serie der Spezifikationen von OSI zu beachten. In Klammern sind in der obigen Liste weiterhin inhaltsgleiche ISO-Spezifikationen 10021-x angegeben [BA1, PL, TI1, TI2, TI3].

Wichtig für das konkrete Verständnis ist die Empfehlung X.400, die hier zusammengefaßt wiedergegeben wird. Die anderen Empfehlungen enthalten detaillierte Ausführungsspezifikationen, die nach dem Studium dieses Abschn. verständlich sein sollten. Die Funktionalität eines solchen Systems wird heute üblicherweise unter dem Begriff *Electronic Mail* geführt und hat konkrete Anwendungen, wie sie z.B. in der nicht von ITU-T spezifizierten und deutlich einfacheren Internet-Applikation ***SMTP*** grundsätzlich vorgestellt wurden [BA2]. In der BRD basiert der in Abschn. 1.4.2.1 vorgestellte Telebox400-Dienst [Kr] auf den hier ausgeführten Erläuterungen.

6.4.1 Konzepte, Modelle und Dienste

Das ***MHS*** beschreibt den Austausch von ***Mitteilungen*** (***Messages***) auf der Basis von *Store and Forward*, bei der diese speicherorientiert von Netzknoten zu Netzknoten bis zum Empfänger durchgereicht wird, also nach dem Prinzip paketvermittelter Netze. Der spezifizierte Dienst wird im wesentlichen in zwei Kategorien unterteilt, dem

- ***Interpersonellen Mitteilungs-Übermittlungsdienst***
  Interpersonal Messaging [***IPM***] ***Service***),
  der anwendungsorientiert Kommunikation zwischen Personen unter Verwendung von Telex- und Telematik-Diensten unterstützt, und dem
- ***Mitteilungs-Transferdienst*** (***Message Transfer*** [***MT***] ***Service***),
  der allgemeinen, anwendungsunabhängigen Transfer von ***Mitteilungen*** unterstützt.

Darüberhinaus können indirekte Benutzer über verschiedene in der F-Serie spezifizierte Telematik-Dienste und Telex, Datenübermittlungsdienste (X.1) sowie elektronische ***Brief-Übermittlungsdienste*** (***Physical Delivery Services = PDS***s) nach F.415 mit dem ***IPMS*** und untereinander via ***Zugangseinheiten*** (***Access Units = AU***s; beim ***PDS***: ***PDAU***s) kommunizieren. ***Mitteilungs-Speicher*** (***Message Stores = MS***s) sind optionale Instanzen, die das Zwischenspeichern von ***Mitteilungen*** erlauben (Mailbox-Funktion).

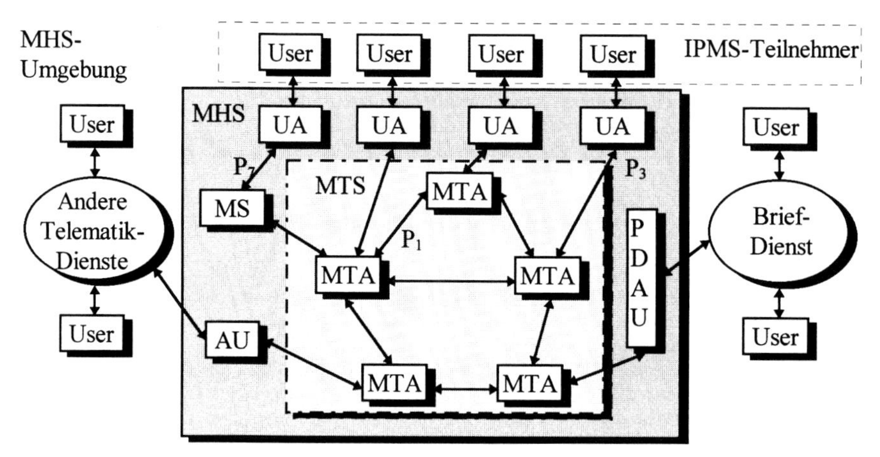

Abbildung 6.4-1: Funktionale Aufteilung des MHS-Modells. P_i sind in Abschn. 6.4.4 spezifizierte Protokolle [X.400, TI1].

Abbildung 6.4-1 stellt eine Übersicht über die Funktionsweise des ***MHS*** dar. In dem betrachteten Kontext ist ein ***Benutzer*** (***User***) eine Person oder eine Computer-Anwendung, z.B. ein Server-Prozeß. Die ***Benutzer*** klassifizieren sich in den ***Urheber*** (***Originator***) und den ***Empfänger*** (***Recipient***) einer ***Mitteilung***. ***MH-Dienste*** definieren einen Satz von ***Mitteilungs-Typen*** und den Umfang der Transfermöglichkeiten für den ***Urheber***, diese Typen einem oder mehreren ***Empfängern*** zukommen zu lassen.

Der ***Urheber*** bereitet ***Mitteilungen*** mithilfe eines ***Endsystemteils*** (***User Agent = UA***) auf. Der ***UA*** ist ein Anwendungsprozeß, der mit dem ***Mitteilungs-Transfersystem*** (***Message Transfer System = MTS***) zur Übermittlung von ***Mitteilungen*** interagiert. Lokale Aktionen des ***UA*** sind dabei nicht Gegenstand der X.400-Serie, sondern nur die Aspekte, die Bezug zur ***Mitteilungs-Übermittlung*** über das ***MTS*** haben. Ebenfalls gehört die Schnittstelle zwischen ***Benutzern*** und ***UA***s nicht zum Spezifikationsumfang.

Das ***MTS*** besteht aus einer Reihe von ***Transfersystemteilen*** (***Message Transfer Agents = MTA***s), deren Aufgabe es ist, durch Zusammenwirken die ***Mitteilungen*** zu dem gewünschten ***UA*** des ***Empfängers weiterzuleiten***, damit dieser sie mithilfe seines ***UA*** bearbeiten, z.B. auf seinem Bildschirm sichtbar machen kann. Dazu gehören weiterhin Funktionen, wie der *Eintrag von zugestellten* ***Mitteilungen*** *in Inhaltsverzeichnisse mit Datum und Uhrzeit*, ***Urheber****kennzeichnung*, aber auch die *Benachrichtigung des* ***Urhebers*** *über den korrekten Empfang der* ***Mitteilung***.

Die Gesamtheit aus ***UA***s und ***MTA***s bilden das ***Mitteilungs-Übermittlungssystem*** (***Message Handling System = MHS***). Zusammen mit den ***Benutzern*** stellt dieses die ***Mitteilungs-Übermittlungsumgebung*** (***Message Handling Environment***) dar.

Die Grundstruktur einer ***Mitteilung*** zeigt Abbildung 6.4-2. Der ***Umschlag*** (***Envelope***), von dem es drei Arten gibt, trägt die Information zum Transfer der ***Mitteilung***, ***Inhalt*** (***Content***) ist die Information, die der ***Urheber-UA*** dem bzw. den ***Empfänger-UA***s auszuliefern wünscht. Das Konzept ist praktisch identisch mit dem Übermitteln eines Briefs im Umschlag, was auch durch die Darstellung in der Abbildung zum Ausdruck gebracht wird.

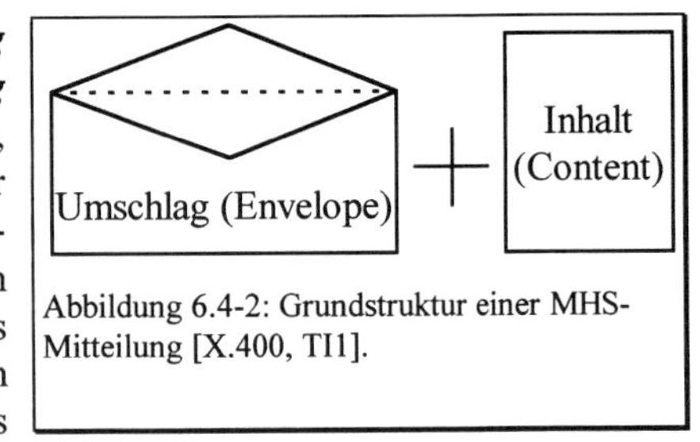

Abbildung 6.4-2: Grundstruktur einer MHS-Mitteilung [X.400, TI1].

Zwei Grundinteraktionen zwischen ***MTA***s und ***UA***s sind gemäß X.411 definiert:

- ***Versand*** (***Submission***),
  mittels derer der ***Urheber-UA*** einem ***MTA Inhalt+Versandumschlag*** (***Submission Envelope***) einer ***Mitteilung*** übergibt. Letzterer enthält alle Information für das ***MTS*** zur Bereitstellung der benötigten ***Dienstelemente*** (s. Abschn. 6.4.3.1).
- ***Zustellung*** (***Delivery***),
  mittels derer das ***MTS*** dem ***Empfänger-UA*** den ***Inhalt+Zustellumschlag*** (***Delivery Envelope***) einer ***Mitteilung*** übergibt.

Jeder ***MTA*** leitet die ***Mitteilung*** an einen anderen ***MTA*** im ***Weiterleitungsumschlag*** (***Relaying Envelope***) weiter (***Relaying***), bis diese den ***Empfänger-MTA*** erreicht, der sie dem ***Empfänger-UA*** mittels der o.a. ***Zustellung*** übergibt. ***Inhalte*** sind für ***MTA***s transparent außer in speziellen Fällen, in denen ein ***UA*** die Bearbeitung verlangt. Hierzu gibt es eine Satz von ***Dienstelementen***. Abbildung 6.4-3 stellt diese Begriffe zueinander in Bezug.

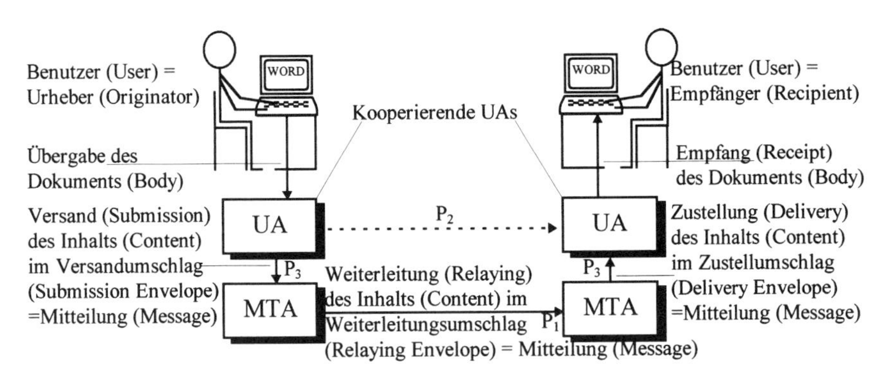

Abbildung 6.4-3: Interaktionen zwischen den MHS-Funktionseinheiten und Protokollbezeichnungen.

UAs sind in verschiedene ***Klassen*** entspr. der Art von ***Inhalten***, die sie bearbeiten können, unterteilt. Das ***MTS*** stellt den ***UA***s die Möglichkeiten der ***Klassenmitteilung*** an die Partner-***UA*** zur Verfügung, da diese benötigt wird, um sicherzustellen, daß nur zueinander kompatible ***UA***s kooperieren.

Zum Bearbeiten einer ***Mitteilung*** interagiert der ***Benutzer*** mit seinem ***UA*** über ein Ein/Ausgabe-Gerät oder einen Prozeß (z.B. Tastatur, Bildschirm, Drucker, Scanner). Der ***UA*** kann als Rechnerprozeß zentral gehalten werden, oder in einer intelligenten

DEE, wie einem PC, ablaufen. ***UA*** und ***MTA*** können sich koresident im gleichen System befinden oder sie können als Stand-Alone-Instanzen in verschiedenen Systemen residieren. In diesem Fall müssen ***UA*** und ***MTA*** über standardisierte ***MH***-Protokolle kommunizieren. Ein Beispiel dafür wäre, daß in einem LAN alle ***UA***s auf PCs laufen, sobald jedoch das ***MHS*** angesprochen wird, dies über zentralisierte Server geschieht, auf dem die ***MTA***-Prozesse laufen. Einige Konfigurationsbeispiele sind in Abbildung 6.4-4 dargestellt.

Beispiel für Koresidente UA und MTA: Stand-Alone und Koresidente UA und MTA:

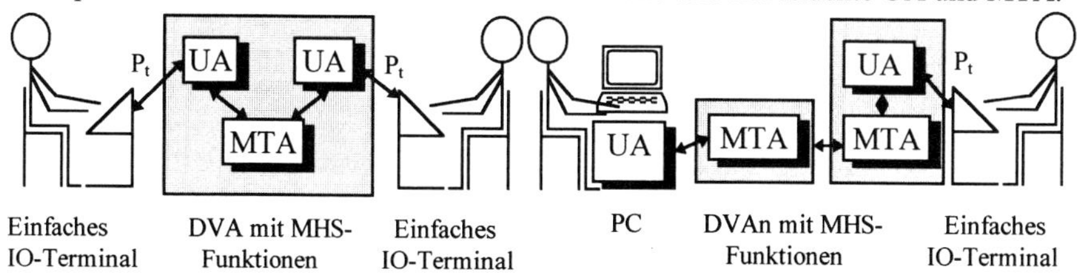

Kombination Koresidenter und Stand-Alone UA und MTA:

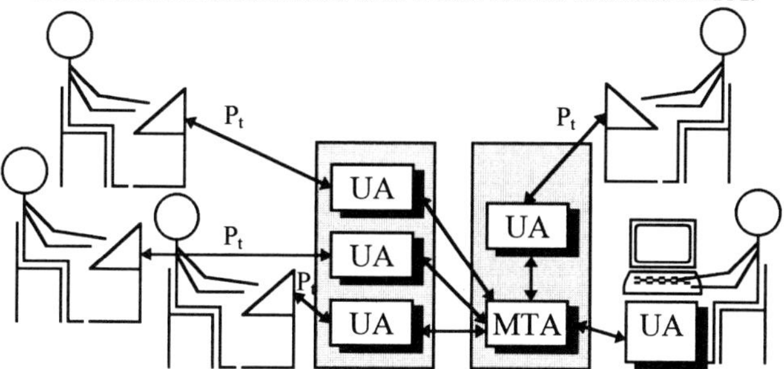

Abbildung 6.4-4: Verschiedene Konfigurationen von Benutzern, UAs und MTAs [X.400, TI1].

6.4.2 Interpersonelles Mitteilungs-Übermittlungssystem (IPMS)

Abbildung 6.4-5 stellt das Szenario entspr. der obigen Spezifikation für das ***IPMS*** dar. Telematikdienste wurden in Abschn. 4.1.3 definiert. Beispiele sind Teletex und Telefax. Das ***IPMS*** repräsentiert die Menge aller ***UA***s und ***MTA***s, die den ***IPM***-Dienst erbringen. Dieser stellt die Menge aller in Abschn. 6.4.3.2 aufgeführten ***Dienstelemente*** dar, die die ***Benutzer*** in die Lage versetzen, ***IPM***s auszutauschen. Zur Erbringung des ***IPM***-Dienstes verwenden ***UA***s ***Dienstelemente***, die vom ***MTS*** zur Verfügung gestellt werden. Zu diesem Zweck muß ein ***UA*** ...

- Funktionen zum Aufbereiten von ***Mitteilungen*** zur Verfügung stellen, z.B. ein Textverarbeitungssystem, wie WORD.
- ***Versand***- und ***Zustell***-Interaktionen mit dem ***MTS*** ausführen können.

- Darstellung der ***Mitteilungen*** für den ***Benutzer*** ausführen können (Bildschirm, Drucker etc.)
- dem ***Benutzer*** Kooperationsfunktionen mit anderen ***UA***s zum Umgang mit ***Mitteilungen*** zur Verfügung stellen. Beispiel wäre ein Grafikprogramm, wie COREL, das nicht auf dem Rechner läuft, auf dem der ***Benutzer*** seine ***Mitteilungen*** erstellt, sondern auf einem zentralen Server, und damit einem anderen ***UA*** zugeordnet ist. Hier muß die Einbindung der Erstellung von COREL-Objekten möglich sein.

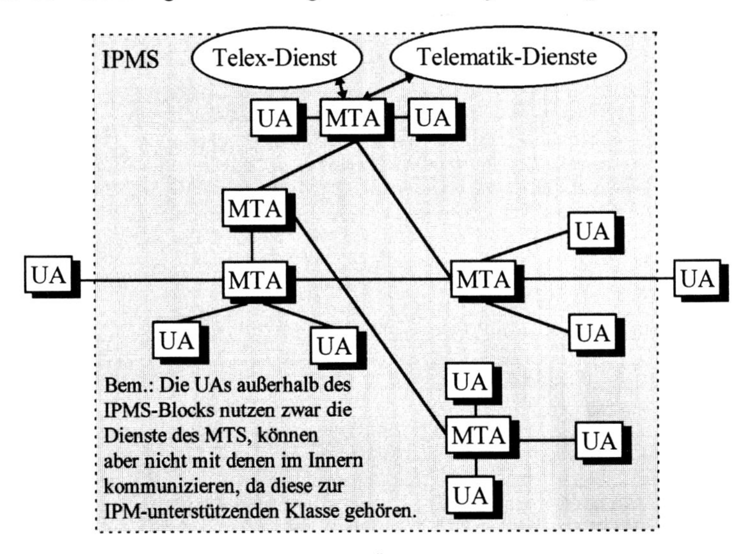

Abbildung 6.4-5: Das Interpersonelle Mitteilungs-Übermittlungssystem (IPMS).

IPM-UAs erzeugen ***IP-Mitteilungen***, deren ***Inhalt*** vom ***IPMS-Inhaltstyp*** ist. Ein typ. Beispiel ist in Abbildung 6.4-6 dargestellt:

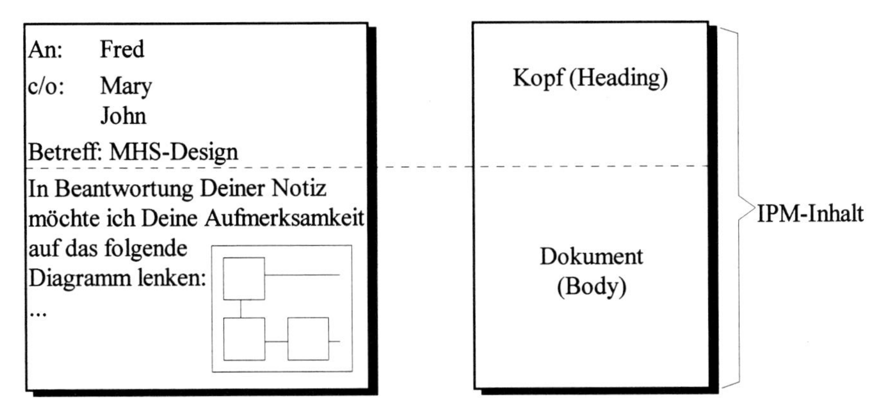

Abbildung 6.4-6: Beziehung zwischen einer Notiz (links) und einer IP-Mitteilung (rechts) [X.400].

Im Beispiel enthält das ***Mitteilungs-Dokument*** Text und Grafik. Im allgemeinen Fall einer Multimedia-Kommunikation können Bewegtbilder, Sprache (man denke an die schönen Videoclips auf der Windows95-CD) etc. hinzukommen. Damit ***Benutzer*** von Telex- und Telematik-DEEn mit ***IPM***-Dienstnutzern kommunizieren können, muß das ***MHS*** zusätzliche Funktionen bereitstellen, wie Protokollumsetzungen, Zusatzdienstmerkmale, wie Dauerspeicherung von ***Mitteilungen*** etc.

6.4.3 Dienstelemente

Dienstelemente (***Service Elements***), auch Leistungsmerkmale genannt, spezifizieren die Funktionen des ***MHS***. Es gibt solche, die sich auf den ***MT-Service*** beziehen, andere auf ***IPMS***, ***PDS*** oder ***MS***. In der Folge werden nur die wichtigsten für ***MTS*** und ***IPMS*** beschrieben.

6.4.3.1 Der Mitteilungs-Transferdienst

Der obligate ***Basis-MT***-Dienst versetzt ***UA***s in die Lage, Zugriff auf das ***MTS*** zu nehmen und das ***MTS*** auf ***UA***s zugreifen zu lassen, um ***Mitteilungen*** austauschen zu können. Dazu erhält jede ***Mitteilung*** zu ihrer eindeutigen Identifizierung eine ***Mitteilungs-Kennung*** (**Message Identification**). Über eine nichtzustellbare ***Mitteilung*** wird dem ***Urheber-UA*** benachrichtigt. Ein ***UA*** kann die Informationsarten (Text, Sprache, Bild etc.) spezifizieren, die den Inhalt einer an ihn zugestellten ***Mitteilung*** bilden dürfen.

Weiterhin gibt es optionale ***Dienstelemente***, die sich in die Gruppen ***Versand*** **und** ***Zustellung***, **Konversion**, **Anfrage** und **Status und Information** aufteilen lassen. Im folgenden sind ***MT-Dienstelemente*** mit Beispielen dargestellt:

Basis-Dienstelementgruppe (obligat)

- **Mitteilungs-Kennung** (**Message Identification**):
  Die ***Mitteilungen*** müssen voneinander unterschieden werden können. Das ***Dienstelement*** wird zur Anzeige an den ***Urheber*** benötigt, ob die genannte zuvor versandte ***Mitteilung*** zugestellt werden konnte oder nicht.
- **Nichtzustellbarkeitsbenachrichtigung** (**Non-delivery Notification**):
  an den ***Urheber-UA*** mit Ursachenangabe, z.B. ***Empfänger*** *unbekannt*, *Speichermangel*, ***Rückweisung***.
- **Registrierte Informationsarten** (**User/UA Capabilities Registeration**):
  Hiermit informiert ein ***UA*** das ***MTS***, welche Informationsarten ihm zugestellt werden können, d.h. welche er verarbeiten und damit seinem ***Benutzer*** darstellen ***kann***.
- **Ursprüngliche Informationsarten**
  (**Original Encoded Information Types Indication**):
  Der ***Urheber-UA*** spezifiziert die von ihm verwendete(n) Informationsart(en).
- **Konvertierungsanzeige** (**Converted Indication**):
  zum Beispiel Text to Speech, ausgeführt vom ***MTS***.
- **Versand- und Zustell-Zeitstempel**
  (**Submission** und **Delivery Time Stamp Indication**):

Datum und Uhrzeit des ***Versands*** bzw. der ***Zustellung*** der ***Mitteilung*** vom ***Urheber-UA*** an das ***MTS*** bzw. vom ***MTS*** an den Empfänger-***UA***.

- **Zugangsmanagement (Access Management)**:
  Zugriff der *UA*s und *MTA*s aufeinander einschließlich Zugriffsberechtigungsprüfungen, z.B. mittels Paßwort.
- **Typ des Inhalts (Content Type Indication)**: Text, Sprache, Fax G3/G4 etc.

Versand- und ***Zustellungs*-Dienstelementgruppe** (optional)

- ***Zustellungs*-Dringlichkeit (Grade of Delivery Selection)**:
  mit den Stufen: *nicht dringend* (*non-urgent*), *normal* und *dringend* (*urgent*).
- **Mehrempfänger-*Zustellung* (Multi-destination Delivery)**:
  Rundschreiben z.B. an eine geschlossenen Benutzergruppe (CUG).
- **Offenlegung anderer *Empfänger* (Disclosure of other Recipients)**:
  Bei einer Mehrempfänger-***Mitteilung*** werden jedem ***Empfänger-UA*** alle anderen ***Empfänger-UA***s mitgeteilt (entspr. einem *care of* = *c/o* im Brief).
- **Alternativer *Empfänger* erlaubt (Alternate Recipient Allowed)**:
  Für den Fall, daß dem gewünschten ***Empfänger*** die ***Mitteilung*** nicht zugestellt werden kann, kann der ***Urheber-UA*** Alternativen angeben. Auf der ***Empfänger***-Seite muß geprüft werden, in wieweit die Attribute der ***Mitteilung*** auf den bzw. die Alternativ-***UA***s abgebildet werden können.
- **Zurückgestellte *Zustellung* (Deferred Delivery)**:
  Der ***Urheber-UA*** kann einen Zeitpunkt angeben, vor dem die ***Mitteilung*** *nicht* ausgeliefert wird.
- ***Zustellungs*-Benachrichtigung (Delivery Notification)**:
  kann vom ***Urheber-UA*** angefordert werden und wird ggf. mit ***Mitteilungs-Kennung*** und ***Zustell***-Zeitstempel versehen.
- **Verhinderung der Nichtzustellbarkeitsbenachrichtigung (Prevention of Non-delivery Notification)**: an den ***Urheber-UA***.
- **Löschung einer zurückgestellten *Zustellung* (Deferred Delivery Cancellation)**:
  Der ***Urheber-UA*** verlangt vom ***MTS*** die Löschung einer zuvor mit **Deferred Delivery** versandten ***Mitteilung***. Der Aufhebungsversuch kann erfolglos sein, z.B., wenn die ***Mitteilung*** bereits zugestellt wurde.
- **Rücksendung des *Inhaltes* (Return of Content)**:
  im Fall der **Nichtzustellbarkeit** an den ***Empfänger-UA*** zum ***Urheber-UA***.

Konversions-Dienstelementgruppe (optional)

- **verboten (Conversion Prohibition)**:
  der ***Urheber-UA*** instruiert das ***MTS***, keine **Konversionen** durchzuführen.
- **implizit (Implicit Conversion)**:
  das ***MTS*** führt notwendige **Konversionen**, wie sie seiner Meinung nach optimal sind, ohne explizite Anweisung durch die beteiligten ***UA*** durch. Der ***Empfänger-UA*** erhält Mitteilung über die durchgeführte(n) **Konversion(en)**.
- **explizit (Explicit Conversion)**:
  das ***MTS*** führt notwendige **Konversionen**, auf explizite Anweisung durch den ***Urheber-UA*** durch. Der ***Empfänger-UA*** erhält Mitteilung über die durchgeführte(n) **Konversion(en)**.

Anfrage-Dienstelement (Query; optional)

- ***Versand-* und *Zustell*-Test (Probe)**:
  Vor dem eigentlichen ***Versand*** einer ***Mitteilung*** werden die für diese vorgesehenen Parameter zum ***Empfänger-UA*** gesendet, damit dieser prüfen kann, ob er eine ***Mitteilung*** der gewünschten Länge, Informationsart etc. annehmen kann. Es erfolgt eine entspr. Rückmeldung, nach der der ***Urheber-UA*** die ***Mitteilung*** ggf. dem gewünschten ***Empfänger-UA*** anpassen kann.

Status und Informations-Dienstelementgruppe (optional)

- **Alternative *Empfänger*-Zuweisung (Alternate Recipient Assignment)**:
  dies entspricht bei einem Brief der Anschrift einer Organisation (z.B. einer Versicherung), bei der der ***Urheber*** nicht den Namen des ***Empfängers*** kennt, sondern nur seine Funktionsbezeichnung (z.B. Sachbearbeiter für Vertragsfragen, Schadenfälle etc.). Eine solche ***Mitteilung*** erreicht die Organisation und kann dann zum eigentlichen ***Empfänger-UA*** manuell weitergeleitet werden.
- ***Mitteilungs*-Pufferung (Hold for Delivery)**:
  Ein ***Empfänger-UA*** kann vom ***MTS*** verlangen, für eine bestimmte Zeit keine ***Mitteilungen*** und Meldungen an ihn auszuliefern und diese zwischenzuspeichern. Dies kann auch selektiv geschehen, z.B. für bestimmte Informationstypen, ***Mitteilungs***-Längen, Dringlichkeiten. Eine solche Notwendigkeit kann aus Speicherbegrenzungen, Fehlfunktionen oder Wartungsarbeiten entstehen.

Diese ***Dienstelemente*** sind PDUs des in Abschn. 6.4.4 vorgestellten P_1-Protokolls.

6.4.3.2 Der Interpersonelle Mitteilungs-Übermittlungsdienst

Der **Basis-*IPM*-Dienst**, der auf dem ***MT*-Dienst** aufbaut, wird von einer Klasse kooperierender ***UA*s** erbracht - den ***IPM-UA*s** - im Zusammenhang mit dem Zugriff auf Telex- und Telematik-Dienste. ***IPM-UA*s** nutzen die Basis-***MT-Dienstelemente*** und erlauben ihren ***Benutzern*** den Zugriff auf die optionalen ***MT-Dienstelemente*** des vorangegangenen Abschn. Zusätzlich stellen ***IPM-UA*s** weitere Funktionen als **Basis-Elemente** des ***IPM*-Dienstes** zur Verfügung, z.B. die *Identifikation der einzelnen* ***IP-Mitteilungen*** und die *Eigenschaften des* ***Dokuments*** nach Abbildung 6.4-6.

Analog zum ***MT*-Dienst** wird hier der Satz von obligaten ***Basis-Dienstelementen*** und optionalen Elementen ähnlich denen des ***MTS*** spezifiziert. Man beachte in diesem Zusammenhang den Unterschied zwischen den Begriffen ***Zustellung*** (***Delivery***), als eine Interaktion zwischen ***Empfänger-MTA*** und ***Empfänger-UA*** und ***Empfang*** (***Receipt***) als eine Interaktion zwischen ***Empfänger-UA*** und dem ***Empfänger*** (***-Benutzer = User***). Die ***Zustellung*** bedeutet, daß sich eine ***Mitteilung*** in der ***Empfänger***-Eingangsmailbox befindet (daß der Brief im Briefkasten liegt), der ***Empfang*** bedeutet, daß der ***Empfänger*** den ***Inhalt*** zur Kenntnis genommen hat (daß er den Brief aus dem Briefkasten entnommen hat; was strenggenommen noch nicht bedeutet, daß er ihn auch gelesen hat).

Basis-Dienstelementgruppe (obligat)

- Alle ***Basis-MT-Dienstelemente*** des vorangegangenen Abschn., zusätzlich ...
- **IP-Mitteilungs-Kennung (IP Message Identification)**
  entspr. ***MT-Dienst-Mitteilungs-Kennung***. Sie soll die Adresse des generierenden ***UA*** führen.

- ***Dokumenttyp*** (***Typed Body***)
  Das ***Dokument*** als Bestandteil des Inhalts kann typisiert sein. Typische Beispiele sind: *Unstrukturierter IA5-Text* (ASCII-Zeichen), *Teletex-Dokument*, *G4-Faxseite*.

Versand- **und** ***Zustellungs-*****Dienstelementgruppe** (optional und identisch ***MTS***)

Aktivität kooperierender ***IPM-UAs*** **(Cooperating IPM UA Action**; optional)

- **Anzeige eines Blindkopie-*****Empfängers*** **(Blind Copy Recipient Indication)**:
  Der ***Urheber-UA*** kann zusätzliche ***Benutzer*** als ***Empfänger*** der ***Mitteilung*** angeben, die einander nicht zwingend als Kopieempfänger kennen (kein *c/o*).
- **[Nicht]empfangsbenachrichtigung**
  ([Non] Receipt Notification Request Indication):
  Der ***Urheber-UA*** fordert eine Benachrichtigung an, falls die ***IP-Mitteilung*** den/die beabsichtigten ***Empfänger*** erreicht bzw. nicht erreicht haben. Ursache für letzteres kann sein, daß die ***Mitteilung*** automatisch einem anderen ***Empfänger*** zugeleitet wurde, dieser nicht (mehr) am ***MHS*** teilnimmt oder die ***Mitteilung*** vernichtet wurde.
- **Weiterleitungsmeldung (Auto-forwarded Indication)**:
  erlaubt dem ***Empfänger*** festzustellen, ob das ***Dokument*** einer ***IP-Mitteilung*** eine ***IP-Mitteilung*** enthält, die automatisch von einem anderen ursprünglich beabsichtigten ***Empfänger*** an ihn weitergeleitet wurde.

Zusatzinformationsführende Dienstelemente kooperierender ***IPM-UAs***
(Cooperating IPM UA Information Conveying Service Elements; optional)

- ***Urheber*** (***Originator*** **Indication**): Klartext des ***Urheber-***Namens
- **Verantwortliche(r) (Authorizing Users Indication)**:
  Während die ***Urheber-*****Kennung** eine ausführende Person bezeichnen kann (z.B. eine Sekretärin), wird hier der **Verantwortliche** für den Inhalt genannt.
- **Original-** und **Kopieempfänger (Primary and Copy Recipients Indication)**:
  Der wesentliche Unterschied ist der, daß üblicherweise nur von ersterem eine Reaktion erwartet wird, während die anderen den Inhalt nur zur Kenntnis nehmen.
- **Verfallszeitpunkt (Expiry Date Indication)**
- **Querbezug (Cross-referencing Indication)**: zu anderen ***Mitteilungen***.
- **Wichtigkeit (Importance Indication)**:
  Drei Stufen sind definiert: *niedrig*, *normal* und *wichtig*. Das ***Dienstelement*** ist nicht mit der ***Zustellungs-*****Dringlichkeit** des ***MTS*** zu verwechseln. **Wichtigkeit** bezieht sich auf Bedeutung für den ***Empfänger***, wenn die ***IP-Mitteilung*** schon in seiner Mailbox ist, ***Zustellungs-*****Dringlichkeit** bedeutet für das ***MTS***, daß die ***Mitteilung*** bei der ***Weiterleitung*** und ***Zustellung*** ggf. Vorrang hat.
- **Ersatzmeldung (Obsoleting Indication)**:
  vorangegangene ***IP-Mitteilungen*** werden als überholt gekennzeichnet und ggf. durch diese ersetzt.
- **Vertraulichkeit (Sensitivity Indication)**
- **Betreff (Subject Indication)**: entspricht gleichnamigem Begriff in einem Brief.
- **Antwort auf eine andere IP-Mitteilung (Replying IP Message Indication)**
- **Rückantwort erbeten (Reply Request Indication)**
- **Weiterleiten an ... (Forwarded IP Message Indication)**

- **Verschlüsselung (Body Part Encryption Indication):**
  des ***Dokuments*** wird mitgeteilt. Die Verschlüsselung selbst muß separat erfolgen.
- **Mehrere *Dokument*-Anteile (Multi-Part Body):**
  Das ***Dokument*** besteht aus mehreren Anteilen, z.B. Anlagen.

Weiterhin erlaubt das **Anfragedienstelement** und die **Status- und Informations-Dienstelementgruppe** den Zugriff auf die gleichnamigen ***MTS-Dienstelemente***. Die vorgestellten ***Dienstelemente*** sind PDUs des in Abschn. 6.4.4 vorgestellten P_2-Protokolls.

Um den Unterschied zwischen den *lokalen Funktionen* und dazugehörigen *lokalen Dienstelementen* eines ***IPM-UA*** und den Funktionen mit *Bezug* auf die ***Mitteilungs-Übermittlung*** und den *dazu*gehörigen *Dienstelementen* klarzumachen, seien hier einige *lokale Funktionen* aufgeführt, denen *lokale Dienstelemente* zugeordnet werden können:

- Zurverfügungstellen eines Zeilen- oder Fullscreeneditors.
- Der ***Benutzer*** muß selbst die Initiative ergreifen um herauszufinden, ob ***Mitteilungen*** angekommen sind, oder der ***IPM-UA*** meldet sich bei ihm nach einem vorgegebenen Algorithmus (z.B. Einfügen eines Pointers in die Betriebssystem-Autostart-Gruppe).
- Bereitstellung von Inhaltsverzeichnissen über empfangene, quittierte, gelöschte, ausgedruckte, beantwortete, versandte, verschlüsselte ***IPM-Mitteilungen***, geordnet nach verschiedenen Kriterien, wie Zeit, Adressen, Wichtigkeit, Querbezug etc.

6.4.4 Schichtenstruktur und Protokolle des MHS-Modells

Wie bereits dargelegt, ist der *MHS*-Dienst ein Objekt der OSI-Schicht 7. Hier werden Unterschichten (Sublayers) entspr. Abschn. 2.4.2 gebildet, Protokolle, Instanzen und Dienstschnittstellen festgelegt, sowie eine Zuordnung von *MHS*-Protokollen zu einzelnen OSI-Schichten vorgenommen. Alle wichtigen Kriterien gemäß Abschn. 2.5.1 zur Strukturierung eines OSI-Systems sollen hier zur Anwendung kommen.

MH-Instanzen und -Protokolle nutzen die unterliegenden Schichten um

- Verbindungen zwischen einzelnen Systemen netzunabhängig aufzubauen (z.B. über leitungs- oder paketvermittelte Netze, Fernsprechnetze oder LANs)
- Sitzungsverbindungen (Schicht 5) aufzubauen, die *MH*-Anwendungen den zuverlässigen Transfer von ***Mitteilungen*** zwischen Offenen Systemen ermöglichen.
- Anzeige der Verwendung einer standardisierten Darstellungs-Transfersyntax (Schicht 6) gemäß X.408.

Die Funktionseinheiten ***UA*** und ***MTA*** sind entspr. ihrer hierarchischen Funktionalität zwei Unterschichten zugeordnet, der:

- ***Endsystemteilschicht*** (***User Agent Layer = UAL***)
  mit den o.a. Aufgaben des Bearbeitens von ***Mitteilungs-Inhalten***, und der
- ***Transfersystemteilschicht*** (***Message Transfer Layer = MTL***)
  mit der *MTA*-Funktionalität und der Aufgabe des Abwickelns der von den *UA*s geforderten Dienste über die in Abschn. 6.4.3 dargestellten ***Dienstelemente***.

Entspr. Abbildung 6.4-7 sind drei Systemtypen S_1 (Stand Alone ***UA***), S_2 (Stand Alone ***MTA***) und S_3 (koresidente ***UA*** und ***MTA***) mit Protokollen P_1, P_c und P_3 zu unter-

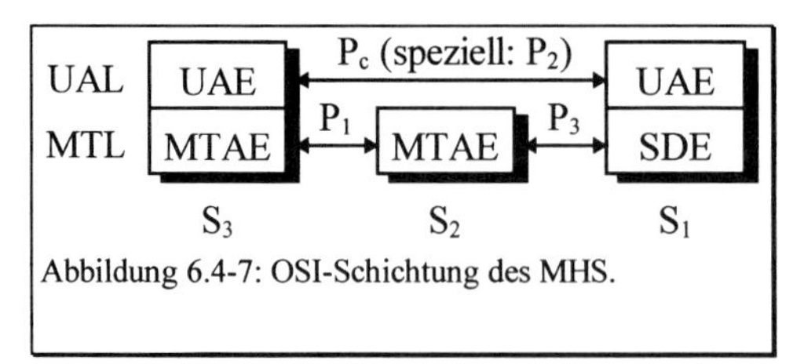

Abbildung 6.4-7: OSI-Schichtung des MHS.

scheiden. ***UAE*** (***User Agent Entity***) repräsentiert dabei eine *UA*-Instanz. ***MTAE*** (***Message Transfer Agent Entity***) stellt eine *MTA*-Instanz dar, die gemeinsam mit anderen ***MTAE***s den ***UAE***s die *MTL*-Funktionalität erbringt. Die ***Versand- und Zustell-Instanz*** (***Submission and Delivery Entity = SDE***) macht den ***UAE***s die *MTL*-Dienste über die *MTL*-Grenze zugänglich. Die ***SDE*** erbringt selbst keine *MT*-Dienste, sondern interagiert mit der Partner-***MTAE***, um der ***UAE*** den Zugriff auf diese zu ermöglichen.

Die drei in X.419 spezifizierten Protokolle erfüllen folgende Funktionen:

- Das ***Mitteilungs-Transferprotokoll*** P_1
  definiert entspr. X.411 das ***Weiterleiten*** von ***Mitteilungen*** zwischen ***MTAE***s sowie andere Interaktionen - wie das Bereitstellen der o.a. ***MTS-Dienstelemente***, die notwendig sind, um *MTL*-Dienste zu erbringen. Eine P_1***-Mitteilung*** besteht aus dem ***Mitteilungs-Inhalt***, wie von der ***UAE*** übergeben, und dem ***Weiterleitungsumschlag*** (***Relaying Envelope***). Dieser enthält die Informationen, die es dem ***MTL*** ermöglichen, dem ***UAL*** die gewünschten Dienste zu erbringen.
- Das ***Versand- und Zustellprotokoll*** (auch ***MTS-Zugangsprotokoll***) P_3
  ermöglicht der ***UAE*** eines S_1-Systems den Zugriff auf ***MTL***-Dienste via der unterliegenden ***SDE***.
- P_c stellt eine ganze Protokollklasse dar, die Syntax und Semantik des ***UA-Mitteilungs-Inhalts*** beschreiben. Jede Inkarnation eines P_c-Protokolls ist einer Klasse kooperierender ***UAE***s zugeordnet. Eine besondere Ausführungsform des P_c stellt das P_2-Protokoll (***Interpersonelles Mitteilungs-Protokoll = Interpersonal Messaging Protocol***) dar, wobei die zugeordneten ***UAE*** zur ***IPM***-Klasse gehören. Dies ist das Protokoll, das in X.420 mit Relevanz für das ***MHS*** spezifiziert wurde.
- Das ebenfalls in X.419 spezifizierte und in Abbildung 6.4-7 nicht dargestellte ***MTS***-Zugangsprotokoll P_7 beschreibt das Zusammenwirken abgesetzter *UA*s und *MS*s, wie sie in X.413 spezifiziert sind.

Weiterhin ist für den ***IPM-UAL*** ein sog. P_t ***-Protokoll***-Gruppe (***Interactive Terminal to System Protocol***) zwischen abgesetzten Terminals und den zugehörigem ***UAE***s entspr. Abbildung 6.4-4 zu spezifizieren. Dabei gibt es, wie bereits erwähnt, ***UA***-Funktionen, die die lokale Vorbereitung einer ***Mitteilung*** zum ***Versand*** abwickeln. Dieses Protokoll ist daher ebenfalls nicht Gegenstand der ***MHS***-Spezifikation.

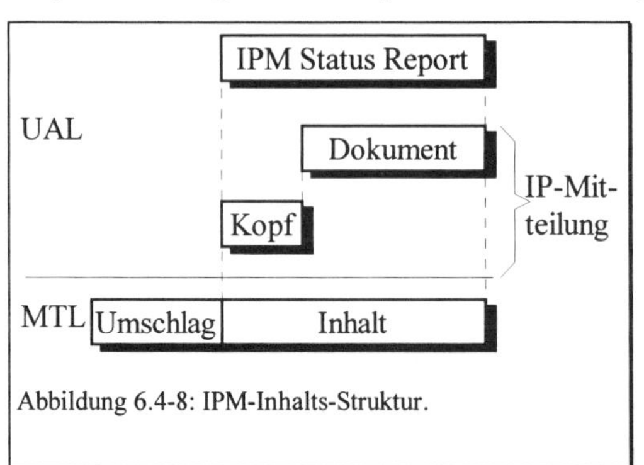

Abbildung 6.4-8: IPM-Inhalts-Struktur.

Abbildung 6.4-8 stellt die Grundstruktur einer ***Mitteilung*** und deren Abbildung auf ***UAL*** und ***MTL*** dar. Wir erkennen, daß zwei ***IPM-Inhalts***-Typen definiert sind: ***IP-Mitteilung*** und ***-Status-Report***. Die ***IP-Mitteilung*** wird an den auf dem ***Umschlag*** genannten ***Empfänger weitergeleitet*** und weist die Struktur von Abbildung 6.4-6 auf. Der ***IPM-Status-Report-Inhalt*** besteht aus Information, die von der ***IPM-UAE*** ohne weiteres Zutun des ***Benutzers*** erzeugt wird. Dazu gehören ***Dienstelemente***, wie **Nichtzustellbarkeitsbenachrichtigung, Inhaltsrücksendung** etc.

Von besonderer Bedeutung sind in diesem Zusammenhang die direkten Querbezüge zu der in Abschn. 2.5.2.7 beschriebenen OSI-Anwendungsschicht, die die o.a. allgemeine Aufteilung von ***UAE***, ***MTAE*** und ***SDE*** entspr. den ersten X.400-Entwürfen konkretisiert. Die X.400-Anwendungsschicht wird in X.419 als eine Konfiguration von ASEs (SASEs und CASEs) spezifiziert. X.400-spezifische SASEs sind hier auf der Benutzerseite (***UA***)

- ***Message Transfer***, ***Submission***, ***Delivery***, ***Retrieval*** und ***Administration Service Element*** (***MTSE***, ***MSSE***, ***MDSE***, ***MRSE***, ***MASE***)

und auf der ***MTS***-Seite als Diensterbringer

- ***Message Transfer***, ***Submission***, ***Delivery*** und ***Administration Service Element*** (***MTSE***, ***MSSE***, ***MDSE***, ***MASE***)

Sie werden durch einen CASE-Satz unterstützt: ROSE, RTSE und ACSE.

6.5 APPLI/COM und CAPI

Im vorangegangenen Abschn. über das MHS X.400 wurde dargelegt, daß die Spezifikation an der UA/MTA-Schnittstelle endet. Ein Anwender, der ein konkretes Anwender-SW-Paket auf seinem PC oder LAN-Server laufen hat, wünscht sich nun eine einheitliche Schnittstelle für seine Anwendungen - z.B. Auftragsverwaltung, Rechnungen, Produktinformationen, zu den o.a. Telematik-Diensten, mittels denen er seine Geschäftspartner erreichen kann. Er wünscht sich diese Schnittstelle unabhängig von

- dem Hersteller seines Rechners (IBM, Apple ...), Rechnersystems, LAN (Ethernet, Token Ring)- oder LAN-Server
- dem bzw. den Betriebssystem(en) (MS-DOS, Windows, OS/2, UNIX, NetWare etc.)
- den Anwendungsprogrammen (Textverarbeitung [WORD, StarWriter], Grafikpaket [COREL], Fakturierung etc.)
- dem Telematikdienst (Teletex, Telex, Telefax G3/4), wobei es hier Einschränkungen gibt, die die Telematikdienste selbst auferlegen.

6.5.1 APPLI/COM-Funktionalität

Solche Dienste erfüllt das ***APPLI/COM***-SW-Paket - im folgenden auch *Kommunikations-SW* genannt - das entspr. Abbildung 6.5-1 über die hersteller- und systemunabhängige ***APPLI/COM-Schnittstelle*** mit dem Anwendungsprogramm (***APPLI***), und über eine *Telekommunikations-Schnittstelle* (***COM***) mit einem Telematik-Server kommuniziert. Ein Programmierer kann diese von verschiedenen SW-Häusern erhältliche Kommunikations-SW für die jeweilige Anwendung, die an den Telematik-Server angepaßt werden soll, entspr. parametrisieren, ohne über tiefergehende Kenntnisse der Telematikdienste verfügen zu müssen [DT].

Die ***APPLI/COM*** besitzt somit keine Schnittstelle, die unmittelbar für den Benutzer gedacht ist, sondern primär für den Programmierer. Dieser kann, indem seine SW über eine entsprechend genormte Schnittstelle verfügt, diese SW telekommunikationsfähig machen. Die Normung dieser Schnittstelle garantiert, daß jede lokale Anwendung, die nach dieser Schnittstellen-Norm (T.611) programmiert ist, auf jede beliebige ***APPLI/COM*** zugreifen kann.

Benutzer (Person)
Benutzer-Schnittstelle (z.B. Tastatur, Maus ...)
Anwendungsprogramm (z.B. WORD, COREL ...)
APPLI/COM-Schnittstelle
Kommunikations-SW
Telekommunikations-Schnittstelle
Telematik-Server für Tx, Ttx, Fax

Abbildung 6.5-1: Lokalisierung der APPLI/COM-Schnittstelle.

Die Version 1.0 der ***APPLI/COM***-Schnittstelle wurde 1990 als erster offizieller Standard dieser Schnittstelle von der Telekom veröffentlicht. Die Gültigkeit dieser Version ist jedoch auf den deutschen Markt begrenzt. In den Jahren 1990-1992 wurde diese Version zum weltweit gültigen Standard der ITU-T-Empfehlung T.611 entwickelt. Die ***APPLI/COM*** ist also kein Bestandteil des MHS, sondern eher eine Variante, die sich genau auf den Telematikdienst-Kontext bezieht, während das IMPS noch deutlich darüber hinausgeht, indem es den Benutzern ermöglicht, auch unabhängig von den Zwängen der Telematikdienste Kommunikationsinhalte und Informationsaggregatzustände, wie Bewegtbild und Sprache, einzubinden.

6.5.2 APPLI/COM-Ausführungsformen

Die ***APPLI/COM*** kennt zwei aufeinander aufbauende Ausführungsformen:

1. Das ***Dokumententransfer-Format*** als Minimalimplementierung
   Der Benutzer muß die Anwendung zur Ausführung einer Übermittlung verlassen.
2. Integrierte ***APPLI/COM***
   Der Benutzer kann die Ausführung einer Übermittlung aus der Anwendung durchführen, ohne sie zu verlassen.

Ausführungsform 1 stellt der Anwendung ein sog. ***Dokumententransfer-Format*** zur Verfügung, welches lediglich die Datenstruktur des von der Anwendung erstellten Dokuments in die Datenstruktur des jeweiligen Telematik-Dienstes umsetzt. Im einfachsten Fall ist diese Abbildung 1:1. Hat der Benutzer mit seinem Anwendungsprogramm ein Dokument zum Versand aufbereitet, muß er die Anwendung verlassen, um dann unter Aufruf der Telekommunikations-SW das Dokument zu konvertieren und zu übermitteln.

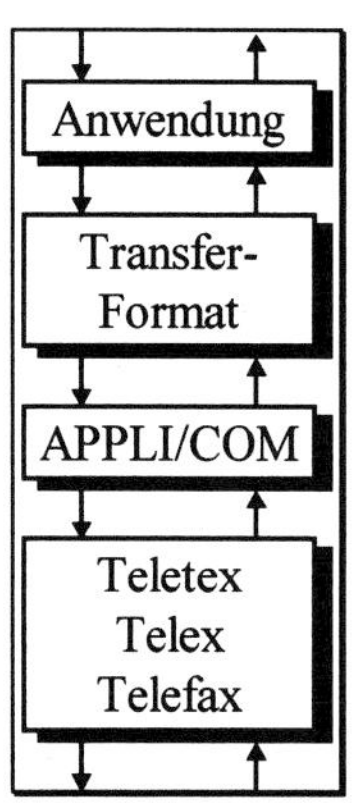

Empfangene Dokumente werden im ***Dokumententransfer-Format*** abgelegt und müssen erst in das Format, welches das Anwendungsprogramm lesen kann, gewandelt werden. Daher muß die Kommunikations-SW gestartet werden, *bevor* das empfangene Dokument von der Anwendungs-SW aus dem Empfangsspeicher gelesen werden kann. Die Sequenz der Abläufe ist links dargestellt.

Tabelle 6.5-1 gibt einige Transferformate in Bezug auf die Telematik-Dienste und Betriebssysteme an. Bestimmte Anbieter der ***APPLI/COM*** unterstützen für bestimmte, auch andere, Betriebssysteme, weitere ***Transferformate***, wie IBM PC Text, WordStar 2000, Microsoft WORD etc. Die bei den jeweiligen Formatwandlungen zu beachtenden Besonderheiten und ggf. Einschränkungen können der T.611 bzw. den Herstellerbeschreibungen entnommen werden. Der Umfang der Implementation eines Formattransfers sollte ein Programmierer für eine Anwendung in wenigen Stunden erledigen können.

Transferformat	Ttx	Tx	Fax	Betriebssystem
IBM ASCII 2	x	x	x[1]	MS-DOS,OS/2
ASCII 7 Bit	x	x	x[1]	UNIX
TIFF			x	MS-DOS, OS/2, UNIX
T.61	x	x		MS-DOS, OS/2, UNIX

Tabelle 6.5-1: APPLI/COM-Dokument-Transferformate
Anm.: [1]: nur in Senderichtung.

Der *Formatbegriff* beschreibt Layout-Attribute (DIN A4 quer, hoch), Punkte pro Zeichen (dpi), Zeilenabstände, Unterstreichung, Hoch- und Tiefstellungen etc. Daneben sind noch die Zeichensätze aufeinander abzubilden. Einschränkungen der Telematikdienste beziehen sich z.B. darauf, daß Telex keine Großbuchstaben oder Unterstreichungen darstellen kann und auch sonst nur einen sehr rudimentären Subset von Teletex darstellt.

6.5.3 APPLI/COM-Schnittstelle

Die ITU-T-Empfehlung T.611 *spezifiziert* die Applikationsschnittstelle und die Funktionalität der gesamten ***APPLI/COM***, jedoch *ohne Implementierungsvorgaben*. Die Empfehlung definiert,

- wie Dokumente zum Versand aufzubereiten oder empfangene Dokumente zu interpretieren sind,
- wie Auftragsbeschreibungen für den Dokumentenversand oder Dokumentenempfang erstellt werden müssen,
- wie Auftragsbeschreibungen von der lokalen Anwendung an die Kommunikations-SW übergeben und Rückmeldungen von dieser erhalten werden.

Der Zugang zur ***APPLI/COM*** wird über eine kombinierte Datei/Synchronisierungs-Schnittstelle entspr. Abbildung 6.5-2 - hier dargestellt für die Senderichtung - realisiert. Die Anwendung generiert hierzu gemäß T.611 einen ***Umschlag*** (***Envelope***) und stellt diesen zusammen mit einem Pointer (FILENAME) auf das Dokument in

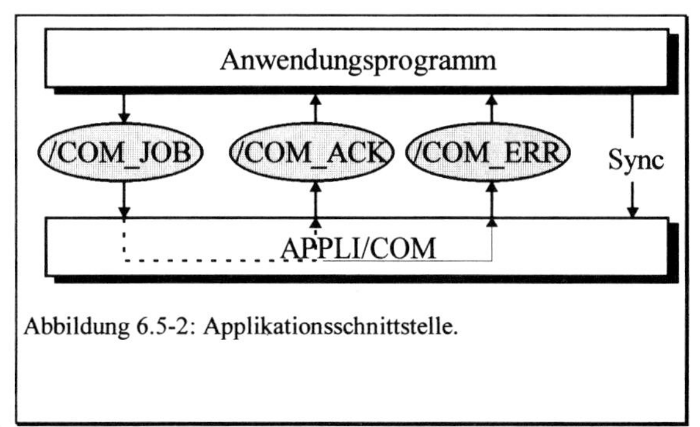

Abbildung 6.5-2: Applikationsschnittstelle.

das Verzeichnis COM_JOB. Hier befinden sich alle Informationen, die die ***APPLI/COM*** benötigt, um ein Dokument versenden bzw. empfangen zu können. Hierzu gehört z.B. der Pfad und Name des Dokuments, der gewünschte Dienst und die entsprechende Kennung der Gegenstelle.

Zum Start der ***APPLI/COM*** signalisiert die Anwendung über den Sync-Pfad, daß ein Auftragswunsch vorliegt. Die ***APPLI/COM*** durchsucht das Verzeichnis COM_JOB, findet einen oder mehrere Aufträge, kontrolliert sie auf syntaktische Fehler und führt sie bei Fehlerfreiheit aus. Syntaktisch falsche ***Umschläge*** werden von der ***APPLI/COM*** in das Verzeichnis COM_ERR gestellt und das Schlüsselwort FATAL mit Fehlerspezifikation angehängt, positiv geprüfte ggf. im Verzeichnis COM_ACK mit einem sog. ***Antwortumschlag*** (***Response Envelope***) gemeldet. Fehler, die erst bei der Abarbeitung eines Auftrags auftreten, werden wie oben behandelt. In jedem Fall wird der Auftrag aus COM_JOB gelöscht.

Zur Ausführung eines Auftrags veranlaßt die ***APPLI/COM*** den unterliegenden Server entweder zum gehenden Aufbau der Verbindung oder ihr wird die Entgegennahme eines Verbindungswunsches von einer Gegenstelle via ISDN gemeldet. Die Einstellung der entsprechenden Protokolle, Transferformate und die komplette Fehlerbehandlung wird ebenfalls von der ***APPLI/COM*** initiiert. Eine gehende Erfolgreichmeldung in COM_ACK signalisiert daher lediglich, daß der Auftrag positiv geprüft wurde und möglicherweise in einer Warteschlange zum Versenden steht. Der Versand selbst wird von dem unterliegenden Telematikserver ausgeführt.

Wie der Zugriff auf die Verzeichnisse COM_ERR und COM_ACK geschieht, hängt von der Unterstützung des jeweiligen Betriebssystems ab. Möglichkeiten sind hier das *Polling*, komfortabler *Pipelines* oder *Shared Memory*. Auch ist selbstverständlich, daß diese angegebenen Verzeichnisnamen nur abstrakte Meta-Namen darstellen, die im konkreten Anwendungsfall entspr. den Namensgebungssyntaxregeln des jeweilige Betriebssystems zu ersetzen sind; andernfalls wäre dies eine i.allg. nicht einhaltbare Implementierungsvorgabe.

Um die Funktionalität der ***APPLI/COM***-Schnittstelle von der Anwendung steuern zu können, muß entspr. den obigen Ausführungen eine Job-Datei kreiert werden, die hier durch den ***Umschlag*** (***Envelope***) realisiert wird. Man erinnere sich an den gleichnamigen Begriff aus der MHS X.400-Spezifikation. Zum Senden muß noch das Dokument vorhanden sein, zum Empfangen muß der ***Umschlag*** bereitgestellt werden, der wiederum mit einem Pointer auf das empfangene Dokument versehen wird. In diesem Sinn stellt die ***APPLI/COM*** aus der MHS X.400-Sicht die in Abschn. 6.4.4 spezifizierte ***Submission and Delivery***-Funktionalität (***SDE***) zur Verfügung.

```
0         1         2
1234567890123456789012345...
[HEADER-ID]↵
[KEYWRD]: [PARAMETER] ↵
[KEYWRD]: [PARAMETER] ↵
[KEYWRD]: [PARAMETER] ↵
...
```

Abbildung 6.5-3: Syntax eines APPLI/COM-Umschlags.

Der ***Umschlag*** hat gemäß ***APPLI/COM***-Spezifikation die in Abbildung 6.5-3 dargestellte syntaktische Struktur. Die eckigen Klammern beinhalten Platzhalternamen, die durch gültige Werte bei einer konkreten Übermittlung ersetzt werden müssen. Es bedeuten:

- **[HEADER-ID]:**
  Kennzeichnet das gemäß Tabelle 6.5-1 zu verwendende Transferformat und die für den Umschlag gültige ***APPLI/COM***-Version. Beispiel: A*APPLI/COM*V002 heißt: A (**41**$_{Hex}$) kennzeichnet IBM ASCII 2; APPLI/COM ist eine Konstante; V002 = Version 2.
- ↵ steht für *New Line* und ist entspr. dem verwendeten Betriebssystem und der Transfertabelle mit dem Code für *Zeilenumbruch* einzutragen (Bsp. ASCII: CR LF = **0D 0A**$_{Hex}$).
- **[KEYWRD]:** Schlüsselwort
  Es gibt einen Satz von max. 8 Buchstaben langen Schlüsselwörtern - ***Dienstelemente*** vergleichbar denen in Abschn. 6.4.3. Sie geben den Typ des bzw. der i.allg. nachfolgenden
- **[PARAMETER]**
  an, die dem Wertebereich des **[KEYWRD]** entstammen müssen und immer auf Pos. 10 beginnen.

  Ein Beispiel für einen ***Umschlag***:

```
A*APPLI/COM*V002↵
;↵
;Kommentar: Ein Umschlag für automatisches Versenden↵
;↵
FUNCTION: Send↵
FILENAME: C:\DOC\ComAppli.doc↵
ADDRESS:  2627-8154711=AbCd↵
SERVICE:  TTX↵
TYPE:     T61↵
CONVERT:  ASCII↵
```

Das Schlüsselwort FUNCTION muß immer dem [HEADER] folgen, und kann folgende Werte annehmen:

- **Send**:
  Das Dokument im ***Umschlag*** ist zu **versenden**, es wird keine Status-Meldung in COM_ACK erwartet.
- **SendAck**:
  Das Dokument im ***Umschlag*** ist zu **versenden**, es wird eine Status-Meldung in COM_ACK erwartet (***Antwortumschlag***).
- **Receive**:
  Die Kommunikations-SW hat einen **Eingang** registriert; ***APPLI/COM*** speichert ihn in dem Transferformat, der im ***Umschlag*** spezifiziert ist.
- **Journal** (optional):
  Die Telekommunikations-SW wird veranlaßt, ein Inhalts- und Statusverzeichnis der anstehenden Jobs in eine Datei zu schreiben, deren Pfad unter dem Schlüsselwort TARGET zu finden ist.
- **Cancel** (optional): Löscht einen Job

Im Beispiel ist ein MS-DOS-(WORD)-Dokument aus der (Festplatten)-Datei C:\DOC\ComAppli.doc ohne Rückmeldung an die Adresse 2627(BRD)-8154711= AbCd zu versenden. Das Dokument liegt im ASCII-Format vor, und soll als Teletex-Dokument gemäß der ITU-T-Spezifikation T.61 übermittelt werden. Welche

[KEYWRD]s hinter FUNCTION folgen müssen oder dürfen, hängt von dem FUNCTION-Wert selbst ab.

Zum konkreten Abwickeln der Übermittlung wird aus der Anwendung heraus z.B. eine ASCII-Datei TEST.CAP im Pfad COM_JOB kreiert, in die der o.a. Umschlagtext geschrieben wird. Dann wird der Sync aktiviert, was wieder vom Betriebssystem und der Spezifikation des SW-Erstellers abhängt - z.B. unter MS-DOS >APPLICOM JOB↵.

Um eine komfortable Abwicklung eines solchen Auftrags von der Anwendung anzubieten, sind auch Implementierungen in Form entspr. Makros sinnvoll, die per Pull-Down-Menü aufgerufen werden können, und die angeforderte Maske gehend mit entspr. Werten gefüllt werden kann, und kommend die entspr. Werte aus dem Umschlag in diese Maske umgesetzt werden.

6.5.4 Common ISDN Application Interface (CAPI)

1989 wurde von deutschen Herstellern von ISDN-PC-Karten die erste Version einer ***CAPI*** spezifiziert, die den SW-mäßigen Zugriff von der Hardware der Karte entkoppelt. Bald darauf nahm sich die Telekom der Fortführung der Spezifikation an, die heute in der Version 2.0 vorliegt. Der Minimal-Alternativ-Spezifikation PCI (nicht zu verwechseln mit dem gleichnamigen Intel-Bus) einer solchen Schnittstelle von ETSI scheint hingegen keine Zukunft beschieden zu sein [BA2, HO].

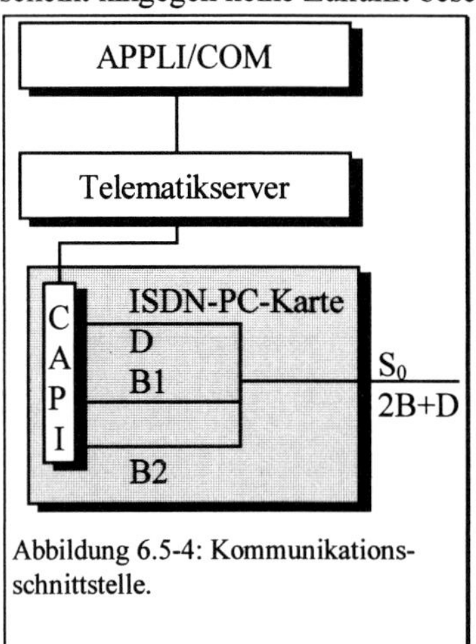

Abbildung 6.5-4: Kommunikationsschnittstelle.

Die ***CAPI*** wird bei jeder ISDN-PC-Karte mitgeliefert und muß vor der Nutzung der Karte geladen werden. Die ***CAPI***-Funktionalität erstreckt sich auf die an der S_0-Schnittstelle benötigten Funktionen der Schichten 1-3 des B- und D-Kanals für Paket- und Leitungsvermittlung (X.75, X.25, V.110 synchron/asynchron, T.70, T.90 und neuerdings T. 30 [Fax G3]; nicht alle sind obligat). Der Telematik-Server bietet demgegenüber die Funktionalität der OSI-Schichten 4-6 und die niederen Funktionen der Schicht 7 an. Zur ***CAPI*** weist er eine Primitive-Schnittstelle auf, die prinzipiell in ihrer Strukturierung auch an der Kommunikationsschnittstelle zur ***APPLI/COM*** verwendet werden kann.

Dabei soll jedoch betont werden, daß ***APPLI/COM*** und ***CAPI*** nicht zwingend aneinander gebunden sind. Eine ***CAPI*** kann gleichfalls Anwendungen unterstützen, die direkt auf ihr aufsetzen, oder LAN-Anwendungen über IPX, TCP/IP etc. Dies ist lediglich eine Frage der SW-Implementation.

Das heißt: neben den höheren OSI-Schnittstellen müssen Betriebssystemschnittstellen angeboten werden - in erster Linie sind das wegen der massiven Verbreitung von IBM-kompatiblen PCs solche zu MS-DOS/MS-Windows, aber die Spezifikation beschreibt auch die Schnittstellen zu OS/2 (DLL-CAPI), UNIX und Netzwerkbetriebssystemen, wie NetWare von Novell. Bezüglich des Zugriffs auf den D-Kanal sind aktuell bilinguale 1TR6- und DSS1-***CAPI***s Standard.

ISDN-PC-Karten sind mittlerweile preiswert zu erhalten und können grob in passive und aktive klassifiziert werden. Die erste Gruppe verfügt nicht über ein eigenes Prozessorsystem und bietet lediglich den ISDN-Zugriff an. Die Protokolle selbst, sofern sie nicht in den in Kap. 5 beschriebenen ISDN-Controller-ICs ablaufen, werden vom PC abgewickelt, was dessen Performance für die eigentliche Applikation einschränkt. Insbes. müssen die B-Kanäle im ms-Abstand gepollt werden. Aktive und damit teurere Karten verfügen über eigene Prozessor- und Speicherleistung und damit über die Funktionalität der Abwicklung auch höherer Protokolle, so daß nur eine einfache Treiberschnittstelle benötigt wird.

Einen vernünftigen Kompromiß zwischen Preis und Performance bieten semiaktive ISDN-PC-Karten, die durch den Einsatz eines Cache-Puffers das nach wie vor auf dem PC-Prozessor laufende DFÜ-Programm von der Schnittstelle abkoppeln, so daß die Zugriffsanzahl pro Zeiteinheit deutlich reduziert wird [Eb].

Grundsätzlich erlaubt die ***CAPI***-Funktionaliät den Zugriff einer oder mehrerer Anwendungen auf eine oder mehrere ISDN-Karten (von einem Hersteller). Der Telematik-Server weist dazu zwei asynchrone unidirektionale Queues zur ***CAPI*** auf, die die Pfade für die OSI-Primitives darstellen. In Richtung Applikation → ***CAPI*** ist die Queue allen Anwendungen gemeinsam, in Richtung Applikation ← ***CAPI*** je eine pro Applikation. Folgende Kommunikationselemente, die eine Art Ober-Primitives darstellen, sind vereinbart:

- *CAPI_**REGISTER/RELEASE***:
  An- und Abmeldung des Telematik-Servers bei der ***CAPI***.
- *CAPI_**PUT/GET_MESSAGE***:
  Primitive (hier genannt: Message) Applikation → ***CAPI***/Applikation ← ***CAPI***.

Damit die Applikation die ***CAPI*** nicht dauernd anpollen muß, ob eine angekommenen Nachricht vorliegt, kann mit der Option ***CAPI_SET_SIGNAL*** die ***CAPI*** aufgefordert werden, aktiv eingehende Nachrichten zu melden. Diese Kommunikationselemente müssen betriebssystemspezifisch implementiert werden. Die eigentlichen Primitives (Messages), die sie mit sich führen, sind davon unabhängig, was genau den Vorteil einer Vereinheitlichung dieser Schnittstelle ausmacht. Alle Primitives haben die in Tabelle 6.5-2 angegebene Struktur; in Klammern hinter dem Parameternamen steht jeweils die Oktettanzahl:

Parametername	Bedeutung
Total Length (2)	Gesamtlänge der Message (des Primitives) in Oktetts.
APPL_ID (2)	Applikations-Identifikation, zugewiesen mit ***CAPI_REGISTER***.
Command (1)	Message-(Primitive)-Name.
Subcommand (1)	Message-(Primitive)-Typ: REQ, CNF, IND, RSP.
Message-Number (2)	Zugeordnete REQ/CNF bzw. IND/RSP erhalten die gleiche Nr.
Message-Daten (m)	Hier stehen weitere, vom Message-(Primitive)-Namen abhängige Informationen, bei ***DATA***-Primitives insbesondere neben anderen die auf die Schnittstelle (D, B) zu stellende Information.

Tabelle 6.5-2: CAPI-Primitives.

Die Primitives lassen sich in drei Gruppen unterteilen; die Erläuterung bezieht sich jeweils auf den **REQ/IND**-Typ; **RSP** und **CNF** sind im Gegensatz zu OSI lokaler Natur:

- Einstellung von ***CAPI***-Parametern:
  - ***LISTEN_REQ/CNF***: Melde auf D-Kanal Schicht 3 kommende Rufe für die bei 1R6 mitgegebene EAZ/SIN bzw. bei DSS1 unterstützten Bearer Services.
  - ***SELECT_B2/3_PROTOCOL_REQ/CNF***: Festlegung B-Kanal-Schicht-2/3-Protokoll.
  - ***LISTEN_B3_REQ/CNF***: Melde auf B-Kanal/Schicht 3 kommende Nachrichten.
- Verbindungssteuerung im D-Kanal zur physikalischen Durchschaltung des B-Kanals:
  - ***CONNECT_REQ/CNF*** bzw. ***IND/RSP***: B-Kanal-Durchschalteanforderg. (→SETUP).
  - ***CONNECT_ACTIVE_IND/RSP***: B-Kanal physikalisch durchgeschaltet (←CONN).
  - ***DISCONNECT_REQ/CNF*** bzw. ***IND/RSP***: B-Kanal-Freigabeanforderung (→DISC).
- Verbindungssteuerung im B-Kanal für die B-Kanal-Schichten 2 und 3:
  - ***CONNECT_B3_REQ/CNF*** bzw. ***IND/RSP***: B-Kanal-Schicht-3-Aufbauanforderung.
  - ***CONNECT_B3_ACTIVE_ IND/RSP***: B-Kanal-Schicht-3-Aufbauanzeige.
  - ***DATA_B3_REQ/CNF*** bzw. ***IND/RSP***: Schicht-3-Nutzdaten im B-Kanal.
  - ***DISCONNECT_B3_REQ/CNF*** bzw. ***IND/RSP***: B-Kanal-Schicht-3-Abbauanforderg.

Abbildung 6.5-5 zeigt den Aufbau einer virtuellen X.25-B-Kanal-Verbindung:

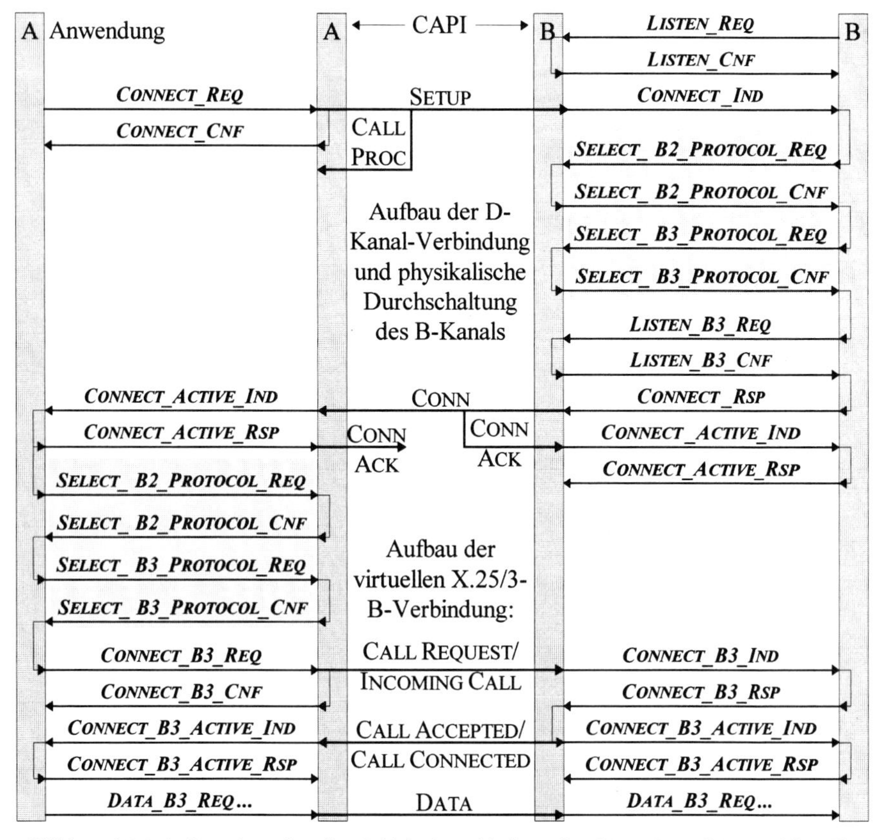

Abbildung 6.5-5: Aufbau einer virtuellen Schicht-3-Verbindung über CAPI, D- und B-Kanal [BA2].

7 Das Zentralkanal-Zeichengabesystem #7

7.1 Übersicht

Das in den ITU-T-Q.7xy-Empfehlungen spezifizierte ***Zentralkanal-Zeichengabesystem** #7* (***ZGS#7***; ***Signalling System** #7* = ***SS#7***) stellt im Gegensatz zu den I-Empfehlungen, die sich primär auf die Zeichengabe (= Signalisierung) an *Teilnehmerschnittstellen* konzentrieren, ein Zeichengabesystem zur Verfügung, das für das Durchschleusen von Zeichengabe und der zugehörigen Nutzinformation durch hierarchisch aufgebaute *Netze* optimiert ist. Gedacht ist dabei natürlich primär an das ISDN [BO.4, GE.1, KA1.4, KE.4, Gö1, Gö2, Gö3, Hl].

7.1.1 Struktur der ITU-T-Q.7xy-Empfehlungen

Die Q-Empfehlungen werden von der ITU-T-SG XI herausgegeben, die für *Fernsprechvermittlung und Zeichengabe* zuständig ist. Von ihr wurden auch die Q.9xy-Empfehlungen der in Kap. 4 ausführlich besprochenen ISDN-Tln.-Schnittstellenspezifikationen definiert. Wie die I-Empfehlungen, sind die Q.7xy-***ZGS#7***-Empfehlungen in inhaltlich zusammengehörige Abschnitte unterteilt. Die im folgenden angegebenen Q.27yz-Empfehlungen sind die adäquaten zum Breitband-ISDN, das in Kap. 9 über ATM-Technik beschrieben wird. Dazu beschreiben nach einer Einführung in Q.700:

- Abschn. 1 in Q.701-Q.709 den
  Nachrichtentransferteil (***Message Transfer Part*** = ***MTP***), eine OSI-nahe Dreiteilung der unteren Signalisierungsfunktionen ähnlich der D-Kanal-Protokollschichtung mit den Ebenen 1, 2 und bis zur VSt-Adressierung in Level 3.
- Abschn. 2 in Q.710 einen vereinfachten ***MTP*** für kleine Systeme, z.B. TKAnl.
- Abschn. 3 in Q.711-Q.716 den
  Steuerteil für Zeichengabetransaktionen (***Signalling Connection Control Part*** = ***SCCP***) zur Unterstützung des ***ISDN-Anwenderteils*** (***ISDN User Part*** = ***ISUP***) für die Abwicklung von Dienstmerkmalen (DM).
- Abschn. 4 in Q.721-Q.725 den
  Anwenderteil für Fernsprechen (***Telephone User Part*** = ***TUP***) für analoge Telefonanwendungen.
- Abschn. 5 in Q.730-Q.737 (B-ISDN: Q.2730) die
  ISDN-Dienstmerkmale (***ISDN-Supplementary Services*** = ***ISS***), die mit den in I.25y spezifizierten (s. Abschn. 4.1) an der S_0-Schnittstelle zu erbringenden DM zusammenwirken müssen, um die Realisierung durch das ganze Netz zu erbringen. Dabei gilt folgende Entsprechung (nicht Identität): Q.73y.f $\leftrightarrow$ I.25y.f.

- Abschn. 6 in Q.741 (X.61) den
Anwenderteil für Datenübertragung (*Data User Part = DUP*)
- Abschn. 7 in Q.750-Q.755 das
Management und verwandte Funktionen, wie *Überwachungs- und Meßtechnik, Betriebs- und Wartungstechnik* sowie *Protokolltests.*
- Abschn. 8 in Q.761-Q.768 (B-ISDN: Q.2761 - Q.2764: B-ISUP) den
ISDN-Anwenderteil (***ISUP***) für ISDN-Anwendungen, die den oberen OSI-Schichten bzw. der Schicht 3 des D-Kanals zugeordnet werden können. Hier ist der wichtigste Querbezug zu Abschn. 4.4 zu sehen.
- Abschn. 9 in Q.771-Q.775
Standardisierte Dialogfunktionen (***Transaction Capabilities Application Part = TCAP***) als niedere OSI-Schicht-7-Funktionalität zwischen ***ISS*** und ***SCCP***.
- Abschn. 10 in Q.780-Q.788 **Schnittstellentestspezifikationen.**

Die adäquaten Richtlinie der Telekom, die einen Subset verwendet, ist historisch die 1R7: *Anwendungsspezifikation für das CCITT-Zeichengabesystem Nr.7 im nationalen Netz der DBP.* Sie *ist* bzw. *wird* in Bezug auf das ISDN derzeit durch die Richtlinienreihe 163 TR 72 (***MTP***), 73 (***SCCP***), 74 (***TCAP***), 75 (***TF***) und 76 (***ISUP***) ersetzt. Wesentlich im Zusammenhang mit der Beschreibung des ISDN sind die Q.7xy-Abschnitte 1, 3 und 8, auf die hier näher eingegangen wird. Speziell für den ***ISUP*** wird in der BRD die ***T***-(Telekom)-***ISUP***-Variante verwendet.

7.1.2 Aufgaben und Einsatzbereiche, Netztopologie

Das ZGS#7 residiert in den verschiedenen **Vermittlungsknoten**

- **Endvermittlungsstellen** (EVStn), an denen Tln. direkt angeschlossen sind, in
- **Transit-VStn**, an denen keine Tln. angeschlossen sind, sowie in
- **Intelligenten Netzknoten**. Hierbei kann es sich z.B. um Datenbanken oder spezielle Netzzentren zur Wartung - auch privater Betreiber, handeln.

Demgegenüber residiert die D-Kanal-Signalisierung in den Endgeräten, in der Peripherie (SLMD) und in der Steuerung der EVStn. Dort wird sich die Schnittstelle zwischen der Schicht 3 des D-Kanal-Protokolls und den Ebenen 3 und 4 des ***ZGS#7*** finden.

Dazu kann man die **Anwendungsbereiche** des ***ZGS#7*** wie folgt grob unterteilen:

- Nationale und internationale Verbindungen
- Orts- und Fernnetze
- Zwischenamtssignalisierung und große TKAnl
- Terrestrische und Satellitenkanäle

Das ***ZGS#7*** soll dabei folgende **Randbedingungen** erfüllen:

- National und international einsetzbar
- Optimiert für speicherprogrammierte, d.h. rechnergesteuerte Systeme, die heute ausschließlich für neue VStn eingesetzt werden
(SPC = Storage Program Controlled Systems)
- Geeignet für digitale Leitungen mit 64 kbps-Kanälen

- Geeignet für verschiedene Dienste in verschiedenen Netzen
- Problemlose Einführung neuer Dienstmerkmale (DM)
- Nutzung des fortschreitenden Technologiewandels

Das ***ZGS#7*** realisiert die von der ISDN-(und Nicht-ISDN)-Peripherie geforderten Dienste vom *Netz* mittels ***Zentraler Zeichenkanäle***, bei denen im Gegensatz zur *kanalindividuellen* Signalisierung, wie sie z.B. national die Impuls-Kennzeichengabe IKZ 50 und international SS#4, 5, R2 realisieren, die Zeichengabe simultan zur Informationsübermittlung bereits aufgebauter Nutzkanäle möglich ist. Darüberhinaus können auch in praktisch unbegrenztem Umfang Informationen unabhängig von Nutzkanalverbindungen ausgetauscht werden, z.B. zur ständigen Aktualisierung des Aufenthaltsorts eines Tln. im digitalen europäischen Mobilfunknetz (Roaming).

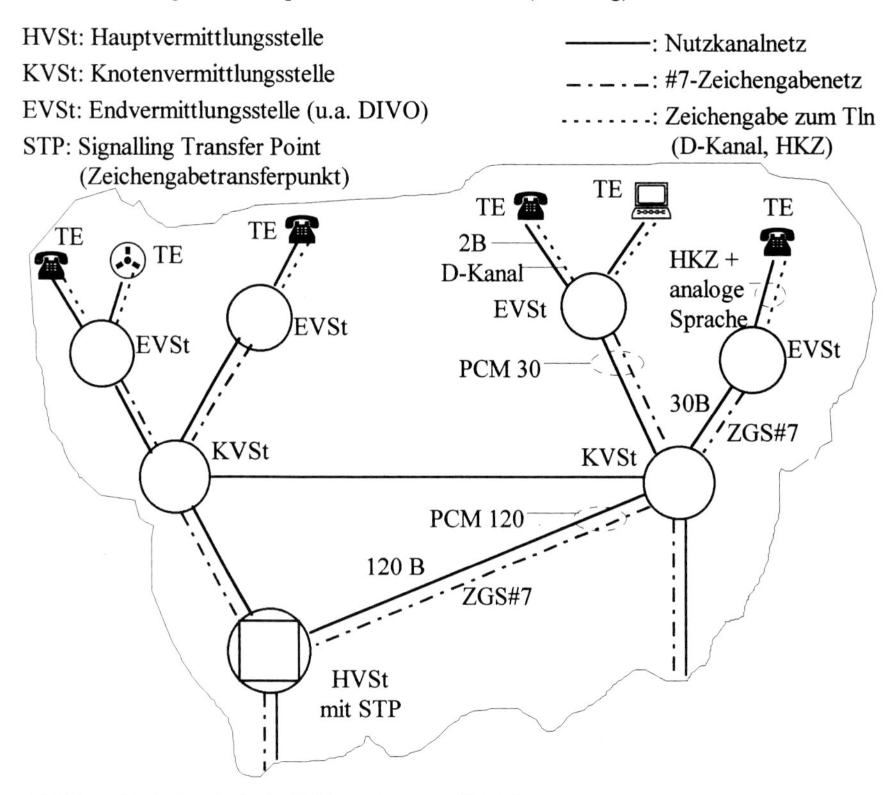

Abbildung 7.1-1: Topologie des Zeichengabenetzes [KA1.4].

Abbildung 7.1-1 stellt einen typischen Ausschnitt aus der Topologie des ***ZGS#7-Zeichengabenetzes*** (***Signalling Network***) unter Einschluß analoger und digitaler (ISDN)-Teilnehmerschnittstellen dar. Das nationale Netz ist vierstufig hierarchisch aufgebaut mit analogen oder digitalen Endvermittlungsstellen (EVStn), an denen die Tln. angeschlossen sind, Knotenvermittlungsstellen (KVStn), Hauptvermittlungsstellen (HVStn) und auf der höchsten Ebene - hier nicht dargestellt - Zentralvermittlungsstellen (ZVStn; s. Abschn. 1.2.3).

Zu sehen sind das **Nutzkanalnetz** für die B-Kanäle, das netzinterne ***ZGS#7-Zeichengabenetz*** in Form von ***Zentralen Zeichenkanälen*** (***ZZK; Common Channels for Signalling = CCS***), in denen Zeichengabe gebündelt für viele Nutzkanäle übertragen wird - und das *Zeichengabenetz zum Tln.*, das bei ISDN-Tln. im D-Kanal realisiert wird, bei analogen Tln. z.B. durch Hauptanschlußkennzeichen (HKZ). Je höher die Netzhierarchie, umso ökonomischer werden Hochgeschwindigkeitsstrecken mit 120, 480, 1920, 7680 oder gar 30720 Nutzkanälen sein.

Weiterhin ist zu erkennen, daß im Netz nicht überall, wo Nutzinformation läuft, auch Zeichengabe laufen muß. Dazu gehören die Begriffe ***assoziierte***, ***quasiassoziierte*** und ***nichtassoziierte*** Übertragung von Zeichengabe, die weiter unten erläutert werden. Außerdem ist eine HVST mit sog. ***Zeichengabetransferpunkt*** (***Signalling Transfer Point = STP***) zu erkennen, der ebenfalls später erläutert wird.

7.1.3 Architekturmodell und Abgrenzung gegenüber den ISDN-Teilnehmerschnittstellen

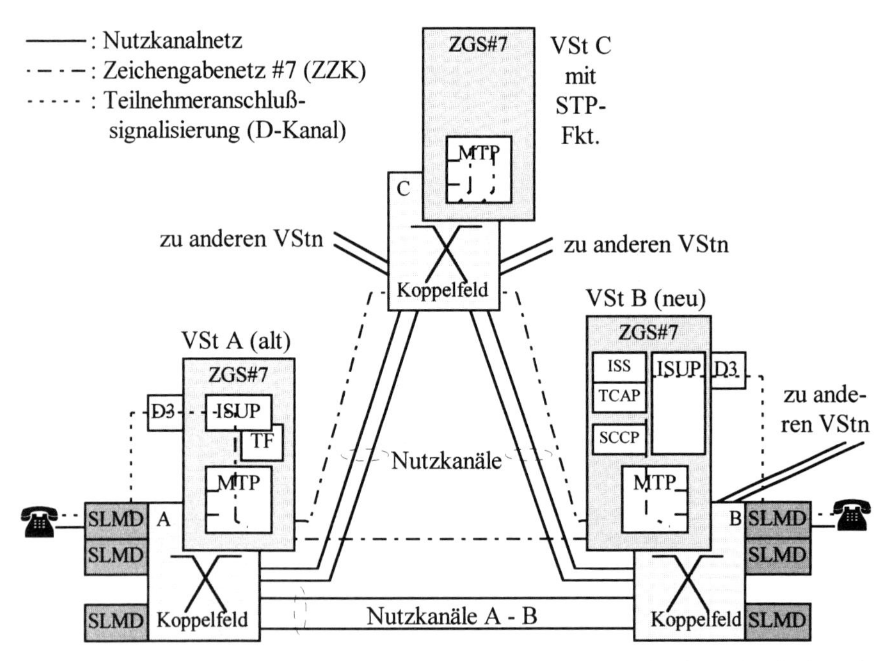

Abbildung 7.1-2: Trennung von Nutzkanalführung, Zentralkanalzeichengabe (#7) und Teilnehmersignalisierung.

Eine Aufteilung, die die Trennung von *Nutzkanalnetz*, *Zeichengabenetz* und *Teilnehmeranschlußbereich* aus der Sicht der im folgenden Abschn. beschriebenen ***ZGS#7***-Ebenenstrukturierung darstellt, zeigt Abbildung 7.1-2. Als Querbezug mögen die Ausführungen des vorangegangenen Kap. über Telecom-ICs, wie der EPIC® dienen, insbes. Abb. 5.6-1. Desgl. wird an Abschn. 4.1 (Einführung in das ISDN) erinnert, wo die

Trennung von Signalisierung (Control Information) und Nutzinformation (User Information), in Abbildungen 4.1-7 und 4.1-8 veranschaulicht wurde. Hier geht es nun um die konkrete Realisierung derselben aus der Sicht des Netzinnern.

Genauso wie die ISDN-Schnittstellen weist das ***ZGS#7*** eine OSI-ähnliche Schichtenarchitektur auf. Dabei kann zunächst eine zweistufige Unterteilung der ***ZGS#7***-Funktionen vorgenommen werden:

- ***Nachrichtentransferteil*** (***Message Transfer Part = MTP***)
  Er ist das universelle Transportsystem für die höheren Funktionen und für alle Dienste. Seine Aufgaben sind vergleichbar mit denen der Schichten 1, 2, und der Schicht-3-Adressierung der ISDN-Tln.-Schnittstellen. Es gibt aber noch weitere, wie ***Wegefindung*** (***Routing***), die an der Tln.-Schnittstelle nicht benötigt werden.
- ***Anwenderteile*** (***User Parts = UP***s)
  Sie sind diensteindividuell und gliedern sich heute auf in
  - ***Anwenderteil für Fernsprechen*** (***Telephone User Part = TUP***)
  - ***Anwenderteil für Leitungsvermittelte Datendienste*** (***Data User Part = DUP***)
  - ***ISDN-Anwenderteil*** (***ISDN User Part = ISUP***),
    dann wird noch zusätzlich zwischen ***MTP*** und ***ISUP*** ein ***Steuerteil für Zeichengabetransaktionen*** (***Signalling Connection Control Part = SCCP***) verwendet. Im Netz der Telekom wird derzeit noch ein Subset, der ***Transportfunktionsteil*** (***TF***) eingesetzt. Die Gesamtheit aus ***MTP*** und ***SCCP*** (bzw. ***TF***) wird als ***Netzdienstteil*** (***Network Service Part = NSP***) bezeichnet.
    Ab 1997 wird der ***TF*** durch die strikte Trennung von Rufsteuerung (Call Control) durch den ***ISUP*** und DM-Behandlung (Connection Control) mittels ***ISS/TCAP*** und ***SCCP*** in der BRD ersetzt.
  - ***ISDN PABX Anwenderteil = IPUP***
    für Anbindungen von TKAnl via ***ZGS#7*** an das Netz.
  - ***Breitband-ISDN-Anwenderteil*** (***B-ISUP***).
  - ***Mobilfunksysteme-Anwenderteil*** (***Mobile User Part = MUP***; national → ETSI)

  Vor allem im ***ISUP*** werden u.a. die Funktionen abgehandelt, die zur netzinternen Realisierung der Schicht 3 des D-Kanals benötigt werden. Es gibt aber auch in den ***UP***s Teile, die für *unterschiedliche* ***UP***s *einheitlich* realisiert werden.

Die **Aufgaben** des ***MTP*** lassen sich wie folgt zusammenfassen:

- **Nachrichtenübertragungssicherung**
- Behandlung von **Fehlersituationen**
- Belegt **Ebenen 1-3** des ***ZGS#7***-Architekturmodells. Diese *Ebenen* (ITU-T: *Level*) sind nicht unbedingt gleich *OSI-Schichten*! Vielmehr erbringt der ***MTP*** zwar OSI-Schicht-1,2,3-Funktionen und -Dienste, aber auch ***TF*** und die *niederen* ***ISUP***-Teile sind der OSI-Schicht-3 zuzuordnen. Aufgrund dieser nur teilweise adäquaten Zuordnung wird hier der *Ebenen*begriff weiter verwendet, um ihn von dem *Schichten*begriff (*Layer*) zu unterscheiden. Die Ebenen des ***MTP*** werden wie folgt bezeichnet:
  1. ***Zeichengabekanal*** (auch: ***-übertragungsstrecke***) = ***Signalling Data Link***:
     Physikalische, elektrische und funktionale Schnittstelle zum Übertragungskanal. Also: Ebene 1 entspricht Schicht 1 des OSI-Modells.

2. ***Zeichengabestrecke = Signalling Link***:
   Übertragungsprozeduren für den ***ZZK***. Ebene 2 entspr. Schicht 2 des OSI-Modells, der Begriff der *Strecke* dem eines *Abschnitts* des OSI-Modells.
3. ***Zeichengabenetz = Signalling Network***:
   Nachrichtenlenkung und -steuerung des ***ZZK***-Netzes - eine Funktion, die nicht vollständig in einer OSI-Schicht unterzubringen ist - eher dem der OSI-Schicht-3 zugeordneten Management.

Die **Aufgaben** und **Funktionen** der ***UP***s lassen sich mit folgenden Schlagworten zusammenfassen:

- Bilden Ebene 4 des ***ZGS#7*** und erfüllen u.a. Funktionen der Schicht 3, aber auch höhere des OSI-Modells.
- Festlegung von ***Zeichengabenachrichten*** und ihren Funktionen.
- Bearbeitung, d.h. erzeugen und empfangen der ***Zeichengabenachrichten***.
- Beschreibung von Verbindungsabläufen (-Prozeduren).

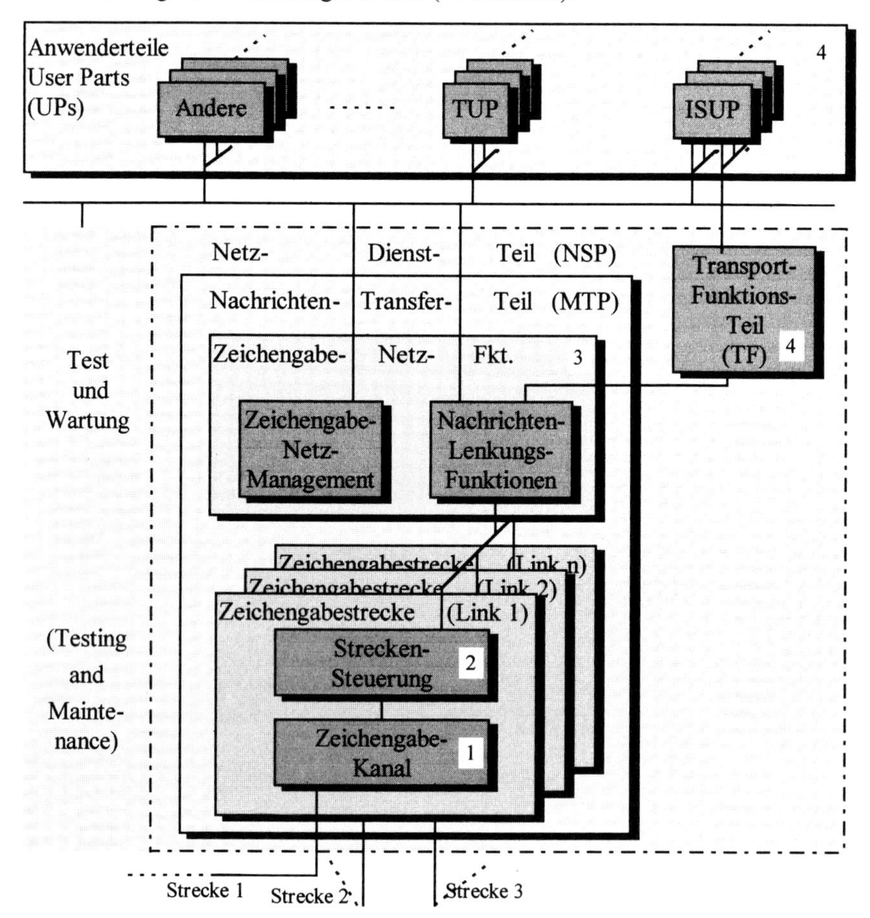

Abbildung 7.1-3: Architekturmodell der Funktionen des ZGS#7 [Q.701].

In Abbildung 7.1-3 sind diese Funktionseinheiten mit teilweise weiteren Unterteilungen für die Anwendung im öffentlichen Netz der Telekom (***TF***-Teil des ***SCCP***) in übersichtlicher Weise in Form von Blöcken dargestellt. Die ***Zeichengabestrecken-Funktion*** (Ebene 2) muß für jede Richtung zu einem anderen Netzknoten separat vorhanden sein. Weiterhin sind die ***UP***s mehrfach vorhanden - entsprechend für jeden Anwender einer. Zusätzlich ist die Funktionseinheit **Test und Wartung** des ***MTP*** dargestellt.

Das ***Zeichengabenetz*** besteht aus folgenden Komponenten:

- ***Zentrale Zeichenkanäle*** (***ZZK; Common Channels for Signalling = CCS***)
- ***Zeichengabepunkte*** (***Signalling Points = SP***s)
  Allgemeiner Knoten in einem ***Zeichengabenetz***, der entweder ***Zeichengabenachrichten***
  1. generiert und empfängt - dies muß also in einem ***UP*** geschehen - oder
  2. von einer ***Zeichengabestrecke*** zur anderen transferiert - dazu wird kein ***UP*** benötigt, sondern diese Funktion wird in Ebene 3 des ***MTP*** ausgeführt - oder
  3. beides durchführt. In den Fällen 1. und 3. wird häufig der (nicht ITU-T-genormte) Begriff ***Signalisierungsendpunkt*** (***SEP***) verwendet.
- ***Zeichengabetransferpunkte*** (***Signalling Transfer Points = STP***s)
  SPs mit der Funktion 2. in Bezug auf die ***Zeichengabenachrichten*** einer bestimmten Verbindung. Während also eine VSt für *eine* ***Zeichengabenachricht*** *alle* ***SP***-Funktionen wahrnehmen kann, kann sie sich für *andere* ***Zeichengabenachrichten*** auf ***STP***-Funktionen *beschränken.* Im letzteren Fall kann also kein Tln., der an der Verbindung beteiligt ist, an dieser VSt angeschlossen sein.

In den Abbildungen dieses Kap. werden diese VSt-Funktionen durch unterschiedliche Symbole dargestellt:

○ ***Zeichengabepunkt*** mit mindestens einem ***UP*** (also mindestens ***SEP***-Funktion); ob ***STP***-Funktionen erbracht werden, ist irrelevant in dem betrachteten Zusammenhang.

□ ***Zeichengabepunkt*** mit mindestens ***STP***-Funktion; ob ***UP***-Funktionen erbracht werden, ist irrelevant in dem betrachteten Zusammenhang.

⊡ ***Zeichengabepunkt*** mit sowohl ***STP***- als auch ***UP***-Funktionen.

△ Allgemeiner ***Zeichengabepunkt*** ohne weitere Spezifikation, welcher Teil (***STP***, ***UP***(s)) bearbeitet wird.

7.1.4 Zeichengabe

Zunächst sind einige weitere Begriffe zu definieren. Sofern diese in Abbildungen verwendet werden, sind die Symbole angegeben:

- ***Nutzkanal***: ————————
  Kanal mit Nutzinformation, wie Sprache, Daten, Text, Video etc. Typisch ein 64 kbps-Kanal, der z.B. im ISDN als B-Kanal an einem TE beginnt bzw. endet.
- ***Zeichengabebeziehung*** (***Signalling Relation***): – – – – – – – – –
  Logische Beziehung bzgl. der Zeichengabe zwischen zwei ***SEP***s. Sie ermöglicht den Informationsaustausch zwischen korrespondierenden ***UP***s.

- ***Zeichengabeweg*** (***Signalling Route***): — - - — - - — - - — -
  Gesamter Weg der Zeichengabe zwischen zwei ***SEP***s, zwischen denen eine ***Zeichengabebeziehung*** besteht.
- ***Zeichengabestrecke*** (***Signalling Link***): — - — - — - — - — -
  Abschnitt des ***Zeichengabewegs*** zwischen zwei ***SP***s, also jeweils ein Teil des ***Zeichengabewegs***, wenn sich ***STP***s dazwischen befinden. Sie besteht aus dem ***Zeichengabekanal*** und den zugehörigen Steuerfunktionen zum Zweck fehlergeschützter Nachrichtenübertragung.
- ***Zeichengabestreckenbündel*** (***Signalling Link Set***): Satz von ***Zeichengabestrecken***.

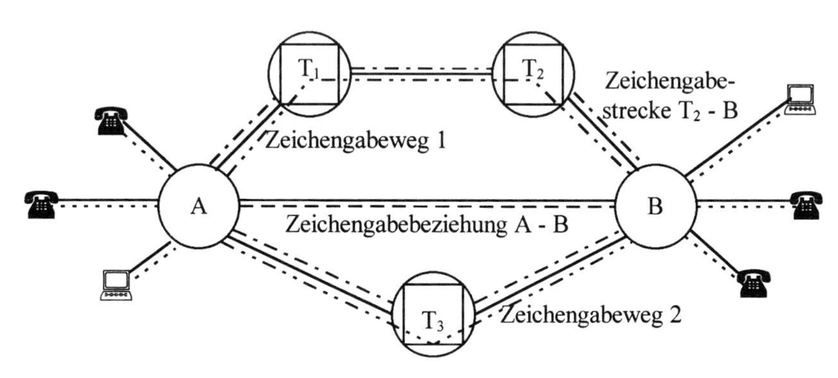

Abbildung 7.1-4: Zeichengabe im ZGS#7 [KA1.4].

Für Nicht-***ZGS#7-Zeichengabebeziehungen*** (z.B. D-Kanal), wie sie typisch auf der Teilnehmeranschlußleitung, aber auch netzintern auftreten können, wird das Symbol - - - - - verwendet. Abbildung 7.1-4 illustriert die Zusammenhänge beispielhaft für den Fall zweier ***SEP***s mit einer ***Zeichengabebeziehung***, an denen die Tln. direkt angeschlossen sind. Folgende VSt-Typen sind aus der Sicht eines Rufs zu unterscheiden:

- ***Ursprungs-VSt*** (***U-VSt***) und ***Ziel-VSt*** (***Z-VSt***):
  Die ***U-VSt*** ist ein ***SEP***, von dem ein Ruf zu einer ***Z-VSt***, die ebenfalls ein ***SEP*** ist, aufgebaut wird. An ***U***- bzw. ***Z-VSt*** sind die A- bzw. B-Teilnehmer angeschlossen. Im öffentlichen Netz sind das die EVStn (DIVO). Hier findet typisch der Übergang D-Kanal-Protokoll/***ZGS#7*** statt. Als Symbole können also ◯ als auch ▣ verwendet werden.
- ***Transit-VSt*** (***T-VSt***):
  In der ***T-VSt*** wird im Zuge einer Verbindung ein Nutzkanal durchgeschaltet. Es handelt sich also um einen ***SEP***, an dem jedoch kein zu der jeweiligen Ende-zu-Ende-Verbindung gehörender Tln. angeschlossen ist. Im öffentlichen Netz kann dies jede Art von VSt sein. In beide Richtungen wird der gleiche ***UP*** verwendet. Als Symbole können ebenfalls ◯ und ▣ verwendet werden.
- ***Semipermanente Zeichengabetransaktion*** (***ZGT***; Symbol : ↶↷);
  Link-by-Link-Nachrichten:
  Zeichengabe zwischen benachbarten ***SEP***s im Zusammenhang mit einzelnen Nutzkanälen (typ. beim Auf- und Abbau). Dazu gehören ***Link-by-Link-Nachrichten***. Eine

ZGT kann nach Auslösen der Nutzkanalverbindung für andere Nutzkanalverbindungen weiterverwendet werden. Dies ist die klassische Beziehung für alle #7-***UP***s.

- ***Temporäre Zeichengabetransaktion*** (***tZGT;*** Symbol:); ***Ende-zu-Ende-Nachrichten***:
  Zeichengabe zwischen ***U-VSt*** und ***Z-VSt***. Wird vorübergehend für einen ***Ende-zu-Ende-Nachrichten-***Austausch unter Einbeziehung des ***TF*** aufgebaut, und besteht i.allg. nur so lange wie die zugehörige Nutzkanalverbindung. Typisch bei bestimmten Dienstmerkmalzugriffen, die im ISDN benötigt werden. Eine Nachricht, die zu einer ***tZGT*** gehört, deklariert also alle ***T-VStn*** für diese Nachricht zu ***STP***s.

Abbildung 7.1-5 illustriert diese Zusammenhänge an Beispielen.

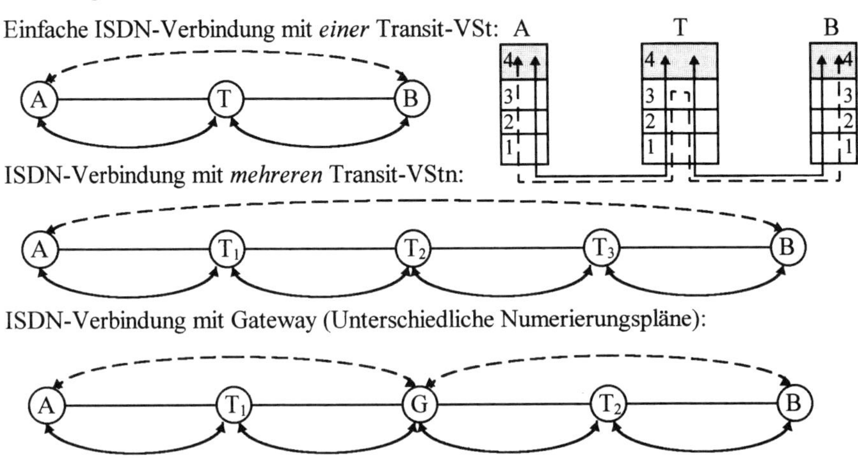

ISDN-Verbindung mit Übergangs-VSt (Unterschiedliche Zeichengabe, keine TF-DM):

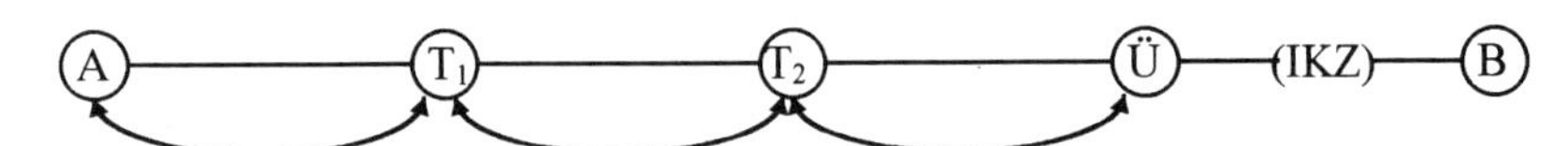

ISDN-Verbindung mit Anrufumlenkung auf der B-Seite nach C:

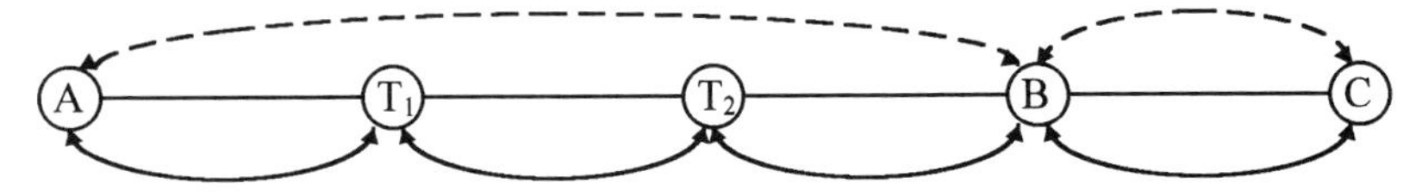

Abbildung 7.1-5: Beispiel für homogene und heterogene ZGS#7-Netzkonfigurationen [1R7].

Zeichengabe-Betriebsweisen:

Dieser Begriff stellt eine Zuordnung her zwischen dem ***Zeichengabeweg***, den eine Nachricht nimmt, und der ***Zeichengabebeziehung***, zu der die Nachricht gehört. Folgende Zeichengabe-Betriebsweisen sind definiert:

- ***Assoziiert***:
  Die zu einer ***Zeichengabebeziehung*** gehörenden Nachrichten zwischen zwei benachbarten ***SP***s werden über ***Zeichengabestreckenbündel*** übertragen, die diese ***SP***s

direkt verbinden. Jedem Nutzkanalbündel ist direkt ein ***Zeichengabestreckenbündel*** zugeordnet.

- ***Nichtassoziiert***:
Die zu einer ***Zeichengabebeziehung*** gehörenden Nachrichten zwischen zwei ***SP***s werden über zwei oder mehr ***Zeichengabestreckenbündel*** übertragen, die über einen oder mehrere ***SP***s führen, die für diese Verbindung ***STP***-Funktionen wahrnehmen. Man kann zu einem Zeitpunkt nicht sagen, welcher von den möglichen Wegen von einer Nachricht genommen wird. Diese Betriebsweise wird wegen ihrer Komplexität im ***ZGS#7*** nicht angewendet.
- ***Quasiassoziiert***:
Sonderfall der ***nichtassoziierten*** Betriebsweise. Für eine ***Zeichengabebeziehung*** ist *genau ein* ***nichtassoziierter*** Weg für alle Nachrichten festgelegt, der beim Verbindungsaufbau festgelegt wird - sofern nicht ein ***STP***-Ausfall eine Wegeumleitung bedingt. Es handelt sich hier also um eine *semipermanente* Zuordnung Nutzkanal ↔ ***Zeichengabeweg***. Dieses Verfahren wird im ***ZGS#7*** z.B. zur Lastoptimierung angewendet. Insbesondere ist auf diese Weise eine einfache Reihenfolgesicherung möglich, deren Nichteinhaltung z.B. bei Wählziffern fatale Folgen haben kann.

Abbildung 7.1-6 illustriert die beschriebenen Zusammenhänge für die ***assoziierte*** und ***quasiassoziierte*** Betriebsweise.

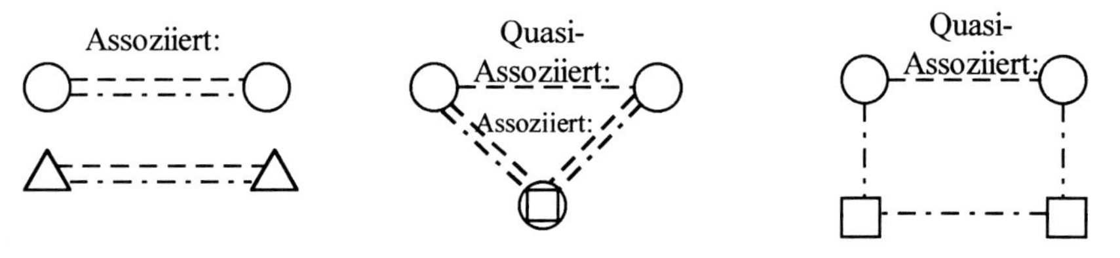

Abbildung 7.1-6: Assoziierte und quasiassoziierte Betriebsweise im ZGS#7 [Q.701].

7.2 Die Ebenen des ZGS#7

Zur Illustration s. Abbildung 7.1-3.

7.2.1 Ebene 1: Zeichengabekanal (Signalling Data Link)

Realisiert die OSI-Schicht 1 des ***ZGS#7***. In der ITU-T-Empfehlung Q.702 werden dementspr. die physikalischen, elektrischen und funktionalen Eigenschaften des ***Zeichengabekanals*** beschrieben. Die Rahmenstrukturen für hier verwendete Schicht-l-Rahmen sind u.a. in den folgenden ITU-T-Empfehlungen angegeben:

- G.703, G.732, G.735 für PCM30-Strecken mit 2,048 Mbps. Der in Abbildung 7.2-1 weiß unterlegte Zeitschlitz 16 wird zur Zeichengabe verwendet, d.h. hier setzt sich das ***ZGS#7*** fort - die ***ZZK***-Oktetts werden in den Ebene-1-PCM30-Rahmen ge(de)multiplext. Der hellgrau schraffierte ZS0 ist ein reines Ebene-1-Objekt:

Bit Nr.	8 7 6 5 4 3 2 1
Zeitschlitz. 0	Rahmensynchronisation (ein Oktett)
Zeitschlitze 1-15	15 Oktetts Nutzkanalinformation; mit je 64 kbps (z.B. 15 B-Kanäle)
Zeitschlitz 16	Zentraler Zeichenkanal (ZZK) mit 64 kbps
Zeitschlitze 17-31	15 Oktetts Nutzkanalinformation; mit je 64 kbps (z.B. 15 B-Kanäle)

Abbildung 7.2-1: Struktur eines PCM30-Rahmens [G.703].

- G.703, G.741, G.744 für PCM120-Strecken mit Bitraten von 8,448 Mbps. Hier werden die Zeitschlitze 67-70 für Zeichengabe verwendet.

Der Zeichengabe stehen also standardmäßig bidirektionale 64kbps-Kanäle zur Verfügung. Da es sich innerhalb des ***Zeichengabenetzes*** um *Punkt-zu-Punkt-Verbindungen* mit *zentraler Zugriffssteuerung* in jeder VSt handelt, ist die Physikalische Schicht des ***ZGS#7*** wesentlich einfacher als die des Mehrpunkt-ISDN-Basisanschlusses.

Die Funktionen der Ebene 1 lassen sich gemäß dem rechts dargestellten einfachen Blockschaltbild in zwei Funktionen zerlegen:

- Physikalische Bitübertragung
- Zugriff über das Koppelnetz

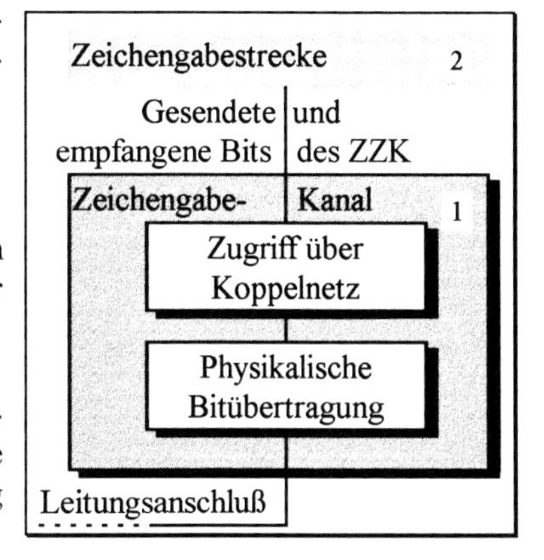

Dazu muß man sich klarmachen, daß es im wesentlichen zwei Möglichkeiten gibt, in einer VSt die Zeichengabe von den auf der Ebene 1 gemultiplexten Nutzkanälen zu trennen:

- Direkte Ausscheidung des Zeichengabezeitschlitzes bei der Leitungsankopplung an die Peripherie (Trunk-Module) und Zuleitung zum Zentralrechner.
- Führen des gesamten Ebene-l-Rahmens vom Trunk-Modul zum Koppelfeld, von dem eine - neben anderen Verbindungen, z.B. zum Einstellen des Koppelfeldes - Verbindung für die Zeichengabe zum Zentralrechner besteht.

ICs, wie der Siemens-EPIC® und -HSCX, die solche Zugriffe erlauben, wurden im Kap. 5 vorgestellt.

7.2.2 Ebene 2: Zeichengabestrecke (Signalling Link)

Die ***Zeichengabestrecken***-Ebene (ITU-T: Q.703) führt Funktionen aus und erbringt Dienste, die einer OSI-Schicht 2 zugeordnet sind. Sie sind nicht unähnlich denen der Schicht 2 des D-Kanal-Protokolls bzw. LAPB und es hätte sich angeboten, hier ein konventionelles HDLC-Protokoll zu verwenden. Dies hat sich aus historischer Sicht jedoch anders entwickelt, so daß sich zwar die meisten HDLC-Funktionen hier finden, jedoch in anderen Formaten und mit anderen Namen. Die wichtigsten neuen Begriffe, die hier verwendet werden, sind:

- ***Zeicheneinheit*** (***Signal Unit = SU***)
  entspricht einem HDLC-Rahmen und wird auch durch dasselbe Flag mit dem Bitmuster **01111110** begrenzt, ist aber intern anders aufgebaut. Eine ***SU*** kann sein eine
  - *NACHRICHTEN-ZEICHENEINHEIT* (*MESSAGE SIGNAL UNIT = MSU*)
  - *ZZK-ZUSTANDSEINHEIT* (*LINK STATUS SIGNAL UNIT = LSSU*)
  - *FÜLL-ZEICHENEINHEIT* (*FILL IN SIGNAL UNIT = FISU*)

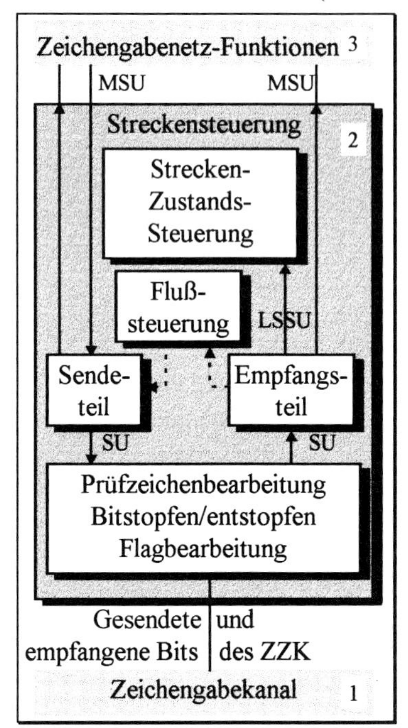

Die innere Block-Struktur dieser Ebene wird im linken Bild dargestellt. Folgende Funktionen führt diese Schicht aus (man vergleiche diese mit den HDLC-Funktionen):

- Begrenzung der ***SU***s durch Flags
- Verhinderung der Flag-Nachbildung durch Bit-Stopfen (Bit Stuffing; Transparenz)
- Fehlererkennung durch Prüfbits
- Fehlerkorrektur durch Wiederholung der Übertragung und Reihenfolgesicherung der ***SU***s durch Numerierung und Quittungsgabe
- Fehlerratenüberwachung und Wiederhochlauf
- Abschnitts-Zustandssteuerung
- Flußsteuerung

Solche Funktionen, wie die TEI-Vergabe und die D-Kanal-Zugriffssteuerung, entfallen hier wegen der Zentralen Steuerung der VStn. und der Punkt-zu-Punkt-Konfiguration. Abbildung 7.2-2 stellt den Rahmenaufbau einer ***SU*** dar. Die weiß belassenen Zonen sind diejenigen, die auf der Ebene 2 bearbeitet werden, die graue wird transparent nach oben weitergegeben bzw. kommt transparent von oben.

	MSB			←t				LSB	
Bit Nr.	8	7	6	5	4	3	2	1	
Oktett 1	**0**	1	1	1	1	1	1	**0**	↓t
Oktett 2	BIB	Rückwärtsfolgenummer BSN							
Oktett 3	FIB	Vorwärtsfolgenummer FSN							
Oktett 4		Längenindikator (Length Indicator = LI)							
m Oktetts	**Informationsfeld (I-Feld = Information-Field) (LSSUs sowie Ebenen 3 und 4 in MSUs)**								
Oktett n-2	Frame Check Sequence (FCS) in Form eines								
Oktett n-1	CRC-(Cyclic Redundancy Check)-Zeichens								
Oktett n	**0**	1	1	1	1	1	1	**0**	

Abbildung 7.2-2: Rahmenformat einer n-oktettigen Zeicheneinheit (SU).

Man beachte den Unterschied zwischen dem ab hier verwendeten *Oktett*begriff und den *Zeitschlitzen* der Ebene 1. Ein *Zeitschlitz* (z.B. in einem PCM30-Rahmen) ist zwar immer *ein Oktett* lang, die hier verwendeten *Oktett*numerierung zählt nur noch die mit jedem PCM30-Rahmen zugefügten bzw. entnommenen *Oktetts* des ZS 16 durch.

MSU, *LSSU* und *FISU* unterscheiden sich durch den Aufbau des Informationsfeldes (I-Feldes) und werden durch den ***Längenindikator*** (***Length Indicator = LI***) codiert:

- *MSU*:
  Aufgabe: Übertragung von für die Ebene 2 transparenter Information der Ebenen 3 und 4. Entspricht in etwa den HDLC-I-Rahmen. Struktur:

Bit Nr.	8	7	6	5	4	3	2	1
Oktett 5	Anwenderkennung (Service Information Octet = SIO)							
2 ... 272 Oktetts	Zeichengabe-Informationsfeld der höheren Ebenen (Signalling Information Field = SIF)							

- *LSSU*:
  Aufgabe: Codiert Zustände der Ebene 2. Wird von der ***Strecken-Zustandssteuerung*** bearbeitet. Dient dem Ebene-2-Management. Einoktett-Struktur:

Bit Nr.	8	7	6	5	4	3	2	1
Oktett 5 (6)	reserviert					Status		

  Status kann sein:
  - Ebene 2 hochgefahren (DM = Disconnected Mode)
  - Normaler Betriebsmodus (RR = Receiver Ready)
  - Probebetrieb
  - Außer Betrieb
  - Ebene 3 defekt
  - Busy (RNR = Receiver Not Ready)

  Die *LSSU* hat kein direktes Pendant in den HDLC-Prozeduren, man erkennt jedoch Funktionen der S-Rahmen und U-Rahmen wieder.

- *FISU*:
  Aufgabe: Quittiert empfangene *MSUs*, wenn keine zu sendenden *MSUs* vorliegen. Enthält kein I-Feld. Entspricht etwa einem HDLC- RR.

Man sieht bei der allgemeinen Rahmenstruktur, mit Flags und Prüfzeichen sowie Transparenz, daß die unteren Funktionen von ***SU***s von HDLC-Controllern, wie dem HSCX, bearbeitet werden können.

Bedeutung der *SU*-Elemente:
{In geschweiften Klammern hinter der Erläuterung steht jeweils die HDLC-ähnliche Funktion}:

- ***Flag*** = **01111110** {wie bei HDLC}
- ***Rückwärtsfolgenummer*** (***Backward Sequence Number = BSN***)
  Quittiert mod 128 den fehlerfreien Empfang von *MSUs* bis ***BSN***-1 {N(R)}
- ***Rückwärtskennungsbit*** (***Backward Indication Bit = BIB***)
  Kippt im Fehlerfall um (s.u.: Fehlerbehandlung)

- ***Vorwärtsfolgenummer*** (***Forward Sequence Number = FSN***)
  Zählt mod 128 gesendete *MSUs* {N(S)}
- ***Vorwärtskennungsbit*** (***Forward Indication Bit = FIB***)
  Stellt ein ***SU*** eine Wiederholung eines vorangegangenen dar, wird das ***FIB*** invertiert.
- ***Längenindikator*** (***Length Indicator = LI***)
  Codiert Anzahl der Oktetts im I-Feld und damit implizit den ***SU***-Typ:
  – ***LI*** = 0: *FISU* – ***LI*** = 1 oder 2: *LSSU* – 3 ≤ ***LI*** ≤ 272: *MSU*
- ***Anwenderkennung*** (***Service Information Octet = SIO***), unterteilt in die
  – ***Dienstkennung*** (***Service-Indicator***; 4 Bit),
  codiert den Block, der die *MSU* erzeugte bzw. bearbeitet: ***Zeichengabenetz-Management, Test und Wartung, SCCP, TUP, ISUP, DUP, B-ISUP***
  – ***Netzkennung*** (***Subservice-Field***; 4 Bit),
  das den Netztyp spezifiziert (*international, national, reserviert*)

  Das ***SIO*** stellt eine Art Ebene-3-SAPI dar, wobei allerdings der OSI-Hierarchiegedanke an dieser Stelle durchbrochen wird.
- ***Zeichengabe-Informationsfeld*** (***Signalling Information Field = SIF***) in *MSUs*
  Enthält Information der Ebene-3- und Ebene-4-(***UP***)-Nachrichten.

Zwei **Fehlerkorrekturverfahren** sind definiert:

- ***Basis-Fehlerkorrektur*** (wie in LAPD)
  Bei einer Einweglaufzeit des ***SU***s < 15 ms wird die Wiederholung einer ***SU*** durch explizite Negativquittung angefordert (s. ***BIB***). Dieses Verfahren wird von der Telekom verwendet.
- ***PCR-Fehlerkorrektur*** (***Preventive Cyclic Retransmission***)
  Bei Einweglaufzeiten ≥ 15 ms wird eine ständige zyklische Wiederholung von *MSUs* zu Leerlaufzeiten durchgeführt, bis sie quittiert sind. Der Einsatz ist vor allem für Satellitenverbindungen vorgesehen. Das Verfahren versagt bei einem Verkehrswert oberhalb von 0,5 erl.

7.2.3 Ebene 3: Zeichengabenetz (Signalling Network)

Die Aufgabe dieser Ebene ist die Nachrichtenübertragung zwischen ***SP***s unter Benutzung der Dienste der Ebenen 1 und 2 (Q.704). Dazu sind die ***SP***s über die ***Zeichengabestrecken*** verbunden. Die Nachrichtenübertragung muß auch bei Ausfall von ***Zeichengabestrecken*** und ***STP***s weiterlaufen. In einem solchen Fall müssen weitere Teile des Netzes über die Folgen wie Laufzeitvergrößerungen, erhöhte Fehlerraten usw. informiert werden. Zu erbringen sind also Transportfunktionen und Prozeduren, die allen Strecken gemeinsam und unabhängig vom Betrieb der einzelnen Strecken sind.

Dazu kann Ebene 3 gemäß Abbildung 7.2-3 zunächst in zwei Blöcke zerlegt werden:

- ***Nachrichtenlenkung*** (***Signalling Message Handling***) und
- ***Netzmanagement*** (***Signalling Network Management***)

Zeichengabe-Nachrichtenlenkung:

Der Zweck dieser Funktionseinheit ist das Routen einer Nachricht zur richtigen ***Zeichengabestrecke*** (Link) und - falls der ***SP*** für die Nachricht einen ***SEP*** darstellt - vorher zum richtigen ***UP*** zum Bearbeiten der Nachricht. Dazu wird die ***Routing-Adresse*** (auch: ***Standard-Nachrichtenkopf***; s. graue Zone in Abbildung 7.2-4) in den Oktetts 6-9 einer *MSU* ausgewertet. Demnach sind die folgenden drei Funktionen in diesem Block zu unterscheiden:

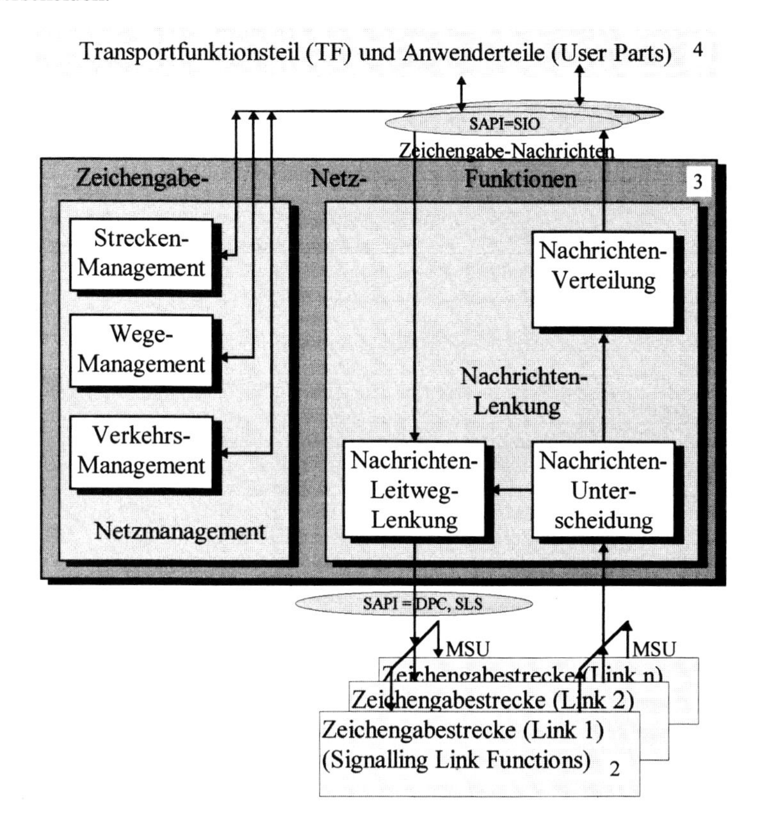

Abbildung 7.2-3: Strukturierung des Zeichengabenetz-Ebene des ZGS#7 [Q.701].

- ***Nachrichtenunterscheidung*** (***Message Discrimination***)
  Hier wird unterschieden, ob eine von Ebene 2 kommende Nachricht via ***Nachrichtenverteilung*** dem ***UP*** - sofern vorhanden und damit nur bei ***SEP***s möglich - zugeführt werden muß, oder, wenn via ***Leitweglenkung***, direkt zur weiterführenden Strecke (bei ***STP***s immer).
- ***Nachrichtenverteilung*** (***Message Distribution***)
  Leitet die ihr von der ***Nachrichtenunterscheidung*** zugeführte Nachricht dem entspr. ***UP*** zu. Ausgewertet wird dazu die ***Anwenderkennung***.
- ***Nachrichtenleitweglenkung*** (***Message Routing***)
  bestimmt für gehende Nachrichten die ***Zeichengabestrecke*** und damit die Ebene-2-Instanz, über die die von der ***Nachrichtenunterscheidung*** oder ***UP*** zugeführte Nachricht dem nächsten ***SP*** zugeführt wird. Wenn zwei oder mehr ***Strecken*** zum

diesem ***SP*** existieren, ist gleichmäßige Lastverteilung zwischen diesen Strecken das Auswahlkriterium.

Zeichengabe-Netzmanagement (Signalling Network Management):

Der Zweck dieser Funktionseinheit ist die Erhaltung der Dienstverfügbarkeit der Zeichengabe. Dazu gehört die Wiederherstellung normaler Zeichengabebedingungen im Fehlerfall im Netz - sei es durch ***Zeichengabestrecken*** - oder ***SP***s. Dazu kann der komplette Ausfall eines ***SP*** oder einer Strecke gehören oder auch reduzierte Zugriffsmöglichkeiten, z.B. durch Überlast. Die folgenden drei Funktionen innerhalb dieses Blocks sind zu unterscheiden:

- ***Streckenmanagement*** (***Link Management***)
  Steuert lokale ***Zeichengabestrecken***. Dazu gehören Funktionen wie:
  - Inbetriebnahme
  - Wiederhochfahren und Außerbetriebnahme
  - Zustandsüberwachung
  - Zuordnung Ebene 1/2
  - Lastübergabe und Rücknahme.

  Eine Strecke kann die folgenden **Zustände** einnehmen:
  - verfügbar
  - unverfügbar, da ausgefallen
  - deaktiviert
  - blockiert
- ***Wegemanagement*** (***Route Management***)
  Dient zur Informationsverteilung über den Status der Netzebene, um ***Zeichengabewege*** zu blockieren oder wieder freizugeben. Es steuert damit die *Kettung der Strecken* zu *Wegen* beim ***assoziierten*** und ***quasiassoziierten*** Betrieb. Dazu gehören Funktionen wie:
  - Verkehrsumlenkung
  - Prüfung durch Prüfnachrichten
  - Verkehrseinschränkung bei Überlast.
- ***Verkehrsmanagement*** (***Traffic Management***)
  Koordiniert ***Strecken-*** und ***Wegemanagement***, vor allem für Funktionen, die diese nicht eigenständig ausführen können. Dazu gehören
  - Steuerung von Umschaltvorgängen bei Störung oder Blockierung,
  - Rückschaltung von Strecken und Wegen, sowie
  - Schnellumleitprozeduren.

In Abbildung 7.2-4 ist der Rahmenaufbau von ***SIO*** + ***SIF*** einer *MSU* dargestellt:

Bit Nr.	8	7	6	5	4	3	2	1	
Oktett 5	Anwenderkennung SIO								
Oktett 6	Zieladresse (Destination Point Code = DPC)								Routing-Adresse =
Oktett 7			(14 Bit)						Standard-
Oktett 8	Ursprungsadresse (Origination Point Code = OPC)								Nachrichtenkopf =
Oktett 9	Strecken-Auswahl (SLS)				(14 Bit)				Routing-Label
Oktett 10	Funktion dieses Oktetts abhängig vom SIO								
m–6 Oktetts	Inhalt der Zeichengabe-Nachricht								

Abbildung 7.2-4: Rahmenformat einer Nachrichten-Zeicheneinheit (MSU).

Entspr. der oben dargestellten Blockaufteilung der Ebene 3 sind zwei Typen von *MSUs* mit unterschiedlichem I-Feld zu unterscheiden, die im ***SIO*** codiert werden:

- ***Netzmanagement-Nachrichten***:
  Aufgabe: Verbleiben in Ebene 3 und werden dem ***Strecken-***, ***Wege-*** oder ***Verkehrs-Management*** zugeführt. Das Format ist in Abbildung 7.2-5 dargestellt.

Bit Nr.	8	7	6	5	4	3	2	1
Oktett 6	Label =							
Oktett 7	Routing Label mit							
Oktett 8	DPC, OPC, SLC							
Oktett 9	wie in Abbildung 7.2-4 dargestellt							
Oktett 10	Heading H_1				Heading H_0			
m–6 Oktetts	Inhalt der Netzmanagement-Nachricht							

Abbildung 7.2-5: Rahmenformat von Netzmanagement-Nachrichten.

- ***SCCP-*** und ***UP-Nachrichten***
  Aufgabe: der Nachrichteninhalt wird dem ***SCCP*** oder dem entspr. ***UP*** zugeführt, der im ***SIO*** codiert ist. Beim ***ISUP*** haben sie folgende Struktur:

Bit Nr.	8	7	6	5	4	3	2	1
Oktett 6	Label =							
Oktett 7	Routing Label							
Oktett 8	DPC, OPC, SLS							
Oktett 9	wie Abbildung 7.2-4 dargestellt							
Oktett 10	Nutzkanalnummer (Circuit Identification Code = CIC)							
Oktett 11	Reserviert				Fortsetzung CIC			
m–7 Oktetts	Inhalt der ISUP-Nachricht							

Abbildung 7.2-6: Rahmenformat von Nachrichten des Anwenderteils.

Bedeutung der Elemente der ***Routing-Adresse***:

- ***Zieladresse*** (***Destination Point Code = DPC***)
  Adressiert den nächsten ***SEP***, zu dem die Nachricht geleitet werden soll. Dazu hat jeder zum Einzugsbereich des Numerierungsplans gehörige ***SP*** eine 14-Bit-Adresse, den sog. ***Zeichengabepunktkode*** (***Signalling Point Code = SPC***), die ihn eindeutig von jedem anderen unterscheidet. Diese Adresse ist nicht zu verwechseln mit der Rufnummer des gerufenen Tln., die in den ***UP-Nachrichten*** *des Verbindungsaufbaus* codiert wird. Der ***DPC*** hat mehr den Charakter eines DLCI auf der LAPD-Schicht 2, obwohl dieser Vergleich wegen dessen lokaler Gültigkeit nur bedingt zutreffend ist. Zu beachten ist, daß der ***DPC*** nur bei ***Ende-zu-Ende-Nachrichten*** und bei der letzten ***Strecke*** von ***Link-by-Link-Nachrichten*** die ***Z-VSt*** codiert.

Weiterhin ist der ***DPC***-Wert das Kriterium der ***Nachrichtenunterscheidung***, ob eine *MSU* der ***Nachrichtenverteilung*** - und damit die ***Nachricht*** dem Management oder einem ***UP*** - oder der ***Leitweglenkung*** - und damit einer gehenden ***Zeichengabestrecke*** - zugeführt wird. Im ersten Fall codiert der ***DPC*** der *MSU* den ***SPC*** des ***SP***, welcher damit für diese *MSU* ***SEP***-Funktionen wahrnimmt, im zweiten eine andern Wert, womit der ***SP STP***-Funktionen wahrnimmt.

- ***Ursprungsadresse*** (***Origination Point Code = OPC***)
  SPC des Absender-***SEP***, d.h. derjenige ***SEP***, bei dem zuletzt der ***UP*** bearbeitet wurde. Ansonsten s. ***Zieladresse***.
- ***Zeichengabestreckenkennung*** (***Signalling Link Selection = SLS***)
  Codiert die Nummern der jeweils von ***SP*** zu ***SP*** zu verwendenden ***Zeichengabestrecken*** beim Durchlauf von ***OPC*** zu ***DPC***.

Aufgrund des ***SIO*** und der ***Routing-Adresse*** arbeiten die Funktionsblöcke ***Leitweglenkung***, ***Nachrichtenunterscheidung*** und ***Nachrichtenverteilung*** der ***Nachrichtenlenkung***. Typisch gibt es zu einem Ziel-***SP*** mehrere ***Strecken***, und damit zu einem ***DPC*** mehrere ***SLS***-Möglichkeiten, die zur Lastverteilung (Load Sharing) verwendet werden können. Dazu kann man zwei Fälle unterscheiden, die jeder ***SP*** in der Lage sein muß, abzuhandeln:

- **Lastverteilung zwischen Strecken eines Streckenbündels**:

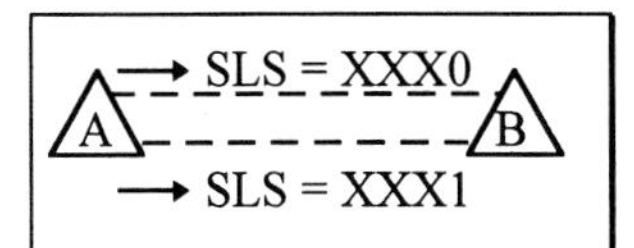

Typisch für die ***assoziierte*** Betriebsweise. Im dargestellten Beispiel gibt es zwei Strecken mit ***SLS*** XXX0 und ***SLS*** XXX1 eines gemeinsamen ***Streckenbündels*** zwischen ***SP*** A und ***SP*** B, die zur Lastverteilung verwendet werden können.

- **Lastverteilung zwischen Strecken in unterschiedlichen Streckenbündeln**:
  Typisch für den ***quasiassoziierten*** Betrieb. Bei Verbindungsaufbau legt die erste Nachricht (*IAM* entspr. D3-*SETUP*) den für den Rest der Verbindung festgelegten ***quasiassoziierten*** Weg fest.

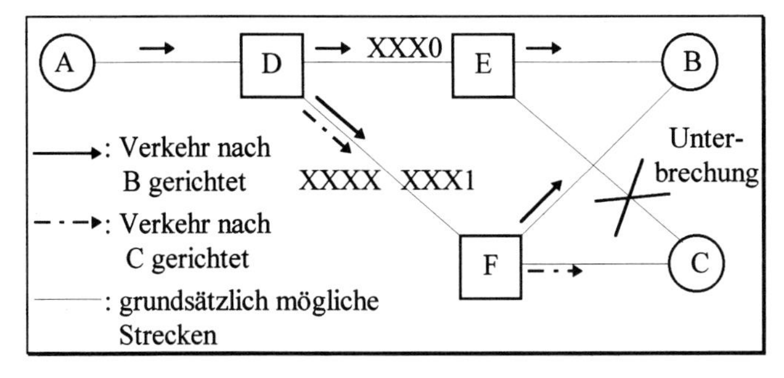

Im dargestellten Beispiel möge ***SEP*** A (=***OPC***) Nachrichten für ***SEP*** B (=***DPC***) aussenden (Sendet ***SEP*** B Nachrichten zu ***SEP*** A, so ist für diese ***OPC***=B und ***DPC***=A). ***STP*** D hat die Möglichkeit, Nachrichten über ***STP*** E mit ***SLS*** XXX0 oder über ***STP*** F mit ***SLS*** XXX1 zu dirigieren. XXX0 und XXX1 gehören also hier zu unterschiedlichen Streckenbündeln; über beide kann wegen der ***quasiassoziierten*** Betriebsweise ***SEP*** B erreicht werden. Die Zeichengabe zu einer Verbindung zwischen zwei Tln. kann also den Weg A-D-E-B nehmen - in ***STP*** D wird also ***SLS*** = XXX0 eingetragen - eine danach aufgebaute andere Verbindung zwischen zwei anderen Tln. kann aus Lastgründen den Weg A-D-F-B nehmen - in ***STP*** D wird ***SLS*** = XXX1 eingetragen.

Hat ***SEP*** A (=***OPC***) auch Nachrichten für ***SEP*** C (=***DPC***), könnten diese grundsätzlich hinter ***STP*** D auch über ***STP*** E mit ***SLS*** XXX0 oder ***STP*** F mit SLS = XXX1 laufen, sofern nicht, wie hier dargestellt, die Strecke E-C ausgefallen ist. Aus diesem Grund ist von ***STP*** D nach ***SEP*** C nur eine (beliebige; ***SLS*** XXXX - auch XXX1) Strecke zwischen ***STP*** D und ***STP*** F möglich.

- ***Heading*** bei ***Netzmanagement-Nachrichten***:
  Codiert ähnlich dem MT auf der Schicht 3 des D-Kanal-Protokolls den Nachrichentyp. Es sind Nachrichten definiert für
  - Ersatzschaltung/Rückschaltung
  - Notersatzschaltung
  - Überlast
  - Wege-Test
  - Schicht-l-Management
- ***Nutzkanalnummer*** (***CIC = Circuit Identification Code***) bei *MSUs*
  Codiert den Zeitschlitz der Nutzinformation, zu dem die Nachricht gehört (auch *Sprechkreisadresse* genannt; dieser Ausdruck ist jedoch irreführend, da über den Nutzkanal jede Art von Information laufen kann).

Folgende Einflußparameter bestimmen die **Zeichengabeübertragungszeiten**, die vom Management zu berücksichtigen sind:

- Länge der Strecken mit zentraler Zeichengabe
- Anzahl der ***STP***s
- Terrestrische oder Satellitensysteme
- Verarbeitungszeiten in den ***STP***s
- Streckenfehlerraten
- Übertragungsgeschwindigkeit
- ***ZZK***-Auslastung
- Nachrichtenlänge

Folgende Einflußparameter bestimmen die **Leistungsfähigkeit** eines ***ZZK*** - sprich: wieviele Nutzkanäle er bedienen kann:

- Verkehrsverhältnisse (erfolgreiche/nicht erfolgreiche Verbindungen)
- Anzahl der auszutauschenden Nachrichten je Verbindung
- Mittlere Belegungsdauer der Nutzkanäle je Verbindung
- Belastung der Nutzkanäle
- Gewählte Auslastung des ***ZZK***
- Zeichenfehlerrate auf dem ***ZZK***
- Nachrichtenlänge
- Übertragungsgeschwindigkeit

7.2.4 Ebene 4: Anwendungsorientierte Funktionen: SCCP, TCAP und ISDN-Anwenderteil (ISUP)

Abbildung 7.2-7 stellt für zwei ***SP***s alle ***ZGS#7***-Schichtenanteile des z.Z. noch in der BRD verwendeten Systems dar. Der ***ISUP*** weist eine direkte Schnittstelle zum ***MTP*** auf, und eine weitere zum ***Steuerteil für Zeichengabetransaktionen*** (***SCCP***). Bei der Telekom wird von dieser ein Subset - der ***Transportfunktionsteil*** (***TF***) - verwendet. ***MTP*** + ***SCCP*** ergeben den ***Network Service Part*** (***NSP***). Offenbar wird hier das OSI-Prinzip, daß keine Schichten übergangen werden dürfen, durchbrochen, was aber für ***Link-by-Link-Nachrichten*** durch die Umgehung des ***SCCP*** der Fall ist.

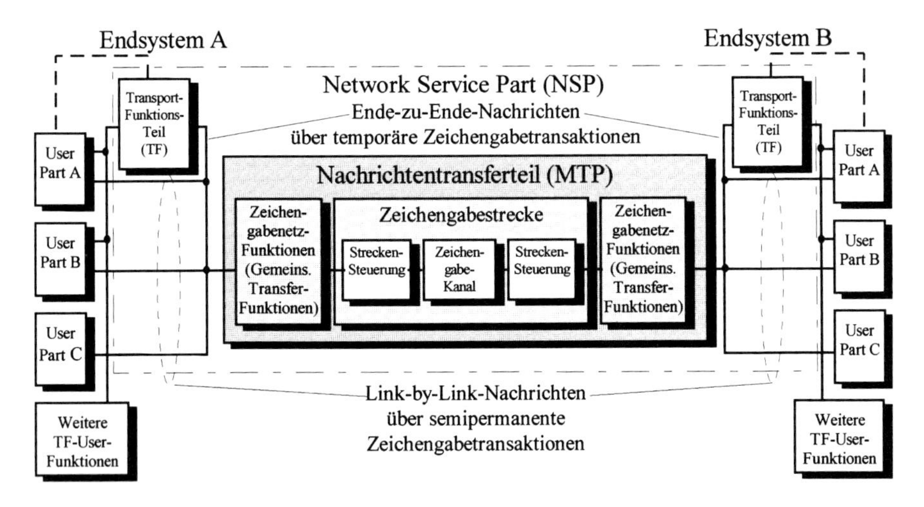

Abbildung 7.2-7: Einbindung des Transportfunktionsteils in die übrigen ZGS#7-Ebenen aus der Sicht einer Ende-zu-Ende-Beziehung [Q.711].

Der ***SCCP*** dient dem ***ISUP*** zum Auf- und Abbau logischer ***Ende-zu-Ende-Zeichengabeverbindungen*** (***tZGT***) zwischen den Endpunkten der Nutzkanalverbindungen (***U-VSt*** und ***Z-VSt***). (Streng genommen durchbrechen ***Ende-zu-Ende-Nachrichten*** das OSI-Prinzip, indem für sie gegenüber der klassischen Realisierung der ***SCCP*** eingefügt wurde). Die ***tZGT***s werden grundsätzlich mit der zugehörigen Nutzkanalverbindung aufgebaut und dienen dazu, daß in ***SP***s im Netz keine ***UP***s Nachrichten zu bearbeiten brauchen, deren Inhalte nur für die ***U***- und ***Z-VSt*** relevant sind. ***SP***s nehmen für diese Nachrichten dann nur ***STP***-Funktionen wahr.

Typisch ist dies bei DM-Zugriffen der Fall. Wird ein *Rückruf bei Besetzt* programmiert und aktiviert, so reicht es, wenn die ***U-VSt*** dies der ***Z-VSt*** mitteilt, ohne daß die dazwischenliegenden ***SP***s die ***UP***-Nachricht analysieren müssen. Die beiden ***SCCP***s in der ***U***- und ***Z-VSt*** wickeln dieses DM ab. Damit besteht auch die Möglichkeit, ***tZGT***s länger als die zugehörige Nutzkanalverbindung bestehen zu lassen.

Über die direkte Schnittstelle zwischen ***ISUP*** und ***MTP*** werden ***Link-by-Link-Nachrichten*** mit ***SIO = ISUP*** über ***semipermanente Zeichengabetransaktionen*** (***ZGT***s) übertragen, die in den ***UP***s der ***SEP***s des Netzes analysiert werden müssen. Dazu gehören ***ISUP-Nachrichten*** des Verbindungsauf- und -abbaus (Call Control).

Wird aus einer D-Kanal-SETUP in der ***U-VSt*** eine ***ZGS#7-IAM***, so muß diese ***Link-by-Link*** von ***SP*** zu ***SP*** weitergehend unter Einsammeln von Wählziffern (*SUBSEQUENT ADDRESS MESSAGES = SAMs*) fortgeschrieben werden, damit der jeweils nächste ***SP*** bis zur ***Z-VSt*** gefunden werden kann. Dazu wird der ***SCCP*** nicht benötigt und die Nachrichten werden direkt vom ***MTP*** an den ***ISUP*** übergeben. Mit dem Abbau einer ***Ende-zu-Ende-Verbindung*** wird auch die ***tZGT*** abgebaut, die semipermanente ***ZGT*** zwischen benachbarten ***SP***s bleibt vorhanden und kann ***Link-by-Link-Nachrichten*** neuer Verbindungen aufnehmen.

Die Struktur von ***SCCP***- und ***ISUP***-Nachrichten ist in Abbildung 7.2-8 dargestellt:

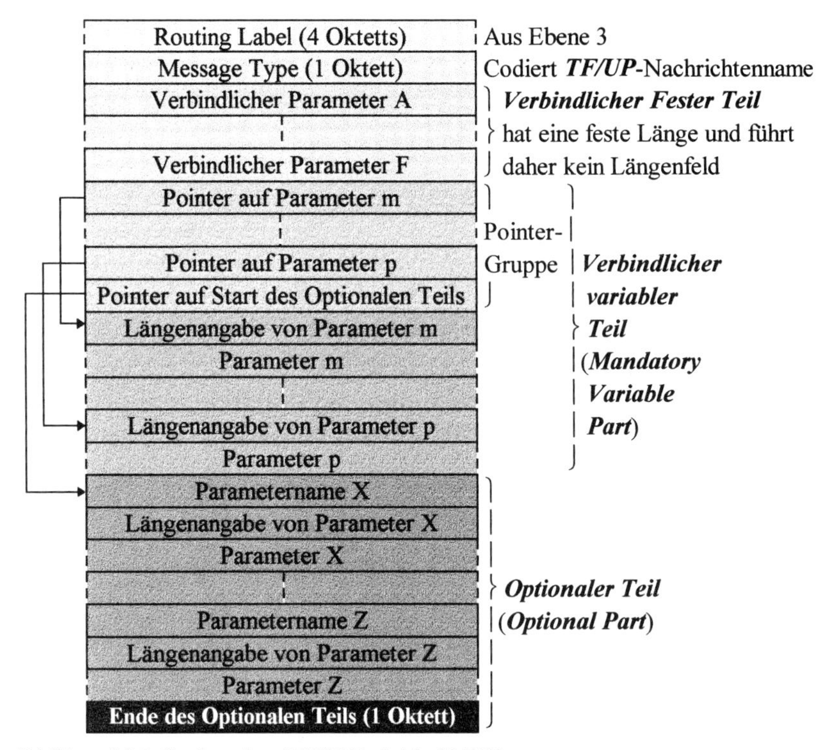

Abbildung 7.2-8: Struktur einer ZGS#7-Nachricht [Q.713].

7.2.4.1 Steuerteil für Zeichengabetransaktionen (SCCP)

Der ***SCCP*** hat folgende Aufgaben:

- Einrichten und Verwalten von Daten, die die ***tZGT*** beschreiben.
- Steuerung der Lastteilung durch Zuordnung von ***SLS***-Codes zu den ***SCCP***-Nachrichten.
- Bedienen der Schnittstelle zum ***ISUP*** über eine vom ***ISUP*** vergebene nur lokal gültige ***Connection Identification*** (***CID***), mittels derer der ***SCCP*** eine ***ISUP***-Instanz von einer anderen unterscheiden kann.
- Zuordnung der ***ISUP-Ende-zu-Ende-Nachricht***en zu einer ***tZGT*** und Weiterleiten dieser Nachrichten entspr. der ***CID*** zum richtigen ***ISUP***.
- Vergabe einer ***Lokalen Referenznummer*** (***LR***), mit der ein ***ISUP*** in einer VSt einen Partner-***ISUP*** in einer anderen VSt adressieren kann. Sie tritt als Parameter einer ***TF***-Nachricht auf und identifiziert so eindeutig eine ***tZGT*** in einer der beiden beteiligten VStn.
- Bedienen der Schnittstelle zum ***MTP***.
- Timerverwaltung.

Der ***SCCP*** wird an der Schnittstelle zum ***MTP*** mit ***SIO = SCCP***, der richtige ***ISUP*** wird mit der ***CID*** adressiert. Die ***LR*** wird für jede Richtung separat vom jeweiligen

SCCP vergeben. Beim Übergang zum D-Kanal wird vom ***SCCP*** eine ***LR*** auf die ***CID*** und im ***ISUP*** die ***CID*** auf die jeweilige D3-*Call Reference* (*CR*; s. Abschn. 4.4.3.2) abgebildet.

Primitive-Schnittstelle zwischen ***ISUP*** und ***TF***:

Zum ***ISUP*** werden die Primitives

- ***TF-CONNECT***, • ***TF-DATA TRANSFER***, und • ***TF-DISCONNECT*** entspr. den OSI-Primitivetypen **REQest**, **INDication**, **RESPonse**, **CONFirm** verwendet. Wie in Abbildung 7.2-9 dargestellt, ist der Ablauf ebenfalls nicht OSI-konform. ***REQUEST*** (*1* und *2*) werden als lokale Typen verwendet; ein weiterer lokaler, **CONFirm**-artiger-Typ ***REPLY*** ist definiert. Als Schichtenkürzel wird, wie dargestellt, die Abkürzung ***TF*** verwendet.

Verbindungsaufbau zwischen Partner-*ISUPs* über ihre jeweiligen *SCCPs*:

Beim Ende-zu-Ende-Verbindungsaufbau zwischen zwei ***ISUPs*** *ohne* DM-Zugriff würde der ***TF*** zunächst nicht als Absender einer Verbindungsaufbau-Nachricht (SETUP → *IAM = INITIAL ADDRESS MESSAGE*) benötigt werden. Denn die *IAM* und nachfolgende INFOs → *SAMs* (= *SUBSEQUENT ADDRESS MESSAGEs*) müssen ***Link-by-Link*** übertragen werden. Andererseits vergibt der ***TF*** die ***LR***, mit der Partner-***ISUPs*** einander identifizieren, so daß der Ablauf nach Abbildung 7.2-9 zum Verbindungsaufbau zwischen zwei ***ISUPs*** unter Einbeziehung ihrer jeweiligen ***TFs*** zunächst etwas umständlich erscheint, jedoch bei genauerer Betrachtung eine logische Konsequenz darstellt.

In [eckigen Klammern] hinter den Primitives stehen Parameter.

0. Eine gehende SETUP wird vom D-Kanal/Schicht 3 an den ***ISUP*** A übergeben.
1. ***ISUP***-A sendet Primitive ***TF-REQUEST 1*** [CID-A] an ***TF***-A um sich bei ihm anzumelden und die ***LR***-A anzufordern. Dazu kann man sich vorstellen, daß auf ***ISUP***-Ebene bei 0. ein Prozeß kreiert wurde, der die Adresse ***CID***-A hat.
2. ***TF***-A sendet Primitive ***TF-REPLY*** [CID-A, LR-A] an ***ISUP***-A. Der ***TF***-A hat die ***LR***-A für den rufenden Teil der Verbindung festgelegt und übergibt sie an ***ISUP***-A.
3. ***ISUP***-A sendet Primitive ***MTP-TRANSFER-REQUEST*** [SIO=ISUP, DPC-B, OPC-A, SLS, *IAM*] an ***MTP***-A. Dazu hat der ***ISUP***-A-Prozeß die ***Link-by-Link-Nachricht*** *IAM* - das ***ZGS#7***-Pendant zur D-Kanal-SETUP - generiert, nachdem genug Wählziffern vorhanden sind. Die ersten vier Parameter verwendet der ***MTP*** zum Aufbau des ***Labels***, ***DPC*** und ***SLS*** wertet er zum Auffinden des nächsten ***STP*** aus. Die hier einmal festgelegte Route wird für den Rest der Verbindung beibehalten, sofern kein ***Strecken***- oder ***SP***-Ausfall eintritt. Die *IAM* bildet das I-Feld der *MSU*. Mit ihr wird die ***tZGT*** und gleichzeitig der im ***CIC***-Feld codierte Nutzkanal aufgebaut. Sie enthält u.a. einen Parameter *Connection Request* (nicht mit einem Primitive zu verwechseln!), in dem die ***LR***-A codiert ist.
4. ***ISUP***-B sendet Primitive ***TF-REQUEST 2*** [CID-B, LR-A, SPC-A] an ***TF***-B, um den diese Verbindung bearbeitenden Prozeß beim ***TF***-B anzumelden und die ***LR***-B anzufordern. Zuvor wurde ihm die *IAM* per ***MTP-TRANSFER-INDICATION*** übergeben. Dazu verwendet der ***ISUP***-B die Prozeßadresse ***CID***-B. ***LR***-A verwendet der ***TF***-B, um den Bezug zur ***LR***-B herzustellen, ***SPC***-A (***Signalling Point Code***-A) codiert den ***OPC*** der *IAM*, den der ***TF***-B für ***Ende-zu-Ende-Nachrichten*** bei DM-Zugriffen benötigt.

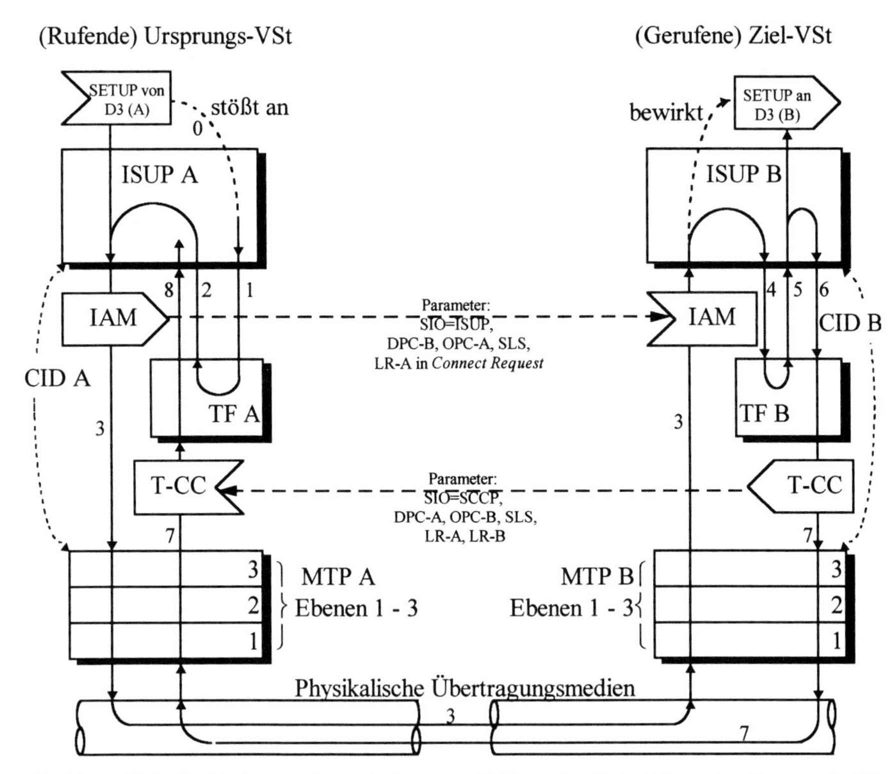

Abbildung 7.2-9: Verbindungsaufbau zwischen zwei ISUPs unter Einbeziehung des Transportfunktionsteils.

5. ***TF***-B sendet Primitive ***TF-CONNECT-INDICATION*** [CID-B, LR-B] an ***ISUP***-B. Der ***TF***-B hat die ***LR***-B für den gerufenen Teil der Verbindung festgelegt und übergibt ihn an ***ISUP***-B. Danach oder schon parallel dazu kann aus der empfangenen *IAM* die SETUP für den gerufenen S-Bus generiert und ausgesendet werden.
6. ***ISUP***-B sendet Primitive ***TF-CONNECT-RESPONSE*** [CID-B, optional: ISUP-Nachricht] an ***TF***-B. Die optionale ***ISUP***-Nachricht kann ein DM aktivieren, das bereits bei Verbindungsaufbau gewünscht wird.
7. ***TF***-B sendet Primitive ***MTP-TRANSFER-REQUEST*** [SIO=SCCP, DPC-A, OPC-B, SLS, *T-CC = T-CONNECTION-CONFIRM*, optional: ISUP-Nachricht aus 6.] an ***MTP***-B. Dazu hat der ***TF***-B die ***Ende-zu-Ende-Nachricht*** *T-CC* generiert. Sie bildet zusammen mit der optionalen ***ISUP***-Nachricht das I-Feld der *MSU*. Die *T-CC* wird im ***TF***-A ausgewertet. Sie enthält die ***LR***-A und ***LR***-B, womit dem ***TF***-A die Herstellung der ***Ende-zu-Ende-Verbindung*** zum ***TF***-B bekannt ist und er die Möglichkeit hat, den Bezug zwischen ***ISUP***-A [CID-A], ***TF***-B [LR-A und -B] zwecks Übertragung weiterer ***Ende-zu-Ende-Nachrichten*** herzustellen.
8. ***TF***-A sendet Primitive ***TF-CONNECT-CONFIRM*** [CID-A, optional: ISUP-Nachricht] an ***ISUP***-A, welcher damit die Bestätigung der Durchschaltung bis zur ***Z-VSt*** seiner unter 1. mit ***TF-REQUEST 1*** initiierten Verbindung hat. Dies bedeutet weder, daß der

B-Tln. gerufen noch daß die Verbindung zustande kommen wird. Dies wird erst über die D-Kanal-Nachrichten ALERT und CONN abgehandelt.

Ab nun übertragen die ***TF*** bei Bedarf ***ISUP-Ende-zu-Ende-Nachricht***en, die jeweils vom ***MTP*** in *MSUs* und diese wieder in ***SU***s gepackt werden und das ganze in der 64-kbps-Bitfolge des Zeitschlitzes 16 einer 2,048 Mbps-Übertragungsstrecke übertragen wird. Der Datentransfer wird primitivemäßig an der ***ISUP***-Schnittstelle mit ***TF-DATA-TRANSFER-REQUEST/INDICATION*** und der jeweiligen ***CID*** abgehandelt. Die dazugehörige ***TF***-Nachricht, die dafür praktisch ein Transportmedium darstellt, ist die *DATA FORM CLASS 1* [*T-DT1*]. Sie enthält die ***ISUP-Ende-zu-Ende-Nachricht*** als Parameter. Gleichwohl können nun direkt die normalen ***Link-by-Link-Nachrichten*** über die ***ISUP/MTP***-Schnittstelle übertragen werden.

Abgebaut wird die ***tZGT*** typisch von der rufenden VSt durch das Primitive ***TF-DISCONNECT-REQUEST*** [CID-A, optional: ISUP-Nachricht], worauf der ***TF*** A die Nachricht *RELEASED* [*T-RLSD*] generiert und mit der optionalen ***ISUP***-Nachricht als Parameter überträgt. In der VSt B meldet ***TF***-B ***TF-DISCONNECT-INDICATION*** [CID-B, optional: ISUP-Nachricht] und quittiert an ***TF***-A mit *RELEASE-COMPLETE* [*T-RLC*].

Nachrichten des Transportfunktionsteils:

Die ***TF***-Nachrichten wurden bei der obigen Beschreibung eines Verbindungsaufbaus unter Einbeziehung des ***TF*** schon vorgestellt. Alle Abkürzungen für ***TF***-Nachrichten beginnen mit dem Kürzel *T-*. Als weitere T-Nachricht ist definiert: *CONNECTION REFUSED* [*T-CREF*], die bei Fehlbelegungen gesendet wird. Dazu gehört z.B. der Fall, daß der rufende Tln. vor vollständiger Wählzifferneingabe auflegt.
Jede ***TF***-Nachricht enthält als generellen Bestandteil entspr. Abschn. 7.2.3 zunächst

- ***SIO***, ***DPC***, ***OPC***, ***SLS***. Das nächste Nachrichtenelement ist, wie in Abbildung 7.2-8 dargestellt, bei jeder Level-4-Nachricht der
- ***Nachrichtentyp*** (***Message-Type = MT***), der analog zum gleichnamigen IE von D3 den Namen der Nachricht codiert. Es folgt als erstes Element des ***Verbindlichen festen Teils*** die
- ***Destination Local Reference*** = ***LR*** des Partner-***TF***. Weiterhin enthalten die fünf ***TF***-Nachrichten:

T-CC	– Source Local Reference (eigene LR) – Protocol Class (Protokollklasse; bei der Telekom ist nur die Protokollklasse 2 = *Basic Connection Oriented Class* vorgesehen) – ISUP-Ende-zu-Ende-Nachricht (z.B. *FIN*; optional)
T-DT1	– Segmenting/Reassembling (wenn die ISUP-Nachricht zu lang ist, kann *More Data* verwendet werden; ansonsten das z.Z. bei der Telekom ausschließlich verwendete *No More Data*) – ISUP-Ende-zu-Ende-Nachricht (obligat, da *T-DT1* sonst sinnlos)
T-RLSD	– Source Local Reference (eigene LR) – Release Cause (Auslösebegründung) – ISUP-Ende-zu-Ende-Nachricht (optional)
T-RLC	– Source Local Reference
T-CREF	– Refusal Cause (Auslösebegründung; wird z.Z. bei der Telekom nicht ausgewertet)

7.2.4.2 ISDN-Anwenderteil (ISUP)

Der ***ISUP*** führt u.a. folgende Funktionen aus:

- Abschnittsweiser Auf- und Abbau der Nutzkanalverbindungen mittels ***Link-by-Link-Nachrichten***.
- Zuordnung von ***Link-by-Link-Nachrichten*** zu Nutzkanalverbindungen.
- Anstoß zum Auf- und Abbau der ***tZGT*** durch den ***TF***.
- ***Ende-zu-Ende-Zeichengabe*** unter Verwendung der ***tZGT***.
- Unterstützung von Dienstmerkmalen der Tln. und des Netzbetreibers.
- Bedienen der Schnittstelle zum ***TF*** für ***Ende-zu-Ende-Nachrichten*** sowie zum ***MTP*** für ***Link-by-Link-Nachrichten***.
- In speziellen Fällen (s. Abbildung 7.1-5) Kopplung von ***tZGT***.

Primitives zum *MTP*;
(die Primitives zum TF wurden bereits im vorangegangenen Abschn. beschrieben):

- ***MTP-TRANSFER***: Standard-Primitive zur Übergabe von ***ISUP-Nachrichten***. Kann als **REQ** und **IND** vorkommen; enthält die Parameter ***SIO***, ***OPC***, ***DPC***, ***SLS*** sowie die ***ISUP-Link-by-Link-Nachricht***.
- ***MTP-PAUSE***: **IND** vom ***MTP*** mit Parameter *betroffener* ***DPC***, Überlast- oder Stopanzeige.
- ***MTP-RESUME***: **IND** vom ***MTP*** mit Parameter ***DPC***, Aufhebung von ***MTP-PAUSE***.

Nachrichten des ***ISUP***:

Entspr. den vorangegangenen Erläuterungen werden diese Nachrichten unterteilt in:

- ***Link-by-Link-Nachrichten***
  werden für den normalen Verbindungsauf- und -abbau benötigt. Die wichtigsten werden im folgenden mit Abkürzungen in (runden) sowie ggf. ihrem D3-Pendant in {geschweiften} Klammern aufgeführt. Die Funktionen sind diesen im wesentlichen gleich, erweitert um solche, die den Netzdurchlauf betreffen:
  - *INITIAL ADDRESS MESSAGE* (*IAM*) {SETUP}
  - *SUBSEQUENT ADDRESS MESSAGE* (*SAM*) {INFO}
  - *ADDRESS COMPLETE MESSAGE* (*ACM*) {ALERT}
  - *ANSWER MESSAGE* (*ANS*) {CONN}
  - *RELEASE MESSAGE* (*REL*) {DISC}
  - *RELEASED MESSAGE* (*RLSD*) {REL}
  - *SEGMENTATION MESSAGE* (*SGM*) {SEGMENT}zur Segmentierung bei zu langen ***SIF***
  - *CONTINUITY MESSAGE* (*COT*) wird zum Cross-Office Check (Durchgangsprüfung einer Verbindung) für Auslandsverbindungen verwendet. Sie kann mit der
  - *CONTINUITY CHECK REQUEST MESSAGE* (*CCR*) angefordert werden.
  - *RESET CIRCUIT MESSAGE* (*RSC*) {RESTART}dient zum Rücksetzen des Nutzkanals.
- ***Ende-zu-Ende-Nachrichten***
  werden im Zusammenhang mit Dienstmerkmalaktivierungen verwendet und dem ***TF*** übergeben. ***SIO+Routing Label*** werden von diesem generiert. Insbesondere wird als ***DPC*** immer der ***SPC*** der ***Z-VSt*** eingetragen, so daß kein ***ISUP*** dazwischen diese Nachrichten erhält. Sie werden üblicherweise in der *T-DT1*-Nachricht übertragen. Wichtige ***Ende-zu-Ende-Nachrichten*** mit Abkürzungen und D3-Pendants sind:

- *FACILITY REQUEST MESSAGE* (*FAR*) {FAC}
- *FACILITY ACCEPTED MESSAGE* (*FACD*) {FAC}
- *FACILITY REJECTED MESSAGE* (*FRJ*) {FAC}
- *FACILITY INFORMATION MESSAGE* (*FIN*)
  informiert die Partner-VSt über DM-Möglichkeiten des eigenen Tln.

In Abschn. 4.4.3.5 wurde die SETUP als rufinitiierende D3-Nachricht genauer vorgestellt. Was benötigt eine *IAM*, die ja bei der Umsetzung D3/***ZGS#7*** aus dieser hervorgeht, zusätzlich? Dies ist aus Tabelle 7.2-1 ersichtlich. Es sei dem Leser überlassen, eine Abbildung auf SETUP-Information-Elements durchzuführen. Insbes. wird auf *Connection Request* hingewiesen, wo die ***Lokale Referenz*** A (***LR***-A) codiert wird (s. Sequenz in Abbildung 7.2-9).

Parametername	Enthaltene Information
Parameter des verbindlichen festen Teils (Pflicht-Parameter fester Länge)	
Nature of Connection Indicators	Zahl der Satellitenabschnitte, Continuity-Check erforderlich/ durchgeführt, abgehende Halbechosperre enthalten? (j/n).
Forward Call Indicators	Verfügbare Ende-zu-Ende-Methode; durchgehend ISUP? (ja/nein); Welche Zeichengabe gefordert?
Calling Party's Category	Art des A-Tln (Normalteilnehmer, Testverbindung, Handvermittlung).
Transmission Medium Requirement	Geforderte Nutzkanaleigenschaften wie Sprache, 3,1 kHz Audio, 64 kbps, transparent oder höhere Bitraten.
Parameter des verbindlichen variablen Teils (Pflicht-Parameter variabler Länge)	
Called Party Number	Rufnummer des B-Tln.
Optionale Parameter	
Calling Party Number	Rufnummer des A-Tln.
Optional Forward Call-Indicator	Teilnehmer einer geschlossenen Benutzergruppe (Closed User Group)?; Nachricht segmentiert?
Redirecting Number	Rufnummer des Teilnehmers, bei dem weitergeleitet wurde.
Redirection Information	Ruf weitergeleitet? (ja/nein); Häufigkeit? Grund?
Closed User Group Interlock Code	Nummer der CUG.
Connection Request	Anforderung einer Ende-zu-Ende-Verbindung mit Angabe der Lokalen Referenz (s. voriger Abschn.).
Original Called Number	Ursprüngl. gewählte Nummer (nach Rufweiterleitung).
User-to-User Information	Ende-zu-Ende-Information.
Access Transport	Enthält Angaben des D-Kanal-Protokolls (wird im Netz transparent weitergegeben und nicht ausgewertet).
User Service Information	Bearer Capability-Feld (BC) vom D-Kanal.
User-to-User Indicator	User-to-User gefordert? Welcher Service?
Generic Number	Weitere Rufnummern (bei Mehrfachumleitung).
Propagation Delay Counter	Laufzeit des Nutzkanals.
User Service Information Prime	Zusätzliches BC-Feld (für Rückfall).
Originating ISC Point Code	SPC der gehenden Auslands-VSt.
User Teleservice Info	Kopie des High Layer Compatibility-(HLC)-Feldes.
Parameter Compatibility Information	Wie sollen unbekannte Parameter behandelt werden?
Generic Notification	Angaben für DM HOLD, CW, CONF.
Transmission Medium Requirement Prime	Wie bei Transmission Medium Requirement (Sprache, 3,1 kHz Audio, 64 kbps transparent usw.) für evtl. Rückfall auf niederwertigen Dienst.
Location Number	Rufnummer eines Teilnehmers

Tabelle 7.2-1: Übersicht über die Parameter und deren Bedeutungen einer ZGS#7- IAM [Hl].

Abbildung 7.2-10 stellt nun zu guter letzt in Ergänzung zu Abbildung 4.4-5 das Kommunikationsdiagramm für einen typischen Verbindungsauf- und -abbau aus der Sicht des D-Kanals, des ***ISUP*** und des ***TF*** dar. Es wird der Einfachheit halber auf der B-Seite nur der Tln. betrachtet, der den Ruf erhält. Tln. A initiiert via seiner EVSt A (***U-VSt***) den Ruf, EVSt B mit Tln. B ist die ***Z-VSt***. Die Transit-VSt (***T-VSt***) hat Funktionen eines ***SEP***: für die ***Link-by-Link-Nachrichten*** muß der ***ISUP*** z.B. beim Verbindungsaufbau *SAMs* einsammeln, um VSt B zu finden und diese der *IAM* hinzufügen. Für ***Ende-zu-Ende-Nachrichten*** des ***TF*** fungiert die ***T-VSt*** als ***STP***.

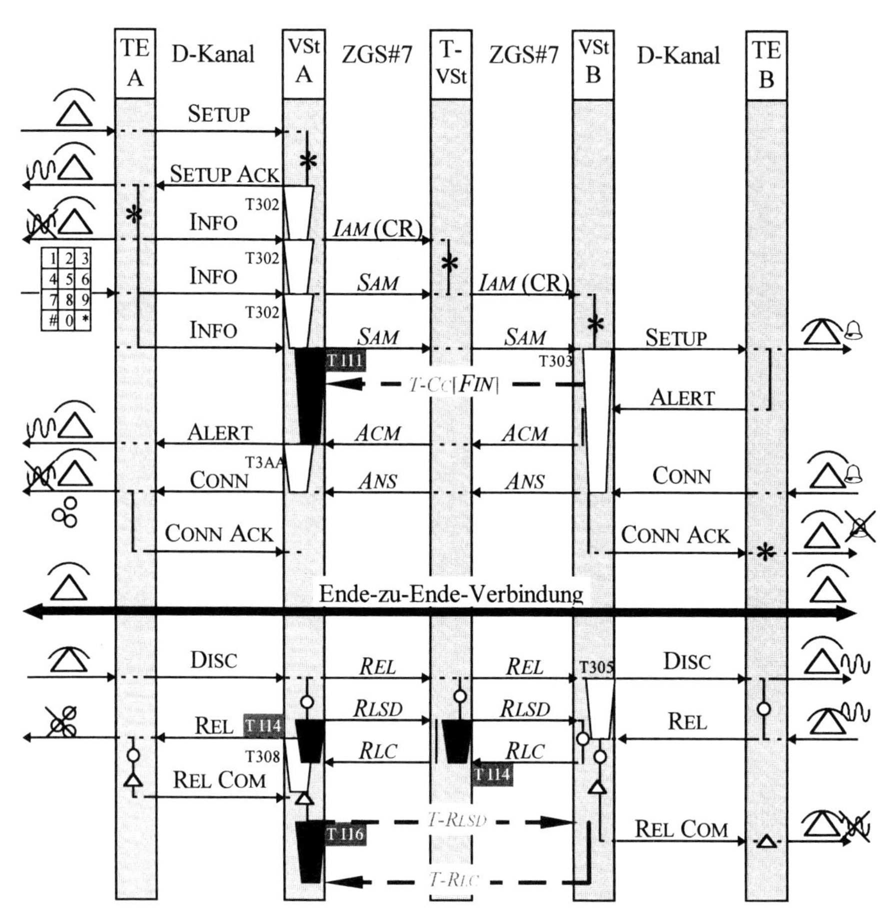

Abbildung 7.2-10: Normaler Verbindungsauf- und -abbau teilnehmeranschlußseitig über die Schicht 3 des ISDN-D-Kanals und netzintern über das ZGS#7 [1R7]. Weitere Erläuterungen im Text.

Eingetragen sind zusätzlich zu den weiß markierten Timer-Pfeilsymbolen, die bereits in Abb. 4.4-5 die Zeitüberwachungen bezügl. des Tln.-Verhaltens durchführen, auch schwarz markierte Timer zur Überwachung der Reaktionen der Partner-VStn. Konkret werden hier die Timer

- T(I 11): Überwachung für das Eintreffen der *ACM* (20 - 30 s).
- T(I 13): Identisch T3AA (s. Abschn. 4.4.5).
- T(I 14): Überwachung für das Eintreffen der *RLC* (4 - 15 s).
- T(I 16): Überwachung für das Auslösen der ***tZGT*** (500 s).

verwendet. Es gibt weitere, die in dem hier betrachteten Zusammenhang keine Bedeutung haben.

D-Kanal- und ***ISUP***-Nachrichten sind in KAPITÄLCHEN dargestellt, die Richtungspfeile sind ausgezogen. ***TF***-Nachrichten, die im ***MTP*** der ***T-VSt*** zur richtigen Strecke weitergeroutet werden, sind dunkelgrau dargestellt, die Richtungspfeile fett unterbrochen, entspr. den vorherigen Festlegungen für ***tZGT***-Beziehungen.

Die *IAM* enthält, wie bereits erwähnt, den Parameter *Connection Request* (CR, der die ***LR***-A enthält; nicht zu verwechseln mit der *Call Reference* des D-Kanals - diese wird auf die ***CID***-A abgebildet). Die Ende-zu-Ende-Beziehung wird mit *T-CONNECT CONFIRM* [*FACILITY INFORMATION MESSAGE*] (*T-CC* [*FIN*]) - zunächst unabhängig davon, ob Tln. A überhaupt ein DM anfordert, aufgebaut. Mit der *FIN* werden der A-VSt lediglich die DM-Möglichkeiten (Bsp.: *Rückruf möglich*, *Anrufliste vorhanden*) des B-Tln. mitgeteilt. Es wird also damit noch keineswegs ein DM aktiviert. Dies muß durch eine separate Sequenz geschehen. Durch die Übertragung der *FIN* kann die Prüfung, ob ein später vom A-Tln. gewünschtes DM beim B-Tln überhaupt aktiviert werden kann, von der A-VSt abgehandelt werden.

Gemeinsam mit dem Abbau der ***ISUP***-Verbindung und damit der Freigabe des Nutzkanals wird hier auch die ***TF***-Verbindung mit der *T-RLSD*/*T-RLC*-Sequenz abgebaut, da im Beispiel kein DM aktiviert wurde. Wäre die Verbindung nicht zustandegekommen, hätte die Aktivierung eines *Rückruf bei Besetzt* (*Completion of Calls to Busy Subscriber* = *CCBS*) ein Weiterbestehen der ***tZGT*** zur Folge gehabt, bis entweder der Rückruf zustande gekommen wäre, oder ein Timer ihn ausgelöst hätte.

7.2.4.3 Transaction Capabilities Application Part (TCAP)

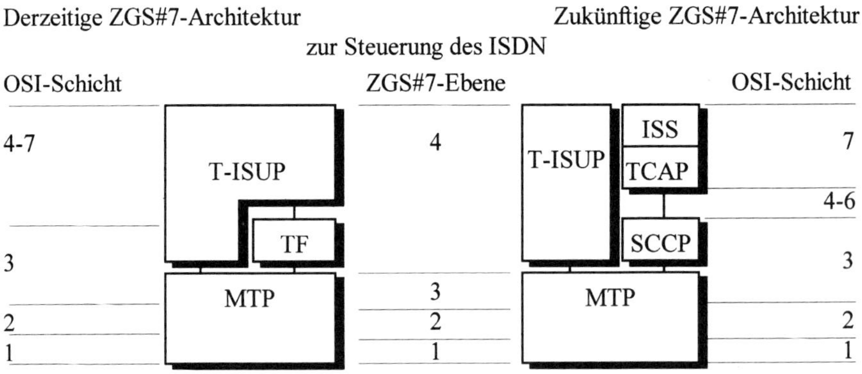

Derzeitige ZGS#7-Architektur
Zukünftige ZGS#7-Architektur
zur Steuerung des ISDN
OSI-Schicht
ZGS#7-Ebene
OSI-Schicht
4-7
T-ISUP
TF
3
MTP
2
1
4
3
2
1
T-ISUP
ISS
TCAP
SCCP
MTP
7
4-6
3
2
1

Abbildung 7.2-11: Derzeitige und zukünftige ZGS#7-Architektur des öffentlichen Netzes in der BRD [HI].

Die in Abschn. 7.2.4.1 beschriebene Art der Verwendung des ***TF*** stellt eine international nicht kompatible Variante der Verwendung des ***SCCP*** dar. Ab 1997 werden alle DM-Realisierungen auf standardisierte ***Link-by-Link-Nachrichten*** umgestellt. Abbildung 7.2-11 stellt im Vergleich die heute noch verwendete Architektur z.B. für das DM *Automatischer Rückruf bei Besetzt* der neuen Architektur gegenüber.

Zunächst wird eine strikte vertikale Trennung zwischen reinen Rufsteuerungsprozeduren des ***T-ISUP*** (Call Control) und der DM-Behandlung (Connection Control) durchgeführt. Letzere werden bezüglich der Ende-zu-Ende-Transportsteuerung durch den standardisierten ***SCCP*** ohne Schnittstelle zum ***ISUP*** auf Level 4/Schicht 3 abgehandelt. Die höheren Funktionen der DM-Abwicklung werden durch die folgenden beiden Funktionsblöcke erbracht:

- ***Transaction Capabilities Application Part*** (***TCAP***) mittels standardisierter dienstmerkmalunabhängiger Ende-zu-Ende-***Dialog***-Funktionen und den
- ***ISDN Supplementary Services*** (***ISS***), die die ***ZGS#7***-Abwicklung des DM selbst beschreiben.

Ein solche Architektur ist erst möglich geworden, nachdem das OSI-Modell mit CASEs und SASEs entspr. den Ausführungen in Abschn. 2.5.2.7 Ende der achtziger/Anfang der neunziger Jahre hinreichend durchstandardisiert wurde. Wegen des frühen Angebots des ISDN durch die damalige DBP mußte hier also zunächst die o.a. Prorietärlösung mit dem ***TF*** angewendet werden.

Der ***TCAP*** stellt allgemeine Funktionen für *abgesetzte Operationen* des ***ZGS#7*** zur Verfügung. Damit kann eine Anwendung in einem ***SP*** die Ausführung in einem anderen ***SP*** anstoßen und das Ergebnis von dem dortigen Partner-Anwendungsprozeß zurückerhalten. Der ***TCAP*** selbst zerfällt wiederum in den unteren ***Transaction Sublayer*** (***TSL***) und den darüberliegenden ***Component Sublayer*** (***CSL***).

Für den ***TSL*** definiert eine ***Transaktion*** oder ein ***Dialog*** den Kontext, in dem eine *abgesetzte Operation* abläuft, wie z.B. der Austausch von Anfragen und Antworten zwischen zwei ***TC***-Anwendungen. Zwei ***Dialog***-Typen sind definiert:

- ***Unstrukturierter Dialog***
  Hier stellt der ***TCAP*** dem ***TCAP***-Benutzer die Möglichkeit zur Verfügung, eine oder mehrere Nachrichten, die keine Antwort benötigen, simplex an den Partner zu senden. Damit wird im OSI-Sinn auch *keine Assoziation* zwischen beiden Anwendungsprozessen kreiert.
- ***Strukturierter Dialog***
  Hier wird analog zu einer Virtuellen Verbindung ein ***Transaction Identifier*** (***TID***) vergeben, über den die so assoziierten Partner-Anwendungs-Instanzen Anfragen und Antworten austauschen können. Die dazugehörigen selbsterklärenden ***TSL***-Nachrichten heißen *BEGIN*, *CONTINUE*, *END* und *ABORT*.

Der darüberliegende ***CSL*** definiert Nutz-Nachrichtenbehälter - ***Komponenten*** (***Components***) - genannt, die die Nutzinformation der o.e. ***TSL***-Nachrichten enthalten. Der ***CSL*** modelliert das Benutzerverhalten und seine Prozeduren entspr. dem in Abschn. 2.5.2.7 vorgestellten OSI-ROSE-Dienst. Vier selbsterklärende ***CSL-Komponenten***-Typen sind definiert: *INVOKE*, *RETURN RESULT*, *RETURN ERROR* und *REJECT*.

Darauf laufen nun die eigentlichen Applikationen ab - im Beispiel die SASEs der ***ISS***. Ein SASE kann hier z.B. die Umwandlung einer 130er oder 180er Rufnummer in die konkret vom Standort des Anrufers und des nächsten Service-Centers des Unternehmens mit der 130/180er-Nummer abhängige benötigte wirkliche Rufnummer erzeugen. Ein anderes SASE ermittelt z.B. für einen Telefonbenutzer, der eine Kreditkarte verwendet, den Ort seiner Gebührendatenbank und belastet diese entsprechend.

Wiederum andere SASEs können die beim Mobilfunk benötigten Funktionen *Roaming* und *Handover* abwickeln. Die meisten der in Abschn. 4.4.9.1 aufgeführten ISDN-DM werden über ein eigenes SASE verfügen, wovon *Rückruf bei Besetzt* (oder *frei*; CCBS) eines der komplexesten darstellt - insbes. wenn Querbezüge zu anderen DM zu beachten sind.

Zum Verständnis der unterschiedlichen Funktionen von ***TSL***, ***CSL*** und der Anwendung sei in Abbildung 7.2-12 als einfaches Beispiel der Kommunikationsablauf zum Ermitteln einer realen Rufnummer aus einer 130er-Nummer dargestellt:

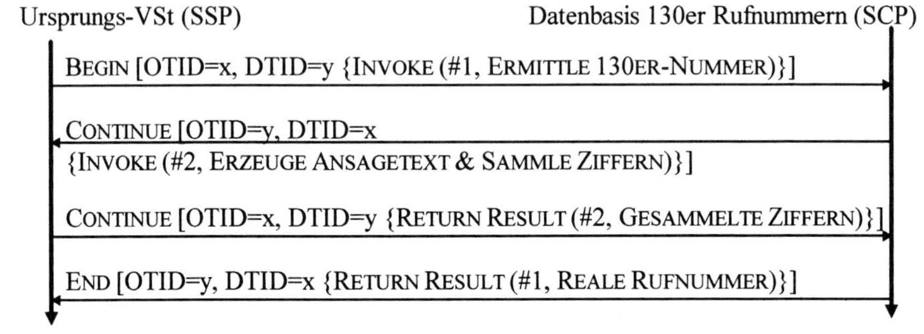

Abbildung 7.2-12: Beispiel einer TCAP-Nachrichtensequenz zum Ermitteln einer 130er Rufnummer.

Der Ablauf sei kurz erläutert. Jede Nachricht hat folgende Struktur:

TSL-Nachrichtenname [Origination/Destination-***TID*** {***CSL***-Nachrichtenname (#Assoziationsnummer, Anwender-Klartext)}]

1. Tln. hat 130 eingegeben, woraufhin seine DIVO einen ***Strukturierten Dialog*** zu der ihr bekannten Netz-Datenbasis 130er-Nummern initiiert.
2. Da in dem Bsp. die auf die Ziffernfolge 130 einzugebende Nummer noch fehlt, fordert die Datenbasis diese mit dem Zusatz an, dem Tln. einen Ansagetext einzuspielen. Dazu kann der Tln. z.B. zwar die 130 eingegeben, aber zu lange mit der Folgeziffereingabe gewartet haben.
3. Die fehlenden 130er-Ziffern werden nachgeliefert, die Assoziationsnummer #2 ist die gleiche, wie bei 2., da es sich um eine Antwort auf das zweite *INVOKE* handelt.
4. Die Datenbasis retourniert die reale Rufnummer mit der Assoziationsnr. #1, da das *RETURN RESULT* die eigentliche Antwort auf das unter 1. initiierende *INVOKE* darstellt. Diese Nummer kann nun dem im vorangegangenen Abschn. beschriebenen ***ISUP*** übergeben werden, so daß dieser eine ganz normale Verbindung aufbaut.

Die hier erbrachten Funktionen zielen also schon sehr in Richtung des in Abschn. 1.7 vorgestellten *Intelligenten Netzes* (*IN*). Aus dessen Sicht stellt die DIVO einen Dienstvermittlungspunkt (SSP) dar, die Datenbasis einen Dienststeuerungspunkt (SCP).

7.3 Das Vermittlungssystem EWSD

In der BRD werden in der öffentlichen Technik zwei digitale Vermittlungssystemtypen eingesetzt: das **EWSD** (**Elektronisches Wähl-System Digital**) der Fa. Siemens, sowie das **System 12** der Fa. SEL [BI, So]. In Abschn 5.2 wurde aus der Sicht des Tln.-Anschlusses und der die niederen D-Kanal-Protokolle realisierenden Telecom-ICs ein Einblick in die grundsätzliche Struktur digitaler VStn im Tln.-Einzugsbereich gegeben. Hier soll dies nach Vorstellung des ***ZGS#7*** aus dessen Sicht am konkreten Bsp. des **EWSD** kurz angerissen werden [AL, Si, GE.1, Gö1, La].

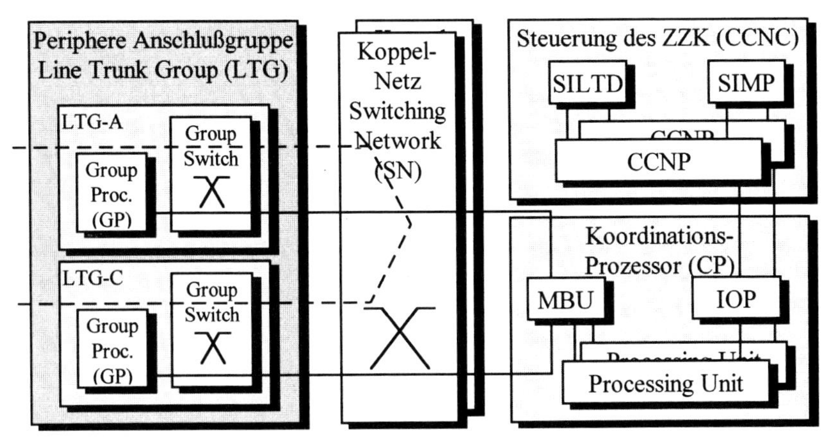

Abbildung 7.3-1: Blockstruktur des Siemens-Vermittlungssystems EWSD [GE.1, Gö1].

Anhand des Blockschaltbilds in Abbildung 7.3-1 erkennen wir die grundsätzliche Unterteilung dieses Systems in folgende vier Funktionseinheiten:

- **Periphere Anschlußgruppen** (**Line Trunk Group** = **LTG**)
  steuern Tln.-Anschlüsse und Leitungen zu anderen VStn, die ihrerseits über die hier nicht dargestellten und in Abschn. 5.2 bereits vorgestellten **SLM**s bzw. **TLM**s angeschlossen werden. Weiterhin erfolgt die Durchschaltung der Nutzkanalverbindungen zum **SN** über das Kombinationsvielfach **Group Switch** (**GS**), das benötigt wird, wenn eine Verkehrskonzentration erfolgen muß. Der **Gruppenprozessor GP** steuert die Abläufe der **LTG**, wie *Verarbeiten von Wählinformation, Einstellungen des* ***GS*** oder *Durchführen von Routineüberwachungen.* Die Ebene 1 des ***MTP*** wird hier abgewickelt, aber auch die ***UP***s
- **Digitales Koppelnetz** (**Switching Network** = **SN**)
  führt die Nutzkanaldurchschaltung zwischen den **LTG**s und über semipermanente Verbindungen die Steuerungsinformation von **LTG**s zum Ein/Ausgabeprozessor-Message Buffer (**IOP/MBU**) durch. Die ***ZZK***s werden ebenfalls semipermanent von den **LTG**s über das **SN** zum **CCNC** geführt.
- **Koordinationsprozessor** (**CP**)
  führt Programmspeicherung- und -verwaltung sowie von VSt- und Tln.-Daten aus, weiterhin Routing, Durchschalten und Koordinationsaufgaben zwischen **LTG**s, **SN** und **CCNC**s sowie sicherungs- und betriebstechnische Aufgaben.

- **Steuerung des ZGS-Netzes (Common Channel Network Control = CCNC)** nimmt die ***MTP***-Funktionen wahr, indem ***ZZK***s transparent über **LTG**, **SN** und ein Multiplexer zum **CCNC** durchgeschaltet werden. Dabei kann von der Logik her jeder Zeitschlitz als ***ZZK*** belegt werden.

Der **CCNC** ist in seiner hierarchischen Struktur dem ***MTP*** angepaßt. Auf Ebene 1 weist er dazu ein zweistufiges ***ZZK***-Multiplexersystem auf. Das dargestellte Zeichengabe-Terminal **Signalling Link Terminal Digital** (**SILTD**) wickelt die Level-2-Funktionen des ***MTP*** ab, u.a. Senden und Empfangen von ***Zeicheneinheiten*** (***SU***s), Nachrichtensicherung, Fehlererkennung und -korrektur, Überwachen der empfangsseitigen Zeichenfehlerrate, Strecken-Synchronisation sowie Zustands- und Überlaststeuerung.

Der Zeichengabeleitprozessor **Signalling Management Processor** (**SIMP**) wickelt den ***MTP*** 3 ab, dabei im wesentlichen Funktionen, wie Zielauswertung und Verteilung ankommender Nachrichten, Routing und Lastteilung sowie alle Management-Funktionen. Diese Funktion ist auf zwei Prozessoren verteilt: einen Nachrichtenverteiler **MH-SIMP**, der zyklisch alle Systeme anpollt und die dabei abgerufenen Nachrichten entspr. ihren Adressen verteilt, sowie ein Koordinationsprozessor-Interface **CPI** zum **CCNP**, das die #7-Nachrichtenformate in **EWSD**-interne umwandelt.

Zur Erfüllung seiner ***Routing***-Funktionen führt der **SIMP** eine Reihe von ***Leitweg***-Tabellen, von denen die wichtigsten hier aufgeführt sind:

- **Nachrichtenunterscheidungstabelle (Discrimination Table = DT)** enthält die Informationen über die Zugehörigkeit des eigenen Netzknotens zum ***Zeichengabenetz*** und seine Funktionalität für diese Nachrichten: ***SP*** oder ***STP***.
- **Nachrichtenverteiltabelle (Allocation Table = AT)** enthält die Informationen über die Zuordnung zwischen dem Code der Ziel-Vermittlung, dem ***CIC*** sowie der zugeordneten **LTG**.
- **Leitwegadreßtabelle (Route Address Table = RAT)** hier sind alle erreichbaren ***SP***s gespeichert.
- **Leitwegbeschreibungstabelle (Route Description Table = RDT)** enthält eine Liste möglicher ***Zeichengabewege*** zu einem ***SP*** sowie Informationen über den ***Leitwegs***-Betriebszustand und einzelner ***Zeichengabewege***.
- **Zeichengabestreckenbündeltabelle (Link Set Table = LST)** enthält eine Beschreibung und die Rangfolge von ***Zeichengabestrecken***, die zu benachbarten ***SP***s führen.
- **Zeichengabestrecken-Betriebszusttandstabelle (Management Link Status Table = MLST)** gibt Ausführung (TP, Koax, LWL; Bitrate, welcher Zeitschlitz für ***ZZK*** reserviert etc.) und Betriebszustand (in Betrieb, geblockt, Ausfall) der ***Zeichengabestrecken*** an.
- **Betriebszustandstabelle SILT (Management SILT Status Table = MSST)** gibt die Zuordnung einer **SILTD**-Instanz zu einer ***Zeichengabestrecke*** an und beschreibt den Betriebszustand.
- **Nachbarmanagement-Netzknotentabelle (Management Adjacent Signalling Point Table = MASPT)** gibt für jeden Nachbarnetzknoten eine Liste aller ***Zeichengabewege***, die über diesen Knoten führen, an.

8 Lokale Netze (Local Area Networks; LANs)

8.1 Übersicht

Der Begriff des ***Lokalen Netzes*** wird von IEEE und ECMA definiert als

> Datenkommunikationssystem, welches die Kommunikation zwischen mehreren unabhängigen Geräten ermöglicht. Ein LAN unterscheidet sich von anderen Arten von Datennetzen dadurch, daß die Kommunikation üblicherweise auf ein in der Ausdehnung begrenztes geographisches Gebiet, wie ein Bürogebäude, ein Lagerhaus oder ein Campus-Gelände beschränkt ist. Das Netz stützt sich auf einen Kommunikationskanal mittlerer oder hoher Datenrate, welcher eine durchweg niedrige Fehlerrate besitzt. Das Netz befindet sich im Besitz und Gebrauch einer einzelnen Organisation. Dies steht im Gegensatz zu Fernnetzen (Wide Area Networks = WAN oder Metropolitan Area Networks = MAN), die Einrichtungen in verschiedenen Teilen eines Landes miteinander verbinden oder die als öffentliche Kommunikationsmittel benutzt werden.

Im Gegensatz zum ISDN, das aus dem Bedarf der Digitalisierung der Sprachkommunikation evolvierte und den Anschluß von Datenendgeräten mit einbezog, haben ***LAN***s eine andere historische Entwicklung. Die Datenverarbeitung wurde in den siebziger Jahren noch von Großrechnern (Hosts) und Anlagen der mittleren Datentechnik dominiert. Datenendeinrichtungen (DEEn) wurden direkt oder über Steuereinheiten mittels separater Verkabelungen angeschlossen. Der Anfang der achtziger Jahre einsetzende Siegeszug leistungsfähiger PCs ließ auch den Bedarf an Vernetzung und Client/Server-Strukturen entstehen. Gemeinsame Ressourcen, wie Drucker, Server und Kommunikationspfade können so unter Einbeziehung existierender Hosts optimal genutzt werden [BA, BO1, BO2, CH1, DA, HA, HO, HU, KA1, KA2, KE, MA1, MA2, MA3, MÜ, LÖ, RO, SI, SL, TA, ZE].

Als weiteres Charakteristikum folgt daraus, daß die Schnittstellen zwischen Endgeräten und dem ***LAN*** zunächst nicht durch internationale (ITU-T) oder nationale (Telekom) Organisationen genormt sein müssen. Ursprünglich versuchten Hersteller hier Inkompatibilität zu wahren, damit ein Kunde, der ihr ***LAN*** käuft, in der Folge auch ihre Endgeräte kaufen mußte. Dieses Prinzip hat sich jedoch, wie auf anderen Gebieten auch, als Sackgasse erwiesen, weshalb sich die ISO den erfolgversprechendsten dieser zwischenzeitlich von IEEE übernommenen Industriestandards angenommen hat, und daraus internationale Normen machte.

Inhouse-Netze, wie ***LAN***s zuweilen auch genannt werden (aber nicht unbedingt sind), migrieren auch in Richtung öffentlicher Netze, weshalb dieser Integrationsaspekt heute nicht außer acht gelassen werden darf. Das bedeutet, daß internationale öffentliche Schnittstellenstandards immer mehr die etablierten ***LAN***-Schnittstellen, -Funktionen und -Protokolle berücksichtigen müssen. Dies hat sein Ende noch keineswegs in der in Abschn. 9.7.3 beschriebenen kompletten ***LAN***-Emulation über ATM erreicht.

8.1.1 Klassifizierung von LANs

Lokale Netzwerke unterscheiden sich primär durch:

- **Topologie**, gleich der physikalische Struktur des Netzes.
  Die wichtigsten sind mit zugehörigem typischen Vertreter, der hier beschrieben wird, und Initiatoren:
  - **Bus** (***Ethernet***; Rank Xerox, DEC, Intel)
    Endgeräte sind über Stichleitungen parallel (passiv) zum Bus angeschlossen; eine Unterbrechung im Stich hat keine Auswirkung auf den Rest des Busses.
  - **Ring** (***Token Ring***; IBM)
    Endgeräte sind im Ring angeschlossen, d.h. sie entnehmen und regenerieren jedes Signal (aktiv); eine Unterbrechung bewirkt ohne weitere Maßnahmen einen Ausfall des Rings.
  - **Stern**:
    Anwendung hauptsächlich bei TKAnl, bei ***LAN***s z.B. für Stockwerk-Verteiler (***Hubs***).
  - **Mischformen** (***Fiber Distributed Data Interface = FDDI***)
    z.B. mit zentraler Ringstruktur und mit Frontend-Baumbereichen in unterschiedlicher, auch komplizierterer Struktur.

  Physikalische und logische Topologien können sich unterscheiden. Toplogien im Vergleich:

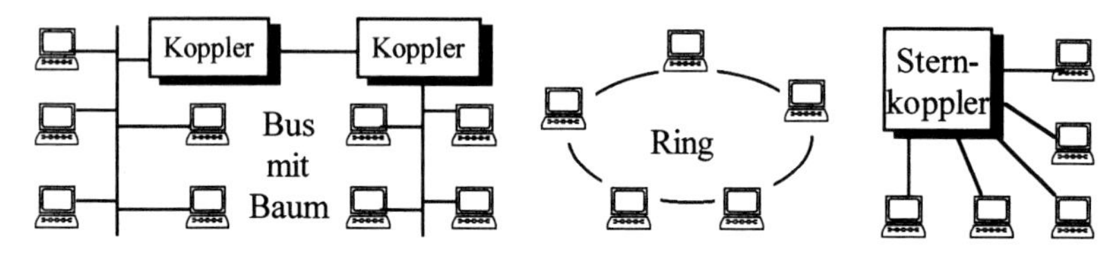

Abbildung 8.1-1: Vergleich von Bus mit Baumerweiterung, Ring- und zentralgesteuerter Topologie

- **Übertragungsmedium**, meist:
  - **Twisted Pair (TP)**
    Zwei- oder vierpaarige Cu-Adern, bei denen die Verdrillung (twist) Übertragungsraten >100 Mbps auf kurzen Strecken (!) erlaubt. Ungeschirmtes (***Unshielded TP = UTP***) hat einen Wellenwiderstand von 100 Ω, abgeschirmtes (***Shielded TP =STP***) 150 Ω mit einer Abschirmung pro Adernpaar und Gesamtschirmung mit besseren Übertragungseigenschaften.
  - **Koaxialkabel (Coaxial Cable)**
    für größere Bandbreiten oder längere Strecken. Genormt sind hier z.B. von ITU-T G.62y-Serie Kabel mit Innen/Außendurchmessern in mm: 0,7/2,9; 1,2/4,4; 2,6/9,5 (letzteres heute auch Standard-75-Ω-Kabel für Fernseh- und Rundfunkempfänger).
  - **Lichtwellenleiter (LWL, Optical Fiber** oder **Optical Waveguide)**
    in Form von Gradientenfasern (Graded Index Fibers) mit Kern/Manteldurchmessern von 50/125 (europäische Norm) bzw. 62,5/125 µm (US-amerikanische Norm), mit LED (preiswert) oder LD als Sender bei 850/1300 nm oder - heute

noch seltener, da teure und komplizierte feinmechanische Anschlußtechnik - Einmodenfaser (9/125 Single Mode Fiber = SMF) mit LD als Sender bei 1300/1550 nm.

- **Zugriffsverfahren**, unabhängig von Topologie und Übertragungsmedium
  - ***Carrier Sense Multiple Access/Collision Detection = CSMA/CD***,
    angewendet bei ***Ethernet***. Ist der Bus frei, darf jedes Endgerät zugreifen. Bei einer Kollision ziehen sich alle zurück und ein ***Backoff***-Algorithmus sorgt für erneuten zeitversetzten Zugriff. Effizient bei wenigen Simultanzugriffsversuchen, hochlastineffizient.
  - ***Token Passing***
    angewendet beim ***Token Ring*** und modifiziert bei ***FDDI***. Eine auf dem Ring umlaufende Frei-Marke (charakteristisches Bitmuster = ***Token***) erlaubt demjenigen Endgerät den Zugriff, das sie liest. Nach erfolgter Übertragung gibt es die Marke frei. Effizient bei Hochlast, uneffizient bei *wenig* Simultanzugriffsversuchen, da Endgeräte für jedes Datenpaket auf die Marke warten müssen.
  - **Zentralsteuerung**
    bei Sterntopologien; bei ***LAN***s wenig verwendet, da wegen des burstartigen Datenverkehrs uneffektiv.

8.1.2 Der IEEE 802.x-Standard

Anfang der 80er Jahre wurden mehrere zueinander inkompatible ***LAN***-Konzepte von verschiedenen Herstellern herausgebracht. Diese Entwicklung führte dazu, daß das amerikanische Normungsgremium IEEE eine Projektgruppe mit dem Ziel der Standardisierung von ***LAN***s bildete. Die meisten IEEE-Standards wurden später von der ISO übernommen. Die wichtigsten Standards mit den dazugehörigen Übertragungs- und Zugriffsverfahren sind:

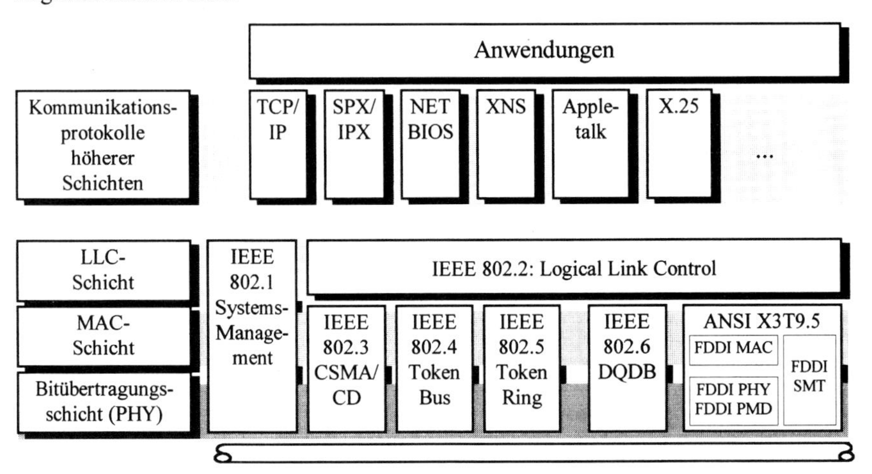

Abbildung 8.1-2: LAN-Standards im Schichtenmodell; der Einzugsbereich der 802.x-Standards sind die unteren drei Bereiche.

- IEEE 802.3: ***CSMA/CD*** (***Carrier Sense Multiple Access / Collision Detection***)
- IEEE 802.4: ***Token Bus***
- IEEE 802.5: ***Token Ring***
- IEEE 802.6: ***DQDB*** (***Distributed Queue Dual Bus***)

Auf die Beschreibung des Standards 802.4 wird hier verzichtet, da dieser kaum noch von Bedeutung ist. In der Projektgruppe 802.2 wurde für alle Standards eine übergeordnete Schicht definiert. Diese Schicht realisiert höhere Funktionen der OSI-Sicherungsschicht 2 (2b) und wird als ***LLC***-Schicht (***Logical Link Control***) bezeichnet. Abbildung 8.1-2 gibt eine Übersicht über die verschiedenen ***LAN***-Standards und den heute definierten übergeordneten Protokollen. Zusätzlich ist hier der neuere ANSI X3T9.5-***FDDI***-Standard eingeordnet, auf den in Abschn. 8.5 näher eingegangen wird.

All diesen Standards liegt ein logisches ***LAN***-Modell zugrunde, bei dem die ***LLC***-Schicht eine besondere Rolle einnimmt: sie realisiert die Unabhängigkeit der Kommunikationsprotokolle vom speziellen ***LAN***-Typ. Sie kann auch als Multiplexer für Kommunikationsprotokolle angesehen werden.

8.1.3 Das logische LAN-Modell

Physikalisch besteht ein ***LAN*** aus den einzelnen Rechnern und Endkomponenten (PCs, Workstations, Hosts, Datenstationen, Servern etc.), sowie einer ***LAN***-Verkabelung als Übertragungsmedium, an das diese über ***LAN***-Adapterkarten angeschlossen werden. Für die Steuerung des Kommunikationablaufs sind Software-Erweiterungen gegenüber der Anwendersoftware, die man braucht, wenn die Stationen unvernetzt sind, notwendig. Die ***LAN***-spezifischen Hard- und Software-Komponenten und ihre Aufgaben sind aus Abbildung 8.1-3 ersichtlich.

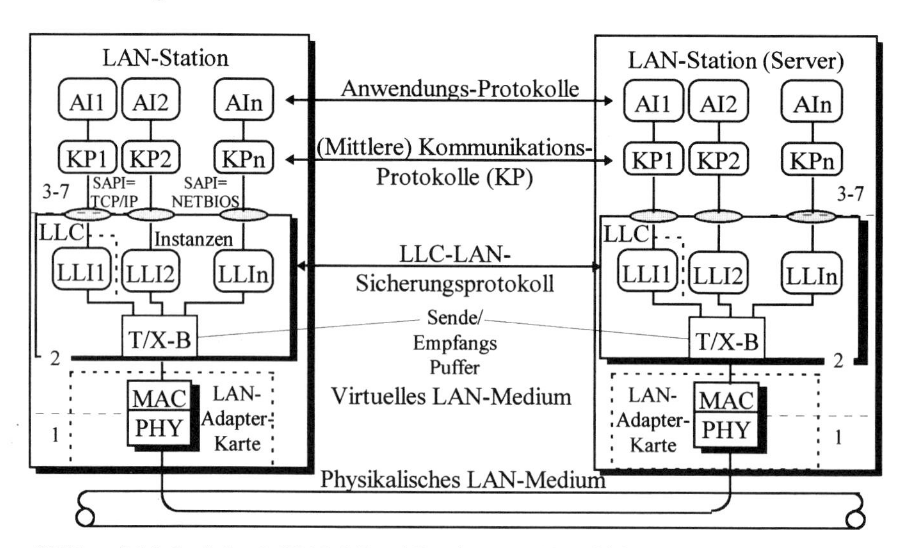

Abbildung 8.1-3: Logisches LAN-Modell und Zuordnung zu OSI-Schichten.

Jeder ***LAN***-Standard legt die Eigenschaften des Übertragungsmediums fest, und nach welchem Verfahren die einzelnen Rechner dieses gemeinsame Medium für die Übertragung nutzen (Medium-Zugriffsverfahren; ***Medium Access Control*** = ***MAC***). Generell ist jede ***LAN***-Adapterkarte sowohl für die Bitübertragung als auch für die Realisierung des Zugriffsverfahrens verantwortlich.

Die Bitübertragung, wird entsprechend den Funktionen der OSI-Schicht 1 als physikalische Schicht (hier: ***PHY***) bezeichnet. Bevor ein Endgerät Bits über das Übertragungsmedium senden darf, muß es feststellen, ob es die Zugriffserlaubnis darauf hat. Diese Funktion bietet die ***MAC***-Schicht an, die hier den unteren Teil der Schicht 2 realisiert. Vergleiche im Gegensatz dazu den D-Kanal des S-Bus: hier residiert das Zugriffsverfahren oben in der Schicht 1, da sich ab der Schicht 2 die Kanäle und die Schichtenarchitekturen aufspalten und HDLC-LAPD keine Zugriffsfunktionen impliziert.

Die ***LLC***-Schicht realisiert den oberen Teil der Schicht 2, deren Aufgabe die fehlerfreie Übertragung von DL-Rahmen zwischen den KP-Instanzen zweier ***LAN***-Stationen ist. Das ***LLC***-Protokoll basiert auf dem bereits im Abschn. 4.3 ausführlich in der Variante LAPD beschriebenen HDLC-Protokoll. Um auf die ***LLC***-Schicht zugreifen zu können, sind eine Menge von DL-SAPs bzw. hier ***LLC***-SAPs implementiert.

Jeder SAP kann auf eine Adresse des individuellen Kommunikationspuffers des Protokolls abgebildet werden. Mit den verschiedenen SAPs kann man unterschiedliche Kommunikationsprotokolle (KP) auf die ***LLC***-Schicht zugreifen lassen. Damit ermöglichen die SAPs die Kommunikation *mehrerer* höherer ***LAN***-Protokolle über *eine* ***LAN***-Adapterkarte. Die ***LLC***-Schicht ist damit ein logischer Multiplexer von ***LAN***-Kommunikationsprotokollen.

Beispiele für höhere ***LAN***-Kommunikationsprotokolle, die universell (***LLC***)/***MAC***/***PHY***-Dienste von ***LAN***s nutzen, sind das im Internet eingesetzte TCP/IP, als Realisierungen von Netz- und Transportschicht, aber auch X.25/3.

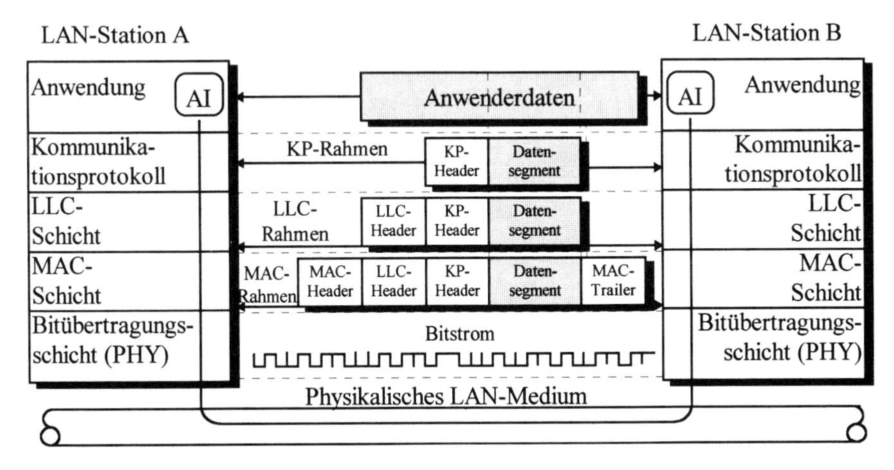

Abbildung 8.1-4: Segmentierung des Anwenderdatenflusses und Abbildung durch die LAN-Schichten auf den physikalischen Bitstrom.

Die Daten, die über ein ***LAN*** übertragen werden, müssen für die Übertragung vorbereitet werden. Da die Rahmenlänge auf einem ***LAN*** immer begrenzt ist, muß z.B. eine

Datei, die über diese hinausgeht, segmentiert werden. Wie ein Segment für die Übertragung vorbereitet wird, zeigt in Einklang mit den Erläuterungen zum OSI-Modell in Abschn. 2.4.6.3, Abbildung 8.1-4.

Für die Übermittlung von Kommunikationsprotokoll-PDUs wird dem zu übertragenden Datensegment ein KP-Header (Kopf = KP-PCI) vorangestellt. Die ***LLC***-Schicht fügt wieder einen eigenen Header davor. Auf der darunterliegenden ***MAC***-Schicht wird der ***LLC***-Rahmen zusätzlich um eine ***MAC***-Steuerung erweitert, so daß nun ***MAC***-Rahmen zwischen den beiden Stationen ausgetauscht werden.

Wie bereits in Kap. 5 für den Tln.-Anschlußbereich von ISDN beschrieben, werden auch hier diese niederen OSI-Funktionen (***PMD*** bei ***FDDI***, ***PHY***, ***MAC***, Teile von ***LLC***) meist in der Hardware entsprechender Controller implementiert.

8.1.4 MAC-Adressen

Wie schon aus Abbildung 8.1-3 ersichtlich, besteht logisch gesehen die ***LAN***-Kommunikation aus dem Datenaustausch zwischen zwei Kommunikationspuffern in der ***LLC***-Schicht an der Grenze zur ***MAC***-Schicht. Der ***MAC***-Rahmen besteht aus dem ***MAC***-Header, mit dem die entsprechende ***LAN***-Adapterkarte angesprochen wird und endet mit einem ***MAC***-Trailer (s. Abbildung 8.1-4). In jedem ***MAC***-Rahmen muß sowohl die ***MAC***-Quelladresse als auch die ***MAC***-Zieladresse enthalten sein. Eine ***MAC***-Adresse ist als physikalische ***LAN***-Adresse zu interpretieren.

Um keinen Wildwuchs an ***MAC***-Adressen aufkommen zu lassen, hat das IEEE-Komitee die physikalischen ***LAN***-Adressen standardisiert. Die erste Festlegung war die der Länge des Adreßfeldes im ***MAC***-Header. Es sind 16- und 48 Bit-Adressen vorgesehen, wovon heute nur noch die Adreßlänge von 48 Bit (6 Oktetts) relevant ist, welche im folgenden genauer beschrieben wird.

Bei dem rechts dargestellten ersten Oktett einer ***MAC***-Adresse bedeuten:

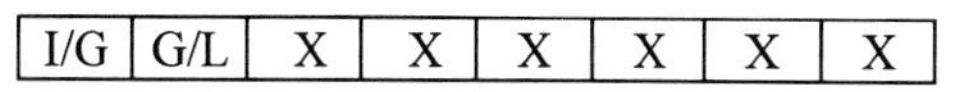

I/G= Individuell/Gruppen-Adresse; ***G/L***=Global/Local-Adresse;
X codieren die ersten Bits der eigentliche Adresse.

Ein ***LAN***-Adapter-Hersteller muß einen von der IEEE vorgegebenen Adreßblock kaufen und hat dadurch die Gewißheit, daß eine von ihm hergestellte ***LAN***-Adapterkarte eine weltweit eindeutige Adresse (***G/L***=1) hat. Die ersten drei Oktetts enthalten die Herstelleridentifikation (ID), die letzten drei dienen als Stationsidentifikationsnummer und können vom Hersteller (2^{24}) selbst festgelegt werden. Man beachte den Unterschied dieser nicht OSI-konformen Adressierungsart zu den bisher betrachteten (D-Kanal/ZGS#7; IP): diese Low-Level-Schicht-2-Adressierung gilt nicht *abschnittsweit*, auch nicht *LAN-weit*, sondern *weltweit*!

In jedem ***LAN*** muß die Möglichkeit bestehen, einen ***MAC***-Rahmen an mehrere Stationen zu schicken (Gruppenadressierung oder Multicast). Dazu wird mit dem ***I/G***-Bit festgelegt, ob es sich um ein Individualadresse (***I/G*=0**; bei Quelladressen praktisch immer), oder um eine Gruppenadresse (***I/G***=1) handelt. Danach kann die Stations-ID eine Bitkombination enthalten, die auf eine logische Gruppe von Stationen hinweist. Wenn alle Bits der Stations-ID = 1 sind, handelt es sich um die Broadcast-Adresse, bei der alle Stationen im ***LAN*** angesprochen werden.

Mit dem ***G/L***-Bit wird festgelegt, ob die Adresse *globale* (***G***) oder *lokale* (***L***) Bedeutung hat. ***G/L*=1** bedeutet, daß die Adresse durch das IEEE vergeben wurde, womit sie weltweit eindeutig ist. Für ***G/L*=0** hat der Hersteller die Möglichkeit, die Adressen unabhängig von den IEEE-Adressen selbst zu vergeben.

Ein Problem ist die Reihenfolge der Bits von ***MAC***-Adressen bei unterschiedlichen Zugriffsverfahren. So wird bei IEEE 802.3 (***CSMA/CD***) und IEEE 802.4 (***Token Bus***) das LSB (kanonische Darstellung) zuerst übertragen, dagegen beim ***Token-Ring*** und bei ***FDDI*** das MSB (nonkanonische Darstellung) zuerst. Daher ist z.B. darauf zu achten, daß beim Übergang von IEEE 802.3 auf ***FDDI*** die ***MAC***-Adresse entsprechend umgestellt werden muß. Dies ist besonders bei Kopplungselementen, die Netze auf OSI-Schicht 2 miteinander verbinden (***Brücken***), wichtig.

8.1.5 LLC-Schicht

Die Hauptaufgabe der ***LLC***-Schicht ist, wie bereits erwähnt, der Austausch von ***LLC***-Rahmen zwischen den ***LLC***-SAPs, die als höhere Kommunikationspuffer zu interpretieren sind. In der ***LLC***-Schicht können unterschiedliche Verfahren für den Datenaustausch angewendet werden. Diese Verfahren werden auch als ***LLC***-Dienste bezeichnet und in verschiedene Klassen eingeteilt. Es wird unterschieden zwischen:

- Typ 1: **Verbindungsloser Dienst ohne Bestätigung**
- Typ 2: **Verbindungsorientierter Dienst mit Bestätigung**
- Typ 3: **Verbindungsloser Dienst mit Bestätigung**

Ein *verbindungsloser* Dienst besteht darin, daß zwischen Sende- und Empfangsstation keine vorherige Absprache erfolgt hat. Der Sender sendet einen Datenblock, ohne bei der Empfangsstation nachzufragen, ob sie diesen wünscht. Dieser *Datagrammdienst* wird u.a. für Management-Aufgaben verwendet. Die miteinander über U-Rahmen kommunizierenden Prozesse sind dementspr. zustandslos.

Beim *verbindungsorientierten* Dienst wird vor der Übertragung von Nutzdaten zwischen der Sende- und Empfangsstation eine Vereinbarung bezüglich des Ablaufes der Datenkommunikation getroffen. Typisch können hier, wie z.B. auch im ISDN, Verbindungsaufbau-, Datenübertragungs- und Verbindungsabbauphasen unterschieden werden.

***LLC*-Rahmen-Formate**:

Das ***LAN***-Sicherungsprotokoll nach IEEE 802.2 basiert, wie beim ISDN-Teilnehmeranschluß im D-Kanal, X.25 und Level 2 des ZGS#7, auf HDLC. Es muß jedoch noch folgende zuvor beschriebenen Funktionen unterstützen:

- Punkt- zu- Mehrpunkt-Verbindungen (für Multicast und Broadcast)
- verbindungslose und verbindungsorientierte Dienste
- Multiplex-Funktionen

Letzteres bedeutet, daß mehrere virtuelle Verbindungen zwischen Quell- und Ziel-SAPs über ein Paar globaler Sende/Empfangspuffer realisiert werden müssen. Wichtig in diesem Zusammenhang ist, daß die Ausprägung dieses Protokolls praktisch für alle standardisierten ***LAN***-Typen gleich ist, was in Abbildung 8.1-2 durch den Querbalken über allen ***MAC***s zum Ausdruck gebracht wird.

1 Oktett	Ziel- SAP (DSAP)
1 Oktett	Quell-SAP (SSAP)
1 oder 2 Oktetts	Steuerfeld (Control)
n Oktetts	Info (I-Feld)

Ein ***LLC***-Rahmen weist die links dargestellte Struktur auf. ***LLC***-Rahmen können unterschiedlich lang sein. Er besteht aus der Ziel- und Quell-SAP-Adresse (***Destination-SAP*** = ***DSAP*** und ***Source-SAP=SSAP***), dem Steuerfeld und dem Informationsfeld (Info). Der ***DSAP*** kann sowohl eine Individual- als auch Gruppenadresse sein, um Punkt-zu-Punkt als auch Punkt-zu-Mehrpunkt-Verbindungen realisieren zu können. Der Quell-SAP ist immer eine Individualadresse. Um festzustellen, ob es sich um eine Individualadresse handelt, dient ähnlich wie bei der ***MAC***-Adresse ein ***I/G***-Bit.

Die SAPIs sind den einzelnen Kommunikationsprotokollen eindeutig zugeordnet. Diese Zuordnung kann global, d.h. weltweit eindeutig, sein, oder sie wird vom Benutzer lokal vorgenommen.

I/G	Y	X	X	X	X	X	X

Der Ziel-SAP ist wie rechts dargestellt aufgebaut, wobei das ***Y***-Bit dem ***G/L***-Bit beim ***MAC*** entspricht. Dabei gilt:

I/G=**0**: Individual-SAP   ***I/G***=1: Gruppen-SAP
Y =**0**: Lokaler SAP   ***Y*** =1: Globaler SAP

Die X-Bits codieren den eigentlichen SAPI. Mögliche Nummern sind zum Beispiel (Darstellungsreihenfolge beachten):

- IP-SAPI = $\mathbf{60}_{\text{Hex}}$
- NETBIOS-SAPI = $\mathbf{0F}_{\text{Hex}}$
- Novell-Netware-SAPI = $\mathbf{06}_{\text{Hex}}$
- SNA Path Control-SAPI = $\mathbf{40}_{\text{Hex}}$

Der Quell-SAP hat ein ähnliches Aussehen wie der Ziel-SAP, jedoch wird mit dem ersten Bit (C/R)-Bit gekennzeichnet, ob es sich um ein Kommando (Command) oder eine Antwort (Response) handelt. Man beachte den Unterschied zu LAPD, wo die SAPs korrespondierender Instanzen an beiden Enden eines Abschnitts gleich sind (z.B. SAPI = **s**). Eine Station hat im Normalfall nur *eine* Implementierung der Schichten 1 und 2, aber unter Umständen viele Kommunikationsprotokolle auf den Schichten 3-7.

Zur Realisierung der ***LLC***-Dienste sind wie in LAPD mehrere Rahmen-Typen notwendig. Sie werden analog wie dort durch Bits im Steuerfeld codiert (s. Abschn. 4.3.9.2). Einige Typen können auch hier sowohl Kommando als auch Antwort darstellen, codiert durch das C/R-Bit des Quell-SAP. Die Typklassen I, S- und U sind wieder zu unterscheiden, werden wie in LAPD codiert und haben auch im wesentlichen die gleichen Bedeutungen. Von letzteren können zusätzlich zu LAPD die beiden Typen:

- *AC0/1*: *ACKNOWLEDGED CONNECTIONLESS INFORMATION*, *SEQUENCE 0/1*

als Antworten vorkommen, und werden für den in LAPD nicht vorkommenden ***LLC***-Diensttyp 3 benutzt, also zum **verbindungslosen Dienst mit Bestätigung**. Die folgenden U-Rahmen können sowohl Kommando wie auch Antwort sein:

- *XID*: *eXchange IDentifier*
- *TEST*

Der *XID*-Befehl dient auch zum Verbindungsaufbau. Eine Sendestation schickt damit ihre Identität und Information über die von ihr unterstützten ***LLC***-Typen an eine Empfangsstation, die dann über ihre Möglichkeiten mit einem *XID* antwortet (vgl. auch LAPD). Mit dem *TEST*-Befehl kann überprüft werden, ob ein Rahmen zu einem Empfänger geschickt und wieder empfangen werden kann.

Der **verbindungslose Dienst** hingegen benötigt keinen Aufbau einer festen logischen Verbindung. Der Datentransfer mittels Datagrammen kann Punkt-zu-Punkt; Punkt-zu-Mehrpunkt oder im Broadcast erfolgen. Auf der Empfangsseite werden diese über den entsprechenden SAP an das Kommunikationsprotokoll weitergegeben. Wenn keine Bestätigung erfolgt, muß auf höheren Schichten die Übertragungsqualität geprüft und bei einem erkannten Fehler dafür gesorgt werden, daß die Übertragung wiederholt wird.

Durch Begrenzung der SAP-Felder auf nur ein Oktett können nicht alle heute vorkommenden Nummern aufgenommen werden. Mit dem ***SNAP*** (***Sub Network Access Protocol***) wird größerer Adreßraum für die Protokollnummern geschaffen. Die Kennung für das ***SNAP*** wird in den Feldern ***DSAP*** und ***SSAP*** (beide AA_{Hex}) und im Steuerfeld (03_{Hex}) eingetragen, womit mehr Kommunikationsprotokolle von der ***LLC***-Schicht angesprochen werden können.

8.1.6 Verkabelungstopologie

Daß logische und physikalische Topologie sich in der Praxis unterscheiden können, wurde bereits dargelegt. Sie ist zwar ein Objekt der Schicht 1, soll aber hier wegen der losgelösten Bedeutung von anderen Schicht-1-Funktionen separat betrachtet werden.

Eine Gebäudeverkabelung muß änderungsfreundlich sein, da ***LAN***s i.allg. eine physikalische Dynamik aufweisen, die von Ortsveränderungen von Rechnern, Funktionsveränderungen, Neuinstallationen, Destallationen, Neueinbezug von Räumen und/oder Gebäuden etc. herrühren kann. Nicht selten findet ein solcher Vorgang öfter als wöchentlich statt. Dazu gibt es verschiedene Methoden; die wohl verbreitetste sei hier kurz vorgestellt: die strukturierte Gebäudeverkabelung.

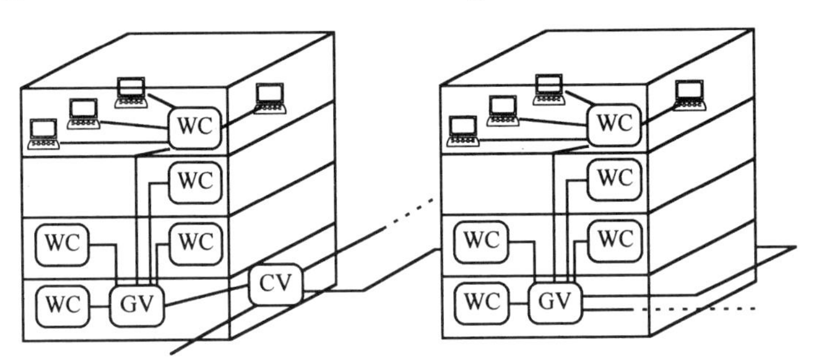

Abbildung 8.1-5: Strukturierte Gebäudeverkabelung [BA.1].

In Abbildung 8.1-5 wird die Anbindung an eine Backbone-Struktur, wie sie z. B. von ***FDDI*** realisiert werden kann, über einen ***Campusverteiler*** (***CV***) vorgenommen. Jedes Gebäude verfügt über einen eigenen ***Gebäudeverteiler*** (***GV***), jedes Stockwerk über ein ***Wiring Center*** (***WC***). Nach welchen Kriterien diese Verkabelung vorgenommen werden sollte, legt der ANSI/EIA-Standard EIA/TIA-569 fest. Wie ein solches ***WC*** aussehen kann, ist in Abbildung 8.1-6 dargestellt.

Wir finden hier ein sog. ***Patch Panel*** (Stecker-Feld), an dem durch Umstöpseln wie in der Steinzeit der Fernsprechtechnik Umkonfigurierungen vorgenommen werden können. Im Beispiel ist auch der Gebäude-Backbone in Form von breitbandigen LWL ausgeführt, der ***Hub*** erfüllt i.allg. ***Repeater***-Funktionen und hier können auch ganze defekte Stockwerke abgetrennt werden. Eine weitere Aufgabe ist die Umsetzung verschiedener physikalischer Anschlußarten (z.B. LWL/TP).

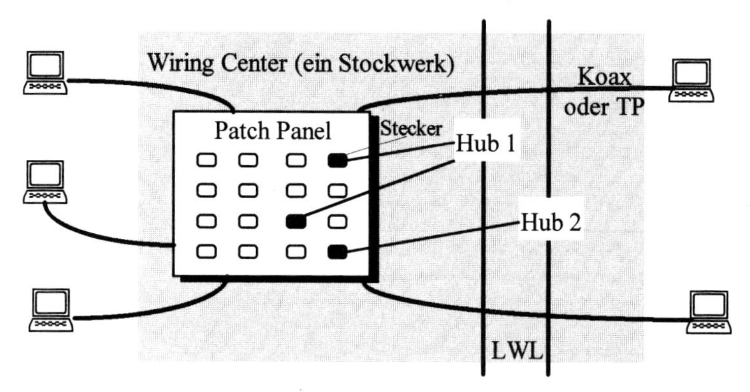

Abbildung 8.1-6: Wiring Center mit Patch Panel [BA.1].

Die beiden LWL können zu unterschiedlichen Backbones gehören, womit auch auf einfache Weise die Umkonfigurierung einzelner Stationen zu anderen ***LAN***s möglich ist. Von Nachteil ist die etwa doppelte benötigte Leitungslänge, da das Kabel immer von jeder Station, statt zur nächsten weitergeführt zu werden, zum ***Patch Panel*** zurück muß. Sind Gebäudeabstände oder Stockwerkanzahl ein Problem für das Zugriffsverfahren oder Dämpfungspläne, verteuert dies das ***LAN*** gegenüber einer Direktverkabelung.

8.2 Ethernet und IEEE 802.3-LANs

Der Standard 802.3 wurde von der IEEE als verbesserte Form von ***Ethernet*** genormt. Sie unterscheiden sich in der ***MAC***-Schicht [CH2].

8.2.1 Grundlagen der IEEE 802.3-LANs

IEEE 802.3 beschreibt logisch eine Busstruktur sowie das zugehörige ***CSMA/CD***-Zugriffsverfahren. Die Bitrate von ***Ethernet*** beträgt 10 Mbps. Der Nachteil dieses Zugriffsverfahrens ist, daß mit zunehmender Belastung die Wahrscheinlichkeit für Kollisionen steigt, wodurch die Antwortzeiten erheblich ansteigen können und der Datendurchsatz, der das Verhältnis der pro Zeiteinheit empfangenen verwertbaren Bits zur Gesamtzahl der übertragenen Bits angibt, sinkt. Der für (kurze) Rahmen unterschiedlicher Länge maximal erreichbare Durchsatz liegt bei ca. 50%, was bedeutet, daß die effektiv nutzbare Bitrate bestenfalls 5 Mbps beträgt. Von ***Ethernet***-Gurus werden in der Literatur hier allerdings deutlich bessere Werte angegeben.

Generell ist bei diesem Verfahren eine Antwortzeit nicht garantierbar. Daraus ergibt sich die Unmöglichkeit von isochronen Datenverkehr (z.B. für Sprache). Ein Vorteil sind die niedrigen Kosten und die gute Softwareunterstützung auf Basis der weit verbreiteten ***TCP/IP*** und Novell-NetWare-***IPX***-Kommunikationsprotokolle [BR].

Der **Umfang des IEEE 802.3 Standards** spezifiziert konkret folgende Punkte:

- ***AUI*** (***Attachment*** oder ***Access Unit Interface***):
  ermöglicht die hardwaremäßige Trennung der ***MAU*** und der ***LAN***-Karte. Das ***AUI*** besteht aus einem Anschlußkabel und einer Steckereinheit (in der Regel ein 15-Pin-Connector).
- ***MAU*** (***Medium Attachment Unit***; ***Mediumanpaßeinheit***):
  besteht aus einer ***PMA*** (***Physical Medium Attachment***) und einer Schnittstelle zum Übertragungsmedium. Sie enthält die Funktionen zum Senden und zum Empfangen von codierten physikalischen Signalen. Die ***PMA*** realisiert die Funktion eines Transceivers (Sende- und Empfangseinheit).
- ***MDI*** (***Medium Dependent Interface***):
  ist die physikalische und mechanische Schnittstelle zwischen der ***MAU*** und dem Übertragungsmedium.
- ***PLS*** (***Physical Signalling Sublayer***):
  ist für die logische und funktionale Verbindung zur ***MAC***-Schicht zuständig. Sie legt mehrere Primitives fest, mit denen die ***MAC***-Teilschicht die notwendigen Informationen zur Durchführung des ***CSMA/CD***-Zugriffsverfahrens erhält.
- ***MAC***-Schicht: realisiert das Zugriffsprotokoll mittels ***CSMA/CD***.

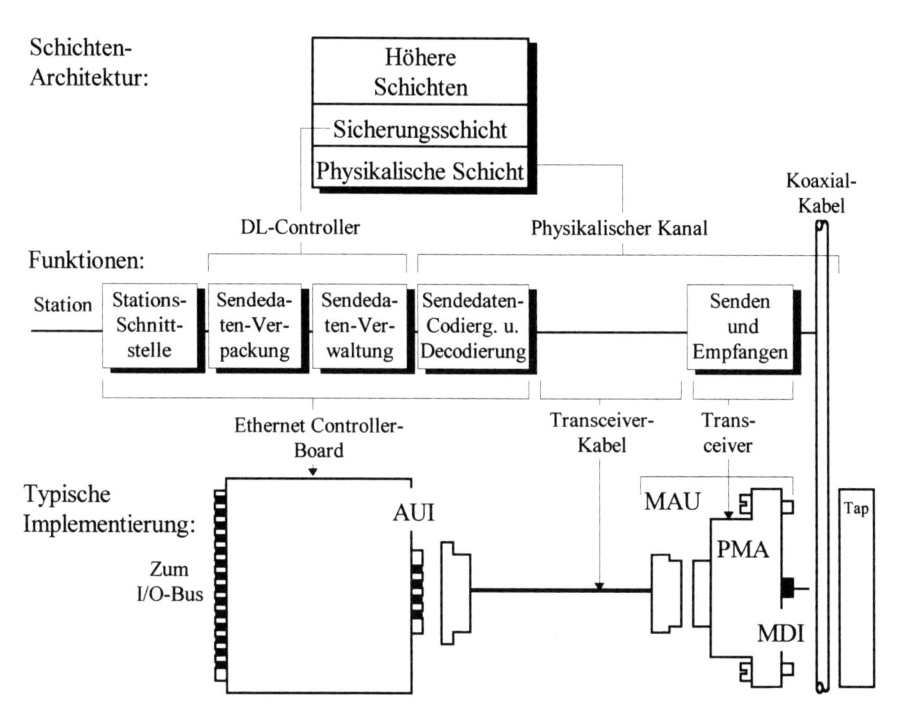

Abbildung 8.2-1: Zuordnung Schichtenarchitektur, Funktionen und mögliche physikalische Implementierung eines Ethernet-Anschlusses.

Abbildung 8.2-1 zeigt den physikalischen Aufbau des ***LAN***-Anschlusses, die Funktionen sowie die Zuordnung zu den ***LAN***-Schichten. Alle nachfolgenden aufgeführten IEEE 802.3-Varianten sind gemäß OSI-Referenzmodell bis auf die Physical Layer identisch. Sie unterscheiden sich vor allem im Verkabelungssystem und der Anschlußtechnik:

- ***10Base 5*** (***Ethernet*** mit 500 m Segmentlänge; Koaxialkabel; Standard)
- ***10Base 2*** (***Thin Ethernet*** oder ***Cheapernet*** mit 200 m Segmentlänge; Koaxialkabel [Yellow Cable])
- ***10Base T*** (Twisted Pair: ***UTP/STP***)
- ***100Base T***
  (Twisted Pair ***Fast Ethernet***; die Standardisierung ist noch nicht abgeschlossen)
- ***10Base F*** (Fiber Optics, primär Gradienten-, aber auch Einmodenfasern; max. 2 km Segmentlänge)

Die erste Zahl gibt an, mit welcher Bitrate in Mbps das ***LAN*** arbeitet, ***Base*** steht für *Basisbandübertragung* im Gegensatz zu einer grundsätzlich denkbaren *modulierten* Übertragung, bei der das Signal einem Träger, z.B. durch AM vorher aufmoduliert würde und so durch Frequenzmultiplex mehrere Kanäle gebildet werden könnten. Dieses Verfahren ist für ***LAN***s unüblich, da man Modems benötigen und damit das Zugriffsverfahren erheblich komplexer werden würde.

Alle Eigenschaften auf der ***MAC***-Schicht von ***10Base T*** wurden bei ***Fast Ethernet*** übernommen, die Schicht 1 ist jedoch identisch mit der Schicht-1-***FDDI***-Spezifikation für Twisted Pair (z.B. die 4B/5B-Bitkodierung und die MLT3-Leitungskodierung; s. Abschn. 8.5.7).

Die wichtigsten Eigenschaften einzelner Spezifikationen:

10Base 2/5:

- **Max. Segmentlänge**: 185/500 m
- **Übertragungsmedium**: Koaxialkabel mit 50 Ω Wellenwiderstand, ∅ ca. 5/10 mm; Ausbreitungsgeschwindigkeit 0,65 c
- **Max. Signallaufzeit**: 950 ns
- **Anschlußmöglichkeit**: BNC-Stecker bzw. T-Stücke
- **Abstand** zwischen zwei Anschlüssen: min. 0,5/2,5 m
- **Max. Länge Transceiverkabel**: 50 m
- **Maximale Stationsanzahl pro Segment**: 30; Die Koaxialkabel werden in der Regel unmittelbar an den Stationen angeschlossen; d.h. die ***MAU*** (Transceiver) ist direkt auf der Karte untergebracht (On-Board-Transceiver).

10Base T:

Die Basistopologie des ***10Base T-LAN***s ist ein physikalischer Stern. Von einem zentralen ***10Base T***-Verteiler (***Hub***) werden bei der Gebäudeverkabelung auf einem Stockwerk die Leitungen sternförmig zu den einzelnen Stationen verlegt (s. Abschn. 8.1.6). ***10Base T*** ist aber dennoch ein logischer Bus, so daß das Zugriffsverfahren ***CSMA/CD*** verwendet werden kann. Für jede Station werden zwei Adernpaare benötigt, wobei das eine Paar als Sende- und das andere Paar als Empfangsleitung benutzt wird. Diese Leitung darf dann maximal 100 m lang sein.

Der ***Hub*** trennt, im Falle eines Fehlers, die Station einfach vom übrigen Netz ab. Dadurch ist ein ordnungsgemäßer Netzbetrieb auch bei Störungen garantiert. Bei der Vernetzung muß jedoch darauf geachtet werden, daß der Stern nicht beliebig verzweigt werden darf, da der ***Hub*** als ***Repeater*** angesehen wird und nicht mehr als 4 - 5 ***Repeater*** in Reihe geschaltet werden dürfen.

Die wichtigsten Parameter des ***10Base T***-Standards sind:

- **Max. *UTP/STP*-Leitungslänge**: 100 m
- **Übertragungsmedium**: *UTP/STP*-Kabel, Ausbreitungsgeschwindigkeit 0,585 c.
- **Max. Signallaufzeit** auf dem Anschlußkabel: 1000 ns
- **Anschlußmöglichkeit**: RJ 45-Stecker
- **Netztopologie**: Stern oder Punkt zu Punkt

8.2.2 Die Bitübertragungschicht

Die Hauptaufgaben der Bitübertragungsschicht in ***Ethernet***/IEEE 802.3-***LAN***s lassen wie folgt zusammenfassen:

- Bitstrom senden und empfangen
- Signalkodierung/dekodierung
- Kollisionsentdeckung (***CD***)
- Erzeugung der Präambel
- Taktgenerierung zur Synchronisation und Zeitüberwachung
- Testen der Übertragungsstrecke von der Station zur ***MAU***

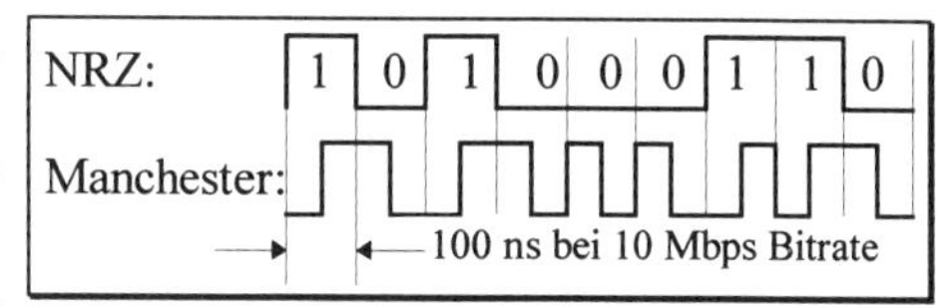

Für die Kodierung wird, wie rechts dargestellt, das Manchester II-Verfahren verwendet, ein typischer RZ-Kode mit Tastverhältnis 1. Damit wird pro übertragenem Bit ein Polaritätswechsel erzwungen. Taktrückgewinnung und Kollisionserkennung sind dadurch relativ unproblematisch, jedoch hat der Code im Mittel die doppelte Bandbreite eines NRZ-Codes gleichen Informationsgehalts.

8.2.3 Das Zugriffsverfahren CSMA/CD

Das Prinzip setzt viele beteiligte Sender voraus (***Multiple Access***), die vor dem Senden in den Kanal hineinhören (***Carrier Sense***) und auch während der Datenübertragung den Kanal permanent überprüfen, um ggf. Kollisionen mit dem Bitstrom anderer Sender zu erkennen (***Collision Detection***). Erkennt eine Station eine Kollision bzw. einen Fehler, so sendet sie ein sog. ***Jamming***-Signal (***JAM***), das sich in seiner Bitkombination deutlich von allen anderen unterscheidet und den Fehler dadurch noch verstärkt. Wenn die gleichzeitig sendenden Stationen abgebrochen haben, müssen alle warten, damit sich der Kanal *beruhigt* (***Zwischen-Rahmen-Lücke = Interframe-Gap*** = 9,6 µs).

Danach wählt jede sendewillige Station mit Hilfe des ***Backoff***-Algorithmus eine zufällige Zeitspanne, nach der sie ihren Sendevorgang wiederholt. Die Station mit der kürzesten Verzögerung beginnt die erneute Übertragung zuerst. Die restlichen Stationen *hören* diese Station und stellen ihren Sendeversuch zurück. Sollten zufällig wieder zwei Stationen (fast) gleichzeitig begonnen haben, tritt erneut eine Kollision auf und das beschriebene Verfahren beginnt von vorne. Abbildung 8.2-2 veranschaulicht das Zugriffsverfahren unter der Annahme einer Datenkollision bei 3. Die eigentliche Kollisions*detektion* findet erst unmittelbar danach statt, wenn nämlich die A-***Präambel*** den C-Empfänger erreicht, der dann die Überlagerung von A-und C-Rahmen registriert.

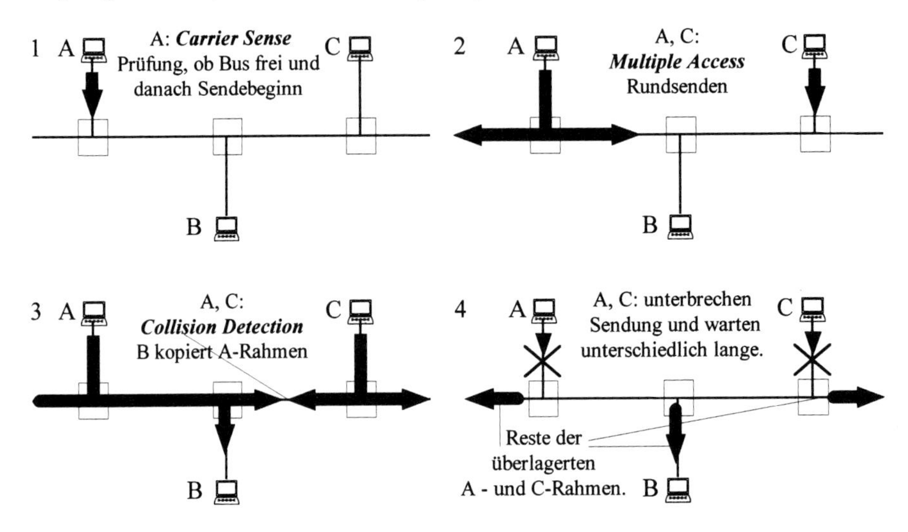

Abbildung 8.2-2: Ablauf eines CSMA/CD-Zugriffs bei Kollision [BO3].

Die Funktionen von ***CSMA/CD*** lassen sich entspr. Abbildung 8.2-1 in fünf Gruppen aufteilen:

- ***Sendedaten-Verpackung*** (***Transmit Data Encapsulation***)
  erzeugt den im nächsten Abschnitt vorgestellten ***MAC***-Rahmen, der den ***LLC***-Rahmen mit der darin enthaltenen Informationen der höheren Schichten aufnimmt.
- ***Sendedaten-Verwaltung*** (***Transmit Link Management***)
  stellt fest, ob das Medium frei ist und veranlaßt die Übertragung. Im Anschluß daran wird der ***Interframe-Gap*** eingefügt, um den Rahmen zu schützen und um ein garantiert störungsfreies Medium für die nächste Übertragung zu haben. Desweiteren veranlaßt sie bei aufgetretenen Kollisionen die Aussendung des ***JAM***-Signals.
- ***Sendedaten-Kodierung*** (***Transmit Data Encoding***)
  übernimmt den Bitstrom der ***Sendedaten-Verwaltung*** und kodiert ihn nach dem Manchester II-Verfahren.
- ***Empfangsdaten-Dekodierung*** (***Receive Data Decoding***)
  wandelt den empfangenen Bitstrom der Manchester-II-Codierung in Standard-NRZ-Signale um und übergibt ihn an die
- ***Empfangsdaten-Verwaltung*** (***Receive Link Management***)
  führt die Prüfung auf Korrektheit und Vollständigkeit des empfangenen Rahmens durch.

8.2.4 MAC-Rahmenformate

Die notwendigen Informationen des ***CSMA/CD***-Zugriffsverfahrens befinden sich im ***MAC***-Rahmen. Wie bereits erwähnt, existiert neben dem IEEE 802.3-Standard auch die Vorgängerversion ***Ethernet*** (V.2). Im ***Ethernet*** wird ein anderer ***MAC***-Rahmen spezifiziert. Wie in Abbildung 8.2-3 dargestellt, ist beim ***Ethernet*** keine Längenangabe vorgesehen. Desweiteren unterstützt es die ***LLC***-Schicht nicht. Dafür bietet ***Ethernet*** ein Typenfeld an, das Umsetzungsmechanismen in die ***LLC***-Schicht mit der erweiterten Adressierung (***SNAP***) in die ***LLC***-Struktur ermöglicht.

MAC-Rahmen nach IEEE 802.3:

Feld	Oktette
PA (Preamble; Präambel)	7
SFD (Start Frame Delimiter)	1
DA (Destination Address)	6
SA (Source Address)	6
LEN (Length)	2
LLC-Feld nach Abschn. 8.1.5	4
Daten höherer Schichten	**var.**
PAD (Padding)	variabel
FCS (Frame Check Sequence)	4

Objekte der MAC-Schicht (Header und Trailer)

MAC-Rahmen nach Ethernet:

Feld	Oktette
PA (Präambel)	8
DA (Destination Address)	6
SA (Source Address)	6
Typ	2
Daten höh. Schichten	**38-1500**
FCS (Frame Check Sequence)	4

Abbildung 8.2-3: Vergleich von MAC-Rahmen nach IEEE 802.3- und Ethernet-Spezifikation. Rechts steht jeweils die Oktettanzahl.

Erläuterung der ***MAC*-Felder**:

- ***PA*** (***Preamble = Präambel***):
  Charakteristisches Bitmuster von 7 bzw. 8 Oktetts, das zur Bitsynchronisation dient.
- ***SFD*** (***Start Frame Delimiter***):
  Rahmen-Beginn mit dem Bitmuster **10101011**. Entspricht in seiner Funktion etwa einem HDLC-Flag.
- ***DA*** (***Destination Address***) und ***SA*** (***Source Address***):
  geben Ziel- und Quellstation, d.h. *LAN*-Adapterkartenadressen entspr. den Ausführungen in Abschn. 8.1.4 an.
- ***LEN*** (***Length***): codiert die Anzahl der nachfolgenden Oktetts des Rahmens.
- ***LLC***:
  DSAP, ***SSAP***, d.h. Codierungen der höheren Kommunikationsprotokolle, und Steuerfeld der ***LLC***-Schicht entspr. Abschn. 8.1.5.
- ***PAD*** (***Padding***):
  Füllzeichen, das verwendet wird, wenn der zu sendende Rahmen kleiner als die vorgeschriebenen 64 Oktetts lang ist.
- ***FCS*** (***Frame Check Sequence***):
  4 Oktett langes Prüffeld; beinhaltet eine Rahmen-Prüfsequenz, die mittels zyklischer Kodierverfahren gebildet wird (vgl. LAPD - dort allerdings nur zwei Oktetts lang).

8.2.5 Besonderheiten der MAC/IP-Adressierung

Die Gesamtadressierung eines über TCP/IP erreichbaren Anwenderprozesses geschieht in der ***LAN***-Welt entspr. den vorangegangenen Ausführungen in hierarchisch aufsteigender Reihenfolge durch die

1. Subnetzwerk-Adresse (6-Oktett-MAC-Adresse; weltweit eindeutig)
2. Internet-Adresse (z.B. C-Klasse; weltweit eindeutig)
3. Transportprotokolladresse (typ. TCP; für alle Standard-Protokolle festgelegt)
4. Portnummer des Anwenderprozeßtyps (z.B. TELNET; ebenfalls festgelegt)

Für TCP/IP über ***LAN***s ergibt sich damit die Frage: Warum zwei eindeutige Adressen, wo doch eine genügen müßte? Dies hat seine Begründung in den unabhängigen Ursprüngen von ***Ethernet*** und TCP/IP: Das eine von der halbleiterherstellenden und -verarbeitenden Industrie, die die physikalische Möglichkeit einer weltweiten Kommunikation über ***LAN***s realisieren wollten, das andere aus der Welt der Betriebssysteme - konkret: UNIX - und dem davon unterstützten Kommunikationsbedürfnis.

Zunächst gibt es heute zwei Möglichkeiten, TCP/IP über niedere ***LAN***-Protokolle zu fahren, wovon die erste bei ***Ethernet*** fast ausschließlich genutzt wird:

1. Eintrag gemäß RFC 894 von $\mathbf{0800}_{\mathrm{Hex}}$ (=2048) in das Typfeld des ***MAC***-Rahmens, eine Längenangabe, die also größer als der Maximalwert von 1500 möglichen ***Ethernet***-Oktetts ist, und damit kennzeichnet, daß die ***LLC***-Schicht fehlt, und sofort das in Abschn. 6.3 spezifizierte IP-Feld folgt.
2. Ist gemäß RFC 1042 die Längenangabe $\mathbf{0060}_{\mathrm{Hex}}$, liegt zwischen dem IP-Feld und diesem Feld das ***LLC/SNAP***-Feld.

In beiden Fällen ist heute die Standard-Möglichkeit der ***MAC***/IP-Adreßumsetzung die Verwendung des in RFC 826 spezifizierten ***ARP*** (***Address Resolution Protocol***) für ***LAN***s mit Broadcast-Option. Abbildung 8.2-4 zeigt die Struktur eines dazu verwendeten ***ARP***-Datenpakets:

<table>
<tr><td>1   8</td><td>16</td><td>32</td></tr>
<tr><td colspan="2">Typ der HW-Adresse (hier: Ethernet)</td><td>Typ der SW-Adresse (hier: IP)</td></tr>
<tr><td>Länge HW-Adresse</td><td>Länge Protokollkopf</td><td>Operation (Anfrage oder Antwort)</td></tr>
<tr><td colspan="3">Oktetts 0-3 der Sender-HW-(Ethernet-MAC)-Adresse (SA)</td></tr>
<tr><td colspan="2">Oktetts 4,5 der Sender-HW-Adresse (SA)</td><td>Oktetts 0,1 der Sender-IP-Adresse</td></tr>
<tr><td colspan="2">Oktetts 2,3 der Sender-IP-Adresse</td><td>Oktetts 0,1 der Empfänger-HW-Adresse</td></tr>
<tr><td colspan="3">Oktetts 2-5 der Empfänger-HW-Adresse (DA)</td></tr>
<tr><td colspan="3">Empfänger-IP-Adresse</td></tr>
</table>

Abbildung 8.2-4: ARP-Protokollkopf [SA.6].

Der Ablauf der IP/***MAC***-Adreßabbildung sieht wie folgt aus: IP A übergibt ein IP-PDU mit eingetragenen IP-Adressen an ***MAC*** A, welches die zugehörige Ziel-***MAC***-(B)-Adresse in einer Adreßabbildungstabelle sucht und ggf. in den generierten ***MAC***-Rahmen einträgt. Ist kein Tabelleneintrag vorhanden, wird ein ***ARP***-Broadcast-Paket entspr. Abbildung 8.2-4 mit der Empfänger-IP-(B)-Adresse (letztes Oktett) und Operation=*Anfrage* ausgesendet. Die Station mit der angesprochenen B-IP-Adresse antwortet mit einem ***ARP***-Paket mit Operation=*Antwort* und allen benötigten Adreßangaben. Befindet sich Station B nicht im lokalen Bereich, so wird sie über den entspr. Router erreicht.

Station A trägt die Abbildung der beiden B-Adressen in ihre Adreßabbildungstabelle ein, die allerdings im Rhythmus weniger Minuten gelöscht wird, um den Speicherbedarf nicht mehr benötigter Adreßabbildungen geringzuhalten; eine ***ARP***-Anfrage dauert nur wenige ms. Das o.a. PDU und alle evtl. zur Verbindung gehörenden Folge-PDUs werden in ***MAC***-Rahmen mit der entspr. B-***MAC***-Adresse verpackt und die B-Station so doppelt adressiert erreicht. Unabhängig davon kann dieser Abbildung die in Abschn. 1.5.1.2 beschriebene *Name*-Umsetzung auf IP-Ebene vorangehen.

8.3 Token Ring und IEEE 802.5-LANs

8.3.1 Betrieb des Token-Rings

Das Netz wird, wie in Abbildung 8.3-1 darstellt, als logischer Ring, aber physikalischer Stern aufgebaut. Die Stationen werden über zweipaarige Lobe-Kabel an den Ringleitungsverteiler (***RLV***) angeschlossen. Bei einer abgeschalteten Station ist ihre Anschlußleitung über Relais kurzgeschlossen, womit der Ring geschlossen bleibt. Beim Einschalten einer Station fällt das Relais ab und ihre ***LAN***-Adapterkarte wird in den Ring geschleift [GÖ, KR].

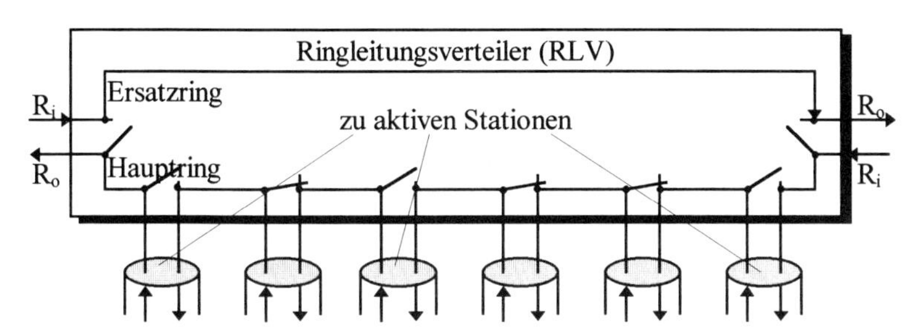

Abbildung 8.3-1: Ringleitungsverteiler als Token Ring [Schü].

Die maximale Länge eines Lobe-Kabels kann aus Tabellen abgelesen werden und sollte 100 m nicht überschreiten. Bei großen ***Token-Ring***-Installationen werden die Kabel zu den Anschlußdosen wie bei der in Abschn. 8.1.6 dargestellten strukturierten TP-Verkabelung auf einem ***Patch Panel*** in ***Wiring Centers*** angeschlossen. Zum Aktivieren einer Anschlußdose wird mit einem Patchkabel zum ***RLV*** durchgeschaltet.

Die Stationen können entweder über eine Anschlußdose mit fester Verkabelung oder unmittelbar an den ***RLV*** angeschlossen werden. Bei komplexeren Konfigurationen sind mehrere ***RLV*** über Ringein- und -ausgangsanschlüsse (R_i = Ring-in, R_o = Ring-out) mit zweipaarigem Kabel zu einem Gesamtring, bestehend aus Hauptring und Ersatzring zusammengeschaltet. Dann ist bei Verwendung von ***STP***-Kabel wegen der Leitungsdämpfung u.U. der Einsatz von Leitungsverstärkern erforderlich - z.B. bei einer Bitrate von 4 Mbps oberhalb von 750 m Abstand zwischen zwei ***RLV***.

Bei Verwendung von LWL können auch größere Entfernungen unregeneriert überbrückt werden.

8.3.2 Das Token Passing-Zugriffsverfahren

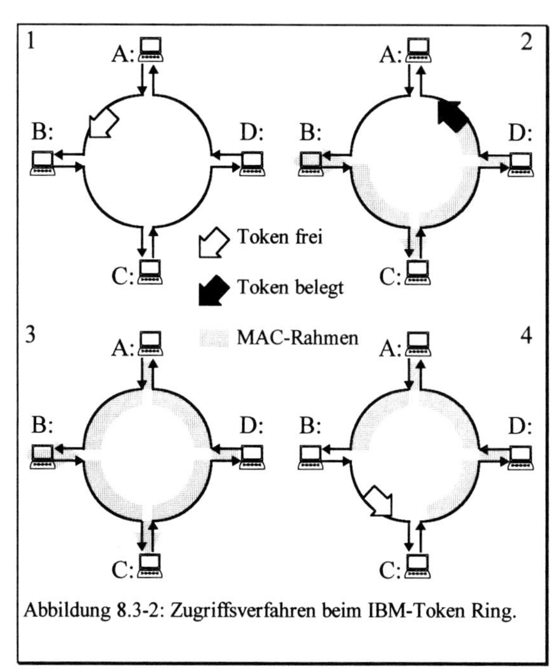

Abbildung 8.3-2: Zugriffsverfahren beim IBM-Token Ring.

Solange keine Station sendewillig ist, wird der ***Frei-Token*** von Station zu Station weitergereicht. Entspr. Abbildung 8.3-2 möchte nun Station B einen Rahmen an C senden und wartet, bis sie den ***Frei-Token*** empfängt (1). Sie wandelt ihn in einen ***Besetzt-Token*** um und bildet mit *diesem*, weiteren ***MAC***-, ***LLC***- und ggf. Daten höherer Schichten den ***MAC***-Rahmen (2). Im Beispiel ist der Rahmen länger als der Ring, was praktisch immer der Fall ist. Wenn der Kopf (***Besetzt-Token***) wieder bei B ankommt, löscht dieser das Signal und sendet noch die weiteren Bits des Rahmens (3). Nach Beendigung erzeugt B wieder einen ***Frei-Token*** (4).

Die Bitraten sind zu 4 Mbps oder 16 Mbps festgelegt. Bei letzterer erzeugt die Empfangsstation nach Weitergabe des Rahmens einen ***Frei-Token*** (***Early-Token Release***). Hierdurch verringert sich die Wartezeit für sendebereite Stationen; diese Variante wird auch bei ***FDDI***, allerdings nochmals verbessert, angewendet.

Da die Stationen hier, wie in Abschn. 8.1 bereits angegeben, im Gegensatz zum ***Ethernet*** *aktiv* sind - was bedeutet, daß jede Station den Rahmen liest und wieder auf den Ring stellt - hat C nun die Möglichkeit, hierbei den Rahmen so zu verändern, daß B erkennen kann, daß C den Rahmen korrekt (oder auch nicht) empfangen hat, d.h. den Rahmen so zu quittieren. Bei einem ***Ethernet***-Bus muß dagegen diese Quittung separat erzeugt werden.

Zur Überwachung muß *eine* Station als *Monitor* arbeiten. Dies kann jede aktive Station übernehmen, i.allg. ist es die erste, die im Ring aktiviert wird. Fällt sie durch Abschalten oder Störung aus, übernimmt eine andere nach einem vorgegebenen Algorithmus diese Funktion. Ihre wichtigste Aufgabe ist, neben anderen Überwachungsfunktionen, das Erzeugen des *ersten* ***Frei-Tokens***, sowie sicherzustellen, daß immer *genau ein* gültiger ***Token*** oder ein ***MAC***-Rahmen auf dem Ring vorhanden ist.

Im **Betrieb** können folgende **Fehler** vorkommen:

- **Token verlorengegangen**:
  Liest der Monitor innerhalb einer bestimmten Zeit weder ***Token*** noch ***MAC***-Rahmen, wird ein neuer ***Frei-Token*** generiert.
- **Endlos kreisender Rahmen**:
  Der Monitor setzt im ***AC***-Feld (s. nächster Abschn.) eines jeden Rahmens das Monitor-Bit. Empfängt er einen Rahmen mit bereits gesetztem Monitor-Bit, muß dieser Rahmen schon zum zweitenmal bei ihm vorbeikommen. Der Sender dieses Rahmens hatte ihn dann nicht mehr vom Ring genommen. Der Monitor eliminiert den Rahmen und erzeugt wieder einen ***Frei-Token***.
- **Rahmenverdoppelung**:
  Ein Sender überprüft die ***SA*** des empfangenen Folgerahmens, die ja seine eigene sein müßte. Andernfalls beläßt er den Rahmen auf dem Ring und der Monitor behandelt ihn als endlos kreisenden Rahmen.

8.3.3 MAC-Rahmenformat

Zahlreiche ***Token***- wie auch Rahmenbits werden zur Steuerung und Überwachung des Rings verwendet. Wie bei HDLC werden spezielle Rahmen ohne Nutzinformation zum Austausch von Steuerinformationen verwendet.

Entspr. der rechten Darstellung besteht ein ***Token Ring-MAC***-Rahmen aus folgenden Feldern; es werden nur noch die nicht beim ***Ethernet*** erläuterten beschrieben:

MAC-Rahmen nach IEEE 802.5:

Feld	Länge
SD (Starting Delimiter)	1
AC (Access Control)	1
FC (Frame Control)	1
DA (Destination Address)	6
SA (Source Address)	6
Routing Information	variabel
LLC-Feld nach Abschn. 8.1.5	4
Daten höherer Schichten	**var.**
FCS (Frame Check Sequence)	4
ED (End Delimiter)	1
FS (Frame Status)	1

- ***SD*** (***Starting Delimiter***):
  Bitmuster mit Flagfunktion; ***Token***-Bestandteil.
- ***AC*** (***Access Control***):
  Zugriffskontrollfeld, das unterscheidet, ob ein ***Token*** oder ein Rahmen vorliegt; ***Token***-Bestandteil. Enthält das Monitor-Bit, anhand dessen festgestellt werden kann, ob ein Rahmen nur einmal auf dem Ring gekreist ist (s.o.).
- ***FC*** (***Frame Control***):
  legt den Rahmentyp fest: Info-Rahmen oder Steuer-Rahmen.
- ***Routing Information*** (optional):
  nur vorhanden, wenn ein herstellerspezifisches Schicht-3-Routing-Verfahren eingesetzt wird.
- ***ED*** (***Ending Delimiter***):
  Kennzeichnung, ob der Rahmen der letzte einer Gruppe logisch zusammengehörender Rahmen oder ein Einzelrahmen ist; ***Token***-Bestandteil.
- ***FS*** (***Frame Status***):
  Kennzeichnung der Zielstation, daß und wie (korrekt, fehlerhaft) die Nachricht übernommen wurde.

8.4 Distributed Queue Dual Bus (DQDB) und IEEE 802.6-LANs

Dieser nach IEEE 802.6 festgelegte ***LAN***-Standard wurde in den achtziger Jahren von der Universität von Westaustralien in Perth mit dem primären Ziel, eine Backbonestruktur für ***LAN***s zu entwickeln, definiert. Der Begriff läßt sich etwa mit *Zugriff mittels verteilter Warteschlange auf einem doppelten gegenläufigen Bussystem* übersetzen. Er bildet heute insbes. in der BRD das Rückgrat des in Abschn. 9.8 besprochenen Datex-M. ***LAN***s mit dieser Funktionalität werden auch als MAN (Metropolitan Area Network) bezeichnet und sind etwa auf das Einzugsgebiet einer Großstadt optimiert [BL, GE.1, SI.9, Ni.9].

8.4.1 Netzztopologie

Abbildung 8.4-1 stellt den typischen Aufbau eines ***DQDB-LAN*** dar. Der geschlossene ***DQDB***-Doppelbus stellt die betrieblich sicherste Variante dar. Von dem Rahmengenerator, der grundsätzlich von jedem Knoten realisiert werden kann, gehen nach einem im übernächsten Abschn. beschriebenen Algorithmus auf beiden Bussen Schicht-1-Rahmen mit einer bitratenabhängigen Anzahl von sog. ***Slots*** aus. Wird der geschlossene Bus unterbrochen, können die beiden dem Bruch benachbarten Knoten getrennt die Masterfunktionen für jeweils einen Bus übernehmen und es ergibt sich die rechts dargestellte Konfiguration des offenen ***DQDB***-Busses, der voll funktionsfähig bleibt.

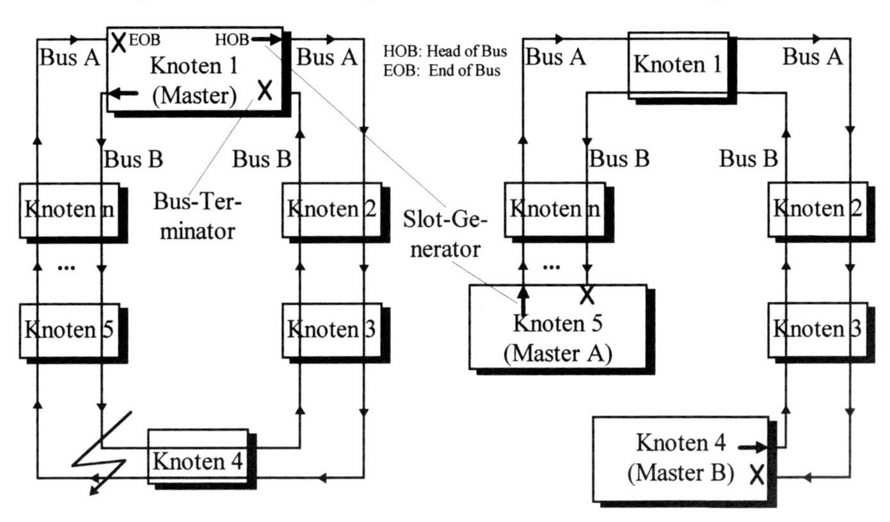

Abbildung 8.4-1: Links: geschlossener, rechts: offener DQDB-Doppelbus, der im Bsp. dadurch entsteht, daß beim geschlossenen Bus eine Unterbrechung zwischen Knoten 4 und 5 auftritt [SI.9].

Das Innenleben des ***DQDB***-Zugangs eines Knotens kann man sich wie in Abbildung 8.4-2 vorstellen. Der ***PHY***-Zugang zum Bus hängt von der Physik ab: z.B. im Fall von LWL-Realisierungen sind dies gehend Laser-Dioden, kommend Photodioden. Auf ***Slot-***

Ebene können für Datenverkehr asynchrone (besser: anisochrone; ***Queue-arbitrated = QA***) und für Echtzeitanforderungen isochrone (***Pre-arbitrated = PA***) ***Slots*** in *einem* Rahmen nebeneinander existieren, ein Prinzip, auf das bei ***FDDI*** und ATM noch näher eingegangen wird. Dementsprechend können in dem *Modul Zugriffs- und Übertragungssteuerung* paketvermittelte (***Packet Switched Access Units = PSAU***s) und/oder leitungsvermittelte Zugangseinheiten (***Circuit Switched Access Units = CSAU***s) vorhanden sein. Wegen der OR-Gatter bleibt der Bus im Gegensatz zu ***Token-LAN***s bei Stationsausfall voll funktionsfähig.

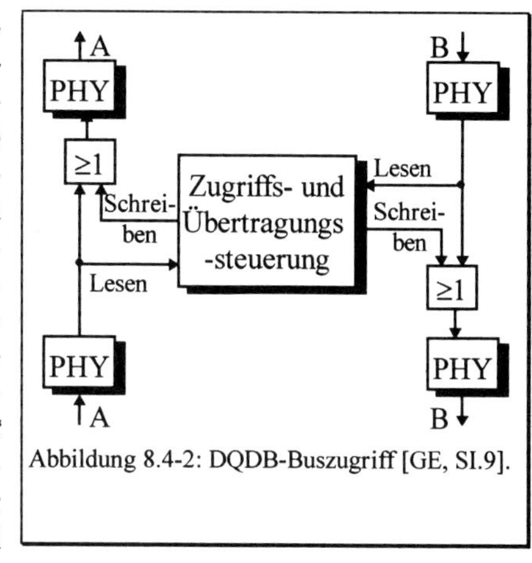

Abbildung 8.4-2: DQDB-Buszugriff [GE, SI.9].

8.4.2 Rahmenformate

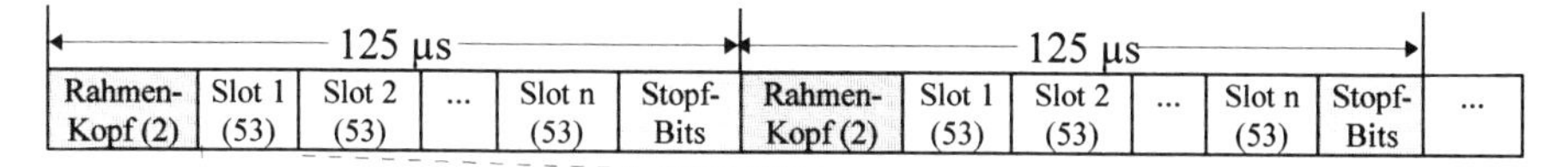

Abbildung 8.4-3: DQDB-Rahmenstruktur der Schicht 1. Zahlenangaben in den obigen beiden Feldern: Oktettanzahl; unten Bitanzahl [GE, SI.9].

Entspr. Abbildung 8.4-3 stellt ein ***DQDB***-Schicht-1-Rahmen einen sich alle 125 µs wiederholenden *Zug* dar, bestehend aus einem zweioktettigen Rahmenkopf (*Lokomotive*), einer bitratenabhängigen Anzahl von 53 Oktetts langen ***Slots*** (*Waggons*) sowie ggf. Stopfbits, damit die Bitrate (z.B. 34,368 Mbps) auf die Rahmenwiederholrate von 8 000 /s paßt. Jeder ***Slot*** beginnt mit einem einoktettigen ***Zugriffssteuerfeld*** (***Access Control Field = ACF***), gefolgt von einem 52-oktettigen ***Segment***. Das ***ACF*** besteht aus einem

- ***Busy-Bit***: 0, wenn der ***Slot*** für paketvermittelten ***QA*** frei; 1, wenn er belegt ist.
- ***SL-Typ***: 0, wenn der ***Slot*** ein ***QA-Slot*** ist, 1 für einen leitungsvermittelten ***PA-Slot***.
- ***PSR*** (***Previous Segment Received***): *Voriges **Segment** empfangen*; Bit, das zur Effizienzsteigerung des ***DQDB***-Zugriffsalgorithmus' dient, indem der vorangegangene ***Slot*** vom Empfänger als frei gekennzeichnet wird und so bei *einem* Durchlauf von einer nachgeordneten Station benutzt werden kann, die einer noch weiter Downstream liegenden etwas senden will, sofern ein Löschknoten ***Busy* = 0** setzt [Zu].
- ***Bus Request/Priorität***: wünscht ein Knoten einen Buszugriff, setzt er dieses Bit der gewünschten von vier möglichen Prioritätsklasse auf 1.

Der vieroktettige ***Slot-Header*** enthält:

- ***VCI*** (***Virtual Channel Identifier***): Adressierung durch virtuelle Kanäle, wie sie im Prinzip bei ATM in Abschn. 9.3 erläutert wird.
- ***PT*** (***Payload Type***): Art des Informationsfelds.
- ***SPR*** (***Segment Priority***)
- ***HEC*** (***Header Error Correction Field***): ähnl. ATM (Abschn. 9.2.3), aber bezieht sich nur auf den ***Slot-Header***, weshalb beim Übergang umgewertet werden muß.

Für das sich im 48-Oktett-Informationsfeld fortsetzende Protokoll der OSI-Schicht 2 ist das in Abschn. 9.8 erläuterte SMDS Interface Protocol (SIP; Level 3) vorgesehen.

8.4.3 Das DQDB-Zugriffsverfahren

Der Master sendet im 8 kHz-Rhythmus alle 125 μs einen Schicht-1-Rahmen auf jedem Bus aus. Entspr. Abbildung 8.4-4 sind bzgl. ***A*** die Knoten ab y dem Knoten x nachgeordnet, die mit Nummern <x vorgeordnet. Möchte ein Knoten auf ***A*** senden, signalisiert er dies allen vorgeordneten Knoten, indem er im nächsten freien B-***Slot*** (***Busy*** = **0**) das ***Bus-Request***-Bit der gewünschten Prioritätsklasse, sowie den ***SL-Typ*** (***QA***) setzt; die Erläuterungen beziehen sich zunächst diese feste Kombination [Di].

In allen nicht sendewilligen Knoten (Beobachtern; Bsp.: x) wird durch jede nachgeordnete Anforderung permanent ein ***Anforderungszähler*** (***Request Counter = RC***) hochgezählt (+) und durch jeden freien ***A-Slot*** wieder heruntergezählt (–). Solange der ***RC***-Zählerstand eines Knotens >0 ist, existiert eine Warteschlange nachgeordneter Knoten.

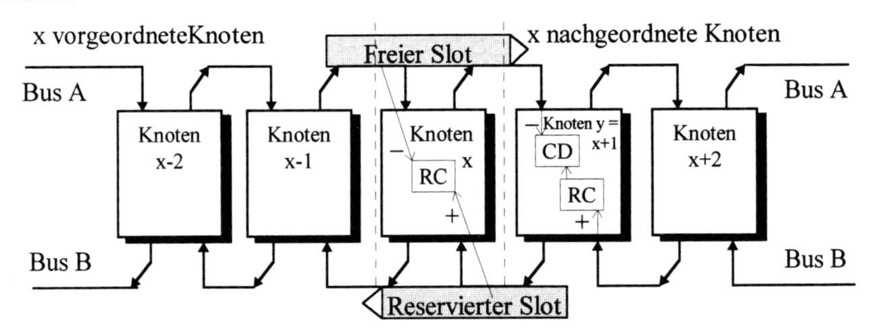

Abbildung 8.4-4: Funktionsweise der DQDB-Warteschlange.

Möchte nun Knoten y auf ***A*** senden, setzt er im nächsten freien ***B-Slot Bus-Request*** und überträgt den Inhalt seines ***RC*** auf den Abwärts-Zähler (***Count Down Counter = CD***), der nun durch freie ***A-Slots*** heruntergezählt wird, und löscht den ***RC***. Dieser kann nun allerdings wieder durch nachfolgende ***B***-Anforderungen hochgezählt werden, die aber den ***CD*** nicht mehr beeinflussen, bis der y-***A-Slot*** bei ***CD*** = **0** abgesetzt ist. Der ***CD*** wird danach von ***A*** abgekoppelt und die Konfiguration wieder wie in x hergestellt.

Durch die Existenz von *vier* Prioritätsstufen wird das Verfahren komplexer, als für jede Stufe ein eigener ***RC*** existiert, der von ***B***-Anforderungen gleicher oder höherer

Priorität hochgezählt wird, eine freier ***A-Slot*** aber *alle* zurücksetzt. In jedem ***RC*** eines Beobachters steht also immer die Summe aller gleicher und höherer ***B-Anforderungen*** abzüglich der Summe aller gleicher und höherer Abfertigungen. Ein sendewilliger Knoten mit auf ***A*** lesendem ***CD*** wird nun allerdings von den ***Bus-Requests*** *höherer* Priorität hochgezählt, damit deren Priorität gewahrt bleibt.

Damit das Verfahren nicht die hochnumerierten Knoten begünstigt, gibt es eine zweite ***RC/CD***-Gruppe zum Anfordern auf ***A*** und Senden auf ***B***. Dies wird benötigt, da ein Knoten nur einem anderen auf *dem* Bus etwas senden kann, auf dem dieser Downstream erreichbar ist. Daher muß jeder Knoten anhand der Adressierung erkennen, in welcher Richtung der andere Knoten liegt. Dies ist insbes. dann nicht einfach, wenn ein ***DQDB***-Netz häufig oder durch Fehlerfälle umkonfiguriert wird.

8.5 Fiber Distributed Data Interface (FDDI)

Im Gegensatz zu den zuvor vorgestellten, mittlerweile klassischen, ***LAN***-Standards ***Ethernet*** und ***Token Ring***, ist ***FDDI*** eine Technologie der späten 80er - vor allem in der Variante II - der 90er Jahre; entstanden, wie aus der Namensgebung hervorgeht, aus der zunehmenden Beherrschbarkeit des Breitbandübertragungsmediums Lichtwellenleiter. Zum anderen wächst der Bedarf an Breitbandigkeit z.B. aus der Welt der Echtzeitübertragung von Bewegtbildern oder des Transfers großer Datenmengen, so daß man hier von einem Quantensprung vom 10 Mbps-Bereich in den 100 Mbps-Bereich sprechen kann [DU, HE, KA, MI1, MI2, NE, SH, Gu].

So wie eine schnelles Auto grundsätzlich teuerer als ein langsames ist, werden Schmalband-Technologien immer kostengünstiger als Breitband-Technologien bleiben. Da man mittlerweile mit TP-Kabeln für hinreichend kurze Strecken durchaus in den 100-Mbps-Bereich vordringen kann, wurde der Standard um TP-Optionen ergänzt. Das Koaxialkabel spielt hier eine untergeordnete Rolle. Zum einen kann es nicht zu den absoluten Spitzen-Bandbreite-Längenprodukten vordringen, zum anderen ist für die erwähnten Kurzstrecken die TP-Technik billiger.

Niemand, der eine ***Ethernet***- oder ***Token-Ring***-Installation hat, wird sie wegen ***FDDI*** wegwerfen, vielmehr bietet sich dieser Standard bei anfallenden Erweiterungen oder Kopplungen vorhandener Installation als ideales Backbone-Medium an. Ein anderer Anwendungsbereich wird sich aus dem Anschluß an das evolvierende Breitband-ISDN (B-ISDN) bzw. an ATM-Systeme bieten. Aufgrund der Innovativität dieses jüngeren Standards soll ihm hier etwas mehr Raum als ***Ethernet*** und ***Token Ring***, deren Beschreibung hinreichend verbreitet ist, gewidmet werden.

8.5.1 Topologie und Stationstypen

Abbildung 8.5-1 stellt die prinzipielle Topologie eines ***FDDI***-Netzes dar. Am zentralen Doppelring werden Stationen, die über einen Doppelanschluß verfügen (***DAS***), direkt angeschlossen. Dies können Endgeräte mit entspr. aufwendigem Anschluß sein (z.B. Server), oder Konzentratoren. Alle anderen Geräte werden über Konzentratoren angeschlossen, die auch kaskadiert werden können und so Baumbereiche eröffnen.

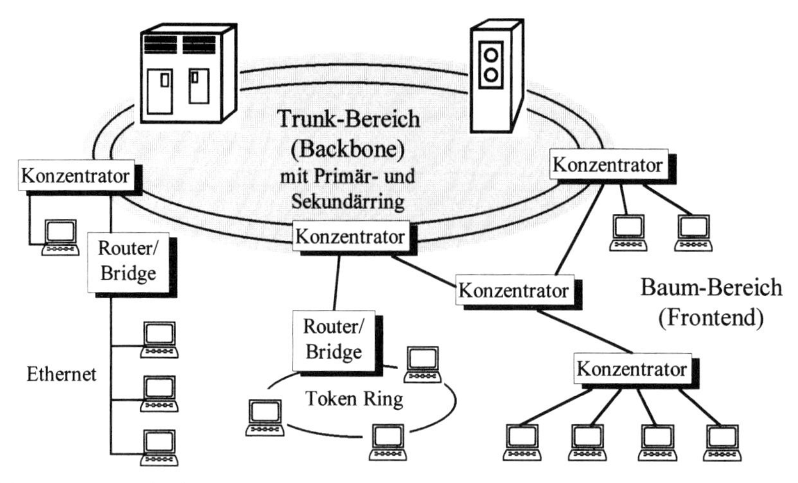

Abbildung 8.5-1: Beispiel für die prinzipielle Topologie eines FDDI-Netzes.

Beim Einsatz eines Konzentrators kann auch eine einfachere Struktur ohne Backbone-Ring aufgebaut werden. Beispielsweise ist es möglich, den ***FDDI***-Konzentrator so zu konfigurieren, daß alle Endgeräte einzeln und direkt an einen Konzentrator angeschlossen werden. So entsteht eine reine Baumstruktur, in der der Konzentrator die Wurzel darstellt - ein weiteres Beispiel für einen physikalischen Stern und logischen Ring.

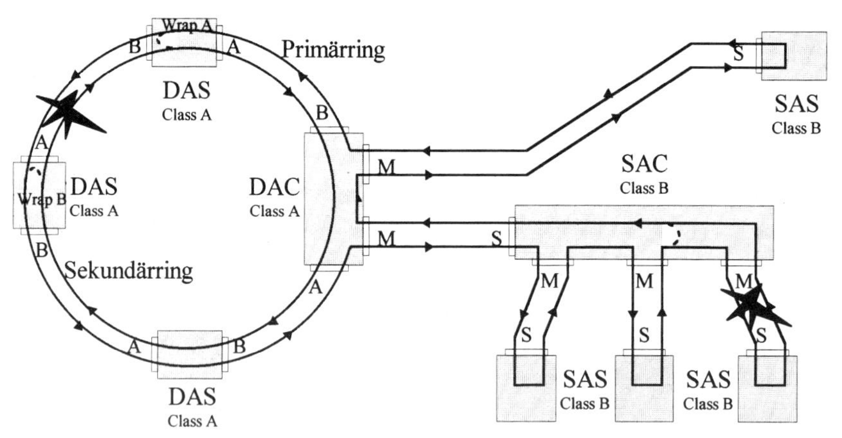

Abbildung 8.5-2: Stations- und zugehörige Porttypen eines FDDI-Rings [BO3, Schü]. Erläuterungen zum Leitungsausfall s. Text.

Entspr. Abbildung 8.5-2 sind bei ***FDDI*** vier verschiedene Stationstypen definiert:

- ***Doppelanschluß-Station*** (***Dual Attached Station = DAS***)
  wird für die unmittelbare Einbindung in den ***FDDI***-Doppelring über zwei ***Ports A*** und ***B*** benötigt. Diese Systeme können zwischen dem sog. ***Primär***- und ***Sekundärring*** mit gegenläufigen Übertragungsrichtungen umschalten, was eine Fehlertoleranz

bewirkt. Der ***Primärring*** ist für den Normalbetrieb gedacht, auf den ***Sekundärring*** kann im Fehlerfall umgeschaltet werden. ***A*** empfängt auf dem ***Primärring*** und sendet auf der ***Sekundärring***, während dies bei ***B*** umgekehrt ist.

- ***Doppelanschluß-Konzentrator*** (***Dual Attached Concentrator = DAC***)
  Während die ***DAS*** nur unmittelbare Anschlüsse zu weiteren Stationen im Ring hat, wird mit dem ***DAC*** als Wurzel zusätzlich ein Baumbereich eröffnet. Dazu weist sie außer ***A*** und ***B*** sog. ***Master-(M)-Ports*** auf. ***DAS*** und ***DAC***, auch als ***Class-A***-Stationen bezeichnet, können über einen optischen Bypass verfügen, der sie z.B. im Fehlerfall oder bei HW/SW-Installationen physikalisch im Ring läßt, aber logisch überbrückt.
- ***Einzelanschluß-Station*** (***Single Attached Station = SAS***)
  ist der Stationstyp für den Baumbereich. Ein unmittelbarer, d.h. physikalischer Anschluß an den Doppelring ist nicht möglich, weil die ***SAS*** nur über einen ***Slave-(S)-Port*** verfügt. Die mittelbare Ankopplung kann über ***SAC*** oder ***DAC*** geschehen.
- ***Einzelanschluß-Konzentrator*** (***Single Attached Concentrator = SAC***)
  baut einen Baum auf, indem er mit seinem ***S-Port*** an den ***M-Port*** eines ***DAC***, an seinen ***M-Ports*** hingegen weitere ***SAS***s oder auch ***SAC***s angeschlossen werden können. ***SAC*** und ***SAS*** werden auch als ***Class-B***-Stationen bezeichnet.

An der Abbildung erkennt man, daß eine ***FDDI***-Topologie physikalisch sowohl Doppelring als auch Baumbereich(e) enthalten kann. Logisch werden aber alle ***FDDI***-Stationen durch *einen* Ring (im Normalbetriebsfall eben der ***Primärring***) aneinander angeschlossen. Damit kann die physikalische Topologie beliebig sein, aber die logische Topologie ist immer ein Ring.

Je nach Lokalisierung in der Topologie ergeben sich also die vier folgenden ***Ports***:

- Typ ***A***: ***DAS/DAC***-Downstream-***Port***
- Typ ***B***: ***DAS/DAC***-Upstream-***Port***
- Typ ***S***: ***SAS/SAC-Slave-Port***
- Typ ***M***: ***SAC/DAC-Master-Port***

Wird eine ***DAS*** mit beiden ***Ports*** an zwei ***M-Ports*** eines Konzentrators angeschlossen, ist festgelegt, daß im Normalbetrieb nur ***B*** aktiv wird, ***A*** hingegen, wenn der ***B***-Anschluß versagt (***Dual Homing***-Prinzip). ***S***-und ***M-Ports*** unterscheiden nicht zwischen ***Primär***- und ***Sekundärring***.

Verbindungsregeln einzelner FDDI-Stationstypen:

Für diese vier ***Port***-Typen sind nur bestimmte Kombinationen erlaubt. Damit fehlerhafte Kombinationen unterbunden werden, geben die ***Ports*** in der Anschlußphase über ein sog. ***PCM***-Protokoll (***Physical Connection Management***; s. Abschn. 8.5.9.2 - hat absolut nichts mit Pulscodemodulation zu tun) neben anderen Informationen auch ihren Typ bekannt. Sind die Typen inkompatibel, wird die Zuordnung nicht aktiviert. Wer mit wem kann, zeigt die rechte Tabelle:

Port	A	B	S	M
A	U	V	U	V
B	V	U	U	V,P
S	U	U	V	V
M	V	V	V	X

Die Abkürzungen bedeuten:

- V (Valid): Normale Haupt- oder Baumverbindung
- P (Priority): wenn aktiv, erhält ***B*** Vorrang und ***A*** ist im Standby-Modus (Baumring mit möglicher Redundanz).

- U (Undesirable): Unerwünschte Verbindung gleicher oder gleichartiger ***Ports***. Es erfolgt eine Meldung an die ***Station Management Task*** (***SMT***), die in Abschn. 8.5.9 besprochen wird. ***SMT*** kann dann einen ***Wrapped Ring*** erzeugen (s.u.).
- X: Ungültige Verbindung, die Baumring-Topologie erzeugt; Meldung an ***SMT***.

Darüberhinaus hat jeder ***Port*** seine eigene Steckergeometrie, so daß die Verschaltungen sowohl physikalisch als auch managementprotokollmäßig verhinderbar sind.

8.5.2 Strukturen von FDDI-Stationen

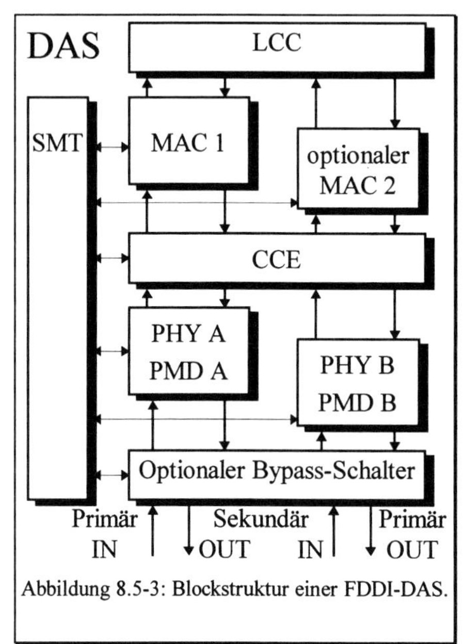

Abbildung 8.5-3: Blockstruktur einer FDDI-DAS.

In Abbildung 8.5-3 ist das Zusammenwirken der ***FDDI***-Komponenten einer ***DAS*** dargestellt. Das ***Connection Control Element*** (***CCE***) wird besonders zur Fehlerbehebung, bei Ausfällen oder beim Anschluß einer Station benutzt. Er wird im Abschn. 8.5.9 genauer besprochen. Mit der Option einer zweiten ***MAC***-Komponente können der ***DAS*** zwei unterschiedliche ***MAC***-Adressen zugewiesen werden. Die Koordination der Komponenten erfolgt über die ***SMT***.

Jede ***DAS*** verfügt über einen Anschluß an beide Ringe, was zur Folge hat, daß sie auch im Ring bleibt, wenn einer der Ringe ausgefallen ist (Fehlertoleranz; s.o.). Mit der ***MAC***2- Komponente könnte eine ***DAS*** auch über den ***sekundären Ring*** gleichzeitig Daten austauschen (Dual-***MAC***-Betrieb), womit die doppelte Bitrate zur Verfügung stünde. Diese Variante hat jedoch zur Zeit weniger Bedeutung, da es fast keine Netzadapter gibt, die den Dual-***MAC***-Betrieb unterstützen.

Der ***DAC*** unterscheidet sich in seinem Funktionsschaubild nur insoweit von einer ***DAS***, als zusätzlich ***M-Ports*** vorhanden sind.

Bei der ***SAS***-Struktur entfallen gegenüber der ***DAS MAC2***, ***Port A*** und der Bypass. ***B*** wird zum am ***Primärring*** angeschlossenen ***Port S***. Im Vergleich zur ***DAS*** eignen sich ***SAS***s besser für Geräte, die häufig an- und abgeschaltet werden müssen. Würden z.B. mehrere PCs ohne optischen Bypass an den Doppelring angeschlossen werden, würde beim Ausschalten dieser PCs der Ring in mehrere Teile zerfallen.

Der ***SAC*** unterscheidet sich nicht prinzipiell von der Funktionsweise eines ***DAC***. Das Funktionschaubild ist das gleiche wie bei der ***SAS***, er hat jedoch zusätzlich noch ***M-Ports***, die durch die ***SMT*** verwaltet werden.

Die ***MAC***-Instanzen-Anzahl einer ***Class-A***-Station kann bis zu drei betragen, wobei dann jeder ***Port*** über zwei oder drei interne ***Pfade*** Zugang zu einem dieser drei ***MAC***s hat, was das sog. ***Configuration Management*** (***CFM***) komplex macht.

8.5.3 Stationsbetriebsweisen

Eine Station kann in unterschiedlichen Betriebsarten genutzt werden. Abhängig von der gewählten Betriebsart sind auch der Anschluß und die Konfiguration auszuwählen:

Die Konfiguration ***DAS/DAC*** mit direktem Ringinterface ***A/B*** am Backbone (Doppelring) wird, wie in Abbildung 8.5-2 dargestellt - gewählt, um fehlertoleranten Betrieb zu ermöglichen. Der Vorteil der Doppelring-Technik wird bei einer Unterbrechung (✗) deutlich, (Station defekt, ausgeschaltet oder Kabelbruch). Abbildung 8.5-2 zeigt die dann automatisch eingeleitete Fehlerbehandlung durch gestrichelte Linien an. An den unmittelbar benachbarten ***DAS***s (Upstream und Downstream) werden die ***primäre*** und ***sekundäre*** Faser miteinander verbunden wodurch der Ring wieder geschlossen ist (***Wrap-Around***). Eine ***SAS*** ist dazu nicht in der Lage, ein ihr zugeordneter Konzentrator kann die ausgefallene Verbindung jedoch überbrücken.

Fallen dagegen mehrere ***DAS***s aus, zerfällt der Ring in einzelne Segmente, die intern funktionsfähig bleiben. Grundlage dieser Technik ist die ***Connection Management Task*** (***CMT***), die direkt auf Schicht 1 über ein eigenes Protokoll verfügt. Das dazugehörige ***PCM***-Protokoll stellt eine Erweiterung gegenüber bisherigen Netzen dar. Es sorgt in Verbindung mit der ***Ring Management Task*** (***RMT***) auch dafür, daß bei Wiederherstellung vorher ausgefallener Verbindungen der komplette Ring automatisch wieder aufgebaut wird (Abschn. 8.5.9.1).

DAS und ***DAC*** können alternativ auch im Baum-Bereich der Verkabelung verwendet werden. In diesem Fall werden ***A*** und ***B*** an ***M***-Anschlüsse von hierarchisch höherstehenden Konzentratoren angeschlossen. Die ***Class-A***-Station ist dort in der Lage, diese mit dem Begriff ***Dual-Homing*** bezeichnete Technik zu unterstützen. Statt in Reihe in den Doppelring ist eine solche Station quasi parallel geschaltet. Das Funktionsprinzip verdeutlicht Abbildung 8.5-4 am Beispiel eines ***DAC***.

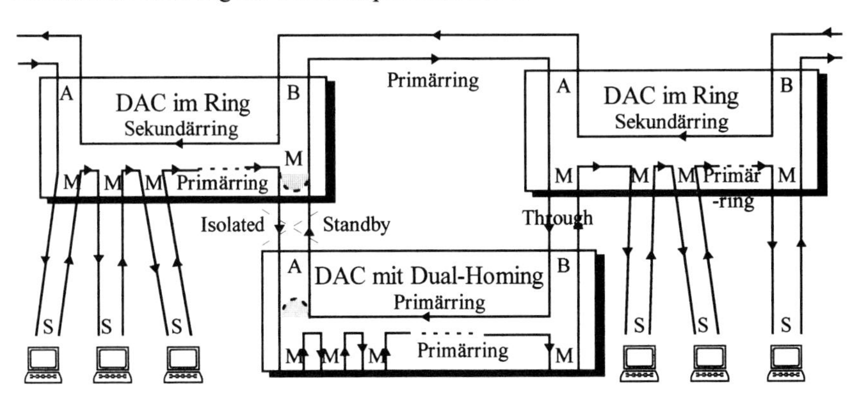

Abbildung 8.5-4: DAS-Konzentrator mit Dual-Homing-Konfiguration.

Normalerweise ist in dieser Betriebsart ***Port B*** des ***DAC*** aktiv. Fällt die Verbindung an ***B*** aus, so wird ***B*** isoliert und ***A*** automatisch aktiviert. In einem großen Netz, bei dem viele Konzentratoren im Baum-Bereich kaskadiert werden müssen, läßt sich durch konsequenten Aufbau mit dieser Technik die hohe Fehlertoleranz des Doppelringes auf den Baum übertragen.

Ist z.B. ein Server als ***DAS*** in den Ring eingebunden, würde bei einer Neuinstallation von Hard- oder Software auf dem Server der Ring beidseits der Server-Schnittstellen in den ***Wrap***-Zustand gehen - er würde wie beim Auftreten eines Fehlers für diese Zeit nicht mehr fehlertolerant sein - nicht jedoch, wenn der Server mit beiden Anschlüssen an einen ***DAC*** angeschlossen wird. Noch besser ist der Anschluß von ***A*** und ***B*** an verschiedene Konzentratoren, wie in der Abbildung dargestellt.

Funktionsweise des Dual Homing:

Das in Abschn. 8.5.9.2 beschriebene ***PCM-Bit-Signalling*** erlaubt das Erkennen des Partner-***Port***-Typs. Sobald hierüber ***A*** oder ***B*** herausfinden, daß der Partner vom Typ ***M*** ist, wird die Zuordnung als Zweig einer Baumstruktur erkannt. Werden ***A*** und ***B*** danach aktiv, geht die Station nicht in den ***Through***- (s.u.), sondern in den ***Wrap B***-Zustand über.

Das ***PCM*** von ***A*** läuft in einer Dauerschleife, ohne daß ***A*** auf den internen ***Pfad*** geschaltet wird. ***A*** dient nun als Standby-***Port*** für ***B***. Bei einer Störung auf ***B*** schaltet die Station in den ***Wrap A***-Modus um, wodurch die Verbindung zum Netz erhalten bleibt.

Fällt hingegen bei einem ***SAC*** der Anschluß zum nächsthöheren Konzentrator aus, bildet der vom Hauptring abgetrennte Teil einen eigenen, lokalen Ring. Auch hier sorgt das ***PCM***-Protokoll dafür, daß die Verbindung zu diesem erhalten bleibt und die beiden Segmente für sich weiterfunktionieren.

Wie bereits dargelegt, kann der Konzentrator auch *Standalone*, d.h. ohne Anschluß an einen ***FDDI***-Backbone eingesetzt werden, womit alle Anschlüsse mit Stationen belegt werden können, also ***M-Ports*** bilden.

8.5.4 Stationszustände

Das ***Configuration Management*** (***CFM***) steuert das ***CCE***, das entspr. dem Beispiel in Abbildung 8.5-3 einen Multiplexer über den ***Ports*** einer Station oder eines Konzentrators darstellt. Die im folgenden beschriebenen Stationszustände sind in Abbildung 8.5-5 für einen ***DAC*** beispielhaft dargestellt.

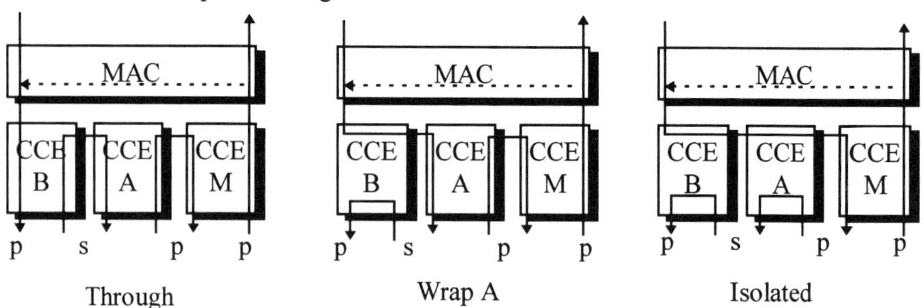

Abbildung 8.5-5: Stationszustände Through, Wrap (A) und Isolated beim DAC [HE].

Der ***M-Port*** kennt die beiden Zustände ***Through*** und ***Isolated***. ***Isolated*** bedeutet, daß der interne ***Datenpfad*** an diesem ***Port*** vorbeigeführt wird. Bei ***Ports*** vom Typ ***A*** oder ***B*** hängt der Status des jeweiligen ***CFM***s vom korrespondierenden Nachbar-***Port*** ab.

Eine Station mit aktiven ***Ports A*** und ***B*** befindet sich im ***Through***-Zustand (Normalzustand). Sind ***A*** und ***B*** nicht mit einem internen Ring verbunden (***Isolated***), nimmt die ***DAS*** nicht am Netzverkehr teil. Ein Konzentrator ist in diesem Zustand vom Ring abgekoppelt, kann aber noch Ursprung einer Baumtopologie sein.

Ist bei einer ***DAS A*** aktiv, ***B*** jedoch z.B. durch einen aufgetretenen Fehler nicht aktiv, so ist die Station im ***Wrap A***-Modus, wobei ***B*** sich im ***Hold***-Zustand befindet. ***Wrap B*** ist das symmetrische Gegenstück zu ***Wrap A***. Kann das ***CFM*** frei entscheiden, welcher ***Port*** in den ***Hold***-Zustand versetzt werden soll, wird, wie bereits erwähnt, dem ***Wrap B***-Zustand der Vorzug gegeben (***Dual Homing***; s.o.).

Bei einer ***SAS*** bedeutet: ***S*** *aktiv* ***Wrap S***-Zustand (Normalzustand). Ist ***S*** nicht am internen ***Pfad*** angeschlossen, ist der Zustand der Station ***Isolated***. Beim Konzentrator bedeutet dies nur, daß keine Verbindung zum oberen Baumbereich besteht. Er kann aber, wie der ***DAC***, Ursprung eines Baumes sein.

8.5.5 Umfang der ANSI-FDDI-Spezifikation

Die ANSI X3T9.5-***FDDI***-Spezifikation betrifft, wie auch z.B. IEEE 802.3 (***CSMA/CD***) und IEEE 802.4 (***Token Ring***) nur die unteren beiden Schichten des logischen ***LAN***-Modells (s. auch Abbildung 8.1-2). Dazu gehören Festlegungen bezüglich des

- **Mediums** (***Physical Layer Medium Dependent = PMD***), der
- **Bitübertragung** (***PHY***), des
- **Medienzugriffsverfahrens** (***MAC***),
  sowie als Erweiterung gegenüber den klassischen Standards des
- **Netzmanagementkonzepts** (***Station Management Task = SMT***)
  zur Verwaltung der bereits vorgestellten Komponenten.

Sie wurden von der ISO als ISO 9314-Standard übernommen. Die Komponenten der ***FDDI***-Spezifikation sind in Abbildung 8.5-6 gemeinsam mit der ***LLC*** dargestellt.

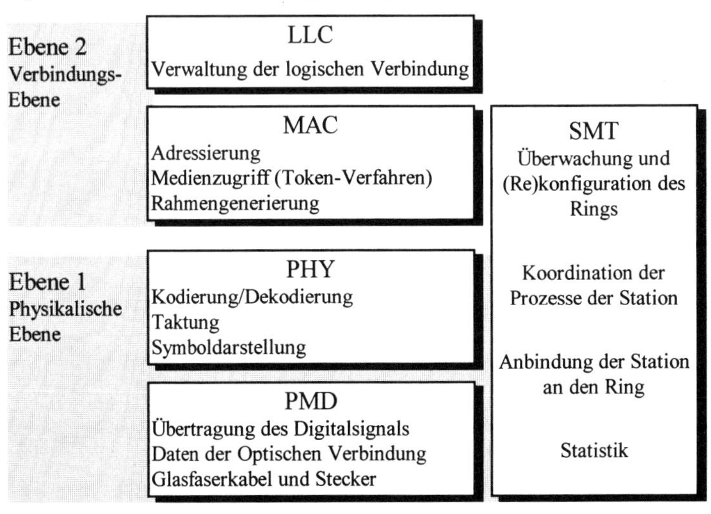

Abbildung 8.5-6: Komponenten der FDDI-Spezifikation.

Die ***SMT***-Komponente entstand aus der Notwendigkeit, das Zusammenwirken von ***PMD***, ***PHY***, ***MAC*** effektiv zu verwalten. Beispiele dafür wurden in den vorangegangenen Abschn. angegeben. 1993 wurde die endgültige Version 7.2 (***FDDI II***) verabschiedet. Aus den vier Hauptkomponenten des ***FDDI***-Standards ergeben sich durch unterschiedliche Konfigurationen die zuvor vorgestellten Typen von ***FDDI***-Stationen.

8.5.6 Medienabhängige Festlegungen (PMD)

Innerhalb der ***PMD***-Schicht werden das Übertragungsmedium sowie die von ihm abhängigen Parameter beschrieben, die da sind:

- **Steckertechnik**:
  z.B. Aufbau und Verpolungssicherheit für die einzelnen ***Port***-Typen.
- **Sende- und Empfangskomponenten**:
  Ausgangsleistungen, Eingangsempfindlichkeit, Wellenlänge, Spannungspegel etc.
- **Dämpfungs-Budget**:
  daraus resultieren z.B. Übersprecheigenschaften und maximale BER.
- **optischer Bypass**

Heute sind für ***FDDI*** folgende Übertragungsmedien mit zugehörigen ***PMD***-Spezifikationen festgelegt:

- ***MMF-PMD***: Mehrmoden-Lichtwellenleiter (Multimode-Fiber)
  Gradientenfaser (Graded Index Fiber) 50/125 bzw. 62,5/125;
  angegeben sind Kern/Manteldurchmesser in µm.
- ***SMF-PMD***: Monomode Lichtwellenleiter (Singlemode-Fiber 9/125)
- ***TP-PMD***: Cu-Twisted Pair (***STP*** und ***UTP***)
- ***LCF-PMD***: Low-Cost-Fiber.

Anfangs wurde nur die Multimodefaser als Standard-Übertragungsmedium für ***FDDI*** spezifiziert. Daraus folgte, daß zunächst das Haupteinsatzgebiet von ***FDDI*** im Backbone-Bereich lag, da die Glasfaserverkabelung hohe Kosten verursacht. Seit Einführung der ***LCF-PMD***-Spezifikation 1993 stehen ***FDDI*** jetzt auch preiswerte Multimode-Übertragungsstrecken mit kleinerem Glasfaserstecker und Transceivern zur Verfügung. Jedoch ist die Distanz zwischen zwei Stationen auf 500 m begrenzt.

Inzwischen gibt es auch einen Standard für die Ankopplung von ***FDDI*** an öffentliche Glasfaserübertragungsstrecken. Dazu gehört die Spezifikation für die Adaption an Interfaces nach dem ***SONET Physical Layer Mapping*** (***SPM***).

Da inzwischen viele Anwendungen im Front-Endbereich ebenfalls hohe Bandbreiten benötigen, aber die Verkabelung mit Glasfasern in diesem Bereich einen hohen Kostenfaktor darstellt, wurde für diesen Bereich ein Standard für Kupferkabel spezifiziert. Dadurch fällt zwar der Vorteil der großen Reichweite von optischen Übertragungswegen weg, jedoch hat sich nach Studien der Industrie herausgestellt, daß im Front-Endbereich 95% der Kabel kürzer als 100 m sind. Die ***TP-PMD***-Spezifikation wurde ebenfalls Ende 1993 abgeschlossen. Hierfür gibt es mehrere firmenspezifische Definitionen (SDDI und Greenbook von IBM; CDDI).

8.5.6.1 Lichtwellenleiter als Übertragungsmedium

Die Spezifikation legt für **Mehrmodenlichtwellenleiter** fest:

- Netztopologie: gegenläufiger LWL-Doppelring oder Sterntopologie
- Übertragungsrate: 100 Mbps
- Maximale Ringlänge: 100 km
- Maximale Stationsanzahl: 500
- Maximaldistanz benachbarter Stationen: 2 km
- Empfangselement: PIN-Diode
- LWL-Typ: 50/125 bzw. 62,5/125
- Max. Dämpfung: 2,5 dB/km Streckendämpfung, 1 dB Steckerdämpfung
- Sendeelement: LED im 2. optisches Fenster: mit einer Wellenlänge von 1300 (+80/–70) nm mit einer Sendeleistung von –20 ... –14 dBm; hier hat die Materialdispersion der Faser ein Dämpfungsminimum
- Bandbreite-Längenprodukt: 500 MHz·km
- Empfängerempfindlichkeit: –31dBm ... –14 dBm
- Maximale Bypassdämpfung: 2,5dB
- Maximale Bitfehlerrate: $2{,}5 \cdot 10^{-10}$ (nicht vom Übertragungsmedium abhängig)
- Maximaldämpfung zwischen zwei benachbarten Stationen: 11 dB
- Verbindungsstecker: MIC (Media Interface Connector):

Die 62,5/125-Faser wird bevorzugt, weil bei ihr mit LEDs aufgrund der größeren Fläche etwa 5 dBm mehr Lichtleistung eingespeist werden kann. Diese Dämpfungswerte sind von der Steckerqualität und von der Sorgfalt beim Anschluß abhängig.

Bei 2-km-Verbindungen werden also typ. 4 dB für die Streckendämpfung benötigt und 2 dB für die beiden Stecker. Es bleiben etwa 5 dB für Spleiße, Verunreinigungen, Reflexionen durch Biegung, optischen Bypass etc.

Bei der 50/125-Faser wird aufgrund des geringeren Durchmessers ca. 3 dB weniger Leistung als bei den für die 62,5/125-Faser ausgelegten optischen ***FDDI***-Transceiver-Bausteinen eingespeist. Auf der anderen Seite kann die 50/125-Faser wegen ihres höheren Bandbreiten-Längenproduktes mit der doppelten Modulationsfrequenz betrieben werden.

Sind Distanzen >2 km zu überbrücken, so sind Monomodefasern erforderlich, die wiederum den Einsatz von Laserdioden (LD) verlangen, weil die LED wegen der größeren Fläche nicht in der Lage ist, genug Licht in die Monomodefaser einzuspeisen. Oberhalb von 2 km Länge muß auf Dispersionseffekte geachtet werden. Für Multimode-Verbindungen schreibt der Standard für den Sender eine Signalanstiegs- und Abfallflanke von maximal 3,5 ns vor, für das Kabel ein Bandbreite-Längenprodukt von mindestens 500 MHz·km und der Empfänger muß bei Signalflanken von maximal 5 ns noch korrekt arbeiten. Die heute auf dem Markt erhältlichen Produkte sind meist besser als diese Angaben. Zum Beispiel liegen typische Werte für die Anstiegs- bzw. Abfallzeit bei 2 ns und die Bandbreite der 62,5/125-Faser liegt bei ca. 600-800 MHz·km. Bei den 50/125-Fasern liegen diese Werte noch höher, jedoch muß bei ihnen auf das Dämpfungs-Budget geachtet werden.

Einsatz von ***LCF-PMD***:

LCF-Transceiver lassen sich mit einem Adapterkabel problemlos mit einem MIC-Anschluß verbinden. Die ***LCF***-Transceiver werden aufgrund ihrer mechanischen Abmessungen oft für die ***DAS***-PC-Karten verwendet. Die technischen Spezifikationen sind ähnlich denen der ***MMF-PMD***; die Reichweite beträgt 500 m, die max. Empfängerempfindlichkeit liegt bei –32 dBm.

Einsatz von **Monomodefasern**:

SMF-PMD sieht zwei Leistungsklassen mit zugehörigen Spezifikationen vor:

Leistungsklasse	1	2
Leistungsbudget in dB Sender und Empfänger gleiche Kategorie Sender und Empfänger versch. Kategorie	 11 17 (Empf. in 2)	 33 27 (Empf. in 1)
Reichweite in km	20	60
cw-Bandbreite in nm	15	5
Optische Ausgangsleistung in dBm:	–20 ... –14	–4 ... 0

Die Wellenlänge ist auch hier zu 1300 nm und als Sender die LD festgelegt. Das Übertragungsmedium ist die 9/125-Monomodefaser. Der Stecker ist eine MIC-Version mit zusätzlicher Führung an der Unterseite.

8.5.6.2 Kupferkabel als Übertragungsmedium

Koaxialkabel werden im ***FDDI***-Standard nicht berücksichtigt, da für kurze Leitungslängen einfacher zu konfektionierendes, preiswerteres, leichteres und volumenärmeres ***UTP***- oder ***STP***-Kabel genügt. Für hohe Bandbreiten hingegen sind LWL besser geeignet. Dennoch gibt es Hersteller von ***FDDI***-Komponenten, die den Anschluß von Koaxialkabeln erlauben, um potentiellen Kunden mit vorhandener ***Ethernet***-Gebäudeverkabelung die Umrüstung ohne das i.allg. kostenintensive und zeitraubende Strippenziehen zu erleichtern. Durch eine einfache Brückenschaltung läßt sich ein Koaxialkabel z.B. zum vollständigen Anschluß einer ***SAS*** vollduplex betreiben.

Folgende Kriterien müssen bei der Verwendung von TP-Kabel erfüllt sein:

1. Das von Dämpfung und Übersprechen des Signals auf dem Kabel abhängende Empfänger-Signal-/Rausch-Verhältnis (SNR) muß bei ca. 12 dB liegen, um die für ***FDDI*** geforderte maximal zulässige Bitfehlerrate von $2{,}5 \cdot 10^{-10}$ zu erfüllen. Skineffekt und dielektrische Verluste führen dazu, daß die Qualität einer Übertragungsstrecke mit steigender Frequenz abnimmt. Daraus ergibt sich, daß 150 Ω-***STP***-Kabel oder ***UTP***-Kabel der sog. Kategorie 5 die für ***FDDI*** notwendigen Datenraten problemlos bis 100 m übertragen kann, wohingegen mit dem ***UTP***-Kategorie-3-Kabel nur Entfernungen von etwa 50 m zu erreichen sind.
2. Die elektromagnetische Abstrahlung muß unter den gesetzlich vorgeschriebenen Grenzen bleiben. Dies ist für ***UTP***-Kabel mit NRZI-Kodierung nicht einzuhalten, weshalb die MLT-3-Kodierung, die beide im folgenden Abschn. beschrieben werden, verwendet wird, womit sich die Grundfrequenz von 62,5 auf 31,25 MHz verringert. Die Abstrahlung wird reduziert und die Dämpfungswerte verbessern sich wegen des

Tiefpaßverhaltens der Leitung deutlich. Der Preis ist ein schlechterer Signalstörabstand.

8.5.6.3 Verwürfelung (Scrambling)

Die Häufigkeit der im folgenden Abschn. beschriebenen ***FDDI***-Übertragungs-Grundelemente (***Symbole***) ist unterschiedlich, was zur Folge hat, daß Spitzen des Leistungsdichtespektrums bei verschiedenen Frequenzen liegen können. Besonders kritisch sind die Zwischenrahmen-***Idle-Symbole*** mit einer Frequenz von 62,5 MHz.

Um diese zu glätten und damit die Abstrahlung zu verringern, schreibt der Standard eine Datenverwürfelung auf Bitebene vor, d.h. der aus dem ***PHY***-Controller gesendete unverwürfelte serielle Datenstrom wird mod 2 zu einer binären Datensequenz addiert. Das ursprüngliche Signal wird dazu über eine XOR-Gatter mit einem als Polynom generierten Bitmuster überlagert.

Die Schlüsselsequenz ist 2047 Bit lang und wird von der rekursiven Funktion $X^n = (X^{n-11} + X^{n-9}) \bmod 2$ erzeugt. Die Verwürfelung ist transparent, d.h. beeinflußt nicht das Betriebsverhalten der ***FDDI-PHY***-Controller. Allerdings lassen sich bei eingeschaltetem Scrambler die Rahmen auf der Leitung mit dem Oszilloskop praktisch nicht mehr erkennen.

8.5.7 Die PHY-Schicht

Die wichtigsten Aufgaben der ***PHY***-Komponente sind:

- **Kodierung/Dekodierung**: 4B/5B und NRZ/NRZI bzw. MLT 3
- **Aufbau**, **Unterhaltung** und **Wiederherstellung**
  physikalischer Verbindungen zwischen ***PHY***-Instanzen
- **Synchronisierung** und **Regenerierung** des Sendetaktes
- Ausgleich zwischen **lokalem** und **Streckentakt** durch einen sog. ***Elasticity Buffer***
- ***Smoothing-Funktionen***,
  die empfangsseitig dem ***MAC Idle***-Muster zur Verfügung stellen, wenn von der Leitung keine solchen kommen
- **Begrenzung** der maximalen Rahmenlänge auf 4500 Oktetts (9000 ***Symbole***)

8.5.7.1 Quellkodierung 4B/5B

Durch ein zweistufiges Kodierverfahren werden zunächst 4-Bit-Blöcke (Nibbles = sog. ***Symbole***) gebildet, auf 5-Bit-Blöcke erweitert (4B/5B) und dann gesendet. Die meisten ***FDDI***-Controller arbeiten oktettorientiert, so daß die ***Symbole*** immer paarweise übertragen werden und die ***FDDI***-Rahmenlänge daher immer ein ganzzahliges Vielfaches von Oktetts beträgt. Bei der Serialisierung wird das MSB des höchstwertigen ***Symbols*** zuerst gesendet.

Durch die 4B/5B-Kodierung beträgt die Redundanz 25% und die Bruttobitrate 125 Mbps. Durch die Aufspreizung eines Oktetts auf 10 Bit gewinnt man doppelt so viele ***Symbole***, wie man für die Nutzdatenübertragung bräuchte, die dann für andere Zwecke wie z.B. Rahmenbegrenzung, Synchronisation, sowie die ***PCM***- und ***RMT***-Protokolle verwendet werden können. Aus Gründen der Taktableitbarkeit realisieren diese ***FDDI-Symbole*** einen lauflängenlimitierten Code, bei dem im normalen Betriebszustand bei keiner ***Symbol***-Kombination mehr als eine maximale Anzahl von **0**en oder 1en als Sequenz auftreten können (vgl. 4B3T-Code der U_{k0}-Schnittstelle).

8.5.7.2 FDDI-Symbolsatz

Jedem der folgenden mit 5 Bit darstellbaren 32 ***Symbole*** ist ein Buchstabe bzw. eine Ziffer zugeordnet, die in Klammern hinter den Namen angegeben wird. 16 werden als Nutzdaten-***Symbole*** verwendet, acht zur Streckenverwaltung und die restlichen acht sollten nicht vorkommen, stellen also Fehlerfälle dar. Die Begriffe in der folgenden Liste stellen die Elemente des ***FDDI-MAC***-Rahmens dar, dessen Aufbau im folgenden Abschn. angegeben wird.

- ***Symbole* für den *physikalischen Verbindungszustand*** (***Line State Symbols***)
  Sie werden als Füllsignale zwischen Sendepausen übertragen und heißen
  - ***Idle*** (***I*** = 11111) kennzeichnet den Normalzustand *zwischen* zwei Übertragungen, dient als ***Präambel*** und stellt einen kontinuierlichen Bitstrom für die Synchronisation zur Verfügung. Mit
  - ***Halt*** (***H*** = **00100**) werden Kontrollsequenzen oder das Entfernen von ungültigen ***Symbolen*** angekündigt.
  - ***Quiet*** (***Q*** = **00000**) dient zum Verbindungsabbruch.
- ***Starting Delimiter*** (***SD; JK*** = 11000 10001)
  kennzeichnet Beginn eines ***MAC***-Rahmens.
- ***Ending Delimiter*** (***ED; T*** = 01101)
  Dies ist nicht unbedingt das letzte ***Symbol*** eines ***MAC***-Rahmens. Es können ***Kontrollindikatoren*** folgen. Die Gesamt-***Symbol***-Anzahl muß gerade sein. Ist dies nicht der Fall, wird ***ED*** = ***TT***.
- ***Kontrollindikatoren*** (***Control Indicators***) ***Set*** (***S*** = 11001) und ***Reset*** (***R*** = **00**111)
  legen logische Zustände im Zusammenhang mit der Datenübertragung fest, d.h. dem Kommunikationspartner wird der Zustand der eigenen Station mitgeteilt. Diese Zustände können von den Stationen verändert werden.
- ***Datensymbole*** (0_{Hex} ... F_{Hex})
  Die 16 von ***PHY*** generierten ***Datensymbole*** sind redundanzlos.
- ***Ungültige Symbole*** (8 ***Violation Symbols***)
  sollen nicht gesendet werden, da sie die Lauflängenbegrenzung oder Taktableitbarkeit stören. Werden ***Symbole*** empfangen, bei denen genau ein Bit 1 ist, werden sie als ***Halt-Symbole*** interpretiert. Der Empfang eines ***Violation-Symbols*** signalisiert also immer einen Übertragungsfehler.

8.5.7.3 Kanalkodierung NRZI oder MLT 3

Da der NRZ-Code keine sichere Taktableitbarkeit bietet, wird mit der zweiten Stufe des Kodierverfahrens NRZI (inverted)-codiert, d.h. eine 1 komplementiert das vorangegangene Bit, ein **0** behält den Pegel bei. Bei einer 1-Folge tritt also eine Oszillation mit der

Taktfrequenz auf. Die erlaubten ***Symbole*** der 4B/5B-Codierung verhindern das Auftreten langer **0**-Folgen.

Als alternatives Kodierverfahren wird der pseudoternäre MLT-3-(Multi Level Transition)-Code auf ***UTP***-Kabel verwendet, bei dem die Sequenz aller 1en die Pegel 1^-, **0**, 1^+, **0** ... einnimmt, **0**en hingegen den Pegel des jeweils unmittelbar vorangegangenen Bits beibehalten. Diese Kodierung beansprucht nur die Hälfte der Bandbreite der NRZI-Codierung (vgl. AMI beim S_0-Bus), hat die gleiche Taktableitbarkeit wie der NRZI-Code, aber den für ternäre Codes charakteristischen schlechteren Störabstand. Die Grundfrequenz von nun 31,25 MHz ist niedrig genug, um Stationsabstände von 100 m zuzulassen. Bei der LWL-Übertragung und bei dem von IBM definierten Übertragungsverfahren über ***STP***-Kabel (SDDI) werden die ***Symbole*** jedoch ausschließlich NRZI-codiert.

Im Vergleich dazu liegt bei der ***Ethernet***-Manchester-RZ-Kodierung immer ein Pegelwechsel pro Bit vor, d.h. Flanken treten bitfolgenunabhängig auf. Bei einer Serie von 1en (***Idles***), müßte bei Verwendung des Manchester-Kodes bei einer Bitrate von 100 Mbps mit 200 MBd bzw. einer Grundfrequenz von 100 MHz übertragen werden. Bei gleicher Bitrate benötigt ***FDDI*** durch die Kombination der 4B/5B-***Symbol***-Kodierung und NRZI-Bitkodierung nur 125 Mbd bzw. 62,5 MHz.

8.5.7.4 Taktlogik

Jede Station sendet Bits mit ihrem lokalen 125 MHz-Takt, der in engen Toleranzen liegen muß. Sind gerade keine Nutzdaten zu übertragen, werden ***Idles*** gesendet, womit das gesamte Netz dauernd synchronisiert ist. Nur auf diese Weise lassen sich deutlich größeren geographischen Abmessungen des ***FDDI***-Rings erreichen, die ja eine wichtige Voraussetzung für den Backbone-Bereich darstellen. Würde das Verfahren mit einem Zentraltakt arbeiten, wären die Toleranzanforderungen an den Takt-Jitter bei einem Ringdurchmesser von 100 km nicht mehr durchführbar.

Bei einer Übertragungsrate von 125 Mbd liegt die Dauer einer Bitzelle bei 8 ns. Damit jeder Empfänger korrekt arbeitet, dürfte der Takt an jeder Stelle des Netzes um maximal 4 ns, eine halbe Bitzelle, von dem an einer anderen Stelle abweichen. Daher wird jede Station mit ihrer Nachbarstation synchronisiert, so daß die oben genannte Jitter-Bedingung nur für eine Strecke von maximal 2 km gelten muß.

8.5.7.5 Leitungszustände (Line States)

Als ***Line States*** werden die über die Zeitdauer eines ***Symbol***-Paares hinausgehenden Verbindungszustände einer physikalischen Verbindung zwischen zwei Stationen bezeichnet, die nach Empfang einer diesem ***Line State*** zugeordneten ***Symbol***-(Paar)-Sequenz auftreten. Die ***PHY***-Komponente überwacht die Datenleitung und meldet sie der ***CMT***.

Im folgenden werden die möglichen ***PHY-Line States*** beschrieben. Da einige von ihnen mit Hilfe eines Oszilloskops oder eines Logikanalysators eindeutig als periodisches Signal zu erkennen sind, ist jeweils eine Signalfrequenz angegeben. Einige ***Line States*** werden direkt im Sendeteil unter Kontrolle des ***CMT*** bei Abschaltung der ***Repeat***-Funktion des ***PHY***-Sendeteils (s.u.) ausgeführt.

- ***QLS*** (***Quiet Line State***; 0 Hz)
  wird von ***PHY*** mittels eines kontinuierlichen ***Q***-Stroms (min. 16 x **00000**) angezeigt, wenn kein Signal vorhanden ist oder eine Verbindung abgebrochen werden soll.
- ***ILS*** (***Idle Line State***; 62,5 MHz)
  wird durch den Empfang von ***IIII...*** eingenommen und zur Taktsynchronisation, Präambel sowie als Interframe-Gap verwendet. Das ***PCM*** nutzt mindestens 16 ***I*** als Trennmarkierung zwischen Informationsbits (***Super Idle Line State = SILS***).
- ***MLS*** (***Master Line State***; 6,25 MHz)
  PHY sendet zum Mitteilen einer Fehlersituation (Trace) **...** ***HQHQH*** **....** Dazu müssen 8 bis 9 ***Symbol***-Paare empfangen werden.
- ***HLS*** (***Halt Line State***; 12,5 MHz)
  wird vom ***PCM-Bit-Signalling*** als 1 interpretiert und nach 16 ***H*** eingenommen.
- ***ALS*** (***Active Line State***)
  wird bei Detektion eines ***SD*** (***JK***) eingenommen und erst wieder verlassen, wenn ein ***Symbol*** empfangen wird, das nicht ***S***, ***T***, ***R***, ***I*** oder *Daten* ist, oder wenn das Kriterium für ***ILS*** (***IIII...***) erfüllt ist. ***ALS*** ist also der normale Zustand bei Verkehr.
- ***NLS*** (***Noise Line State***)
  bedeutet, daß die empfangenen Daten verrauscht sind und wird eingenommen, wenn 16 oder mehr verrauschte ***Symbole*** eintreffen. Als ***Noise Event*** zählt das Auftreten von ***Q***, ***H***, ***J*** oder ***K*** außerhalb der oben beschriebenen ***Line States*** sowie das Über- oder Leerlaufen des ***Elasticity-Buffers***. ***NLS*** wird verlassen, wenn die Bedingung für einen anderen ***Line State*** erfüllt ist.
- ***ULS*** (***Unknown Line State***)
  steht für die Transitionen zwischen obigen ***Line States***; wenn die Bedingung für einen ***Line State*** nicht mehr vorliegt, aber noch nicht genügend ***Symbole*** empfangen wurden, um über den Folge-***Line State*** entscheiden zu können.

Alle ***Line States***, außer ***NLS*** und ***QLS***, werden verlassen, wenn ein anderes ***Symbol*** erkannt wurde. Im normalen Ringbetrieb befindet sich ***PHY*** nur im ***ALS*** oder ***ILS***.

8.5.7.6 Die Physikalische Schicht im Überblick

Abbildung 8.5-8 zeigt den Datenfluß zwischen der ***PMD***-Schicht und dem ***MAC***-Controller. Der Empfänger extrahiert aus dem von der ***PMD***-Schicht entscrambelten Bitstrom die Taktinformation und entscheidet, ob das ankommende Signal ausreichend ist. Er wandelt die Daten von *seriell NRZI* in *parallel NRZ*. Zusätzlich bestimmt er mit Hilfe von ***JK*** die ***Symbol***-Grenzen. Wird dieses Bitmuster erkannt, werden alle folgenden Bits in 5 Bit-Schritten einsortiert.

Von dort gelangen die so aufbereiteten Empfangsdaten als 5 Bit-breite ***Symbole*** zusammen mit dem Empfangstakt in den 4B/5B-Decoder. Am Ausgang liegen die Daten als noch zum Empfangstakt synchrone NRZ-Oktetts vor. Im ***Elasticity Buffer*** erfolgt die Anpassung an den lokalen Stationstakt. Der ***Smoother*** kann bei Bedarf ***I***s erzeugen.

Von hier gelangen die Daten zum ***MAC***-Controller, der die für die Station bestimmten Daten herausfiltert und im Systemspeicher ablegt. Alle nicht für ihn bestimmten Daten werden auf den Sendeteil reflektiert.

Sendeseitig durchlaufen die Daten einen ***Repeat***-Filter, dessen Aufgabe darin besteht, Störungen aus den von der Empfangsseite übernommenen Daten, zu blockieren. Damit werden Leitungsfehler nur in *der* Station gezählt, die auf der Empfangsseite einer gestörten Verbindung liegt. Dahinter werden die Daten wieder 4B/5B kodiert und serialisiert, um dann von der ***PMD***-Schicht mit der lokalen Taktfrequenz gescrambelt als NRZI-Signal gesendet zu werden.

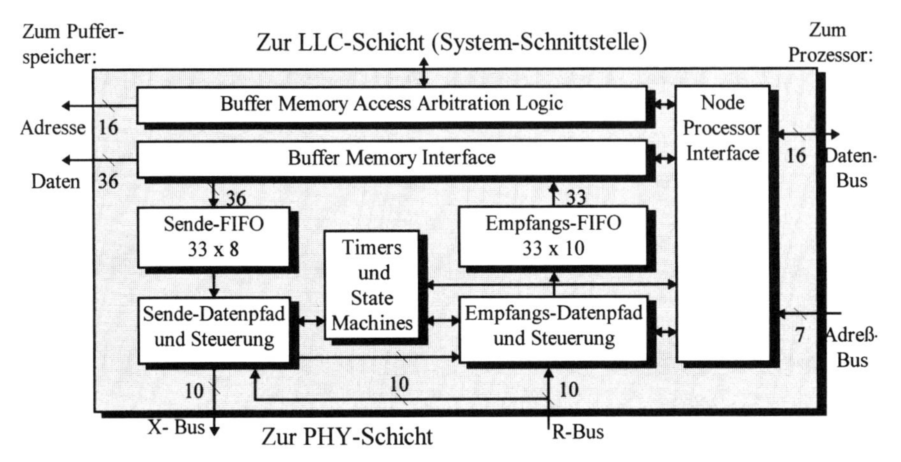

Abbildung 8.5-7: Struktur und Funktionseinheiten der FDDI-MAC-Schicht [HE].

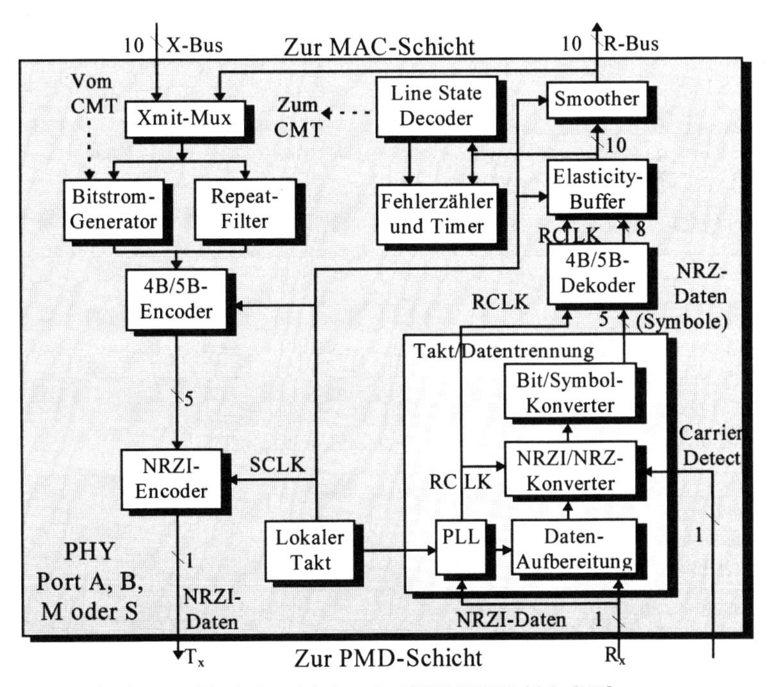

Abbildung 8.5-8: Struktur und Funktionseinheiten der FDDI-PHY-Schicht [HE].

8.5.8 Die MAC-Schicht

Die Schnittstelle zwischen ***LLC***-Schicht- und ***MAC***-Schicht entspricht unter den gängigen Betriebssystemen i.allg. dem Treiberinterface für die Netzadapterkarte. Diese Treiber sind übertragungsmedienspezifisch, haben jedoch im Rahmen des Netzwerkbetriebssystems in der Regel eine einheitliche Schnittstelle zur ***LLC***-Schicht.

Die Ausführung der ***LLC***-Schicht und der höheren Schichten ist hingegen nicht vom Netzwerktyp, sondern vom Betriebssystem bzw. transportprotokollabhängig. In Abbildung 8.5-7 ist das Blockschaltbild eines typischen ***MAC***-Controllers dargestellt.

8.5.8.1 MAC-Rahmenformat und -typen

MAC-Rahmen nach ANSI X3T9.5:

Feld	Länge
PA (Präambel; *I*)	≥16
SD (Starting Delimiter; *JK*)	2
FC (Frame Control)	2
DA (Destination Address)	4/12
SA (Source Address)	4/12
LLC/SMT-Feld	4
Daten höherer Schichten	**var.**
FCS (Frame Check Sequence)	8
ED (End Delimiter; *T[T]*)	1/2
FS (Frame Status)	3+

Die im vorangegangenen Abschn. angegebene maximale Rahmenlänge von 4500 Oktetts schließt 4 ***Symbole*** (2 Oktetts) für die ***Präambel*** mit ein. Die Mindestlänge eines ***FDDI***-Rahmens beträgt 9 Oktetts. Die Rahmenfelder haben im wesentlichen die gleiche Bedeutung wie die bereits bei ***Ethernet*** und ***Token Ring*** angegebenen. Die Zahlenwerte geben hier jedoch, die ***Symbol***-Anzahl (Nibbles), nicht Oktetts, an!

Um den Partner-Empfänger ausreichend zu synchronisieren, werden zunächst als ***Präambel*** mindestens 16 ***I*** gesendet. Normalerweise ist diese Präambel Teil des ***Interframe Gap***, der immer aus ***I*** besteht. Rahmen dürfen nur empfangen werden, wenn die ***Präambel*** aus mindestens zwei ***I*** besteht. Nur bei einem ***Token*** darf die ***Präambel*** auch wegfallen. Die übrigen ***Token***-Felder sind ***SD***, ***FC***, ***ED*** (JK80TT).

Im ***FC***-Feld werden die **Rahmentypen** unterschieden, die hier sein können:

- ***Token***:
  Hiervon gibt es einen ***Restricted*** für Vorrang-Datenübertragung, und einen ***Nonrestricted***, der den Normalfall darstellt.
- ***MAC***-Rahmen:
  werden nicht an die ***LLC***-Schicht oder die ***SMT*** weitergereicht, sondern dienen der Kommunikation der ***MAC***-Instanzen (***MAC***-PCI). Konkret gibt es hier den
  - ***Claim***-Rahmen zur Ring-Initialisierung, und den
  - ***Beacon***-Rahmen zur Ringfehler-Signalisierung.
- Daten-Rahmen:
  - ***SMT***-Rahmen: enthält ***SMT***-Informationen des ***SMT***-Protokolls, das direkt auf dem ***MAC***-Protokoll aufsetzt.
  - ***LLC***-Rahmen mit Nutzinformation höherer Schichten (z.B. TCP/IP).
- Leere oder ungültige Rahmen (Void Frames): Wenn diese eine gültige ***SA*** enthalten, werden sie von der Station mit dieser ***gestrippt***. Eine Station kann durch Leerrahmen mit ***SA*** = ***DA*** feststellen, ob sie noch im Netz ist (Alive-Indicator).
- Reservierte Rahmen können für firmenspezifische Belange verwendet werden.

8.5.8.2 MAC-Protokoll

Wegen der Ringtopologie durchläuft jeder Rahmen die ***MAC***-Schicht jeder Station, die aufgrund der Zieladresse (***DA***) entscheidet, ob sie einen Rahmen transparent auf dem Ring weiterreicht oder ihn in den Empfangspuffer (***MAC***-SAP) ihrer ***LLC***-Schicht kopiert. Dabei markiert sie im Rahmen-Statusfeld (***FS***; s.u.), ob ein Fehler auftrat oder nicht, und stellt auch diesen Rahmen auf den Ring. Die Quellstation entfernt ihn wieder.

Der ***Token*** ist dabei ein spezieller Rahmen ohne Daten. Empfängt die sendebereite ***MAC***-Schicht einen ***Token***, wird dieser nicht weitergereicht, sondern, wie in Abbildung 8.5-9 dargestellt, vernichtet (***gestrippt***), und es können innerhalb einer Zeit ***THT*** = ***Token Hold Time*** (mehrere) Rahmen *einer* Station gesendet werden. Danach wird ein neuer ***Token*** auf den Ring gestellt. Der ***Token*** schiebt praktisch die Rahmen mehrerer Stationen vor sich her. Jede sendebereite Station fügt weitere Rahmen an das Ende des Rahmenzuges vor dem ***Token*** ein (***Early Token Release;*** vgl. 16 Mbps-***Token Ring***; allerdings entspr. der Beschreibung modifiziert).

Im Beispiel ist dargestellt, daß B an C einen Rahmen senden will, nach (1) den ***Token*** erhält, bei (2) den ***Token gestrippt*** hat, B noch sendet, C schon liest, und der Header schon an D vorbei ist. Bei (3) hat B den Rahmen vollständig abgesetzt, wieder einen ***Token*** generiert und vernichtet das bereits bei ihm wieder angekommenen Vorderteil. C liest noch. Bei (4) ist dieser Rahmen vollständig vom Ring und D hat unmittelbar nach Vorbeilauf des ***MAC-Trailers*** des 1. Rahmens einen hinterhergehängt, der bereits von B wieder gelesen wird.

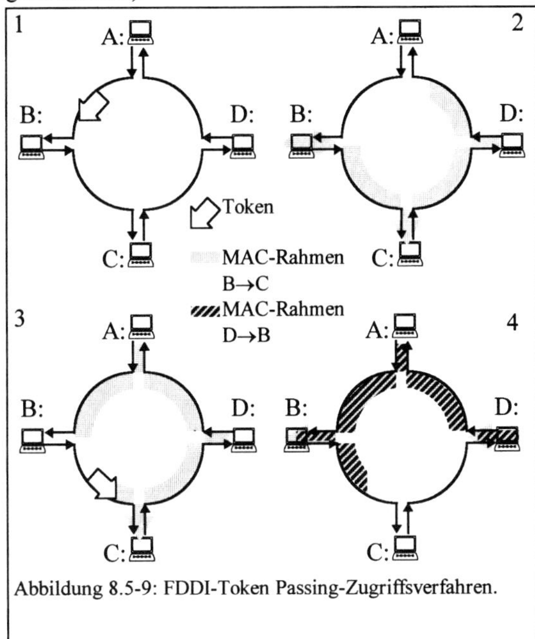

Abbildung 8.5-9: FDDI-Token Passing-Zugriffsverfahren.

Im Gegensatz zum IEEE 802.5-***Token Ring*** ist es hier jedoch wegen der höheren Bitrate und der größeren Abmessungen durchaus üblich, daß sich gleichzeitig mehrere Rahmen auf dem Ring aufhalten; ***Frei-Token*** kann es jedoch immer nur einen geben.

8.5.8.3 Claim-und Beacon-Prozeß

Sobald eine Station erkennt, daß der Ring initialisiert werden muß, d.h. kein gültiger ***Token*** vorhanden ist, transitioniert sie in den ***Claim***-Modus. Dies tritt ein, wenn die Ankunft eines ***Token*** für eine Zeit > 2·***TTRT*** (***Target Token Rotation Time***) nicht erkannt wird oder der Ring z.B. wegen einer Umkonfiguration neu hochgefahren werden muß. ***TTRT*** ist ein dynamischer Wert, der die Sollumlaufzeit eines ***Token*** oder gültigen ***MAC***-Rahmens auf dem Ring vorgibt.

Die ***Token Rotation Time*** (***TRT***) stellt dabei die aktuelle, vom momentanen Verkehr auf dem Ring abhängige Zeit für den ***Token***-Umlauf dar. Für ***TRT<TTRT*** dürfen die Stationen, wie beim Zugriffsverfahren beschrieben, im verbleibenden Zeitintervall ***THT*** = ***TTRT-TRT*** (ggf. mehrere) Rahmen hintereinander absetzen, ist es umgekehrt, dürfen nur noch isochrone Daten gesendet werden (***Timed Token Protocol*** = ***TTP***).

Im ***Claim***-Modus werden kontinuierlich ***Claim***-Rahmen gesendet und auf den Empfang ebensolcher gewartet. Mit einem Timer-Wert ***T_Req*** im ***Claim***-Rahmen wird ausgehandelt, welche Station den ***Token*** generiert und welchen Wert ***TTRT*** erhalten soll. Er ist wichtig für die Zugriffssteuerung und die ***Token***-Überwachung. Empfängt eine im ***Claim***-Modus befindliche Station einen ***Claim***-Rahmen, wird der eigene nur dann weitergesendet, wenn ihr ***T_Req***-Wert der kleinste ist. Den aktuellen Wert speichert sie als *T_Neg(otiated)*. Empfängt sie ihren eigenen ***Claim***-Rahmen wieder, ist dies der ausgehandelte ***TTRT***-Wert und sie erzeugt daraufhin den ***Token***. Beim ersten Umlauf des ***Token*** wird dieser Wert in jeder Station als ***T_Opr*** (***Operative TTRT***) gespeichert.

Wird der ***Claim***-Prozeß nach einer bestimmten Zeit nicht abgeschlossen, fallen die Stationen aufgrund einer vorliegenden Störung in den ***Beacon***-Modus, der dazu dient, den Fehler einzukreisen und den Ring um den Fehler herum neu zu konfigurieren. Diese Rekonfiguration wird von Teilen des ***SMT***-Protokolls (***RMT*** und ***CMT***) übernommen.

Eine Station im ***Beacon***-Modus sendet kontinuierlich ***Beacon***-Rahmen. Beim Empfang eines fremden ***Beacon*** verläßt sie diesen Modus und leitet den empfangenen Rahmen weiter. Nach einem Ringumlauf leiten alle Stationen bis auf die hinter der Unterbrechung fremde ***Beacons*** weiter. Sobald eine Station ihren eigenen ***Beacon***-Rahmen erkennt, ist der Ring wieder geschlossen und sie startet den ***Claim***-Prozeß.

8.5.8.4 Asynchroner und Synchroner Betrieb

Nach dem ***FDDI II***-Zugriffsverfahren kann optional ausgehandelt werden, daß einige Stationen den ***Token*** in quasi konstanten Zeitabständen erhalten. Für diese liegt ***synchroner*** Betrieb vor. Beim ***asynchronen*** Betrieb ist die Wartezeit auf den ***Token*** zufällig und hängt vom Verkehr ab.

Die Unterstützung des ***synchronen*** Verkehrs bietet den Stationen eine bestimmte Übertragungskapazität, die in gewissen Grenzen Echtzeitübertragung, z.B. für Sprache oder Bewegtbilder ermöglicht. Dazu wird die verfügbare Bandbreite dynamisch in eine ***asynchronen*** und einen ***synchronen*** Anteil aufgeteilt. Die Übertragung im ***synchronen*** Modus verläuft sozusagen ***synchron*** mit jedem ***Token***-Umlauf. Von einer echten Synchronisation kann jedoch nicht die Rede sein. Sie bedeutet nur, daß die Daten innerhalb einer Maximalzeit und mit einer mittleren Rate eintreffen. Kommt es wegen Netzüberlastung zu Verzögerungen, kann sich dies auf die Sprachqualität bzw. die Bildwiederholfrequenz niederschlagen. ***DQDB***-MAN oder ATM bieten hierzu bessere Alternativen.

Nach der Ringinitialisierung ist die verfügbare ***synchrone*** Bandbreite jeder Station zunächst 0. Eine auf dem ***SMT***-Management aufbauende Funktionalität ermöglicht den ***FDDI***-Stationen die Zuweisung ihrer jeweils maximalen ***synchronen*** Sendezeit.

Um den standard-***asynchronen*** Verkehr zu garantieren, würde es dem Sinn eines Datennetzes widersprechen, die gesamte Bandbreite für ***Synchron***-Verkehr zu nutzen, da die ***SMT***-Rahmen immer ***asynchron*** gesendet werden und damit das Netzmanagement nicht mehr möglich wäre. Hierfür sind TKAnl mit Zentralsteuerung und Leitungsvermittlung besser geeignet.

Bei der ***asynchronen*** Übertragung werden zwei ***Token***-Dienste unterschieden:

- ***Restricted Token Service***
- ***Nonrestricted Token Service***

Der ***Nonrestricted Token*** ist für alle ***FDDI***-Stationen zugänglich, wohingegen der ***Restricted Token Service*** zu einem Zeitpunkt für maximal genau ein Stationspaar gilt. Als Beispiel möge ein Server erkannt haben, daß seine Stromversorgung unmittelbar vor dem Ausfall steht und seine Datenmengen vor Verlust geschützt werden müssen. Nachdem er den Standard-***Nonrestricted Token*** empfangen hat, sendet er ein ***Restricted Token*** mit der Zieladresse der voreingestellten Backup-Station. Der ***Restricted***-Modus wird durch Empfang des ***Restricted Token*** durch die initiierende Station wieder durch Aussenden eines ***Nonrestricted Token*** verlassen. In dieser Zeit ruht auch jeglicher ***SMT***-Verkehr.

Es soll hier noch darauf hingewiesen werden, daß entspr. den zuvor gemachten Erläuterungen die Begriffe ***synchron*** und ***asynchron*** nicht mit den gleichnamigen einer Ebene tiefer, nämlich direkt auf Bitebene, verwechselt werden sollen. So ist die Taktung mit 100 Mbps hier natürlich nach wie vor *synchron*, die *Asynchronität* bezieht sich auf die zeitliche Reihenfolge des Eintreffens ganzer ***Token*** oder Rahmen, also Bitfolgen.

Demgebenüber steht eine *asynchrone* Bitübertragung z.B. beim Telexnetz, wobei man hier strenggenommen nochmals unterscheiden muß zwischen der *isochronen* Phase der Übertragung von Start/Stop- und den fünf Informationsbits, die relativ zueinander *synchron* (besser: *isochron*) sind (z.B. 20 ms). Echt *asynchroner* Betrieb liegt z.B. bei manuellen Vorgängen, wie der Übertragung von Morsezeichen vor.

8.5.9 Das Stationsmanagement (Station Management Task; SMT)

Diese für ***LAN***s mit ***FDDI*** erstmals in dieser Komplexität und Umfang eingeführte Funktion, besteht zum einen aus einem Satz von Netzwerk-Management-Protokollen und zum anderen aus internen Steuerungsfunktionen. Sie interagieren mit ***PMD***-, ***PHY***- und ***MAC***-Instanzen, die zwar grundsätzlich ohne das Management funktionsfähig sind, die Performance und Verfügbarkeit des Netzes wird hierdurch jedoch erheblich gesteigert und die Verwaltung und Fehlersuche vereinfacht - tlw. automatisiert.

Wie in Abbildung 8.5-10 dargestellt, bestehen die internen Steuerungsfunktionen aus der obligaten ***Connection Management Task*** (***CMT***) und der optionalen ***Ring Management Task*** (***RMT***). Die Funktionseinheit *Rahmenbearbeitung* ist für die Generierung und Dekodierung der ***SMT***-Rahmen der o.a. Netzwerk-Management-Protokolle zuständig, die sich strukturmäßig in dem schattierten ***SMT***-Feld des in Abschn. 8.5.8.1 dargestellten Rahmenformats befinden.

Da die ***SMT*** eine eigenständige Instanz darstellt, kann mittels ***SMT***-Rahmen die Konfiguration einzelner Stationen über das Netz verändert werden. Ein Konzentrator beinhaltet typisch *alle* ***SMT***-Funktionen. Durch seine zusätzliche, auf dem ***SMT***-Protokoll basierende Managementsoftware stellt der Konzentrator einen zentralen Management-Platz im Netz dar. Vergleiche dazu beim ISDN-Basisanschluß: Das D2-Management wickelt mittels eigenem Protokoll über LAPD die TEI-Zuweisung ab.

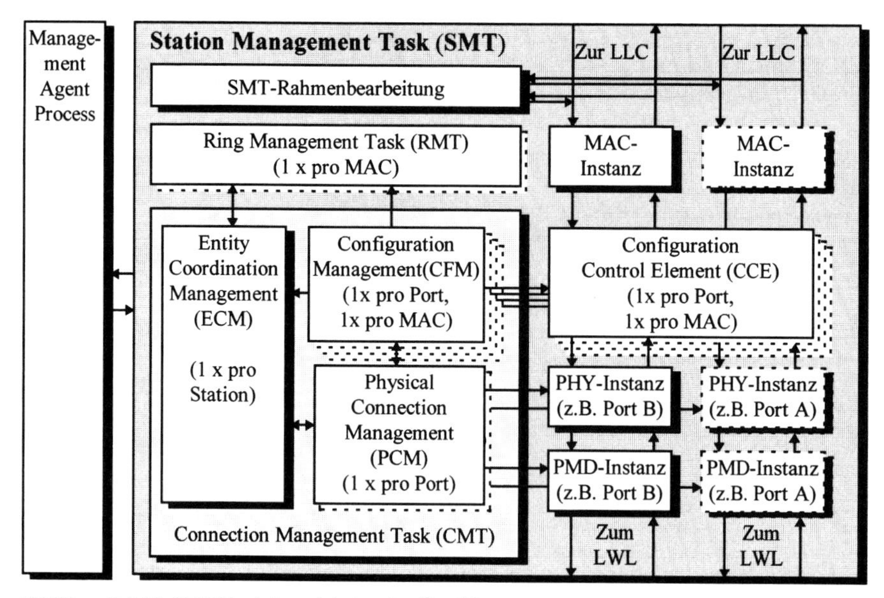

Abbildung 8.5-10: SMT-Funktionseinheiten im Überblick (gestrichelte stationstypabhängig) [HE].

Die ***SMT*** kann entspr. der OSI-Funktionalität eines Managements als schichtenübergreifende Instanz angesehen werden, die sozusagen *von der Seite* auf alle ***FDDI***-Schichten zugreifen kann. Sie überwacht permanent den ***FDDI***-Ring, koordiniert z.B. den Ringaufbau beim Hochfahren des Netzes und erstellt in regelmäßigen Abständen einen Statusbericht über den Zustand des Rings und der Stationen. ***SMT*** verwaltet alle in jeder Station vorhandenen ***PMD***s, ***PHY***s, ***MAC***s, Bypasses, Timer und Management-Objekte wie Counter, Parameter und Statistiken.

Konkret werden folgende **Funktionen** ausgeführt:

- Informationsaustausch mit den unmittelbaren Nachbarstationen
- Abfrage von Statusinformationen von einer beliebigen Station aus
- Statusreport von Stationen an das übrige Netz
- Austausch von Echo-Rahmen zwischen beliebigen Stationen
- Bandbreitenzuweisung an ***synchrone*** Stationen
- Parametermanagement von beliebigen Stationen

Entspr. der Abbildung ist erkennbar, daß die dazugehörigen Protokolle im Gegensatz zu den meisten anderen Netzwerk-Management-Protokollen unmittelbar auf der ***MAC***-Schicht aufsetzen. Andere, wie das SNMP, sind z.B. an das IP gebunden, was bedeutet, daß dieses geladen werden muß, auch wenn es nicht benötigt wird. Das ***SMT***-Protokoll ist Teil des Netzwerktreibers, ist also z.B. unter NetWare im ODI-Treiber enthalten.

Der Nachteil des ***SMT*** ist jedoch, daß sie sich nur auf den lokalen Ring bezieht. Ist dieser Ring z.B. durch einen ***Router*** oder eine ***Brücke*** eines ***Ethernet***-Segments mit einem anderen ***FDDI***-Ring verbunden, kann der ***SMT***-Rahmen nicht durch diesen Teil des Netzes passieren. ***SMT*** setzt also tiefgehende Netzhomogenität voraus.

8.5.9.1 Übersicht über die Connection Management Task (CMT)

Die ***CMT*** kümmert sich um den Ringaufbau, Rekonfiguration im Fehlerfall, Netzstatistik und -diagnose und erfüllt im wesentlichen folgende Aufgaben; in Klammern ist jeweils die Task angegeben, die die Aktivität betrifft:

- Initialisierung einer physikalischen Verbindung (***PCM***)
- Verbindungs-Durchgangsprüfung und Zuverlässigkeitstest beim Aufbau (***PCM***)
- Leitungsfehlererkennung beim Verbindungsaufbau und im laufenden Betrieb (***PCM***)
- Unterstützung der Fehlerverfolgungsmechanismen (***PCM/ECM***)
- Überwachung von Verbindungsvorschriften und Einschränkungen (z.B. Anschlußtypenkonfiguration wie ***Port A*** auf ***Port B***) (***PCM/CFM***)
- Plazierung eines verfügbaren ***MAC*** auf einem getesteten, aktiven ***Port*** (***CFM***)
- Neukonfiguration des Ringes (***RMT***)
- Beseitigung verwaister Rahmen (***Orphan Frames***) durch ***Scrubbing*** (***CFM***)
- Monitoring der Leitungsqualität (***LEM***)
- Steuerung des Optischen Bypass Switch (***ECM***)

Die ***CMT*** kann dementspr. in drei Funktionsbereiche unterteilt werden:

- ***Physical Connection Management*** (***PCM***), (1 pro ***PHY***, d.h. pro ***Port***)
  regelt physikalische Verbindungen von Stationen und deren Konfiguration. Eine ***DAS*** hat demzufolge zwei ***PCM***-Instanzen, ein Konzentrator entspr. der Anzahl der ***M-Ports*** mehr. Damit kann in einem ***FDDI***-Netz jede einzelne Verbindung separat überwacht und gesteuert werden - ein großer Vorteil gegenüber anderen Verfahren, bei denen sich Fehler einer einzelnen Verbindung auf das gesamte Netzwerkmanagement übertragen und nicht mit einfachen Mitteln lokalisiert werden können.
- ***Configuration Management*** (***CFM***) (1 pro ***Port*** und ***MAC***)
  wird nach von ***PCM*** hochgefahrener Verbindung aktiv und führt ***MAC/Port***-Zuordnungen mittels des ***Connection Control Element*** (***CCE***) durch. Dabei wird der Ring gereinigt (***Scrubbing***). Außerdem wird ein ***Dual-Homing*** von hier gesteuert.
- ***Entity Coordination Management*** (***ECM***) (1 pro Station)
  koordiniert Aktivitäten aller ***Ports*** und kennt zu jedem Zeitpunkt die gesamte Konfiguration aller im ***Netzwerkpfad*** liegenden Komponenten einer ***FDDI***-Station. Sie unterstützt in erster Linie die Funktion des optischen Bypasses der ***PMD***-Schicht; außerdem meldet sie die Verfügbarkeit des Übertragungsmediums an das ***PCM***.

8.5.9.2 Physical Connection Management (PCM)

Die ***PCM***-Funktionalität besteht aus dem

- ***PCM***-Zustandsautomaten (Status-Maschine) und
- dem Austausch der in Abschn. 8.5.7.5 mit ihren Buchstabencodierungen vorgestellten ***Line States***, mit den dazugehörigen Frequenzmustern.

Der ***PCM***-Zustandsautomat enthält alle Zustände und Zeitinformationen des ***PCM***s und unterstützt die Signalisierung auf dem optischen Übertragungsmedium. Die ***Line States*** spezifizieren dabei die vom ***PCM***-Zustandsautomaten zu übertragenden Bits.

PCM initialisiert neue Verbindungen unabhängig vom laufenden Betrieb und tauscht während des Initialisierungsprozesses 10-Bit Informationen mit der ***PCM***-Instanz der Nachbarstation aus (***Bit Signalling***). Während der Initialisierung wird die Leitungsqualität geprüft und die Verbindung bei unzureichender Qualität abgelehnt.

Der Verbindungsaufbau wird dadurch gestartet, daß der Empfänger beim Einstecken des Verbindungskabels moduliertes Licht entdeckt. Dazu sendet jede Station auf ihren unbenutzten Anschlüssen kontinuierlich ***H***, die das ***PCM***-Protokoll starten. Zwei Nachbarstationen tauschen dann verschiedene ***Line States*** miteinander aus. Die Frequenzmuster müssen eine bestimmte Zeit stabil anliegen, um erkannt zu werden. Die jeweils 10 Informationsbits werden so wechselweise miteinander ausgetauscht, wobei auf ein Bit der einen Station jeweils ein Bit der Nachbarstation folgt.

Zunächst gibt man den ***Port***-Typ bekannt (***A***, ***B***, ***M***, ***S***). Nur wenn diese Kombination auf beiden Seiten erlaubt ist, wird fortgesetzt. Dann wird von beiden Seiten bekannt gegeben, wie lange die Leitung geprüft werden soll und ob dafür eine ***MAC*** zur Verfügung steht. Nach diesem Leitungstest tauschen beide Stationen Informationen darüber aus, ob sie beabsichtigen, eine ***MAC***-Instanz direkt auf diese Leitung zu schalten.

Nach erfolgreichem Abschluß dieser Sequenz befinden sich die Stationen im ***ALS*** und die Verbindung kann auf das Netz geschaltet zu werden. Diese Aufgabe wird an das ***CFM*** weitergereicht, welches die Leitung an den internen ***Pfad*** - d.h. die interne Verbindung zwischen den ***Ports*** und einem oder mehreren ***MAC***-Instanzen mittels des ***CCE*** schaltet. Es erfolgt die Reinigung (***Scrubbing***) des Rings, bei der evtl. kreisende *Rahmentrümmer* entfernt werden.

Ist die neue Verbindung in das Netz aufgenommen, startet das ***Link Error Monitoring*** (***LEM***), das kontinuierlich die Fehlerrate der Verbindung kontrolliert. Das ***LEM*** überwacht die Verbindungsqualität während des Betriebes. Es gibt prinzipiell zwei Methoden, die Qualität von Netzwerkverbindungen zu überwachen:

- **Zählen aller CRC-Fehler** im ***MAC***
  Die CRC-Prüfsumme kann nur eine Aussage über den gesamten Rahmen machen. Es kann nicht bestimmt werden, auf welcher Schicht der Fehler auftrat.
- **Zählen** der **Bitfehler einer Verbindung**
  Da jede Station die vom Upstream-Partner empfangenen Daten vollständig regeneriert und dabei *ungültig* empfangene ***Symbole*** mit dem ***Repeat***-Filter herausfiltert, werden ***Symbol***-Fehler (***Noise Events***) nicht an die nächste Station weitergereicht.

Jede Station muß über eine minimale Fehlererkennungsfunktion verfügen, z.B. durch das Zählen des Auftretens unerlaubter Codes oder ***Line State***-Wechsel. Es wird dann eine Statistik über einen gewissen Zeitraum durchgeführt.

8.5.9.3 Configuration Management (CFM)

Das ***CFM*** realisiert die Anbindung der ***PHY***- an die ***MAC***-Einheiten und kontrolliert das Einbinden und Entfernen von Stationen auf dem Ring. Die hierfür erforderlichen Signale erhält es vom ***PCM*** und führt dann die erforderlichen Aktionen aus. Bedingt durch die unterschiedlichen Gerätetypen (***SAS***, ***SAC***, ***DAS***, ***DAC***) unterscheiden sich die Aufgabenbereiche des ***CFM***.

Das ***FDDI***-Netzwerk verbindet, wie bereits dargelegt, die ***DAS/DAC*** durch zwei gegenläufige Ringe. Auf dem ***Primärring*** findet im Normalzustand die Datenübertragung statt, während auf dem ***Sekundärring Idle-Symbole*** ausgetauscht werden. Der (Daten)-***Pfad*** ist dabei die logische Fortsetzung des ***FDDI***-Rings im Stationsinnern. ***FDDI*** definiert dafür drei verschiedene ***Datenpfade***: den ***primären***, ***sekundären*** und den optionalen ***lokalen Pfad***, welcher zum Austausch von Management-Information zwischen Nachbarstationen, aber auch für interne Kontrollzwecke verwendet werden kann.

Die Begriffe des ***primären*** und ***sekundären Datenpfads*** korrespondieren mit den Begriffen des ***primären*** und ***sekundären Rings***, können jedoch damit nicht gleichgesetzt werden. So *kann - muß jedoch nicht* z.B. der *primäre Ring* an den ***primären Datenpfad*** angeschlossen sein; sondern dies hängt von der Konfiguration der Station ab.

Die Daten, die für die vorgesehene Anbindung von ***PHY***- oder ***MAC***-Instanzen einer Station an ***Pfade*** erforderlich sind, sind Bestandteil der ***Management Information Base*** (***MIB***) der ***SMT*** und können vom Administrator des Netzwerks kontrolliert werden. Zur Durchführung dieser Aufgabe definiert die ***SMT*** drei in ASN.1 spezifizierte ***MIB***-Attribute (→ Bitmuster): ***Requested***, ***Available*** und ***Current Path***, mit deren Hilfe die Anbindung der verschiedenen Instanzen an einen vorgegebenen ***Pfad*** erfolgt. Der

- ***Requested Path***
  ist ein Attribut, das einer ***PHY***- oder ***MAC***-Instanz zugeordnet ist. Darin gesetzte Bits identifizieren verschiedene für diese Instanz *grundsätzlich erlaubte* ***Datenpfade*** in priorisierter Reihenfolge, machen aber keine Aussage über ihre *momentane Verfügbarkeit*. Diese Bits sind dabei so angeordnet, daß durch sukzessives Abarbeiten ein anderer ***Pfad*** ausgewählt werden kann, falls aufgrund der Belegung des
- ***Available Path***-
  Attributs keine Integration möglich ist. Dieses definiert die in einer ***DAS/DAC*** überhaupt *vorhandenen* ***Pfade*** (***primär***, ***sekundär*** und ***lokal***). Sein Wert bleibt im Gegensatz zum ***Requested Path***-Attribut konstant. Das der Instanz zugeordnete
- ***Current Path***-
  Attribut identifiziert den *aktuellen* ***Pfad***, in dem sich die Komponente nach der Abarbeitung des ***Requested Path***- und ***Available Path***-Attributs gelandet ist. Mögliche Werte für das ***Current Path***-Attribut sind: die ***MAC***- oder ***Port***-Instanz ist bei
  - ***Isolated***: nicht in einem ***Pfad*** integriert.
  - ***Local***: nur in den (einen) ***lokalen Pfad*** integriert
  - ***Primary/Secondary***: nur in den ***primären/sekundären Pfad*** integriert
  - ***Concatenated***:
    im ***Wrap-Mode*** und in den ***primären*** als auch ***sekundären Pfad*** integriert
  - ***Through***:
    im ***Through-Mode*** und in den ***primären*** als auch ***sekundären Pfad*** integriert

Die eigentliche Integration der einzelnen Instanzen in den ***Datenpfad*** erfolgt mit Hilfe der schon angesprochenen ***CCE***s. Diese sind in Reihe geschaltet und untereinander verbunden. Unabhängig vom Gerätetyp besitzen ***CCE***-Instanzen mindestens *einen* ***primären Datenpfad***; der ***sekundäre Pfad*** ist nur für Geräte mit einem ***Port A*** erforderlich, um den ***Through-Mode*** zwischen einem ***A-Port*** und dem ***B-Port*** eines Gerätes zu realisieren.

Neben den Funktionen zur Konfiguration der Gerätetypen müssen die ***CCE***s für ***A***-, ***B***- und ***S-Ports*** die Fähigkeit besitzen, eine ***Wrap***-Konfiguration herzustellen. Geräte mit ***A*** und ***B-Ports*** benötigen zusätzlich die ***Through***-Funktionalität.

Die Steuerung der ***CCEs*** erfolgt mit Hilfe von speziellen Zustandsautomaten, die für den jeweiligen Aufgabenbereich der vier ***Port***-Typen unterschiedlich definiert sind. Die Steuerung der einzelnen Zustandsautomaten erfolgt durch eine Veränderung der Eingangsbedingungen, die z.B. durch das ***PCM*** oder den Administrator ausgelöst werden können.

Nach dem vollständigen Aufbau des internen ***Datenpfads*** sendet das ***CFM*** eine Meldung an die ***RMT*** und zeigt damit die Bereitschaft der Station zur Teilnahme am Ringverkehr an.

Scrubbing (zu deutsch: Schrubben = Reinigen des Rings von Rahmentrümmern):

Nachdem das ***CFM*** nach erfolgreichem Verbindungsaufbau durch das ***PCM*** einen ***Port*** in den Ring eingefügt hat, veranlaßt es das ***PCM*** dieses ***Ports***, für eine bestimmte Zeit ***Idle-Symbole*** zu senden. Innerhalb dieser Zeit werden alle für diese ***Ports*** bestimmten Sendedaten unterdrückt. Diese Zeit muß hinreichend lang sein, damit alle aktuell auf dem Netz existierenden Rahmen von ihren Quell-***MACs gestrippt*** werden können, wobei aber auch der ***Token*** verlorengeht. Spätestens, nachdem 2·***TTRT*** für eine Station ausläuft, wird eine Ringinitialisierung (***Claim***; s. Abschn. 8.5.8.3) gestartet. Damit erzwingt das ***Scrubbing*** immer eine Rekonfiguration des Rings.

8.5.9.4 Ringmanagement Task (RMT)

Die ***RMT*** ist für die Kontrolle und die Verwaltung der ***MAC***-Einheiten und deren ***MAC***-fehlerfreier Anbindung in den Ring verantwortlich. Wie bei der ***CMT*** wird die Zusammenarbeit mit dem ***Ringmanagement*** durch einen Automaten realisiert, der bestimmte Zustände annehmen kann und innerhalb dieser Zustände bestimmte Funktionen bzw. Aktionen ausführt. Diese Funktionen umfassen insbesondere:

- Identifikation festgefahrener ***Beacon***-Prozesse
- Anstoßen der Trace-Funktion
- Überwachen der ***MAC***-Verfügbarkeit
- Erkennen und Auflösen von Adreß-Duplikaten
- Überwachung des ***Restricted Token***-Zustands

Anhand dieser Funktionen ist zu erkennen, daß die ***RMT*** im Gegensatz zu den zuvor besprochenen Management-Funktionen im Normalbetrieb des Netzes unsichtbar ist. Entsprechend der Darstellung in Abbildung 8.5-10 handelt es sich um eine höherstehende Instanz, die Fehler behandelt, die von den auf der physikalischen Ebene arbeitenden Management-Funktionen grundsätzlich nicht erkannt werden können.

Fehler, wie Leitungsausfälle, können durch ***Wrap***-Zustände ausgegrenzt werden, nicht jedoch z.B. ***MAC***-Adreßduplikate, die auf mannigfaltige Weise entstehen können - von der fehlerhaften Programmierung einer neu eingebundenen Station bis zum Defekt des ROMs, in dem die Adresse steht. Der Fehler wird im Netz über das ***SMT***-Protokoll bekannt gegeben und der Operator kann die Station(en) außer Betrieb nehmen.

Besondere Sensibilität weist auch der ***Restricted Token***-Zustand auf, bei dem eine Station, die ihn besitzt, das alleinige Verfügungsrecht über den Ring hat. Dazu muß ein Zeitgeber überwacht werden, der dafür sorgt, daß nach seinem Ablauf wieder der Normalzustand herrscht, andernfalls initialisiert die ***RMT*** den Start des in Abschn. 8.5.8.3 beschriebenen ***Claim***-Prozesses.

8.6 LAN-Netzkopplung

Aufgrund verschiedener Parameter, wie Längenbeschränkungen infolge Randbedingungen der Zugriffsverfahren (***CSMA/CD***; ***Token Passing***) oder Maximalanzahl angeschlossener Stationen sind der *LAN*-Netzgestaltung Grenzen auferlegt. Bei großen geometrischen Ausdehnungen ist zunächst die Endlichkeit der Lichtgeschwindigkeit ein Faktor. Bei metallischen Wellenleitern (TP, Koax) sind dies die Leitungsbeläge L' (Induktivitätsbelag) und C' (Kapazitätsbelag), bei dielektrischen LWL die Brechzahl $n \approx 1{,}5$. In beiden Fällen resultiert ein Wert von grob 200 000 km/s.

Als weiterer laufzeitvergrößernder Faktor fallen die Verarbeitungszeiten bei aktiven Stationen und Koppelelementen ins Gewicht. Für die Dämpfung sind bei metallischen Wellenleitern Längs- und Querverluste R' und G' zu berücksichtigen, bei LWL ist es die Phasenverschiebung zwischen D- und E-Feld, beschrieben durch eine komplexe Brechzahl und hervorgerufen durch OH-, UV- bzw. IR-Absorption, sowie Rayleigh-Streuung.

Diese Parameter bestimmen den Regeneratorfeldabstand und damit die Kosten. Aber auch bei kleineren Geometrien ist eine Aufteilung in Unterstrukturen sinnvoll oder gar notwendig:

- Kopplung geographisch entfernter ***LAN***s über MANs oder WANs aus technischen (WAN vorhanden) oder rechtlichen Gründen (öffentliches Gelände).
- Bildung von Lokalbereichen zur Minimierung des Verkehrsaufkommens im Globalbereich. Häufig miteinander kommunizierende Stationen werden in einen Lokalbereich eingebunden, die Lokalbereiche sind über Konzentratoren gekoppelt.
- Fehler dringen nicht über den Lokalbereich hinaus.
- Das Netzmanagement kann für den Lokalbereich optimiert (***FDDI***: ***SMT***) werden, als Nachteil ist aber ein Globalmanagement meist nicht effizient durchführbar.
- Für Segmentverbindungen lassen sich Ersatzwege schalten.
- Das Konzept bietet größere Datensicherheit.

Die Kopplung der Lokalbereiche erfolgt über Konzentratoren vom Typ ***Repeater***, ***Brücken*** (***Bridges***), ***Router*** oder ***Gateways*** [BO3, PE, Schü].

8.6.1 Repeater

Sie sind, wie bereits in Abschn. 2.5.2.1 dargestellt, Objekte der Schicht 1 des OSI-Modells und sind daher nicht in der Lage, eine *MAC*-Adresse oder höhere zu lesen. Über einen ***Repeater*** geht daher sämtlicher Verkehr eines Segments zum anderen. Sein Einsatz ist sinnvoll, wenn die Stationen zwischen den Segmenten vergleichbar viel Verkehr untereinander haben, wie Stationen innerhalb eines Segments.

Dies kann z.B. der Fall sein, wenn das *LAN* über eine längere Strecke, auf dem keine Gebäude mit Stationen vorhanden sind, abgesetzt werden muß. Die Signale werden hier gedämpft und der ***Repeater*** erfüllt seine eigentliche Aufgabe, nämlich der Signalregenerierung. Der ***Repeater***-Abstand ist groß bei Breitbandverkabelungen, wie mit LWL, kann beim Einsatz von TP-Verkabelungen aber schon zwischen Stockwerken eines Gebäudes notwendig sein.

Alle über ***Repeater*** gekoppelten Segmente bilden eine Zugriffseinheit, d.h. Laufzeit- und Längenbeschränkungen zur Funktionsweise des Zugriffs müssen von den entferntesten Teilen der Segmente eingehalten werden.

8.6.2 Brücken

Sie sind, wie bereits in Abschn. 2.5.2.2 dargestellt, Objekte der Schicht 2 des OSI-Modells und steuern den *LAN*-Verkehr zwischen den Subnetzen über ***MAC-***, d.h. *LAN*-Adapterkarten-Adressen. Typisch hierfür ist die Kopplung gleicher ***LAN***-Typen. Sie sind folglich transparent für Protokolle höherer Schichten (z.B. TCP/IP oder NETBIOS). Sie trennen damit auch Bereiche des Zugriffsverfahrens. Man unterscheidet:

- ***Lokale Brücke*n**,
  die mit ihren beiden *LAN*-Anschlüssen *innerhalb eines Geländes* verschiedene Baumbereiche koppeln. Sind die ***LAN***s vom gleichen Typ, ist die Kopplung einfach, sind die Typen unterschiedlich, müssen die durchgelassenen ***MAC***-Rahmen strukturmäßig umgesetzt und bei unterschiedlichen Bitraten hinreichend Speicherplatz zum Puffern in die langsame Richtung bereitgestellt werden.
- ***Multiport-Brücke*n**,
  die als Sternkoppler für mehrerer ***LAN***s eingesetzt werden - auch mit der Option des WAN-Anschlusses. Im Prinzip stellen sie eine quantitative Erweiterung der ***Lokalen Brücken*** dar. Zuweilen werden demgegenüber ***Lokale Brücken*** nur als solche definiert, die gleiche ***LAN***-Typen miteinander verbinden, und ***Multiport-Brücken*** bei unterschiedlichen. Aus dieser Sicht wäre eine ***Brücke***, die ein ***Ethernet*** mit einem ***Token Ring*** verbindet, auch eine ***Multiport-Brücke***. Auf jeden Fall erfolgt bei Bedarf im Gegensatz zu ***Verkapselungs-Brücken*** eine Umsetzung von ***MAC***-Rahmen A in ***MAC***-Rahmen B.
- ***Abgesetzte Brücke*n** (auch: Halb-Brücken),
  die auf der einen Seite ***LAN***- und auf der anderen (eine) WAN-Schnittstelle(n) aufweisen und so zwei Lokalbereiche über ein Weitverkehrsnetz koppeln. Von ihnen muß auf jeder Seite je ein Exemplar vorhanden sein. Im Gegensatz zu ***Verkapselungs-Brücken*** setzen sie die Rahmen ineinander um, jedoch ist die WAN-Schnittstelle nicht vom ***LAN***-Typ (z.B. X.21).
- ***Verkapselungs-(Encapsulation)-Brücken***
  koppeln ***LAN***s meist gleicher Technologie über ein Overlay-Netz. Beispiele sind ***Token-Ring*** bzw. ***Ethernet***-Kopplungen über einen ***FDDI***-Backbone oder ein WAN. Aufgrund der anderen Struktur des ***MAC***-Rahmens im Backbone wird der ***MAC***-Rahmen des ***LAN*** in den des Backbones verpackt - also ***MAC*** in ***MAC*** - womit direkt am Backbone angeschlossene Stationen nicht adressierbar sind, denn der von ihnen zu empfangende ***MAC***-Rahmen wäre *unsichtbar*. Daß dies aus OSI-Sicht eine verquere Methode ist, braucht nicht betont zu werden. Es scheint aber, daß sie sich vor allem mit der ATM-Architektur verbreiten wird. (z.B. ***Ethernet-MAC***-Rahmen auf ATM-AAL 5; s. Abschn. 9.7.4 und 9.8.2), so daß das WAN für diese virtuelle Verbindung das ***LAN*** emuliert. Die zuweilen aus naheliegende Gründen auch *Tunneling* genannte Methode kann auch auf der N-Schicht angewendet werden.

Funktionsweise der LAN-Netzkopplung über *Brücken*:

Brücken sollen sicherstellen, daß Verkehr nur in das Segment gelangt, in dem der *MAC*-Adressat auch angeschlossen ist. Dazu muß die ***Brücke*** eine Abbildungstabelle ***Port/MAC***-Adresse führen. Da *LAN*s umkonfiguriert werden können, d.h. sich die Zuordnung Station/Segment dynamisch ändern kann, muß dies in der Tabelle berücksichtigt werden. Eine Möglichkeit ist ein Administrator, der der ***Brücke*** die Umkonfigurierungen manuell mitteilt, eine bessere ist das ***Aging***-Verfahren, bei der die ***Brücke*** die Tabelle automatisch aktualisiert:

Jeder Konfigurationseintrag erhält dazu einen Zeitstempel, der beim Eintreffen eines Rahmens mit der entspr. Adresse aktualisiert wird. Wird nach einer bestimmten vorgegebenen Zeit kein Rahmen mit dieser Adresse von dem ***Port*** mehr empfangen oder wird sie von einem anderen ***Port*** empfangen, wird die Tabelle umkonfiguriert. Dieses Verfahren funktioniert allerdings nur gut im lokalen Bereich, nicht bei WAN-Kopplungen.

Als Beispiel mögen entspr. Abbildung 8.6-1 zwei *LAN*-Segmente mit je drei Stationen an der ***Lokalen Brücke*** angeschlossen sein:

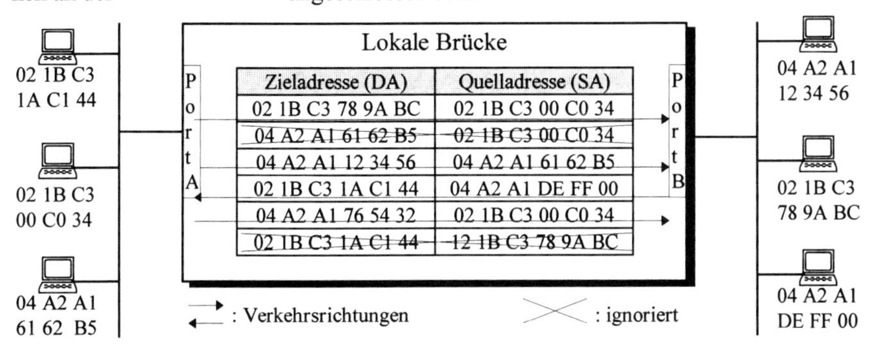

Abbildung 8.6-1: Lokale Brücke mit Querverkehr zwischen zwei LAN-Segementen. Unter den Stationen stehen hexadezimal ihre MAC-Adressen [BO3].

Wie erinnern uns an die ***MAC***-Adressierung (Abschn. 8.1.4), die heute standardmäßig aus den 6-oktettigen Adreßfeldern ***Zieladresse*** (***Destination Address = DA***) und ***Quelladresse*** (***Source Address = SA***) unabhängig vom *LAN*-Standard besteht, und weltweit eindeutig ist. Die ersten drei Oktetts geben den Hersteller an, woraus folgt, daß an den beiden dargestellten *LAN*-Segmenten Stationen (genauer gesagt: *LAN*-Adapterkarten) zweier Hersteller angeschlossen sind, nennen wir sie AI BI ÄM (02 1B C3) und Fixdorf (04 A2 A1).

Die Adreßdarstellung selbst ist hexadezimal codiert. In der Abbildung sind sequentiell die Adreßfelder der eintreffenden Rahmen dargestellt. Wir sehen, daß nur Verkehr durchgelassen wird, der das jeweils andere Segment betrifft - und das auch nur dann, wenn die Fehlererkennung aufgrund der FCS den Rahmen freigibt. In Zeile 6 möge eine Quelladresse stehen, die es nicht gibt, was durch das CRC-Zeichen erkannt wird; der Rahmen wird ignoriert.

Eine nicht in der Adreßtabelle eingetragene Zieladresse (5. Zeile) führt zur Transmission des Rahmen durch die ***Brücke***. Desgl. für Broadcast und Multicastadressen. Vor allem bei abgesetzten Einheiten kann hier viel Verkehr entstehen, der unnötig Segmente belastet, in denen kein Adressat vorhanden ist, der die Information auf höherer Ebene auswertet.

Schleifenbildung

Durch parallele ***Brücken*** können Schleifen mit der Folge endlos kreisender ***MAC***-Rahmen gebildet werden. Aus Sicherheits- und Redundanzgründen werden solche Konfigurationen jedoch zuweilen benötigt. Ein ***Spanning Tree***-Algorithmus nach IEEE 802.1D kann zur Schleifenunterdrückung eingesetzt werden:

Die ***Brücken*** tauschen permanent in vorgegebenen Zeitintervallen Informationen über den Netzzustand aus. Beim Erkennen einer Schleife wird entspr. der Konfiguration eine der beteiligten ***Brücken*** für den Verkehr gesperrt, führt den Algorithmus aber weiterhin aus. So kann sie bei Ausfall der noch aktiven Parallel-***Brücke*** für diese einspringen und das Netz bleibt voll funktionsfähig.

8.6.3 Router

Sie sind, wie bereits in Abschn. 2.5.2.3 dargestellt, Objekte der Schicht 3 des OSI-Modells und können daher aufgrund von Ziel-Netzschichtadressen, die i.allg. genauso wie ***MAC***-Adressen weltweit eindeutig sind, vermitteln. Sie arbeiten also aus Sicht der ***LAN***-Architektur mit der dazwischenliegenden ***LLC***-Schicht, die keine unmittelbare Information zur Wegesuche anbietet, zwei Stufen höher als ***Brücken***. Beispiele auf dieser Schicht sind die schon oft erwähnten Protokolle X.25, IP, oder auch herstellerspezifische, wie IPX auf Novell NetWare. ***Router*** entsprechen also bzgl. der Adressierung ihrem Wesen nach den Funktionen von Transit-VStn in leitungsvermittelten Netzen.

Im Gegensatz zu ***Brücken*** haben ***Router*** eine eigene ***MAC***-Adresse; sie verhalten sich also gegenüber den Stationen, als seien *sie* der Kommunikationspartner. Muß eine Station ihre Partnerstation auf der Schicht 3 über einen ***Router*** ansprechen, sendet sie auf ***MAC***-Ebene die ***MAC***-Adresse des ***Routers*** und auf Schicht 3 die N-Adresse der wirklichen Partnerstation. Der ***Router*** braucht also im Gegensatz zur ***Brücke*** nicht jeden ***MAC***-Rahmen zu analysieren, sondern muß für ihn nicht bestimmte Rahmen nur bis zum Ziel-Adreßfeld lesen. Wird er dort angesprochen, entledigt der den Rahmen von den ***MAC***-Anteilen und leitet nur das darin enthaltenen Paket weiter.

Anfangs konnten die ***Router*** nur ein einziges Protokoll bearbeiten, heute sind Multiprotokoll-***Router*** der Standard (Bsp. Cisco AGS+, Wellfleet mit ACE-Architektur). Sie sind unabhängig den Ausprägungen der ***MAC***-Protokolle und damit auch unabhängig vom jeweiligen ***LAN***-Standard. Sie erlauben es, Rahmen zwischen heterogenen Netzsegmenten auszutauschen und führen dabei auch die evtl. notwendigen ***MAC***-Formatanpassungen der Rahmen aus. Damit kommt auch wieder die ***LLC***-Schicht ins Spiel, die mittelbar den Routing-Vorgang dadurch unterstützt, als sie genau wie in einer Endstation beim Übergang von der ***MAC***-Schicht zur Schicht 3 die richtige ansteuert (X.25, IP usw.).

Die Arbeitsweise von ***Routern*** ist deutlich komplexer als die der ***Brücken***. Sie müssen separat untereinander vernetzt werden und regelmäßig Informationen mittels eines ***Routing***-Protokolls über Konfigurationen, Leitungskosten (bei eingebundenen WAN-Strecken), Anzahl der ***Router*** im Datenpfad, Fehlerraten und Bitratenkapazität miteinander austauschen. Funktionen, die hier erbracht werden müssen, sind also vergleichbar dem eines Netzmanagements wie dem in Kap. 7 beschriebenen ZGS#7. ***Routing***-Tabellen erlauben dabei das Auffinden des Ziels. Diese Tabellen müssen für jedes Protokoll separat vorhanden sein.

9 Asynchronous Transfer Mode (ATM) und andere Breitbandtechniken

9.1 Einführung

ATM ist dasjenige Verfahren, von dem zu erwarten ist, daß es auf allen Gebieten die Breitband-Übermittlungstechnik der Zukunft darstellt. ***ATM*** stellt das Pflaster der vielzitierten *Datenautobahn* dar. Das ITU-T hat dazu mit der neuen Normenreihe Q.2xyz (s. Abschn. 9.10) die Grundlage geschaffen und man unterscheidet aus dieser Sicht ***Breitband-ISDN*** (***B-ISDN***) vom Schmalband-ISDN (S-ISDN oder ISDN-64), wie es in Kap. 4 vorgestellt wurde. Auf die in Abschn. 4.1 markierten weiteren ***B-ISDN***-Empfehlungen der I-Serie sei hier ebenfalls hingewiesen. Das im vorangegangenen Kap. über LANs ausführlich vorgestellte lokale und weltweite Vernetzungsbedürfnis hat diese Technik auch auf dem LAN-Sektor eingeführt, so daß man heute sagen kann, daß die treibende Kraft durchaus von dort (ATM-Forum [AT]) kommt, da Lokalsysteme schneller auf den Markt gebracht werden können [AC, CL1, CL2, HÄ, HI, KI, KY, MI, ON, PR, SI, Ba, Ge, Ko].

ATM ist also in Ergänzung zu Schmalbanddiensten *die Breitband-Zukunftstechnik* sowohl für *öffentliche* als auch *lokale* Netze und geht damit deutlich über FDDI, sowohl bezüglich des dominanten Anwendungsgebiets, als auch der Funktionalität (z.B. echtes Nebeneinander von Sprach- und Datenverkehr oder durchgängige Übermittlungskapazität vom privaten in den öffentlichen Bereich), hinaus. Die zugrundeliegende Funktionsweise des ***ATM*** ist eine besondere Art der Paketvermittlung, wie sie grundsätzlich für die öffentliche Technik schon unter X.25 (Abschn. 6.2) vorgestellt wurde, ***ATM*** paketiert aber auf niedrigerem OSI-Niveau. Als deutliche Unterscheidungsmerkmale und weitere Charakteristika sind festzuhalten:

- die **PDUs** der ***ATM***-(nicht unbedingt OSI)-Schicht 2 sind **Dateneinheiten fester Länge** (53 Oktetts). Bei den anderen bisher besprochenen Übermittlungstechniken, sei es das D-Kanal-Protokoll, ZGS#7, fast allen LANs oder eben X.25 können die PDUs der unteren Schichten zwar *nicht beliebig*, aber *unterschiedlich* lang sein - die neueren auch noch dynamisch. Das ist hier nicht der Fall, weswegen die ***ATM***-Schicht-2-PDUs auch ***Zellen*** (***Cells***) heißen und die Vermittlungstechnik ***Cell Relay***.
- Es findet **keine statische Signalisierungs- und Nutzkanaltrennung auf OSI-Schicht 1** - wie z.B. beim ISDN-Basisanschluß (2B+D), oder beim ZGS#7 zwischen dem ZZK und den Nutzkanälen - statt, sondern die ***Zellen*** führen einen 5-Oktett-Header zur Steuerung des Durchlaufs durch das Netz, aber auch für andere Zwecke, mit. Die restlichen 48 Oktetts (***Payload***) führen ggf. Nutzinformation - z.B. Sprache -, oder Signalisierungsinformation - z.B. Wählzeichen.
- Die Ende-zu-Ende-Beziehung ist grundsätzlich **verbindungsorientiert**, also mit *Verbindungsaufbau*, *Datenübertragungsphase* und *Verbindungsabbau*, im Gegen-

satz zu *Datagrammen*, wie sie bei LANs zulässig (eher: üblich) sind. Beim Verbindungsaufbau wird eine ***Virtuelle Verbindung*** zwischen den Endabnehmern eingerichtet - im Gegensatz zum Schalten fester Kanäle einer leitungsvermittelten Verbindung.

- Die ***Zellen*** werden nicht - wie bei PCM30 oder auf der Schicht 1 des D-Kanal-Protokolls - in einem festen, *zyklischen* Zeitraster übertragen, sondern können in ihrer Lage auf jeder synchronen Bitposition in Abständen von 53 Oktetts beginnen (***Asynchronous Time Division Multiplex =ATD***). In diesem Zusammenhang soll auf den Begriff ***asynchron*** hingewiesen werden, der entspr. der Darlegung am Ende von Abschn. 8.5.8.4 zu verstehen ist, also besser mit ***anisochron*** zu bezeichnen wäre.
- Gegenüber FDDI bietet ***ATM*** für Echtzeitanforderungen jedoch *echt synchrone* Komponenten, die den Qualitätsanforderungen einer Leitungsvermittlung genügen. In diesem Sinne können durch entspr. Steuerungsmechanismen die ***Zellen*** zwar ***asynchron***, aber hinreichend dicht aufeinander folgen, daß für den Endteilnehmer das Verhalten der Verbindung *leitungsvermittelt erscheint*. Das läßt sich jedoch nur dann erreichen, daß die Übertragungsbandbreite (z.B. ca. 155 Mbps) deutlich über der des Basisbandsignals liegt (z.B. 64 kbps) liegt.
- Als Resultat steht einer Verbindung keine durch die Festlegung des Netzes feste Bandbreite zur Verfügung, sondern sie wird bei Verbindungsaufbau vom Initiator angefordert und ggf., z.B. bei Netzüberlastung, verhandelt. Demgegenüber stehen sowohl bei der klassischen Leitungs- (X.21), als auch Paketvermittlung (X.25), Benutzerklassen, die Bitraten festlegen. Auch können Bandbreiten im Betrieb durch Prioritätsmechanismen reduziert werden.
- Welche Bandbreite belegt wird, ist nicht nur eine Frage der statischen oder auch dynamischen Kapaziät des *Netzes*, sondern auch des *Abnehmers*.
- Die Vermittlungstechnik ist wie bei X.25 **speichervermittelt**, d.h. im Koppelfeld werden die ***Zellen*** zwischengespeichert und entspr. der Kapazität der abgehenden Strecke weitergeleitet. Im Gegensatz dazu führen *leitungsvermittelnde* Koppelfelder keine Zwischenspeicherung durch, sondern ein einmal bei Verbindungsaufbau festgelegtes Abbildungsraster von Raum- und Zeitlagen wird für die ganze Verbindung starr und zyklisch (z.B. alle 125 µs) durchgeführt.
- ***ATM***-Technik verzichtet netzintern wegen der hohen Bitraten auf Flußregelung (Flow Control mit RR, RNR, REJ) und wegen der Echtzeitanforderungen auf Fehlersicherungsprotokolle. ***Zellen*** mit Mehrbitfehlern werden durch ein CRC-Zeichen erkannt und verworfen. Das D-Kanal-Protokoll bietet diese Elemente am Tln.-Anschluß abschnittsweise an, X.25/3 Flußregelung zusätzlich zum unterlagerten HDLC-LAPB. Zum Erbringen eines zuverlässigen Dienstes für die Anwendung müssen Protokolle höherer Ebenen hinreichende Sicherungsmechanismen anbieten.

Aufgrund des hier umrissenen vielfältigen, flexiblen und bedarfsgerechten Nutzungspotentials kann man erwarten, daß die ***ATM***-Technik neue Dimensionen der Telekommunikation eröffnet. Beispiele dafür sind

- Dynamische Zurverfügungstellung von **Ressourcen**, wie
  - Bandbreite,
  - Übertragungswege,
  - Rechnerkapazität,
  - Informationsdatenbasen,
  - kostenoptimierte Ende-zu-Ende-Verbindungen

von Ressourcenanbietern an Ressourcennutzer.

- **Dienstleistungen** neben denen, die das Schmalband-ISDN bereits anbietet, wie
  - Videokonferenzen,
  - Verkehrsüberwachung,
  - Sicherheitstechnik, wie Gebäude- und Geländeüberwachung,
  - Video-Mail als Breitbandvariante von Electronic Mail,
  - medizinische Informationen, auch für Echtzeitübertragungen, z.B. Live-Übertragung einer Operation in einen Hörsaal

  von Dienstleistungsanbietern an Dienstleistungsnutzer.
- Bereits **eingeführte Dienstleistungen** in **flexiblerer Kommunikationsart**, wie z.B. die klassischen Verteildienste Rundfunk und Fernsehen, jetzt in vermittelter Form, so daß man nur noch für die Kanäle bezahlt, die man auch nutzt - evtl. verbilligt durch das dynamische Zulassen von Werbeeinblendungen. Aber auch für die *Elektronisierung* von *Festmaterial*, wie Zeitungen und Zeitschriften, die heute bereits im Internet angeboten wird, mit ganz neuen Services, wie Bewegtbildszenen - möglich wegen der Breitbandigkeit.

In Abb. 4.1-5 können damit die dort dargestellten Netz-Funktionseinheiten *>64kbps vermittelt/unvermittelt*, aber auch *paketvermittelt* durch ***ATM***-Funktionalität erbracht werden. Als Zubringersystem bietet sich z.B. das in Abschn. 9.8 besprochene ***Datex-M*** (als ***Metropolitan Area Network***) an.

In diesem Zusammenhang ist mittlerweile vielfach von der *Kommunikationssteckdose* die Rede, eine Schnittstelle die in ihrer Universalität so anwendungsunabhängig ist und durch eine Minimalanzahl von Randbedingungen beschrieben wird, wie die *Netzsteckdose* mit den Parametern 400/230 V und 50 Hz, einsetzbar für Kaffeemaschinen und Laserdrucker, Kreissägen und Ölheizungen.

9.2 ATM-Zellen

ATM verwendet zur Systemstrukturierung eine Hierarchie von Schichten zwischen Anwendung und Physik, vergleichbar der des OSI-Modells. Deren Funktionen sind jedoch, wie eigentlich bei allen bisher beschriebenen Telekommunikationssystemen, aus vielerlei Gründen nicht 1:1 auf das Referenzmodell direkt abbildbar. Wie der Stand der Abbildung zur Zeit aussieht - und er ist noch im Fluß - wird im Abschn. 9.4 dargestellt. Das wichtigste Objekt ist jedoch aus der Sicht des ***ATM***-Referenzmodells wieder die bereits vorgestellte ***Zelle*** - zuzuordnen dessen Schicht 2 - dem sog. ***ATM-Layer***.

9.2.1 Segmentierung

Wie eine zu übertragende *lange* Nachricht durch *Segmentierung* gemäß Abschn. 2.4.6.3 des OSI-Modells auf ***Zellen*** abgebildet wird, zeigt Abbildung 9.2-1. Jedes Nutzsegment wird gemeinsam mit Steuerinformation als 5-Oktett-***Zellkopf*** (***Header***) zu einer 53-Oktett-***ATM-Zelle*** ergänzt. In dem Beispiel ist die Anzahl der Nutzoktetts nicht ein ganzzahliges Vielfaches von 48, weshalb die letzte ***Zelle*** durch Fülloktetts ergänzt wird. Würde die Übertragungsstrecke nur Information dieser einen Quelle übertragen müssen, könnte man die ***Zellen*** jetzt etwas auseinanderschieben, so daß der Header dazwischenpaßt und sie so wie gleichlange Eisenbahnwaggons hintereinandergehängt übertragen.

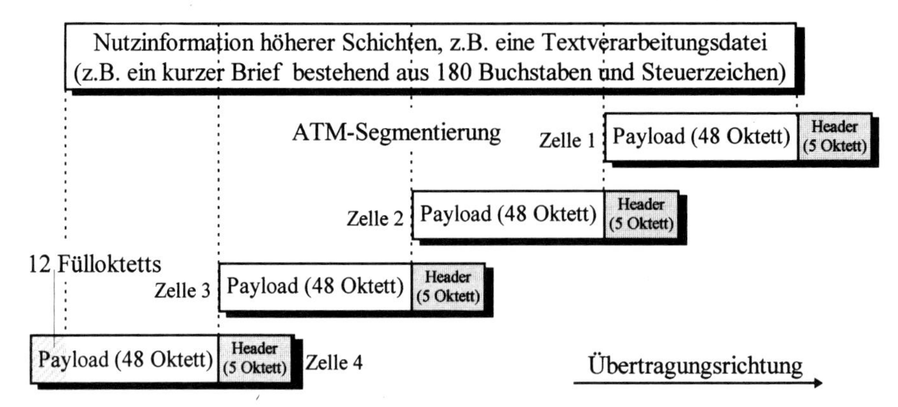

Abbildung 9.2-1: Segmentierung einer Anwendungsnachricht in Form von ATM-Zellen.

Aufgrund der ökonomischen Ausnutzung breitbandiger Übertragungswege mit erheblich größerer Übertragungskapazität als der Bedarf einer einzelnen Quelle entstehen hierbei Leerräume zwischen den ***Zellen***, die bei Nichtvorhandensein anderer Quellen durch ***Leerzellen*** aufgefüllt werden müssen, so daß nach wie vor kein Bit auf dem Übertragungsweg nicht keiner ***Zelle*** zugeordnet ist. Um bei dem Eisenbahnwaggonmodell zu bleiben - es hängen jetzt gleichlange Waggons mit und ohne Fracht hintereinander. Es gibt nichts zwischen den Waggons, was nicht einem Waggon zuzuordnen wäre.

Möchten mehrere Quellen mit unterschiedlichem Verkehrsaufkommen auf diesen Übertragungsweg zugreifen, können sie die ***Leerzellen*** im Verhältnis ihres Bandbreitenbedarfs dafür nutzen, bis die Übertragungskapazität erschöpft ist, d.h. bis es keine ***Leerzellen*** mehr gibt. Im Waggonmodell würden von *einem* Kunden mehr Waggons mit Fracht belegt werden, als von einem *anderen.* Damit entsteht eine ***asynchrone*** Folge von ***Zellen*** in einem nach wie vor *synchron getakteten* Netz.

Möchten die Quellen mehr Bits pro Zeiteinheit senden, als der Übertragungsweg fassen kann - ist also mehr Fracht vorhanden als in die Waggons paßt - hängt das Behandeln dieses Falls von verschiedenen Faktoren ab, die in Abschn. 9.3.3 sowie in Abschn. 9.9.3 für die ***Frame-Relay***-Vermittlungstechnik beispielhaft besprochen werden.

Wir erkennen, daraus, daß der ***Zellkopf*** u.a. Information führen muß über die

- ***Virtuelle Verbindung***, zu der die ***Zelle*** gehört
- ***Zellart***: Nutz-, Signalisierungs- oder ***Leerzelle***
- Prioritätskriterien bei Überlast, z.B. ob Echtzeitanforderungen vorliegen
- benötigte Mindestbandbreite
- Numerierung der Segmente der Nutzinformation, damit unterwegs keine ***Zellen*** vertauscht werden (die letzten beiden Punkte stehen bereits hinter dem ***Zellkopf***).

Abbildung 9.2-2 stellt das Prinzip des Multiplexverfahrens dar. Die zwischen den Wandlern existierenden ***Virtuellen Verbindungen*** sind unidirektional, d.h. müssen für die Telefon- und PC-Verbindungen zweimal vorhanden sein.

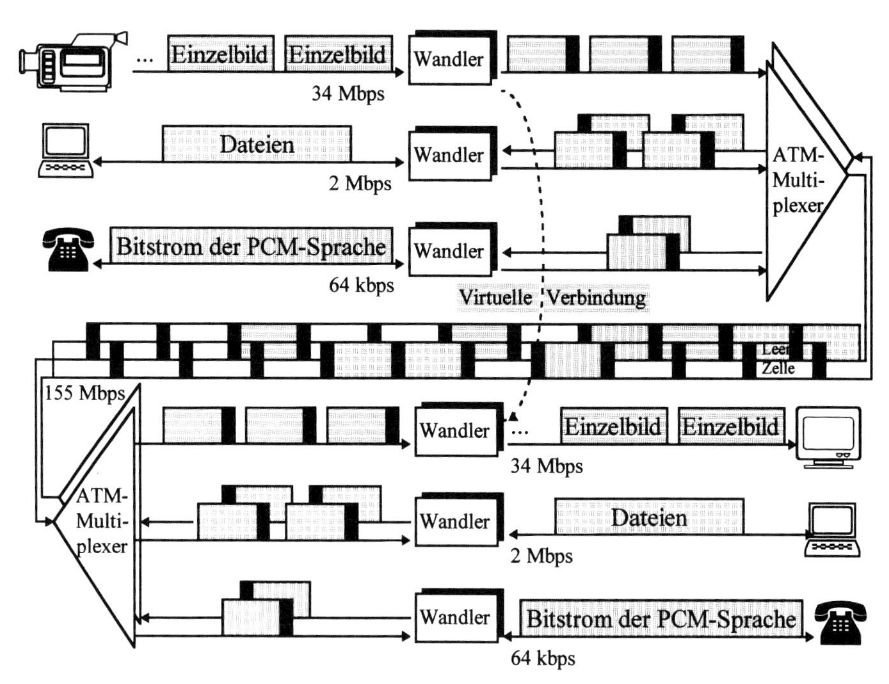

Abbildung 9.2-2: Asynchrones Zeitmultiplexverfahren.

Verfügt ein Teilnehmer über einen Multifunktionalanschluß, z.B. einen PC, auf dem er in verschiedenen Windows unterschiedliche Verbindungen zu gleicher Zeit hat - evtl. zusätzlich noch ein integriertes Telefon - muß eine vergleichbare Multiplexstruktur bereits auf Wandlerebene vorhanden sein. Für jede dieser Parallelanwendungen muß eine - ist sie bidirektional: zwei - ***Virtuelle Verbindung*(*en*)** vorhanden sein.

Diese einem oder verschiedenen Anschlüssen zugeordneten ***Virtuellen Verbindungen*** können

- unterschiedlich in ihrem Bandbreitenbedarf sein,
- für die ggf. verschiedenen Richtungen unterschiedlichen Bandbreitenbedarf haben,
- diesen Bedarf auch noch dynamisch ändern,
- und unterschiedliche Echtzeitanforderungen aufweisen.

So generiert die Kamera im Beispiel 34 Mbps-komprimierte PAL-Bilder und jedes der mit einer Frequenz von 25/50 Hz erzeugten Standbilder wird als Einzelpaket zum Fernsehstudio übertragen. Die Echtzeitanforderungen sind hart, aber nur unidirektional; man findet, da die Übertragungsstrecke nicht überbucht ist, die ***Zellen*** in (möglichst) gleichem Abstand, wie es für leitungsvermittelte Verbindungen charakteristisch ist.

Heute stellt diese Bitrate für ***ATM-Switches*** noch ein Problem dar, weshalb und natürlich aus Effizienz- und Kostengründen man eher mit Videocodecs (JPEG, MPEG oder ITU-T H.261+H.221/Audio) arbeitet, die Kompressionsfaktoren von ca. 50 ... 200 erbringen, und man so z.B. mit der Kapazität weniger H-Kanäle, wie in Abschn. 4.1.6 spezifiziert, auskommt. Die dazugehörige Bitrate ist dann natürlich in Abhängigkeit der Momentankompression bereits an der Quelle nicht mehr kontinuierlich. [OH, RE].

Die kommunizierenden PCs erzeugen burstartigen Verkehr von zwar niedrigerer Bitrate mit einem Mittelwert von 2 Mbps, möchten aber den Burst möglichst schnell übertragen, um dann die Leitung für längere Zeit freizugeben. Man findet die ***Zellen*** unmittelbar hintereinander.

Die Telefonverbindung ist bidirektional mit Echtzeitanforderungen, die bzgl. der erforderlichen Bandbreite deutlich geringer als die der Kamera sind, bzgl. des Zeitbezugs zwischen den beiden Richtungen aber weitere Kriterien erfüllen müssen. Man würde ihre ***Zellen*** ebenfalls in möglichst gleichem Abstand finden. Dies geht gut auf der Teilnehmeranschlußleitung, im Netzinnern treten wegen des Multiplexens und Zwischenspeicherns auch Zellen anderer Verbindungen Zeitverschiebungen auf.

Die fixe Länge der ***Zellen*** macht den Aufbau eines ***ATM***-Multiplexers/-Demultiplexers (Muldex) *einfach und ihn damit schnell*, da der Multiplexvorgang unabhängig von der Bandbreite der jeweiligen Anwendung und diensteunabhängig abläuft. Die ***Zellen*** brauchen kein Längenfeld, dessen Inhalt ausgewertet werden müßte und damit keine Instanz, die die Oktetts bis zum Ende abzählt. Sie brauchen keinen Prozeß, der permanent nach Flags oder vergleichbaren Bitmustern (Delimitern) Ausschau hält. Daher ist die Speicherzeit in einem ***ATM***-Knoten von ca. 50µs i.allg. gegenüber der Laufzeit auf einer (langen) Übertragungsstrecke vernachlässigbar.

9.2.2 Blocken und Ketten

Im vorgestellten Beispiel kommen Datenmengen vor, die auf den höheren Schichten größere Einheiten als eine einzelne ***Zelle*** bilden. Was kann man tun, wenn dies nicht der Fall ist? Als Beispiel diene eine Telemetrieverbindung, bei der an einer abgesetzten Stelle eine Temperatur - sagen wir im Minutenabstand - gemessen wird. Kommt man mit einer Genauigkeit von einem Grad aus, kann man mit einem Oktett einen Bereich von 256 Grad abdecken.

Eine Möglichkeit ist das Einsammeln der Temperaturwerte, bis eine ***Zelle*** gefüllt ist - eine Form des ebenfalls in Abschn. 2.4.6.3 vorgestellten *Blockens* oder *Kettens* im Gegensatz zum oben betrachteten *Segmentieren.* Im Beispiel würde das 48 Minuten dauern, die Übertragungsstrecke wäre optimal genutzt, das Verfahren aber inakzeptabel für Alarme, wenn die Temperatur bestimmte Werte nicht überschreiten darf und Reaktionszeiten gefordert sind.

In diesem Fall bestünde auch hier die Möglichkeit, das Oktett in die ***Zelle*** zu packen und die restlichen Oktetts als Fülloktetts zu fahren - eine Kostenfrage, denn jede ***Zelle*** kostet gleichviel unabhängig von ihrem inneren Füllgrad. Wären in der Nähe der Meßstelle weitere Meßfühler, könnte man deren Werte gleichzeitig einsammeln und sie alle gemeinsam in eine ***Zelle*** packen - eine Multiplexfunktion höherer Schichten. Abbildung 9.2-3 stellt die beiden Methoden im Vergleich dar.

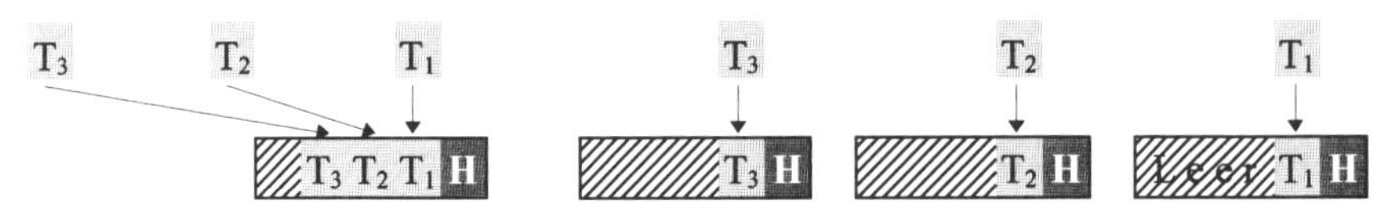

Abbildung 9.2-3: Blocken bzw. Ketten im Vergleich zur 1:1-Abbildung von Informationseinheiten höherer Schichten auf ATM-Zellen.

9.2.3 Kriterien für eine optimale Zellgröße

Mit den in den beiden vorangegangenen Abschn. beschriebenen Vergleichen ergibt sich die Frage der optimalen Zellgröße. Sie wäre für Datenverkehr mit *einoktettigen* SDUs höherer Schichten mit 48/53 Oktetts sicher nicht optimal; der Verschnitt durch Füllbits ist zu groß.

Werden dauernd große Dateien im KB- oder MB-Bereich übertragen, wären die ***Zellen*** bis evtl. die letzte einer Segmentierung immer gut gefüllt, jedoch wäre hier der Verschnitt durch den ***Zellkopf***, der sich praktisch nicht verkleinern läßt, von immerhin ca. 10% ein nennenswerter Faktor. Um diesen Wert ist der Durchsatz einer Übertragungsstrecke in jedem Fall geringer als die Bitrate.

Dazwischen ist also ein Optimum zu suchen und man würde vielleicht erwarten, daß die Zellgröße wenigstens eine ganzzahlige Zweierpotenz von Oktetts darstellt - z.B. 64 statt 53. Die Antwort auf diese Frage kommt aus den Echtzeitanforderungen für bidirektional symmetrische Übertragungen, für die nach wie vor *Fernsprechen* der wichtigste Vertreter darstellt. Da mit einem nennenswerten Aufkommen von Sprache auf ***ATM***-Strecken grundsätzlich zu rechnen ist, muß hierfür der Verschnitt minimal sein.

Das bedeutet, daß für Sprachübertragung jede ***Zelle*** vollständig mit 48 Oktetts von PCM-Abtastwerten gefüllt werden muß, bis sie losgeschickt werden kann. 48 Oktetts entsprechen bei einer Bitrate von 64 kbps mit Abtastwerten im 125 µs-Abstand einer Dauer von $48 \cdot 125\ \mu s = 6$ ms. Um diese Zeit hört ein Teilnehmer die Stimme seines Gesprächspartners auf jeden Fall zeitversetzt - zusätzlich zu der, wenn auch geringen, Summe der Speicherzeiten in den Vermittlungsknoten - und, bei Interkontinentalverbindungen, der Zeitverzögerung durch die Endlichkeit der Lichtgeschwindigkeit.

Messungen haben gezeigt, daß das menschliche Ohr Zeitverzögerungen ab ca. 10 ms wahrnehmen kann. Unterhalb dieser Zeit soll man in jedem Fall auf den häufig benutzten Landesinnenverbindungen bleiben. Daraus resultiert die festgelegte Oktettanzahl pro ***Zelle***.

Vergleichen wir dazu nochmals die natürlich deutlich breitbandigere Echtzeit*bild*übertragung. Wenn es sich hier um eine unidirektionale Verbindung - z.B. mit 34 Mbps oder 140 Mbps von einer Kamera zu einem Fernsehempfänger handelt, registriert der Abnehmer den Zeitversatz, auch bei einer Liveübertragung, nicht wirklich, da die Basis des Vergleichs wegen der Unidirektionalität fehlt. Wird dafür gesorgt, daß bei einer Audio/Videoübertragung Sprache und Bild gleichzeitig ankommen, kann die Verzögerung ohne Bedenken im Sekundenbereich liegen. Handelt es sich jedoch um eine bidirektionale AV-Verbindung, bei der z.B. ein TV-Nachrichtensprecher mit einem entfernten Reporter kommuniziert, sind diese Kriterien noch härter als bei der reinen Sprachübertragung.

9.2.4 Wartespeicher

Um den Multiplexvorgang effektiv ausführen zu können, müssen in jedem Multiplexer und Vermittlungsknoten Wartespeicher vorhanden sein, die die ankommenden ***Zellen*** zunächst zwischenspeichern und sie dann entspr. den Vorgaben der Priorität, wie z.B. Echtzeitanforderungen, weiterreichen. In dem Waggonmodell stellt ein Wartespeicher eine Art Rangierbahnhof dar.

Zunächst ist als grundsätzlicher Vorteil einer solchen Speicherung zu erwähnen, daß er die Option bietet, Kopien der weitervermittelten ***Zellen*** zu behalten und diese bei rückgemeldetem Zellverlust erneut zu übertragen.

Die Effizienz des Wartespeichers läßt sich durch das Verhältnis der übertragenen gefüllten ***Zellen*** (Nutz + Signalisierungszellen) zu den insgesamt übertragenen ***Zellen*** (ersteren + ***Leerzellen***) angeben und wird in der Regel 80% nicht überschreiten. Der Zelldurchsatz pro Verbindung ergibt sich aus der mittleren Anzahl von erfolgreich übertragenen ***Zellen*** pro Zeiteinheit und sollte möglichst nahe an der Bitrate des Teilnehmeranschlusses liegen. Füllen die Quellen den Wartespeicher mit einer höheren Bitrate als es die o.a. Effizienz zuläßt, gehen ***Zellen*** verloren. Bei einem gut dimensionierten Gesamtsystem aus Teilnehmeranschlußbereich und ***ATM***-Strecke sollte die Zellverlustwahrscheinlichkeit unter 10^{-9} liegen.

Betrachten wir in diesem Zusammenhang den Einsatz von ***ATM*** als rein leitungsvermitteltes Verfahren, so könnte man die Zellverlustwahrscheinlichkeit aus der Sicht der Zwischenspeicherung auf 0 drücken, da hier die Bandbreiten ja starr sind und ein Speicher so programmiert werden könnte, daß er nur Verbindungswünsche bis zu dem Wert annimmt, bei dem die Summe der Teilnehmeranschlußbitraten gleich der Übertragungsstreckenbitrate ist.

Aufgrund der obligaten Header muß die hierdurch resultierende Degradierung von ca. 10% jedoch mit einbezogen werden. Dieses System ist daher uneffektiv, denn die Speicherverwaltung muß ja jeden Header nach wie vor lesen, und eine Leitungsvermittlung à la PCM30 ist hier die beste Methode, da dabei die Zuordnung von ankommenden und abgehenden Raum- und Zeitlagen nur beim Verbindungsaufbau einmal eingestellt wird und dann starr ohne große Rechenleistung abläuft.

In diesem Sinne ist also die ***ATM***-Technik nur wirklich effektiv bei reiner Paketvermittlung und bei einer Kombination von Paket- und Leitungsvermittlung. Daher darf eine Strecke auch durchaus bis zu einem gewissen Grad überbucht werden, was bedeutet, daß bei Verbindungsaufbau der Initiator seinen Wunschdurchsatz angibt und die Summe derselben *über* der Bitrate der Übertragungsstrecke liegen kann. Wenn nicht alle dauernd von dieser Wert Gebrauch machen, ist eine hinreichender Netto-Durchsatz gegeben. Wird die Überbuchung wirklich in Anspruch genommen, haben Echtzeitanforderungen Priorität, was nur funktionieren kann, wenn deren Anzahl die Gesamtanzahl der Verbindungen nicht um ein bestimmtes Maß übersteigt.

Durch die Verzögerungen von im Mittel 0-2 ***Zellen*** beim Zwischenspeichern entsteht eine Phasenverschiebung (Jitter), der für die jeweilige Verbindungsanforderung in akzeptablem Rahmen bleiben muß und insbesondere nicht dazu führen darf, daß ***Zellen*** einer Verbindung einander überholen können. Gute Vermittlungsverzögerungszeiten liegen bei ca. 10 µs und sollten 1 ms (Fernsprechen!) nicht überschreiten.

9.2.5 Zellaufbau

Abbildung 9.2-4 stellt den gemäß ITU-T-Empfehlung I.361 immer gleichen Aufbau einer ***ATM-Zelle*** an der Teilnehmer-Netz-Schnittstelle (***UNI***; s. Abschn. 9.5.1) in der Vertikaldarstellung dar; die Zeit läuft von links nach rechts und von oben nach unten.

Am ***NNI*** (s. Abschn. 9.5.2) unterscheidet sich der ***Zellkopf*** durch das Fehlen des ***GFC***-Feldes; der ***VPI*** erstreckt sich dann über das gesamte erste Oktett.

	MSB				t→			LSB
Bit Nr.	8	7	6	5	4	3	2	1
Oktett 1	Generic Flow Control (GFC)				Virtual Path Identifier (VPI) ↓t			
Oktett 2	Virtual Path Identifier (VPI)				VCI			
Oktett 3	Fortsetzung Virtual Channel Identifier (VCI)							
Oktett 4	Fortsetzung VCI				Payload Type (PT)			CLP
Oktett 5	Header Error Control (HEC)							
48 Oktetts	Nutzdaten (Payload)							

Abbildung 9.2-4: Format einer ATM-Zelle am UNI. Grau schattierten Zonen stellen den Zellkopf dar.

Bedeutungen der Zell-Felder:

- ***Generic Flow Control*** (***GFC***)
  gewährleistet den geregelten Zugang der Endsysteme zum gemeinsamen Übertragungsmedium. Zwischen den Endsystemen wird durch die ***GFC***-Funktion ein sogenannter *Netzlastvertrag* vereinbart, in dem die wichtigsten Parameter, wie z.B. ***Spitzenzellrate*** festgelegt wurden. ***GFC*** kann zur Flußregelung am ***UNI*** genutzt werden. Wir erinnern uns, daß auf eine netzabschnittsweise Flußregelung verzichtet wird.
- ***Virtual Path Identifier*** (***VPI; Virtuelle Pfadkennung***) und
  Virtual Channel Identifier (***VCI; Virtuelle Kanalkennung***)
  dienen der Identifikation der ***Virtuellen Kanäle*** (***Virtual Channels*** = ***VC***s) und ***Virtuellen Pfade*** (***Virtual Paths*** = ***VP***s, auch Bündel genannt) auf *einem Abschnitt*, denen die ***Zellen*** entspr. den Kopfangaben zugeordnet werden. ***VCI*** stellt die bidirektional gültige Nummer eines ***VC*** auf dem Abschnitt dar. Mehrere ***VC***s werden auf dem Abschnitt zu ***VP***s zusammengefaßt, deren Nummern durch den ***VPI*** gekennzeichnet sind. Mit dem ***VPI*** lassen sich am ***UNI*** $2^8 = 256$ bzw. am ***NNI*** $2^{12} = 4096$ ***VP***s bilden, mit dem ***VCI*** innerhalb eines jeden ***VP***s $2^{16} = 65536$ ***VC***s adressieren.
  Eine ***VP/VC***-Kombination stellt also auf einem Abschnitt die Adresse eines Informationsflusses in den ***Payload***-Feldern dar. Auf einem folgenden oder vorangegangenen Abschnitt wird der gleiche Informationsfluß über andere ***VP/VC***-Kombinationen gefahren. Beim Vermitteln werden in den Netzknoten eine kommende ***VPI/VCI***-Kombination in eine gehende umgewertet, was in Tabellen beim Verbindungsaufbau gespeichert wird oder vorkonfiguriert wurde. Eine ***Virtuelle Verbindung*** stellt also die durchgehende Kettung von ***VPI/VCI***-Kombinationen Ende-zu-Ende dar.
  Die zunächst überflüssig erscheinende Unterteilung der Abschnittsadressierung in die Obergruppierung ***VP*** und darin wieder ***VC***s wird sinnvoll, wenn man an Multimediaanwendungen denkt. Ein multifunktionales Endgerät kann so für jede Unteranwendung - z.B. ein Window - *jeweils einen separaten* ***VC*** haben, aber alle parallel laufenden Anwendungen auf diesem PC *einen gemeinsamen* ***VP***, was durchgehend durch das ***ATM***-Netz beibehalten wird, sofern alle Teilanwendungen an der gleichen Stelle wieder herauskommen.
  Ein anderes Beispiel wäre die Realisierung eines virtuellen LAN, in dem zwei an verschiedenen geographischen Orten befindliche physikalische LANs eines Unternehmens über *einen* ***ATM-VP*** mit Transparenz der Leistungsmerkmale gekoppelt wer-

den. Sind die LAN-Typen gleich, können ganze MAC-Rahmen huckepack auf Zellen segmentiert werden (s. Abschn. 8.6.2: Encapsulation-Brücken).
Sind Vermittlungsvorgänge oder Dienstmerkmalaktivierungen durchzuführen, die den ganzen Anschluß betreffen, so braucht dies nicht *VC*-weise durchgeführt zu werden, und man kann eine Klasse einfacherer Vermittlungsknoten definieren, ***ATM-Cross-Connects***, die nur *VP*s schalten können. Gleichwohl können netzintern *VP*s gebildet werden, die jeweils auf einem Abschnitt Gültigkeit haben.

- ***Payload Type*** (***PT***; ***Nutzlasttyp***)
  dient zur Unterscheidung von ***Zellen*** mit *Benutzerinformation* (0–3), *Management-Information* (4–6) bzw. *Reserviert* (7).
- ***Cell Loss Priority***-Bit (***CLP***; ***Verlustpriorität***):
  Zellen mit niedriger Priorität (***CLP*** = 1) werden bei Überlast zuerst verworfen.
- ***Header Error Control*** (***HEC***; ***Bitfehlerkontrolle***)
  Mit Hilfe eines CRC-Algorithmus können ähnlich HDLC Fehler auf der Übertragungsstrecke erkannt werden. Zusätzlich können Einbit-Fehler korrigiert werden. Weiterhin dient das Oktett der Zellkennzeichnung und es ist aus den vier vorangegangenen Oktetts berechenbar, womit bei Systemhochlauf oder nach Rekonfiguration ein Zellsynchronisation stattfinden kann. Es wird von der darunterliegenden Physikalischen Schicht verwaltet.

9.3 VP/VC-basierte ATM-Vermittlungstechnik

Aus ***ATM***-Sicht werden Vermittlungsknoten unterteilt in

- ***ATM-VP-Cross-Connects*** (***ATM-CC***s),
  die nur ganze *VP*s schalten. Dies geschieht mit Hilfe von Steuerinformation (***Meta-Signalisierung***) in ***Zellen***, die vom Betriebs- und Wartungszentrum erzeugt werden.
- ***ATM-Switches***,
  die *VP*s und *VC*s aufgrund von Q.2931-Signalisierungsnachrichten vermitteln können, ähnlich wie dies bei einer normalen Schmalbandverbindung geschieht. Das hierzu verwendete Signalisierungsprotokoll ist eine auf ***ATM*** optimierte Variante des in Kap. 7 vorgestellten ZGS#7 mit ***B-ISUP***.

9.3.1 Beispiel für eine einfache ATM-Konferenzverbindung

Wir betrachten als Beispiel in Abbildung 9.3-1 eine einfache Multimediakonfiguration, bei der zwei Ärzte an verschiedenen Standorten mit ihren Multimedia-PCs über das Krankheitsbild eines Patienten konferieren. Dazu haben sie miteinander bidirektionale Sprech-, Video- und Datenverbindungen. Mit letzterer können sie dokumentierte Informationen austauschen. Jeder PC-Bildschirm ist in drei Windows unterteilt - im ersten sieht man das Konterfei des Kommunikationspartners, im zweiten Patientenunterlagen (graphischer und/oder textlicher Natur) und im dritten möge je eine weitere (Konferenz)-Verbindung zu einem abgesetzten medizinischen Server bestehen, der Informationen zum Krankeitsbild (graphische, textliche, Bewegtbild etc.) bereitstellt.

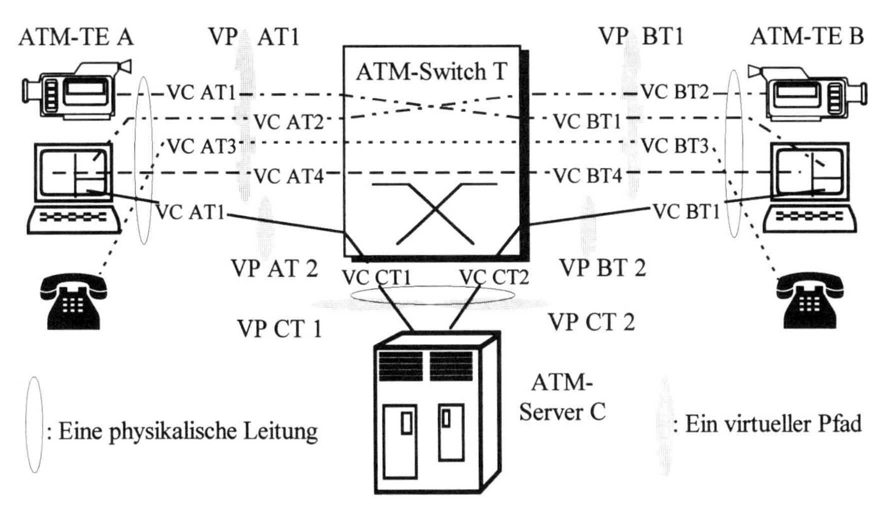

Abbildung 9.3-1: Einfache Multimediakonfiguration über ATM-Switch.

Im dargestellten Beispiel werden auf dem ***UNI ATM-TE*** A/***ATM-Switch*** über den ***VP***1 zwei unidirektionale Video-Kanäle ***VC***1 (gehend) und ***VC***2 (kommend), sowie je ein bidirektionaler Sprach- (***VC***3) und Datenkanal (***VC***4) gefahren. Zu jedem gehört eine eindeutige Kombination von 16 Bits des ***VCI***, der im Kontext des diesen vier Kanälen zugeordneten ***VP***, repräsentiert auf diesem ***UNI*** mit einem 8-Bit-***VPI***, eindeutig ist. Wenn die Videoverbindungen hier als unidirektional betrachtet werden, bedeutet dies, daß sie unabhängig voneinander auf- und abgebaut werden können. Bei den Sprechverbindungen z.B. ist dies nicht der Fall: wenn A mit B reden kann, kann das auch B mit A.

Auf der B-Seite gehören die adäquaten Indizes zu der gleichen ***Virtuellen Verbindung***, die Bitmuster der ***VCI*** und ***VPI*** auf dieser Seite sind i.allg. jedoch andere. ***ATM-Switch*** T führt die beim Verbindungsaufbau erstellte Tabelle, welche die Abbildung der ***VPI/VCI*** A und B aufeinander ausführt. Wird während einer ***Virtuellen Verbindung*** ein Dienst hinzugenommen oder entfernt, braucht dies ein hier nicht dargestellter ***ATM-CC*** nicht zu wissen.

Da beide Ärzte noch Server-Verbindungen haben, werden diese über separate ***VP***s mit in diesem Fall nur je einem zugeordneten ***VC*** auf der A/T-, B/T- und C/T-Schnittstelle gefahren. Würde stattdessen Arzt B immer das gleiche Serverbild wie A sehen wollen, könnte z.B. nur A die Serververbindung haben und das Serverbild über sein TE zu B durchschleifen. Dann hätte der Server nur *eine* ***Virtuelle Verbindung*** über T zu A und die Serverinformation würde auf dem Weg C→T→A→T→B durchgeschleift und damit auf den Schnittstellen A/T und T/B im gleichen ***VP***1 laufen. Die Steuerfunktion würde jedoch dann allein bei A liegen. In dem hier skizzierten Fall dagegen könnten sich A und B per Telefon verständigen und selbst die Verantwortung dafür tragen, immer dasselbe Serverbild zu sehen.

Wegen der hier gewählten Konstellation, daß A und B verschiedene ***VP***s für die unterschiedlichen ***Virtuellen Verbindungen*** A/B, A/C und B/C zum Netzknoten aufweisen, würde im Prinzip ein ***ATM-CC*** genügen. Alternativ könnte der gesamte einem Tln.

zugeordnete Verkehr auf der jeweiligen Teilnehmeranschlußleitung über jeweils *einen* einzigen ***VP*** geführt werden. In diesem Fall *muß* die Vermittlung einen ***ATM-Switch*** darstellen, der die ***VP***s in ***VC***s auflösen und umkonfigurieren kann und diese zu jeweils einem der beiden Kommunikationspartner weitervermittelt.

9.3.2 ATM-Koppelnetze

Mit dem im vorigen Abschn. dargestellten Beispiel läßt sich die Zuordnung *physikalische Leitung = Physikalischer Breitband-Kanal/**Virtueller Pfad/Virtueller Kanal/ Virtuelle Verbindung*** allgemein gemäß Abbildung 9.3-2 darstellen:

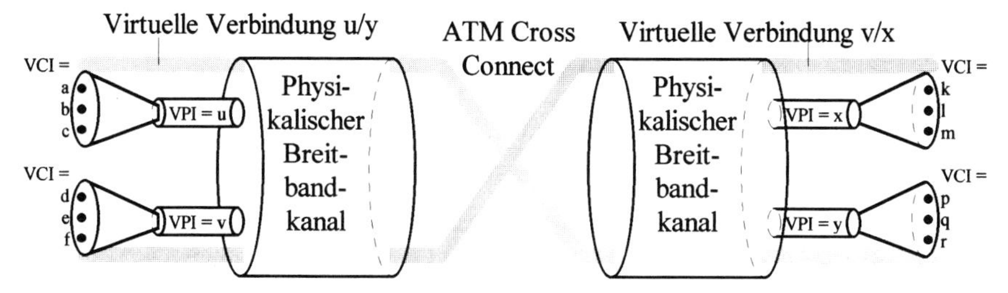

Abbildung 9.3-2: Physikalische Leitungen/Virtuelle Pfade/Virtuelle Kanäle/Virtuelle Verbindungen.

Unter Einbeziehung des Netzinneren einer komplexeren ***ATM***-Netztopologie kann die Zuordnung der Verbindungsparameter typisch wie in Abbildung 9.3-3 aussehen. Aufgrund verkehrstheoretischer Überlegungen sind ***ATM***-Koppelnetze nicht sinnvoll zentralgesteuert zu realisieren, sondern müssen Parallelbetrieb erlauben. Die Anzahl der Koppelstufen sollte gering sein, wobei aufgrund technologischer Grenzen ein Koppelelement - typisch auf einem Chip - heute eine Vermittlungskapazität von max. 16 x 16 aufweist. Ein bereits in Abschn. 5.3.2 vorgestellter typischer Vertreter ist der Siemens MTSC (16 x 8).

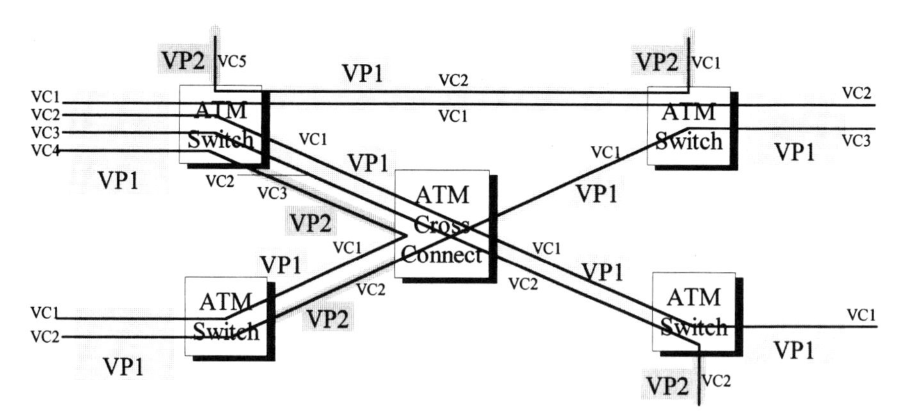

Abbildung 9.3-3: Zuordnung von VPs und VCs in einem vermaschten ATM-Netz. Die Indizes sind fortlaufend gezählt und haben keinen Bezug zu den konkreten Bitmustern.

Ein solches Koppelnetz sollte zur Optimierung der Lastverteilung mehrere Wege von einem Eingang zu einem Ausgang zulassen. Das Kriterium der Wegewahl kann sein:

- **zellorientiert**:
  die ***Zellen*** werden entspr. ihrem Verkehrsaufkommen statistisch über die Wegeoptionen verteilt. Hier ist mit Zellüberholungen von ***Zellen*** *einer* Verbindung auch innerhalb des Knotens zu rechnen und Maßnahmen zur Wahrung der Reihenfolgeintegrität zu treffen (ZGS#7-Jargon: *nichtassoziierte* Betriebsweise).
- **verbindungsorientiert**:
  für alle ***Zellen*** einer Verbindung wird beim Verbindungsaufbau *ein* Weg durch den Knoten festgelegt und alle Folgezellen nehmen den gleichen Weg (ZGS#7: *quasiassoziiert*).

Im Abschn. 9.2.3 wurde bereits auf das Laufzeitverhalten der ***Zellen*** und den Einfluß auf die Zellgröße eingegangen. Unterstellt man, daß bei einer Strecke von 3000 km (in Europa meist mehr als eine Landesinnenverbindung) der standardisierte Höchstwert von 25 ms Ende-zu-Ende-Laufzeit für eine Fernsprechverbindung nicht überschritten werden soll - und in diese Verbindung max. 10 ***ATM***-Knoten involviert sind - stehen mit 15 ms Signallaufzeit und 6 ms Zellbildungszeit max. 0,4 ms Vermittlungsverzögerungszeit zum Durchschleusen der ***Zelle*** vom Eingang zum Ausgang zur Verfügung.

Bei einer Schnittstellenbitrate von 622 Mbps - einem für ***ATM*** über ***SDH*** genormten Wert (s. Abschn. 9.6.2) - sind dies 1 466 981 ***Zellen***/s an jedem Eingang. In 0,4 ms müssen also ca. 587 ***Zellen*** vermittelt werden. Das gilt allerdings nur bei Vollast, d.h. wenn keine ***Leerzellen*** vorkämen. Ein Streckenbelegungsgrad von max. ca. 80% wurde bereits in Abschn. 9.2.4 angegeben, was bedeutet, daß nur ca. 469 ***Zellen*** in dieser Zeit zu vermitteln sind. ***Leerzellen*** werden extrahiert, müssen aber als solche erkannt werden, und am Ausgang müssen wieder welche eingefügt werden, was auch Zeit kostet.

Für die netto zu vermittelnden ***Zellen*** müssen ***VPI/VCI*** gelesen, ausgewertet, vermittelt und neu erzeugt werden. Wie ebenfalls bereits dargelegt, hat ein Koppelnetz typisch nicht nur einen, sondern z.B. 16 Ein- und Ausgänge, so daß sich die Gesamtlast hierfür um diesen Faktor erhöht. Das bedeutet, daß bei Vollast ca. 7511 ***Zellen***/s gleichzeitig ihren Weg von Eingang zum Ausgang nehmen. Das verlangt, daß die innere Struktur einer Koppelstufe selbst optimal gestaltet sein muß. Ein typischer Vertreter dieser Stufen ist die blockierungsfreie Banyan-Topologie, die in Abbildung 9.3-4 dargestellt ist.

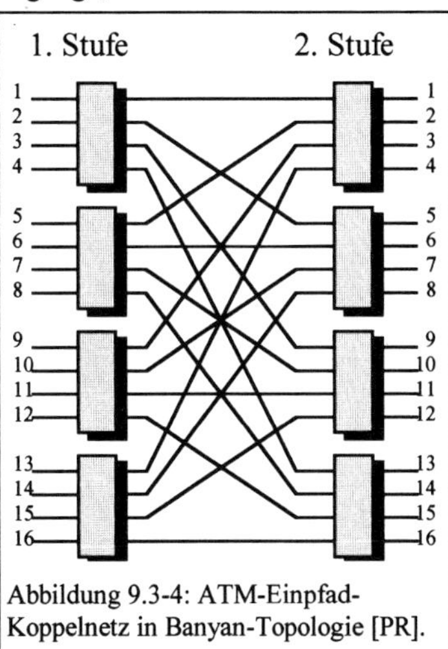

Abbildung 9.3-4: ATM-Einpfad-Koppelnetz in Banyan-Topologie [PR].

Die CMOS-VLSI-Gatter, die diese Strukturen realisieren, stellen höchste Anforderungen an die Halbleitertechnologie. Realisierungsalternativen sind die lange eingeführte ECL-Technik mit allerdings hohen Leistungsaufnahmen, was die Pakkungsdichte der Elemente begrenzt, und die neuere, aber noch in den Kinderschuhen steckende, GaAs-Technologie mit sechsmal höherer Ladungsträgerbeweglichkeit als Silizium.

Das Innenleben eines einzelnen der im Beispiel

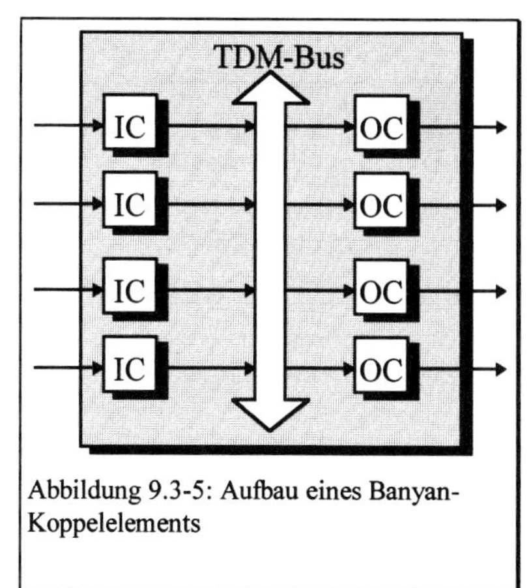

Abbildung 9.3-5: Aufbau eines Banyan-Koppelelements

verwendeten acht Koppelelemente kann typisch wie in Abbildung 9.3-5 realisiert werden. Selbststeuernd weist es für jeden Eingang einen Input Controller (IC) und jeden Ausgang einen Output Controller (OC) mit zugeordneten Speicherelementen auf. Die ***Zellen*** finden ihren Weg zwischen diesen Elementen typisch auf einer Standard-Zeitmultiplex-Busstruktur, die i.allg. parallel ausgeführt ist (16/32 Bit).

Das Koppelnetz in Abbildung 9.3-4 ist ein sog. Einpfad-Koppelnetz, das die Option, daß eine ***Zelle*** über mehrere Wege durch das Netz laufen kann, nicht bietet. Führt man eine oder mehrere Zwischenstufen ein (Mehrpfad-Koppelnetze), ist dies möglich; die Struktur und das Management werden entspr. komplexer. Ein verbreiteter Vertreter dieser Klasse ist das Delta-Netz, in Abbildung 9.3-6 als vierstufige Variante vorgestellt, welches selbstroutende Eigenschaften hat: soll eine Zelle von einem beliebigen Eingang z.B. auf Ausgang **0011** vermittelt werden, muß entspr. der Ziffernreihenfolge in der jeweils zugeordneten Stufe bei einer **0** der obere und bei einer **1** der untere Ausgang gewählt werden. Die ***Zelle*** erhält am Eingang dieses Bitmuster als Vermittlungskennung und arbeitet sie bitweise Stufe für Stufe zur Wegewahl ab. Da das gerade abgearbeitete Bit nicht mehr gebraucht wird, kann sie in einem Schieberegister stehen und dieses Bit beim Durchschleusen nach links herausgeschoben werden, so daß immer das erste Bit zu interpretieren ist. Zwei Beispielpfade sind dargestellt: einer, der bei **0000** beginnt, der andere bei **1010**.

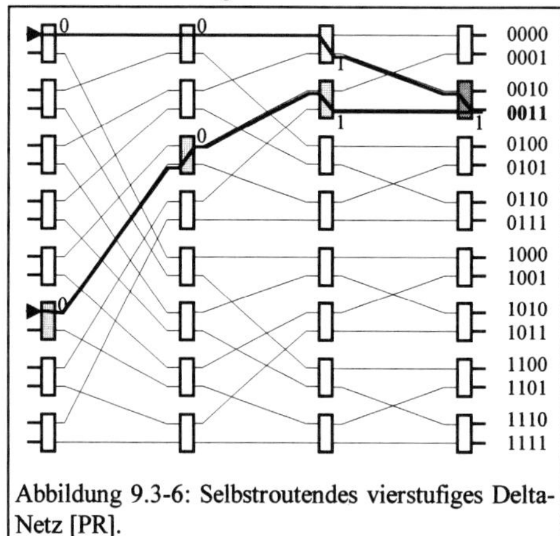

Abbildung 9.3-6: Selbstroutendes vierstufiges Delta-Netz [PR].

9.3.3 Verkehrs- und Überlastkontrolle

Die Verkehrs- und Überlastkontrolle ist deutlich komplexer als z.B. bei leitungsvermittelnden Schmalband-Netzen, aber auch herkömmlichen Paketnetzen. Einfluß auf die Strategien nehmen u.a.

- der **innere Blockierungsgrad** der Koppelnetze
  bei mehrstufigen Koppelnetzen ist der blockierungsfreie Aufbau nicht mehr ökonomisch durchzuführen.
- **Anzahl**, **Größe** und **Zugriffszeiten** der **Wartespeicher**.
- **Zellverluste** durch **Überbuchung**

Die Bandbreite innerhalb der ***VP*** kann statistisch bei Verbindungsaufbau überbucht werden. Eine dynamische Überbuchung während des Betriebs ist zumindest vorerst wegen der Komplexität nicht möglich.

Dazu vereinbaren die Kommunikationspartner bei Verbindungsaufbau Verkehrsparameter, die sie während der Verbindung einhalten müssen. Zusätzlich muß das Netz ein ***Policing*** (Verkehrspolizei) durchführen, welches die Einhaltung dieser Parameter überwacht. Letztendlich hängen mit diesen Parametern auch die Kosten einer Verbindung zusammen. Die wichtigsten Maßnahmen der Verkehrs- und Überlastkontrolle sind daher:

- **Überwachung der Verkehrsparameter**, wie
  - ***Maximale Zellrate*** (***Peak Cell Rate = PCR***)
    wird nur bei ausreichender Bandbreite zur Verfügung gestellt.
  - ***Mittlere Zellrate*** (***Sustainable Cell Rate = SCR***)
    mit jeder empfangenen ***Zelle*** wird ein Zähler erhöht, und durch die entspr. der Bandbreite erwarteten ***Zellen*** vermindert. Bei Überschreiten eines Vorgabewerts werden die Folgezellen dieser Verbindung verworfen, bis der Normwert wieder erreicht ist (***Leaky Bucket-Methode***).
  - ***Maximale Burstgröße*** (***Maximum Burst Size = MBS***)
    über einen bestimmten Zeitraum darf die Zellanzahl einen bestimmten Wert nicht überschreiten. Ist dies doch der Fall, werden entspr. vom Versender gekennzeichnete ***Zellen*** verworfen.
- **Zugangskontrolle am Netzeingang** (***Connection Admission Control = CAC***)
  - ***Benutzungskenngrößen*** (***Usage Parameter Control = UPC***),
  - ***Netzkenngrößen*** (***Network Parameter Control = NPC***).
- **Zellstromformung** (***Traffic Shaping***)
  durch zusätzliche Puffer werden bei Überlast ***Zellen*** künstlich verzögert. Dies kann auch zum Ausgleich von Verzögerungsschwankungen verwendet werden.
- **Überlastmeldungen**
  über Flußregelung (RR, RNR, REJ) sind prinzipiell möglich, aber z.Z. nicht vorgesehen. Die Wirksamkeit dieser Methode bei Echtzeitanwendung ist noch nicht garantiert.

Wichtig für die Effizienz eines ***ATM***-Netzes ist das Einhalten von dienstbezogenen QoS-Parametern, die sich primär auf Zellverzögerung und Zellverluste beziehen. Die Zellverzögerung gliedert sich in die

- **Ende-zu-Ende-Verzögerung**, und die
- **Verzögerungsschwankung** (Streuung).
  Ideal ist dieser Wert 0 und macht sich besonders kritisch bei breitbandigen Videoanwendungen bemerkbar. Sie muß durch Zwischenspeicherung geglättet werden (***Traffic Shaping***; s.o.).

Fernsprechverbindungen *vertragen* weder Ende-zu-Ende-Verzögerungen über die in Abschn. 9.2.3 angegebenen Werte, noch Verzögerungsschwankungen. Zellverluste bis ca. 1% sind tolerierbar. Videoanwendungen tolerieren keine Zellverluste. Bei beiden obliegt die Anpassung dieser Randbedingungen dem sog. ***ATM Adaption Layer 1*** (***AAL 1***), der im folgenden Abschn. über das ***ATM-Referenzmodell*** besprochen wird.

Datenverbindungen tolerieren, falls sie keine Echtzeitanforderungen stellen, Verzögerungen und -schwankungen. Zellverluste resultieren in *Nachrichtenwiederholungen - nicht einfach in Zellwiederholungen.* Das kann beim Versenden großer Dateien den Durchsatz empfindlich mindern, wenn wegen des Verlusts einer ***Zelle*** hunderte wiederholt werden müssen. Es ist also bereits auf den höheren Schichten auf eine vernünftige Segmentierung zu achten (nicht gemeint: Segmentierung bei der Abbildung auf ***Zellen***, wie in Abschn. 9.2.1 dargestellt; die ist durch die Zellgröße ja automatisch vorgegeben). Die Adaption wird im ***AAL 3/4*** bzw. ***AAL 5*** durchgeführt.

9.4 Das ATM-Referenzmodell

In Abbildung 9.4-1 ist das ***ATM-Referenzmodell*** dargestellt, das das OSI-Modell zur Grundlage hat, wegen der Integration von OSI- und Nicht-OSI-Diensten (z.B. Sprache), sowie komplexen Querbezügen zwischen diesen, Funktionen aufweist, die über das Standard-OSI-Modell hinausgehen. Dies schlägt sich in der Definition zweier ***ATM***-spezifischer Schichten nieder: der ***ATM-Schicht*** und der ***ATM-Anpassungsschicht*** (***AAL***) an den höheren Diensttyp, neben der Bitübertragungsschicht und einer vierten Schicht für die höheren Dienste.

Zuweilen werden ***ATM-Schicht*** und ***ATM-Anpassungsschicht*** der Schicht 1 des OSI-Modells zugeordnet, obwohl z.B. die ***HEC***-Feldfunktion eindeutig der Sicherung dient, aber auch die ***GFC***-Funktion findet sich dort. Andererseits findet man einen HDLC-Rahmen irgendeines Protokolls, das auf seiner Schicht 2 HDLC fährt, eingekapselt in ***AAL***-Rahmen und von der ***ATM-Schicht*** in ***Zellen*** segmentiert wieder, so daß diese Architekturdarstellung durchaus ihre Berechtigung aufweist. Jeder PDU-Verkapselungsvorgang stellt einige Anforderungen an die Abbildung auf das OSI-Modell.

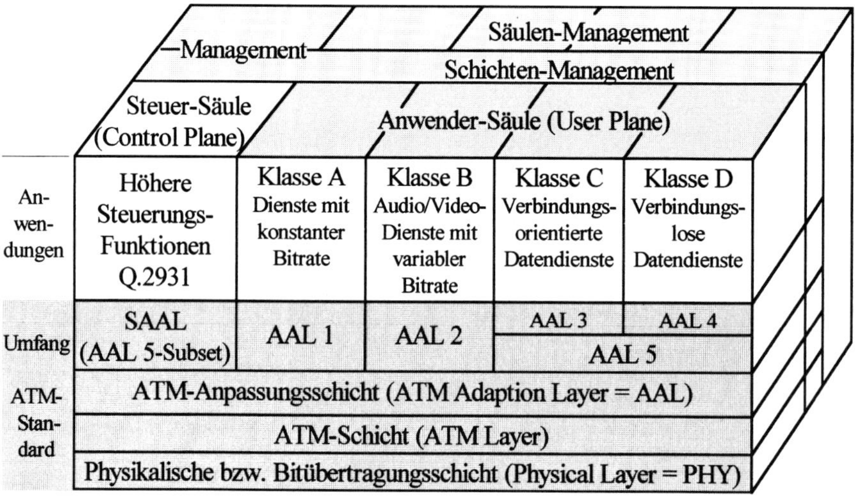

Abbildung 9.4-1: Das ATM-Referenzmodell.

Neu in dieser Konsequenz ist auch die weiter ausgebaute *Vertikalstrukturierung* in Form sog. ***Planes***, in der Literatur meist mit dem Begriff ***Ebenen*** übersetzt, die nicht verwechselt werden dürfen mit dem meist gleich übersetzten *Level*-Begriff des ZGS#7, welcher seiner Natur nach ein Horizontalobjekt wie *Schichten* (*Layers*) darstellt. Eine andere, hier verwendete, gebräuchliche Übersetzung - ***Säule*** - würde dem Sinn und dem Begriffsunterscheidungsbedürfnis eher gerecht werden, ist aber grammatisch bedenklich.

Eine ***Säule*** ist der Vertikalunterteilung an der S_0-Schnittstelle in B- und D-Kanäle vergleichbar. Entspr. der Abbildung sind folgende ***Säulen*** definiert:

- ***Anwender-Säule*** (auch ***Benutzer-Säule***; ***User-Plane = U-Plane***) zur Übertragung der Benutzerinformation; sie entspricht dem B-Kanal beim S-ISDN. Sie benötigt sämtliche unterliegenden ***ATM***-Schichten, insbes. die der weiteren Vertikalunterteilung der ***Säulen*** in einzelne Dienste zugeordneten speziellen Funktionen des ***AAL***.
- ***Steuerungs-Säule*** (***Control-Plane = C-Plane***) zur Steuerung des Aufbaus, der Unterhaltung und des Abbaus von U-Verbindungen. Sie entspricht in ihrer Funktionalität dem D-Kanal beim ISDN bzw. dem ZZK des ZGS#7, nimmt also die Signalisierungsfunktionen wahr.
- ***Management-Säule*** (***M-Plane***) gliedert sich OSI-konform in das
  - ***Schichten-Management*** (***Layer Management***), und das
  - ***Säulen-Management*** (***Plane Management***)

  mit überwachenden und koordinierenden Aufgaben.

Entsprechend der Abbildung wird die ***U-Säule*** für vier Dienstklassen A - D ab ***AAL***-Ebene weiter unterteilt. Dazu gehören u.a.:

- Datenübermittlungsdienste
- Multimedia-Dienste (Sprache, Video und Daten kombiniert).
- Videodienste
- Sprachübermittlungsdienste

Sie unterscheiden sich bzgl. der in Abschn. 9.3.3 angegebenen QoS-Parameter, deren Einhaltung wiederum Aufgabe des jeweils zugeordneten ***AAL*** ist. Die Funktionalitäten und weiteren Unterteilungen der einzelnen ***ATM***-Schichten lassen sich grob im Überblick wie in Tabelle 9.4-1 darstellen.

AAL	CS	Konvergenz
	SAR	Segmentierung und Reassemblierung
ATM		Allgemeine Flußregelung VPI/VCI-Umsetzung Zell-Multiplexen und -Demultiplexen
PHY	TC	Zellratenentkopplung HEC-Feld-Verwaltung Zelldarstellung Anpassung des Übertragungsrahmens Erstellung/Wiederherstellung des Übertragungsrahmens
	PM	Bittakt Physikalisches Medium

Tabelle 9.4-1: Schichtenunterteilung und wesentliche Funktionen des ATM-Referenzmodells.

9.4.1 Bitübertragungsschicht

Die physikalische Schicht besteht entspr. I.432 aus den beiden Unterschichten

- ***Physikalisches Medium (PM)***
  Sie unterstützt rein medienabhängige Bitfunktionen. Das bevorzugte physikalische Breitband-Medium ist der Lichtwellenleiter. Das ITU-T hat vier Medien-Anpassungs-Arten festgelegt, und zwar auf der Basis
  - ***SDH (Synchrone Digitale Hierarchie*** gemäß G.707 und G.957; in den USA: SONET = Synchronous Optical Network)
    Hier sind die Bitraten 155,52 Mbps und 622,08 Mbps genormt. Die Rahmen haben 125 µs Wiederholperiodendauern. ***Zellen*** am Rahmenende und -anfang werden meist auf verschiedene ***SDH***-Rahmen untersegmentiert.
    Optische Medien werden durch zwei Monomodefasern realisiert [TE].
  - ***PDH (Plesiochrone Digitale Hierarchie*** gemäß G.703 und G.804)
    Es werden Lichtwellenleiter und Kupferkabel zugelassen.
    Die Übertragungsbitrate beträgt 2 bzw. 34 Mbps, ebenfalls mit 125 µs-Wiederholperiodendauern. Wird UTP verwendet, so kann z.B. der Transceiver UTPT (PXB 4230) der Fa. Siemens [SI5.5] verwendet werden.
  - ***ATM-Zellen***, die **nicht an 125 µs-Rahmen** gebunden sind.
    Sie bilden einen kontinuierlichen Zellstrom ohne weiteren ***PM***-Rahmen, allerdings mit eingefügten ***PM***-Verwaltungszellen. Ansonsten sind die Merkmale des Mediums identisch mit denen der ***SDH***-Schnittstelle, es werden jedoch auch Mehrmodenfasern zugelassen.
  - **FDDI (Fiber Distributed Data Interface**; s. Abschn. 8.5)
    definiert vom ***ATM-Forum*** für private ***UNI***s die 125 Mbps-Schnittstelle mit Mehrmodenfasern.

  SDH und ***PDH*** werden in Abschn. 9.6 erläutert. Für jede dieser vier Medienoptionen erfüllt die
- ***Übertragungskonvergenz-Unterschicht (Transmission Convergence = TC)***
  folgende Funktionen:
  - **Zellsynchronisation**, d.h. Erkennen von Zellanfang- und -ende, auch wenn ***Zellen*** z.B. auf verschiedene ***SDH***-Rahmen untersegmentiert wurden.
  - **Bitratenanpassung** zwischen den Anforderungen der ***ATM***-Schicht und der unterliegenden Bitrate der ***PM***-Schicht.
  - **Erzeugung** und **Entnahme** von ***Leerzellen.***
  - ***HEC*-Generierung/Prüfung**. Die Art der ***HEC***-Behandlung kann von der Art der ***PM***-Schicht abhängen.
  - OAM-Funktionen der Schicht 1.

9.4.2 ATM-Schicht

Die in I.361 spezifizierte ***ATM***-Schicht gewährleistet die Unabhängigkeit der höheren Dienste von sämtlichen Funktionen der Bitübertragungsschicht. Diese Dienste wissen praktisch nicht, daß es auf der Schicht 1 überhaupt so etwas wie ***Zellen*** gibt. Gleichwohl sorgt sie dafür, daß die Bitübertragungsschicht zu keinem Zeitpunkt einen Bezug zu dem Dienst, zu dem eine gerade übertragene ***Zelle*** gehört, haben muß.

Das Nutzinformationsfeld einer ***Zelle*** (***Payload***) ist sowohl für die Bitübertragungsschicht als auch für die ***ATM***-Schicht transparent. Die ***ATM***-Schicht ist für die Bearbeitung des ***Zellkopfes*** zuständig, der ebenfalls für die Schicht 1 bis evtl. auf Funktionen des ***HEC***-Feldes, transparent ist. Die wichtigsten Funktionen der ***ATM***-Schicht sind im einzelnen:

- **Generierung** bzw. **Entnahme** des ***Zellkopfs***
  beim Übergang vom ***AAL*** zur Physikalischen Schicht bzw. umgekehrt.
- **Multiplexen** und **Demultiplexen**
  der ***Zellen*** unterschiedlicher ***Virtueller Verbindungen*** mit Hilfe der ***VPI/VCI*** in einem kontinuierlichen Zellstrom auf dem physikalischen Medium. Bereitstellen zweier
- **Dienstqualitätsklassen**
  mittels des ***CLP***-Bits. ***Zellen*** mit ***CLP*** = 1 haben niedere Priorität und können z.B. bei Überlast verworfen werden.
- **Überlastanzeige**,
  an die höheren Schichten, die dies z.B. zur Reduktion des Datenflusses nutzen können, aber auch zur Information dieser Schichten über die (mögliche) Verwerfung von ***Zellen***.
- **Überwachung**
  von Datenraten, die von höheren Schichten gefordert werden, aber auch ***Policing***, d.h. Überwachung des Überschreitens der bei Verbindungsaufbau geforderten Parameter.
- **Flußregelung** am ***UNI*** mittels der vier ***GFC***-Bits.

9.4.3 ATM-Adaptionsschicht

Der ***AAL*** verbessert das Diensteangebot, das von der ***ATM***-Schicht geboten wird, bzgl. der Anforderungen des jeweiligen höheren Dienstes (***U***, ***C***, ***M***). Der ***AAL*** schreibt bzw. liest in den Endgeräten seine dazu notwendigen PDUs in das ***Informationsfeld*** einer oder mehrerer aufeinanderfolgender ***ATM-Zellen*** einer ***Virtuellen Verbindung***. ***AAL***-Information der ***U-Säule*** ist für ***ATM***-Vermittlungsstellen transparent. Die höchste ***U***-Schicht einer ***ATM***-Vermittlungsstelle ist also die ***ATM***-Schicht.

AAL-Klasse	A	B	C	D
Zeitbezug zw. Sender und Empfänger	zeitkontinuierlich		nicht zeitkontinuierlich	
Bitrate	konstant	variabel		
Kommunikationsart	verbindungsorientiert			verbindungslos
Beispiele	Fernsprechen Videodialog	Video komprimiert	Normale Datenübertragung	Varianten von LAN-DÜ
AAL-Diensttyp	1	2	3/4 bzw. 5	3/4

Tabelle 9.4-2: ATM-Dienstklasseneinteilung auf AAL-Ebene mit Beispielen [I.211].

Die Dienste sind in die in der Einführung erwähnten vier Klassen unterteilt, von denen jede eine bestimmte Anforderung an den ***AAL*** stellt. Drei Kriterien sind hierzu von besonderer Bedeutung und in Bezug auf die Dienste und ***AAL***-Klassen in Tabelle 9.4-2 dargestellt.

Die dienstunabhängige ***ATM***-Schicht ist in der Lage, sehr unterschiedliche Kommunikationsdienste zu bedienen. Sie beschränkt sich auf den von sämtlichen Diensten und Anwendungen benötigten abschnittsweisen Transport von ***ATM-Zellen*** entsprechend den Steuerungsangaben im ***Zellkopf***. Der ***AAL*** unterstützt demgegenüber die höheren Schichten sendeseitig durch die dienstabhängige Bildung von ***ATM-Zellen*** und empfangsseitig durch die dienstabhängige Rückgewinnung von Informationen aus den empfangenen ***ATM-Zellen***.

Die fünf ***Diensttypen*** sind wie folgt spezifiziert: ***Diensttyp*** ...	
1	für verbindungsorientierte Nutzdaten mit konstanter Bitrate, festem Zeitbezug, notwendig für alle Echtzeit-Dialogkommunikation. Es kann zusätzlich zur eigentlichen Nutzinformation Synchronisationsinformation ausgetauscht werden, die z.B. bei reiner Leitungsvermittlung nicht benötigt wird. (Bsp.: Zellnumerierung um Zellüberholungen, -verdopplungen oder -verluste zu erkennen).
2	für variable Bitraten, wie sie bei komprimierter Videoübertragung auftreten können. Nimmt z.B. eine Kamera momentan ein Standbild, langsam bewegtes Bild oder partiell unbewegtes Bild etc. auf, kann das in Videokompressionsverfahren berücksichtigt und die Bitrate entsprechend reduziert werden. Bei der Übertragung eines MTV-Videoclips wird man hingegen wohl die volle Bandbreite benötigen.
3/4	für Daten, die empfindlich gegenüber Verlust, nicht aber Verzögerungen sind. Es besteht kein bei Verbindungsaufbau festgelegter Zeitbezug zwischen Sender und Empfänger, d.h. der Empfänger weiß zu keinem Zeitpunkt ob und mit wieviel Daten (***Zellen***) des Senders er rechnen muß. Zusätzlich muß sich der Sender evtl. noch nicht einmal mit einem Verbindungsaufbau angemeldet haben.
5	bietet nach Definition durch das ***ATM-Forum*** einfache Übertragungsmechanismen für Datenkommunikation und wird z.B. für die Übertragung von Signalisierungsnachrichten (***Signalling AAL = SAAL***) der ***C-Säule*** verwendet, aber auch für das in Abschn. 9.9 vorgestellte ***Frame Relay***.

Für besonders einfache Fälle kann der ***AAL*** auch leer sein und die höheren Schichten direkt auf die 48 Oktetts einer ***Zelle*** zugreifen und sie sequentiell reassemblieren (***AAL 0***). Im allgemeinen Fall wird jedoch ein Ausgleich von Zellaufzeiten durch den ***AAL*** nötig sein. Der ***AAL*** wird seinerseits wieder in die beiden Teilschichten

- ***Konvergenz-Unterschicht*** (***Convergence Sublayer = CS***).
  Hier finden wir die Diensttyp.- bzw.- Klassen zugeordneten Funktionen, und die
- ***Unterschicht für Segmentierung und Reassemblierung***
  (***Segmentation and Reassembly Sublayer = SAR***)
  Hier findet sendeseitig die Segmentierung der Nutzdaten auf die Länge des Nutzfeldes einer ***ATM-Zelle*** statt. Empfangsseitig werden die Nutzdaten aus den empfangenen ***ATM-Zellen*** wieder zusammengefügt. Ein IC, das diese Funktionen abwickelt, ist von der Fa. Siemens als SAR-Element (SARE; PXB 4110 [SI5.5]) angekündigt.

Beim Übergang vom jeweiligen ***CS*** des ***AAL*** zum zugehörigen Dienst finden wir die ***AAL-Diensttypen*** praktisch in Form unserer altbekannten Dienstzugriffspunkte, (SAPs) wieder. Gleichwohl kann eine ***VPI/VCI***-Kombination als ***ATM***-SAP betrachtet werden. Eine einzelne ***ATM***-Verbindung kann auch von mehreren Diensten parallel genutzt werden; sie wird dann auf mehrere ***AAL***-Verbindungen aufgeteilt.

AAL-Instanzen kommunizieren über ***AAL-Dateneinheiten*** miteinander, deren Struktur wieder diensttypabhängig ist. Für den ***Diensttyp 3/4*** werden in Abschn. 9.7.4 Beispiele für ***AAL-Dateneinheiten*** vorgestellt.

9.4.4 Verbindungsbezüge des Referenzmodells

In vorangegangenen Abschn. wurde bereits dargelegt, daß zum einen unterschiedliche Vermittlungsstellen (***Switches***, ***Cross-Connects***) unterschiedliche Teile der Zelladressierung auswerten, zum anderen die Vermittlungsstellen von der jeweiligen Anwendung unbelastet arbeiten sollen. Im OSI-Modell verhalten sich Vermittlungsstellen entspr. Transitsystemen, ihr Schichtenmodell endet also irgendwo in den niederen Schichten.

Weiterhin haben wir bei der Strukturierung der S_0-Schnittstelle gelernt, daß eine Aufteilung in Signalisierungs- und Nutzverbindungen mit eigenen Strukturen sinnvoll ist, und in Endsystemen als auch in Netzknoten Querbezüge zwischen diesen bestehen. Entspr. der verwandten ***ATM-Säulenarchitektur*** sind adäquate Modellierungen auch hier sinnvoll. Die Art einer solchen Modellierung unterscheidet sich hier nach dem Bezug zur Kommunikationsart: z.B. verbindungsorientierte -, verbindungslose Wählverbindungen, Festverbindungen.

Für diese drei Kommunikationsarten soll hier das ***ATM-Referenzmodell*** für die jeweils beteiligten Systeme und für die jeweiligen ***Säulen*** dargestellt und kurz umrissen werden.

- **Verbindungsorientierte Wählverbindung**

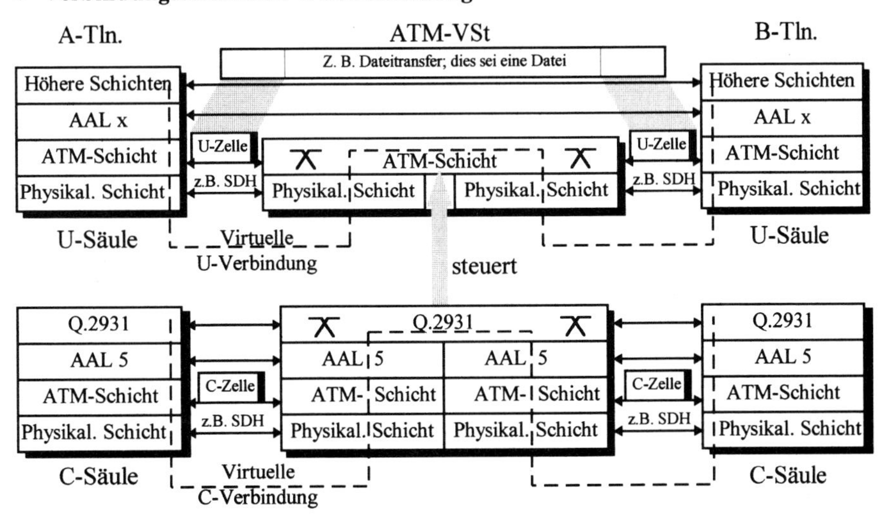

Abbildung 9.4-2: ATM-Referenzmodell für eine verbindungsorientierte Wählkommunikation.

Zur Konfiguration von ***Virtuellen Signalisierungsverbindungen*** wird eine sog. ***Meta-Signalisierung*** mittels reservierter ***VP/VC***-Kombinationen über die ***C-Säule*** durchgeführt, die die eigentliche Signalisierungsverbindung einrichtet, sofern sie nicht reserviert ist. Dazu müssen die VStn ggf. in der Lage sein, das Informationsfeld von ***C-Zellen*** zu lesen. Das dem D3 (Q.931) des S-ISDN adäquate Teilnehmeranschluß-Protokoll ist von ITU-T unter Q.2931 spezifiziert und wird über den ***Diensttyp 5*** gefahren. Abbildung 9.4-2 stellt die zugehörige Referenzkonfiguration dar.
Bezüglich der ***U-Säule*** wird in der VSt nur die ***ATM***-Schicht aktiviert, die die beim Verbindungsaufbau über die ***C-Säulen*** eingetragene Abbildung (grauer Pfeil) der kommenden und gehenden ***U-VP/VC***-Kombinationen entspr. den Informationen in den ***U-Zellköpfen*** durchführt. Das niedrigste Daten-Protokoll der *Höheren Schichten* kann dann ein Standard-Schicht-2-Protokoll wie HDLC sein, jetzt Ende-zu-Ende gefahren.

- **Verbindungslose Kommunikation**
  Sie gilt nur für die höheren Schichten. Wie bereits dargelegt, ist die Kommunikation der Partner-***ATM***-Schichten selbst verbindungsorientiert. Zur Unterstützung dieser Abbildung sind sog. ***Connectionless Server*** (***CLS***) vorgesehen. Da diese Kommunikationsart für LANs (s. Abschn. 9.7.2) charakteristisch ist, müssen Funktionen der LAN-LLC-Schicht unterstützt werden (s. Abschn. 8.1.5). Wir erinnern uns, daß LLC-SAPs über das LLC-Feld eines MAC-Rahmens mittels Source- und Destination-SAPs (SSAP, DSAP) höhere Kommunikationsprotokolle, wie TCP/IP oder NETBIOS adressieren können.
  Weiterhin unterstützt der ***CLS*** ein sog. ***Connectionless Network Access Protocol*** (***CLNAP***), das von der neuen Generation der ***ATM-LAN***s gefahren werden soll (s. Abschn. 9.7).
  Abbildung 9.4-3 stellt das typische Scenario für eine TCP/IP-Verbindung auf den OSI-Schichten 3/4 unter Einbezug einer IWF (Interworking-Function) des ***CLS*** dar, die in der Lage ist, Routing-Funktionen aufgrund von TCP/IP-Adressen z.B. für eine Internet-Verbindung über ***ATM***-VStn durchzuführen.

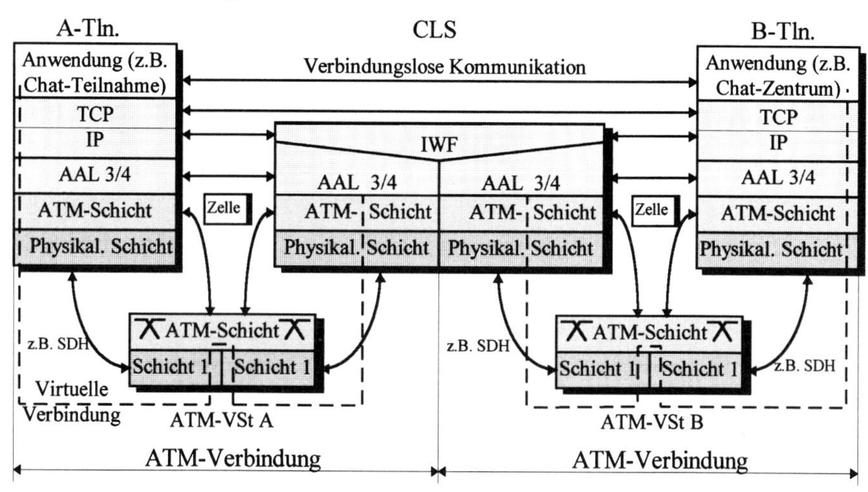

Abbildung 9.4-3: ATM-Referenzmodell für eine verbindungslose Kommunikation über das Internet.

Den Ablauf kann man sich so vorstellen, daß Tln. A via Anwendung A ein TCP/IP-Datagramm an den ***AAL 3/4*** ohne vorheriges ESTABLISH-REQ übergibt. Beim Schichtendurchlauf erzeugt der A-***AAL 3/4*** die notwendige Information, um zunächst zu dem ***CLS-AAL 3/4*** eine ***ATM***-Verbindung aufzubauen. Ist dieser Aufbau abgeschlossen, wird das Datagramm von der A-***AAL-SAR***-Schicht segmentiert, von der ***ATM***-Schicht in Form von ***Zellen*** via VSt A übertragen und vom ***CLS-AAL 3/4*** an die IWF ohne vorheriges ESTABLISH-IND weitergeleitet, welche die TCP/IP-Adresse zum weiterrouten analysiert. Damit ist der richtige gehende ***CLS-AAL 3/4*** gefunden und der Vorgang läuft analog weiter.

- **Feste Virtuelle Verbindung** (**FVV; Permanent Virtual Circuit = PVC**)
  Für diesen Verbindungstyp ist der ***ATM-Cross-Connect*** besonders geeignet. Die Funktionen beschränken sich hier auch für die Signalisierung auf die Bearbeitung der Bitübertragungs- und ***ATM***-Schicht, während die ***PVC*** über das Management des Netzbetreibers eingerichtet wird. Die Signalisierung benötigt in der VSt also keinen Querbezug zu dem Lauf der Nutzinformation, sondern wird nur, wie in Abbildung 9.4-4 dargestellt, für Ende-zu-Ende-Funktionen benötigt. In dieser Abbildung ist das Management nicht dargestellt, da es ja nur beim Einrichten der Verbindung, d.h. der Reservierung der ***VP/VC***-Kombination für diese Festverbindung benötigt wird und danach bzgl. der netzinternen vermittelnden Verbindungssteuerung außen vor ist.
  Passiert die Signalisierung einen ***ATM-Switch***, so kann dieser bzgl. der Vermittlungsfunktionen für diese ***PVC*** in den ***Cross-Connect***-Mode geschaltet sein, d.h. die ***ATM***-Schichten der kommenden und gehenden Bündel sind unter Umgehung des ***AAL 5*** direkt verbunden. Vgl. dazu Ende-zu-Ende-Zeichengabe des ZGS#7, die heute noch über den Transportfunktionsteil (TF) abgewickelt wird, demnächst mittels Transaction Capabilities-(TCAP)-Funktionen (s. Abschn. 7.2.4.3).

Im folgenden Abschn. soll es nun darum gehen, wie die in diesem Abschn. aufgezeigten Verbindungsbezüge über ***ATM***-spezifische Schnittstellen im Tln.-Anschlußbereich, als auch netzintern, realisiert werden können

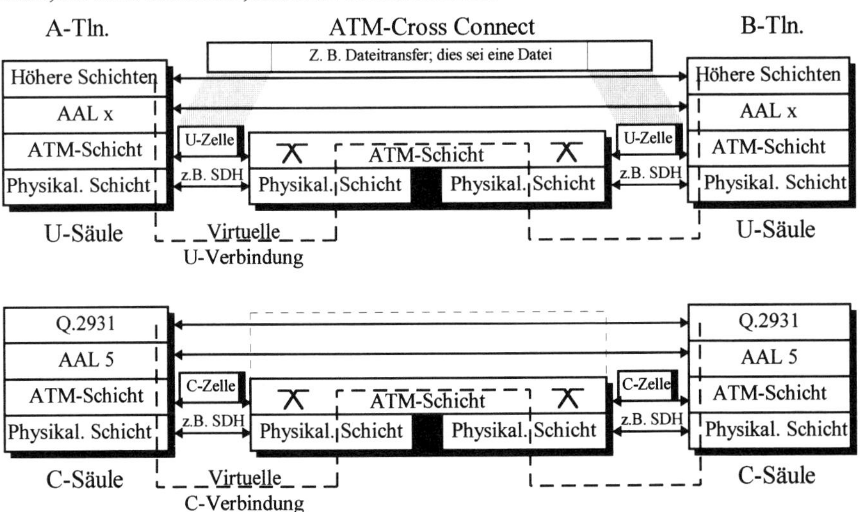

Abbildung 9.4-4: ATM-Referenzmodell für eine Virtuelle Festverbindung.

9.5 ATM-Schnittstellen

Ein ***ATM***-Netz besteht im allgemeinen aus den Breitbandübertragungswegen, wo die Übertragung von ***ATM-Zellen*** aus den unterschiedlichen Informationsquellen stattfindet, und aus den ***ATM***-Netzknoten zur Vermittlung der ***Zellen***. Hierzu werden zwei unterschiedliche Netzschnittstellen definiert:

- ***UNI*** (***User Network Interface***)
  als Schnittstelle zwischen ***ATM***-Endsystemen und dem Netz, also als Teilnehmeranschlußschnittstelle. Als Endsysteme kommen z.B. ***ATM-TE***s, LANs, ISDN-TK-Anlagen oder eine ganze DV- und TK-Infrastruktur eines Unternehmens in Betracht.
- ***NNI*** (***Network Node Interface***)
  als Internetzschnittstelle zwischen internen Vermittlungsknoten.

In Abbildung 9.5-1 sind die Schnittstellen im ***ATM***-Netz dargestellt.

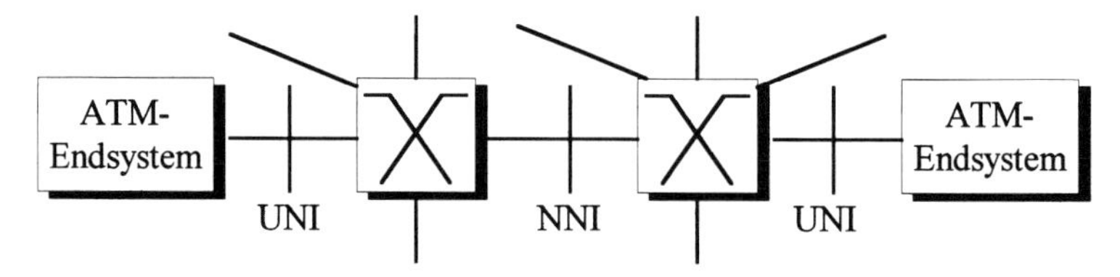

Abbildung 9.5-1: Schnittstellen im ATM-Netz.

Die Schichten- und sonstigen Strukturen dieser Schnittstellen sind in ihren Grundeigenschaften nicht unähnlich den in Kap. 4 bereits ausführlich vorgestellten des S-ISDN, weshalb ihnen hier nur eine kurze Einführung gewidmet werden soll.

9.5.1 Teilnehmer-Netzschnittstelle (UNI)

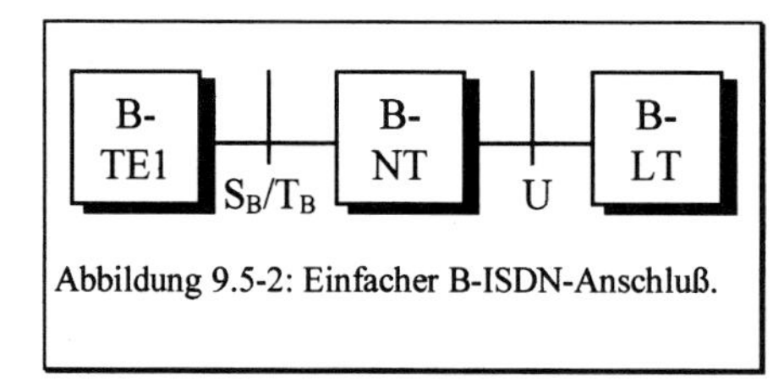

Abbildung 9.5-2: Einfacher B-ISDN-Anschluß.

Sofern mit ***ATM B-ISDN*** realisiert werden soll, findet sich die in Abschn. 4.1.6 vorgestellte Referenzkonfiguration im Teilnehmeranschlußbereich auch hier wieder, nur daß die dort beschriebenen Komponenten und Schnittstellen nun ***B-ISDN***-spezifisch sind. Speziell ist die hier S_B genannte S-Schnittstelle für ***B-TE*** von Interesse, die in zahlreichen Konfigurationen auftreten kann. Wir finden hier zunächst entspr. Abbildung 9.5-2 den einfachen ***B-ISDN***-Anschluß.

Weiterhin besteht entspr. Abbildung 9.5-3 die Option des Anschlusses von TKAnl und/oder sternförmigen ***ATM***-LANs, der funktional durch den ***B-NT2*** abgedeckt wird. Insbes. ist hier die teilnehmerseitige Mischbestückung von Schmal- und Breitband-TEs interessant. Speziell für andere ***ATM***-LAN-Strukturen (Bus, Ring) ist die international noch nicht standardisierte Funktionseinheit ***Medium-Adaptor*** (***MA***) mit ***W***-Schnittstelle zwischen den ***MA***s definiert, die den in Abbildung 9.5-3 dargestellten Teilnehmer-Funktionseinheiten den Zugang zum Bus oder Ring gewährt, welcher an irgendeiner

Stelle dann wieder eine T_B-Schnittstelle mit dem Zugang zum öffentlichen ***ATM-B-ISDN*** via ***B-NT1*** ermöglicht. Erste Realisierungen solcher Strukturen werden in den Abschn. 9.8 (***SMDS***) und 9.9 (***Frame Relay***) vorgestellt.

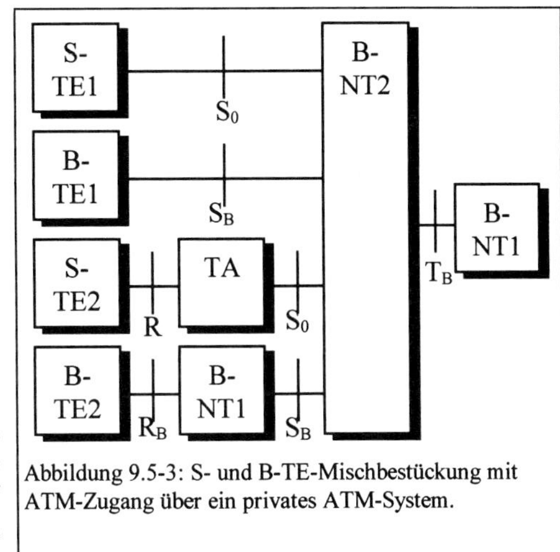

Abbildung 9.5-3: S- und B-TE-Mischbestückung mit ATM-Zugang über ein privates ATM-System.

Ebenfalls sind Optionen denkbar, die weitere S_B-Schnittstellen zu nachgeschalteten ***B-TE***s oder S-Schnittstellen zu S-TEs aufweisen, um diesen nicht genutzte Übertragungskapazität zur Verfügung zu stellen. Hierbei kann die Kontrolle über diese Kapazität diesem ***B-TE*** unterliegen oder der Zugang kann demokratisch sein, vergleichbar wieder einem LAN-Zugriffsverfahren.

Das auf der Teilnehmerschnittstelle als Q.931-D3-Äquivalent gefahrene Signalisierungsprotokoll Q.2931 (DSS2) verwendet im wesentlichen die gleichen Nachrichten wie die in Abschn. 4.4 des DSS1 beschriebenen, mit ebensolchen Strukturen: PD (=Q.2931 international = **9** statt **8** für das S-ISDN nach Q.931), CR, MT sowie IEs, die auch im S-ISDN verwendet werden, und weitere, die ***ATM***-spezifisch sind. Darüberhinaus gibt es noch vier weitere ***ATM***-spezifische Nachrichten (Messages), die den Status ***Semipermanenter Virtueller Verbindungen*** betreffen (s. Abschn. 4.4.3.1), sowie *ADD PARTY*, *ADD PARTY ACK*, *ADD PARTY REJECT*, *DROP PARTY* und *DROP PARTY ACK*, die Mehrpunkt-(z.B. Multimedia)-Verbindungen, d.h. in ***VP***s ***VC***s einrichten bzw. auslösen.

Das LAPD-Äquivalent ist hier der ***AAL-5***-Subset ***SAAL***, unterteilt entspr. Abschn. 9.4.3 in ***SAR*** und einen in eine ***Koordinierungs-Teilschicht*** (***Service Specific Coordinating Function=SSCF***) sowie ***Sicherungsteilschicht*** (***Service Specific Connection Oriented Protocol = SSCOP***) weiterstrukturierten ***Service Specific Convergence Sublayer*** (***SSCS***). Der ***SAR*** führt die Segmentierung/Reassemblierung bzgl. der ***ATM***-Schicht durch, so daß sich die Schichtenfolge wie im Referenzmodell in Abbildung 9.4-1 links ergibt. Die Spezifikationen finden sich in der Q.21yz-Reihe (s. Abschn. 9.10).

Eingangs wurde dargelegt, daß die Signalisierungs- und Nutzkanaltrennung nicht zwingend starr wie z.B. an der S_0-Schnittstelle (2B+D) ist, sondern durch die in Q.2120 spezifizierte ***Meta-Signalisierung*** konfiguriert werden kann. Die dazugehörigen Instanzen befinden sich in der ***ATM***-Schicht und verfügen über eigene *reservierte* ***Virtuelle Kanäle*** mit ***VCI***=1 in jedem ***VP***. Soll also ein bestimmter ***VC*** innerhalb eines ***VP*** als Signalisierungskanal konfiguriert werden, ist er bei der in der ***ATM***-Schicht residierenden diesem ***VP*** zugeordneten Manager mit Typangabe (Punkt zu Punkt, Broadcast, Multicast etc.) anzufordern. Wird er zugeteilt, kann erst die eigentliche Nutzkanalverbindung über diesen Signalisierungskanal aufgebaut werden, die dann natürlich wieder einen eigenen ***VCI*** innerhalb dieses ***VP*** hat.

Die Signalisierungskanal-Verwaltungsprozeduren sind etwa auf gleichem hierarchischen Level angesiedelt, wie die in Abschn. 4.3.12.2 beschriebene TEI-Verwaltung für eine LAPD-Verbindung an der S_0-Schnttstelle des S-ISDN. Die ausgetauschten Nachrichten haben dementspr. auch vergleichbare Funktionen (z.B. ***VCI***-Zuweisung statt TEI-Zuweisung), die gleichen Namen und einen ähnlichen Formataufbau.

9.5.2 Netzinterne Schnittstellen (NNI)

Die Grundlage der Signalisierung *zwischen* ***ATM***-VStn bildet das in Kap. 7 vorgestellte ZGS#7. Es wurde dargelegt, daß prinzipiell die Steuerung eines Breitband-Nutzkanals nicht ohne weiteres selbst eine höhere Bandbreite benötigt als die Steuerung eines Schmalband-Nutzkanals. Deshalb sind im Prinzip alle dort dargelegten Aspekte der Beziehung zwischen Nutz- und Signalisierungskanälen auch hier wiederzufinden. Das ZGS#7 ist in seiner ganzen Konzeption dazu ausgelegt, flexibel bezüglich der benötigten Nutzkanalbandbreiten zu sein.

Die Signalisierungsverbindungen sind hier wieder in Form Zentraler Zeichenkanäle, jetzt ausschließlich in Punkt- zu Punkt-Konfiguration über ***Virtuelle Kanäle*** zu finden. Sie können wie am ***UNI*** fest zugeordnet sein oder ebenfalls, wie im vorangeg. Abschn. beschrieben, vom Management konfiguriert werden. Zwei wesentliche Fragen, die in diesem Zusammenhang zu klären sind:

1. Wie vertragen sich die MTP-Level-Architektur des ZGS#7 und die unteren ***ATM***-Schichten für einen netzinternen Signalisierungskanal?
2. Wer kümmert sich auf Benutzer-Ebene um die eigentliche Steuerung? D.h. wer ist der Partner des Q.2931-Protokolls der Teilnehmerschnittstellen, so wie der (S)-ISUP der Partner des D3-Protokolls darstellt?

Die Antwort wird im wesentlichen durch die in Abbildung 9.5-4 dargestellte Schichtenstruktur gegeben:

<table>
<tr><td>B-ISDN-Anwenderteil
(B-ISUP nach Q.27yz)</td><td colspan="2">B-ISDN-Zeichengabe:
• Ansteuerung der Vermittlungsprozesse
• Nachrichtenbearbeitung</td></tr>
<tr><td>Steuerteil für Zeichengabetransaktionen (SCCP)</td><td>Ende-zu-Ende Transportsteuerung für DM-Zeichengabe</td><td>• Kennung des Anwenderteils</td></tr>
<tr><td>Nachrichtentransferteil (MTP) Level 3;
s. Abschn. 7.2.3)</td><td colspan="2">Zeichengabe-Netzfunktionen mit
• Netzmanagement (Strecken-, Wege-, Verkehrs-)
• Nachrichtenlenkung
(Verteilung, Unterscheidung, Leitweglenkung)</td></tr>
<tr><td>AAL-Nachrichtentransferteil
(vgl. Signalling Link)</td><td colspan="2">SAAL über Diensttyp 5; vgl. UNI
• Gesicherte Nachrichten-Zeicheneinheitenübermittlung
• Segmentierung/Reassembl. von #7-MSUs/ATM-Zellen</td></tr>
<tr><td>ATM-Nachrichtentransferteil</td><td colspan="2">Normale ATM-Schicht
• Zellenübermittlung in virtuellen Signalisierungskanälen</td></tr>
<tr><td>Physikalische Schicht des Nachrichtentransferteils</td><td colspan="2">Zeichengabe-Kanal
• Zugriff auf das Koppelnetz
• physikalische Bitübertragung (PDH, SDH etc.)</td></tr>
</table>

Abbildung 9.5-4: ZZK-Schichtenmodell des ZGS#7 am ATM-NNI. Je tiefer die Grautönung einer Schicht, umso mehr ist sie ZGS#7-spezifisch und ATM-unabhängig.

Der Aufbau einer ***ATM***-Zelle am ***NNI*** weicht entspr. Abbildung 9.2-4 von der am ***UNI*** ab, als der ***VPI*** sich zusätzlich über das ganze erste Oktett ausdehnt. Für die ***B-ISUP***-Nachrichten gilt das bzgl. des ***UNI*** gesagten analog: es werden die gleichen Formate und Strukturen von Nachrichten verwendet, wie sie zur Steuerung von Schmalbandnutzinformationsflüssen in Abschn. 7.2.4 beschrieben wurden. So heißt die verbindungsaufbauende Nachricht am ***UNI*** genauso SETUP bzw. im Netz INITIAL ADDRESS MESSAGE (IAM).

9.6 Synchrone Digitale Hierarchie (SDH) als ATM-Träger

Im Prinzip gehört dieser Abschn. thematisch zur Bitübertragungsschicht des ***ATM***-Modells. Da die ***SDH***-Strukturen aber nicht eigentlich ***ATM***-spezifisch sind und auch unabhängig davon genutzt werden können, genauso wie ***ATM*** auch andere Schicht-1-Strukturen verwenden kann (z.B. FDDI), wird diesem Thema hier separat eine kurze Einführung gewidmet.

9.6.1 PDH-Struktur

Die klassische digitale Multiplexhierarchie ist die sog. ***Plesiochrone Digitale Hierarchie*** (***PDH***), die bereits im Rahmen der Einführung in das ISDN in Abschn. 4.1.7 vorgestellt wurde. Grundlage ist der 64 kbps-Kanal, der in der Multiplexstufe 1 in Europa 30 mal vorkommt (PCM30) und dann immer um den Faktor 4 pro weitere Multiplexstufe - bis heute Stufe 5 mit 7680 Nutzkanälen - erhöht wird (ITU-T: Stufe 4 mit 1920 Nutzkanälen). Die Bruttobitrate wächst um einen etwas größeren Faktor wegen der Signaliserungskanäle (ZS 16 bei PCM30), und für Rahmen- und Überrahmensynchronisation (Stopfbits); s. auch Tabelle 4.1.2.

Zwar handelt es sich hier um eine Synchrontaktung des Netzes, wegen der Laufzeitunterschiede bei verschiedenen Zuleitungslängen zu einer VSt entstehen dort jedoch Phasenunterschiede zwischen den zu vermittelnden Signalflüssen. Diese können mehrere Bitlängen betragen und liegen sozusagen asynchron zu den Taktflanken eines Referenztakts. Wird eine Raum/Zeitlagen-Vermittlung vorgenommen, muß hier gestopft bzw. entstopft werden.

Hierdurch und wegen der Strukturierung des ganzen Plesiochronen Systems muß in hierarchisch hochstehenden VStn (HVStn und ZVStn) zum Vermitteln der einzelnen Kanäle oder auch ganzer niederer PCM-Hierarchieebenen beim Demultiplexen die komplette Hierarchie von oben nach unten, und beim Multiplexen wieder von unten nach oben durchlaufen werden - ein zeitaufwendiger Vorgang. Anders ausgedrückt: Erhält eine VSt einen E4-Rahmen, kann sie nicht einfach feststellen, welches Oktett innerhalb des Rahmens zu welchem Nutzkanal gehört, dieses herausnehmen und direkt auf die gehende Multiplexstruktur weitervermitteln.

Diese Leistung wird von der ***Synchronen Digitalen Hierarchie*** (***SDH***) erbracht, und darüber hinaus noch weitere, die für die ***ATM***-Vermittlung von Bedeutung sind, insbes. das direkte Multiplexen und Demultiplexen von Kanälen verschiedener Bandbreiten durch mehrere Hierarchiestufen hindurch.

9.6.2 SDH-Struktur

Aufgrund der weiterhin angestrebten Harmonisierung zwischen den europäischen Normen der Hierarchie mit ihren brutto 2,048 Mbps für 30 64-kbps-Nutzkanäle (E1 entspr. PCM30) und der US-Norm von 1,544 Mbps für 24 64-kbps-Nutzkanäle (DS1) als Grundlage wurde eine ganzzahliges Vielfaches dieser Raten (+ Overhead) als sog. ***Synchrones Transportmodul 1*** (***STM-1***) mit einer Bitrate von 155,520 Mbps definiert, dessen Grundstruktur in Abbildung 9.6-1 mit ***ATM-Payload*** dargestellt ist.

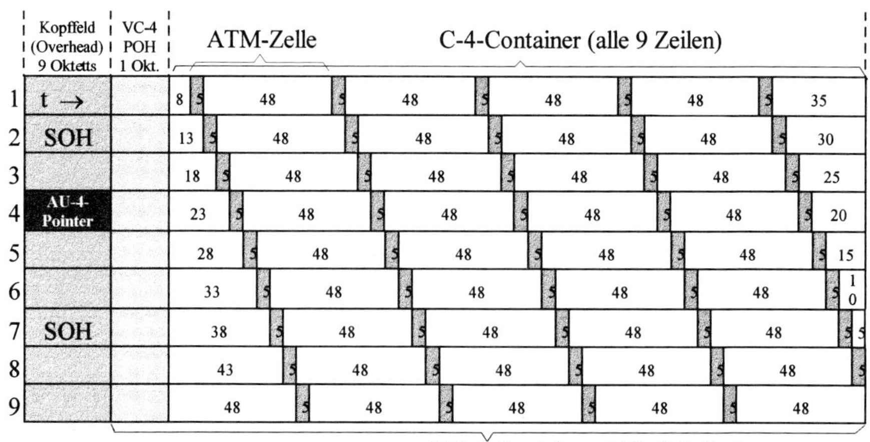

Abbildung 9.6-1: Beispiel eines STM-1-Rahmens mit VC-4-Container und ATM-Zellen. Der POH kann nach rechts und unten verschoben sein, der AU-4-Pointer zeigt auf seinen Anfang.

Ein einzelner Rahmen mit der Wiederholfrequenz von 8 kHz (entspr. einer Rahmendauer von 125 µs) besteht aus einer 9 x 270-Oktett-Matrix (2430 Oktetts), wobei jede der 9 Zeilen ein 9-Oktett-***Kopffeld*** (***Overhead***) und 261 Oktetts ***Nutzlast*** (***Payload***) aufweist, deren Weiterstrukturierung von der Struktur der hineinzumultiplexenden Nutzinformation und deren Bitraten abhängt. Beispiele für Inhalte des Nutzlastfeldes sind mehrere niedere ***PDH***-Rahmen oder, wie dargestellt, ***ATM-Zellen***. Die Information darüber, sowie weitere Informationen zum Betrieb von ***SDH***-Systemen, befindet sich in diesem Kopffeld. Dieses besteht aus dem ***Section Overhead*** (***SOH***) sowie ggf. einem ***AU-Pointer***.

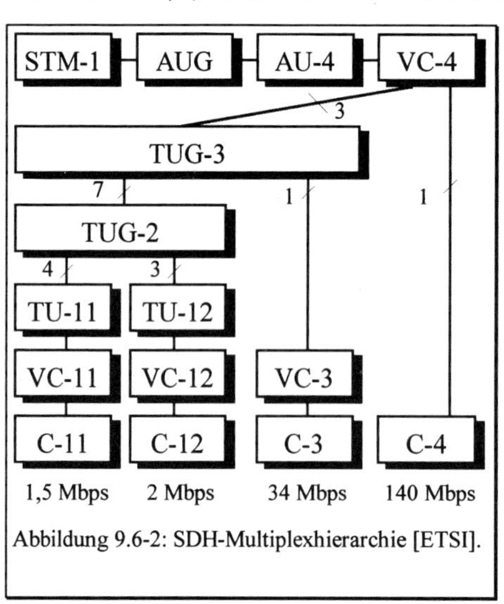

Abbildung 9.6-2: SDH-Multiplexhierarchie [ETSI].

Abbildung 9.6-2 stellt einen Ausschnitt aus den nach G.707 - G.709 möglichen Unterstrukturierungen des Nutzlastfeldes dar. Wir erkennen sog.

- ***Container C-x***
  besteht aus ***plesiochronen*** Rahmen der ***PDH***-Stufe ***x***, wobei der kleinste in Europa verwendete der ***C-12***-Primärmultiplex-Rahmen mit 2,048 Mbps (32-Oktett-Rahmen) ist. Der ***C-4*** kann auch aus einem kontinuierlichen ***ATM-Zellstrom*** bestehen.
- ***Virtuelle Container VC-x*** = ***C-x*** + ***POH*** (***Path Overhead***).

  Höhere ***SDH***-Struktur mit Pfad-Bezeichnung, d.h. Ursprungs- und Zielangabe im ***POH***. Die ***POH***s sind je Hierarchiestufe vorhanden, ihre Lage im ***VC*** ist genau bekannt und wird bei jedem Vermittlungsvorgang ausgewertet, extrahiert und mit neuen Adreßangaben wieder eingefügt. Für den Fall, daß ***C-4 ATM-Zellen*** realisiert, muß die letzte ***Zelle*** i.allg. auf den nächsten ***STM-1***-Rahmen umgebrochen werden, da der zelltragende Anteil des ***Payload***-Felds des ***VC-4*** aus 2340 Oktetts besteht, und 2340/53 ≈ 44,15. Damit beginnen ***ATM-C-4*** i.allg. oktettsynchron mitten in Zellen und enden auch so.
- ***Tributary Unit TU-x*** = ***VC-x*** + ***TU-Pointer***
  bildet Verbindungen zwischen Pfaden verschiedener Hierarchiestufen. Der ***TU-Pointer*** enthält Taktanpassungsinformationen, insbes. zeigt er auf die Stelle, an der ein Rahmen eines Übertragungssystems beginnt. Mehrere ***TU***s bilden
- ***Tributary Unit Groups TUG***s-***x***
- ***Administrative Units*** (***AU***s-***x***) = ***VC-x*** höherer Ordnung + ***AU-x-Pointer***
  stellen Verbindungen zwischen einem Pfad höherer Ordnung und einem synchronen Primärrahmen her. Der ***AU-x-Pointer*** zeigt auf das erste Oktett des ***VC-x***. Der ***POH*** entspr. Abbildung 9.6-1 kann nach rechts und unten verschoben sein, so daß sich der ***VC-4*** über zwei ***STM-1***-Rahmen erstreckt. Der ***AU-Pointer*** enthält analog zum ***TU-Pointer*** Taktanpassungsinformationen. Mehrere ***AU***s bilden
- ***Administrative Unit Groups AUG***s
- ***Synchrones Transportmodul STM-x***
  Neben dem bereits vorgestellten ***STM-1*** können ***STM-4*** = 4 ***STM-1*** (622,080 Mbps) und ***STM-16*** = 4 ***STM-4*** (2 488,320 Mbps) durch oktettweises Verschachteln bereitgestellt werden. Der ***SOH*** im ***Kopffeld*** enthält weitere Kanäle zur Verkehrssteuerung und Qualitätsüberwachung, die ihren Ursprung in den OAM-Zentren haben, und nicht mit der Tln.-Signalisierung zu verwechseln sind.

Die inneren Strukturen der ***Overheads*** sind kompliziert und sollen nicht weiter erörtert werden. Der Siemens SDHT PXB 4240 [SI5.5] kann z.B. als ***SDH***-Transceiver für ***STM*** eingesetzt werden. Vermittlungsfunktionen können wie folgt unterteilt werden:

- ***Add/Drop-Muliplexer*** (***ADM***)
  können aus ***STM***-Rahmen Objekte verschiedener Hierarchiestufen entnehmen/einfügen und diese auch von/zu niederratigen Schnittstellen separat weitervermitteln.
- ***SDH-Cross-Connect*** (***SDH-CC***)
  können aus ***STM***-Rahmen als kleinste Objekte ***Container*** kommend entnehmen und gehend neu zu ***STM***-Rahmen zusammenstellen. Die Einstellungen dazu werden von einem Wartungszentrum gegeben und nicht z.B. aus ***ATM-Zellköpfen*** gelesen.
- ***ATM-Cross-Connect*** (***ATM-CC***) vermitteln ***Zellen*** durch ***VPI***-Interpretation.
- ***ATM-Switches***
  vermitteln ***Zellen*** unterschiedlicher ***Virtueller Verbindungen*** durch ***VPI/VCI***-Umwertung.

9.7 ATM-LANs

Die ***ATM***-Technik wird sich nicht auf das ***B-ISDN*** beschränken, sondern eignet sich auch für den Aufbau von privaten Netzen. Das ***ATM-Forum***, ein Zusammenschluß interessierter Privatunternehmen, ist dabei, die dazugehörige Standardisierung voranzutreiben und hat mittlerweile in vielen Bereichen eine Vorreiterrolle übernommen.

Wie bereits dargelegt wurde, existieren Netztopologien *mit Vermittlungsfunktion* (X.25, ISDN), und solche *ohne* (LANs). ***ATM*** hat seine Ursprünge in der X.25-Technik, d.h. ***ATM***-Netze enthalten Vermittlungsknoten. Wegen der fehlenden Vermittlungsfunktion findet in LANs eine dynamische Aufteilung des LAN-Übertragungsmediums statt (Medium-Sharing) mit entspr. (komplexen) Zugriffsverfahren. Die Funktionalität klassischer LANs (Ethernet, Token Ring) läßt sich in ***ATM***-LANs nachbilden, wozu prinzipiell mit ***AAL 3/4-*** und ***AAL-5***-Unterstützung drei Möglichkeiten bestehen:

- verbindungsorientierte ***ATM***-LANs, d.h. LANs mit ***ATM***-Architektur
- verbindungslose ***ATM***-LANs, d.h. LANs mit ***ATM***-Architektur
- LAN-Emulation von Nicht-***ATM***-LANs, d.h. Emulation klassischer LANs.

9.7.1 Verbindungsorientierte ATM-LANs

Die einfachste physikalische Struktur eines ***ATM***-LAN stellt ein privates ***ATM***-Vermittlungssystem (***ATM-Switch***) dar, an dem einzelne Endsysteme (Server, Workstations) angeschlossen sind. Logisch gesehen bildet ein solcher ***ATM***-Vermittlungsknoten mit den angeschlossenen Endsystemen ein Netz von ***Virtuellen Kanälen*** und ***Pfaden***. Eine ***ATM***-Punkt-zu-Punkt-Verbindung stellt eine ***Virtuelle Verbindung*** von Kommunikationspuffern dar, wie in den vorangegangenen Abschn. mit ***VPI/VCI*** gekennzeichnet.

In klassischen LANs müssen zusätzlich logische Punkt-zu-Mehrpunkt-Verbindungen zum Versenden von Broadcast-Nachrichten unterstützt werden, z.B. bei Adreßauflösungsanfragen. Dies ist mit dem ***VPI/VCI***-Konzept aufwendig, da dauerhafte ***ATM***-Verbindungen von jeder Station zu den anderen bestehen müßten. Bei jeder Neuinstallation müßten alle Festverbindungen entsprechend ergänzt werden. Diese Lösung kommt bei großer Anzahl von Endsystemen nicht in Frage.

Ein verbindungsorientiertes ***ATM***-LAN eignet sich daher besonders für Client-Server-Anwendungen, bei denen zwischen Client und Server feste ***Virtuelle Pfade*** aufgebaut werden. Dadurch bleiben die Verzögerungszeiten in ***ATM***-Vermittlungsknoten gering.

Die Protokollarchitektur für die verbindungsorientierte Kommunikation über ein ***ATM***-System wurde bereits in Abbildung 9.4-2 dargestellt. Das nächste Protokoll oberhalb des dienstspezifischen ***AAL*** wird oft allgemein als ***CONAP*** (***Connection oriented Network Access Protocol***) bezeichnet. Für das TCP/IP-Protokoll könnten als ***CONAP*** das ***SLIP*** (***Serial Line Interface Protocol***) oder eher das neuere HDLC-basierte unter RFC1548 spezifizierte ***PPP*** (***Point to Point Protocol***) unterlegt werden. Letzteres bietet insbes. die Möglichkeit, gewisse Parameter der Verbindung zu spezifizieren, wie z.B. die maximale IP-Paketgröße.

9.7.2 Verbindungslose ATM-LANs

Diese Kommunikationsform läßt sich in ***ATM***-Netzen mit Hilfe eines ***Verbindungslosen Servers*** (***Connectionless Server = CLS***) realisieren, wie er bereits in Abschn. 9.4.4 vorgestellt wurde. Eine Lösung für die verbindungslose Kommunikation zwischen Endsystemen kann darin bestehen, daß zwischen den einzelnen Systemen und dem Server entsprechende ***ATM***-Verbindungen existieren. Diese Verbindungen können fest eingerichtet sein (***PVC***s).

Der Server dient in diesem Fall als Zellvermittler und stellt eine Art Zellmailbox dar. Eine empfangene ***Zelle*** kann vom Server auf mehrere ***ATM***-Kanäle verteilt werden, so daß sich Punkt-zu-Mehrpunkt-***ATM***-Verbindungen problemlos realisieren lassen. Dabei sind die Partner-Endsysteme physikalisch entkoppelt. Ein Endsystem sendet eine ***ATM-Zelle*** nach der anderen, ohne sich darum zu kümmern, ob sie tatsächlich vom Zielsystem empfangen wurden. Die Auswertung der empfangenen ***Zellen*** und ggf. die Aufforderung zur Wiederholung von verlorenen ***Zellen*** wird von den Protokollen der höheren Schichten in den beteiligten Endsystemen durchgeführt.

Ein ***CLS*** kann über den ***AAL 3/4*** i.allg. zwei Betriebsarten unterstützen:

- ***Nachrichtenvermittlungs-Modus*** (***Message Mode***)
  Hier sammelt der Server die ***ATM-Zellen*** bis eine vollständige Nachricht höherer Schichten zusammengekommen ist - z.B. ein Einzelbild bei Videoübertragung. Erst wenn alle ***Zellen*** einer Nachricht korrekt empfangen wurden, wird diese weitergeleitet, d.h. von der gehenden ***SAR***-Schicht wieder segmentiert. Fehlt eine ***Zelle*** in einer Nachricht, so werden alle anderen bereits empfangenen ***Zellen*** dieser Nachricht vom Server verworfen, womit der Server ein Objekt ist, hinter dem nur korrekte ***Zellen*** zu erwarten sind.
  Beispielhaft könnte für das TCP/IP IP als ***CLNAP*** genutzt werden. Nachrichten sind in IP-Paketen enthalten, die mithilfe des in Abschn. 8.2.5 beschriebenen ***ARP*** (***Address Resolution Protocol***) im Server vermittelt werden.
- ***ATM-Zellvermittlungs-Modus*** (***Streaming Mode***).
  Alle korrekt empfangenen ***Zellen*** werden *direkt* weiter an das Zielsystem geleitet. Erst dieses stellt fest, ob in einer Nachricht ***Zellen*** fehlen, was erfordert, daß die komplette Nachricht wieder den Weg durch das ganze Netz laufen muß. Dies führt zu einer erhöhten Belastung des Netzes. Dafür ist ein solcher Server einfacher als im vorangegangenen Fall aufgebaut, d.h. er muß niedere Funktionen erbringen und nicht wissen, wie die Nachrichten der höheren Schichten strukturiert sind. Er ist damit dienstunabhängig universell einsetzbar.

9.7.3 LAN-Emulation

LAN-Emulation kann auf folgende Arten realisiert werden:

- **LAN-Emulation in den Endstationen**
  Diese Funktion muß in den Stationen erbracht werden, wenn sie nicht direkt am LAN angeschlossen sind, sondern an einem ***ATM***-Knoten. Wünscht eine Ethernet- oder FDDI-Station Daten über das Netz zu übertragen, so sendet sie über ein Software-Interface (z.B. ODI-Treiber) Nachrichten zum Netzadapter unter Angabe der

Ziel-MAC-Adresse. Dieses Interface muß beim *ATM*-Adapter emuliert werden, d.h. der *ATM*-Adapter muß also folgende Schritte ausführen:

- Für die MAC-Zieladresse muß überprüft werden, ob bereits eine ***VCC*** (***Virtual Channel Connection***), die eine Kettung ***Virtueller (ATM)-Verbindungen*** mit dazwischenliegenden Emulationsfunktionen darstellt, besteht.
- Wenn keine ***VCC*** mit der MAC-Adresse korrespondiert, muß sie erst aufgebaut werden. Dazu wird wieder ein ***ARP*** durchgeführt, der die Abbildung der MAC-Adresse auf die *ATM*-Adresse - sprich: ***VPI/VCI***-Kombination - durchführt, und diese Beziehung speichert.
- Umwandlung von Ethernet- oder FDDI-Rahmen in ***Zellen*** beim Sender und Rückwandlung beim Empfänger.

- **LAN-Emulation in ATM-Switches**
  Hier wird der umgekehrte Fall betrachtet: die Stationen sind am LAN angeschlossen, möchten jedoch mit Stationen kommunizieren, die an einem anderen LAN - gleichen oder ungleichen Typs - angeschlossen sind. Die LANs sind über ein *ATM*-Netz verbunden. In diesem Zusammenhang wird ein ***Switch*** als eine Station mit vielen MAC-Adressen betrachtet. Ein entsprechender ***CLS*** führt die Emulation aus, auch hier ist wieder analog zu Abschn. 8.2.5 der ***ARP*** durchzuführen:

Der ***ARP*** führt hier die Abbildung *ATM*-Adresse/MAC-Adresse zwecks Aufbau einer ***VCC*** zur Zielstation aus, und wird als ***LAN Emulation Server*** (***LES***) bezeichnet. Auf der Station bzw. dem ***Switch*** muß ein ***LAN Emulation Client*** (***LEC***) laufen, der den Zugang zu dem emulierten LAN darstellt. Das zugehörige Protokoll heißt ***LAN Emulation Address Resolution Protocol*** (***LE_ARP***).

Wenn ein ***LEC*** die *ATM*-Adresse eines anderen ***LEC*** mit ihm bekannter MAC-Adresse benötigt, sendet er mittels ***LE_ARP*** eine REQuest-Nachricht zum ***LES***. Ist dem ***LES*** bekannt, welche *ATM*-Adresse zu der angeforderten MAC-Adresse gehört, sendet er diese Information zum ***LEC***, andernfalls sendet er die Anfrage an alle ihm bekannten ***LEC***s, die antworten, wenn ihnen die MAC-Adresse bekannt ist. Emulierende Switches antworten dann mit ***LE_ARP_***REQuest, wenn die MAC-Adresse zu einer über sie erreichbaren Station gehört.

Dazu ist es erforderlich, daß jeder ***LEC*** eine ***VCC*** zum ***LES*** hat. Dieser sog. ***Control Direct VCC*** wird von einem ***LEC*** beim Hochfahren der Station bzw. der ***Switch*** eingerichtet, wenn sich der ***LEC*** im emulierten LAN anmeldet. Dabei tauscht der ***LEC*** Informationen mit den ***LES*** aus, so daß dem ***LES*** eine Tabelle der emulierten LANs zur Verfügung steht. Für Broadcast und Multicast sind weitere Prozesse erforderlich, auf die hier nicht weiter eingegangen werden soll.

9.7.4 LAN-Datenstrom über ATM

Zur Übertragung von LAN-Daten über ***ATM*** wird die ***AAL-CS-Teilschicht*** für den ***Diensttyp 3/4*** entspr. Abbildung 9.7-1 wieder in 2 Teile aufgeteilt, der:

- ***Gemeinsamen Anpassungsteilschicht*** (kann fehlen)
  (***Common Part Convergence Sublayer = CPCS***)
- ***Anwendungsspezifische Teilschicht***
  (***Service Specific Convergence Sublayer = SSCS***)

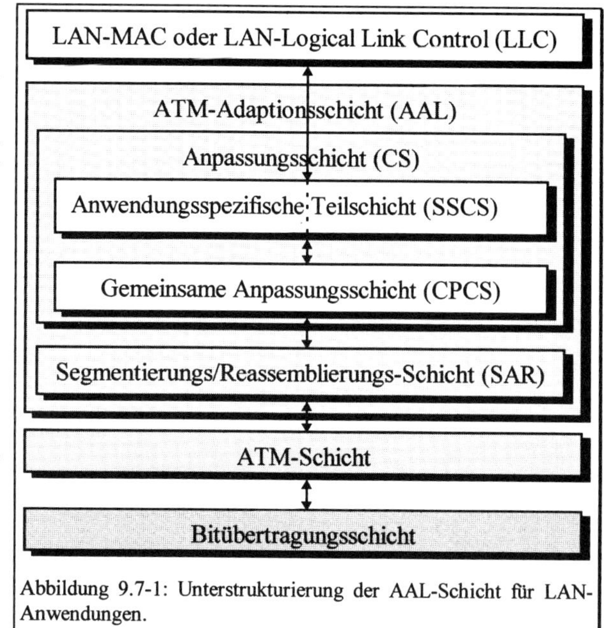

Abbildung 9.7-1: Unterstrukturierung der AAL-Schicht für LAN-Anwendungen.

Die Aufgabe der ***SAR***-Schicht ist, wie in Abschn. 9.4.3 bereits erwähnt, die Segmentierung der Information und das Verteilen auf ***ATM-Zellen***. Dafür werden in den ***Zellen*** zusätzlich ein bis vier Oktetts der ***SAR***-Steuerinformation in das Informationsfeld der ***Zellen*** übertragen. Es bleiben also ungünstigstenfalls 44 Oktetts zur Datenübertragung in einer ***Zelle*** übrig.

Innerhalb des ***CPCS*** werden zusätzliche Informationen zur Kontrolle der ***ATM***-Zellenverluste, sowie Informationen zur Unterstützung der Rückgewinnung von Nutzdaten auf der Empfangsseite bereitgestellt. Hierfür werden sog. ***CPCS-Dateneinheiten*** gebildet, die hier beispielhaft für Funktionen des ***AAL 3/4*** vorgestellt werden.

Die Funktionen der einzelnen Elemente im Header und Trailer der in Abbildung 9.7-2 dargestellten ***CPCS-Dateneinheit*** sind:

CPCS-Header	Common Part Identifier (CPI)	1
	Beginning Tag (B-Tag)	1
	Buffer-(BA)-Size	2
CPCS-Payload	Informationsfeld (z.B. ein Ethernet-Rahmen; dann max. 1500 Oktetts)	grundsätzlich: 1-65 535
	Padding (PAD)	0-3
CPCS-Trailer	Additional Length (AL)	1
	End-Tag (E-Tag)	1
	Länge	2

Abbildung 9.7-2: CPCS-Dateneinheit.

- ***CPI*** wird vielfältig verwendet, u.a. als eine Art ***CPCS***-Protokoll-Diskriminator.
- ***B/E-Tag*** ermöglichen das Erkennen des Header-Endes bzw. Trailer-Beginns, und erfüllen somit eine Flag-Funktion
- ***BA-Size*** teilt dem Empfänger mit, welche Pufferspeichergröße bereitzustellen ist.
- ***PAD*** besteht aus bis zu 3 Füloktetts, um die Gesamtoktetanzahl ein Vielfaches von vier zu machen.
- ***AL*** ergänzt den Trailer auf 4 Oktetts und enthält keine Information.
- Im ***Längenfeld*** wird die Gesamtlänge ***CPCS-Dateneinheit*** angegeben.

Die Oktettanzahl steht jeweils rechts daneben. Die zu übertragenden Nutzdaten werden in die ***CPCS-Dateneinheiten*** verpackt und anschließend auf die Segmente mit jeweils 44 Oktetts in der ***SAR***-Teilschicht aufgeteilt. Jedes Segment wird mit einem ***SAR***-

Header und einem ***SAR***-Trailer ergänzt und bildet eine ***SAR-Dateneinheit***, wie in Abbildung 9.7-3 dargestellt, und wird in einer ***Zelle*** übertragen.

	MSB			t→				LSB
Bit Nr.	8	7	6	5	4	3	2	1
Oktett 1	ST		Segment Numbering (SN)				MID	↓t
Oktett 2	Fortsetzung MID (Multiplex Identifier)							
Oktetts 3-46	Informationsfeld (44 CPCS-Oktetts)							
Oktett 47	Längenindikator (LI)						CRC	
Oktett 48	Fortsetzung CRC-Zeichen							

Abbildung 9.7-3: SAR-Dateneinheit. Die grau schattierte Zone stellt ein CPCS-Segment dar.

Die Elemente im ***SAR***-Header und -Trailer haben folgende Bedeutung:

- ***Segment Type*** (***ST***) unterscheidet die Segmenttypen
  - ***ST***=10: ***BOM***-Segment (***Begin of Message***)
    Ist die ***CPCS***-Nutzdatennachricht (z.B. eine Textdatei) länger als 44 Oktetts, wird das erste Segment hiermit gekennzeichnet.
  - ***ST***=01: ***EOM***-Segment (***End of Message***) entspr. ***BOM***
  - ***ST***=00: ***COM***-Segment (***Continuation of Message***)
    Im obigen Fall ein Segment zwischen ***BOM*** und ***EOM***
  - ***ST***=11: ***SSM***-Segment (***Single Segment Message***)
    Die ***CPCS***-Nutzdatennachricht ist nicht länger als ein Segment, d.h. ist vollständig in dieser ***Zelle*** untergebracht.
- ***Segment Number*** (***SN***)
  dient zur mod-16-Numerierung von Segmenten, also der Wahrung der Reihenfolgeintegrität bei ***COM***-Segmenten.
- ***Multiplex Identifier*** (***MID***; manchmal auch: Message Identifier)
  dient zur Unterscheidung mehrerer Dienstbenutzer einer ***ATM***-Verbindung. Damit kann *eine* Punkt-zu-Punkt-***ATM***-Verbindung auf *mehrere* logische Verbindungen aufgeteilt werden.
- ***Längen-Indikator*** (***LI***)
  gibt die Oktettanzahl der Nutzdaten im Informationsfeld der ***SAR-Dateneinheit*** (≤44) an.
- ***Cyclic Redundancy Check*** (***CRC***)
  Ein alter Bekannter. Dient zur Erkennung von Bitfehlern innerhalb des ***SAR***-Headers, des Informationsfeldes und des ***LI***-Feldes.

Zur Übertragung wird ein LLC- oder auch MAC-Rahmen mit dem Header und dem Trailer der ***CPCS-Teilschicht*** versehen und anschließend in der ***SAR-Teilschicht*** segmentiert. In der ***ATM***-Schicht wird jedem ***SAR***-Segment der 5-Oktett-***ATM***-Header zugefügt und damit eine ***ATM-Zelle*** gebildet. Die aus diesem Rahmen segmentierten ***Zellen*** werden ggf. mit ***Zellen*** anderer ***ATM***-Verbindungen z.B. auf eine ***SDH***-Struktur gemultiplext und über den physikalischen Breitband-Kanal übertragen.

Denkbar wäre, daß in einem ***CLS*** der ***SSCS*** die Entnahme des LLC-Rahmens aus einem MAC-Rahmen und das Verpacken in einen anderen MAC-Rahmen realisiert.

9.8 Switched Multi Megabit Data Service (SMDS)

Datex-M (→ *M*etropole zu *M*etropole) ist ein seit 1992 angebotener Dienst der Telekom, dessen primäre Anwendung in dem transparenten Vernetzen von LANs über größere Entfernungen besteht. Damit gehört ein Netz mit ***Datex-M***-Funktionalität zur WAN-Klasse nicht allzugroßer Abmessungen, etwa 50 - 200 km. Der Dienst ist *paketorientiert*, *verbindungslos* und *vermittelnd* [Ni].

Physikalische Medien können alle die bei LANs und ***ATM*** erwähnten sein, das Grundelement der Übertragung sind ***Slots*** mit gleichem Grundaufbau wie ***ATM-Zellen***. Aus diesem Grund ist ein weiteres wichtiges ***Datex-M***-Anwendungsgebiet der LAN-Zubringerdienst zu ***ATM***-Netzen.

Die Grundlage für ***Datex-M*** bildet das ***DQDB***-Zugriffsverfahren, das unter IEEE 802.6 standardisiert, und in Abschn. 8.4 beschrieben wurde. Ein solches Netz wird in diesem Zusammenhang auch als ***MAN = Metropolitan Area Network*** bezeichnet [KE].

Die Zubringer-Datagrammübertragung funktioniert nach dem ***SMDS***-Standard (***Switched Multi Megabit Data Service***), der 1991 von Bellcore, einem dem FTZ vergleichbaren amerikanischen Forschungszentrum, eingeführt wurde. ***SMDS*** beschreibt Leistungsmerkmale, Protokolle (***SIP***) und Schnittstellen. Die europäische von ETSI standardisierte Variante wird auch unter der Bezeichnung ***CBDS*** (***Connectionless Broadband Data Service***) geführt [KL].

9.8.1 SMDS-Schnittstellen und -Anschlußeinheiten bei Datex-M

Die Geschwindigkeitsklassen Datex-M 64 k, 128 k, 2, 34 und 140/155 Mbps des Kundenzugangs werden unterstützt. Die Zahlen geben die bereits beschriebenen ***PDH-*** bzw. ***SDH-STM-1***-Bitraten in kbps bzw. Mbps an. Entsprechend dem Scenario in Abbildung 9.8-1 zur Anbindung von LANs an ***Datex-M*** erkennen wir folgende Funktionseinheiten:

- ***DSU*** (***Digital Service Unit***)
  weist Tln.-seitig eine n·2 Mbps-Schnittstelle auf, und ***Datex-M***-seitig eine Schnittstelle ***PDH***-2/34 Mbps nach G.703 bzw. ***DQDB/ATM*** und wird unmittelbar beim Tln. ab 2 Mbps eingesetzt.
- ***DNG*** (***Datennetz-Abschlußgerät***)
  hat Tln.-seitig eine X.21-64/128 kbps oder 2 Mbps-Schnittstelle und ***Datex-M***-seitig eine Schnittstelle mit gleichen Bitraten nach G.703. Nicht dargestellt ist die Option, daß hier ein ISDN-Anschluß mit einbezogen werden kann, über den mit evtl. verminderten Leistungsmerkmalen bei Ausfall des direkten ***Datex-M***-Anschlusses eine Ersatzwegeschaltung möglich ist. ***Datex-M*** verfügt seinerseits wieder über ISDN-Anschlüsse; bei Wiederherstellung der Direktverbindung findet eine automatische Rückschaltung statt. Zwischen ***DNG*** und ***DSU*** befindet sich dann ein
- ***SMDS-Switch***,
  der die G.703-Bitraten auf die n·2 Mbps des ***DSU*** multiplext und damit entspr. mehrere LAN-Anschlüsse bedienen kann. Der
- ***DQDB-Netzknoten***
  leistet die Abbildung der ***DQDB-Slots*** auf dem ***SNI*** in einen ***DQDB***-Rahmen der Schicht 1, führt also das ***DQDB***-Zugriffsverfahren aus.

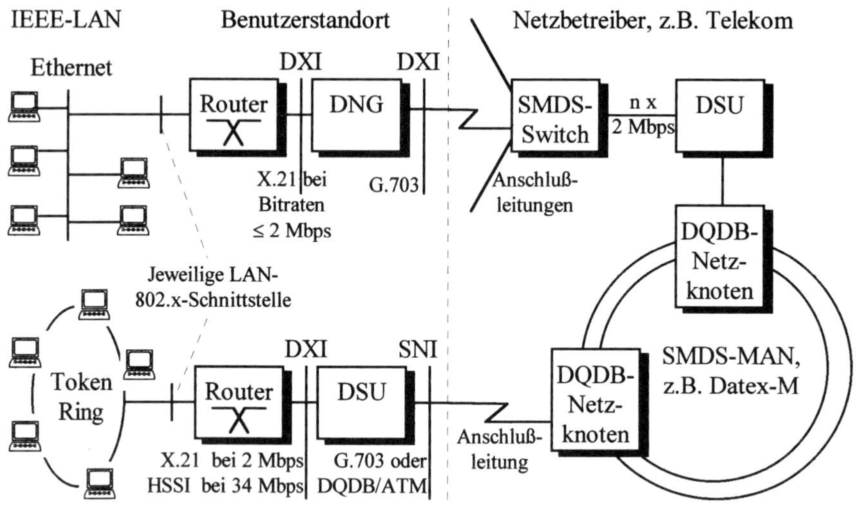

Abbildung 9.8-1: LAN-Zugänge zu Datex-M [Ni].

9.8.2 Kommunikation zwischen LANs über SMDS

Das ***Data Exchange Interface*** (***DXI***) mit seinen Spezifikationen nach X.21, G.703 oder HSSI (High Speed Serial Interface, eine Schnittstellenspezifikation der Firmen *Cisco* und *T3Plus Networking* bis 52 Mbps) stellt den Träger für das verbindungslose ***SMDS Interface Protocol*** (***SIP***) dar, und deckt mit dem sog. ***SIP-Level 1***: OSI-1, sowie mit ***SIP-Level 2*** und ***SIP-Level 3*** niedere Anteile der OSI-Schicht 2 mit folgender Funktionalität ab:

- ***SIP-Level 1***
  beschreibt die Abbildung der 53-Oktett-***DQDB-Slots*** auf das verwendete Übertragungsverfahren, typisch heute noch ***PDH***, in Zukunft ***SDH***. Die grundsätzliche Vorgehensweise für eine solche Abbildung wurde in Abschn. 9.6.2 angerissen und ist i.allg. komplex. Dazu läßt sich der ***SIP-L1*** nochmals in den oberen ***PLCP***-(***Physical Layer Convergence Procedure***)-Sublayer und einen unteren ***PMD*** unterteilen.
- ***SIP-Level 2***
  realisiert das ***SNI*** (***Subscriber Network Interface***) und arbeitet auf Slotebene mit vergleichbaren Funktionen denen der ***ATM***-Schicht.
- ***SIP-Level 3***
  realisiert das Kommunikationsprotokoll zwischen Router und dem ***SMDS***-Netz, insbes. die Abbildung der LAN-Adressierung auf die ***SDMS***-Adressierung (nach E.164). Dazu hat jeder Router aus LAN-Sicht eine MAC-Adresse und aus ***Datex-M***-Sicht eine ***SMDS***-Adresse. Der vergleichbare ***ATM***-Level ist ***AAL 3/4*** mit entspr. ***SAR***- und Konvergenzfunktionen.

Zum Verständnis des Durchlaufs eines Anwenderdatenblocks von einer Ethernet-LAN-Station A zu einer Partnerstation B in einem anderen LAN, das via ***Datex-M*** erreichbar ist, sei hier entspr. Abbildung 9.8-2 beispielhaft erläutert:

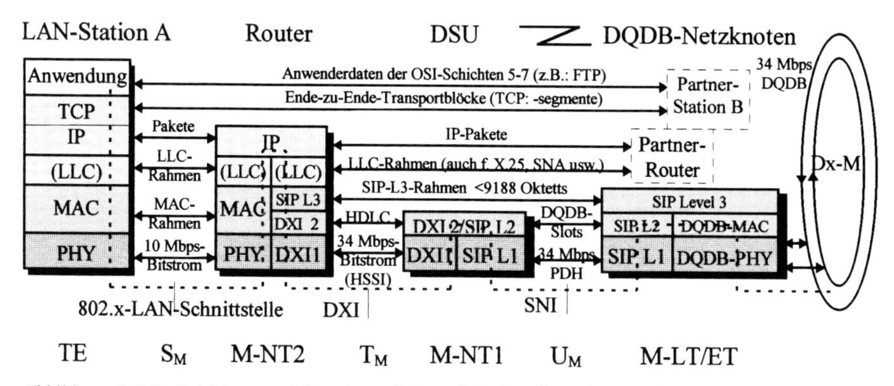

Abbildung 9.8-2: Schichtenmodell mit typischen Schnittstellen der an einer Datex-M-Verbindung beteiligten Komponenten. Die Schnittstellenbitraten sind beispielhaft. Die untere Zeile gibt zur ISDN-Teilnehmeranschluß-Referenzkonfiguration analoge Schnittstellen und Funktionseinheiten an.

Die Stationen mögen auf OSI 4/3 TCP/IP fahren. A erzeugt den MAC-Rahmen und greift entspr. CSMA/CD auf den 10 Mbps-LAN-Bitstrom zu. Der Router wird durch die MAC-Adresse angesprochen, da über ihn die B-Station erreichbar ist. Er übergibt den Rahmen an die LLC-Schicht, die aufgrund der LLC-Adresse (DSAP) erkennt, daß die Partnerstation auf Schicht 3 mit IP angesprochen wird und reicht das IP-Paket weiter. Die Klammern um das LLC-Kürzel geben, wie in Abschn. 8.2.5 beschrieben, an, daß die LLC-Schicht evtl. (Ethernet V.2) fehlen kann.

Der IP-Prozeß des Routers liest die IP-Adresse und erkennt, daß der Partner via ***Datex-M*** erreichbar ist (an dem Router können noch weitere LANs angeschlossen sein; →Multiport-Router). Er übergibt das Paket an genau die LLC-Instanz, über die der Zugang zum ***Datex-M***-Netz möglich ist. Im einfachsten Fall reicht diese LLC-Instanz dieses transparent an das zugeordnete ***SIP-L3*** weiter. Ein Router kann aber auch aus Lastverteilungs- oder Sicherheitsgründen mehrere Anschlüsse zu dem ***Datex-M***-Netz haben, so daß dann hier die entspr. Kriterien auszuwerten sind.

SIP-L3 bildet die B-IP-Adresse auf die B-***SMDS***-Adresse des ***DQDB***-Netzknotens ab, über den die B-Station mittels eines diesem Knoten zugeordneten Routers erreichbar ist, und fügt auch noch die A-***SMDS***-Adresse als Absender hinzu. Er verpackt das von der LLC-Schicht erhaltene Paket in einen max. 9188 Oktetts langen ***SIP-L3***-Rahmen, bei dem im Header die o.e. ***SMDS***-Adressen stehen, im Trailer Information zur Fehlererkennung.

Dieser ***SIP-L3***-Rahmen wird auf ***DXI***-Schicht-2 in einen ***DXI***-HDLC-Rahmen verpackt (verkapselt), auf ***DXI***-Schicht 1 in den 34 Mbps-Bitstrom gemultiplext und auf der ***DSU***-Seite, die hier beim A-Tln. zu finden ist, von ***SIP-L2*** in 53-Oktett-***DQDB-Slots*** segmentiert. Dabei werden analog zu ***ATM*** 5 Oktetts als ***SIP-L2***-Header benutzt (allerdings mit anderer innerer Struktur, wie in Abschn. 8.4.2 dargestellt), 4 Oktetts der restlichen 48 werden wie in Abbildung 9.7-3 benutzt (leicht modifiziert). Die restlichen 44 Oktetts enthalten das im ***SIP-L3***-Rahmen verpackte IP-Paket. Die ***SDMS***-Adressen stehen im ersten ***Slot*** (***BOM***). ***SIP-L1*** multiplext die ***Slots*** in die Schicht-1-Rahmenstruktur der Schnittstelle der Anschlußleitung, z.B. einen ***PDH***-34 Mbps-Rahmen oder in eine ***SDH***-Struktur, wie in Abschn. 9.6.2 angegeben.

Der ***DQDB***-Netzknoten, der z.B. Zugang zu mehreren ***DQDB***-Ringen hat, liest diese ***Slots*** mittels ***SIP L2*** aus dem ***SIP L1***-Rahmen und übergibt sie an ***SIP L3***. Dieser kopiert sie nach ***SMDS***-Adreßauswertung entspr. dem in Abschn. 8.4.3 beschriebenen Zugriffsverfahren auf die in Abschn. 8.4.2 beschriebene slotorientierte Schicht-1-Rahmenstruktur auf denjenigen der beiden ***DQDB***-Busse, über den der B-Knoten Downstream erreichbar ist. Der per ***SIP-L3-SMDS***-Adresse angesprochene B-***DQDB***-Knoten leitet die zu der Verbindung gehörenden ***Slots*** entsprechend weiter.

Im Beispiel kommt beim B-LAN von dem, was beim A-LAN ursprünglich erzeugt wurde, nur der LLC-Rahmen bzw. das IP-Paket an. Bei homogener Struktur, z.B. zwei Ethernets, kann dies auch für den MAC-Rahmen geschehen, so daß der Router durch eine Encapsulation-Brücke (s. Abschn. 8.6.2) ersetzt werden kann.

9.9 Frame-Relay als ATM-Zubringer

Das ***Frame-Relay***-Protokoll (***FR***) gehört, wie das ***ATM***-Protokoll, und im Gegensatz zum ***SMDS***, zur Klasse der *verbindungsorientierten* Protokolle für schnelle Paketvermittlung (***Fast Packet Switching Protocols = FPSP***). Anders als beim ***ATM***-Protokoll sind hier die ***FR***-Rahmen, die für sich allein gesehen auf gleichem hierarchischen Niveau wie die ***Zellen*** liegen (Schicht 2), von variabler Länge. Bei der Übertragung von ***FR***-Rahmen über ***ATM*** werden sie allerdings vom ***AAL 5*** daraufgemultiplext, stehen aus dieser Sicht also praktisch zwei Hierarchiestufen höher. ***FR***-Rahmen entspr. Q.922 können aber auch direkt PDUs der in Abschnitt 9.7.4 vorgestellten höchsten ***AAL***-Teilschicht ***SSCS*** darstellen [DE, MO, SM, La].

Sie gehören zur Klasse der HDLC-Protokolle und ihre Rahmenstruktur entspricht der eines LAPB- oder LAPD-Rahmens nach Abb. 4.3.8 mit dem Unterschied, daß das Steuerfeld - sofern es überhaupt vorkommt - nicht im Netz, sondern nur in den Endgeräten ausgewertet wird, und das Adreßfeld in Abhängigkeit der Anwendung eine flexiblere und evtl. längere Struktur hat. Ansonsten finden sich alle niederen Schicht-2-Funktionen, wie Flagbegrenzung, Bitstopfen/entstopfen, Fehlererkennung mittels CRC-Zeichen wieder, so daß höhere Protokolle, die HDLC oder SDLC als *Unterlage* verwenden, hierüber gefahren werden können.

Die DÜE/Netz-***FR***-Schnittstelle ist eine Ausführungsform des in Abschn. 9.5 beschriebenen ***UNI*** und wird in diesem Zusammenhang auch als ***FR-UNI*** bezeichnet. Die heute in WAN verwendeten Übertragungsmedien (STP, Koaxialkabel, LWL) zeichnen sich zum einen durch hohe Qualität mit Bitfehlerraten unter 10^{-10} aus. Weiterhin verfügen Transportprotokolle (Schicht 4; z.B. TCP) häufig über Ende-zu-Ende-Flußregelungsmechanismen, weshalb diese Funktion vielfach abschnittsweise unterbleiben kann. Die typischen Bitraten liegen hier im Bereich von 64 kbps bis 2 Mbps.

Die fehlenden Funktionen des Steuerfelds führen zum einen zu kürzeren Rahmen, zum anderen müssen die zugehörigen Zähler nicht geführt werden und die Gruppe der S-Rahmen kann entfallen. Dadurch verringert sich die Speicherzeit im Netz und der Durchsatz erreicht gute Werte. Es gibt im einfachsten Fall nur noch UI-Rahmen mit den gleichen Eigenschaften wie bei den anderen LAPs, die allerdings auf der Schicht 2 unbemerkt verlorengehen können.

FR ist bzgl. der benötigten Schicht-1-Funktionen flexibel, so daß die in der Datenkommunikation üblichen Spezifikationen nach X.21, V.35, G.703/704 usw. zur Anwendung kommen. Die niederen ***FR***-Funktionen und -Protokollanteile sind in Q.922 (***LAPF***) spezifiziert (vgl. LAPD: Q.921), die auf Q.931 basierende ***FR***-Signalisierung selbst in Q.933. ***Frame-Switching*** in Netzknoten und Trägerdienste von ***FR***-Netzen finden sich in I.233.f.

Zur Begriffsbildung der Vermittlungsmethoden soll hier, nachdem nun alle wichtigen Techniken angesprochen wurden, zusammengefaßt werden, daß man genaugenommen wie folgt in hierarchisch aufsteigender Reihenfolge unterscheiden muß zwischen:

- ***SDH***-Vermittlung ganzer ***Container*** (***SDH-CC***).
- ***Zell***-Vermittlung (***Cell-Relay***) von ***ATM-Zellen*** aufgrund von ***VP/VC*** (***ATM-CC***, ***ATM-Switch***). Auf dieser Ebene liegt auch ***Add/Drop-Multiplexing*** (***ADM***).
- ***Frame-Relay*** aufgrund von Adreßfeldinformation (***DLCI***) von ***FR***-Rahmen.
- ***Fast Packet Switching*** entspr. ***SMDS*** (***Datex-M***) paketiert höhere Information, segmentiert sie, und nutzt dann ***Cell Relay*** (z.B. auf ***DQDB***) als Vermittlungsmethode.
- (Normale) Paketvermittlung gemäß X.25 vermittelt direkt auf Schicht 3 des OSI-Modells, d.h. führt keine Segmentierung zum Zweck der Vermittlung auf niedere Schichten durch.

9.9.1 Adreßfeld

Abbildung 9.9-1 stellt die 4-Oktett-Adreßfeldstruktur eines ***FR***-Rahmens dar, wie sie ab Oktett 2 hinter dem Flag und vor dem I-Feld vorkommen können. Weiterhin sind 2- und 3-Oktett-Strukturen definiert. 2 Oktetts stellen das Standardformat dar.

	MSB			←t				LSB	
Bit Nr.	8	7	6	5	4	3	2	1	
Oktett 2	DLCI (MSB)						C/R	EA=**0**	↓t
Oktett 3	DLCI (Fortsetzung)				FECN	BECN	DE	EA=**0**	
Oktett 4	DLCI (Fortsetzung)							EA=**0**	
Oktett 5	DLCI (LSB)						D/C	EA=1	

Abbildung 9.9-1: 4-Oktett-Adreßfeld eines FR-Rahmens. Bei 3- und 2-Oktett-Adreßfeldern fehlen die jeweils hinteren Oktetts.

Das ***EA***-Bit des jeweils letzten Oktetts ist immer 1. Zur Unterscheidung mehrerer virtueller ***FR***-Verbindungen finden wir als alten Bekannten wieder den ***Data Link Connection Identifier*** (***DLCI***), der hier nicht wie bei LAPD weiter in SAPI und TEI strukturiert ist, da das primäre Einsatzgebiet PtP-Verbindungen sind. Dennoch können, was bei LAN-Anschlüssen immer notwendig ist, mittels reservierter ***DLCI*** Multicastgruppen gebildet werden.

Die 1024 möglichen ***DLCI***s eines 2-Oktett-Adreßfelds sind wie folgt zu nutzen: ***DLCI*** = **0** für Signalisierung, der größte Teil für virtuelle Nutzverbindungen und einige für Schicht-2-Managementinformation. Zwei Adreßräume sind *reserviert*. An weiteren Bits sind zu finden:

- ***C/R*** (***Command/Response***)
heißt nur so wie das an gleicher Stelle stehende LAPB/D-Bit. Seine Funktion ist z.Z. noch nicht festgelegt, da im Gegensatz zur LAPB/D nicht zwischen *Commands* und *Responses* unterschieden wird.
- ***FECN/BECN*** (***Forward/Backward Explicit Congestion Notification*** = ***Vorwärts/Rückwärts gerichtete Überlastanzeige***)
signalisieren der Ziel- bzw. Quell-DÜE die Überschreitung bestimmter Lastschwellen. Ist ein Netzabschnitt überlastet, setzt der verwaltende Knoten bei Rahmen, die über diesen Abschnitt zu übertragen sind, ***FECN***=1, was bis zur Empfänger-DÜE durchgereicht wird, unabhängig davon, in welchem Lastzustand die Folgeabschnitte sind, da hier ein Serienengpaß vorliegt.
Bei Rahmen in der Gegenrichtung wird von demselben Knoten ***BECN***=1 gesetzt, was den DÜEn mitteilt, daß mit verzögerter Antwort von der Partner-DÜE gerechnet werden muß, womit diesen DÜEn ggf. ihren Verkehr drosseln können. Im Prinzip sind dies Funktionen, die bei Standard-HDLC-Protokolle über RR und RNR abgewickelt werden.
- ***DE*** (***Discard Eligibility***)
=1 besagt, daß dieser Rahmen von geringerer Priorität ist und bei zu großer Überlast verworfen werden kann. Dies ist die nächste Stufe nach dem Setzen von ***FECN/ BECN***. Wenn das nicht genügt, werden auch Rahmen mit ***DE*=0** verworfen. Es ist dann Aufgabe der höheren Schichten, dies zu erkennen und zu beheben. Die Funktion von ***DE*** ist ähnlich der des ***ATM-CLP***-Bits.
- ***D/C*** (***DLCI*** oder ***Control***)
=1 legt bei drei- und vieroktettigen Adreßfeldern fest, daß die letzten sechs ***DLCI***-Bits als Steuerinformation zu interpretieren sind. Sie stellen also eine Art rudimentäres Steuerfeld dar, das allerdings nicht im Netz, sondern, wie bereits erwähnt, nur in den Endsystemen interpretiert wird.

9.9.2 Vor- und Nachteile der FR-Übermittlungstechnik

Aufgrund der variablen I-Feldlänge von bis zu 8 kB kann für viele Anwendungsfälle im Gegensatz zu ***ATM*** und ***SMDS*** Segmentierung und Reassemblierung unterbleiben. Ein Vergleich des prozentualen relativen Overheads als Verhältnis von Protokoll-Overhead- (meist: PCI)-Oktettanzahl zu SDU-Oktettanzahl einer Schicht-2-Dateneinheit ist in Tabelle 9.9-1 für verschiedene Nutzdatenvolumina dargestellt.

Nutzdaten-oktettanzahl:	SFV, DDV	FR	Ethernet-MAC	X.25/3-Data + LAPB	ATM-AAL 5-Zellen
8 (Bsp.: Paßwort)	0	75 (6/8)	700 (56/8)	112,5 (9/8)	562,5 (45/8)
512	0	1,17	5,1 (26/512)	7,0 (9/128)	24,2 (124/512)
1500 (Ethernet-MAC-Rahmen)	0	0,4 (6/1500)	1,7 (26/1500)	7,2 (108/1500)	23,7 (355/1500)

Tabelle 9.9-1: Verhältnis der PCI/SDU-Oktettanzahlen bei verschiedenen Schicht-2-Rahmenstrukturen in %. Nicht berücksichtigt sind Verpackungen höherer Schichten, die von dem dort gefahrenen Protokoll abhängen (z.B. TCP) und das Ergebnis in jedem Fall verschlechtern.

In diesen Vergleich sind *Semipermanente* und *Datenfestverbindungen* (*SFV*, *DDV*) mit einbezogen, bei denen ein *physikalischer Kanal* eine *Leitung* und damit auch einen *virtuellen Kanal* realisiert. Hier existiert praktische keine Schicht 2 mit dem Nachteil der schlechten Leitungsausnutzung und der großen Portmenge (Hardware- und mechanische Kosten) an einem Knoten.

Aus dem Vergleich ist erkennbar, daß sich ***FR*** für burstartige Breitbandanwendungen mit großem Datenvolumen pro Burst, aber nicht zu hoher mittlerer Datenrate gut eignet. Dies ist eine Domäne von WANs, die LANs koppeln. Damit ist ein Vergleich mit ***Datex-M*** angebracht, konkret die Komplexität des Zugangs zum Backbone entspr. Abbildung 9.8-2. Zum ***FR***-Netz hat Zugang, wer über einen Router mit auf der einen Seite LAN-spezifischer Schnittstelle verfügt, auf der anderen Seite das ***FR-UNI*** mit beispielsweise X.21 auf Schicht 1 und ***FR*** auf Schicht 2. Dies ist im günstigsten Fall ein SW-Paket und wenige Standard-ICs.

Dazu werden die LLC-Rahmen oder z.B. IP-Pakete, von denen ein Router erkannt hat, daß die Partnerstation über das ***FR***-Netz erreichbar ist, auf Schicht 2 in den ***FR***-Rahmen umgepackt. Alternativ kann bei gleichen LAN-Typen ein MAC-Rahmen in einen ***FR***-Rahmen gekapselt werden.

Der ***DLCI*** kann zumindest z.Z. nicht dynamisch vergeben werden (vgl. TEI bei LAPD oder ***VP/VC*** bei ***ATM***), sondern wird über das Management-Zentrum (OAM) in Form von ***PVC***s vom Netzbetreiber abschnittsweise konfiguriert. Die ***PVC*** stellt analog zu ***ATM*** die Kettung der entspr. mit den ***DLCI***s gekennzeichneten Abschnitte dar.

Der ***DLCI*** kann *Globale* oder *Lokale* Bedeutung haben. Im ersten Fall ist er netzweit eindeutig, es wird dabei aber mit den relativ wenigen ***DLCI***-Bits verschwenderisch umgegangen. Außerdem entspricht diese Adressierungsart ähnlich der LAN-MAC-Adressierung nicht dem OSI-Modell, das Netz-Adressierungen auf Schicht 3 vorsieht. *Lokale* Bedeutung, wie bei LAPD, hat er nur am jeweiligen Tln.-Anschlußport; das Routing des ***FR***-Netzes führt dann die Abbildungsfunktionen aus.

FR-Dienste werden heute im Dx-P und S-ISDN angeboten. Das Einsatzgebiet von ***FR***-Netzen ist ähnlich ***Datex-M*** im ***ATM***-Zubringerbereich zu erwarten, wenn

- die geforderten Bitraten nicht zu hoch sind,
- die Leitungen von hinreichender Qualität sind,
- man zumindest vorerst mit ***PVC***s auskommt,
- kein isochroner Bandbreitenanteil gefordert wird, und
- keine nennenswerten Ansprüche an Leistungsmerkmale gestellt werden.

Ein Kriterium wird natürlich auch für den Anwender sein, ob gerade ein ***FR***-Knoten oder ***Datex-M***-Knoten geograpisch näher ist. Ist eine der obigen Bedingungen nicht erfüllt, wird man mit einem ***Datex-M***-Zugang, von denen es heute schon mehrere Dutzend gibt, besser bedient sein.

9.9.3 Dynamische Bandbreitenverwaltung

Wer ein ernstzunehmender ***ATM***-Zubringer sein will, muß neben hinreichendem Bitratenvorrat diese auch effektiv und gerecht zur Verfügung stellen können. Bei ***FR*** greift dieses Verfahren am Netzzugang als auch netzintern. Wegen der festgeschalteten ***VC***s kann die Bandbreitenzuweisung beim Einrichten der ***PVC*** vom Netzbetreiber durch einen Satz von Parametern festgelegt werden, die da sind:

- ***Committed Information Rate*** (***CIR***)
  legt die benötigte und pro ***PVC*** feste, unter normalen Bedingungen vom Netz garantiert übertragenen Datenrate der DÜE unabhängig von (aber natürlich maximal gleich) der physikalischen Bitrate der physikalischen Anschlußleitung fest.
- ***Committed Burst Size*** (B_c) und ***Excess Burst Size*** (B_e)
  B_c legt diejenige Datenmenge fest, die für diesen ***PVC*** in einem Zeitabschnitt $T_c = B_c/CIR$ vom Netz transparent Ende-zu-Ende transportiert wird. B_e hingegen ist diejenige mit ***DE***=1 gekennzeichnete Datenmenge, die in T_c zusätzlich zu B_c gesendet werden kann, ohne daß sie am *Netzeingang* gleich verworfen wird. Ein Burst ist im einfachsten Fall gleich *einem* ***FR***-Rahmen, im allgemeinen Fall eine *Folge* von *Rahmen*, wenn die Datenmenge die Rahmengröße überschreitet. Der Maximalwert des Informationsfelds entspricht ca. einer DIN A4-Seite dieses Buchs mit einem einfachen Bild.
- ***Committed Rate Measurement Interval*** (T_c)
  ist entspr. obiger Formel eine Größe, die ***PVC***-spezifisch festgelegt ist. Treffen Daten einer ***PVC*** innerhalb ihres T_c an einem Knoten ein, werden sie entspr. ihrem Eintreffzeitpunkt gemäß den für die jeweilige Verbindung zugeordneten Parameterwerten B_c oder B_e behandelt, d.h. transparent weitergeleitet, mit ***DE***=1 markiert, oder verworfen. Der T_c-Timer wird nach Ablauf erst beim nächsten zu dieser ***PVC*** eintreffenden Rahmen neu gestartet.

CIR kann auch 0 sein. Bei Rahmen dieser Verbindungen wird immer ***DE***=1 gesetzt und folglich keine Bitrate garantiert. Wird der Anschluß, auf dem eine solche Verbindung läuft, von sonst niemand genutzt, kann die Datenrate gleich der Bitrate sein, im Fall intensiver Nutzung durch andere mit ***CIR*** > 0 aber gegen 0 gehen. Da ***FR*** eine Vollduplex-Schnittstelle realisiert, und Verbindungen auch asymmetrisch sein können, werden diese Parameter für jede Richtung separat vergeben.

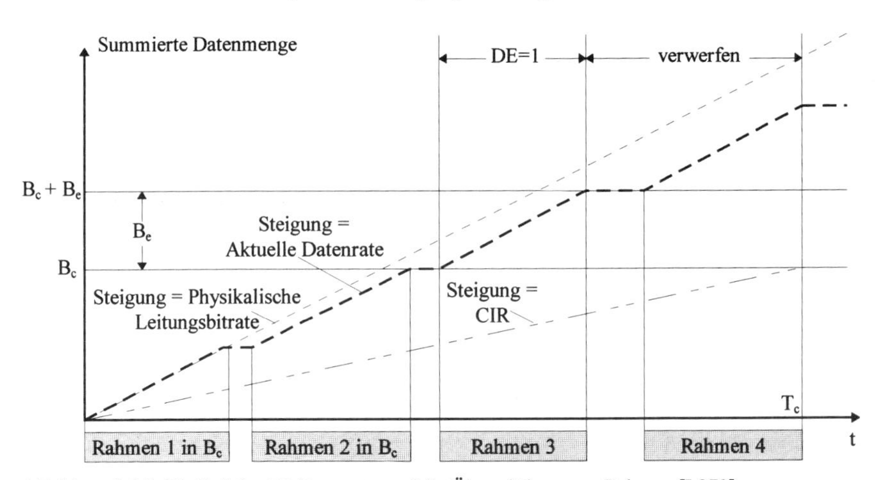

Abbildung 9.9-2: Einfluß der FR-Parameter auf die Übermittlung von Rahmen [I.370].

Wie bei ***ATM*** ist eine Überbuchung zulässig. Sie liegt vor, wenn die Summe aller ***CIR*** größer als die Schnittstellenbitrate ist. Die Folge können Rahmenverluste und/oder Durchsatzeinbußen sein. Abbildung 9.9-2 stellt das Zusammenspiel der angeführten Parameter bei verschiedenen Lastsituationen zur Regelung des Verkehrsflusses dar.

Mit dem Beginn von Rahmen 1 wird Timer $\boldsymbol{T_c}$ gestartet. Rahmen 1 und 2 liegen mit ihrer Gesamtdatenmenge unterhalb $\boldsymbol{B_c}$ und werden transparent weitergeleitet. Mit dem Beginn von Rahmen 3 liegt die Datenmenge seit Start von $\boldsymbol{T_c}$ im Bereich zwischen $\boldsymbol{B_c}$ und $\boldsymbol{B_c}$+$\boldsymbol{B_e}$. Der Knoten setzt in diesen Rahmen (hier: *einer*) ***DE***=1, was den Folgeknoten anzeigt, daß diese bei Überlast im Netz verworfen werden können. Rahmen 4 liegt oberhalb von $\boldsymbol{B_c}$+$\boldsymbol{B_e}$ und wird gleich verworfen.

Man beachte, daß die Datenrate zu einem Zeitpunkt, da gesendet wird, immer gleich der aktuellen Bitrate ist, weshalb die Kurven *Physikalische Leitungsbitrate* und *Datenrate* während der Rahmendauer parallel verlaufen.

9.9.4 Signalisierung mit dem Netz

Die bisher beschriebenen Rahmen führen ein transparentes Informationsfeld, das nicht von den Netzknoten gelesen wird, sondern diese haben nur Zugriff auf die ***FR***-PCI. Diese Informationsfelder entsprechen ihrer Natur nach dem Datenstrom, der von ISDN-Tln.-Schnittstellen in *B-Kanäle* gestellt werden. Darüberhinaus wird eine periodische ***PVC***-Management-Sigalisierung zwischen DÜE und Netzknoten mit ***DLCI*=0** verwendet, die Informationen über den

- **Zustand** (**Status**) der **Anschlußleitung**,
- **neue** und **gelöschte** ***PVC***s, und
- **Betriebszustände** der ***PVC***s (aktiv, inaktiv)

austauscht.

Dazu sendet die DEE eine ***Status-Anfrage*** zum Knoten, welche dieser mit ***Status*** beantwortet. Die Codierung des Rahmentyps selbst wird im Oktett 7 des Rahmens vorgenommen. Nachfolgende ***Informationselemente*** (***IE***s) im Rahmen codieren die Informationsart, die verlangt und geliefert wird:

- ***Leitungszustandsanzeige*** (***Link Integrity Verfication*** = ***LIV***)
  Hier werden periodisch Sende- und Empfangsfolgenummern ausgetauscht, aus deren Verzögerung, Fehlen oder Verdopplung auf den Leitungszustand geschlossen werden kann.
- ***PVC Komplett-Status*** (***Full Status***).
  Hiermit kann sich eine DÜE über alle am Anschluß eingerichteten ***PVC***s informieren.
- ***PVC Einzel-Status*** (***Single Asynchronous Status***).

Wichtig ist in diesem Zusammenhang noch zu erwähnen, daß am Anfang des Informationsfelds von Nutzrahmen auf *einer* ***FR***-Verbindung die Möglichkeit besteht, verschiedene Schicht-3-Protokolle zu kennzeichnen (z.B. IP, X.25, SNA), eine Funktion, die dem *Protocol Discriminator* von S_0-D3 bzw. dem DSAP auf LLC-Ebene der LAN-Protokolle entspricht.

9.10 ITU-T-Q.2xyz-Empfehlungen für Breitband-ISDN

Die vorgestellte ***ATM***-Architektur wird im wesentlichen in dieser Empfehlungsreihe ***Breitband-ISDN*** beschrieben. Daneben sind die Breitbandempfehlungen der I-Serie, wie in Abschn. 4.1.1 vorgestellt, relevant. Die aktuellen Inhalte der hier vorgestellten Empfehlungen sind großteils sehr jung (Ende 1995) und man kann davon ausgehen, daß sie in der Zukunft noch einem deutlichen Wandel und Erweiterungen unterliegen, weshalb sie im Gegensatz zu anderen ITU-T-Empfehlungen nicht an zentraler Stelle, sondern hier am Ende beim Übergang zum Literaturverzeichnis aufgeführt werden. Der Leser informiere sich über diese Änderungen bei Interesse am besten direkt in den Informationsdatenbasen der Normungsgremien (auch: ETSI, ATM-Forum etc.) Konkret sind heute spezifiziert:

- Q.2010: **Übersicht - Signalisierungsmöglichkeiten**
- Q.21yz: **Signalisierungs-ATM-Anpassungsschicht (SAAL)**
  - 00 Übersicht
  - 10 Dienstspezifisches Verbindungsorientiertes Protokoll (Service Specific Connection Oriented Protocol = SSCOP)
  - 20 Meta-Signalisierungs-Protokoll
  - 30 Dienstspezifische Koordinierungsfunktionen (Service Specific Coordination Functions = SSCF) zur Unterstützung der Signalisierung am UNI
  - 40 Dienstspezifische Koordinierungsfunktionen (Service Specific Coordination Functions = SSCF) zur Unterstützung der Signalisierung am NNI
  - 44 Schichten-Management am NNI
- Q.2610: Benutzung des Information-Elements (IE) *Cause* und Einsatz im B-ISUP und DSS2 (s. auch Q.850 und Abschn. 4.4.3.3)
- Q.2660: **Zusammenwirken von ZGS#7-B-ISUP und -S-(Schmalband)-ISUP**
- Q.27yz: **ZGS#7-B-ISUP**
  - 30 Dienstmerkmale (Supplementary Services)
  - 61 Funktionsbeschreibung
  - 62 Allgemeine Funktionen von Nachrichten und Signalen
  - 63 Formate und Codierungen
  - 64 Rufprozeduren (Basic Call Control)
- Q.29yz: **Digital Subscriber Signalling System 2 (DSS2)-Spezifikationen**
  - 31 UNI-Schicht-3-Spezifikation für Ruf- und Verbindungssteuerung (Basic Call/Connection Control); Pendant zu Q.931/I.451; s. Abschn. 4.4
  - 51 .f: Rufnummer-Identifizierungs-DM; die Folgeziffern geben f-Werte an: (1: DDI, 2: MSN, 3: CLIP, 4: CLIR, 5: COLP, 6: COLR, 7: SUB). Pendant zu I.251.f. Zu den Abkürzungen s. Abschn. 4.4.9.1
  - 61 Unterstützung zusätzlicher Parameter
  - 71 UNI-Schicht-3-Spezifikation für Punkt/Mehrpunkt Ruf- und Verbindungssteuerung

Weitere wichtige Empfehlungen im ***ATM***-Umfeld finden sich in den Serien:

- G.800: Digitale Netze,
- G.900: Digitale Leitungen (vor allem LWL-Technik)
- F.81y: Verbindungsorientierte und verbindungslose Breitband-Übermittlungsdienste.

Literaturverzeichnis

Aufgrund der Innovativität des Themengebietes wird Literatur vor 1988 - dem Jahr des Erscheinens der aktuellen ITU-T-Blue Books nur aufgeführt, sofern sie über das aktuelle Normungsgeschehen grundsätzliche Bedeutung hat, oder historisch wichtig ist.

Die Literatur ist kapitelzugeordnet aufgeführt, enthält i.allg. aber auch Information, die ebenfalls in anderen Kapiteln vorkommt. Die Kapitelzuordnung ist dabei so gewählt, daß eine maximale Überdeckung zwischen Literaturstelleninhalt und Kapitel in diesem Buch besteht. Ein Literaturzitat beginnt i.allg. mit den ersten beiden Buchstaben des Familiennamens des erstgenannten Autors oder Herausgebers. Steht keine Ziffer dahinter, so ist die Literaturstelle unter der dem *Kap.* zugeordneten Literatur zu finden, andernfalls unter der der *Ziffer* zugeordneten. Großbuchstaben kennzeichnen Bücher, Kleinbuchstaben Aufsätze oder Literaturobjekte vergleichbaren Umfangs.

Literatur, die im wesentlichen Stoff eines gesamten Kap. (Text unter Überschrift 1. Ordnung) oder eines gesamten Abschn. (Textsegment unter Überschrift 2. Ordnung oder höher) abdeckt, wird i.allg. zusammengefaßt am Ende des jeweiligen ersten Absatzes angegeben. Meist dem Stil, Begriffs- und Darstellungskontext dieses Buches angepaßt modifizierte Abbildungsnachweise sind mit direkten Literaturzitaten aufgeführt.

Sofern es sich bei Literatur um aktuelle Normen (z.B. ITU-T) handelt, sind diese vielfach in die Abschnitte an passender Stelle eingearbeitet und werden hier nicht nochmals aufgeführt, sondern lediglich ein Rückverweis auf den entspr. Abschn. im Kap. Allein die vollständigen Verzeichnisse dieser Normenliteratur sind mittlerweile sehr umfangreich geworden und würden bei Auflistung einen nennenswerten Anteil der in diesem Buch verwendeten Seiten schlucken. Andererseits bieten diese Normungsgremien ihre Verzeichnisse im Internet zur Ansicht und zum kopieren an (z.B. ITU-T unter www.itu.ch → ITU-T-Recommendations Browse Mode).

Literatur zu Kap 1 (allgemein, d.h. kapitelübergreifend oder Spezialgebiete):

AL Albensöder A (Hrsg.) (1990) Netze und Dienste der Deutschen Bundespost Telekom. R. v. Decker's Verlag, G. Schenk, Heidelberg

BE Besier H, Kettler G (1981) Digitale Vermittlungstechnik. Oldenbourg, München Wien

CA Conrads, D (1993) Datenkommunikation - Verfahren, Netze, Dienste. Vieweg, Braunschweig

DA David K, Benkner U (1996) Digitale Mobilfunksysteme - Grundlagen und aktuelle Systeme. B. G. Teubner, Stuttgart

DJ Datex-J (1996) Das Praktiker-Handbuch für Bildschirmtext und Datex-J. Neue Medienges Ulm

EB Eberhardt R, Franz W (1993) Mobilfunknetze - Technik, Systeme, Anw. Vieweg, Braunschw.

FE Fellbaum K (1984) Sprachverarbeitung und Sprachübertragung. Springer, Berlin

FR Freyer U (1988) Nachrichten-Übertragungstechnik - Grundlagen, Komponenten, Verfahren, Systeme. Carl Hanser, München, Wien

GE Gerke, P (1991) Digitale Kommunikationsnetze - Prinzipien, Einrichtungen, Systeme. Springer, Berlin Heidelberg New York

GI Gilster, P (1994) Der Internet-Navigator. Carl Hanser, München Wien

GO Goldmann et al.(1995) Internet - Per Anhalter durch das globale Datennetz. Rowohlt Taschenbuch Verlag, Reinbek

KA1 Kaderali F (1988) Kommunikationstechnik. Vorlesung FernUni Gesamthochschule Hagen

KA2 Kaderali F (1991/1995) Digitale Kommunikationstechnik I - Netze, Dienste, Informationstheorie, Codierung. Digitale Kommunikationstechnik II - Übertragungstechnik, Vermittlungstechnik, Datenkommunikation, ISDN. Vieweg, Braunschweig

KI Kief K (1991) Weitverkehrstechnik - Nachrichtenübertragung über große Entfernungen. Vieweg, Braunschweig

KR Krause R (1962) Ortsämter im Wählbetrieb - Einführung in die Fernsprechtechnik. Erich Herzog, Goslar

QU Quarks Script (1996) Die Datenautobahn - Einfach erklärt. WDR

SM Schwarz M (1987) Telecommunications Networks: Protocols, Modelling and Analysis. Addison Wesley, Reading (MA)

SR Schehrer R (1986) Nachrichtenvermittlungssysteme. Vorlesung FernUni GHS Hagen

SI Siegmund G (1995) Vermittlungstechnik - Die Technik der Netze. R. v. Decker's Verlag, G. Schenk, Heidelberg

ST Stoll D (1979) Einführung in die Nachrichtentechnik. AEG-Telefunken, Berlin Frankfurt/M

TI1 Tietz W (Hrsg.) (1990) Datenübertragung über das Telefonnetz, Bd. 1.1: V.1-V.33; Bd. 1.2: V.35-V.230, T.50, M101-M 1060. R. v. Decker's Verlag, G. Schenk, Heidelberg

TI2 Tietz W (Hrsg.) (1990) Dienste und Leistungsmerkmale, Schnittstellen, Bd. 2.1: X.1-X.27; Bd. 2.2: X.28-X.32, A.20-A.22. R. v. Decker's Verlag, G. Schenk, Heidelberg

TI3 Tietz W (Hrsg.) (1992) Übertragung, Zeichengabe und Vermittlung, Netzaspekte, Unterhaltung und Verwaltungsregeln, Bd. 3.1: X.40-X.82; Bd. 3.2: X.92-X.181. R. v. Decker's Verlag, G. Schenk, Heidelberg

TU Tuttlebee W (1996 angek.) Cordless Telecommunications Worldwide. Springer, Berlin Heidelberg New York

WE Werner D (Hrsg.) (1995) Taschenbuch der Informatik. Leipzig, Köln

Be Berkemeyer J (8.95) CT1 und CT1+ - Standards für analoge schnurlose Telefone. Deutsche Telekom Unterrichtsblätter 48:456 - 461

Br Brunstering H (8.95) DECT - Ein Standard für schnurlose Telekommunikation. Deutsche Telekom Unterrichtsblätter 48:462 - 469

Eh Ehlers S (7.94) Datex-J. Telekom Unterrichtsblätter 47:194 - 199

Ey Eylert B (6.93) Neue Mobilfunkdienste von Telekom. Deutsche Telekom Unterrichtsblätter 46:244-255

Fe Feichtinger H (12.94) Datenfunk im Modacom-Netz. Gateway:58-61

Gu Gutsche B (11.94) Modemstandard V.34. Gateway:93-97

Ke Kedaj J (10.91) Mobilfunkdienste der Deutschen Bundespost Telekom. Deutsche Telekom Unterrichtsblätter 44:425 - 434

Mu Murkisch A, Pohl M (6.96) D1 - Das Mobilfunknetz der Deutschen Telekom Mobilnet. Deutsche Telekom Unterrichtsblätter 49:288 - 297

Pi Pischker J (7.94) Digitalsignal-Richtfunksysteme. Telekom Unterrichtsblätter 47:288 - 309

Re Reder B (12.95) Trends bei Mobilkommunikation. Gateway:68-71

Ro Rosenbrock K H (1.92) ETSI, das Europäische Institut für Fernmeldenormen. Deutsche Telekom Unterrichtsblätter 45:4 - 17

Scha Scharf A (11.94) Daten, Fax und Voice Mail mit Modems. Gateway:86-92

Sche Schepp T (12.94) GSM-Mobilfunk/Digital European Cordless Telephone. Gateway:48-64

Schm Schmacher D (4.93) Modacom - der mobile Datenfunkdienst der Telekom. Gateway:32-36

Schu Schulte H (12.95) Von ATM bis ZZK: Begriffe aus der Telekommunikation. Deutsche Telekom Unterrichtsblätter Extra 48

Literatur zu Kap 2 (OSI):

Abschn. 2.5.1: Resultierende Architekturprinzipien: ITU-T-Spezifikationen der X.2xy-Serie.

BA Barz H W (1995) Kommunikation und Computernetze - Konzepte, Protokolle und Standards. Carl Hanser, München Wien

EL Elsing J (1991) Das OSI-Schichtenmodell: Grundlagen und Anwendungen. IWT, Vaterstetten

GE Gee K (1985) Introducing SNA. NCC Publications, Manchester England.

GÖ Görgen et al (1985) Grundlagen der Kommunikationstechnologie - ISO-Architektur offener Systeme. Springer, Berlin Heidelberg New York

HE Henshall J, Shaw S (1992) OSI praxisnah erklärt - Der Standard für die Computer-Kommunikation. Carl Hanser, München Wien/Prentice Hall London

LO Lockemann, Krüger, Krumm (1993) Telekommunikation und Datenhaltung. Carl Hanser, München Wien

MA Malamud, C (1989) DEC Networks and Architectures. McGraw-Hill, New York

MO Motorola (1993) The Basics Book of OSI and Network Management. Addison Wesley, Reading

PO Popien, Schürmann, Weiß (1995) Verteilte Verarbeitung in Offenen Systemen - Das ODP-Referenzmodell. B. G. Teubner, Stuttgart

ST Stöttinger K (1989) Das OSI-Referenzmodell. Datacom, Bergheim

TI1 Tietz W (Hrsg.) (1991) Offene Kommunikationssysteme (OSI) - Modelle und Notationen, Dienste-Definition. Bd. 4.1: Serie X.200, X.208 - X.213; Bd. 4.2: Serie X.214 - X.219. R. v. Decker's Verlag, G. Schenk, Heidelberg

TI2 Tietz W (Hrsg.) (1991) Offene Kommunikationssysteme (OSI) - Protokoll-Spezifikationen, Konformitätsprüfungen. Bd. 5.1: Serie X.220 - X.225; Bd. 5.2: Serie X.226 - X.229, X.290. R. v. Decker's Verlag, G. Schenk, Heidelberg

TI3 Tietz W (Hrsg.) (1992) Management für Offene Kommunikationssysteme (OSI) - Dienste-Definition, Protokoll-Spezifikationen und Sicherheitsarchitektur X.700, X.710, X.711, X.800. R. v. Decker's Verlag, G. Schenk, Heidelberg

WA Walke B (1987) Datenkommunikation. Band 1: Verteilte Systeme, ISO/OSI - Architekturmodell und Bitübertragungsschicht. Band 2: Sicherungsprotokolle für Rechner-Rechner - Kommunikation. Hüthig, Heidelberg

WE Welzel T (1994) Datenfernübertragung - Einführende Grundlagen zur Kommunikation offener Systeme, Vieweg, Braunschweig

Be Becker D, Scham M (1984) Protokoll-Normung für Offene Systeme - Ansatz für neue Kommunikationsdienste. NTZ, Bd. 37 Heft 9, S. 578-586

Ko Kohlmeier R (2.95) Protokolle am Beispiel des OSI-Referenzmodells, Deutsche Telekom Unterrichtsblätter 48:102 - 111

Literatur zu Kap 3 (SDL):

Abschn. 3.1: Einführung: ITU-T-Spezifikationen Z.1xy.

AB Abel D (1990) Petri Netze für Ingenieure. Springer, Berlin Heidelberg New York

BE1 Belina et al (1988) Modelling OSI in SDL in turner formal description techniques. North Holland, Amsterdam

BE2 Belina et al (1991) SDL with applications from Protocol Specification. Prentice Hall, N Y.

BR1 Bræk R, Haugen Ø (1993) Engineering real time systems - An object-oriented methodology using SDL. Prentice Hall, London

BR2 Brömstrup L, Hogrefe D (1989) TESDL: A tool for generating test cases from SDL specification. Bericht des Fachbereichs Informatik der Universität Hamburg

BR3 Broy M (1989) Towards a formal foundation of the specification and description language SDL. Fakultät für Mathematik und Informatik der Universität Passau

FI1 Fischer J (1994) Contributions for the formal specification for the ODP trader using SDL '92 and ASN.1. Informatikberichte des Instituts für Informatik der Humboldt-Universität, Berlin

FI2 Fischer K P, Hesse S (1985) Formale Spezifikationsmethoden für die Definition von Protokollen und Diensten. Studie Fa. Telenet, Darmstadt

GE Gerdsen P, Kröger P (1994) Kommunikationssysteme 1: Theorie, Entwurf, Meßtechnik. Kommunikationssysteme 2: Anleitung zum praktischen Entwurf. Springer, Berlin Heidelberg

HO1 Hogrefe D (1988) Protocol and Service Specification with SDL. Bericht des Fachbereichs Informatik der Universität Hamburg

HO2 Hogrefe D (1989) Estelle, LOTOS und SDL - Standard-Spezifikationssprachen für verteilte Systeme. Springer, Berlin Heidelberg New York

IT ITU-T (1985) Course on SDL - Tutorial des CCITT, Genf

LE Lenzer J (1987) Eine Einführung in die Programmiersprache CHILL. Hüthig, Heidelberg

RI Rinderspacher M (1994) A verification concept for SDL Systems and its application to the abracadabra protocol. Interner Bericht der Fakultät für Informatik der Universität Karlsruhe

RO Rosenstengel B, Winand U (1991) Petri-Netze, eine anwendungsorientierte Einführung. Vieweg, Braunschweig

ST Starke P H (1990) Analyse von Petri-Netz-Modellen. B. G. Teubner, Stuttgart

TU Turner K J (Hrsg.) (1993) Using formal description techniques - An introduction to Estelle, LOTOS and SDL. J. Wiley & Sons, New York

YE Ye J (1995) SDL specification and simulation of TDM/CDMA VSAT integrated service satellite communication network. Informatikberichte des Instituts für Informatik der Humboldt-Universität, Berlin

Literatur zu Kap 4 (ISDN):

Abschn. 4.1.1: Struktur der ITU-T-I-Empfehlungen und nationale Spezifikationen.

BO Bocker P (1996) ISDN - Digitale Netze für Sprach-, Text-, Daten-, Video- und Multimediakommunikation. Springer, Berlin Heidelberg New York

CL1 Claus J (Hrsg.) (1991) CCITT-Empfehlungen der I-Serie: ISDN. Grundwerk I. Blaubücher III7-III9 (Loseblattwerk). R. v. Decker's Verlag, G. Schenk, Heidelberg,

CL2 Claus J (Hrsg.) (Loseblattwerk mit Ergänzungslieferungen, daher immer aktuell) CCITT-Empfehlungen der I-Serie: ISDN. Grundwerk II. Neue Empfehlungen der I-Serie ab '89. R. v. Decker's Verlag, G. Schenk, Heidelberg.

CL3 Claus J (Hrsg.) (1994; Loseblattwerk mit Ergänzungslieferungen, daher immer aktuell). ITU-T-Empfehlungen der G- und Q-Serie: ISDN. Grundwerk III. R. v. Decker's Verlag, G. Schenk, Heidelberg

GI Gilson W (Hrsg.) (1986) ISDN - das dienste-integrierende digitale Fernmeldenetz als Kommunkationssystem der Zukunft. VDE-Bezirksverein Frankfurt am Main, Arbeitsgemeinschaft vom 13.1-3.2.'86, VDE-Verlag, Berlin

KA1 Kahl P (1992) ISDN - Das neue Fernmeldenetz der Deutschen Bundespost. R. v. Decker's Verlag, G. Schenk, Heidelberg

KA2 Kanbach A, Körber A (1991) ISDN - Die Technik. Hüthig, Heidelberg

KE Kessler G C (1993) ISDN - Concepts, Facilities and Services. McGraw-Hill, New York

MO Motorola (1992) The Basics Book of ISDN. Addison Wesley, Reading (MA)

PR Primoth R et al (1991) ISDN in OSI - A Basis for Multimedia Applications. VDE Verlag, Berlin Offenbach

RO Ronayne J (1987) The Integrated Services Digital Network - From Concept to Application. Pitman Publishing

Ro Rosenbrock K H (März '85) ISDN - Die folgerichtige Weiterentwicklung des digitalisierten Fernsprechnetzes für das künftige Dienstleistungsangebot der deutschen Bundespost. GI-Fachtagung, Karlsruhe, Bd. I., S. 203-221.

Schu Schulte H (12.93) Das ISDN unter besonderer Berücksichtigung der Datenkommunikation. Telekom Unterrichtsblätter 46:530 - 537

Literatur zu Kap 5 (Telecom-ICs):

AMD Foliensatz Telekommunikations-ICs (1991)

KÜ Kühn E (1993) Handbuch TTL- und CMOS-Schaltungen. Hüthig, Heidelberg

MÖ Möschwitzer A, Rößler F (1988) VLSI-Systeme. Carl Hanser, München Wien

SI1 ISDN Solutions for ISDN Terminals. Siemens AG 1990

SI2 ICs for Communications - IOM-2 Interface Reference Guide. Siemens AG 1991

SI3 Digital Switching and Conferencing ICs. Siemens AG 1992

SI4 ICs for Communications. Siemens AG 1996

SI5 CD-ROM der Fa. Siemens mit Produktinformation aus Datenbüchern, Siemens AG 1996

SI6 ICs for Communications (Faltblatt). Siemens AG 1996

SI7 ICs for ISDN Data Access (Faltblatt). Siemens AG 1996

SE Seifart M (1988) Digitale Schaltungen. Hüthig, Heidelberg

WE Weißel R, Schubert F (1995) Digitale Schaltungstechnik. Springer, Berlin Heidelberg N Y

Literatur zu Kap 6 (Nutzkanal-Dienste und -Protokolle):

Abschn. 6.4: Message Handling Systems (MHS) nach X.400.

BA1 Babatz M et al (1990) Elektronische Kommunikation X.400 MHS. Vieweg; Braunschweig

BA2 Badach A et al (1994) ISDN und CAPI - Grundlagen der Programmierung von ISDN-Anwendungen auf dem PC. VDE-Verlag Berlin Offenbach

CA Common-ISDN-API-Spezifikation Version 1.1, Profil A, 1990

CO Comer D, Stevens L (1991) Internetworking with TCP/IP: Design, Implementation, and Internals. Bände I & II. PTR Prentice Hall, Englewood Cliffs N J

DA Darimont A (1993) Telekommunikation mit dem PC - ein praxisorientierter Leitfaden für den Einsatz des Personal Computers in modernen Telekommunikationsnetzen. Vieweg, Braunschweig

DT APPLI/COM (11.92) The Standardized Telecomm. Interface, Version 2.0. DTAG/FTZ

GL Glaser et al (1990) TCP/IP - Protokolle, Projektplanung, Realisierung. Datacom, Bergheim

GO Gorys et al (1993) TCP/IP-Arbeitsbuch - Kommunikationsprotokolle zur Datenübertragung in heterogenen Systemen. Hüthig, Heidelberg

HO Hooffacker G, Steinmeyer R (1994) Euro-ISDN und ISDN. te-wi, München

HU Hunt C (1992) TCP/IP Network Administration. O'Reilly & Associates Inc., Sebastopol

LA Langham M (1993) Email und News - Weltweite Kommunikation über UUCP, Internet und andere Computernetzwerke. Carl Hanser, München Wien

LY Lynch D C, Rose M T (1993) Internet System Handbook. Addison Wesley, Reading (MA)

MA Martin J (1994) TCP/IP Networking - Architectures, Administration and Programming. PTR Prentice Hall, Englewood Cliffs N J

MO Motorola (1992) The Basics Book of X.25 Packet Switching. Addison Wesley, Reading (MA)

PL Plattner et al (1989) Elektronische Post und Datenkommunikation X.400 - Normen und ihre Anwendungen. Addison-Wesley, Bonn

RO Rose M T (1993) Einführung in die Verwaltung von TCP/IP-Netzen. Carl Hanser, München

SA Santifaller M (1990) TCP/IP und NFS in Theorie und Praxis - UNIX in Lokalen Netzen. Addison-Wesley, Bonn

ST Stevens W R (1992) Programmieren von UNIX-Netzen - Grundlagen, Programmierung, Anwendungen. Carl Hanser, München Wien

TI1 Tietz W (Hrsg.) (1990) Mitteilungs-Übermittlungs-Systeme. Bd. 7.1: Serie X.400 - X.408; Bd. 7.2: Serie X.411 - X.420. R. v. Decker's Verlag, G. Schenk, Heidelberg

TI2 Tietz W (Hrsg.) (1989) Verzeichnissysteme: X.500. R. v. Decker's Ver., G. Schenk, Heidelberg

TI3 Tietz W (Hrsg.) (1989) Mitteilungs-Übermittlungs-Systeme und Verzeichnis-Dienste: F.400 und F.500. R. v. Decker's Verlag, G. Schenk, Heidelberg

WA Washburn K, Evans J (1994) TCP/IP - Aufbau und Betrieb eines TCP/IP-Netzes. Addison-Wesley, Bonn

Eb Ebbinghaus R (2.93) Was sind ISDN-Karten der zweiten Generation? Lanline:63

Kr Kroemer F (2.88) TELEBOX - Das personenbezogene Mitteilungsübermittlungssystem der DBP. Telekom Unterrichtsblätter 41:67 - 83

Literatur zu Kap 7 (ZGS#7):

Abschn. 7.1.1: Struktur der ITU-T-Q.7xy-Empfehlungen.

AL Altehage G (1991) Digitale Vermittlungssysteme für Fernsprechen und ISDN. R. v. Decker's Verlag, G. Schenk, Heidelberg

BI Binder-Hobbach J (1993) Das Vermittlungssystem Alcatel 1000 S12. R. v. Decker's Verlag, G. Schenk, Heidelberg, Heidelberg

Gö1 Göttsche D (10.93) Zeichengabesystem Nr. 7 im EWSD. Telekom Unterrichtsblätter 46:450 - 463

Gö2 Göttsche D (10.94) Verbindungsaufbau im Zeichengabesystem Nr. 7. Telekom Unterrichtsblätter 47:464 - 471

Gö3 Göttsche D, Bitzl P (11.94) Verkehrsmessungen im Zeichengabesystem Nr. 7. Telekom Unterrichtsblätter 47:506 - 517

Hl Hlavac W, Müller W (5.95) Das Zeichengabesystem Nr. 7 im ISDN der Deutschen Telekom. Deutsche Telekom Unterrichtsblätter 48:290 - 303

La Langner K, Bevier W (2/3.93) Digitales Vermittlungssystem EWSD. Deutsche Telekom Unterrichtsblätter 46: 48 - 60/110 - 125

Si EWSD-Systembeschreibungen Verschiedene Druckschriften der Fa. Siemens für das Gesamtsystem und verschiedene Module.

So Sós E (5/6/7.92) Das ISDN-Vermittlungssystem S12. Deutsche Telekom Unterrichtsblätter 45: 176 - 189/212-229/264 - 281

Literatur zu Kap 8 (LAN):

BA Baer B, Pinegger T (1991) Netzwerke - Eine Einführung aus kommerzieller und technischer Sicht. R. v. Decker's Verlag, G. Schenk, Heidelberg

BL Blümel B, Kuhle B (1995) Hochgeschwindigkeitskommunikation mit DQDB, MAN und SMDS - Technik und Anwendungen. R. v. Decker's Verlag, G. Schenk, Heidelberg

BO1 Boell, H P (1989) Lokale Netze - Momentane Möglichkeiten und zukünftige Entwicklung. McGraw-Hill, New York

BO1 Boisseau M et al (1994) High Speed Networks. John Wiley & Sons, New York

BO2 Borowka P (1992) Brücken und Router - Wege zum strukturierten Netzwerk. Datacom, Bergheim

BR Brotz et al (1994) NOVELL Arbeitsbücher und CD-ROMs zu NetWare; versch. Vers. Hüthig, Heidelberg

CH1 Chorafas D N (1991) Local Area Networks Reference Guide. McGraw-Hill, New York

CH2 Chylla P, Hegering H-G (1992) Ethernet-LANs - Planung, Realisierung und Netz-Management. Datacom, Bergheim

DA Davidson R P, Muller N J (1992) Internetworking LANs - Operation, Design and Management. Norwood

DU Dudler V (1995) FDDI-Netzwerke - Von der Technik bis zum Management. Hüthig, Heidelbg.

GÖ Göhring H G, Kauffels F-J (1990) Token Ring - Grundlagen, Strategien, Perspektiven. Datacom, Bergheim

HA Halsall F (1990) Data Communications, Computer Networks and OSI. Addison-Wesley, Bonn

HE Hein M, Kemmler W (1995) FDDI - Standards, Komponenten, Realisierung. International Thomson Publishing, Bonn

HO Hopper et al (1986) Local Area Networks Design. Addison-Wesley, Bonn

HU Hutchinson D (1988) Local Area Networks Architectures. Addison-Wesley, Bonn

KA1 Kauffels F-J (1995) Lokale Netze - Grundlagen, Standards, Perspektiven. Datacom, Bergheim

KA2 Kauffels F-J (1995) Netzwerk- und System-Management: Probleme, Standards, Strategien. Datacom, Bergheim

KA3 Kauffels F-J, Suppan J (1992) FDDI - Einsatz, Standard, Migration. Datacom, Bergheim

KE Keiser G (1989) Local Area Networks. McGraw-Hill, New York

KO Kowalk, Burke (1994) Rechnernetze - Konzepte und Techniken ... B. G. Teubner, Stuttgart

KR Kresse F (1994) Token Ring Netzwerke - Funktionsweise, Planung, Troubleshooting. Hüthig, Heidelberg

LÖ Löffler, H (1988) Lokale Netze. Carl Hanser, München Wien

MA1 Madron T (1988) Local Area Networks - The Second Generation - und - New Technologies, Engineering Standards. John Wiley & Sons, New York

MA2 Martin J et al (1994) Local Area Networks - Architectures and Implementations. PTR Prentice Hall, Englewood Cliffs N J

MA3 Matthies P (1994) ISDN & WAN - Kommunikation in Wide Area Networks. International Thomson Publishing, Bonn

MI1 Michael W et al (1993) FDDI - An Introduction to Fiber Distributed Data Interface. Digital Press, Burlington (MA)

MI2 Mirchandani S, Khanna R (1993) FDDI Technology a. Applications. John Wiley & Sons, N Y

MÜ Müller S (1991) Lokale Netze, PC-Netzwerke. Carl Hanser, München Wien

NE Nemzow (1993) FDDI Networking - Planning, Installation and Managem. McGraw-Hill, N Y

PE Perlman R (1994) Interconnections, Bridges and Router. Addison-Wesley, Wokingham

RO Rom R, Sidi M (1990) Multiple Access Protocols Performance and Analysis. Springer, Berlin

SH Shah A, Ramakrishnan G (1994) FDDI - A High Speed Network. PTR Prentice Hall, Englewood Cliffs N J

SI Sikora, Steinparz (1988) Computer & Kommunikation. Carl Hanser, München Wien.

SL Sloman M, Kramer J (1988) Verteilte Systeme und Rechnernetze. Carl Hanser, München Wien

TA Tanenbaum A S (1989/1992) Computer Networks. Prentice-Hall, New York; deutsch: Computer Netzwerke. Wolfram's Fachverlag

ZE Zenk A (1994) Lokale Netze - Kommunikationsplattform der 90er Jahre. Addison-Wesley, Bn.

Di Dittman et al (3.93) Das DQDB-Zugriffsprotokoll in Hochgeschwindigkeitsnetzen und der IEEE-Standard 802.6. Informatik Spektrum 16:143-15.

Gu Gumbold M (4.93) FDDI Netzstrukturen - Stationstypen und Topologien. iX:168-174 und FDDI-Protokolle - Grundlagen und Standards des Hochgeschwindigkeitsnetzw. IX:176-185

Schü Schütt, G (12.94) Grundlagen Lokaler Netzwerke. Telekom Unterrichtsblätter 47:543 - 557

Zu Zuckerman M, Potter P (7.90) A proposed scheme for implementing eraser nodes within the framew. of the IEEE 802.6 MAN Standard. Austral. Fast Packet Switching Workshop, Melbou.

Literatur zu Kap 9 (ATM):

Abschn. 4.1.1: Struktur der ITU-T-I-Empfehlungen und nationale Spezifikationen.

Abschn. 9.10: ITU-T-Empfehlungen der Q.2000-Serie.

AC Acampora A S (1994) An Introduction to Broadband Networks (LANs, MANs, ATM, B-ISDN and Optical Networks) for Integrated Multimedia T. Plenum Press, New York London

AT ATM-Forum (1993) ATM-User-Network Interface Specification V 3.0.

CL1 Claus J (Hrsg.) (Loseblattwerk mit Ergänzungslieferungen, daher immer aktuell). Das ATM-Handbuch - Grundlagen, Planung, Einsatz. Hüthig, Heidelberg

CL2 Clark M (1996 angek.) ATM-Networks - Principles and use. Wiley-B. G. Teubner, Stuttgart

DE Dervis D Z (1994) ISDN and its Applications to LAN Interconnections. McGraw-Hill, N Y

HÄ Händel R, Huber M (1991) Integrated Broadband Networks - An Introduction to ATM-Based Networks. Addison Wesley, Bonn

HI Hiroshi S (1994) Telegraffic Technologies in ATM Networks. Artech House

KE Kessler G C, Train D A (1991) Metropolitan Area Networks Concepts, Standards and Services. McGraw-Hill, New York

KI Killat U (Hrsg.) (1996) Access to B-ISDNs via PONs - ATM Communication in Practice. Wiley-B. G. Teubner, Stuttgart

KL Klessig R W, Tesink K (1995) SMDS - Wide-Area Data Networking with Switched Multimegabit Data Service. PTR Prentice Hall, Englewood Cliffs N J

KY Kyas O (1993) ATM-Netzwerke - Aufbau, Funktion, Performance. Datacom, Bergheim.

MI Minoli D, Vitella M (1994) ATM & Cell Relay Service for Corporate Env. McGraw-Hill, N Y

MO Motorola (1993) The Basics Book of Frame Relay. Addison Wesley, Reading (MA)

OH Ohm J-R (1995) Digitale Bildcodierung - Repräsentation, Kompression und Übertragung von Bildsignalen. Springer, Berlin Heidelberg New York

ON Onvural R (1993) Asynchronous Transfer Mode Networks - Performance Issues. Artech House, Boston London

PR de Prycker M (1993) Asynchronous Transfer Mode - Die Lösung für Breitband-ISDN. Prentice Hall, New York

RE Reimers U (1995) Digitale Fernsehtechnik - Datenkompression und Übertragung für DVB. Springer, Berlin Heidelberg New York

SI Siegmund G (1994) ATM - Die Technik des Breitband-ISDN. R.v.Decker's Verlag, Heidelberg

SM Smith P (1993) Frame Relay - Principles and Applications. Addison Wesley, Reading (MA)

TE Tenzer G (1991) Glasfaser bis zum Haus (Fibre to the Home = FTTH) - Einführung der Glasfaser im Teilnehmer-Anschlußbereich. R. v. Decker's Verlag, G. Schenk, Heidelberg

Al Alesi P, Niemann F (12.95) Fast-Packet-Switching in Weitverkehrsnetzen. Gateway:110-112 und Frame Relay im SNA-Umfeld. Gateway 114-115

Ba Bakker et al (1992) Asynchroner Transfer Modus - Grundbausteine für das Breitband-ISDN. Nachrichtentechnik/Elektronik Hefte 2-4: Verlag Technik

Ge Geißler I (1.95) Grundlagen des ATM - Die Schlüsseltechnologie für das Breitband-ISDN. Deutsche Telekom Unterrichtsblätter 48:22 - 31

Ha1 Hassenmüller H (3.93) Die Zukunft gehört ATM. Gateway:30-34

Ha2 Hassenmüller H (7/8.95) Technik von ATM-Switches. Gateway:46-49

Ja Jakobi J, Schepp T (7/8.95) ATM-Switches im Vergleich. Gateway:38-42

Ke Kettner G (11.94) Moderne Internetworking-Konzepte verwenden ATM. Gateway:114-119

Ko Koch G, Spindler B (4.95) ATM - Schlüssel zum Information-Highway. Deutsche Telekom Unterrichtsblätter 58:196 - 205

Kö Königer R (4.95) Datex-M: ein Weitverkehrsdienst mit bis zu 34 Mbit/s. Gateway:76-81

La Laut T (11.95) Frame Relay - ein neues Übertragungsprotokoll im Bereich der Datenkommunikation. Deutsche Telekom Unterrichtsblätter 48:618 - 630

Ni Niederreiter G (12.95) Datex M - der neue Hochgeschwindigkeitsservice in der Datenkommunikation. Deutsche Telekom Unterrichtsblätter 48:666 - 677

Pe Pernsteiner P (10.95) Switched Multimegabit Data Services im weltw. Eins. Gateway: 118-120

Sa Sauer C (4.93) Echte 155 Mbps für jeden Benutzer. Gateway: 26-28

Sach- und Abkürzungsverzeichnis

Um einerseits möglichst alle wichtigen in diesem Buch erläuterten Begriffe unterzubringen, andererseits das Verzeichnis vernünftig zu begrenzen, werden Abkürzungen in Klammern hinter ihrem Klartext aufgeführt, wenn sie ohnehin nicht weit davon allein stehen würden. Bei größerem Abstand vom Klartext sind beide separat aufgeführt.

Viele Begriffe sind kontextspezifisch von Bedeutung. Für diese suche man zunächst den zugehörigen Oberbegriff (z.B. FDDI, ATM, Schichtenbegriffe beim OSI-Modell: (N)-...). Darunter befinden sich diese Begriffe wieder in alphabetischer Reihenfolge.

E

F

T

U

V

Druck: Mercedesdruck, Berlin
Verarbeitung: Buchbinderei Lüderitz & Bauer, Berlin